DÉMONSTRATIONS
ÉLÉMENTAIRES
DE BOTANIQUE.

TOME SECOND.

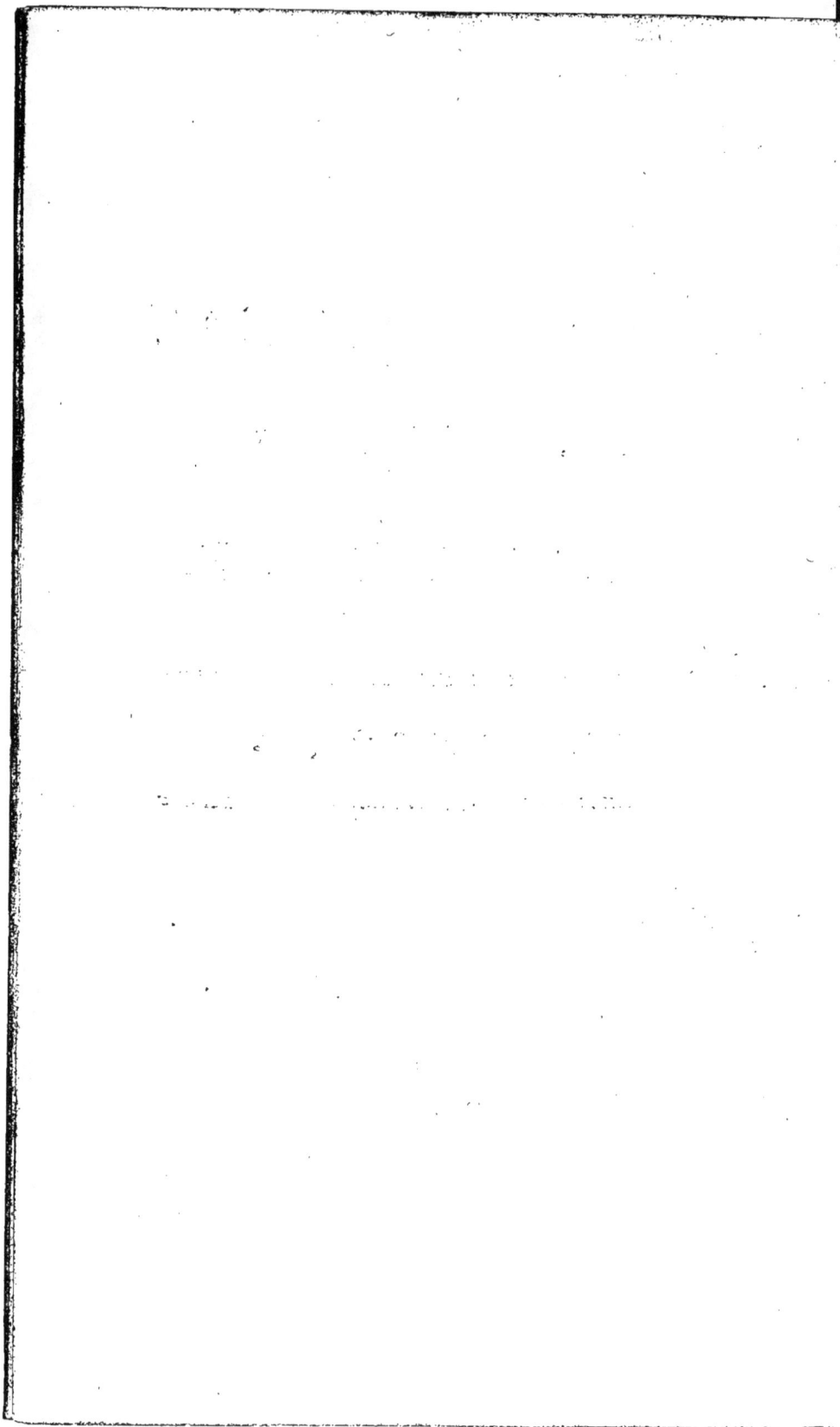

DÉMONSTRATIONS
ÉLÉMENTAIRES
DE BOTANIQUE,

CONTENANT *les Principes généraux de cette Science, l'explication des termes, les fondemens des Méthodes, & les élémens de la physique des végétaux.*

LA description des Plantes les plus communes, les plus curieuses, les plus utiles, rangées suivant la Méthode de M. DE TOURNEFORT & celle du Chevalier LINNÉ.

LEURS *usages & leurs propriétés dans les Arts, l'économie rurale, dans la Médecine humaine & Vétérinaire, ainsi qu'une instruction sur la formation d'un Herbier, sur la dessication, la macération, l'infusion des plantes, &c.*

TROISIEME ÉDITION, corrigée & considérablement augmentée.

TOME SECOND.

A LYON,
CHEZ BRUYSET FRERES.

M. DCC. LXXXVII.
Avec Approbation & Privilege du Roi.

. . . . . quas vellent esse in tutelâ suâ
Divi legerunt plantas . . . .
Nisi utile est quod facimus, stulta est gloria.

PHÆD. *lib.* 3. *fab.* 17.

EXPLICATION

DES NOMS ABRÉGÉS DES AUTEURS

Et des Ouvrages Botaniques cités dans les Démonstrations.

Act. Acad. Reg. Par.	*Mémoires de l'Académie royale des Sciences de Paris.*
Ang.	*Louis Anguillara* (Botaniste Vénitien.)
Amm. Ruth.	*Joannis Ammani stirpium rariorum in Imperio Rutheno sponte nascentium.* (Jean Amman, Russe).
Barrel. Ic.	*Jac. Barrelierii plantæ per Galliam & Hispaniam observatæ.* (le P. Barrelier, François).
C. B. P.	*Caspari Bauhini Pinax.* (Gaspard Bauhin, Suisse).
Camer. Hort.	*Hortus Medicus & Philosophicus, auctore Joanne Camerario.* (Camerarius, Allemand).
Cast. Dur.	*Herbario nuovo di Castore Durante,* (Castor Durand, Italien).
Catesb. Car.	*The Natural History of Carolina, &c.* (Catesby, Anglois).
Cæsalp.	*De plantis Libri XVI. Andreæ Cæsalpini, &c.* (And. Cæsalpin, Italien).
Chom.	*Abrégé de l'Histoire des Plantes usuelles.* (Jean-Bapt. Chomel, François).

Cluf. Hift. *Caroli Clufii rariorum plantarum Hiftoria.* (L'Eclufe, François).

Col. pars I. *Fab. Columnæ Lyncæi, minus cognitarum ftirpium pars prima.* (Fab. Columna, Italien).

Comm. *Cafp. Commelini Plantæ rariores & exoticæ.* (Commelin, Hollandois).

Diofc. (Diofcoride, Grec).

Dod. Pempt. *Remberti Dodonæi Pemptades fex.* (Dodoens, Allemand).

Duh. Arbr. *Traité des arbres & arbuftes.* (Mr. Duhamel Dumonceau).

Eyft. *Hortus Eyftettenfis operâ Befleri, &c.* (Befler, Allemand).

Fl. Gallop. *Flora Gallo-Provincialis Lud. Gerardi.* (Mr. Louis Gérard, François).

Ger. Emac. *Joannis Gerardi Herbarium à Thoma Johnfonio emaculatum.* (Jean Gérard, Anglois).

Gefn. *Gefnerus de Hortis Germaniæ.* (Gefner, Allemand).

Goüan H. *Antonii Gouan Hortus Monfpelienfis.* (Mr. Goüan, François).

Goüan. Fl. *Ejufdem Flora Monfpelienfis.* (idem).

H. L. Bat. *Hortus Academicus Lugduno-Batavus, auctore Paulo Hermanno.* (Hermann, Hollandois).

H. R. P. *Hortus Regius Parifienfis.* (Denis Jonquet, François).

J. B. *Johannis Bauhini Hiftoria Plantarum univerfalis.* (Jean Bauhin, Suiffe).

J. R. H. } T. *Inst.* }	*Josephi Pitton de Tournefort, Institutiones rei herbariæ.* (Pitton de Tournefort, François).
T. Cor.	*Ejusdem Corollarium Institutionum rei herbariæ.* (id.)
Lob. Ic.	*Lobelii Icones plantarum.* (Lobel, Flamand).
Lob. Adv.	*Ejusdem Adversaria nova stirpium, auctore* LOBEL *cum* PENA. (id.)
Lob. Hist.	*Ejusdem Historia Stirpium.*
Lin. *ou* L.	*Caroli Linnæi Species plantarum.* (le Chev. Von Linné, Suédois).
Lin. Gen.	*Ejusdem Genera plantarum.* 1754.
Lin. Syst. nat.	*Ejusdem Systema naturæ*, Tom. 2. 1759.
Lug.	*Jacobi Dalechampii Historia generalis plantarum, Lugduni, &c.* (Jacques Dalechamp, François).
Matth.	*Petri Andreæ Matthioli, in Dioscoridem Commentarii.* (Matthiole, Italien).
Mor. Hist. Ox.	*Roberti Morisonii Plantarum Historia Oxoniensis.* (Morison, Anglois).
Mor. Umb.	*Ejusdem Plantæ Umbelliferæ.* (idem).
Park.	*Joannis Parkinsonii Theatrum Botanicum.* (Parkinson, Anglois).
Pluk.	*Leonardi Pluknetii Phytographia.* (Pluknet, Anglois).
Prosp. Alp.	*Prosperi Alpini, de plantis Ægypti.* (Prosper Alpin, Italien).

Rivin.	*Aug. Quir. Rivini Introductio in rem herbariam &c.* (Rivin, Saxon).
Tab. Ic.	*Joan. Theodori Tabernæmontani Icones Plantarum.* (Tabernamontanus, Allemand).

SIGNES empruntés du Chevalier LINNÉ, *pour distinguer la durée des plantes, comparée au cours des astres.*

☉ (Soleil) ; Plantes annuelles, qui ne durent qu'une année.

♂ (Mars) ; Plantes bis-annuelles, qui vivent deux années.

♃ (Jupiter) ; Plantes vivaces, qui persistent plusieurs années.

Nota. Les arbres & les arbrisseaux formant des Classes distinctes dans la Méthode de M. de *Tournefort*, on s'est dispensé d'y joindre le signe de *Saturne* qui sert à les caractériser ; & dans les autres Classes, on a désigné par le nom de *sous-arbrisseaux*, les plantes ligneuses dont la tige subsiste l'hiver, en se contentant d'y ajouter le signe des vivaces.

CARACTERES PHARMACEUTIQUES *employés dans cet Ouvrage.*

℔	signifie	Livre.
℥		Once.
ʒ		Drachme *ou* gros.
℈		Scrupule.
ß		Demi *ou* moitié.
Gr.		Grain.
Poig.		Poignée.

INSTRUCTION
SUR
LA RÉCOLTE
ET LA DESSICATION
DES PLANTES,

Relativement à la formation d'un herbier, & à leur uſage en Médecine ;

SUIVIE de quelques Principes généraux ſur la Décoction, l'Infuſion & la Macération ; extraits de SYLVIUS & des Cours particuliers de M. ROUELLE, Démonſtrateur en Chimie.

ON recueille & l'on deſſeche les plantes pour les obſerver & les reconnoître, ou pour les employer & en faire des médicamens ; ſous ce double point de vue, il eſt pluſieurs objets ſur leſquels le Botaniſte Pharmacien doit être instruit ; mais nous devons nous borner à quelques principes, dans une matiere où l'usage & la pratique sont aussi essentiels que les préceptes.

RÉCOLTE DU BOTANISTE.

HERBIER, DESSICATION.

I.

On ne distingue les plantes avec certitude, qu'au moyen des caracteres que fournissent les fleurs & les fruits ; il faut donc les examiner dans le temps de la fleuraison & de la maturation ; mais ce temps est court, & le lieu qu'on habite fournit rarement toutes les especes qu'il importe de connoître. Pour y suppléer, on a imaginé de dessécher les plantes ; par ce moyen on les a facilement, & en tout temps sous les yeux. Lorsqu'elles sont seches, on les place dans des feuilles de papier blanc, qu'on range par ordre, suivant la méthode botanique qu'on a adoptée ; on dispose ces feuilles en forme de livre, ou dans des porte-feuilles : c'est ce qu'on nomme un *herbier*, un *jardin sec.*

I I.

La forme de porte-feuille paroît préférable pour l'herbier, parce que chaque plante y occupe une feuille détachée, & peut être déplacée à volonté, sans qu'on risque de la casser ; il est inutile de la coller sur la feuille ; ce qui devient indispensable à l'égard de celles qu'on tient dans des livres, & l'on fait que la colle attire les mites & autres insectes destructeurs. S'il est des plantes qu'on veuille absolument fixer, on peut ſe ſervir de la cire d'Eſpagne, ou bien les coudre ſur le papier. L'herbier doit être tenu dans un lieu ſec, renfermé, garanti de l'air extérieur ; on doit le viſiter de temps en temps, pour détruire les mites & les *larves* d'inſectes qui s'y introduiſent.

I I I.

Les plantes deſtinées à être deſſéchées pour l'herbier, doivent être cueillies dans un temps ſec, lorſque le ſoleil a enlevé l'humidité de la roſée, à l'heure où les fleurs ſont épanouies & les feuilles étendues ; ſinon les couleurs ſe perdent, les feuilles noirciſſent, les fleurs pourriſſent, les unes & les autres s'arrangent difficilement, lorſqu'on veut les mettre en preſſe.

I V.

On doit prendre deux ou trois pieds de chaque plante, afin de pouvoir les comparer, & de s'aſſurer par-là, que l'individu que l'on cueille, n'eſt pas une variété de l'eſpece ; on a attention de choiſir, autant qu'il eſt poſſible, des ſujets garnis de toutes leurs parties, racines, tiges, & ſur-tout de leurs fleurs, de leurs fruits, des feuilles ſupérieures & inférieures, qui ſouvent ſont très-différentes dans leurs formes. A l'égard des arbres, on eſt forcé de ſe reſtreindre aux feuilles, aux parties de la fructification, ou tout au moins à ne cueillir que l'extrémité des jeunes branches.

V.

Les plantes les plus utiles ne ſe trouvent ſouvent que dans des lieux éloignés, & ſur-tout ſur les hautes montagnes ; les voyages qu'on entreprend pour aller les chercher, ſe nomment *herboriſations;* & comme en *herboriſant*, on n'eſt pas toujours à portée de faire deſſécher les plantes ſur le champ, on doit dans l'intervalle les envelopper dans des écorces, ou plutôt les enfermer dans des boîtes de fer-blanc, qui puiſſent facilement ſe porter dans la poche; les plantes, quoique un peu froiſſées, s'y conſerveront fraîches un jour entier.

V I.

On doit être pourvu d'une grande quantité de papier gris, ſans colle, & épais. On met un paquet de trois ou quatre feuilles de ce papier ſur une table; on étend ſur la ſurface la plante qu'on veut deſſécher; on écarte, on développe toutes ſes parties; on en détache & l'on en rejette quelques-unes, afin qu'aucunes ne ſe recouvrent, s'il eſt poſſible. On a ſoin ſur-tout de ranger les parties de la fleur, de maniere que la fructification ſoit bien à découvert, & reconnoiſſable après la deſſication. Si la plante eſt plus haute que la feuille de papier, on peut couper ſa tige, & placer la racine à côté d'elle, ou ſur d'autres papiers. On aplatit avec le pouce les tiges herbacées qui ſont trop groſſes, & qui empêcheroient la compreſſion d'agir ſur les autres parties de la plante. Si les calices ont trop d'épaiſſeur, comme dans la famille des *Compoſées*, on les coupe verticalement par le milieu, de maniere qu'il y reſte des fleurons & des ſemences, &c. On peut auſſi couper longitudinalement les tiges trop épaiſſes & trop dures, & même les fruits, parmi leſquels un grand nombre ne peuvent entrer dans l'herbier, lorſqu'ils ont acquis leur accroiſſement.

VII.

Lorſque la plante eſt bien étendue, on la couvre de trois ou quatre feuilles de papier, ſur leſquelles on diſpoſe de la même maniere une nouvelle plante; lorſque celle-ci eſt diſpoſée, on la recouvre à ſon tour, on en place une troiſieme, & ſucceſſivement toutes celles qu'on a rapportées de l'herboriſation. Cette opération faite, on recouvre la pile d'un carton fort, ou d'une planche que l'on charge de quelque corps peſant; il eſt encore mieux de la placer ſous une preſſe dont on ménage la force à volonté. Dans le cas où le tas de papier & le nombre de plantes paroîtroient trop conſidérables, il eſt à propos de les diviſer en deux, ou du moins de placer dans le milieu un carton, ou une planche qui arrête la communication de l'humidité, & qui faſſe agir la preſſion avec égalité dans le centre du tas & aux extrémités.

VIII.

Les plantes ne doivent reſter en preſſe que douze ou quinze heures au plus; ce temps paſſé, il faut les tirer de leurs papiers qui ſe ſont chargés d'une grande quantité de parties aqueuſes; ſi on les y laiſſoit plus long-temps, elles commenceroient à noircir, & ne ſe deſſécheroient pas aſſez promptement; on ne doit ſe flatter de conſerver le vert des feuilles & les couleurs des pétales, qu'en accélérant la deſſication. On découvre donc les plantes ſucceſſivement, & on les place comme ci-devant, ſur des paquets de nouvelles feuilles bien ſeches. C'eſt le moment où l'on acheve de ranger les feuilles des plantes & les autres parties qui conservent encore leur flexibilité; avec la tête d'une grosse épingle, on étend celles qui sont froissées ou repliées; on sépare celles qui se recouvrent, &c. On dispose chaque espece dans la situation qu'on veut lui conserver, & on remet le tas sous la presse.

IX.

On peut, dans cet état, laisser les plantes deux fois vingt-quatre heures, sans changer leurs papiers, si, sur-tout, on a interposé un grand nombre de feuilles; on les renouvelle ensuite une troisieme, une quatrieme fois, &c. A chaque changement, on n'emploie que des papiers bien desséchés; si on en manque, avant de s'en servir, on fait dissiper toute leur humidité devant le feu ou dans le four; on ne doit cesser d'en donner de nouveaux aux plantes, que lorsqu'on s'apperçoit qu'elles commencent à acquérir assez de solidité pour se soutenir dans toutes leurs parties, lorsqu'on les souleve par leurs tiges; alors il n'est plus nécessaire de les tenir aussi fortement comprimées; ce qui leur reste d'humidité s'évapore avec d'autant plus de facilité, que la pression est moins forte (a); il ne faut cependant pas les laisser totalement libres, plusieurs feuilles se crisperoient. On ne renouvelle plus les papiers; la dessication s'acheve au bout de quelques mois; on peut alors ranger les plantes dans l'herbier, & si l'on juge qu'elles conservent encore quelque humidité interne, on

(a) Quelques Botanistes suivent un usage différent; dans les commencemens, ils changent très-peu leurs plantes, & ils en augmentent successivement la compression. L'une & l'autre méthode peut être bonne; tout l'art consiste à accélérer la dessication.

les fera mettre une heure ou deux dans un four, dont la chaleur soit telle que la main la supporte sans peine; mais on doit craindre dans cette opération, que les plantes ne deviennent trop cassantes & ne perdent leurs couleurs.

X.

On ne sauroit assez recommander de ne pas entasser les plantes en trop grand nombre, soit dans le temps où l'on renouvelle les papiers, soit dans celui où on ne les change plus. Si la pile est trop forte, il s'éleve dans le centre une fermentation qui, bientôt, est suivie de corruption, de moisissure & de la perte des plantes. Il convient donc, en renouvelant les papiers, de séparer en différens tas les plantes qui se dessechent plus ou moins vîte. Les *Mousses*, les plantes *Graminées*, les feuilles de plusieurs arbres, n'ont besoin d'être changées que deux ou trois fois; mais les plantes grasses & aqueuses conservent long-temps leur humidité, & demandent plus de soins; il faut écraser leurs tiges, & souvent pour empêcher que les feuilles ne s'en détachent, on est obligé de précipiter la dessication, au moyen d'un fer chaud qu'on passe à différentes reprises sur les papiers qui les recouvrent; on les expose ensuite quelque temps à l'air; après quoi on les replace sous la presse dans de nouvelles feuilles de papier sec.

X I.

En prenant les précautions indiquées, on conserve la couleur des feuilles, & celle même de plusieurs pétales; mais s'ils sont épais, aqueux, & sur-tout rouges, violets ou bleus, ils la perdent à la longue, quelque ſoin qu'on y donne. On parvient cependant à la conſerver au plus grand nombre, par une nouvelle pratique : après avoir aplati, écraſé & rangé toutes les parties de la plante de la maniere qu'on vient de décrire, on change les feuilles de papier, qui ſous la preſſe ſe ſont chargées de la premiere eau, & l'on couvre la plante d'une ou deux autres feuilles, ſur leſquelles on étend du ſablon fin, de l'épaiſſeur d'un pouce. On l'expoſe ainſi à la chaleur du ſoleil pendant pluſieurs jours ; on la retire avant la roſée ; l'humidité s'échappe au travers des interſtices que laiſſent les grains de ſable, & la deſſication devenant plus prompte, les couleurs ſe conſervent plus ſurement.

XII.

On ſe ſert à peu près de la même méthode pour deſſécher les fleurs de jardin avec tout leur éclat, ſans les écraſer, & en conſervant leur forme ; on réuſſit ſur-tout ſur les *Œillets*, les *Anémones*, les *Renoncules*, & toutes les fleurs peu ſucculentes. On cueille la plante dans un temps ſec, dès l'inſtant qu'elle eſt parfaitement épanouie. On a un bocal cylindrique, dont l'orifice eſt du même diametre que le bocal entier ; on place dans le fond un petit moceau de cire molle ; on y fixe l'extrémité de la queue de la fleur, de maniere qu'elle ſe ſoutienne perpendiculairement dans le bocal ; on y verſe alors un ſablon bien lavé & bien ſec ; on l'introduit doucement, & de ſorte qu'il recouvre exactement toutes les parties de la plante, ſur-tout les pétales de la fleur ; on expoſe enſuite le bocal au ſoleil, ſans le couvrir ; au bout de de quelque temps la fleur eſt parfaitement deſſéchée, ſans que ſes couleurs ſoient altérées. On lui rend l'odeur qui lui eſt propre, avec des eſſences, ou au moyen d'une poudre odorante qu'on inſinue juſqu'à l'inſertion des pétales.

RÉCOLTE DU PHARMACIEN.

I.

Si l'on conſidere la vertu des plantes, celles qui ſont produites dans leur climat naturel ſont préférables à celles que l'on fait pouſſer par art dans des climats qui leur ſont étrangers. Malgré tous les ſoins qu'on prend pour ſuppléer à la température, les parties qui compoſent la plante, c'eſt-à-dire, les fleurs, les fruits, les écorces, les racines, n'acquierent jamais la même vigueur ; les principes n'y ſont plus dans la même proportion; leurs facultés ſont néceſſairement affoiblies.

I I.

Parmi l'étonnante quantité de ſimples que la nature nous offre, il eſt des plantes qui ſe plaiſent dans les bois, d'autres dans les plaines, d'autres ſur les montagnes ; celles-ci ne ſe montrent que dans des lieux arides & pierreux; celles-là recherchent les marais & les lieux aquatiques; d'autres croiſſent ſur la ſurface ou au fond de l'eau : or il eſt eſſentiel de les cueillir chacune dans le lieu qui leur eſt propre ; les plantes qui aiment les bois, perdent leurs facultés dès qu'elles ſont tranſportées & cultivées dans les jardins ; quoique ſous le même climat, une poignée de plantes spontanées est plus efficace que plusieurs poignées entieres de simples cultivées.

III.

Le choix de la saison n'est pas moins important pour la récolte des plantes & des parties qui les composent. Il en est qui sont dans leur état de vigueur au printemps, d'autres en automne, d'autres en été, quelques-unes demandent à être cueillies en hiver. Chaque partie de la plante a pareillement ses temps différens; les racines peuvent être cueillies en toute saison, pourvu qu'elles soient charnues. Dans les plantes herbacées, quelques racines deviennent ligneuses à mesure que leur tige monte; elles perdent alors leurs vertus, & l'on doit les ramasser avant l'entier développement de la tige.

IV.

Quelques Auteurs conseillent de prendre les racines au printemps; ils prétendent que l'hiver laissant les parties de la plante dans un état de repos, les sucs se conservent dans la racine qui en pompe encore quelques-uns malgré la rigueur du froid; ils en concluent qu'elles ont alors plus de parenchyme & moins de parties ligneuses; au lieu qu'en automne elles sont privées des sucs qu'elles ont fournis pour le développement de la plante, qui ne sauroit en tirer de nouveaux.

L'expérience enseigne au contraire, que la plupart des racines souffrent considérablement pendant l'hiver, & ne se conservent qu'au moyen des sucs dont elles se sont pourvues pendant l'automne. La plus grande vigueur des racines *vivaces* paroît être quelques mois après la maturité de leurs graines; & celles des *bisannuelles*, après le développement des feuilles. De même, la plus grande force de la plante est pendant l'été; elle pousse sa tige, développe ses fleurs, ses fruits, ses semences; l'automne survient, bientôt la végétation cesse dans la tige; les racines épuisées sucent de nouveaux sucs, & ne sont plus contraintes d'en fournir aux feuilles & aux fruits, qui prêts à tomber, ne demandent plus aucune nourriture. Toute la végétation se concentre donc alors dans les racines; elles se remplissent des meilleurs sucs, bien différens de ceux dont elles sont pourvues au printemps; ces sucs aqueux, mal élaborés, se corrompent facilement, & par une suite nécessaire, les racines cueillies en ce temps pourrissent avec une grande facilité. La racine d'*Angélique* tirée de la terre au printemps, ne peut être gardée qu'une année; elle perd beaucoup à la dessication, les vers s'y mettent bientôt; tandis qu'on garde celle qu'on ramasse l'automne trois ou quatre ans, sans avoir rien à craindre de ces animaux.

V.

Quelques personnes rejettent indistinctement toute racine rongée par les vers. On doit savoir que les parties de plusieurs plantes ne sont purgatives qu'à raison de la résine qui abonde dans leur tissu; & qu'il en est qui ne doivent leurs effets & leurs vertus qu'à la résine. Si l'on y laisse les parties ligneuses, ce n'est que par l'impossibilité où l'on est de les séparer. Les vers font ce travail; ils rongent le bois & ne touchent point à la résine. Les racines résineuses piquées de vers, n'ont donc rien perdu de leur qualité.

VI.

Les bois peuvent être ramassés en tout temps; il faut seulement observer de ne les tirer que des arbres qui ne sont ni trop jeunes ni trop vieux. Les écorces doivent toujours être prises sur les jeunes bois & dans l'automne, à l'exception des écorces d'arbres résineux, qu'il faut recueillir avant que la seve soit en mouvement. Les vieilles écorces sont sans-vertu; ce ne sont plus que des squelettes terreux privés de la végétation; leurs vaisseaux obstrués ne reçoivent plus les sucs nutritifs; c'est pourquoi l'on voit plusieurs écorces se détacher & tomber d'elles-mêmes: l'*Orme*, le *Cerisier*, la *Quintefeuille* en arbre, en fournissent des exemples.

VII.

Le temps de cueillir les feuilles est celui où le bouton des fleurs commence à se montrer. Celui de cueillir les fleurs qu'on ne doit jamais séparer des calices, est marqué par le moment de leur épanouissement; leur vertu est alors plus considérable qu'elle ne seroit si on les eût ramassées avant ce temps; les *Roses de provins* épanouies sont un purgatif; avant leur épanouissement, elles ne sont que stiptiques. Après l'entier développement, la vertu de la plante se dissipe; mais il est des exceptions à ce principe: les plantes *aromatiques* n'acquierent leur efficacité qu'après la chute de la fleur, & lors de la parfaite maturité de la semence.

VIII.

Le corps, ou l'amande de la semence, n'est pas odorant en lui-même, il n'est qu'émulsif; la partie aromatique, odorante, réſide dans ſes membranes intérieures, logée dans une infinité de petites véſicules. La partie odorante des *Labiées* eſt enfermée dans le calice & dans la partie intérieure de l'écorce; le pétale n'en a point, ou très-peu. Si l'on ſépare les pétales du *Romarin* pour les faire ſécher, on n'en obtiendra qu'une huile eſſentielle; l'eſprit recteur ou aromatique qui leur reſtera, ſera en petite quantité, & ſe diſſipera très-promptement. Il eſt donc eſſentiel dans ces ſortes de plantes, de cueillir les calices avec les pétales.

I X.

Quant aux *Liliacées*, elles n'ont point de calice, ou plutôt de périanthe; toute leur odeur réſide dans les pétales, & leurs parties aromatiques fixées dans la pouſſiere fécondante, ſont ſi volatiles, qu'on ne peut les retenir & qu'on ne les apperçoit qu'en certain temps. Ces plantes perdent bientôt leur odeur, & ne l'acquierent qu'au temps de leur fécondité; avant l'épanouiſſement des pétales, elles n'en ont point; quand elles défleuriſſent, elles n'en ont plus. C'eſt ainſi que dans le temps deſtiné à la fécondation, il ſe fait chez les animaux une émanation de corpuſcules odorans, par le moyen deſquels le mâle eſt averti, & ſent que la femelle eſt en chaleur. Il eſt donc inutile de travailler à deſſécher les plantes *Liliacées;* ſi l'on veut en tirer les parties actives, il faut les cueillir dans le moment de la fécondation; & l'on ne peut fixer leurs parties aromatiques, qu'en les enchaînant dans des huiles eſſentielles.

X.

Plusieurs plantes ont des fleurs très-petites ; on ne peut conserver leurs vertus sans prendre en même temps les feuilles & souvent les tiges ; sinon on donneroit lieu à une trop grande dissipation des parties actives. Les petites plantes s'emploient toutes entieres, & ne doivent être cueillies que lorsqu'elles sont en vigueur, c'est-à-dire, lors de la fleuraison.

X I.

Il faut attendre la parfaite maturité des semences pour les ramasser ; celles qui sont renfermées dans des fruits charnus, en doivent être séparées, autrement elles se gâteroient ; d'autres demandent à être conservées dans leurs capsules, telles sont la plupart des *aromatiques.* Les fruits doivent être choisis mûrs ou non mûrs, selon leur destination ; si l'on veut en tirer un acide, il faut prévenir la maturité ; l'attendre, si on désire un fruit agréable & sain.

X I I.

On fait usage en Médecine, des plantes fraîches ou des plantes desséchées ; celles-ci suppléent aux premieres qu'on ne peut avoir dans toutes les saisons.

Les plantes fraîches doivent être cueillies un peu après le lever du soleil & dans un beau jour, soit pour en faire une décoction, soit pour en faire une distillation.

Celles que l'on se propose de dessécher, doivent être déchargées de l'humidité qui n'entre point dans leur composition. On les cueillera après que le soleil l'aura totalement enlevée sur le midi, dans un jour beau & ſerein; autrement ces plantes ſe gâteroient & ſe corromproient.

XIII.

On doit avoir égard à l'âge des plantes; l'enfance, l'adoleſcence, la maturité, la vieilleſſe ſont pour elles des états très-différens, d'où réſultent ſouvent des propriétés oppoſées.

Les feuilles de *Mauve* & de *Guimauve* étant jeunes, ſont d'excellens émolliens & mucilagineuſes; dans la vieilleſſe, elles deviennent aſtringentes, & donnent un acide remarquable par ſa ſtipticité. Cette conſidération eſt importante, parce qu'en croyant donner un lavement émollient, avec de pareilles plantes, on peut augmenter la douleur au lieu de l'appaiſer. Leur ſtipticité dans la vieilleſſe provient d'un acide développé qui, pendant la jeuneſſe, étoit abſorbé dans une grande quantité d'eau. On obſerve la même choſe dans les tiges & dans toutes les parties de pluſieurs plantes. Les tiges d'*Apocin*, qu'on mange en Amérique, ſont agréables, nourriſſantes & ſaines dans leur fraîcheur; elles deviennent un vrai poiſon en vieilliſſant.

XIV.

On pourroit citer pluſieurs exemples de la diverſité des vertus d'une même plante, conſidérée dans ſes différens âges. Le raiſin en fournit un des plus connus & des plus frappans; après la fleur, le jeune raiſin eſt acerbe, terreux, laiſſant dans la bouche une impreſſion ſemblable à celle des aſtringens; il s'accroît & groſſit, en même temps ſe développe en lui un acide dont l'activité augmente chaque jour; dès que le raiſin tourne & commence à se colorer, il se mêle de la douceur à l'acidité; peu à peu le goût en devient agréable; enfin son suc produit du vin. Si on le laisse plus long-temps sur le cep, le suc se corrompt ou se dissipe en partie par l'évaporation. On voit par-là combien l'âge influe sur la nature des productions végétales.

DESSICATION

POUR LA PHARMACIE.

I.

L'OBJET de la dessication est de priver les plantes de l'eau qui a servi à la végétation. Elle est plus ou moins abondante dans elles; on en juge à leur poids, en les comparant avant & après leur dessication.

II.

Plus les plantes sont promptement desséchées, mieux elles se conservent; il faut, s'il est possible, qu'elles ne perdent ni leur couleur, ni leur odeur; en général, elles doivent sécher à l'air & au soleil, ou dans un grenier qui y soit exposé.

Tous les corps sont dans des vibrations continuelles, qu'ils doivent à l'action du feu qui passe sans cesse d'un corps dans l'autre, & qui produit en eux différens degrés de raréfaction. L'air, à l'aide de cet agent, entre plus ou moins facilement dans les pores que lui présente la surface de ces mêmes corps. Outre la pesanteur & l'agitation continuelle qui existent dans l'air, il est encore chargé de parties d'eau. Quel froissement ne doivent donc pas produire cette pesanteur & cette agitation, sur-tout si elles sont aidées par l'humidité que l'air charrie ? Prenez une plante parfaitement desséchée, pesez-la, laissez-la exposée à l'air libre pendant quelque temps; pesez-la de nouveau, vous trouverez que le poids est augmenté, parce que l'air, en la pénétrant, lui a communiqué des parties d'eau dont il étoit chargé. Or, l'eau est le principal instrument de la fermentation, & que ne doit-il pas arriver aux sucs qu'on vouloit conserver dans la plante, si ce n'est une décomposition totale de ces mêmes substances & leur altération ?

III.

Pour parvenir à conserver la couleur & les vertus des plantes humides, elles doivent être desséchées avec toute la promptitude possible, ainsi que celles qui n'ont que peu de principes résineux, telles que la *Mélisse*, la *Bourrache*, la *Véronique*, &c. Dans une dessication lente, elles sont exposées à souffrir un degré de fermentation proportionné à la nature & à la quantité des sucs fermentescibles qu'elles contiennent. Les plantes qui ont ces principes moins abondans & moins de sucs aqueux, comme la *Sauge*, le *Romarin*, &c. perdent moins en séchant lentement, & leur vertu diminue beaucoup, lorsqu'on les expose au soleil ou dans une étuve, pour les faire sécher rapidement.

IV.

Les plantes inodores demandent de la célérité & les mêmes précautions dans la dessication. On doit les expoſer dans un lieu bien aëré, autrement l'humidité qui doit s'en ſéparer ne s'évapore pas aſſez vîte; il s'y fait de nouvelles combinaiſons; la plante devient noire & pourrit.

V.

Les plantes odorantes, deſſéchées avec promptitude, gardent leur couleur verte & durent long-temps; il faut s'attacher ſur-tout à conſerver leurs parties odorantes; c'eſt dans elles que réſident les propriétés des végétaux. Doit-on donc les deſſécher à l'ombre, dans du papier, & dans un endroit expoſé au vent du Nord, ou faut-il pour en obtenir la deſſication, les expoſer au ſoleil?

Les partiſans de la premiere opinion prétendent que ce dernier procédé prive les plantes de leurs parties actives & odorantes; puiſqu'il eſt établi par pluſieurs analyſes, qu'un degré de feu très-médiocre ſuffit pour les enlever.

Les Sectateurs du ſyſtême oppoſé répondent, que les plantes renfermées dans l'alambic, ſont ſoumiſes à une chaleur qui agit avec bien plus de force que le ſoleil auquel on les expoſe à l'air libre; mais le premier ſentiment paroît préférable à l'autre: il eſt autoriſé par une multitude de faits auxquels il n'eſt pas poſſible de réſiſter.

VI.

Il eſt des plantes aromatiques qui gardent leur odeur ſi opiniâtrément, comme l'*Abſinthe*, qu'on ne riſque pas de les faire ſécher à l'air libre; mais il convient d'envelopper de papier celles dont l'odeur eſt volatile & foible. Quelques plantes doivent être deſſéchées avec les fleurs & les feuilles tout enſemble; telles ſont les *Menthes*, le *Mille-pertuis*, la *Germandrée*, &c. On doit envelopper leurs sommités dans des cornets de papier, en faire de petits paquets, les lier & les suspendre à l'air. Ces précautions conviennent à toutes les plantes dont les fleurs peuvent conserver leur couleur, comme la petite *Centaurée ;* le rouge se change en jaune, s'il reste exposé à l'air. On peut garder ces herbes, bien desséchées, près de trois ans, sans qu'elles perdent leurs propriétés.

VII.

Le *Caille-lait* à fleurs jaunes doit être exactement desséché en douze heures; il abonde en miel; si la dessication n'est pas prompte, le miel fermente & devient acide : tous les sucs en sont bientôt altérés; c'est pour cette raison qu'il fait cailler le lait. Les fleurs du *Sureau* sont à peu près dans le même cas ; il faut les faire sécher d'abord après la récolte, si on veut les avoir belles, & l'on ne doit pas attendre qu'elles quittent leurs péduncules, cette chute ne pouvant être attribuée qu'à la fermentation qu'elles ont déjà éprouvée.

VIII.

Lorsque les fleurs ont peu de consistance, comme dans la *Matricaire*, le *Scordium*, on les desseche sans les séparer des tiges, & lentement, parce qu'elles ont peu d'eau. En général, les fleurs des plantes ligneuses, comme la *Mélisse*, la *Bétoine*, & toutes celles d'une consistance solide, peuvent être séparées des tiges. On fait aussi sécher séparément les feuilles & les fleurs de la *Camomille romaine ;* on peut encore détacher les fleurs de la

Mauve avec le calice, & les faire ſécher ſeules très-promptement au ſoleil, ainſi que celles du *Mélilot ;* quoique petites, elles ont de la conſiſtance ; ſes tiges ſont grandes & embarraſſeroient. A l'égard des *Roſes de provins*, il faut couper leurs boutons & leur ôter l'onglet.

I X.

Avant de faire ſécher les plantes, ou quelques-unes de leurs parties, on en ſépare les herbes étrangeres & toutes les feuilles mortes ou fanées. On les expoſe à l'ardeur du ſoleil, ou dans un endroit chaud ; on a ſoin de les étendre ſur des toiles garnies d'un chaſſis de bois, que l'on ſuſpend pour donner à l'air une libre circulation. On les remue pluſieurs fois le jour ; on les laiſſe ainſi expoſées juſqu'à une parfaite deſſication, ayant ſoin qu'elles ne ſoient pas amoncelées les unes ſur les autres ; l'humidité s'arrête dans les endroits épais, elle altere les couleurs.

X.

Les écorces & les bois veulent être deſſéchés promptement, ſur-tout quand ils ſont humides ; mais ils n'exigent aucune préparation.

X I.

Les racines que l'on tient dans des caves, y végetent, perdent leurs ſucs, deviennent filamenteuſes ; & au lieu de conſerver ce qui en fait l'efficacité, elles ſe chargent d'une eau inſipide qui n'a aucune vertu, & qui ſouvent acquiert une mauvaiſe qualité. Elles doivent être deſſéchées après qu'on les a tirées de la terre dans leur vigueur. Si elles ſont dures, petites, un peu aqueuſes, on les enfile, & on les suspend dans un lieu bien aëré, après les avoir mondées, c'est-à-dire, en avoir détaché tous les filamens, & les avoir essuyées avec un linge rude qui enleve l'épiderme & la terre qui peut y adhérer.

XII.

On ne doit jamais les laver, ou du moins très-légérement; l'eau qui sert à cet usage se charge des parties salines & extractives qu'il importe de conserver dans les racines. On a soin de fendre celles qui contiennent un cœur ligneux; on coupe par tranches très-minces celles qui sont charnues, comme les racines de la *Bryone* & du *Nénuphar*, après quoi on les enfile.

XIII.

Quelques racines, telles que celles de l'*Enula-campana*, ne se dessechent bien ni à l'air, ni au soleil; on est obligé de les exposer à l'entrée du four pour les sécher tout-à-coup, & les mettre en poudre dans le besoin. Il est bon d'observer qu'on ne doit en agir ainsi, que pour les racines destinées à être pulvérisées, & la chaleur d'un soleil ardent peut suffire à cet effet.

XIV.

La plupart des racines, après la dessication, attirent puissamment l'humidité de l'air, se ramollissent, se moisissent & se gâtent au bout d'un certain temps à leur surface; ainsi, il faut les tenir exactement renfermées dans un lieu sec, à l'abri de l'air, sur-tout celles qui sont pulvérisées.

XV.

Les *bulbes* ou oignons, pour être exactement

desséchées, doivent être effeuillées & exposées à la chaleur du *bain-marie*.

XVI.

Les semences farineuses n'exigent qu'une exposition dans un endroit sec, & médiocrement chaud; elles contiennent moins d'humidité que les autres parties des plantes. Les semences émulsives, celles qui sont renfermées dans les fruits charnus, telles que les semences froides de *Concombre*, de *Melon*, de *Courge*, de *Citrouille*, doivent être mondées de leur écorce, mais seulement à mesure qu'on s'en sert, afin que l'huile essentielle qu'elles contiennent n'acquiere pas une mauvaise qualité. Les semences odorantes doivent être conduites à une parfaite dessication.

XVII.

Les fruits veulent être desséchés promptement, d'abord au feu jusqu'à un certain point de dessication, ensuite au soleil. On doit donner à ceux que l'on soupçonnera contenir des œufs d'insectes, un degré de chaleur de quarante degrés, qui les fait périr. On enferme les fruits dans un lieu sec, ils se conservent assez long-temps.

XVIII.

Il est enfin des plantes qui ne peuvent être desséchées, parce que leur vertu réside dans leur humidité. L'*Oseille* est de ce nombre, ainsi que le *Pourpier*, la *Joubarbe*, les *Sedums*, les *Cucurbitacées*, le *Cochléaria*, & presque toutes les *Cruciformes*, qui par la dessication perdroient leurs parties volatiles. On desseche cependant la *Coloquinte*, mais il faut y employer beaucoup de soin; on la dépouille de son écorce, afin que l'air pénetre le parenchyme, & prévienne la fermentation qui conduit à la putréfaction.

XIX.

On ne doit point exposer aux injures de l'air les plantes desséchées ; la vicissitude de cet élément cause, selon BEKER, la destruction des corps. Dans un temps humide, les plantes redeviennent humides, & ces altérations leur font perdre tous leurs principes actifs. Les aromatiques sont celles qui exigent le plus d'attention ; on doit les enfermer soigneusement dans des boîtes vernies au-dehors, pour empêcher que l'air ne pénetre dans l'intérieur. On peut encore les conserver dans des vaisseaux de verre ou de terre bien cuite & bien vernissée.

XX.

Avant d'enfermer les plantes pour les conserver, il convient de les remuer & de les secouer sur un tamis de crin, afin d'en séparer le sable, les œufs d'insectes, & les petits insectes vivans, dont elles sont ordinairement remplies ; ils mangent & alterent les plantes jusqu'à leur mort ; les œufs qu'ils laissent, éclosent bientôt, & le mal se renouvelle.

XXI.

Il est des plantes seches qu'on ne peut garder que très-peu de temps, quelque soin qu'on y donne. Les unes ne durent que quelques mois ; il faut renouveler les autres tous les ans ; d'autres se maintiennent quelques années. Les fleurs de *Violettes*, qu'il faut nécessairement tenir dans des vaisseaux de verre bien clos, n'ont après un mois qu'une odeur d'herbe ; la partie odorante est là ſeule qui donne la couleur; elle s'évapore bientôt. On n'obvie à cet inconvénient, qu'en réduiſant le ſuc de *Violette* à la conſiſtance de ſirop. Les fleurs de *Bourrache* & de *Bugloſſe* deſſéchées n'ont plus de vertu. Celles de *Mauve* & de *Bouillon-blanc* doivent être gardées dans des vaiſſeaux de verre, parce qu'elles contiennent une matiere mucilagineuſe, qui, comme l'*Hydromel*, attire l'humidité; elles n'ont leur vertu que pendant l'eſpace d'une année; elles la perdent enſuite, de même que les fleurs de *Mélilot*; la *Camomille* peut être gardée plus long-temps.

XXII.

Les plantes aromatiques bien deſſéchées & bien conditionnées, durent pluſieurs années. Le *Thym*, la *Marjolaine*, l'*Hyſſope*, conſervent très-long-temps leur odeur; mais la *Matricaire* & quelques autres, après une année, ſont ſans force.

XXIII.

Les écorces & les bois reſtent bien plus long-temps douées de toutes leurs vertus. Les racines, comme celles de *Gingembre*, d'*Angélique*, de *Souchet*, du *Calamus aromaticus*, ſont cinq ou ſix années en vigueur. Celles dont la ſubſtance eſt compacte & réſineuſe, comme dans le *Jalap*, le *Turbith*, &c. durent plus que les ligneuſes & les fibreuſes.

XXIV.

En général, il eſt très-à-propos de renouveler le plus ſouvent qu'il eſt poſſible toutes les productions végétales deſſéchées; elles s'affoibliſſent continuellement par l'évaporation; l'humidité y introduit la putréfaction; pluſieurs inſectes les attaquent, & nuiſent à leur efficacité.

DÉCOCTION,

DÉCOCTION, INFUSION *ET MACÉRATION.*

I.

Les décoctions sont des médicamens liquides, préparés à l'aide de l'ébullition. Le but de cette préparation est d'enlever aux corps qu'on y soumet, les parties qui peuvent en être extraites & séparées, & de les tenir suspendues dans les liqueurs où on les place. Ces liqueurs sont appelées *véhicules* ou *menstrues*. L'on approprie le véhicule ou le menstrue, à l'intention que l'on a.

II.

La décoction, l'infusion, la macération, ne different entre elles que par le plus ou le moins de chaleur donnée au menstrue. Pour la décoction, on fait bouillir la liqueur; pour l'infusion, on la donne tiede; dans la macération, il faut que la chaleur du menstrue soit égale à celle de l'atmosphère. Ces trois préparations ne sont donc que des coctions à différens degrés; elles comprennent une infinité d'autres préparations auxquelles on assigne différens noms, tirés de la nature des menstrues, de l'usage intérieur ou extérieur qu'on en fait, & de l'effet qu'on en attend.

III.

Les plantes ne doivent pas être soumises indifféremment à la décoction. La seule partie aromatique fait l'efficacité des plantes aromatiques. L'analyse fait voir l'erreur où l'on tombe, en faiſant bouillir ces plantes à l'air libre, & toutes celles qui n'agiſſent que par leurs parties volatiles, comme le *Cochléaria*, le *Bécabunga*, les *Céphaliques*, les *Labiées ;* l'ébullition dépouille ces plantes de leurs vertus. L'*Abſinthe* cependant ne les perd pas aiſément ; elle ſouffre une longue décoction & conſerve ſon odeur ; mais toute plante dont les parties ſont ſubtiles & fugaces, doit être miſe en décoction, dans des vaiſſeaux bien fermés, & le plus ſouvent dans des vaiſſeaux ſéparés. Tandis que les décoctions ſont chaudes, on mêle toutes celles qu'on veut employer, & l'on ne paſſe la liqueur que lorſqu'elle eſt refroidie; c'eſt ce qu'on appele infuſions, décoctions.

I V.

Les plantes inodores qui n'ont d'efficacité que par leurs parties extractives, peuvent être ſoumiſes à l'ébullition, excepté celles dont le tiſſu lâche & léger feroit trop facilement pénetré par l'eau, comme les fleurs de *Mauve*, de *Guimauve*, de *Coquelicot*, &c.

V.

La quantité de véhicule qu'on emploie dans des décoctions, ne peut être déterminée exactement. Plus les corps ſont durs, plus il faut de menſtrue.

La *Germandrée*, l'*Ivette*, demandent ſeulement un peu plus d'eau qu'on ne veut qu'il en reſte. Si on en donne davantage, on émouſſe l'activité des ſels ; ſi on en met trop peu, on ne retire pas ce qu'il y a de plus efficace.

V I.

On ne doit pas en général faire bouillir longtemps les ſubſtances. Les principes que fourniſſent les végétaux infusés, ou soumis à une décoction légere, sont bien différens de ceux qu'on en obtient par une forte ébullition ; l'ébullition décompose les huiles & les sels, en les faisant fortement agir & réagir les uns sur les autres ; il en résulte un remede souvent opposé à celui qu'on attendoit. Quelques plantes sont laxatives après une légere ébullition, & deviennent astringentes lorsqu'on les fait bouillir trop long-temps ; leur substance terrestre se dissout en quelque sorte dans la décoction. Le *Séné* & ses follicules fournissent par infusion, ou par une légere ébullition, tous leurs principes extractifs & purgatifs. L'ébullition est-elle forte : ils rendent un mucilage fort épais, qui embarrasse ou détruit tellement la vertu purgative, que ces fortes décoctions deviennent presque sans effets.

VII.

Toute la famille des *Capillaires* veut être infusée dans des vaisseaux bien fermés, & l'on ne doit les faire bouillir que pendant quelques minutes. On ne doit jamais faire bouillir les fleurs ou *pétales*, leur tissu est trop délicat, & plusieurs seroient privées de leur odeur.

VIII.

Dans toutes décoctions où il entre des plantes aromatiques & des plantes inodores, on doit faire bouillir celles-ci, & faire infuser les premieres séparément. L'infusion à un degré de chaleur n'ôte à ces plantes que la partie volatile, mais souvent c'est la seule qu'on se propose d'obtenir. Si l'on veut en même temps se procurer les parties fixes, il faut en faire la décoction dans des vaisseaux bien fermés, ou distiller les plantes avant de les soumettre à l'ébullition; on mêle ensuite à la décoction les parties aromatiques & volatiles qu'on a tirées par la distillation. Les *matras* sont les vaisseaux les plus propres à l'infusion & à la macération des plantes dont les parties sont subtiles; les autres vaisseaux ne ferment pas assez exactement.

I X.

Si l'on veut éviter dans les infusions que le véhicule se charge trop fortement, on ne doit jamais l'employer bien chaud; on doit n'y mettre qu'une petite quantité de fleurs, & les laisser infuser peu de temps. Il faut ménager le degré de chaleur & la quantité de véhicule, selon que le parenchyme se pénetre plus ou moins facilement. Il est des fleurs sur lesquelles il suffit de faire passer l'eau bouillante.

X.

La densité des corps indique le rang qu'ils doivent tenir dans la décoction; les plus compactes y doivent être exposés plus long-temps que ceux qui le sont moins, & dans l'ordre suivant : 1.° les bois; 2.° les racines seches & ligneuses; 3.° les écorces; 4.° les racines fraîches auxquelles on ôte les parties ligneuses, & que l'on coupe par morceaux; 5.° les fruits coupés & mondés des noyaux, graines ou écorces qu'ils contiennent; 6.° les herbes inodores, suivant leur degré de consistance, & hachées grossiérement. En général, il est à propos de broyer & de faire macérer les corps secs, avant de les soumettre à la décoction. A l'égard des fleurs, on ne les fait entrer dans la décoction, qu'après l'avoir retirée du feu ; mais on parvient, par une longue ébullition, à diminuer la trop grande activité des substances âcres & piquantes.

X I.

Il suit de ce qui précede, qu'on doit rejeter comme dangereuse, toute formule composée qui prescrit de faire bouillir tous les corps mêlés ensemble. Les végétaux les plus subtils donnent les premiers leurs parties ; le menstrue s'en charge & devient incapable d'attaquer les racines & autres corps compactes ; on n'obtient donc que la moitié du remede. Observez cependant que ce qui fait la base du médicament, doit toujours dominer ; mais si cette base est de nature pulpeuse, glutineuse, visqueuse, on doit craindre qu'elle ne rende le véhicule impuissant sur les autres corps. Si on veut une décoction purgative, & joindre au *Séné*, qui sera la base, des amers comme l'*Absinthe*, des bois, des racines comme la *Squine* & le *Gayac*, le *Séné* étant d'un tissu plus mou, on peut le mêler avec les autres, afin que le menstrue en soit suffisamment chargé.

X I I.

Les gommes-résines doivent être réduites en poudre ; il ne faut les délayer dans les décoctions, que lorsque ces mêmes décoctions sont presque refroidies, sinon la partie résineuse se ramollit, se grumele, & ne se trouve plus également distribuée dans le médicament.

TABLEAU
DE
L'ANALYSE VÉGÉTALE,

Extrait des Leçons de Chimie de Monſieur ROUELLE, *des Académies royales des Sciences de Paris & de Stockholm, & Démonſtrateur royal de Chimie au Jardin du Roi.*

L'OBJET de ce Livre élémentaire, étant moins de former des Botaniſtes ſavans que d'inſtruire ſuffiſamment les Eleves à connoître les plantes pour les employer avec ſuccès, on a penſé qu'un abrégé de l'Analyſe végétale rempliroit toutes les vues qu'on s'eſt propoſées.

Le ſuccès mérité qu'a obtenu l'*Extrait raiſonné des Cours de M. Rouelle*, nous détermine à en faire uſage. La méthode qui y regne, l'exactitude avec laquelle les faits y ſont liés les uns avec les autres, a déjà engagé un Savant bien capable de l'apprécier, à le propoſer comme le modele le plus parfait de l'Analyſe chimique (*).

Le but de l'Analyſe étant de découvrir la nature des corps en tâchant de connoître les par-

(*) Voyez la Traduction du *Flora Saturniſans*, addition au Chapitre VIII.

ties dont ils ſont composés, il eſt évident que des anciens Chimiſtes s'écartoient de ce but, lorſqu'ils n'employoient pour tout moyen que la diſtillation à la cornue, plus capable de détruire les corps que de les décomposer, ſur-tout quand on l'emploie ſeul, quoiqu'il puiſſe avoir ſon utilité lorſqu'on y joint les autres moyens qui ſont au pouvoir de l'art. Ces autres moyens ſont ceux qu'offrent les menſtrues & les différentes combinaiſons. Mais ce n'eſt pas ici le lieu de m'étendre ſur les avantages de cette méthode; ils ſont connus de tous ceux qui ont une idée exacte de la Chimie.

Lorſqu'on examine la ſtructure des végétaux & leurs qualités les plus apparentes, on y apperçoit aiſément des différences qui ne permettent pas d'y chercher les mêmes produits; on trouve auſſi dans certains genres, des ſubſtances qu'on ne trouve point dans d'autres; ainſi, pour avoir une connoiſſance parfaite des végétaux, il faut, non-ſeulement examiner autant d'individus de plantes qu'on y apperçoit de différences ſenſibles, mais encore ſoumettre à des expériences particulieres chacune des ſubſtances ou des productions des différens genres de plantes, telles, par exemple, que les gommes, c'eſt-à-dire, ces ſucs épaiſſis, ſolubles dans l'eau, qui ſuintent de l'écorce de certains arbres, les baumes & les réſines qui ſont des ſucs d'une autre eſpece, inflammables & inſolubles dans l'eau. Nous croyons devoir faire remarquer au ſujet de ces deux eſpeces de ſucs, que les anciens Chimiſtes, peu inſtruits des véritables caracteres qui les diſtinguent, les ont ſouvent confondus, & ont donné le nom de gommes à de véritables résines, telles que la gomme lacque, la gomme copal, la gomme élémi, la gommegutte, &c. & ces noms en imposent encore aujourd'hui à des Chimistes d'ailleurs très-instruits, qui confondent ces substances avec les gommes, malgré leur inflammabilité & leur insolubilité dans l'eau. Le miel que les abeilles ramassent dans le fond des fleurs, la cire qu'elles recueillent sur leurs étamines, la manne qui suinte d'une espece de Frêne, &c. Il faut aussi examiner séparément les différentes parties des plantes, car leurs feuilles ne donnent pas toujours les mêmes produits que leurs fleurs, que leurs tiges, que leurs racines, &c. C'est ce que nous allons faire dans cet essai d'Analyse. Entrons en matiere.

1.° Qu'on prenne une plante qui n'ait point d'odeur, par exemple, du Plantain; qu'on le distille au bain-marie, ayant soin de ne lui donner que le degré moyen de l'eau bouillante, on obtiendra une liqueur limpide sans goût, sans odeur, en un mot, une eau qui ne différera point de l'eau de pluie distillée.

2.° Mais si l'on distille au même degré de feu, une plante odorante, l'eau qu'on obtiendra aura l'odeur de la plante. Le principe de cette odeur est si subtil, que si on laisse cette eau quelque temps dans un vaisseau ouvert, il se dissipe entiérement, sans que l'eau perde sensiblement de son poids, preuve qu'il y est en très-petite quantité.

3.° Si l'on distille cette même plante au degré de l'eau bouillante, sans passer au-delà, ce qu'on n'obtient qu'en la distillant à feu nu avec de l'eau dans la cucurbite, on obtient outre l'eau qu'on a eue dans le procédé précédent, une huile qui a l'odeur de la plante, qui nage à la surface de l'eau dans quelques especes, & qui dans d'autres va dessous. Ces différentes pesanteurs spécifiques ne sont pas le seul caractere qui distingue ces sortes d'huiles ; elles different encore par leurs couleurs & par leur consistance, y en ayant de vertes, de bleues, de jaunes, de rougeâtres, &c. de plus ou de moins limpides, & même de figées. C'est à ces huiles qu'on donne le nom d'*huiles essentielles ;* elles ne se trouvent pas toujours dans les mêmes parties des différentes plantes ; il y a des plantes, telles que le Romarin, la Menthe, &c. qui l'ont dans leurs feuilles ; la Lavande l'a dans le calice de ses fleurs ; les plantes ombelliferes l'ont dans l'enveloppe de leurs semences ; les arbres de la famille des Orangers & des Citronniers, l'ont dans les pétales de leurs fleurs, & ensuite dans l'écorce de leurs fruits, &c.

4.° Les semences de presque toutes les plantes, (car on ne doit guere en excepter que celles de la famille des Légumineuses, des fausses Légumineuses & des Graminées qui sont farineuses, & celles des Rubiacées qui sont presque de la nature de la corne) donnent, lorsqu'on les met dans une presse, après les avoir pilées & réduites en pâte, une huile qui ne peut pas monter dans la distillation comme la précédente, & qui en differe encore parce qu'elle n'a point d'odeur ; on l'appelle *huile par expression*, à raison du moyen qu'on a employé pour l'obtenir.

5.° L'amande du Cacao dépouillée de son écorce & pilée, les baies de Laurier, celles de l'Arbre de cire, lorsqu'on les fait bouillir dans l'eau, donnent une huile qui vient nager à la surface de ce liquide, & qui, lorſqu'on la laiſſe refroidir, ſe fige & prend la conſiſtance d'un beurre.

6.° La plupart des plantes, lorſqu'on les diſtille à la cornue, & qu'on leur donne le degré moyen ſupérieur à l'eau bouillante, donnent une liqueur d'abord purement aqueuſe, qui devient enſuite acide, & dont l'acidité va toujours en augmentant; il ſort en même temps une huile foiblement colorée & aſſez limpide, mais qui devient de plus en plus colorée & de plus en plus épaiſſe juſqu'à la fin de l'opération. Il reſte dans la cornue un charbon qui conſerve la forme de la plante, pour peu qu'elle ait de ſolidité, & qui n'eſt preſque qu'une terre pure.

7.° Une plante qu'on brûle à l'air libre, perd dans la combuſtion les principes qu'elle donne à la diſtillation; ſi l'on verſe de l'eau ſur ſes cendres, qu'on la filtre & qu'on la faſſe évaporer, on en retire une matiere ſaline qui produit ſur la langue une ſenſation brûlante, & lui imprime un goût d'urine; cette matiere ſaline mêlée avec la liqueur acide du procédé précédent, ou toute autre liqueur acide, y excite un mouvement rapide, accompagné de bulles qu'on appelle *mouvement d'effervescence;* mêlée à la teinture bleue des fleurs des végétaux, elle lui donne une couleur verte, comme l'acide lui donne une couleur rouge. C'eſt à cette matiere ſaline qu'on donne le nom d'*Alkali fixe;* cet alkali fixe n'eſt pas toujours ſeul dans les cendres de tous les végétaux, il y eſt joint quelquefois à d'autres ſels, tels que le tartre vitriolé & le ſel de Glauber; mais il eſt aiſé de les en ſéparer, parce qu'ils criſtalliſent lorſqu'on évapore juſqu'à un certain point l'eau qui les tenoit en diſſolution;

au lieu que l'alkali fixe ne cristallise point & ne prend de forme concrete, au moins lorsqu'il est pur, que quand on le desseche entiérement. S'il y avoit des charbons dans les cendres dont on a fait la lessive; ou si l'air n'avoit pas un libre accès dans le lieu où l'on a brûlé la plante, comme lorsqu'on la brûle en la suffoquant, l'alkali fixe est plus ou moins impur, & plus ou moins chargé de principes étrangers qui le salissent, & lui donnent quelquefois une forme cristalline & concrete. Mais on peut le dégager de ces matieres étrangeres en le calcinant à petit feu; pour lors il est le même dans toutes les plantes, & il attire l'humidité de l'air au point de s'y résoudre entiérement en liqueur, ce qu'on appelle tomber en *deliquium*. Il y a quelques plantes qui donnent un alkali fixe d'une nature différente de celui-ci, ce sont les *kalis* dont l'alkali prend une forme réguliere & cristalline, & n'attire point l'humidité de l'air; cet alkali est le même que celui qui sert de base au sel marin; aussi trouve-t-on une grande quantité de sel marin dans les cendres de cette plante.

8.° Le bois de chêne distillé à feu nu dans une cornue, donne, 1.° au degré de l'eau bouillante, une eau pure; 2.° au degré supérieur à celui-là, il donne un flegme acide chargé de beaucoup d'huile; 3.° dans le progrès de la distillation l'acidité de la liqueur augmente, l'huile devient plus épaisse & plus colorée, & enfin si pesante qu'elle tombe sous l'eau, au lieu que la premiere nage à sa surface.

9.° Le Gayac distillé de la même maniere, donne d'abord une liqueur aqueuse, peu colorée, mais qui devient acide & se colore de plus en plus; ensuite on obtient deux huiles, comme dans le Chêne; c'est la plus pesante qui prédomine. Lorsque les premieres gouttes d'huile sortent, il vient une si grande quantité d'air, qu'elle briseroit tous les vaisseaux, si on n'avoit pas soin de modérer le feu. Outre ces produits, on obtient encore une liqueur très-pénétrante, très-volatile, qui a toutes les propriétés des alkalis fixes, à cela près qu'elle s'évapore au plus léger degré de feu, au lieu que l'alkali fixe résiste au feu le plus violent sans s'élever, ce qui lui a fait donner le nom d'*Alkali volatil*. En effet, il fait effervescence avec les acides, teint en vert les couleurs bleues des fleurs des végétaux, imprime sur la langue une saveur urineuse, &c.

10.° Ce même Gayac distillé dans l'appareil de l'air de M. Halles, corrigé par M. Rouelle, donne une quantité très-considérable d'un air pur & élastique, tel que celui de l'atmosphere. Pour se faire une idée de cet appareil, qu'on se représente un siphon d'étain renversé, dont les deux branches fassent un angle de 45 degrés ou environ; qu'on suppose à l'endroit où elles se rencontrent, une boule creuse qui communique avec l'une & l'autre branche, & soit capable de recevoir les produits liquides de la matiere qu'on distille; que ce siphon soit placé dans une cuvette, de façon qu'en la remplissant d'eau, la boule & la petite branche se trouvent entiérement sous l'eau, & que la grande branche s'éleve perpendiculairement au milieu de la cuvette; si l'on adapte la petite branche de ce siphon au cou de la cornue, qu'on lutte les jointures assez exactement pour que rien ne puisse échapper, qu'on remplisse la cuvette d'eau, & qu'on recouvre la grande branche du siphon avec un récipient de verre, tels que ceux qu'on emploie pour les machines pneumatiques, & que le bord inférieur plonge dans l'eau; il est évident que l'air produit dans la distillation ne pourra se porter que dans ce récipient. Si donc on a soin de pomper l'air qui y est contenu, par le moyen d'un petit trou qu'on pratique à sa partie supérieure, & qu'on rebouche ensuite avec un lut gras qui ferme toute entrée à l'air, l'eau s'élevera jusqu'à une certaine hauteur qu'on aura soin de marquer; la nouvelle quantité d'air produite dans la distillation contrebalançant la pression de l'atmosphere, fera nécessairement descendre cette eau, & l'espace compris entre la marque de son élévation & le lieu où elle se sera arrêtée après la distillation, sera la mesure de l'air produit, ou plutôt dégagé.

Cet appareil beaucoup plus simple que celui de M. Halles, n'en a aucun des inconvéniens. Car, 1.° la jointure du cou de la cornue & de la petite branche du siphon, ne peut rien laisser passer, si elle est bien lutée avec un lut gras, recouvert d'une vessie mouillée & assujettie avec de la ficelle. 2.° Le petit trou par où l'on pompe l'air, ne peut pas non plus donner d'issue à l'air, si on a soin de le bien boucher. 3.° On ne court pas risque que les acides que donnent les matieres en distillation, attaquent le verre de la cornue, ou le siphon & le récipient d'étain, comme ils doivent nécessairement attaquer le fer de la cornue & du canon de fusil que M. Halles a employé; ce qui doit produire de l'air qu'on confond avec celui du corps en distillation. Voyez *la Statique des Végétaux, de M. Halles, pag. 163 de l'Edition Françoise.*

11.° Le Cochléaria & la plus grande partie des plantes cruciferes distillées comme dans les procédés 2 & 3, donnent une liqueur spiritueuse qui contient un alkali volatil, & une huile essentielle qui en est aussi très-chargée.

12.° La semence de *Sinapi* ou de Moutarde, distillée à la cornue, donne, au degré moyen de l'eau bouillante, un flegme chargé d'un peu d'alkali volatil; si l'on soutient ce degré de feu jusqu'à ce qu'il ne passe plus rien, & qu'on l'augmente ensuite jusques un peu au-dessus du degré de l'eau bouillante, l'on obtient un alkali volatil sous forme concrete; il passe en même temps un acide & une huile, mais qui sont dûs à l'amande de cette semence qui est émulsive, au lieu que l'alkali volatil est fourni par son écorce.

Nous avons examiné jusqu'ici des plantes entieres ou quelques-unes de leurs parties, il est temps que nous soumettions à nos expériences les différentes productions que nous en retirons; nous commencerons par les baumes & par les résines.

13.° Si l'on distille la Térébenthine avec de l'eau, pour ne lui donner que le degré de l'eau bouillante, on obtient une huile essentielle, semblable en tout aux huiles essentielles du troisieme procédé.

14.° Le résidu de cette distillation qui est une matiere seche, opaque, cassante, en un mot une véritable résine, distillé à la cornue à un degré de feu un peu au-dessus de celui de l'eau bouillante, donne une liqueur acide, & une huile plus colorée que l'huile essentielle, & qui s'épaissit de plus en plus jusqu'à la fin de la distillation ; il ne reste dans la cornue qu'une petite quantité de charbon encore un peu gras ; ce charbon ne contient que très-peu de terre.

15.° L'Oliban qui est une résine seche, distillé à la cornue, donne, au degré un peu supérieur de l'eau bouillante, une eau chargée d'une partie aromatique, & une véritable huile essentielle ; en haussant un peu le feu, on obtient une liqueur acide & une huile un peu colorée.

16.° Le Benjoin qui est une autre résine seche, exposé à un degré de chaleur qui le tienne seulement en fusion, donne une matiere concrete, en forme de petites écailles qui s'attachent à un cône de papier, dont on recouvre ordinairement le vaisseau dans lequel on tient le Benjoin en fusion. Cette substance est soluble dans l'eau, a un goût acide, fait effervescence avec les alkalis, change en rouge la teinture bleue des fleurs des végétaux ; en un mot, c'est un véritable acide sous forme concrete.

17.° Le résidu de cette opération distillé à la cornue, au degré supérieur à l'eau bouillante, donne une liqueur acide & une huile qui s'épaissit de plus en plus & va sous l'eau. Il reste un charbon très-abondant & très-raréfié.

18.° La cire distillée à la cornue donne, au degré supérieur à l'eau bouillante, une liqueur très-acide, & quelques gouttes d'une huile fluide ; ensuite il vient une huile figée, & presque toute la cire passe sous cette forme dans le récipient, de sorte qu'il ne reste qu'une très-petite quantité de matiere charbonneuse dans la cornue.

19.° L'huile d'Olives distillée au même degré

de feu & avec le même appareil, donne d'abord quelques gouttes d'une huile liquide & un peu de flegme acide; il vient ensuite une huile figée; le résidu charbonneux est en très-petite quantité.

Les semences farineuses, telles que celles que fournit la nombreuse famille des Graminées, la gomme, la manne, le sucre qui est le suc épaissi d'un certain Roseau, le miel, les sucs de presque tous les fruits pulpeux doux ou aigrelets, tels que les Groseilles, les Raisins, les Framboises, les Pommes, les Poires, &c. ont cela de commun, qu'étant délayés dans une certaine quantité d'eau, ou rapprochés jusqu'à un certain point, ils sont visqueux & collans, ou qu'étant étendus dans une plus grande quantité de fluide, & abandonnés à eux-mêmes dans un lieu un peu chaud, ils entrent en fermentation & font du vin.

20.° Ces différentes substances distillées dans un appareil convenable, donnent, au degré supérieur de l'eau bouillante, du flegme & une liqueur acide plus ou moins colorée; quelques-unes, telles que la gomme & les substances farineuses, donnent un peu d'huile qui nage à la surface de la liqueur, mais elles laissent toutes un charbon très-rare, très-spongieux & très-abondant.

Nous n'avons jusqu'ici employé que le feu pour analyser les corps que nous venons de soumettre à notre examen, voyons maintenant ce qu'opéreront les menstrues.

21.° Qu'on prenne une plante quelconque, du Romarin, par exemple; qu'on la mette dans une certaine quantité d'eau, & qu'après l'avoir laissé macérer, si elle est dure, l'on fasse bouillir l'eau, qu'on décante cette eau, qu'on en remette de nouvelle

nouvelle jusqu'à ce qu'elle ne prenne plus aucun goût; qu'on mêle ces différentes décoctions, qu'on les clarifie, & qu'on les évapore au bain-marie jusqu'en consistance de sirop; on obtiendra, lorsqu'elles seront froides, une substance solide, amere, soluble dans l'eau, insoluble dans les menstrues huileux & spiritueux; qui ne brûle que lorsqu'on l'a desséchée; qui distillée à la cornue, donne du flegme, une liqueur acide & une huile empyreumatique qui, brûlée à l'air libre, donne un véritable alkali fixe. Souvent après cette opération il ne reste plus que la terre qui est le squelette de la plante, & sa partie colorante, si elle est verte.

22.° Le Gayac, le Jalap, & quelques autres bois ou racines, traités de la même maniere, donnent aussi un extrait; mais le résidu n'est pas épuisé, il contient encore une résine que nous en séparerons dans la suite.

23.° Les semences de Coin, la graine de Lin, celle de Psyllium, &c., l'écorce des racines de Guimauve, les racines entieres de Réglisse, &c. mises à macérer dans l'eau, donnent, en très-peu de temps, une matiere collante & visqueuse, surtout lorsqu'on a dissipé une partie du menstrue qui la tient en dissolution. C'est un véritable corps muqueux qu'on appelle *mucilage*.

24.° La Myrrhe donne aussi dans l'eau un autre corps muqueux, de l'espece des gommes.

25.° L'Aloës, le Safran, le Quinquina, la Cannelle & la plupart des écorces, la Squine & la Rhubarbe qui sont des racines, donnent, lorsqu'on les fait digérer dans l'eau, une substance différente de l'extrait, du corps muqueux & des résines, puisqu'elle est également soluble dans l'eau & dans l'esprit-de-vin. M. Rouelle qui en fait deux especes, lui donne le nom d'*extracto-résineux* & de *résino-extractif*; celui d'extracto-résineux, lorsqu'elles ont besoin d'être desséchées pour brûler; & celui de résino-extractif, lorsqu'elles brûlent sans avoir été séchées.

26.° Les sucs exprimés des différens fruits pulpeux, dont nous avons fait mention ci-dessus; le Miel, la Manne, le Sucre, les gommes & les mucilages dissous & étendus dans une certaine quantité d'eau; le corps muqueux que l'eau extrait des semences farineuses, après qu'on les a fait renfler dans l'eau pour les faire germer, & qu'on les a séchées & réduites en farine, abandonnés à eux-mêmes en un lieu chaud, entrent en fermentation, c'est-à-dire, qu'il s'y excite un mouvement qui devient de plus en plus rapide, & qui est accompagné d'une chaleur considérable; mouvement par lequel les principes du mixte se désunissent, puisqu'il y a un temps dans lequel cette liqueur est acidule, & dans lequel on apperçoit des gouttes d'huile qui viennent nager à la surface de la liqueur. Ces principes ainsi désunis, venant à se rencontrer dans la liqueur, se réunissent de nouveau, prennent de nouvelles formes, & composent les nouveaux êtres qui constituent le vin. Ce vin gardé dans des tonneaux, dépose au fond une matiere épaisse, molle, qu'on appelle *Lie*, & sur les parois une autre matiere seche, dure, saline, qu'on appelle *Tartre*; ce sont deux produits de la fermentation.

27.° Le vin distillé au degré moyen de l'eau bouillante, donne une liqueur inflammable qu'on appelle *Esprit-de-vin*, ou plutôt *Eau-de-vie*, parce que dans cette premiere distillation, elle entraîne toujours plus ou moins d'eau; mais si on la redistille dans un vaisseau un peu élevé, comme, par exemple, dans un matras à long cou, ou dans cette espece d'alambic qu'on appelle *Courge* dans les laboratoires, avec une colonne de deux ou trois pieds, on l'obtient parfaitement déflegmé. Kunckel conseille même d'y ajouter de l'eau pour en séparer une petite portion d'huile étrangere qui s'y trouve presque toujours unie. On peut encore séparer le flegme qui est uni à l'esprit-de-vin, en le versant sur de l'alkali fixe bien sec qui s'unit à l'eau, & forme une liqueur plus pesante que l'esprit-de-vin; de sorte que celui-ci surnage, & qu'on peut l'en séparer en le décantant.

28.° Après que tout l'esprit-de-vin est séparé, il reste une liqueur aqueuse, légérement acide, & qui retient la couleur du vin. Si on l'évapore jusqu'à siccité, ce qui ne le prive que d'une eau pure, & qu'on y verse à différentes reprises de l'esprit-de-vin, on en sépare la partie colorante rouge qu'on doit placer parmi les résino-extractifs, puisqu'elle est soluble dans l'eau & dans l'esprit-de-vin, & il reste un sel peu soluble, connu sous le nom de *Tartre*. Ce sel, quoique sous forme concrete, a toutes les propriétés d'un acide; il colore en rouge les teintures bleues des fleurs des végétaux, fait effervescence avec les alkalis, &c. C'est ce sel que nous avons dit qui se déposoit sur les parois des tonneaux où le vin séjournoit; on le dégage d'une matiere huileuse qui le salit, en le clarifiant avec une espece de terre argilleuse,

& pour lors on lui donne le nom de *Crême de Tartre*, ou de *Criſtaux de Tartre.*

29.° Ce tartre diſtillé à la cornue donne, au degré de l'eau bouillante, une petite quantité de flegme qui a quelque odeur. En augmentant le feu, il vient une liqueur colorée & acide, dont l'acidité augmente de plus en plus ; enſuite on obtient de l'alkali volatil, de l'huile, & une grande quantité d'air ; il reſte dans la cornue un charbon très-abondant qui tombe en *deliquium*, & qui donne immédiatement de l'alkali fixe, ſans qu'il ſoit beſoin de le brûler auparavant à l'air libre. Le tartre lui-même brûlé à l'air libre, donne une très-grande quantité de cet alkali, & même plus que dans les vaiſſeaux fermés.

30.° Si dans une diſſolution de cet alkali fixe bien pur, on jette une pierre à chaux, & qu'on l'y laiſſe éteindre, qu'on filtre enſuite cette diſſolution, & qu'on l'évapore juſqu'à ſiccité, on a un alkali fixe beaucoup plus cauſtique, qui attire beaucoup plus rapidement l'humidité de l'air ; en un mot, qui, s'il m'eſt permis de me ſervir de cette expreſſion, eſt plus alkali que les alkalis ordinaires.

31.° La lie diſtillée au même degré de feu que le tartre, donne les mêmes produits, à cela près que ſon réſidu, outre l'alkali, contient encore du tartre vitriolé.

32.° Si, lorſque la fermentation eſt achevée, & pendant que le vin eſt encore ſur ſa lie, on l'expoſe à un degré de chaleur un peu conſidérable, la fermentation recommence ; les différens produits de la premiere, tels que la lie, le tartre & l'eſprit-de-vin, ſe décompoſent en partie, l'acide ſe développe, & il en réſulte le vinaigre. Si l'on diſtille ce vinaigre au degré de l'eau bouillante, on a une liqueur flegmatique qui devient de plus en plus acide, & le réſidu eſt le même que celui du vin, c'eſt-à-dire, qu'il contient de l'eau, du tartre, & une partie colorante.

33.° Si l'on étend de l'eſprit-de-vin dans une certaine quantité d'eau, & qu'on le laiſſe expoſé pendant quelque temps dans un lieu frais, l'eſprit-de-vin ſe décompoſe, & il ne reſte qu'un peu d'acide noyé dans une grande quantité d'eau, mais qui y eſt aſſez ſenſible pour rougir les teintures bleues tirées des végétaux. Il ſe décompoſe encore ſi on le fait digérer pendant long-temps ſur de l'alkali du tartre bien pur & bien calciné. Car on obtient une liqueur plus ou moins colorée, qui nage ſur une liqueur de tartre tombée en *deliquium*, au fond de laquelle on trouve quelques criſtaux d'un ſel neutraliſé. Si l'on diſtille la liqueur colorée qui nage ſur l'alkali en *deliquium*, on obtient de l'eſprit-de-vin qui contient un peu d'alkali fixe, & il reſte au fond de la cucurbite une petite quantité d'une matiere ſavonneuſe.

34.° Si l'on diſtille de l'eſprit-de-vin ſur une plante aromatique, il lui enleve ſa partie odorante ou ſon eſprit recteur. C'eſt ſur cela qu'eſt fondé tout l'art de faire les ratafias, qui ne ſont qu'un eſprit-de-vin étendu d'eau, chargé de la partie aromatique d'une plante, & adouci avec du ſucre.

35.° Cet eſprit-de-vin diſſout encore toutes les huiles eſſentielles & les réſines; ce qui nous fournit un moyen de retirer cette derniere ſubſtance des corps où elle eſt contenue, & c'eſt ſur cette propriété qu'eſt fondé tout l'art des vernis.

36.° Ainsi, si l'on fait digérer dans de l'esprit-de-vin le Gayac, le Jalap, &c. après en avoir retiré l'extrait, comme nous l'avons dit dans le procédé 22, on obtient encore une véritable résine qu'on en peut séparer en distillant l'esprit-de-vin jusqu'à siccité, ou encore mieux jusqu'à ce que la matiere commence à s'épaissir ; & en jetant de l'eau sur le résidu, comme la résine est insoluble dans l'eau, elle se sépare nécessairement ; aussi suffiroit-il d'employer ce dernier moyen, mais pour lors l'esprit-de-vin seroit perdu.

37.° La portion résineuse de la Myrrhe que l'eau n'a pu dissoudre dans le procédé 24, se dissout entiérement dans l'esprit-de-vin ; mais ce menstrue n'attaque point sa partie gommeuse que l'eau dissout, comme on l'a vu dans ce même procédé.

38.° L'Aloës, le Safran, le Quinquina, la Cannelle, la Squine, la Rhubarbe, donnent, dans l'esprit-de-vin, la même substance qu'ils ont donnée dans l'eau par le procédé 25 ; aussi lorsque cette substance est en dissolution dans l'esprit-de-vin, on ne peut point l'en séparer en y ajoutant de l'eau, comme on en sépare les résines.

39.° La partie colorante verte des plantes, est d'une nature résineuse, puisqu'elle ne se laisse extraire que par l'esprit-de-vin ; mais la partie colorante de leurs fleurs, est extracto-résineuse, étant également soluble dans l'eau & dans l'esprit-de-vin ; il est vrai que ce dernier les altere à raison de l'acide qui entre dans sa combinaison. Il y a d'autres parties colorantes qui ne sont solubles que dans l'eau, & qui, par conséquent, sont purement extractives ; telle est la partie colorante du *Terra merita*, ou de la racine de *Curcuma*. Tout l'art de la teinture consiste à enlever cette partie colorante, au moyen d'un acide ou d'un alkali, & à la précipiter ensuite avec un alkali ou un acide.

40.° Si l'on prend la crême de tartre du procédé 28, qu'on la dissolve dans de l'eau bouillante, qu'on jette dans cette dissolution de l'alkali, soit celui qu'on trouve dans toutes les plantes, soit celui qu'on trouve dans le kali, ou même de la craie qui est une terre qui a toutes les propriétés des alkalis, à la solubilité près, il se fait une vive effervescence; qu'on filtre cette dissolution, & qu'on l'évapore, on obtient par la cristallisation un sel neutre, dont les cristaux sont différemment figurés, selon qu'on a employé l'alkali fixe ordinaire, ou celui de la soude.

41.° Pour décomposer ce sel, il suffit de verser dans la dissolution de l'acide vitriolique qui, ayant plus de rapport avec sa base que l'acide végétal, le dégage; celui-ci, c'est-à-dire, la crême de tartre, étant peu soluble, tombe au fond de la liqueur sous la forme d'une poudre blanche, semblable en tout à la crême de tartre qu'on a employée.

42.° Si l'on combine de même l'acide du vinaigre avec un alkali quelconque, ou avec de la craie, on obtient aussi un sel neutre qui differe du précédent par la forme de ses cristaux, & en ce que lorsqu'on a employé l'alkali du tartre pour le faire, il ne se cristallise que lorsqu'on lui a enlevé toute son humidité, & qu'il se dissout à l'air; ce dernier sel, c'est-à-dire, celui qui est fait avec l'alkali du tartre, est connu en Chimie sous le nom de *Terre foliée du Tartre*, parce que lorsqu'on le desseche avec certaines précautions, il se met en feuillets. Cette terre foliée se décompose comme le sel du procédé 41, & donne un acide plus concentré que celui qu'on a employé; on l'appelle *Vinaigre radical* : on obtient dans cette décomposition une petite portion d'esprit-de-vin qui se trouve toujours unie au vinaigre.

43.° Si dans la dissolution bouillante d'un alkali rendu caustique par la chaux, comme on l'a indiqué dans le procédé 30, on verse une certaine quantité d'une huile par expression, d'huile d'Olives, par exemple, l'huile & l'alkali se combinent, & il résulte de cette combinaison une substance composée, connue sous le nom de *Savon.*

44.° On peut aussi combiner les huiles essentielles avec l'alkali fixe fondu, en mettant ce dernier en poudre & tout chaud dans un vase, & en versant par-dessus une huile essentielle jusqu'à ce que l'alkali en soit recouvert; mais cette combinaison demande un temps considérable pendant lequel il faut avoir soin de remuer le mélange, & de remettre de l'huile à mesure que l'alkali se découvre.

45.° Si avant que toute l'huile & tout l'alkali qu'on a employés, soient combinés, on laisse tomber l'alkali en *deliquium*, l'huile se décompose, & il se forme un sel neutre qui cristallise comme celui qui est formé par l'union de la crême de tartre & de l'alkali fixe.

46.° Si l'on fait digérer pendant long-temps un alkali fixe avec une résine dissoute dans l'esprit-de-vin, & qu'on distille enfin ce mélange, on retire un esprit-de-vin chargé d'une partie aromatique, si la résine en avoit une; & il reste dans la cucurbite un alkali fixe tombé en *deliquium*, une matiere savonneuse & un sel neutre, semblable à celui du procédé précédent.

47.° La suie, qui est le produit de la combustion des bois, distillée à la cornue, au degré supérieur de l'eau bouillante, donne du flegme, un acide, une huile & un alkali volatil, d'abord sous forme fluide, ensuite sous forme concrete.

48.° Si l'on verse sur une huile essentielle, par exemple, sur celle de Térébenthine, une égale quantité d'acide vitriolique bien concentré, le mélange rougit d'abord, & enfin noircit; il s'échauffe au-delà du degré de l'eau bouillante, & se gonfle extraordinairement; on sent une odeur d'acide sulfureux volatil, & on trouve une matiere épaisse & solide qui ressemble à une véritable résine.

49.° Cette résine lavée pour en enlever l'acide qui n'étoit pas combiné, & ensuite distillée, donne un acide & une huile; il reste une grande quantité de charbon dont on peut retirer un véritable soufre par la distillation. Si on remêle l'acide & l'huile qu'on a obtenus par cette distillation, & qu'on les redistille à différentes reprises, à la fin on n'a plus que de l'eau & de la terre.

50.° L'acide nitreux peu concentré, traité avec l'huile essentielle de Térébenthine, de la même maniere que l'huile de Vitriol, présente les mêmes phénomenes, & donne une résine presque entiérement semblable à la Myrrhe. Cette résine lavée & distillée, donne encore une huile différente de celle de Térébenthine, & un acide qui ne ressemble plus à l'acide nitreux. Le charbon qui reste est très-abondant.

51.° Si l'on verse sur cette même huile un

acide nitreux, bien concentré & fumant, il s'excite une effervescence des plus rapides, accompagnée d'une très-grande chaleur & de beaucoup de fumée; il s'y forme un petit charbon embrasé, qui venant à avoir le contact de l'acide nitreux, soit qu'on en verse dessus, soit qu'il y soit porté par le mouvement d'effervescence, s'enflamme, & met le feu au reste de l'huile.

52.° Si l'on mêle ensemble poids égaux d'huile de Vitriol & d'esprit-de-vin bien rectifié; qu'on distille ce mélange, on retire d'abord une petite portion d'esprit-de-vin très-déflegmé, une liqueur extrêmement volatile, connue sous le nom d'*Ether;* un acide sulfureux volatil; ensuite la matiere se gonfle : & si on ne diminuoit pas le feu, tout passeroit par le cou de la cornue; mais en le diminuant, on obtient une huile de la nature des huiles essentielles; lorsque cette huile est passée, on peut hausser le feu; alors il vient une huile de Vitriol très-flegmatique, & il se sublime un véritable soufre; il reste dans la cornue un charbon qui, étant calciné & vitrifié au fourneau d'Emailleur, donne un verre couleur d'améthyste.

53.° Deux parties d'acide nitreux fumant, distillées de la même maniere avec quatre parties d'esprit-de-vin bien déflegmé, donnent un esprit-de-vin très-pur, un éther nitreux, un acide qui a l'odeur du vinaigre, & il reste dans la cornue une matiere visqueuse & gluante, très-acide, semblable en tout à une véritable gomme; elle est connue en Chimie sous le nom de *Cristaux d'Hierne*, parce qu'elle cristallise lorsqu'elle n'est qu'à demi évaporée.

54.° Si l'on prend une forte décoction de

Cochlearia, de *Blitum*, de *Bourrache*, &c. ou ſeulement le ſuc exprimé de ces plantes; qu'après l'avoir déféqué on le faſſe évaporer en conſiſtance de ſirop, & qu'on le mette à criſtalliſer dans un lieu frais, on obtient un véritable nitre en criſtaux, ſemblable en tout au nitre qu'on tire des platras.

55.° Si l'on prend les cendres d'une plante après les avoir leſſivées, par exemple, celles qui reſtent au procédé 7, qu'on en faſſe une pâte avec de l'huile de Lin, & qu'après l'avoir réduite en petites boules, on la diſtille à grand feu dans une cornue de grès; il reſte une matiere qui, étant pulvériſée & lavée, laiſſe tomber une poudre noire, attirable par l'aimant, & par conſéquent un véritable fer. On peut encore démontrer ce métal dans les plantes, en ſurchargeant de phlogiſtique l'alkali fixe qu'on en retire, ce qui met cet alkali fixe en état de diſſoudre le fer, qu'on peut précipiter avec un acide ſous la forme de bleu de Pruſſe.

Nous allons maintenant tirer les conſéquences qui découlent de ces faits. Le premier & le ſecond procédés démontrent que les plantes contiennent une eau pure qu'on ne peut point regarder comme eſſentielle à leur mixtion, puiſqu'il ſuffit du degré moyen de l'eau bouillante pour l'en ſéparer, & qu'on les en dépouille ſans les décompoſer. M. Rouelle ne la regarde que comme un inſtrument de la végétation, & comme le véhicule des ſucs qui ſervent à nourrir la plante & à la faire croître. Le procédé ſecond nous y démontre encore un être odorant très-volatil, que nous y retrouvons uni à l'huile eſſentielle dans le procédé troiſieme.

Les procédés 3, 4 & 5, prouvent l'exiſtence

de différentes especes d'huiles qui ne different que par leur plus ou moins de volatilité & de consistance ; ces huiles étoient contenues dans les plantes, telles qu'on les en retire ; les moyens qu'on emploie pour les obtenir, tels que la chaleur du degré de l'eau bouillante, ou la trituration & l'expression, n'étant pas capables d'opérer leur production ; d'ailleurs, on les apperçoit antérieurement à toute opération ; elles sont contenues dans des réservoirs particuliers, sans faire partie d'aucune des substances qui constituent proprement les plantes, & les plantes peuvent en être dépouillées sans perdre leur structure ni leur composition ; ce qui fait dire à M. Rouelle qu'elles ne sont pas essentielles à leur mixtion.

Les procédés 11 & 12 nous démontrent un alkali volatil tout fait, & une huile essentielle chargée de ce sel dans les plantes de la famille des Cruciferes; nous disons que l'alkali volatil est tout fait dans ces plantes, parce qu'il suffit de les froisser entre les doigts, & de les sentir, pour l'y appercevoir.

Les baumes & les résines qui découlent des arbres, celles qu'on retire des plantes par le moyen de l'esprit-de-vin, comme dans le procédé 35, la partie colorante verte que nous avons obtenue par le même moyen dans le procédé 39; la cire que nous croyons pouvoir mettre dans le même rang, ne doivent rien à l'art, & sont des productions du regne végétal qui ont existé dans les plantes, telles que nous les en retirons. Ces baumes & ces résines doivent leur existence aux huiles essentielles, puisque celles-ci prennent la consistance de résine en s'évaporant, & que nous avons vu dans les procédés 13 & 14, que la Térébenthine qui tient le milieu entre les huiles essentielles & les résines, nous a donné une huile essentielle, & qu'il est resté une véritable résine; nous confirmerons ci-dessous cette vérité.

Les extraits que nous avons retirés dans les procédés 21 & 22, ne doivent point leur existence à l'eau que nous avons employée pour les extraire, puisque les sucs épaissis de ces mêmes plantes leur sont entiérement semblables.

La gomme qu'on trouve sur certains arbres, celle que nous avons extraite de la Myrrhe dans dans le procédé 24, le Miel, la Manne, le Sucre, les mucilages que nous avons obtenus par le procédé 23, la matiere collante des semences farineuses, sont également des parties constitutives des plantes dans lesquelles nous les trouvons, & ne doivent rien à l'art qui n'a fait que les séparer des matieres d'une autre nature auxquelles elles étoient unies.

Nous dirons la même chose des extracto-résineux & des résino-extractifs que nous ont fournis les procédés 25 & 38.

Voilà donc neuf especes de substances composées que l'Analyse chimique retire des plantes, telles qu'elles sont produites par le systême végétal; mais n'y en a-t-il pas d'autres? J'ai ouï dire à M. Rouelle qu'il en connoissoit cinq autres dont il n'avoit pas encore pu développer assez la nature pour les faire connoître. Ces neuf substances sont, 1.° la partie aromatique; 2.° les huiles essentielles; 3.° les huiles par expression, & les beurres ou huiles figées; 4.° l'Alkali volatil des Cruciferes; 5.° les corps muqueux; 6.° les extraits; 7.° les extracto-résineux; 8.° les résino-extractifs; 9.° les résines.

Nous disons que ces substances sont composées; car, quoique la partie aromatique soit toujours en trop petite quantité pour pouvoir être soumise à nos examens; cependant, puisqu'elle s'unit également à l'eau & aux huiles, comme l'ont démontré les procédés 2 & 3, & même à l'esprit-de-vin, comme dans le procédé 34; il faut nécessairement qu'elle ait des principes analogues à chacun de ces menstrues, & M. Rouelle conjecture qu'elle est formée par un acide uni à une certaine quantité du principe du feu.

Les huiles essentielles contiennent, outre la partie aromatique qui les caractérise & les distingue de toutes les autres huiles, un acide qui se manifeste dans le procédé 25, par la forme cristallisée que prend l'alkali fixe; on peut dégager cet acide en versant un peu d'acide vitriolique sur le sel; & en distillant le mélange, l'acide qu'on retire ressemble parfaitement à l'acide végétal. L'inflammabilité de ces huiles y démontre le principe du feu; il y a en outre une certaine quantité d'eau & de terre, indépendamment de celle qui entre dans la combinaison de l'acide. C'est à l'acide que M. Rouelle attribue la pesanteur des huiles qui vont sous l'eau, & la consistance des huiles figées; c'est encore son action qui convertit les huiles essentielles en résines, puisque l'acide vitriolique & l'acide nitreux versés sur une huile essentielle, comme dans les procédés 49 & 50, font de véritables résines; que la Térébenthine, l'Oliban & un grand nombre d'autres résines donnent une huile essentielle. Les résines ne sont donc composées que d'acide & d'huile; la preuve en est que la Térébenthine cuite dans le procédé 14; l'Oliban dans le procédé 15; le Benjoin dans les procédés 16 & 17; la Cire dans le procédé 18, n'ont donné qu'une huile & qu'un acide; & qu'une résine dissoute dans l'esprit-de-vin, & mise en digestion avec de l'alkali fixe, forme avec cet alkali fixe un véritable sel neutre, comme nous l'avons observé dans le procédé 26: cela est confirmé encore par les procédés 48, 49 & 50, puisqu'avec un acide & de l'huile, on fait une résine artificielle, ou du moins un corps qui en approche infiniment. Quelques Chimistes avoient cependant mis au rang des principes des corps résineux, la terre qu'on trouve dans le charbon qui résulte de sa décomposition; mais les procédés 49, 50, & sur-tout le procédé 51, démontrent que ce charbon est dû à la réaction de l'acide & de l'huile, & est le résultat de leur décomposition, puisque, comme on le voit dans le procédé 49, un acide & une huile distillés ensemble à plusieurs reprises, se réduisent en eau & en terre; quant au principe du feu, il se perd dans l'atmosphere. Le procédé 51 fait voir encore que de tous les acides, l'acide nitreux est celui qui agit le plus vivement sur les huiles; on est donc fondé à soupçonner cet acide toutes les fois qu'on voit une grande réaction ou une grande décomposition de l'huile; comme, par exemple, dans la distillation du Benjoin.

L'extrait est composé d'acide, d'huile, de terre & d'eau combinés dans certaines proportions, comme le prouve le procédé 21. C'est cet extrait qui contient le sel essentiel de la plante, par exemple, le nitre que nous en avons retiré par le procédé 54. C'eſt encore lui qui fournit la plus grande partie des matériaux qui ſervent à former l'alkali fixe que nous a donné le procédé 7, ou qui le contient tout fait.

Le corps muqueux eſt auſſi formé par la combinaiſon des mêmes principes ; ce que démontrent également ſon Analyſe que nous avons rapportée dans le procédé 20, les phénomenes de la fermentation, puiſqu'il eſt un temps où la liqueur eſt acide, & où l'on apperçoit des gouttes d'huile à la ſurface de la liqueur. Voyez le procédé 28, & l'Analyſe des différens produits de cette même fermentation. Le tartre dans le procédé 29, la lie dans le procédé 31, l'eſprit-de-vin dans les procédés 33 & 52, donnent évidemment une huile & un acide ; ces deux principes entrent donc dans la compoſition du corps muqueux. Cette vérité eſt encore prouvée par l'eſpece de gomme qui réſulte de la combinaiſon de l'acide nitreux avec l'huile de l'eſprit-de-vin, dans le procédé 53. Si l'exiſtence de l'acide avoit beſoin d'être démontrée, nous en trouverions une preuve ſans réplique dans la production du vinaigre, procédé 32.

Il paroît évidemment par toutes ces analyſes, qu'il y a dans les végétaux un acide & une huile, qui n'y exiſtent cependant que dans un état de combinaiſon ; on auroit donc tort de les regarder comme les matériaux immédiats des végétaux ; ils forment les corps muqueux, les extraits, les réſines, &c. qui compoſent les végétaux. L'analyſe à feu nu, telles que celles des procédés 6, 8 & 9, nous donne donc les véritables principes des végétaux, quoique un peu altérés par la réaction qu'ils exercent les uns ſur les autres. Il eſt vrai

vrai que les acides du corps muqueux, de l'extrait, de la résine, &c. se confondent, & qu'ils se combinent avec une petite portion d'huile qui les salit & les colore, ce qu'il est aisé de démontrer en saturant ces acides avec un alkali; l'huile s'en sépare pour lors, & vient nager à la surface de la liqueur. Il en est de même de l'huile, quoiqu'il arrive quelquefois qu'on trouve deux huiles distinctes, dont l'une nage sur l'eau, & l'autre va au fond, comme nous l'avons vu dans les procédés 8 & 9 : de ces mêmes huiles, l'une appartient à l'extrait, & l'autre à la résine. Cet acide & cette huile se retrouvent encore dans la suie que nous avons distillée dans le procédé 47, & ils ont échappé à la destruction que la combustion a coutume d'opérer; mais l'huile y est à demi-brûlée, & chargée d'une grande quantité de matiere charbonneuse.

Quant à l'alkali fixe, il existe tout fait dans les plantes sous la forme de sel neutre; c'est-à-dire, combiné avec un acide. En effet, on trouve du sel marin tout formé dans le suc exprimé du kali, pour ne pas parler des autres sels neutres qu'on retire d'un grand nombre de plantes. Mais outre cet alkali fixe déjà existant, il s'en forme dans la combustion par la combinaison de la terre, d'une petite quantité d'acide & de phlogistique, comme cela paroît évidemment dans la combustion du tartre, procédé 29; car le corps muqueux ne donne point d'alkali fixe, à quelque degré de feu qu'on l'expose; il faut que sa terre ait été atténuée par la fermentation, & que la combustion ait combiné ses principes. Le même procédé 29 démontre encore la nouvelle production de l'alkali volatil, d'autant mieux qu'on en augmente la quantité en cohobant l'acide & l'huile du tartre ſur le réſidu, & qu'on diminue d'autant la quantité d'alkali fixe que ce réſidu a coutume de donner. Nous avons dit que l'alkali volatil que le Cochlearia & la graine de Moutarde nous avoient donné dans les procédés 11 & 12, étoit tout formé dans ces plantes, parce que nous l'avions obtenu à un degré de feu trop léger pour avoir pu le produire. Il n'en eſt pas de même de celui du Gayac, procédé 9, ni de celui de la ſuie, procédé 47; ils ſont formés dans l'opération, & la preuve en eſt, que s'ils avoient déjà exiſté, ils ſeroient partis à un degré de feu plus léger.

Il n'y a pas d'apparence que perſonne révoque en doute que le fer que nous avons obtenu dans le procédé 55, ne fût tout fait dans les végétaux. M. Rouelle conjecture qu'il exiſte dans leur partie colorante, & que c'eſt lui qui lui donne la couleur.

L'acide & l'huile que nous avons trouvés dans les différentes ſubſtances compoſées des plantes, ſont eux-mêmes formés par la combinaiſon de l'eau, de la terre & du principe du feu, ce qui réſulte évidemment de leur décompoſition que nous avons opérée dans le procédé 49. Ainſi, l'eau, la terre & le principe du feu, auxquels nous ajouterons l'air que le Gayac nous a donné dans le procédé 10, & qu'on peut retirer, par le même moyen, de preſque toutes les plantes & de toutes les ſubſtances végétales, ſont les véritables élémens qui compoſent les plantes. Mais on ſe tromperoit fort ſi on les regardoit comme leurs matériaux immédiats. Ces élémens ſe combinent différemment entre eux, & forment l'acide & l'huile ; ceux-ci ſe combinant à leur tour entre eux & avec des élémens purs, forment les extraits, les réſines, les corps muqueux, les réſino-extractifs, les extracto-réſineux, &c. qui conſtituent proprement les plantes.

Fin de l'Analyſe végétale.

ORDRE DES CLASSES.

CLASSE I. *Les Plantes ou Herbes Campaniformes.*
CL. II. *Les Infundibuliformes.*
CL. III. *Les Perſonnées.*
CL. IV. *Les Labiées.*
CL. V. *Les Cruciformes.*
CL. VI. *Les Roſacées.*
CL. VII. *Les Ombelliferes.*
CL. VIII. *Les Caryophillées.*
CL. IX. *Les Liliacées.*
CL. X. *Les Papilionacées.*
CL. XI. *Les Anomales.*
CL. XII. *Les Floſculeuſes.*
CL. XIII. *Les Sémifloſculeuſes.*
CL. XIV. *Les Radiées.*
CL. XV. *Fleurs à étamines.*
CL. XVI. *Apétales ſans fleurs.*
CL. XVII. *Apétales ſans fleurs ni fruits.*
CL. XVIII. *Arbres apétales.*
CL. XIX. *Arbres amentacés.*
CL. XX. *Arbres monopétales.*
CL. XXI. *Arbres roſacés.*
CL. XXII. *Arbres papilionacés.*

TABLE FRANÇOISE

DES TABLEAUX.

A.

ABRICOTIER, N.° 628
Absinthe, 427
id. 428
Acacia, 660
Acanthe, 121
id. 122
Ache, 301
Aconit, 392
Acorus, 343
Adonis, * 268
Adragant, 386
Agnus castus, 591
Agripaume, 139
Agrostême, 331
Ail, 353
Aigremoine, 281
Aiguille, 324
Ajonc, 655
Airelle, 599
Alaterne, 578
Alcée, 29
Alkekenge, 101
Alleluia, 17
Alliaire, 195
Aloès, 345
Aluyne, 427
Alysson, 190
Amandier, 632
Amaranthe, 215
Ambroisie, 404 & 494
Ammi, 284
Ancolie, N.° 395
Anemone, 263
Anet, 313
Angélique, 302, 310, 311
Anis, 288
Antithora, 392
Apocin, 21
Arbousier, 583
Arbre-de-vie, 561
Arbre-de-Judée, 656
Archangélique, 133
Argentine, 275
Aristoloche, 108, 109, 110, 111
Armarinte, * 323
Armoise, 431
Arrête-bœuf, 380, 381
Arroche, 489, 490, 492
Artichaut, 409
Ascirum, 234
Asperge, 278
Asphodele, 338
Aster, 459
Astragale, 385
Aubepin, 650
Aubergine, 102
Aubifoin, 413
Aubruze, 658
Aune, 564
id. 607
Aurone, 429, 432
Avoine, 511

Azédarach, N.° 617
Azérolier, 651

B.

BAGUENAUDIER, 661, 662
Balaustier, 639
Balisier, 346
Ballote, 135
Balsamine, 387
Barbe-de-renard, 386
Barbe-de-bouc, 454
Bardane, 416
Basilic, 154, 155, 172
Battate, 99
Baume, 145
Baumier, 574
Beccabunga, 91, 92
Bec-de-grue, 251
Behen, 330, 337
Bella-dona, 2
Belle-de-nuit, 65
Benoîte, 271
Bercè, 318
Bette, 482, 483
Betoine, 115, 171
Bignone, * 112
Bistorte, 507
Blanchette, 70
Blé-noir, 506
Blé-de-Turquie, 520
Blette, 497
Bluet, 413
Bois-gentil, 577
puant, 657
punais, 648
de Sainte-Lucie, 631
Bonne-Dame, 489
Bon-Henri, 495
Bonnet de Prêtre, 618
Botris, 493
Bouis, 546
Bouillon blanc, 95
Bouleau, N.° 495
Boulette, 437
Bourdaine, 607
Bourgene, 607
Bourrache, 71, 83
Bourse-à-Pasteur, 189
Brancursine, 121, 318
Brione, 33
Brunelle, 132
Bruyere, 590
Buglose, 72, 73
Bugle, 178
Buis, 5
id. 546
Buisson ardent, 652
Bulbonac, 191
Bupleurum, 297
Busserole, * 583

C.

CABARET, 481
Caille-lait, 47
Calament, 152
Camelée, 609
Caméléon, 480
Camomille, 471, 472, 473
Campanule, 43
Camphrée, 496
Canne-d'Inde, 346
Capillaire, 538, 539
Câprier, 243
Capucine, 396
Cardasse, 220
Cardiaque, 139
Cardon, 410
Carline, 480
Carotte, 293
Caroubier, 595
Carouge, 595
Cartame, 426
Carvi, 291
Caucalis, 321

Caſſe, N.° * 623
Caſſe-lunette, 413
Céleri, 286
Centaurée, 57, 131, 415
Cercifi, 453
Cerfeuil, 304, 305, 306
Ceriſier, 630
Cétérac, 540
Chanvre, 530
Chapeau-d'Evêque, 212
Chardon, 219, 326, 405, 406, 408, 414, 417, 418, 440
Châtaignier, 556
Chauſſe-trappe, 405
Chélidoine, 211, 267
Chêne, 173
id. 552
Chêne-vert, 553
Chenille, 273
Chervi, 295
Chevrefeuille, 600
Chicorée, 451, 455, 456
Chiendent, 515, 516
Chou, 12, 180, 193
Ciguë, 289, 290
Circée, 280
Citronelle, 150
Citronier, 625
Citrouille, 39
Ciſte, 227, 240, 241
Clématite, 270
Coignaſſier, 636
Colchique, 339
Coloquinte, 41
Concombre, 36, 37
Coniſe, 423, 458
Conſoude, 80, 178
Coq des jardins, 435
Coquelicot, 218
Coquelourde, 332, 264
Coqueret, 101
Corail, N.° 103
Coriandre, 308
Cormier, 638
Corne-de-cerf, 62
Corneille, * 85
Cornouillier, 647, 648
Coton, 32
Coudre-Moinſinne, 597
Couleuvrée, 33
Couronne impériale, 348
Crapaudine, 148
Creſſon, 91, 185, 197, 201
Criſte marine, 312
Croix-de-Chevalier, 250
Croiſette, 48
Cumin, 210, 279, 291
Cupidone, 455
Curage, 504
Cynogloſſe, 82
Cyprès, 562
id. 563
Cytiſe, 658

D.

DENTAIRE, 199
Dent-de-lion, 444
Dentelaire, 84
Dictame, 141
id. 165
Digitale, 112
Dompte-venin, 23
Doronic, 464
Double-feuille, * 402

E.

EBENIER, 658
Eclaire, 211
Echinope, 437
Ecuelle d'eau, * 327
Elléborine, 401
Emerus, 662

Endive, N.° 457
Endormie, 53
Enule-campane, 460
Ephémere, * 346
Epi d'eau, * 213
Epi fleuri, 138
Epicia, 558
Epilobe, 283
Epinard, 525
Epine-blanche, 407, 450
Epine-vinette, 611
Epurge, 13
Erable, 614
Ers, 367
Esparcette, 358
Esule, 14
id. 15
Estragon, 430
Eufraise, 119
Eupatoire, 424
id. 436
id. 477

F.

Fabago, 239
Fau, 555
Fayard, 555
Fenouil, 298
id. 299
id. 312
id. 314
Fenu-Grec, 382
Fer-à-cheval, 370
id. 371
Férule, 319
Feve, 360
Figuier, 220
id. 569
Filaria, 579
Filipendule, 269
Flambe, 341
Fleur de la Passion, 221
Fleur du Soleil, N.° 227
Fluteau, **** 268
Fougere, 532, 533
fleurie, 542
Fraisier, 272
Framboisier, 613
Fraxinelle, * 395
Frêne, 544
Froment, 508
Fumeterre, 389
Fusain, 618
Fustet, 601

G.

Galega, 368
Gant-de-Notre-Dame, 42
Garance, 43
id. 66
Garderobe, 432
Garou, 576
Gaude, 391
Gazon d'Espagne, 336
d'Olympe, 336
Genêt, 653, 654, 655, 659
Genevrier, 566
Gentiane, 8
id. 9
Géranium, 254
Germandrée, 173
id. 174
id. 175
Gesse, 364
Geum, 229
Giroflier, 194
Glayeul, 342
id. 344
Globulaire, 442
Glouteron, 403
id. 416
Grateron, 45
Gratiole, 113
Grémil, 78
id. 79

Grenadier, N.° 639
id. 640
Grenouillette, 265
Groſeillier, 644, 645, * 645
Guede, 179
Guimauve, 28
Gaînier, 656

H.

HANEBANE, 52
Haricot, 384
Hellébore, 256
id. 257
id. 258
id. 259
Héliotrope, 81
Hermodactes, * 343
Herniaire, 498
Hépatique, 543
id. 268
Herbe-aux-ânes, 282
de Saint-Antoine, 283
de Sainte-Barbe, 200
de Saint-Benoit, 271
au cancer, 84
au chat, 170
de Saint-Chriſtophe, 276
au coq, 435
à coton, 422
aux cuillers, 186
à l'eſquinancie, 66
aux écus, 86
de Saint-Étienne, 280
à l'Epervier, 447
à éternuer, 476
aux gueux, 270
de Saint-Jacques, 462
à jaunir, 391
des magiciennes, 280
maure, 390
aux mites, 96
au panaris, N.° 499
au pauvre homme, 113
aux perles, 78
aux poux, 394
aux puces, 423
aux puces, 63, 64
à Robert, 252
à la reine, 51
du ſiege, 115
aux teigneux, 419
aux teinturiers, 654
au vent, 264
aux verrues, 81
aux viperes, 76
Hêtre, 555
Houblon, 531
Houx, 5
id. 5
id. 587
Hyſope, 168

I.

JACÉE, 411
Jacobée, 462
Jalap, 65
Jaſione, * 67
Jaſmin, * 112
id. 582
Immortelle, 420
id. 479
Impératoire, 409
Jonc, * * 226
id. * 259
id. 349
marin, 655
Joubarbe, 244
id. 245
id. 247
Iris, 341
id. 343
Iſopire, * * * 260
Jujubier, 633

Jusquiame, N.° 52
Ivette, 177
Juliane, 196
Juliene, 196

K.

KETMIE, 31

L.

LAITRON, 450
Laitue, 448
Laitue, 449
Langue-de-Cerf, 541
de-Chien, 82
de-Serpent, * 542
Lampsane, 451
Larme-de-Job, 521
Laser, 323
Lauréole, 576
id. 577
Laurier, 283
id. 581
id. 634
id. 6
id. 592
id. 598
Lavande, 163
Lentille, 357
Lentisque, 549
Liege, 544
Lilac, 589, 617
Lierre, 117, 153, 334, 335, 608
Linaire, 117
Lis, 347
Liseron, 10
id. 11
Liveche, 301
Lobélie, * 67
Lonkite, 534
Lotier, 374
Lotier, N.° 375
id. 379
Lunaire, 191
id. 192
Lupin, 361
Luserne, 383
Lychnis, 329

M.

MACERON, 307
Mâche, 70
Maïs, 520
Malherbe, 84
id. 320
Mandragore, 1
Marguerite, 467
id. 468
id. 469
Marjolaine, 166
Maronnier, 664
Marrube, 135
id. 147
id. 149
Masse-au-Bedeau, 213
Matricaire, 470
Mauve, 24
id. 26
id. 27
id. 30
Mayenne, 102
Mélese, 560
Mélianthe, 397
Melilot, 378
id. 379
Melinet, 7
Mélisse, 134
id. 151
id. 140
id. 150
Melon, 38
id. 40
Ménianthe, 49

Menthe,	N.° 142	Nicotiane,	N.° 50
id.	143	id.	51
id.	144	Nielle,	238
id.	145	id.	331
id.	435	Noirprun,	501
Menthestre,	144	Noisetier,	551
Mercuriale,	526	Nombril-de-Vénus,	20
id.	527	Noyer,	550
Méséréon,	577	Nummulaire,	86
Meslier,	649	Nymphea,	242
Meum,	300		
Micocoulier,	606	**O.**	
Mille-feuille,	475	Obier,	595
Mille-pertuis,	233	Ocre,	365
id.	234	Œil-de-bœuf,	474
Millet,	512	Œil-de-Christ,	459
id.	513	Œillet,	328
Moldavique,	134	Œnanthé,	* 300
Molene,	95	Oignon,	352
Moluque,	140	Olivier,	585
Morelle,	97	id.	586
id.	98	Oranger,	624
Morene,	* 260	Orcanette,	74
Morgeline,	222	Oreille-d'ours,	56
Morscateline,	104	de-lievre,	296
Mors-du-diable,	439	de-rat,	445
Mouron,	85	de-souris,	223
id.	87	Origan,	164
Moutarde,	204	Orge,	516
id.	205	Orme,	588
Mufle-de-veau,	116	Ormin,	124
Muguet,	3	id.	125
Mûrier noir,	568	Orobe,	362
Myrte,	646	Orpin,	247
Myrtille,	599	id.	248
		Ortie,	136
N.		id.	137
Nasitor,	185	id.	528
Navet,	208	id.	529
Neffiier,	649	Orvale,	126
Nenufar,	242	Oseille,	484
Nerprun,	575	id.	485
Nez-coupé,	615	Osmonde,	542

P.

PAIN-DE-POURCEAU, N.° 104
Paliure, 616
Palme-de-Chrift, 522
Panais, 317
Panicaut, 326
id. 327
Panis, 515
Paquerette, 467
Parelle, 488
Pariétaire, 502
Parnaffie, * 226
Patience, 488
id. 486
id. 487
Pas-d'âne, 463
Paftenade, 317
Paffe-rage, 188
Paffe-rofe, 25
Paffe-velours, 215
Paftel, 179
Pafteque, 40
Pavot, 217
id. 218
id. 219
id. 232
Pece, 558
Peigne-de-Vénus, 324
Perce-feuille, 296
Perce-mouffe, * 543
Perce-pierre, 312
Percepier, 501
Pêcher, 629
Perfil, 315
id. 316
id. 285
id. 286
id. 287
Perficaire, 503
Peffe, 558
Pétafite, 419
Pet-d'âne, 407
Peuplier, N.° 572
id. 573
Pervenche, 54
id. 55
Phlomis, 123
Picea, 558
Pied-d'alouette, 393
de-chat, 421
de-griffon, 256
de-lievre, 377
de-lion, 500
d'oifeau, 369
de-pigeon, 253
de-poule, 516
de-veau, 106
Pigamon, 255
Pilofelle, 445
Piment, 493
Pimprenelle, 105
Pin, 559
Pirole, 235
Piffenlit, 444
Piftachier, 548
faux, 615
Pivoine, 261
id. 262
Plantain, 60
id. 61
id. 62
Platane, 570
Polypode, 536
Poireau, 351
Poirée, 482
id. 483
Poirier, 635
Pois-chiche, 356
id. 363
id. 398
Poivre, 504
id. 103
Poivrier, 565
Polium, 176
Polygala, 120

Polytric, N.° 535
Pomme-d'amour, 100
épineuse, 53
de merveille, 35
de terre, 99
Pommier, 637
Porreau, 351
Porte-chapeau, 616
Porte-feuille, 75
Potamogeton, * 213
Potelée, 52
Poule-grasse, 70
Pouliot, 146
Pourpier, 216
id. 226
id. 491
Prêle, 523
id. 524
Primerolle, 58
Primevere, 58
id. 59
Prunelier, 627
Prunier, 626
Pulmonaire, 77
id. 446
Pulsatille, 264
Pyracantha, 652

Q.

QUINTE-FEUILLE, 273
Queue-de-cheval, 524
de-pourceau, 314

R.

RACINE vierge, 34
Radix, 209
Raifort, 187
id. 209
Raiponce, 42
Raisin-d'Amérique, 277
de-mer, 547
d'ours, * 583
de-renard, 214
Rapette, N.° 75
Rapontic, 19
Raquette, 220
Ratuncule, ** 268
Rave, 207
Réglisse, 354
id. 355
id. 385
Reine-des-prés, 249
Renoncule, 265
id. 266
id. ** 268
Renouée, 505
Reprise, 247
Réséda, 390
Rhubarbe, 18
id. 486
Ricin, 522
Rieble, 45
Ronce, 612
du Mont-Ida, 613
Rose, 183
de Gueldres, 596
Roseau, 517
Rosée du soleil, 224
Rosier, 641
id. 642
id. 643
Romarin, 156
Roquette, 198
id. 203
id. 213
Rossolis, 224
Rue, 236
id. 237
id. 255
id. 368

S.

SABINE, 567
Sabot-de-Notre-Dame, * 402
Safran, 426
id. 340

Sagittaire, N.° *** 268
Sainfoin, 358
id. 372
Salade de Chanoine, 70
Salicaire, 231
Salsifix, 453
Samole, * 85
Sanicle, 303
Sanicle, 325
Sang-dragon, 487
Sanguin, 648
Santoline, 433
Sapin, 557
faux, 558
Saponaire, 333
Sarrasine, 506
Sarrette, 412
id. 414
Sarriette, 160
id. 161
id. 162
Satirion, 399
id. 400
id. 402
Sauge, 128
id. 129
id. 130
Saule, 571
Sauve-vie, 537
Savinier, 567
Savonaire, 333
Saxifrage, 93
id. 229
id. 230
Scabieuse, 438
Scabieuse, 439
Scammonée, 22
Scariole, 457
Sceau-de-Notre-Dame, 34
de-Salomon, 4
Scille, 350
Scolopendre, 541
Scordium, N.° 174
Scorsonere, 452
Scrofulaire, 114, 115
Securidaca, 662
Seigle, 509
Séné, 623
des Provençaux, 443
faux, 661
bâtard, 662
Seneçon, 425
Senevé, 204
Seringa, 619
Serpentaire, 107
Serpolet, 159
Séséli, 297
id. 299
id. 322
Sison, 294
Soldanelle, 12
Soleil, 465
Sorbier, 638
Sorghum, 513
Soude, 225
id. 226
Souchet, 518
id. 519
Souci, 478
id. 260
Spigelie, * 48
Spirea, 620
Squille, 350
Stachis, 138
Statice, 336
Stœchas, 169
id. 420
Storax, 584
Staphisaigre, 394
Sumac, 602
Sureau, 593
id. 594
Sycomore, 614
id. 617

T.

TABAC, N.° 50
Tabouret, 189
Tacamahaca, 574
Talictron, 202
Tamarin, ** 623
Tamarisc, 621
id. 622
Tanaisie, 434
Taupinambour, 466
Telephe, *** 226
Térébinthe, 548
Terre-noix, 292
Thapsic, 320
Thé, 88
id. 494
Thim, 157
id. 158
Thlaspi, 181
id. 182
id. 184
Thuya, 561
Tilleul, 603
Tithimale, 16
Tormentille, 274
Tortelle, 206
Toque, 131
Toute-bonne, 126
id. 127
Toute-épice, 238
Toute-saine, 228
Trachelion, 67
Tradescante, * 346
Traînasse, 505
Trefle, 49
id. 374
id. 375
id. 376
Triolet, 376
Trique-madame, 245
Troêne, 580
Trolle, N.° ** 260
Troscart, * 250
Truffe, 99
Tue-chien, 339
Tulipe, 347
Turbith, 443
id. 320
Turquette, 498
Tussilage, 463

V.

VALÉRIANE, *** 67
id. 68
id. 69
id. 94
Vélar, 206
Velvote, 118
Verge d'or, 461
à Pasteur, 441
Vergue, 564
Vermiculaire, 246
Verne, 564
Véronique, 88
id. 89
id. 90
Verveine, 167
Vesce, 366
Vigne, 610
blanche, 33
vierge, 98
Violette, 388
Violier, 194
Viorne, 597
Viperine, 76
Vulnéraire, 359

X.

XÉRANTHEME, 479

Y.

YEBLE, 594
Yeuse, 553

Fin de la Table Françoise des Tableaux.

TABLE LATINE

DES TABLEAUX.

A.

ABIES, N.° 557, 558
Abrotanum, 429, 430
Abſinthium, 427, 428
Abutilon, 30
Acanthus, 121, 122
Acer, 614
Acetoſa, 484, 485
Achillea, 475, 476, 477
Aconitum, 392
Acorus, 349
Actæa, 276
Adiantum, 539
Adonis, * 268
Adoxa, * 104
Ægopodium, 302
Æſculus, 604
Æthuſa, 290
Agrimonia, 281
Agroſtema, 331, 332
Ajuga, 178
Alaternus, 578
Alcea, 25, 29
Alchemilla, 500
Alchimilla, 500, 501
Alkekengi, 101
Aliſma, **** 268
Allium, 351, 352, 353
Alnus, 564
Aloë, 345
Althæa, 27, 28
Alyſſon, 190
Alyſſum, N.° 190
Alſine, 222
Amaranthus, 215, 497
Ambroſia, 404
Ammi, 284
Amygdalus, 629, 632
Anacampſeros, 247, 248
Anagallis, 87
Anagyris, 657
Anaſtatica, 183
Anchuſa, 72, 73, 74
Androſæmum, 228
Anemone, 263, 264, 268
Anethum, 298, 313
Angelica, 301, 302, 310, 311
Anguria, 40
Anonis, 380, 381
Anthemis, 472, 473, 474
Anthirrinum, 116, 117, 118
Anthyllis, 359
Aparine, 45
Aphanes, 501
Apium, 285, 286, 287, 288
Apocynum, 21
Aquilegia, 395
Aquifolium, 587
Arbuſtus, 583
Arbutus, * 583
Arctium, 416
Argemone, 219
Ariſtolochia, 108, 109, 111

Armeniaca,

Armeniaca, N.° 628
Arundo, 517
Arum, 106, 107
Artemiſia, 427, 428, 429, 430, 431
Aſarum, 481
Aſclepias, 21, 23
Aſparagus, 278
Aſplenium, 538, 540, 541, 535, 437
Aſperula, 66
Aſperugo, 75
Aſphodelus, 338
Aſtragalus, 385, 386
Aſtrantia, 303
Aſter, 458, 459, 460
Athamanta, 300, 315
Atriplex, 489, 490, 491
Atropa, 2
Auricula, 56
Avena, 511
Azedarach, 617

B.

Ballota, 135
Ballote, 135
Balſamina, 387
Belladona, 2
Bellis, 467
Berberis, 611
Beta, 482, 483
Betonica, 148
Betula, 564, 565
Bidens, 436
Bignonia, * 112
Biſtorta, 507
Blattaria, 96
Blitum, 497
Borrago, 71
Braſſica, 193, 203, 207, 208
Brunella, N.° 132
Bryonia, 33
Bubon, 287, 319
Bugloſſum, 72, 73, 74
Bugula, 178
Bulbocaſtanum, 292
Bunias, 198, 213
Buphthalmum, 474
Bupleurum, 296, 297
Burſa Paſtoris, 189
Butomus, * 259
Buxus, 546

C.

Cachrys, * 323
Cakile, 198
Calamintha, 152, 153
Calceolus, ** 402
Calendula, 478
Caltha, 478, 260
Campanula, 42, 43
Camphorata, 496
Camphoroſma, 496
Canna, 346
Cannabis, 530
Cannacorus, 346
Capparis, 243
Caprifolium, 600
Capſicum, 103
Cardamine, 197
Cardamindum, 396
Cardiaca, 139
Cardioſpermum, 398
Carduus, 405, 406, 407, 408
Carlina, 480
Carthamus, 418, 426
Carum, 291
Carvi, 291
Caryophyllata, 271
Caryophyllus, 328

Cassia, N.° 623, * 623
Cassida, 131
Castanea, 556
Catanance, 455
Cataria, 170
Caucalis, 321
Celtis, 606
Centaurea, 405, 411, 413, 415, 417
Centaurium, 415, 57
Cepa, 352
Cerastium, 223
Cerasus, 630, 631
Ceratonia, 545
Cercis, 656
Cerinthe, 7
Chamædris, 173, 174, 175
Chamæsea, 609
Chamæmelum, 471, 472, 473
Chamænerion, 283
Chamæpitys, 177
Chærophyllum, 304, 305
Cheiranthus, 194
Chelidonium, 211, 232
Chenopodium, 492, 493, 494, 495
Christophoriana, 276
Chrysanthemum, 468, 469
Chrysosplenium, 93
Cicer, 356
Cichorium, 456, 457
Cicuta, 289, 290
Cinara, 409, 410
Circæa, 280
Circium, 414
Cistus, 227, 240, 241
Citreum, 625
Citrus, 624, 625
Clematitis, 270
Clinopodium, 154, 155
Cneorum, 609
Cnicus, N.° 417, 418
Cochlearia, 186, 187
Coix, 521
Colchicum, 339
Colocynthis, 41
Colutea, 661
Conium, 289
Convallaria, 3, 4
Convolvulus, 10, 11, 12
Conyza, 423
Coriandrum, 308
Corindum, 398
Cornus, 647, 648
Corona, 348, 465, 466
Coronilla, 662
Coronopus, 62
Cotinus, 601
Cotyledon, 20
Crambe, 180
Cratægus, 651
Crithmum, 312
Crocus, 340
Cruciata, 48
Cucubalus, 330
Cucurbita, 39, 40
Cucumis, 36, 41, 37, 38
Cuminoïdes, 279
Cupressus, 562, 563
Cyanus, 413
Cyclamen, 104
Cydonia, 636
Cynanchum, 22
Cynoglossum, 82, 83
Cyperus, 518, 519
Cypripedium, ** 402
Cytiso-genista, 596
Cytisus, 658

D.

Daphne, 576, 577
Datura, 53
Daucus, 293

Delphinium, N.° 393, 394
Dens leonis, 444, 445
Dentaria, 199
Dianthus, 328
Dictamnus, 395
Digitalis, 112, 113
Dipsacus, 440, 441
Doronicum, 464
Dracocephalum, 134
Dracunculus, 107
Drosera, 224

E.

ECHINOPS, 437
Echinopus, 437
Echium, 76
Elæagnus, 586
Elichrysum, 420, 421
Emerus, 662
Ephedra, 547
Ephemerum, * 346
Epilobium, 283
Epimedium, 212
Erica, 590
Eruca, 203
Erucago, 213
Ervum, 357, 367
Eryngium, 326, 327
Erysimum, 206, 200, 195
Equisetum, 523, 524
Esula, 14
Eupatorium, 424
Euphorbia, 13, 14, 15, 16
Euphrasia, 119
Evonimus, 618

F.

FABA, 360
Fabago, 239
Fagopyrum, 506
Fagus, 555, 556
Ferula, 319
Ferrum, N.° 370, 371
Ficus, 569
Filago, 422
Filicula, 538
Filipendula, 269
Filix, 532, 533
Fœniculum, 298, 299
Fœnum græcum, 382
Fragaria, 272
Frangula, 607
Fraxinella, * 395
Fraxinus, 544
Fritillaria, 348
Fumaria, 389

G.

GALEGA, 368
Galeopsis, 136, 137
Galium, 45, 46, 47
Gallium, 46, 47
Genista, 653, 654, 655
Gentiana, 8, 9, 57
Geranium, 251, 232, 253, 254
Geum, 229, 271
Gladiolus, 344
Glaucium, 232
Glechoma, 153
Globularia, 442, 443
Glycyrrhiza, 354, 355
Gnaphalium, 421
Gossipium, 32
Grossularia, 644, 645, 646

H.

HARMALA, 237
Hedera, 608
Hedysarum, 358, 372
Helianthemum, 227
Helianthus, 465, 466
Heliotropium, 81
Helleborine, 401

Helleborus, N.° 256, 257, ** 260
Heracleum, 318
Herba Paris, 214
Hermodactylus, * 343
Herniaria, 498
Hesperis, 195, 196
Hibiscus, 31
Hieracium, 445, 446, 447
Hippocastanum, 604
Hippocrepis, 370, 371
Holcus, 513
Hordeum, 510
Horminum, 124, 125
Humulus, 531
Hydrocharis, * 260
Hydrocotile, * 327
Hyoscyamus, 52
Hypecoon, 210
Hypecoum, 210
Hypericum, 228, 223, 234
Hypochæris, 447
Hyssopus, 168

I.

Jacea, 411, 412
Jacobæa, 462
Jalapa, 65
Jasione, * 67
Jasminum, 582
Illecebrum, 499
Ilex, 553, 587
Impatiens, 387
Imperatoria, 309, 310
Inula, 458, 460
Iris, 341, 342, 342, * 343, 343
Isatis, 179
Isopyrum, *** 260
Juglans, 550
Juncago, * 250
Juncus, ** 226
Juniperus, N.° 566, 567

K.

Kali, 225, 226
Ketmia, 31

L.

Lactuca, 448, 449
Lacryma Jobi, 521
Lagoecia, 279
Lamium, 133
Lapathum, 486, 487, 488
Lappa, 416
Larix, 560
Lapsana, 451
Laserpitium, 323
Lathyrus, 364
Lavandula, 163, 169
Lavatera, 27
Lauro-cerasus, 634
Laurus, 581
Lichen, 543
Lens, 357
Lentiscus, 549
Leonurus, 139
Leontodon, 444
Lepidium, 185, 188
Leucanthemum, 469
Leucoïum, 194
Ligusticum, 301, 322
Ligustrum, 580
Lilac, 589
Lilium, 3, 347
Limonium, 337
Linaria, 117, 118
Lingua, 541
Linum, 334, 335
Lithospermum, 78, 79
Lobelia, * 67
Lonchitis, 534
Lonicera, 600

Lotus, N.° 374, 375
Lunaria, 191, 192
Lupinus, 361
Lupulus, 531
Luteola, 391
Lychnis, 329, 330, 331, 332, 333
Lycoperficon, 100
Lycopus, 147
Lyfimachia, *85, 86
Lythrum, 231

M.

MAJORANA, 166
Malus, 624, 637
Malva, 24, 25, 26, 29
Mandragora, 1
Marchantia, 543
Marrubium, 141, 149
Matricaria, 470, 471, 520
Medica, 383
Medicago, 383
Melia, 617
Melianthus, 397
Melilotus, 378, 379
Meliffa, 150, 151, 152
Melo, 38
Melongena, 102
Mentha, 142, 143, 144, 145, 146
Menyanthes, 49
Mercurialis, 526, 527
Mefpilus, 649, 650, 651, 652
Meum, 300
Millefolium, 475
Milium, 512, 513
Mirabilis, 65
Moldavica, 134
Molle, 605
Moluca, 140
Molucella, 140
Momordica, N.° 35, 36
Morfus diaboli, *260
Morus, 568
Mofchatelina, *104
Mufcus, *543
Myofotis, 223
Myofurus, * *268
Myrrhis, 306
Myrtus, 646

N.

NAPUS, 208
Nafturtium, 185
Nepeta, 170
Nerion, 592
Nerium, 592
Nicotiana, 50, 51
Nigella, 238
Nux, 550
Nymphæa, 242, *260

O.

OCHRUS, 365
Ocymum, 172
Œnanthe, *300
Œnothera, 282
Olea, 585
Omphalodes, 83
Onagra, 282
Onobrychis, 358
Ononis, 380, 381
Onopordum, 407
Ophiogloffum, *542
Ophris, *402
Opulus, 595, 596
Opuntia, 220
Orchis, 399, 400, 402
Oreofelinum, 315
Origanum, 164, 165, 166
Ornithogalum, 350
Ornithopodium, 369

Ornithopus, N.° 369
Orobus, 362
Osmunda, 542
Oxalis, 17
Oxis, 17

P.

PÆONIA, 261, 262
Paliurus, 616
Panicum, 512, 515, 516
Papaver, 217, 218
Parietaria, 502
Paris, 214
Parnassia, * 226
Paronichia, 499
Passiflora, 221
Pastinaca, 317
Peganum, 237
Pentaphylloïdes, 275
Pepo, 39
Periploca, 22
Persica, 629
Persicaria, 503, 504
Pervinca, 54, 55
Petasites, 419
Peucedanum, 314
Phaseolus, 384
Philadelphus, 619
Phillyrea, 579
Phisalis, 101
Phlomis, 123
Phytolacca, 277
Pimpinella, 105, 288
Pinus, 557, 558, 559, 560
Pistacia, 548, 549
Pisum, 363, 365
Plantago, 60, 61, 62, 63, 64
Platanus, 570
Plumbago, 84
Polemonium, 94
Polium, 176
Polygonatum, N.° 4
Polygonum, 503, 504, 505, 506, 507
Polygala, 120
Polypodium, 533, 534, 536
Polytrichum, * 543
Populago, 260
Populus, 572, 573, 574
Porrum, 351
Portulaca, 216
Potamogeton, * 213
Potentilla, 273, 275
Primula, 56, 58, 59
Prunus, 626, 627, 628, 630, 631, 634
Pseudo-Dictamnus, 141
Pseudo-Acacia, 660
Psyllium, 63, 64
Ptarmica, 476, 477
Pteris, 532
Pulmonaria, 77
Pulsatilla, 264
Punica, 639, 640
Pyrola, 235
Pyrus, 635, 636, 637

Q.

QUERCUS, 552, 553, 554
Quinquefolium, 273

R.

RANUNCULUS, 265, 266, 267, 268, * 268, ** 268, *** 268, **** 268
Rapa, 207
Raphanus, 209
Rapunculus, * 67, ** 67
Rapuntium, * 67
Reseda, 390, 391
Rhabarbarum, 18, 19
Rhamnus, 607, 616, 575, 621

Rheum, N.° 18, 19
Rhodiola, 248
Rhus, 601, 602
Ribes, 644, 645, 646
Ricinus, 522
Robinia, 660
Rosa, 641, 642, 643
Rosmarinus, 156
Rossolis, 224
Rubeola, 66
Rubia, 44
Rubus, 612, 613
Rumex, 484, 485, 486, 487, 488
Ruscus, 5, 6
Ruta, 236, 237

S.

SABINA, 567
Sagittaria, *** 268
Salicaria, 231
Salix, 571
Salsola, 225, 226
Salvia, 124, 125, 126, 127, 128, 129, 130
Sambucus, 593, 594
Samolus, 85
Sanguisorba, 105
Sanicula, 325
Santolina, 432, 433
Saponaria, 333
Satureia, 157, 160, 161, 162
Satyrium, 402
Saxifraga, 229, 230
Scabiosa, 438, 439
Scandix, 304, 306, 324
Schinus, 605
Scilla, 350
Scirpus, 518
Sclarea, 126, 127
Scorpioïdes, 373
Scorpiurus, 373
Scorsonera, N.° 452
Scropnularia, 114, 115
Scutellaria, 131
Secale, 509
Sedum, 244, 245, 246, 247
Selinum, 316
Sempervivum, 244
Senna, 623
Senecio, 425, 462
Serapias, 401
Serpyllum, 159
Serratula, 412, 414
Seseli, 299
Sida, 30
Sideritis, 148
Siliqua, 545, ** 623
Siliquastrum, 656
Sinapis, 204, 205
Sisarum, 295
Sison, 294
Sium, 294, 295
Sisymbrium, 200, 201, 202,
Smyrnium, 307
Solanum, 97, 98, 99, 100, 102
Solidago, 461
Sonchus, 450
Sorbus, 638
Spartium, 653, 659
Sphondylium, 318
Spigelia, * 48
Spinacia, 525
Spiræa, 249, 620, 269
Stachys, 136, 138
Staphyllea, 615
Staphylodendron, 615
Stœchas, 169
Stramonium, 53
Statice, 356, 337
Styrax, 584
Subér, 554
Symphitum, 80
Syringa, 619

T.

TAMARINDUS, ** 623
Tamariscus, 621, 622
Tamarix, 621, 622
Tamnus, 34
Tamus, 34
Tanacetum, 434, 435
Telephium, *** 226, 247
Terebinthus, 548
Teucrium, 173, 174, 175, 176, 177
Thalictrum, 255, *** 260
Thapsia, 320
Thlaspi, 181, 182, 183, 184, 189
Thuya, 561
Thymbra, 161, 162
Thymelæa, 576, 577
Thymus, 155, 157, 158, 159
Thysselinum, 316
Tilia, 603
Tinus, 598
Tithymalus, 13, 14, 15, 16
Tormentilla, 274
Trachelium, 67
Tradescantia, * 346
Tragacantha, 386
Tragopogon, 453, 454
Tribulus, 250
Trichomanes, 535
Trifolium, 376, 377, 378, 379
Triglochin, 250
Trigonella, 382
Triticum, 508, 515
Trollius, ** 260
Tropæolum, 396
Tulipa, 347
Tussilago, 419, 463

V.

VACCINIUM, 599
Valantia, 48
Valeriana, 67, *** 67, 68, 69, 70
Valerianella, 70
Veratrum, 258, 259
Verbascum, 95, 96
Verbena, 167
Veronica, 88, 89, 90, 91, 92
Viburnum, 595, 596, 597, 598
Vicia, 360, 366
Vinca, 54, 55
Viola, 388
Virga aurea, 461
Vitex, 591
Vitis, 599, 610
Ulex, 655
Ulmaria, 249
Ulmus, 588
Urtica, 528, 529
Vulneraria, 359
Uva ursi, * 583

X.

XANTHIUM, 403
Xeranthemum, 479
Xilon, 32

Z.

ZACINTHA, 451
Zea, 520
Zigophyllum, 239
Ziziphus, 633

Fin de la Table Latine des Tableaux.

DÉMONSTRATIONS

DÉMONSTRATIONS ÉLÉMENTAIRES DE BOTANIQUE.

CLASSE PREMIERE.

FLEURS MONOPÉTALES, CAMPANIFORMES.

Herbes, ou ſous-arbriſſeaux dont la fleur eſt d'un ſeul pétale régulier, ſemblable en quelque ſorte à une cloche, un baſſin, un godet.

SECTION PREMIERE.

Des Herbes à fleur campaniforme, dont le piſtil devient un fruit mou & aſſez gros.

I. LA MANDRAGORE.

MANDRAGORA fructu rotundo. C. B. P.
MANDRAGORA officin. L. *5-dria, 1-gyn.*

FLEUR. Monopétale, campaniforme, découpée en cinq parties.

Fruit. Mou, rond, ſucculent, renfermant pluſieurs

Cl. I.
Sect. I.

semences blanches, arrondies, aplaties, de la forme d'un rein.

Feuilles. Grandes, ovales, radicales.

Racine. Grosse, pivotante, divisée en deux, souvent en trois, quelquefois en quatre, presque point fibreuse.

Port. Tige nue, radicale, ne portant qu'une fleur.

Lieu. L'Italie, la Suisse, l'Espagne, la Russie. On la cultive dans nos jardins. ♃

Propriétés. L'odeur des racines est, dit-on, forte & puante. L'écorce étant desséchée, a une saveur âcre & amere. Les feuilles sont discussives, atténuantes, résolutives. L'écorce est un violent purgatif par le haut & par le bas. On observe aussi qu'elle est narcotique & assoupissante.

Usages. On emploie la racine, le fruit, & même les feuilles. Quoique cette plante soit un poison, les Médecins de Vienne commencent à en faire usage intérieurement, donnée en infusion à très-légéres doses, pour l'homme depuis ℈ ß jusqu'à ℈ j, & pour l'animal de ʒ j à ʒ ij.

Observations. La Mandragore differe trop par le port & les parties de la fructification, pour ne pas former un genre particulier; elle appartient à la famille naturelle des *Solanum* : tout dans cette plante annonce ses propriétés vénéneuses, l'odeur & la saveur; cependant on a osé l'employer utilement pour la guérison de plusieurs maladies graves. On a vu céder à son action des tumeurs dures, indolentes, ou skirres : deux observations sont favorables à l'usage interne de la poudre de la racine pour la goutte, dont les douleurs ont été calmées & les accès retardés. Ces observations méritent d'être reprises. Si la Mandragore excite le vomissement, ce n'est qu'à haute dose comme poison. Sa principale vertu est d'être stupéfiante & narcotique : cette propriété réside dans les racines, les feuilles & le fruit; celui qui, suivant Spon (*), mangea de la racine de Mandragore pour de la réglisse, éprouva des cardialgies, des défaillances & le délire.

2. LA BELLADONE.

BELLADONA majoribus foliis & floribus. I. R. H.

ATROPA belladona. L. *5-dria, 1-gynia.*

Fleur. Monopétale, campaniforme, découpée en cinq parties souvent inégales.

Fruit. Mou, divisé intérieurement en deux loges qui contiennent les semences, & qui sont remplies d'un suc vineux.

Feuilles. Géminées, ovales, entieres, molles, velues.

Racine. Grosse, longue & branchue.

Port. Les tiges droites, cylindriques, hautes de deux ou trois pieds, un peu molles & velues, feuillées, rameuses. Les fleurs axillaires. Une fleur à chaque péduncule. La corolle d'un vert pourpré; la baie noire, lisse.

Lieu. Les montagnes des Alpes, du Bugey, des Cévennes. Lyonnoise. ♃

Propriétés. Cette plante a à peu près les mêmes vertus que la Mandragore & les *Solanum.* C'est un violent narcotique, vertigineux.

Usages. L'on se sert principalement des baies & des feuilles. Extérieurement les feuilles fraîches pilées & appliquées, sont résolutives. On les emploie en infusion, prises intérieurement pour les

(*) Spon, célebre Médecin de Lyon, qui fleurissoit vers la fin du dernier siecle. Son Voyage de Grece est encore aujourd'hui un des meilleurs : il étoit aussi grand Antiquaire que Médecin recommandable par ses vastes connoissances.

Cl. I. Sect. I.

cancers, à la doſe de ʒj pour l'homme, & pour l'animal de ℥ß à ℥j.

Les vomitifs & les acides ſont le contre-poiſon de cette plante & de la précédente.

Observations. J'ai vu, comme M. de Haller, manger impunément une ou deux baies de Belladone, j'en ai moi-même mangé une ſans avoir éprouvé le moindre accident ; cependant pluſieurs faits prouvent qu'à haute doſe ces baies ſont vénéneuſes : elles ont cauſé le vomiſſement, des défaillances, le ſommeil léthargique, le délire, les convulſions, la paralyſie & la cécité. Cependant le ſuc des feuilles a été ſouvent éprouvé ſalutaire dans la dyſſenterie, par Geſſner ; dans le cancer des mamelles, les carcinomes, les ulceres malins, par Junker, Marteau, Degner. Les obſervations négatives rapportées par pluſieurs Médecins, ne prouvent rien. Qui peut guérir un ſeul cancer ſur cent avec le ſuc de la Belladone, recule les bornes de l'Art. Nous avons radicalement guéri un carcinome à la langue en n'employant pendant un mois que ce ſeul remede. On peut preſcrire l'extrait de la Belladone, comme celui de Ciguë, depuis quatre grains ; il eſt moins actif, & peut, en augmentant inſenſiblement les doſes, ſe prendre chaque jour juſqu'à 24 grains. Cet extrait excite la ſueur, augmente les pulſations du pouls, cauſe une plus grande chaleur à la peau.

SECTION II.

Des Herbes à fleur en cloche ou en grelot, dont le pistil devient un fruit mou & assez petit.

3. LE MUGUET.

LILIUM convallium album. I. R. H.
CONVALLARIA majalis. L. *6-dria, 1-gyn.*

FLEUR. Monopétale, campaniforme, en grelot, découpée en six segmens repliés.

Fruit. Sphérique, mou, rouge, rempli de pulpe, à trois semences dures.

Feuilles. Elles sont pour l'ordinaire au nombre de deux, ovales, lancéolées, radicales & s'embrassent par leur base.

Racine. Horizontale, noueuse, traçante, ligneuse.

Port. La tige est nue; elle s'éleve à un demi-pied, porte plusieurs fleurs disposées en grappes, & rangées d'un seul côté.

Lieu. Dans les bois. Lyonnoise. ♃

Propriétés. Les fleurs sont d'une odeur pénétrante, très-agréable, d'une saveur un peu amere. Elles sont atténuantes, antispasmodiques, & tiennent le premier rang entre les céphaliques.

Usages. L'on se sert des fleurs & rarement des racines. On en distille une eau simple qui se donne pour l'homme à la dose de ℥ iv. Les fleurs réduites en poudre se prescrivent à la dose de ʒ j, & pour l'animal la poudre de ℥ ß à ℥ j.

OBSERVATIONS. Le Muguet varie par ſes feuilles, qui ſont larges ou étroites; par ſes fleurs, le plus ſouvent blanches, quelquefois incarnates; par ſa hampe, quelquefois très-courte. La racine & les feuilles ſont auſſi ameres. Quelques Praticiens ont ordonné avec ſuccès la poudre des baies deſſéchées, dans l'épilepſie dépendante des affections vermineuſes, & dans les fievres intermittentes. Les fleurs deſſéchées font éternuer; elles fourniſſent une très-petite quantité d'huile eſſentielle. On retire d'une maſſe de fleurs fermentées, une liqueur ſpiritueuſe aſſez agréable. L'infuſion aqueuſe eſt amere; l'extrait par l'eſprit-de-vin qui répand une odeur de cire, eſt purgatif; on retire une belle couleur verte des feuilles macérées avec la chaux. Nous avons éprouvé de bons effets de la poudre des fleurs, dans une douleur de tête invétérée: le malade rendit une étonnante quantité de ſéroſités par les narines, après avoir pris quelques jours cette poudre comme du tabac.

4. LE SCEAU DE SALOMON.

POLYGONATUM latifolium vulgare. C. B. P.
CONVALLARIA polygonatum. L. *6-dria, 1-gynia.*

Fleur. Monopétale, campaniforme, en tuyau évaſé par le bout & découpé en ſix crenelures.

Fruit. Mou, noir, arrondi, contenant des ſemences ovales, dures, blanches.

Feuilles. Ovales, oblongues, alternes, amplexicaules.

Racine. Longue, fibreuſe, articulée, ſituée tranſverſalement à fleur de terre.

Port. La tige eſt anguleuſe, courbée; elle s'éleve à la hauteur d'un pied & demi au plus. Les fleurs blanches & à ſegmens verts, ſont ſolitaires ou deux à deux & axillaires.

Lieu. Dans les bois. Lyonnoiſe. ♃

Propriétés. Les racines ont un goût doux, mais un peu âcre. Elles sont vulnéraires, astringentes.

Usages. On n'emploie que la racine intérieurement. On s'en sert en décoction, pilée & appliquée extérieurement.

OBSERVATIONS. Les racines offrent comme des empreintes de cachet sur leurs nœuds. Je ne vois aucune raison solide pour distinguer en deux especes le Sceau de Salomon à une fleur ou à deux, & celui à plusieurs fleurs, le *Convallaria multiflora* : le sol cause seul cette différence, de même que la largeur des feuilles, la hauteur de la tige & la grandeur de la corolle. Verloff recommandoit le cataplasme de la pulpe des racines dans l'inflammation de la matrice après l'accouchement : il est très-utile dans les échimoses : les baies font vomir, & une forte décoction des feuilles cause des nausées.

Nous avons dans nos montagnes de Pilat le Sceau de Salomon à feuilles en anneaux, le *Convallaria verticillata*, dont la tige est fistuleuse, les feuilles en anneaux, étroites, trois ou quatre à chaque nœud : les fleurs sont plus petites, pendantes, plusieurs ensemble au-dessous des feuilles : les baies sont violettes. On le trouve aussi dans les plaines du Nord.

5. LE HOUX FRELON.

Buis piquant. Petit Houx.

RUSCUS myrti-folius aculeatus. C. B. P.
RUSCUS aculeatus. L. *diœc. syngen.*

Fleur. Monopétale, en grelot, découpée en six segmens; le calice découpé & attaché aux feuilles en dessus.

Fruit. Rond, mou, contenant une, deux ou trois graines dures & ressemblantes à de la corne.

Feuilles. Alternes, sessiles, ovales, lancéolées, terminées par une pointe piquante.

Racine. Grosse, noueuse, traçante, blanche.

CL. I. SECT. II.

Port. Les rameaux s'élevent à la hauteur de deux pieds ; ils sont souvent verticillés deux à deux, trois à trois, ou quatre à quatre. Les fleurs sont solitaires.

Lieu. Les haies, les bois. Lyonnoise. ♃

Propriétés. La racine est une des cinq racines apéritives majeures ; elle est d'un goût âcre & amer. Elle est emménagogue & un puissant diurétique. Les feuilles sont d'un goût amer & astringent, & les baies ainsi que les feuilles jouissent des mêmes qualités que les racines, mais dans un moindre degré.

Usages. Toutes les parties de cet arbrisseau sont d'usage en Médecine dans les tisanes, apozemes apéritifs. On se sert communément de la racine, à la dose de ℥ ß à ℥ j. Les feuilles en décoction dans du vin blanc, à la dose d'un verre le matin, ou ℥ ß en substance. Les baies en décoction, à la dose de ℥ j pour l'homme; & pour l'animal la racine depuis ℥ ij à ℥ iij. La décoction de ℥ iij dans du vin blanc ℔ j.

OBSERVATIONS. Ce que Linné appele le nectaire, est un petit godet ovale, succulent, couronné dans sa partie supérieure par trois antheres blanches, pulvérulentes, réunies par leur base. J'ai souvent trouvé des nectaires offrant étamines & le germe : le péduncule est très-court : il naît du centre de quelques écailles sur le nerf de la feuille, un peu au-dessus de la base.

La décoction des racines & des feuilles donne une tisane qui augmente le flux des urines ; nous l'avons souvent ordonnée avec avantage contre la chlorose, la suppression des menstrues avec atonie, l'hydropisie, la leucophlegmatie, à la suite de fievres intermittentes : elle a aussi réussi dans les dartres, la gale. C'est une des grandes ressources thérapeutiques dans toutes les maladies qui reconnoissent pour principes l'atonie des fibres & la stagnation des humeurs.

Les semences rôties comme le café, fournissent une boisson très-agréable qui augmente le cours des urines.

6. LE LAURIER ALEXANDRIN à feuilles étroites.

Cl. I. Sect. II.

Ruscus angustifolius fructu folio innascente. I. R. H.

Ruscus hypophyllum. L. *diœc. syngen.*

Fleur. Monopétale en grelot, très-petite, attachée aux feuilles en-dessous.

Fruit. Rond, menu, rouge, contenant deux semences semblables à celles du précédent.

Feuilles. Plus larges que celles du Houx frelon, arrondies, nerveuses, pliantes, sans épine.

Racine. Longue, blanche, fibreuse, dure, noueuse.

Port. Les tiges s'élevent à la hauteur de deux pieds, & sont flexibles, rondes, vertes, menues.

Lieu. L'Italie. Il se cultive aisément dans nos jardins. ♃

Propriétés. Les racines sont moins apéritives que celles du précédent. Les feuilles ont une vertu vulnéraire & astringente.

Usages. On se sert des racines en tisane & en décoction dans le vin blanc, à la dose de ℥ j sur chaque pinte de vin pour l'homme, & pour l'animal de ℥ iv.

L'on peut réduire en poudre les racines & les feuilles, que l'on donne depuis un jusqu'à deux gros pour l'homme, & pour l'animal de ℥ ß à ℥ j.

OBSERVATIONS. Quelques observations assurent l'usage de la décoction des feuilles en gargarismes, dans le relâchement ou la chute de la luette.

Cl. I.
Sect. III.

SECTION III.

Des Herbes à fleur monopétale, campaniforme, dont le piſtil ſe change en un fruit ſec à une ou pluſieurs capſules.

7. LE MÉLINET.

Cerinthe quorumdam major, flore ex rubro purpuraſcente. I. R. H.
Cerinthe major. L. *5-dria, 1-gynia.*

Fleur. Monopétale, campaniforme, dont le tube eſt court, le limbe tubulé, renflé, diviſé en ſes bords en cinq parties, évaſé. Le calice diviſé en cinq parties, dont deux étroites, & trois plus larges.

Fruit. Compoſé de deux corps oſſeux, aplatis d'un côté, arrondis en dehors; diviſé extérieurement en deux loges qui contiennent chacune deux ſemences obrondes & terminées en pointe.

Feuilles. Amplexicaules, ſimples, entieres, rudes au toucher, ſur-tout dans la variété jaune.

Racine. Pivotante, fuſiforme.

Port. Tige herbacée, cylindrique, rameuſe, liſſe, haute d'un pied; les feuilles alternes; les fleurs pédunculées ſur les côtés de la tige, & pendantes; la corolle d'un rouge pourpré & quelquefois jaune.

Lieu. Les pays chauds. ☉

Propriétés. Cette plante eſt rafraîchiſſante, légérement aſtringente.

Usages. On l'emploie en décoction pour appaiser les inflammations des yeux.

Observations. Il y a une belle variété, dont les feuilles sont chargées de petites verrues & de taches blanches. Le suc de cette plante offre un nitre pur; il est béchique & expectorant. Quoique les semences ne soient pas nues, elle appartient à la famille des Aspéri-feuilles.

8. LA GRANDE GENTIANE.

GENTIANA major lutea. C. B. P.
GENTIANA lutea. L. *5-dria, 2-gyn.*

Fleur. Monopétale en roue, évasée & découpée de cinq à huit segmens.

Fruit. Membraneux, ovale, à quatre faces, pointu, à une seule loge remplie de semences plates, orbiculaires & comme feuilletées.

Feuilles. De la tige sessiles, embrassant la tige par le bas, unies & luisantes. On y voit des nervures qui partent de la base & vont aboutir aux extrémités comme dans les plantains. Les radicales ont des pétioles.

Racine. Grosse, charnue, spongieuse, traçante, jaune intérieurement, à écorce brune noirâtre. Le tronc principal est perpendiculaire, ridé, à anneaux.

Port. Les tiges s'élevent à la hauteur de deux coudées, elles sont simples, lisses, & les fleurs sont verticillées, sessiles, jaunes.

Lieu. Les hautes montagnes de l'Europe, dans le Lyonnois à Tarare. ♃

Propriétés. La racine est d'une saveur très-amere. Elle est tonique, stomachique, vermifuge, fébrifuge, détersive.

Usages. L'on n'emploie que sa racine. On la donne pour l'homme depuis ʒ ß jusqu'à ʒ ij, &

Cl. I. Sect. III.

pour l'animal de ℥j à ℥ij. On applique ſur les ulceres ſa décoction mêlée avec du miel.

Observations. Le calice eſt en ſpathe ou gaîne à deux valves : on trouve à la naiſſance du germe quelques tubercules verdâtres. Cette belle plante ravit tous les Botaniſtes qui herboriſent ſur les hautes montagnes ; ſa grandeur, la multitude de ſes fleurs fixent leur attention ; d'ailleurs c'eſt une des plus célebres en Médecine. Les beſtiaux ne touchent point à cette plante, c'eſt pourquoi on la trouve en grande quantité ſur les hautes montagnes : on l'éleve difficilement dans les jardins, vu que ſes ſemences ſont preſque toutes ſtériles. C'eſt de tous les amers le moins nauſéabonde. Un morceau de viande noyée dans une forte décoction de Gentiane, s'eſt conſervé deux mois ſans pourriture. Une foule d'obſervations que nous avons vérifiées, prouvent que la décoction, ou plutôt l'électuaire miellé de Gentiane donné à une ou deux onces par jour, eſt un remede ſouverain dans les fievres intermittentes, empâtement des viſceres, langueur d'eſtomac avec glaires, relâchement. Il n'eſt pas moins utile dans la chloroſe, les maladies cutanées, dartres, gale, les ulceres : dans ce dernier cas, on lave l'ulcere avec la décoction, ſur-tout s'ils ſont ſcrophuleux ; enfin c'eſt un des remedes les plus utiles & qui méritent le plus l'attention des Praticiens. Dans quelques ſujets la Gentiane devient purgative.

9. LA GENTIANE CROISETTE.

Gentiana cruciata. C. B. P.
Gentiana cruciata. L. *5-dria*, *2-gyn.*

Fleur. Monopétale, campaniforme, tubulée, à quatre ou cinq dentelures ; entre chaque dentelure des appendices ſimples ou diviſés.

Fruit. Ovale, fuſiforme, ſemences preſque arrondies.

Feuilles. Ovales, lancéolées, à cinq nervures, attachées par leur base & embrassant la tige en maniere de gaîne.

Racine. Très-branchue.

Port. La tige haute d'un pied, droite, simple, couverte de feuilles opposées, terminée par une fausse ombelle.

Lieu. Le même. Lyonnoise. ♃

Propriétés. La racine est stomachique, fébrifuge.

Usages. Elle n'est presque pas d'usage en Médecine, quoique vantée par quelques Auteurs, & méritant de l'être pour les fievres intermittentes & les vieux ulceres.

I.re Observation. Non-seulement ces deux especes de Gentiane méritent les regards des Médecins, mais encore plusieurs autres qui sont aussi ameres. 1.° Le *Gentiana purpurea*, la Gentiane pourprée à fleurs rouges, campaniformes, verticillées, à calice comme en spathe, à feuilles radicales inférieures, pétiolées & elliptiques. On la trouve à la Grande-Chartreuse; sa racine est aussi amere que celle de la jaune. 2.° Le *Gentiana pneumonanthe*, la Gentiane des marais qui se reconnoît aisément par ses feuilles étroites, offrant à leurs aisselles une seule fleur assise, d'un bleu clair. On la trouve dans les terres aquatiques, plus communément en Lithuanie. Sa racine est aussi très-amere. On en a employé utilement la décoction dans les enflures œdémateuses qui accompagnent les luxations. 3.° Le *Gentiana amarella*, la Gentiane d'automne à corolle hypocratériforme, en soucoupe, barbue dans la gorge, à cinq segmens, dans les prés, très-amere. La Gentiane petite Centaurée & la Chlore, sont du même genre naturel; mais nous en traiterons ailleurs.

II.e Observation. Le genre des Gentianes nous prouve sur-tout que l'Auteur de la Nature n'a pas toujours constitué les familles naturelles par la ressemblance de la fleur & du fruit; car nous trouvons des Gentianes à quatre, cinq & huit étamines, à corolles en entonnoir,

Cl. I.
Sect, III.

en cloche, en rosette, à quatre segmens, à cinq & à huit, à fruit uniloculaire & biloculaire.

Dans le *Gentiana acaulis*, la Gentiane sans tige, la fleur est beaucoup plus grande que la tige ; dans le *Gentiana pyrenaica* que nous avons cueilli aux Pyrénées, la corolle en entonnoir, à dix segmens.

Nous avons sur la montagne de Saint-Cyr une jolie petite Gentiane dont la corolle à quatre segmens est ciliée, dont les feuilles jaunâtres sont succulentes, ovales, élancées, dont la tige est simple, haute de deux ou trois pouces. C'est le *Gentiana ciliata* de Linné. Elle fleurissoit le 6 de Novembre. Nous devons cette espece à une de ces femmes rares, dont la beauté, l'esprit sont les moindres qualités, mais qui deviennent précieuses lorsqu'un cœur bienfaisant leur fait marquer chaque jour de leur vie par des bienfaits : quel est celui de mes concitoyens qui à ces traits ne reconnoîtra l'aimable & vertueuse Madame F***. Que son exemple apprenne qu'une jeune & jolie femme peut aimer & cultiver les Sciences utiles & agréables, sans négliger ses devoirs de bonne mere, d'épouse vertueuse & de citoyenne bienfaisante. Cette femme charmante n'est pas la seule dans notre ville qui cultive avec succès la Botanique ; d'autres aussi aimables, dont l'esprit, la fortune & la beauté ne sont pas des titres de frivolité, osent chercher des plantes, les préparer & les dénommer. J'ai vu avec plaisir Mesdames de C..... & B. Dus..... parler Botanique avec précision, en développer les principes & savoir dénommer méthodiquement les especes les plus communes, les plus utiles ou les plus curieuses. C'est encore une des bonnes œuvres de l'immortel Jean-Jacques Rousseau, d'avoir inspiré aux femmes du goût pour une Science très-agréable qui, en fixant leur imagination, les détourne des occupations frivoles qui le plus souvent deviennent funestes pour leur santé.

10. LE GRAND LISERON.

CL. I.
SECT. III.

CONVOLVULUS major albus. C. B. P.
CONVOLVULUS ſepium. L. *5-dria, 1-gyn.*

Fleur. Monopétale, très-grande, campaniforme, évaſée & blanche, à cinq plis. Le calice campaniforme à cinq feuillets.

Fruit. Preſque rond, membraneux, à trois loges, enveloppé d'un calice, contenant deux ou trois ſemences anguleuſes & pointues.

Feuilles. Simples, entieres, en forme de fer de fleche, tronquées par-derriere.

Racine. Longue, menue, blanche, fibreuſe.

Port. Les tiges longues, grêles, ſarmenteuſes, cannelées, grimpantes, s'entortillant aux plantes voiſines. Les péduncules à quatre faces ſont de la longueur des pétioles, & naiſſent à côté des pétioles. Les deux feuilles florales ſont très-grandes, en forme de cœur, & plus longues que le calice qu'elles embraſſent.

Lieu. Les haies, les buiſſons. Lyonnoiſe. ♃

Propriétés. Cette plante eſt purgative, réſolutive, vulnéraire, anodine, & un excellent déterſif.

Uſages. L'on donne ſon ſuc laiteux & réſineux depuis vingt juſqu'à trente grains pour l'homme, & de ʒj à ʒij pour les animaux, & ℥ viij de la décoction d'une ou deux poignées des feuilles. Extérieurement on les applique en cataplaſme, après une légere coction.

OBSERVATIONS. Les feuilles & la tige contiennent une aſſez grande quantité de ſuc laiteux âcre. Non-ſeulement le ſuc épaiſſi, mais encore la décoction des feuilles, & ſur-tout le ſuc, purge très-bien, comme nous l'avons ſouvent éprouvé ; cependant ce purgatif indigene eſt tout-à-fait négligé. Les feuilles pilées & appliquées ſur

CL. I. SECT. III.

les tumeurs froides, les animent & les disposent à la résolution. Les cochons recherchent les racines & les mangent avec avidité.

11. LE PETIT LISERON.

CONVOLVULUS arvensis minor, flore roseo. C. B. P.

CONVOLVULUS arvensis. L. 5-*dria*, 1-*gyn.*

Fleur. Monopétale, campaniforme, plus petite que la précédente, de couleur rose ou blanche.

Fruit. Arrondi, menu, semences anguleuses.

Feuilles. Lisses, en forme de fer de fleche aigu de tous côtés; les pétioles plus courts que les feuilles.

Racine. Longue, menue, rampante, peu fibreuse.

Port. Les tiges grêles, foibles, s'entortillent comme celles de la précédente. Les fleurs sont axillaires & leur péduncule est presque égal aux feuilles. Les bractées petites, éloignées du calice.

Lieu. Le bord des grands chemins, les jardins. Lyonnoise. ♃

Propriétés. Cette plante est anodine, détersive, vulnéraire; & suivant M. de Tournefort, c'est un des meilleurs vulnéraires de la Médecine. Le suc des feuilles est aussi purgatif.

Usages. On s'en sert pilée & appliquée sur les blessures, & en décoction pour l'intérieur.

12. LA SOLDANELLE ou Choux marin.

CONVOLVULUS maritimus noſtras, rotundifolius. MORIſ.
CONVOLVULUS ſoldanella. L. *5-dria, 1-gynia.*

Fleur. Monopétale, campaniforme, à bords renverſés.
Fruit. Preſque rond, membraneux, contenant des ſemences anguleuſes & noires.
Feuilles. En forme de rein, liſſes, luiſantes, ſoutenues par de longs pétioles.
Racine. Menue, fibreuſe.
Port. Les tiges ſont grêles, pliantes, ſarmenteuſes, rampantes, rougeâtres.
Lieu. Les bords de la mer. ♃
Propriétés. Toute la plante a un goût âcre, amer, un peu ſalé. Elle eſt purgative, hydragogue.
Uſages. Cette plante réduite en poudre ſe donne depuis un demi-gros juſqu'à un gros pour l'homme, & de ℥ ß à ℥ j pour le cheval. Il en eſt de même en proportion de ſon extrait. La doſe du ſuc tiré par expreſſion eſt de ℥ ß. Si on le fait épaiſſir juſqu'à conſiſtance, on le donne depuis un gros juſqu'à un gros & demi.

OBSERVATIONS. Nous poſſédons encore dans notre Province du Lyonnois un autre Liſeron, *Convolvulus Cantabrica*, qui ſe diſtingue aiſément par ſa tige redreſſée, non entortillée, par ſes feuilles linaires, lancéolées, par ſes péduncules portant deux fleurs. On peut l'appeler Liſeron à feuilles de linaire : il ſe trouve à Roche-Cardon auprès du moulin, & ailleurs.

Cl. I.
Sect. III.

13. L'ÉPURGE.

TITHYMALUS latifolius cataputia dictus. C. B. P.

EUPHORBIA lathyrus. L. *12-dria, 3-gyn.*

Fleur. Monopétale, campaniforme, divisée en quatre ou cinq pieces égales & épaisses. Les nectaires lunulés; étamines jusqu'à trente.

Fruit. Lisse, triangulaire, divisé en trois loges; les semences sont presque rondes, remplies d'une moëlle blanche.

Feuilles. Elliptiques, d'un vert de mer, très-entieres, placées deux à deux, ou trois à trois, longues & lisses.

Racine. Garnie de quelques fibres capillaires.

Port. La tige s'éleve ordinairement à la hauteur de deux ou trois pieds. Elle est ronde, solide, d'un vert rougeâtre, rameuse dans le haut. L'ombelle est divisée en quatre; elle se subdivise deux à deux. Les fleurs naissent au sommet des tiges.

Lieu. Les bords des chemins. Lyonnoise. ♂

Propriétés. Sa racine est d'une saveur fade quoique âcre. Sa vertu est d'être purgative, hydragogue, émétique; son suc est dépilatoire.

Usages. Remede peu usité par les Médecins, mais familier chez les Paysans qui en prennent depuis dix jusqu'à vingt grains. Extérieurement on emploie son suc pour ronger les verrues.

On peut en donner intérieurement aux animaux depuis cent grains à cent cinquante.

OBSERVATIONS. J'ai souvent vu des Paysans se purger avec le fruit de cette Epurge; cela les évacue par le haut & par le bas avec violence. Sur cent au moins, un seul fut attaqué d'inflammation aux intestins. Si parmi les plantes Européennes on veut trouver un spécifique contre les maladies vénériennes, ce ſera dans les préparations des Tithymales : quelques expériences bien ſûres nous le font eſpérer. C'eſt en vain qu'on nous cite les funeſtes effets des Tithymales, cela ne prouve rien ; on devroit donc auſſi proſcrire l'Opium qui mal manié, a produit de plus fâcheux événemens. Cl. I. Sect. III.

14. LA GRANDE ÉSULE.

TITHYMALUS paluſtris fruticoſus. C. B. P.
ESULA major. Dod. Pempt.
EUPHORBIA paluſtris. L. *12-dria, 3-gyn.*

Fleur. Monopétale, campaniforme, découpée en quatre parties; les nectaires entiers.

Fruit. Relevé de trois coins, tout chargé de verrues, diviſé en trois cellules qui renferment chacune une ſemence preſque ronde.

Feuilles. Alternes, lancéolées, unies, à dents de ſcie.

Racine. Très-groſſe, blanche, ligneuſe, rampante.

Port. Les tiges s'élevent à la hauteur de deux ou trois pieds; les rameaux plus longs que l'ombelle. L'ombelle eſt diviſée en deux, trois ou pluſieurs parties.

Lieu. Les terrains marécageux, les bords des rivieres. ♃

Propriétés. Sa qualité eſt très-âcre ; ſon ſuc ou lait eſt odontalgique; ſon écorce & ſa racine véſicatoires, cauſtiques, inflammatoires, purgatives.

Uſages. On emploie la racine, l'écorce & l'herbe, le tout très-rarement & avec beaucoup de prudence. Sa doſe eſt de ℨ ß pour l'homme & de ℥ ß pour l'animal.

Cl. I.
Sect. III.

15. LA PETITE ÉSULE.

Tithymalus cyparissias. C. B. P.
Euphorbia cypariss. L. *12-dria, 3-gyn.*

Fleur. Nectaires lunulés, douze étamines.

Fruit. Capsule lisse.

Feuilles. Celles de la tige étroites, sétacées, lancéolées, semblables à celles du Cyprès dont elle a pris son nom.

Racine. Grosse, très-fibreuse.

Port. Ses tiges s'élevent depuis un jusqu'à deux pieds; il y a des rameaux stériles. L'ombelle est très-divisée; elle se subdivise deux à deux; les bractées en cœur.

Lieu. Les terrains humides, incultes, le bord des chemins. Lyonnoise. ♃

Propriétés. } Cette plante jouit des mêmes qua-
Usages. } lités que la précédente; & toutes les deux sont mortelles pour les brebis, sur-tout la derniere.

Observations. C'est avec la poudre des feuilles de cette espece que nous préparions notre purgatif polycreste : le principe résineux est si bien masqué par le mucilage & le corps ligneux, qu'il irrite moins que dans le Jalap. Aussi je préfere les feuilles aux racines. On ne peut nier que les Anciens, & sur-tout Ruland, n'aient guéri plusieurs maladies graves avec cette Esule. Ceux qui la craignent devroient aussi proscrire la Scammonée & le Jalap. Tous les Tithymales contiennent plus ou moins de ce suc laiteux drastique, qui, appliqué sur la peau, la rougit & l'enflamme. On peut croire qu'ils agissent intérieurement comme des vésicatoires, de même que tous les autres purgatifs actifs.

Outre les quatre especes décrites sous ce genre, il est agréable d'en pouvoir dénommer quelques autres très-communes, au moins dans nos Provinces.

1.° L'*Euphorbia peplus*, le Tithymale à feuilles rondes, très-entieres, dont l'écorce, à une dragme, a guéri quelques hydropiques.

2.° L'*Euphorbia exigua*, le Tithymale à feuilles aiguës, dont les feuilles ſont étroites, linaires, & les bractées lancéolées, terminées par une pointe. C'eſt le plus petit de tous.

3.° L'*Euphorbia dulcis*, le Tithymale doux, à feuilles elliptiques, très-entieres, oppoſées, à fruit rouge, rude.

4.° L'*Euphorbia helioſcopia*, le Tithymale réveille-matin, à feuilles cunéiformes, dentelées. Son lait eſt à peine âcre; il eſt cependant bon purgatif.

5.° L'*Euphorbia eſula*, le Tithymale à feuilles de lin, à feuilles linaires, à nectaires un peu échancrés.

En faiſant ſécher ſes feuilles au four, & en les mêlant pulvériſées avec de la gomme, on obtient un purgatif très-ſûr, avec lequel on peut dompter les fievres intermittentes les plus rebelles : la doſe eſt de vingt grains de la poudre.

6.° L'*Euphorbia ſilvatica*, le Tithymale des bois à feuilles elliptiques, velues, à bractées embraſſant réunies par leur baſe les péduncules. Son odeur eſt fétide. C'eſt un des plus corroſifs.

Tous ces Tithymales bien vérifiés, offrent différens degrés d'activité; d'où l'on peut conclure que maniés par des Praticiens ſagement hardis, ils pourroient produire des effets très-avantageux; cependant on les néglige, quoiqu'une foule d'obſervations anciennes parlent en leur faveur; & par une étonnante contradiction, les Médecins ordonnent chaque jour dans les maladies d'atonie, des drogues étrangeres qui ne ſont que des ſucs réſineux plus âcres dans leurs plantes vivantes que celui de nos Tithymales.

Cl. I.
Sect. III.

16. LE PETIT TITHYMALE.

Tithymalus exiguus glaber, nummulariæ folio. C. B. P.
Euphorbia chamæcyse. L. *12-dria, 3-gyn.*

Fleur. } Comme dans la précédente. La capsule
Fruit. } hérissée de poils.
Feuilles. Crenelées, arrondies.
Racine. Tortueuse, fibreuse.
Port. Les tiges sont lisses, presque couchées; les fleurs solitaires & axillaires. Les dentelures des feuilles sont égales, les rameaux alternes & bifurqués.
Lieu. Les terrains sablonneux des Provinces méridionales de France. Lyonnoise. ⊙
Propriétés. } Ce Tithymale est aussi nuisible
Usages. } aux moutons, que les autres; & ses vertus sont les mêmes.

17. L'ALLELUIA à fleur jaune.

Oxis lutea. J. B.
Oxalis corniculata. L. *10-dria, 5-gyn.*

Fleur. Monopétale, campaniforme, composée de cinq pétales, réunis un peu au-dessus des onglets.
Fruit. Divisé en cinq loges élastiques; les semences sont sous-orbiculaires.
Feuilles. Alternes, pétiolées, ternées; les folioles entieres, en forme de cœur, sessiles.
Port. Tige herbacée, diffuse, très-branchue; les fleurs jaunes à pétales ovales, pédunculées,

axillaires, presque en ombelle, composée de deux, trois ou cinq fleurs. On y remarque des feuilles florales linéaires.

Racine. Fibreuse, horizontale, stolonifere.

Lieu. Communément l'Italie ; dans les terres sablonneuses au bord du Rhône ; spontanée dans les jardins. ☉

Propriétés. Cette plante a un goût acide ; elle est rafraîchissante & tempérante ; elle est peu employée en Médecine ; on la joignoit autrefois aux antiscorbutiques.

OBSERVATIONS. L'*Oxalis acetosella*, le petit *Alleluia* à fleurs blanches, bleues ou pourpres, qui se trouve sur les montagnes, dans les bois, à Mont Pilat & à Mion en Dauphiné, & qui est très-commun dans les plaines de Lithuanie, a la racine écailleuse, dentée, qui produit sans tiges des feuilles à longs pétioles, ternées, un peu velues, & des péduncules ne portant qu'une fleur plus grande que celle de la précédente. Ces deux especes sont sensitives dans leurs capsules & leurs feuilles qui s'agitent à l'approche d'une main électrique, sur-tout lorsque la tempête menace. Elles contiennent un sel essentiel, acide, très-analogue à la crême de tartre : sel admirable pour tempérer la fougue du sang dans les fievres ardentes, inflammatoires, & pour arrêter la putridité dans les fievres malignes, miliaires, scarlatines ; ce sont d'ailleurs d'excellens antiscorbutiques ; & ce qui doit faire admirer les vues de la Providence, c'est que ces plantes sont très-communes dans les pays qui par leur site ou autres causes, sont les plus affligés du scorbut & des fievres ardentes.

Cl. I.
Sect. IV.

SECTION IV.

Des Herbes à fleur monopétale, campaniforme, à une seule semence.

18. LA RHUBARBE.

RHABARBARUM *folio oblongo crispo, undulato, flagellis sparsis.* Gerb.
RHEUM *rhabarbarum.* L. *9-dria, 3-gyn.*

FLEUR. Monopétale, campaniforme, divisée en plusieurs parties, le plus souvent en six.

Fruit. Une semence triangulaire, bordée d'un feuillet membraneux.

Feuilles. Légérement velues, radicales, couchées par terre, très-grandes, entieres, taillées en forme de cœur, & presque en fer de fleche, plissées sur leurs bords, portées sur de longs pétioles charnus, convexes en-dessus.

Racine. Grosse, arrondie, longue au moins d'une coudée & partagée en plusieurs branches, intérieurement jaune avec des veines rouges.

Port. La tige s'éleve du milieu des feuilles; elle est anguleuse, cannelée, comprimée, haute d'environ une coudée, garnie, un peu au-dessus de son milieu, de quelques enveloppes particulieres, membraneuses, placées à des distances inégales jusqu'à son extrémité; les fleurs sont en thyrse.

Lieu. La Chine, la Moscovie, & vient aisément dans nos jardins. ♃

Propriétés. La racine est amere, nauséeuse, très-jaune; elle est purgative, stomachique, tonique.

Usages. On ne se sert que de la racine. On la prescrit en substance depuis ℈ ß jusqu'à ʒ j, & en infusion jusqu'à ʒ ij pour l'homme; pour l'animal de ℥ j à ℥ ij.

OBSERVATIONS. La racine des boutiques est celle d'une autre espece, appelée *Rheum palmatum* à feuilles divisées profondément, ou palmées & pointues, ou à découpures aigues. Nous l'avons cultivé dans le Jardin Royal de Grodno; elle n'a pas moins bien réussi dans le jardin de M. de la Tourrete à Lyon, de même que le *Rheum Rhabarbarum*, & nous avons long-temps employé leur racine dans l'Hôpital, en doublant la dose: ces racines purgeoient aussi-bien que celle des boutiques. La Rhubarbe est un des médicamens les plus précieux; mâchée à jeun, elle rétablit l'estomac le plus ruiné par une suite d'indigestions; elle est admirable dans les diarrhées sans irritation, non-spasmodiques. Sur la fin des dyssenteries, elle produit un effet très-salutaire. A petite dose elle fortifie l'estomac, sans évacuation. Cependant, malgré cet éloge, il faut savoir que, comme nous l'avons éprouvé, c'est, pour ainsi dire, un poison pour quelques sujets très-irritables, quoique robustes; elle leur cause des douleurs d'entrailles comme les drastiques, & quelquefois détermine des tumeurs hémorroïdales très-douloureuses.

19. LE RAPONTIC.

RHABARBARUM forte Dioscoridis & antiquorum. T. I. R. H.

RHEUM rhaponticum. L. *9-dria, 3-gynia.*

Fleur. Monopétale, campaniforme, divisée en cinq ou en six.

Fruit. Triangulaire, attaché fortement dans une capsule de même forme.

Feuilles. Larges, lisses, nerveuses, assez rondes, couchées par terre, portées par un pétiole sillonné en-dessous.

Cl. I.
Sect. IV.

Racine. Ample, branchue, rameuſe.

Port. Du milieu des feuilles s'éleve une tige d'une coudée de haut, d'un pouce de groſſeur, creuſe, cannelée; à ſes nœuds naiſſent des feuilles alternes, preſque rondes par la baſe, ſe terminant en pointe. Les fleurs ſont une fois plus groſſes que celles de la Rhubarbe; elles ſont diſpoſées en groſſes grappes rameuſes.

Lieu. La Scythie. On la cultive dans les jardins de l'Europe. ♃

Propriétés. Elle eſt amere, un peu âcre & auſtere; ſa racine eſt un peu purgative, ſtomachique, aſtringente.

Uſages. L'on a abandonné ſa racine, on s'en ſervoit dans les purgations; elle eſt plus aſtringente que la vraie Rhubarbe. L'on donne la racine en poudre juſqu'à la doſe de ʒ ij, en infuſion ou en décoction depuis ʒ ß juſqu'à ʒ vj pour l'homme, & pour l'animal la poudre de ℥ j à ℥ ij.

Observations. Le genre des Rhubarbes dans l'ordre naturel, eſt voiſin de celui des Patiences. L'on doit regarder ce que nous appelons, avec Tournefort, corolle, comme un calice coloré. La Rhubarbe dans nos jardins ſe multiplie par les racines; car il eſt rare que les ſemences mûriſſent : d'ailleurs ces plantes ornent bien un jardin par leurs thyrſes très-chargés de fleurs rapprochées.

SECTION V.

Des Herbes à fleur monopétale, campaniforme, dont le fruit est fait en forme de gaîne.

20. LE NOMBRIL DE VÉNUS.

COTYLEDON majus. C. B. P.
COTYLEDON umbilic. L. *10-dria, 5-gyn.*

FLEUR. Monopétale, campaniforme, tubulée, découpée à l'extrémité, à cinq segmens renversés; un nectar à la base de chaque germe en forme d'écaille concave.

Fruit. Cinq gaînes membraneuses, univalves, s'ouvrant depuis la base jusqu'à la pointe, pour laisser sortir des semences petites & menues.

Feuilles. Epaisses, charnues, grasses, rondes, tendres, creusées en bassin, pleines de suc, sans nervures par-dessus, soutenues par un long pétiole qui est attaché au côté inférieur de la feuille, un peu au-delà du centre ou près du bord.

Racine. Bulbeuse, charnue, blanche; garnie en-dessous de petites fibres.

Port. Du milieu des feuilles, s'éleve une tige simple, menue, haute d'environ un demi-pied, quelquefois divisée en plusieurs rameaux qui portent des fleurs, disposées en grappe.

Lieu. Sur les rochers humides, sur les vieux murs. Lyonnoise. ♃

Propriétés. Le goût des feuilles est visqueux,

Cl. I. Sect. V.

insipide, aqueux; elles sont rafraîchissantes, délayantes, diurétiques.

Usages. On se sert des feuilles sur-tout contre les duretés des mamelles; son suc a le même usage.

Observations. Cette plante est très-peu usitée, vu la multitude de congéneres que la nature a produites: cependant elle mérite d'être plus souvent employée. On ne peut douter que la pulpe des feuilles ne calme les douleurs causées par des tumeurs hémorroïdales enflammées: on peut étendre l'usage de cette pulpe dans le traitement des phlegmons.

21. L'APOCIN qui porte la ouette.

Apocynum majus Syriacum rectum, caule viridi, flore ex albido. H. R. Par.
Asclepias Syriaca. L. *5-dria, 2-gynia.*

Fleur. Monopétale, campaniforme, découpée & aplatie. Cinq nectars entourent les parties de la fructification.

Fruit. Gaîne oblongue, pointue, plus large dans le milieu, renflée; semences aigretées, rangées en manieres de tuiles.

Feuilles. Ovales, lancéolées, cotonneuses en-dessous, opposées.

Racine. Rameuse, fibreuse.

Port. La tige s'éleve à la hauteur de deux coudées. Elle est simple, herbacée. Les ombelles naissent presque au sommet; elles sont flottantes.

Lieu. La Syrie, les pays chauds, les jardins. ♃

Propriétés. L'herbe a un goût amer; elle est purgative.

Usages. Rarement, ou presque point usitée en Médecine.

OBSERVATIONS. L'Apocin appartient à une famille qui contient dans ses vaisseaux propres, un suc corrosif. Nous ne possédons aucune observation qui constate sa vertu purgative : on peut croire qu'elle n'a été établie que par analogie ; cependant cette plante comme tant d'autres vraiment énergiques, mérite d'être éprouvée.

22. LA SCAMMONÉE de Montpellier.

PERIPLOCA Monspeliaca foliis rotundioribus. I. R. H.

CYNANCHUM Monspel. L. *5-dria, 2-gyn.*

Fleur. Monopétale, campaniforme, découpée en maniere d'étoile ; un nectar dans le centre de la fleur, de la longueur de la corolle, droit, cylindrique, sa bouche divisée en cinq parties.

Fruit. Deux bourses membraneuses, oblongues, pointues, uniloculaires, s'ouvrant dans leur longueur, contenant des semences oblongues, aigretées, rangées en recouvrement les unes sur les autres.

Feuilles. Opposées, larges, arrondies, lisses, blanchâtres, taillées en croissant vers le pétiole qui est très-long.

Racine. Napiforme, longue, blanche, très-fibreuse, rampante, traçante.

Port. Les tiges s'élevent à la hauteur de deux coudées, & sont longues, sarmenteuses, grêles, rondes, rameuses, pliantes. La tige & les racines donnent un lait.

Lieu. Auprès de la mer, à Montpellier, Narbonne. ♃

Propriétés. Cette plante est d'un goût âcre ; son suc extérieurement est résolutif ; intérieurement il est purgatif.

Cl. I. Sect. V.

Usages. On fait épaiſſir ſon ſuc par l'évaporation; les Marchands de mauvaiſe foi le mêlent avec la bonne Scammonée, ce qui diminue ſa qualité. Si l'on veut qu'il purge juſqu'à un certain point, il faut le donner à plus forte doſe que la Scammonée d'Alep. (*)

23. LE DOMPTE-VENIN.

ASCLEPIAS flore albo. C. B. P.
ASCLEPIAS vincetoxic. L. *5-dria, 2-gynia*.

Fleur. Caractères de l'Apocin, n.° 21. La fleur plus petite, la corolle blanche.

Fruit. Caractères de l'Apocin, n.°. 21. La gaîne très-étroite, un peu renflée dans le milieu, alongée & pointue.

Feuilles. Pétiolées, fermes, oppoſées deux à deux, ovales, lancéolées, barbues à leur baſe, velues à leurs bords & ſur les côtés.

Racine. Très-fibreuſe, groſſe, longue, blanche.

Port. Les tiges s'élevent ſans rameaux à la hauteur d'une coudée; elles ſont pliantes, velues, noueuſes. Les fleurs axillaires, raſſemblées en bouquet, une fauſſe ombelle terminant la tige.

Lieu. Les bois, les haies. Lyonnoiſe, Lithuanienne. ♃

Propriétés. La racine eſt d'un goût âcre, un peu amer & aromatique. Les feuilles un peu ſalées. Les racines alexipharmaques. Les feuilles diurétiques, emménagogues, vulnéraires.

Usages. Pour l'homme la racine ſe donne en

(*) Ces Marchands ne trompent point, nous avons eſſayé ce ſuc épaiſſi, & il nous a donné un purgatif excellent, très-facile à manier; on devroit d'autant plus le préférer à la Scammonée, qu'il eſt plus à notre portée.

poudre à la dose de ʒ j, & en infusion ou en décoction depuis ʒ j jusqu'à ℥ j. Avec les feuilles & les racines on prépare un extrait que l'on donne depuis ʒ ß jusqu'à ʒ j ß. Pour le cheval, la poudre se donne à la dose de ℥ ß à ℥ j ; l'extrait de ʒ ij à ℥ ß.

Observations. Quelques Auteurs condamnent l'usage du Dompte-venin, comme appartenant à une famille qui est vénéneuse : en effet, plusieurs especes contiennent un suc blanc très-corrosif ; mais cela ne prouve pas plus contre notre plante, que l'analogie des Morelles, dont plusieurs sont mortelles, tandis que d'autres sont purement nourrissantes. Les bestiaux évitent le Dompte-venin ; les chevres en broutent cependant les sommités ; les chevaux ne mangent l'herbe que lorsqu'elle a été attaquée par la gelée. La racine récente répand une odeur vive : sa décoction que nous avons souvent ordonnée à haute dose, n'a jamais causé le moindre accident : nous l'avons trouvé utile dans les dartres, les anasarques, les écrouelles, la chlorose & la suppression des regles : elle augmente sensiblement le cours des urines. Extérieurement, elle déterge les ulceres, arrête les progrès du virus scrophuleux ; plus la racine est nouvelle, plus elle a d'énergie : en vieillissant dans les boutiques, elle perd presque toute son activité.

SECTION VI.

Des Herbes à fleur monopétale, campaniforme, dans laquelle les filets des étamines, réunis par le bas en forme de cylindre, forment un tuyau au-travers duquel s'éleve le pistil, qui devient un fruit à plusieurs capsules.

24. LA GRANDE MAUVE.

MALVA vulgaris, flore majore, folio sinuato. J. B.
MALVA silvestris. L. *monad. polyand.*

FLEUR. Monopétale, campaniforme, évasée, partagée jusqu'en bas en cinq parties en forme de cœur; le calice double; l'extérieur divisé en trois feuillets; l'intérieur campaniforme, à cinq segmens.

Fruit. Plusieurs capsules orbiculaires, réunies par articulation, semblables à un bouton, enveloppé du calice intérieur de la fleur, renfermant des graines réniformes; les capsules membraneuses, placées autour du même axe sur un plan horizontal les unes à côté des autres.

Feuilles. Arrondies, velues, decoupées par leurs bords en cinq ou sept lobes triangulaires, dentelés. Elles sont portées par de longs pétioles velus.

Racine. Simple, blanche, peu fibreuse, pivotante.

Port.

Port. De la racine s'élevent plusieurs tiges droites, hautes d'une coudée & plus; elles sont cylindriques, velues, remplies de moëlle, de la grosseur du petit doigt. Les feuilles du bas sont moins crenelées que celles du haut. Les fleurs pourpres sont axillaires, au nombre de six ou sept, plus ou moins, ayant chacune leur péduncule.

Lieu. Les haies, les chemins. Lyonnoise. Lithuanienne. ♃

Propriétés. Cette plante a un goût fade, mucilagineux, aqueux, un peu gluant. Elle est émolliente, adoucissante, laxative.

Usages. L'herbe est une des quatre premieres herbes émollientes. On prend les fleurs en infusion comme du thé. Le sirop se fait avec les feuilles, & la conserve avec les fleurs. On se sert de l'herbe en cataplasme, en fomentations.

OBSERVATIONS. La Mauve est une de ces plantes devenue précieuse par l'observation journaliere de chaque Praticien; elle contient abondamment dans toutes ses parties un mucillage visqueux, doux, nutritif. Les Anciens mangeoient les feuilles apprêtées comme les épinards; elles sont très-agréables, & se digerent facilement. Le suc des feuilles déféqué, est minoratif, laxatif, comme nous l'avons souvent éprouvé; la décoction des mêmes feuilles & des fleurs est utile, comme *adjuvante*, dans toutes les maladies inflammatoires, sur-tout dans la dyssenterie, l'inflammation des amygdales, l'angine. Nous n'avons pas de meilleur remede dans les ardeurs d'urine, la gonorrhée: elle calme les douleurs causées par l'ulcération de la vessie: dans les coliques & les fievres avec chaleur d'entrailles, tenesmes, c'est un secours qu'il ne faut pas mépriser. Enfin les feuilles pilées & bouillies fournissent des cataplasmes précieux dans les phlegmons & les rhumatismes.

On se sert encore plus souvent de la petite Mauve sauvage, *Malva rotundifolia*, dont la tige très-rameuse est couchée; les feuilles réniformes, presque arrondies, à cinq lobes, peu marqués; les fleurs blanches à veines rouges. Cette plante, très-commune sur les bords de nos chemins, de même qu'en Lithuanie, donne un mucilage très-abondant. Son fruit encore vert, est agréable à manger; il est doux & un peu sucré. Elle a les mêmes propriétés que la précédente.

25. LA MAUVE ROSE, d'outre-mer ou de tremier. Passe-rose.

MALVA rosea folio subrotundo, flore candido. C. B. P.

ALCEA rosea. L. *monadelp. polyand.*

Fleur. } *Fruit.* } Caracteres de la précédente; le calice extérieur divisé en six segmens. La corolle, souvent double, varie par la couleur; le fruit plus grand, plus aplati, formé par plusieurs capsules, à une semence.

Feuilles. Sinueuses, cordiformes, anguleuses, alternes, larges, couvertes d'un duvet fin, portées par des pétioles de médiocre grandeur.

Racine. Longue, blanche, pivotante. ♂

Port. La tige s'éleve depuis quatre jusqu'à six pieds; elle est épaisse, solide, velue. Les feuilles du bas sont arrondies; les autres anguleuses, à cinq ou six découpures, crenelées en leurs bords. Les fleurs axillaires, tantôt seules, quelquefois deux à deux ou trois à trois.

Lieu. Exotique. On la cultive dans les jardins. Elle varie à l'infini par la beauté de ses couleurs & leurs nuances.

Propriétés. } *Usages.* } Nous sommes fondés à croire qu'elle jouit des mêmes qualités que l'espece ci-dessus; on peut dans le besoin la substituer sans crainte aux autres especes.

OBSERVATIONS. L'expérience nous a convaincu que la Passe-rose possede les mêmes vertus que les Mauves : nous l'avons ordonnée très-souvent dans les mêmes cas, & elle a produit les mêmes effets. Le principe muqueux nutritif est si abondant dans cette plante, que nous avons retiré des racines, au printemps, une farine vraiment nourrissante ; nous sommes même persuadés, par quelques expériences, que les Mauves pourroient, dans un temps de calamité, de disette, suppléer aux farineux. Les racines de Mai, & les fruits avant leur parfaite maturité, donnent beaucoup de farine sucrée.

26. LA MAUVE FRISÉE.

MALVA foliis crispis. C. B. P.
MALVA verticillata ß crispa. L. *monad. polyand.*

Fleur. Caracteres des précédentes, la corolle très-petite.

Fruit. Semblable à celui des précédentes.

Feuilles. Anguleuses, crépues, frisées, plissées.

Racine. Peu fibreuse, pivotante.

Port. La tige droite s'éleve depuis un pied jusqu'à deux. Les fleurs sont axillaires, verticillées, conglomérées.

Lieu. La Chine, la Syrie. ⊙

Propriétés. } On peut la substituer aux précé-
Usages. } dentes, mais elle a moins de vertu.

OBSERVATIONS. Cette espece est devenue spontanée en Lithuanie ; je l'ai trouvé aussi fréquente aux environs de Grodno, que la Mauve vulgaire

CL. I.
SECT. VI.

27. LA MAUVE EN ARBRE.

ALTHÆA maritima arborea veneta. I. R. H.
LAVATERA arborea. L. *monad. polyand.*

Fleur. Monopétale, campaniforme, ſemblable aux précédentes; mais elle differe des autres Malvacées par ſon calice extérieur, découpé en trois pieces, celui des Mauves étant de trois feuilles diſtinctes.

Fruit. Comme dans les précédentes; couvert d'une membrane obtuſe.

Feuilles. A ſept angles, veloutées & pliſſées. Le pétiole de la longueur des feuilles.

Racine. Droite, pivotante, fibreuſe.

Port. La tige s'éleve en arbre; elle eſt branchue, ferme, ſolide, blanchâtre. La fleur eſt axillaire. Les péduncules raſſemblés ne portent qu'une fleur & ſont deux fois plus courts que les pétioles.

Lieu. L'Italie. On la cultive dans nos jardins. ♂

Propriétés. } Comme les précédentes.
Uſages. }

OBSERVATIONS. Comme la Mauve en arbre ſupporte très-bien notre climat, & qu'elle ſe peut élever avec la plus grande facilité, on devroit la préférer pour les uſages médicinaux aux plus uſitées; elle ne le cede en rien à la Mauve vulgaire; ſon mucilage eſt même plus abondant.

28. LA GUIMAUVE ORDINAIRE.

ALTHÆA Dioſcoridis & Plinii. C. B. P.
ALTHÆA officinalis. L. *monad. polyand.*

Fleur. Monopétale, campaniforme, partagée en cinq parties juſque vers la baſe; le calice extérieur découpé en neuf parties.

Fruit. A capſules hériſſées, aplaties, arrondies. Les ſemences en forme de rein. Cl. I. Sect. VI.

Feuilles. Elles different des précédentes Malvacées en ce qu'elles ſont moins découpées, alternes, arrondies, en forme de cœur ovale, pointues, blanchâtres, cotonneuſes, ondées, portées ſur de longs pétioles.

Racine. Très-grande, blanche, diviſée, fibreuſe, remplie d'un mucilage gluant.

Port. La tige droite, herbacée, grêle, cylindrique, velue, peu branchue. Les fleurs axillaires, preſque ſeſſiles, grandes, blanches. Les pétioles & les péduncules couverts de poils.

Lieu. Dans les endroits humides, en pluſieurs Provinces de France, de Hollande, d'Angleterre, &c. Lyonnoiſe. ♃

Propriétés. Son ſuc eſt inſipide, mucilagineux dans la racine, l'une des cinq racines émollientes. Il l'eſt moins dans les feuilles. La racine eſt adouciſſante, laxative, diurétique.

Uſages. On emploie l'herbe, les racines, les fleurs ſéparément. On ſe ſert rarement des ſemences. On fait avec ſa racine une pâte & des tablettes recommandées dans les rhumes. On en tire une eau dont on a abandonné l'uſage. On ſe ſert des feuilles & de la racine pour les fomentations, bains, lavemens; & des fleurs en infuſion.

Observations. La décoction de la racine de Guimauve, eſt un des meilleurs calmans dans la dyſſenterie, ſoit en lavement, ſoit en tiſane; nous l'avons encore éprouvé récemment, mais elle ne réuſſit que dans le temps d'irritation. Dans la pratique journaliere, nous l'avons ordonnée avec avantage dans les coliques ſpaſmodiques, la dyſurie, la gonorrhée commençante, les rhumatiſmes aigus & chroniques. Dans les dartres, c'eſt un bon anodin. Comme ſon mucilage eſt plus abondant que celui de la Mauve, elle eſt auſſi plus avantageuſe

Cl. I.
Sect. VI.

pour relâcher, calmer, adoucir. Extérieurement, le mucilage des racines calme les douleurs des vieux ulceres, des hémorroïdes, des brûlures. On obſerve ſouvent une eſpece de toux qui eſt cauſée par l'irritation de l'eſtomac, qui cede à l'uſage ſoutenu des paſtilles de Guimauve. L'obſervation prouve auſſi que ces paſtilles ſont utiles pour calmer la toux excitée pour détruire un vice des poumons. N'oublions pas d'avertir que ſi on fait trop long-temps bouillir la racine de Guimauve, elle lâche un mucilage gluant, tenace, qui peut cauſer des indigeſtions dangereuſes dans toutes les maladies inflammatoires du bas ventre.

29. L'ALCÉE.

ALCEA vulgaris major, flore ex rubro roſeo. C. B. P.

MALVA alcea. L. *monad. polyand.*

Fleur. Monopétale, campaniforme, découpée profondément en cinq parties. Caracteres des Mauves, n.° 24 & 26.

Fruit. Semblable à celui des autres Mauves; les capſules hériſſées de poils très-courts, & noires dans leur maturité.

Feuilles. Les caulinaires ont des pétioles plus courts à meſure qu'elles approchent du ſommet, & ſont découpées très-profondément, le plus ſouvent en cinq parties; elles ſont rudes, velues ſur-tout ſur leurs revers.

Racine. Ligneuſe, oblongue, blanchâtre.

Port. Les tiges s'élevent à la hauteur d'une coudée, nombreuſes, cylindriques, moëlleuſes, velues, garnies de quelques poils longs. Les fleurs ſont grandes & forment de fauſſes ombelles qui ornent les ſommités des tiges.

Lieu. Toute l'Europe. ♃

Propriétés. } On se sert des feuilles au défaut
Usages. } de la Mauve & de la Guimauve. Cl. I. Sect. VI.
On lui attribue les mêmes vertus, mais à un moindre degré.

Observations. Nous avons encore dans nos Provinces une Mauve intéressante, la musquée, *Malva moschata*, qui ressemble beaucoup à l'*Alcea*, mais dont les feuilles radicales sont réniformes, celles de la tige très-découpées, comme pinnées, & dont les fleurs répandent une odeur agréable. On la trouve dans les terres sablonneuses : elle est vivace. Ses capsules sont hérissées. On trouve souvent quatre feuillets au calice extérieur. Elle est assez commune dans les forêts de Lithuanie, près de Grodno; on la trouve aussi dans les plaines du Dauphiné.

30. LA MAUVE DES INDES, fausse Guimauve.

Abutilon. Dod. Pempt.
Sida abutilon. L. *monad. polyand.*

Fleur. Monopétale jaune, campaniforme, découpée en cinq parties, distinguée par son calice simple, anguleux.

Fruit. Composé de plusieurs gaînes arrangées autour d'un axe commun, de maniere que chacune de ses stries reçoit une gaîne ou capsule bivalve, repliée en corne, remplie de semences brunes, ordinairement réniformes.

Feuilles. Pétiolées, arrondies, faites en cœur, crenelées, terminées par une pointe, cotonneuses.

Racine. Fusiforme, fibreuse, blanchâtre.

Port. La tige droite, lisse, unie, cylindrique, s'éleve à la hauteur d'un pied. Les péduncules sont la moitié plus courts que les pétioles.

Lieu. Les Indes. ♃ Mais ⊙ dans nos climats.

Cl. I. Sect. VI.

Propriétés. } On lui attribue les mêmes vertus
Usages. } qu'à la Guimauve ; mais l'expérience n'a rien encore déterminé à cet égard.

31. LA KETMIE.

KETMIA vesicaria vulgaris. I. R. H.
HIBISCUS trionum. L. *monad. polyand.*

Fleur. Monopétale, campaniforme, découpée en cinq parties ; son calice extérieur à plusieurs feuilles linaires.

Fruit. Le calice devient une membrane rousse & nerveuse, semblable par sa forme à une vessie enflée, qui renferme une capsule à cinq loges remplies de plusieurs semences.

Feuilles. Alternes, pétiolées, découpées en trois ou en cinq pieces.

Racine. Presque fusiforme, rameuse.

Port. La tige s'éleve à la hauteur d'un demi-pied, velue, diffuse. Les pétioles sont de la longueur des feuilles ainsi que les péduncules. La corolle est extérieurement violette, d'un blanc jaune en dedans. Les fleurs sont axillaires.

Lieu. L'Italie, l'Afrique. Elle vient aisément dans nos jardins. ☉

Propriétés. } Les mêmes que les Mauves.
Usages. }

OBSERVATIONS. Nous ne connoissons aucun fait positif qui constate les propriétés médicinales de la Ketmie ; on les a proposées d'après l'analogie Botanique : & si cette espece est généralement cultivée dans les jardins, c'est plutôt par sa forme intéressante, que par l'avantage que l'on en retire.

32. LE COTON.

CL. I.
SECT. VI.

XILON ſive goſſipium herbaceum. J. B.
GOSSIPIUM herbaceum. L. *monad. polyand.*

Fleur. Monopétale, campaniforme, ouverte, diviſée en cinq lobes; le calice double, l'extérieur plus grand, d'une ſeule piece, à trois ſegmens.

Fruit. Pointu; capſule obronde à quatre loges, à quatre battans, renfermant pluſieurs ſemences ovales, enveloppées d'un duvet qu'on nomme coton.

Feuilles. Alternes, découpées en cinq lobes, ſoutenues par de longs pétioles.

Racine. Rameuſe.

Port. La tige eſt herbacée, cylindrique, rameuſe; la fleur axillaire, enveloppée de deux calices.

Lieu. Cultivé dans l'Orient, l'Amérique; le fruit mûrit difficilement dans nos climats. ⊙

Propriétés. } On ſe ſert de ſa ſemence; on lui
Uſages. } attribue les mêmes vertus qu'aux Mauves, mais ſes vertus ſont plus foibles.

OBSERVATIONS. Le coton ſe pourroit facilement cultiver dans nos Provinces méridionales, il n'exige pas une très-grande chaleur. Si ſes uſages médicinaux comme médicamens internes, ſont peu connus, cette plante eſt très-célebre pour les uſages économiques; c'eſt une des plus belles branches de commerce des Echelles du Levant. Ce que l'on appelle coton eſt une bourre qui enveloppe les ſemences, c'eſt ce duvet qui, filé, entre dans le tiſſu d'une foule d'étoffes; mais ce qui nous intéreſſe davantage comme Praticien, c'eſt qu'en formant avec le coton des cylindres, on obtient un ſecours chirurgical très-efficace, je veux parler du moxa; ces cylindres brûlés ſur une partie, en raniment la vie, y font affluer les humeurs, les diviſent, les atténuent: après la chute de l'eſcarre, la ſuppuration très-abondante entraîne l'humeur morbifique décantonnée par l'action du feu. Ce topique est précieux dans plusieurs maladies qui résistent à tout autre secours, comme les rhumatismes invétérés, quelques paralysies, céphalalgie, & même une espece de phthisie dépendante d'une trop grande affluence d'humeur catarrale sur la poitrine.

SECTION VII.

Des Herbes à fleur monopétale, campaniforme, dont le calice devient un fruit charnu dans presque tous les genres.

33. LA COULEUVRÉE, BRIONE ou Vigne blanche.

Bryonia aspera, sive alba, baccis rubris. C. B. P.

Bryonia alba. L. *monœc. syng.*

Fleur. Monopétale, campaniforme, adhérente au calice, profondément découpée en cinq segmens en forme d'alêne. On trouve des fleurs mâles & des fleurs femelles sur le même pied; la corolle est d'un blanc sale, avec des lignes vertes ou rouges.

Fruit. Les fleurs femelles reposent sur un germe qui se change en une baie lisse, ovale, grosse comme un pois, rouge, molle, pleine de suc. Les semences arrondies, sont couvertes d'un mucilage.

Feuilles. Alternes, pétiolées, anguleuses, palmées, en forme de cœur, calleuses, rudes au toucher.

Racine. Fusiforme ou branchue, farineuse, blanche, grosse comme le bras & plus, selon l'âge de la plante.

Port. Tiges longues, grêles, grimpantes, cannelées, légérement velues, armées de vrilles spirales qui naissent à l'origine des pétioles. Les fleurs sont plusieurs ensemble, axillaires; les fleurs mâles sont plus grandes que les femelles.

Lieu. Les haies de l'Europe. ♃

Propriétés. Le suc de la racine est âcre, désagréable, un peu amer, d'une odeur fétide. Le suc de la baie est nauséeux. Cette plante est purgative, hydragogue, vermifuge, emménagogue, incisive, diurétique.

Usages. On se sert principalement de la racine fraîche; elle a plus de vertus que seche. On la donne en poudre depuis ℈ j jusqu'à ʒ j; & le suc depuis ʒ j jusqu'à ℥ ß dans du bouillon. L'extrait se prescrit depuis ʒ ß jusqu'à ʒ j. La racine appliquée extérieurement est un puissant résolutif, fondant dans les tumeurs froides : le tout pour l'homme; & pour les animaux la poudre à ʒ ij, le suc à ℥ ß, l'extrait à ʒ ij.

OBSERVATIONS. Il y a une variété dioïque dont les fleurs mâles & femelles s'observent sur des pieds différens; dans le Nord, en Lithuanie, les baies sont noires & la plante monoïque. On ne trouve que trois filamens dans les fleurs mâles, dont deux portent chacun deux antheres, & le troisieme une seule. Dans la fleur femelle on voit trois stigmates échancrés en demi-lune. Il y a beaucoup plus de fleurs mâles que de femelles.

La racine de Brione a plus ou moins d'énergie, si elle est récente ou trop long-temps conservée; nous avons éprouvé qu'une double dose de vieille racine suffisoit à peine pour évacuer. Si on la pulvérise, & qu'on la lave long-temps, alors la poudre desséchée n'est presque plus purgative. La racine récente, même édulcorée avec les gommeux, est un médicament féroce qui ne peut être

Cl. I. Sect. VII.

prescrit que dans les hydropisies sans obstruction, avec grande atonie. Quelques observations prouvent qu'il existe une espece de manie entretenue par une matiere glaireuse, vitrée, qui tapisse les intestins & l'estomac; dans ce cas la Brione même récente, a guéri en évacuant ces glaires. La décoction des racines seches & vieilles d'un an, n'extrait qu'un principe gommeux, peu énergique; le principe drastique est résineux. On vient de vanter la poudre de Brione contre la dyssenterie, comme l'Ipecacuanha, lorsqu'il y a atonie après le temps de l'irritation. Nous sommes convaincus par une suite d'expériences que cette plante en différens temps, peut fournir toutes les especes de purgatifs, depuis le minoratif jusqu'au drastique. Les jeunes pousses des feuilles purgent comme le Séné; c'est encore un de ces médicamens que les anciens savoient mieux manier que les modernes, & avec lequel ils guérissoient plusieurs ulceres invétérés, dartres, paralysies, diarrhées par relâchement des fibres.

34. LE SCEAU DE NOTRE-DAME ou Racine Vierge.

TAMNUS racemosa, flore minore, luteo-pallescente. I. R. H.
TAMUS communis. L. *diœc. 6-and.*

Fleur. Mâle ou femelle sur des pieds différens. La fleur mâle a un calice divisé en six segmens, renfermant six étamines. La fleur femelle monopétale, campaniforme, évasée & partagée en six segmens qui reposent sur le germe: on trouve à la base de la face interne de chaque segment, un pore oblong.

Fruit. Baies rouges, ovales, à trois loges, qui renferment deux graines rondes.

Feuilles. Alternes, molles, simples, entieres, cordiformes, pétiolées, quelquefois pointues.

Racine. Groſſe, fuſiforme, aſſez ſimple, remplie d'un ſuc puant & viſqueux. Cl. I. Sect. VII.

Port. Tiges rameuſes, grêles, longues, ligneuſes, grimpantes, ſans vrilles. Les feuilles ſont ſoutenues par de longs pétioles, ſéparées les unes des autres. Les fleurs ſont axillaires, verdâtres; les mâles ſolitaires, les femelles aſſez nombreuſes ſur le même péduncule.

Lieu. Le Lyonnois, les Provinces Méridionales de la France. ♃

Propriétés. La racine a une ſaveur âcre qui n'eſt point déſagréable; les feuilles une ſaveur viſqueuſe. La racine eſt hydragogue, apéritive; miſe en poudre ou en décoction, & appliquée en cataplaſme, elle eſt réſolutive.

Uſages. Pour l'homme à ʒ ß, & pour l'animal à ℥ ß.

Observations. Les anciens ont regardé la racine de la Vigne vierge comme un purgatif utile dans l'hydropiſie; les Turcs mangent avec plaiſir les bourgeons de la Vigne vierge accommodés avec de l'huile & du vinaigre; c'eſt encore une de ces plantes ſpontanées que la négligence des Médecins modernes abandonne aux eſſais téméraires des Charlatans. Son odeur & ſa ſaveur annoncent de grandes vertus, ſur-tout comme déſobſtruante : donnée à petite doſe, nous avons eſſayé la racine dans l'ictere, & elle a produit des guériſons bien conſtatées.

35. LA POMME DE MERVEILLE.

MOMORDICA *vulgaris.* I. R. H.
MOMORDICA *balſamina.* L. *monœc. ſyng.*

Fleur. Mâle ou femelle ſur le même pied. Dans l'une & dans l'autre la corolle eſt adhérente au calice, monopétale, campaniforme, très-évaſée, & profondément découpée en cinq parties.

Cl. I.
Sect. VII.

Fruit. La fleur femelle repose sur un germe qui devient une pomme jaunâtre, charnue, mais seche, oblongue, anguleuse, avec des tubercules à sa surface, intérieurement divisée en trois loges membraneuses, molles, séparées, remplies de plusieurs semences aplaties.

Feuilles. Sans aucuns poils, palmées, larges.

Racine. Petite, fibreuse.

Port. Les tiges s'élevent à la hauteur de deux ou trois pieds; menues, sarmenteuses, anguleuses, crenelées. Les feuilles ont de longs pétioles simples, quelquefois accompagnés de vrilles. Les fleurs axillaires, une bractée en cœur, embrassante au milieu du péduncule.

Lieu. Les Indes. Elle vient aisément dans nos jardins. ☉

Propriétés. Les feuilles sont d'une saveur légérement amere & âcre; la plante est rafraîchissante, dessicative, vulnéraire, balsamique, anodine.

Usages. On fait infuser ses fruits mûrs, dans l'huile d'olive ou d'amande douce, après en avoir ôté les semences, exposant la bouteille au soleil pendant un mois: c'est un topique résolutif.

Quelques observations prouvent que cette huile a été utile dans les phlegmons, la brûlure, les hémorroïdes, les gerçures des mamelles, des doigts, les engelures. Des lavemens avec cette huile calment les douleurs causées par des hémorroïdes internes, ou par le tenesme, à la suite des diarrhées, & sur la fin des dyssenteries.

36. LE CONCOMBRE SAUVAGE.

Cl. I. Sect. VII.

Cucumis silvestris asininus dictus. C. B. P.
Momordica elaterium. L. *monoec. syng.*

Fleur. Caracteres de la précédente. Fleurs mâles & femelles sur le même pied, de couleur jaunâtre, avec des veines vertes.

Fruit. Caracteres de la précédente. La pomme verte, hérissée de poils rudes lorsqu'elle a acquis sa maturité; si on la détache du péduncule, elle lance avec force un suc fétide, & des semences aplaties, luisantes, lisses, noirâtres.

Feuilles. Cordiformes, anguleuses, oreillées à leur base, velues en-dessous; le pétiole couvert de poils.

Racine. Epaisse de deux ou trois pouces; longue d'un pied, fibreuse, blanche, charnue.

Port. Les tiges épaisses, piquantes, rudes, couchées sur terre & sans vrilles, les bractées en alêne.

Lieu. Les endroits pierreux, les décombres. Lyonnoise. ⊙

Propriétés. La racine est amere, nauséeuse; le suc du fruit amer, fétide; toutes les parties de la plante purgatives; les racines plus que les feuilles, moins que les fruits. Cette plante est encore hydragogue & un puissant emménagogue: son suc épaissi se nomme *Elaterium;* il y en a de deux sortes; le vert, qui est tiré de la pulpe du fruit légérement exprimé, & le blanc qui se fait sans expression, de la liqueur blanche & séreuse qui découle elle-même du fruit coupé par morceaux; le vert est moins purgatif que le blanc.

Usages. La dose de l'*Elaterium* pour l'homme, est depuis un grain jusqu'à deux. On s'en sert ordinairement pour aiguillonner les autres extraits

Cl. I. Sect. VII. purgatifs. Le suc appliqué extérieurement, amollit les tumeurs dures & résout les écrouelles. Pour le cheval de ʒ j à ℥ ß

Un cheval morveux a été traité avec le suc d'*Elaterium* pendant seize jours : on a commencé à le donner à la dose de ʒ j, & par progression jusqu'à ℥ ß, sans que l'on en ait apperçu le moindre effet.

Observations. Si on mâche de l'*Elaterium* blanc, on sent bientôt une chaleur âcre sur la langue & au gosier ; le blanc est plus résineux que le noir. C'est encore un de ces médicamens précieux que nos Médecins anodins ont fait très-long-temps oublier. Nous avons cependant quelquefois guéri des hydropiques avec ce seul remede ; c'est un des plus utiles médicamens dans les gonorrhées invétérées ; il modere le plus souvent les fleurs blanches. Des dartres qui avoient résisté à tous les remedes, ont cédé à l'action de l'*Elaterium*. On peut le manier sans craindre ses ravages en le noyant dans un suc mucilagineux comme de Guimauve. J'ai vu chasser un ver solitaire avec quatre grains d'*Elaterium* pris dans une soupe extrêmement grasse.

37. LE CONCOMBRE ORDINAIRE.

Cucumis sativus, vulgaris, maturo fructu subluteo. C. B. P.

Cucumis sativus. L. *monœc. syng.*

Fleur. Monopétale, campaniforme, évasée & découpée profondément en cinq parties terminées en pointes ; les fleurs mâles séparées des femelles sur le même pied.

Fruit. Pomme jaune, cylindrique, alongée, arrondie aux extrémités, quelquefois recourbée dans son milieu, lisse ou parsemée de verrues, intérieurement

intérieurement divisée en trois loges remplies d'une pulpe qui contient plusieurs semences ovales, pointues, comprimées; le fruit mûr est jaune ou blanc. Cl. I. Sect. VII.

Feuilles. Alternes, palmées, en forme de cœur, dentelées, à angles droits, rudes au toucher.

Racine. Droite, garnie de fibres.

Port. Les tiges sarmenteuses, velues, grosses, longues, branchues, rampantes; les vrilles & les fleurs axillaires; les fleurs femelles portées sur les embrions.

Lieu. Les jardins. ⊙

Propriétés. La chair fournit un aliment rafraîchissant; la semence est laiteuse, huileuse, fade, & l'une des quatre semences froides majeures.

Usages. Le Concombre donne une nourriture crue, difficile à digérer; l'on emploie la semence en émulsion; elle est cependant moins rafraîchissante que la pulpe du fruit.

OBSERVATIONS. On consomme dans le Nord une étonnante quantité de Concombres, les Polonois en mangent à chaque repas avec le bouilli. On remplit un tonneau de Concombres encore verdâtres, déjà gros comme le bras d'un enfant, on verse de l'eau très-salée, & on noie le tonneau dans un étang pendant trois mois: alors on a des Concombres qui n'offrent plus un suc gluant & tenace: on en prépare aussi beaucoup en forme de cornichons. J'avoue que je n'ai point connu de gens incommodés, même parmi les délicats, après avoir mangé ces Concombres salés: j'en ai moi-même mangé chaque jour, sans que ma digestion en ait été troublée; nos fébricitans se trouvoient très-bien de l'eau exprimée de ces Concombres; cette eau est agréable, point salée, & calme admirablement la soif. Non-seulement nous mangions ces Concombres crus, mais aussi cuits au jus, ou simplement coupés par tranches & assaisonnés avec huile, vinaigre, poivre & sel: de cette maniere, ils sont venteux & souvent indigestes. On cultive en Lithuanie les Concombres en pleine terre; je les ai vu gelés le vingt-cinq de Juin.

CL. I.
SECT. VII.

38. LE MELON.

MELO vulgaris. C. B. P.
CUCUMIS melo. L. *monœc. syngen.*

Fleur. Comme celle du Concombre, mais plus grande, mâle ou femelle.

Fruit. Renflé, surface raboteuse, à côtes, d'un vert jaunâtre, divisé en trois loges renfermant des semences presque ovales & aplaties.

Feuilles. Anguleuses, à angles arrondis, dures au toucher, plus petites que celles du Concombre.

Racine. Branchue, fibreuse.

Port. Les tiges longues, rampantes, sarmenteuses, rudes au toucher ; les fleurs axillaires.

Lieu. Nos jardins. Originaire du pays des Calmouks. ☉

Propriétés. La chair est humide, mucilagineuse, d'une saveur agréable, douce, quelquefois musquée; la semence douce, huileuse, savonneuse, l'une des quatre semences froides majeures.

Usages. L'on emploie la semence en émulsion. La dose des quatre semences froides données ensemble, est ordinairement de ℥ j pour l'homme, & de ℔ ß pour le cheval.

OBSERVATIONS. La chair du Melon est une aggrégation de petites vessies pleines d'une sérosité sucrée & aromatique : les personnes qui ont l'estomac foible digerent avec peine le Melon. Nous avons vu périr un grand Seigneur pour avoir mangé un Melon à la glace : les semences de Melon peuvent conserver leurs germes en état de se développer pendant quarante ans.

39. LA CITROUILLE.

Cl. I. Sect. VII.

Pepo oblongus. C. B. P.
Cucurbita Pepo. L. *monœc. ſyng.*

Fleur. Mâle & femelle comme la précédente, mais plus large. Dans le centre de la fleur mâle un nectar en forme de glande concave, triangulaire; petite glande concave & ouverte dans la femelle.

Fruit. Pomme triloculaire, groſſe, arrondie, liſſe; ſemences comprimées, obtuſes.

Feuilles. Très-grandes, rudes, hériſſées, diviſées en lobes obtus & profondément découpés.

Racine. Menue, droite, fibreuſe, chevelue.

Port. Les tiges rudes, raboteuſes, cannelées, creuſes, rampantes; les fleurs ainſi que les vrilles ſont axillaires.

Lieu. Nos jardins. ☉

Propriétés. D'une ſaveur fade, aqueuſe; la ſemence laiteuſe, huileuſe, délayante, émolliente, rafraîchiſſante, diurétique, antivénérienne, tempérante; elle eſt l'une des quatre ſemences froides majeures.

Uſages. Comme la précédente.

Observations. Le fruit de la Citrouille acquiert quelquefois une groſſeur monſtrueuſe; nous en avons vu de dix-huit pouces de diametre: elle offre pluſieurs variétés quant à la forme & à la couleur de la chair qui eſt jaune, verte, blanche ou rougeâtre. On fait cuire la pulpe avec du lait, ou au beurre; c'eſt un aliment très-agréable, qui convient à ceux qui ſont échauffés ou conſtipés. Une décoction de la pulpe édulcorée avec du miel, s'ordonne pour calmer les démangeaiſons des dartreux.

Cl. I. Sect. VII.

40. LE MELON D'EAU *ou* Pasteque.

ANGURIA citrullus dicta. C. B. P.
CUCURBITA citrullus. L. *monœc. syng.*

Fleur. Caracteres du Melon, la corolle moins large que celle de la Citrouille, & moins jaune.

Fruit. Pomme presque ronde, chair rouge, semences noires.

Feuilles. Palmées, sinuées, d'un vert plus noir en-dessus que celles des Cucurbitacées, dures au toucher.

Racine. Fusiforme & peu fibreuse.

Port. Les tiges cylindriques, rampantes, sarmenteuses; les fleurs axillaires, hérissées de petites épines.

Lieu. Originaire de la Calabre; on le cultive dans les jardins, sur-tout en Provence. ☉

Propriétés. } Des précédentes.
Usages. }

OBSERVATIONS. En Ukraine les Melons d'eau sont délicieux, très-gros; on les mange crus: la chair est rouge ou blanche; elle réunit à un principe sucré, une eau acidule très-rafraichissante. On les éleve en Lithuanie, sur couche; alors ils sont moins doux que ceux que l'on apporte d'Ukraine.

Cl. I. Sect. VII.

41. LA COLOQUINTE ordinaire.

COLOCYNTHIS fructu rotundo major. C. B. P.

CUCUMIS colocynthis. L. *monœc. syng.*

Fleur. Comme la précédente.

Fruit. Sphérique, de la grosseur du poing, lisse; l'écorce mince, coriace, renfermant une moëlle blanche, fongueuse, divisée en trois parties dont chacune contient deux loges dans lesquelles sont des graines oblongues & aplaties.

Feuilles. Rudes, blanchâtres, velues & très-découpées.

Racine. Fusiforme, peu fibreuse.

Port. Les tiges rudes au toucher, cannelées, sarmenteuses, rampantes; les vrilles & les fleurs axillaires.

Lieu. La Syrie. On la cultive aisément dans nos jardins. ⊙

Propriétés. La semence est huileuse & douce, émulsive, rafraîchissante comme les précédentes; le fruit est très-amer au goût, sans odeur; c'est un violent purgatif, hydragogue, emménagogue, vermifuge.

Usages. L'extrait fait par l'eau se donne à l'homme à la dose de dix grains, & purge sans violence; la pulpe se donne en substance depuis cinq grains jusqu'à ℈ ß, mais bien pulvérisée. En décoction ou en infusion depuis ℈ ß jusqu'à ʒ j. Dans un cas désespéré comme dans l'apoplexie, on la donne en lavement jusqu'à ʒ j ou même jusqu'à ʒ j ß ou ʒ ij; c'est un remede dont on ne doit se servir qu'avec la derniere circonspection, à cause de son âcreté qui occasionne souvent des superpurgations.

Cl. I. Sect. VII.

La pulpe de Coloquinte a été donnée par gradation à un cheval morveux depuis ℨ ß jusqu'à ℨ ij ß ; elle agit simplement comme altérant ; cependant c'est le seul remede qui ait, jusqu'à ce jour, produit en bien quelque changement sensible dans l'animal. Le temps & l'expérience pourront peut-être un jour seconder nos recherches.

I.re Observation. La Coloquinte fournit un extrait aqueux, moins féroce, qui peut être employé comme altérant dans plusieurs maladies, toutes les fois qu'il faut ranimer les organes de la digestion ; dans les anciennes diarrhées, lorsque les glaires tapissent l'estomac, les intestins, comme dans la mélancolie, la chlorose. Un Charlatan à Paris, guérissoit les gonorrhées des laquais en les purgeant avec la Coloquinte ; ce fait bien sûr prouve que ce remede bien manié, peut devenir un excellent antisiphyllitique : nous nous en sommes assurés par quelques observations ; mais n'oublions pas que sur vingt gonorrhées virulentes, quinze au moins guérissent sans remede, sous l'énergie du principe vital, comme nous nous en sommes assurés par une foule d'Observations.

II.e Observation. Toutes les plantes décrites dans cette section, excepté la Racine Vierge, constituent une famille naturelle qui offre plusieurs caracteres communs à toutes ses especes ; des tiges foibles, grimpantes ou rampantes, des fleurs monoïques, cinq antheres sur trois filamens ; le germe inférieur, des fruits pulpeux, des feuilles rudes, palmées. Outre les especes décrites, il y en a quelques autres dont il faut au moins connoître les caracteres essentiels.

1.° Le *Cucurbita lagenaria*, la Callebasse ou Gourde, à feuilles cotonneuses, dont les angles sont peu marqués, qui offrent deux glandes en-dessous à leur base, dont le fruit est ligneux & les fleurs blanches.

On la cultive dans nos jardins. Sous une écorce ligneuse on trouve un parenchyme blanc ; ses semences cendrées, ridées, ont deux sillons : on vide le fruit lorsqu'il est sec, pour faire des bouteilles de Pélerin ; les graines peuvent servir pour les émulsions.

2.° Le *Cucurbita melopepo*, le Bonnet d'Electeur, dont les feuilles sont découpées en lobes ou segmens marqués, la tige droite, le fruit chargé de nodosités, aplati & enfoncé.

On le cultive dans nos jardins; cette plante ne paroît être qu'une variété de la précédente.

3.° Le *Cucurbita verrucosa*, le Potiron à verrues, dont le fruit a l'écorce chargée de nœuds ou verrues.

On le cultive dans nos jardins; il est annuel: sa pulpe comme celle de la précédente, est peu nutritive.

Observation générale. Voici un exemple de famille vraiment naturelle, dont les especes offrent des propriétés très-différentes. La Coloquinte & le Concombre sauvage sont purgatifs drastiques; les Melons & les Courges sont tempérans, rafraîchissans & nourrissans : ce qui doit limiter les assertions des Botanistes, qui annoncent que les plantes de la même famille offrent les mêmes propriétés.

SECTION VIII.

Des Herbes à fleur monopétale, campaniforme, dont le calice devient un fruit sec.

42. LA RAIPONCE.

Campanula radice esculentâ, flore cæruleo. H. L. Bat.

Campanula rapunculus. Lin. *5-dria, 1-gynia.*

Fleur. Monopétale, campaniforme, divisée en cinq parties larges, aigues, ouvertes. La corolle bleue, dont le fond est fermé par des valvules fournies par les étamines.

CL. I.
SECT. VIII.

Fruit. Capſule membraneuſe, arrondie, anguleuſe, diviſée en trois loges; les ſemences menues, luiſantes, rouſsâtres, qui s'échappent par des trous qui ſe forment à la baſe des capſules.

Feuilles. Les radicales lancéolées, ovales; les caulinaires étroites, pointues, adhérentes par leur baſe, légérement dentelées à leurs bords.

Racine. Longue, fuſiforme.

Port. Les tiges grêles, anguleuſes, cannelées, velues, feuillées. Elles s'élevent à la hauteur de deux pieds; les fleurs, bleues, rarement blanches, naiſſent au ſommet des tiges, ſoutenues par de longs péduncules, & forment un panicule reſſerré; toute la plante eſt laiteuſe.

Lieu. Les foſſés, les prés, les vignes. Lyonnoiſe. ♂

Propriétés. L'on mange la racine qui eſt douce & agréable; ſa vertu eſt d'être apéritive & rafraîchiſſante.

Uſages. Très-bornés en Médecine, & même aujourd'hui on n'emploie plus cette plante.

43. LA CAMPANULE GANTELÉE *ou* Gant de Notre-Dame.

CAMPANULA *vulgatior foliis urticæ, vel major & aſperior.* C. B. P.

CAMPANULA *trachelium.* L. *5-dria, 1-gyn.*

Fleur. } Comme dans la précédente, mais plus
Fruit. } grandes.

Feuilles. En cœur, alternes, larges, dures au toucher; celles du bas de la tige ſoutenues par de longs pétioles, celles du haut par de plus petits.

Racine. Fuſiforme, groſſe, longue, fibreuſe.

Port. Les tiges anguleuſes, cannelées, creuſes,

rougeâtres, velues ; les fleurs axillaires & leur calice cilié. Les péduncules divisés en trois.

Lieu. Les haies, les bois. ♃

Propriétés. Comme la précédente.

Usages. En décoction & gargarisme ; peu employée.

OBSERVATIONS Ces deux especes de Campanules ne sont pas les seules qui méritent l'attention des amateurs ; on en trouve, ou on en cultive d'autres especes qu'il est bon de connoître.

1.° La petite Campanule, *Campanula rotundifolia*, dont les feuilles radicales sont en forme de rein, & celles de la tige linaires, lancéolées.

On trouve rarement les feuilles radicales, qui varient pour la forme, en rein ou en cœur. Elle croît dans les haies ; les bestiaux la mangent volontiers.

2.° La Campanule touffue, *Campanula patula*, dont les feuilles sont lisses, lancéolées, ovales : le panicule très-ouvert.

Elle croit dans nos bois ; ses fleurs sont pourprées.

3.° La Campanule à feuilles de Pêcher, *Campanula persicifolia*, dont les feuilles de la racine sont ovales, alongées, celles de la tige sont pétiolées, lancéolées, étroites, un peu dentelées ; les péduncules très-longs ; la corolle très-grande.

Elle croît dans nos bois ; ses fleurs sont bleues ou blanches. Les chevres & les chevaux la mangent. Sa racine contient abondamment le principe muqueux nutritif.

4.° La Campanule pyramidale, *Campanula pyramidalis*, dont les feuilles lisses, en cœur, à dents de scie, celles de la tige lancéolées ; les tiges simples, les fleurs en fausses ombelles, assises aux aisselles des feuilles.

On la cultive dans nos jardins, nous l'avons trouvé spontanée en Lithuanie.

5.° La Campanule conglomérée, *Campanula glomerata*, dont les feuilles embrassent la tige, & les fleurs sans péduncules, forment une tête.

Dans les terrains secs, dans les prairies. Les bestiaux la négligent.

6.° La Campanule à grandes fleurs, *Campanula medium*, dont les capſules ont cinq loges, & les fleurs ſont droites.

On la cultive dans nos jardins.

4.° Le Miroir de Vénus, *Campanula ſpeculum*, à tige très-branchue, à fleurs en roue. Commune dans nos terres à blé. Ses feuilles ſont oblongues, crenelées; ſes capſules priſmatiques ; elle eſt nutritive, on la mange en ſalade.

On peut ramener à la famille des Campanules le *Phyteuma ſpicata*, la Raiponce en épi, dont les fleurs forment un épi ſerré, & dont les feuilles radicales ſont en cœur. Elle eſt commune dans nos bois. Ses fleurs ſont en roue, à ſegmens étroits ; ſa racine eſt longue, ſucculente : on la mange comme celle de la Raiponce ordinaire.

Observation générale. Dans toutes les Campanules, il ſe ſépare, ſoit dans les racines, ſoit dans la tige ou les feuilles, un ſuc blanc, doux ; elles renferment abondamment le principe muqueux nutritif ; une ſeule contient un eſprit recteur, aromatique dans ſes fleurs. Nous l'avons obſervée dans les forêts de Lithuanie, & nous l'avons décrite dans le premier volume du *Flora Lithuanica*. Nous ne trouvons aucunes obſervations médicinales qui établiſſent les propriétés médicinales des Campanules. Tournefort a encore ramené à ce genre la Linnée boréale, *Linnea borealis*, qu'il a nommée *Campanula ſerpilifolia*, qui offre pluſieurs caracteres tranchans : deux calices; celui du fruit, de deux feuillets; celui de la fleur ſupérieur, diviſé en cinq ſegmens; corolle campaniforme à cinq découpures, obtuſes, un peu inégales ; quatre étamines; baie ſeche, à trois loges, à trois ſemences ; tiges couchées; feuilles oppoſées, arrondies, un peu dentelées; fleurs geminées, deux à deux ſur chaque pédun-cule ; corolle extérieurement blanche, intérieurement pourpre.

Cette plante qui eſt aſſez commune dans le Nord, ne ſe trouve en France que ſur les montagnes du Languedoc : elle eſt vivace ; ſes tiges & ſes feuilles ſubſiſtent en hiver. Gronovius qui le premier en a fait un genre, l'a conſacrée à l'immortel Linné; elle est même devenue célebre par ses vertus; ses fleurs répandent de nuit une odeur agréable, elles sont ameres. La plante est un peu astringente, diurétique, on la vante contre le rhumatisme & la goutte; mais sa réputation ne s'est pas long-temps soutenue. Nous avons vu plusieurs Praticiens qui l'ayant ordonnée dans ces deux maladies, n'ont observé aucun effet. On la trouve en France dans les montagnes des Cévennes.

SECTION IX.

Des Herbes à fleur monopétale, campaniforme, en godet, dont le calice devient un fruit composé de deux pieces adhérentes par leur base.

44. LA GARANCE.

Rubia Tinctorum sativa. C. B. P.
Rubia Tinctorum. L. *4-dria, 1-gynia.*

Fleur. Monopétale, en godet, sans tube, découpée en quatre, ou cinq, ou six parties en forme d'étoile.

Fruit. Deux baies arrondies, attachées par leur base; les semences presque rondes, enveloppées d'une pulpe qui est couverte par une pellicule noire.

Feuilles. Verticillées, au nombre de six, quelquefois de cinq ou quatre, au sommet des branches, ovales, pointues, rudes au toucher, armées de poils durs, légérement crenelées tout autour, sessiles.

Cl. I.
Sect. IX.

Racine. Longue, rampante, très-branchue, rouge en dehors & en dedans.

Port. Les tiges longues, carrées, ſarmenteuſes, nerveuſes, rudes au toucher; les fleurs jaunes naiſſent aux ſommités des branches, quelquefois axillaires.

Lieu. Montpellier, le Bugey; celle qui vient de Zélande eſt préférée pour la teinture. ♃

Propriétés. La tige eſt ſans odeur, mais d'un goût amer & aſtringent; la racine apéritive, emménagogue, diurétique.

Uſages. L'on ſe ſert rarement de la teinture en Médecine, mais très-ſouvent de la racine: on l'emploie fraîche dans les tiſanes & apozemes apéritifs; on la donne à la doſe de ℥ ß ou de ℥ j; & ſeche, à la doſe d'un gros ou deux pour l'homme, pour les animaux de ℥ j à ℥ iij.

Observations. La racine de Garance eſt devenue célebre par ſon étonnante propriété de teindre en rouge les os des animaux qui en ont mangé pendant quelque temps. Mizaldi s'aſſura le premier de ce phénomene, en examinant des os de quelques moutons qui avoient brouté de la racine de Garance. Belcher, Anglois, confirma le fait en voyant des os de cochons qui avoient mangé le marc de la racine de cette plante. Nous avons nourri pluſieurs animaux avec la racine de Garance, & nous nous ſommes convaincus de l'exactitude des expériences du célebre Duhamel. Mais en général nous avons vu que ces animaux maigriſſoient, & que leurs os étoient plus fragiles. Cependant quelques obſervations inconteſtables prouvent l'utilité de notre racine dans le rachitis; on en a même preſcrit avec avantage la décoction contre la toux chronique, la jauniſſe, la chloroſe, les dartres. La Garance rougit les os, & même le lait des animaux; mais elle ne teint ni les chairs, ni les cartilages, ni les ligamens, pas même le cal récent des os fracturés. Dans la teinture, la racine de Garance donne une couleur rouge de petit teint.

45. LE GRATERON *ou* RIÈBLE.

CL. I. SECT. IX.

APARINE vulgaris. C. B. P.
GALIUM Aparine. L. *4-dria, 1-gynia.*

Fleur. Comme dans la précédente ; diviſée en quatre.

Fruit. Deux coques hériſſées de poils rudes, preſque ſphériques.

Feuilles. Verticillées, au nombre de ſix, ſept & huit, lancéolées, couvertes de poils rudes, terminées par une petite épine.

Racine. Menue, fibreuſe.

Port. Les tiges grêles, carrées, rudes au toucher, noueuſes, pliantes, grimpantes, longues de trois ou quatre coudées. Les fleurs d'un blanc jaune, naiſſent à l'extrémité des rameaux; très-petites.

Lieu. Les foſſés, le long des chemins. Lyonnoiſe & Lithuanienne. ♃

Propriétés. Cette plante eſt apéritive, diurétique.

Uſages. Son ſuc ſe donne à la doſe de ℥ ij, il eſt emménagogue ; la décoction de la plante eſt diurétique ; la plante pilée avec de la graiſſe de porc, appliquée exérieurement, eſt antiſcrofuleuſe, & ſert à l'égard des chevaux pour réſoudre les tumeurs dures. Les racines teignent auſſi en rouge ; les beſtiaux mangent la plante fraîche, mais ils la négligent lorſqu'elle eſt ſeche.

Cl. I.
Sect. IX.

46. LE CAILLELAIT JAUNE.

Gallium luteum. C. B. P.
Galium verum. L. *4-dria, 1-gynia.*

Fleur. Comme la précédente, corolle jaune.
Fruit. Deux ſemences attachées enſemble & liſſes.
Feuilles. Verticillées, ordinairement au nombre de huit, linéaires, ſillonnées, liſſes & non velues.
Racine. Longue, traçante, grêle, ligneuſe, brune.
Port. Les tiges s'élevent environ à un pied, grêles, un peu velues, carrées, noueuſes; il ſort le plus ſouvent de chaque nœud deux rameaux aſſez courts, au ſommet deſquels, de même qu'à celui des tiges, les fleurs naiſſent ramaſſées en grappe. Les corolles offrent ſouvent cinq ſegmens.
Lieu. Les haies, les foſſés. Lyonnoiſe, Lithuannienne. ♃
Propriétés. Cette plante eſt très-peu odorante; elle eſt aſtringente, céphalique, eſſentiellement antiépileptique, & ſuivant le célebre M. de Juſſieu, antiſpaſmodique.
Uſages. On en donne aux hommes, la poudre juſqu'à ʒ j le ſuc juſqu'à ℥ iv, en décoction poig. j dans ℔ j d'eau; aux animaux, la poudre à ℥ ß, le ſuc à ℔ ß; cette plante coagule le lait, d'où lui eſt venu ſon nom.

Observations. Suivant Bergius, l'eau diſtillée ne donne aucun ſigne d'acide, les fleurs ne caillent point le lait; elles répandent une odeur douce qui leur eſt particuliere. Nous n'avons jamais vu guérir des épileptiques avec cette plante; ceux qui ſavent que les ſpaſmes ceſſent le plus ſouvent ſans remede, douteront de ſa vertu antiſpaſmodique.

Les fleurs teignent les laines en jaune, & les racines fourniſſent une aſſez belle couleur rouge.

Cl. I.
Sect. IX.

47. LE CAILLELAIT BLANC.

Gallium album vulgare. C. B. P.
Galium mollugo. L. *4-dria, 1-gynia.*

Fleur. Comme dans la précédente, mais la corolle blanche.
Fruit. Comme le précédent.
Feuilles. Verticillées, au nombre de huit, linéaires, ovales, légérement dentées en maniere de ſcie, plus grandes que celles du Caillelait jaune.
Racine. Comme dans la précédente.
Port. La tige eſt molle, flaſque, & ne differe de la précédente que par ſes rameaux très étendus.
Lieu. Le même. Lyonnoiſe, Lithuanienne. ♃
Propriétés. } Les mêmes.
Uſages. }

Observations. Le Caillelait blanc n'eſt point négligé par les beſtiaux, qui le mangent volontiers lorſqu'il eſt frais; ſes racines donnent une belle couleur rouge.

48. LA CROISETTE VELUE.

Cruciata hirſuta. C. B. P.
Valantia cruciata. L. *polygam. monœc.*

Fleur. Monopétale en godet évaſé, partagé en quatre parties ovales, aiguës. Dans le nombre des fleurs, les unes ſont mâles, les autres hermaphrodites, qui ont ſouvent cinq ſegmens.
Fruit. Une graine arrondie, renfermée dans une membrane mince & velue.
Feuilles. Verticillées, au nombre de quatre, diſpoſées en croix, à trois nervures, ſeſſiles, velues,

Cl. I. Sect. IX

ovales, pointues, plus larges que celles du Grateron & du Caillelait.

Racine. Simple, fibreuſe.

Port. Les tiges nombreuſes, longues d'un pied, carrées, velues, grêles, foibles, noueuſes; les fleurs axillaires, d'un jaune verdâtre, leurs pédun-cules nus & courts.

Lieu. Les haies & les buiſſons. Lyonnoiſe, Lithuanienne. ♃

Propriétés. On la regarde comme vulnéraire, réſolutive & aſtringente.

Uſages. On s'en ſert extérieurement en fomen-tation contre les ſquirres du foie, en cataplaſme pilée, appliquée ſur les plaies & les bleſſures. Malgré les éloges de quelques Auteurs, cette plante n'eſt pas d'un grand uſage.

Observations. Tous les Caillelaits teignent en rouge les os des animaux que l'on a long-temps nourris avec leurs racines. Ils conſtituent une famille naturelle aſſez nombreuſe en Europe, qui préſente pluſieurs attributs communs. Les racines à écorce rouge, les feuilles en anneaux ou verticillées, de petites corolles en roſette ou en entonnoir; des fruits dydimes, inférieurs, (ou deux ſemences réunies); le nombre des ſemences, des corolles, varie, de même que celui des étamines; il a quelques eſpeces polygames. Dans preſque toutes le fruit eſt une coque dydime: la Garance eſt preſque la ſeule qui offre une baie.

Il faut avouer que les genres de cette famille ſont arbitraires chez tous les Auteurs; on les a formés en ne fixant ſon attention que ſur un attribut: les uns ſur le fruit liſſe ou hériſſé, les autres ſur les feuilles, d'autres ſur la corolle en roſette ou en entonnoir. Linné a lacéré cette famille en tranſportant dans ſa polygamie les *Valantia.*

Outre les eſpeces ci-deſſus amplement décrites, nous en poſſédons pluſieurs autres qui méritent de fixer notre attention.

1.°

1.° La Vaillant Grateron, *Valantia Aparine*, à trois fleurs; l'hermaphrodite, à quatre ſegmens; les deux mâles à trois, qui naiſſent du péduncule de l'hermaphrodite.

Dans les champs, ſix feuilles verticillées, dentelées; le fruit eſt rude ou liſſe. Elle eſt annuelle. Ses fleurs ſont petites & blanches; les péduncules recourbés.

2.° Le Caillelait des marais, *Galium paluſtre*, dont le fruit liſſe, les tiges jetant des racines; leurs branches ſont très-écartées, diffuſes. Les feuilles ſont au nombre de quatre, verticillées, preſque ovales, obtuſes, inégales. Les fleurs blanches, huit à chaque bouquet. On le trouve dans nos marais, ſur les bords des ruiſſeaux; il fleurit en Juin, eſt vivace; les vaches, les moutons & les chevaux le mangent. Sa racine teint en rouge, on en trouve des pieds à ſix feuilles.

3.° Le Caillelait Aparine, *Gallium ſpurium*, qui reſſemble beaucoup au Grateron, mais qui eſt plus petit; il a ſix feuilles aux nœuds, rudes, lancéolées, aiguës; ſon fruit eſt liſſe, ſes fleurs blanches.

Dans nos terres cultivées; il eſt annuel.

4.° La Sherarde des champs, *Sherardia arvenſis* ſe reconnoît aiſément par ſes fleurs bleuâtres ou purpurines, en entonnoir & en ombelles terminant la tige, & par ſon fruit couronné de trois dents.

Elle a ſix feuilles aux anneaux, rudes; les fleurs ſe développent dans une touffe de feuilles qui terminent une tige rameuſe de ſix pouces.

Dans nos terres ſablonneuſes; elle fleurit en Août, & ne dure qu'un an.

5.° L'Aſpérule odorante, *Aſperula odorata*, s'annonce par ſes fleurs blanches aromatiques, en bouquets élevés, par une tige droite, par huit feuilles larges, lancéolées; les feuilles inférieures, ſix, arrondies; les ſupérieures aiguës; le fruit eſt hériſſé. Les Aſpérules different des Caillelaits par leur corolle en entonnoir.

Les fleurs en deſſéchant acquierent une odeur plus agréable & plus pénétrante; on les regarde comme toniques, apéritives, & on les a ordonnées avec quelque ſuccès dans les obſtructions commençantes, la chloroſe. Les vaches mangent volontiers cette plante.

Elle eſt commune dans nos bois, fleurit en Mai: annuelle.

CL. I. SECT. IX.

6.° L'Aſpérule des champs, *Aſperula arvenſis*, dont la tige droite, rameuſe, offre ſix ou huit feuilles obtuſes aux anneaux, & eſt terminée, de même que ſes branches, par une touffe de feuilles ciliées, entre leſquelles naiſſent des fleurs en entonnoir, bleues.

Dans nos champs, fleurit en Juin: annuelle.

La racine aſſez groſſe, dont l'écorce eſt rouge, fournit une teinture de la même couleur.

7.° L'Aſpérule appelée l'Herbe à l'eſquinancie, *Aſperula cinanchica*, dont la tige eſt droite, rameuſe, portant ſur ſes anneaux quatre feuilles linaires; les fleurs terminent les branches en fauſſes ombelles; elles ſont à quatre ſegmens; les feuilles ſupérieures deux à deux à chaque anneau; les inférieures plus larges, auſſi oppoſées. On trouve quelques corolles à trois ſegmens. Commune dans nos champs, fleurit en Juillet: fleurs blanches incarnates. Elle eſt vivace.

48*. LA SPIGELIE anthelmintique.

SPIGELIA anthelmia. Amœn. acad. tab. 2. 5-dria, 1-gyn.

Fleur. Corolle en entonnoir, beaucoup plus longue que le calice.

Fruit. Germe ſupérieur qui devient un fruit à deux coques, à deux loges, à quatre valves. Pluſieurs ſemences très-menues.

Feuilles. Les caulinaires, deux oppoſées, éloignées des quatre qui terminent la tige, toutes lancéolées.

Port. Tige ſimple, de ſix pouces, herbacée; le plus ſouvent aux aiſſelles des feuilles caulinaires, ſe développent deux branches terminées comme la tige, par quatre ou cinq feuilles d'où naiſſent deux grappes de fleurs.

Lieu. Originaire du Bréſil: annuelle. Nous

l'avons cultivée à Grodno : elle se trouve aujourd'hui dans presque tous les jardins académiques.

Propriétés. Odeur & saveur désagréables. Cette herbe est assoupissante ; à haute dose, elle fait vomir, cause le relâchement des paupieres, la dilatation de la pupille.

Usages. Une infusion de deux drachmes des feuilles, est un des meilleurs spécifiques contre les vers. Le Docteur Browne obtint ce secret des Américains en 1748. Nous avons vérifié cette propriété : elle nous réussit très-bien sur un enfant de dix ans attaqué de convulsions causées par un foyer vermineux ; nous ne pûmes étendre plus loin nos observations, n'ayant que deux onces de Spigelie.

Bergius a ordonné avec succès la Spigelie de Maryland, *Spigelia Marilandica*, contre les vers & les maladies convulsives. Dans cette espece, bien décrite par cet Auteur, la tige a quatre faces, est plus grande, les feuilles opposées, éloignées, sessiles, ovales, oblongues ; deux épis longs d'un doigt terminent la tige ; la corolle est rouge, en entonnoir, longue d'un pouce, à cinq segmens, dont deux plus petits.

Elle est spontanée dans l'Amérique septentrionale : vivace, C'est encore un des remedes précieux que nous devons aux Sauvages, qui en 1755 firent connoître ses vertus au Docteur Linning, qui en fit part au Docteur Whyt.

CLASSE II.

Des Herbes et sous-Arbrisseaux, à fleur monopétale, en entonnoir & en roue, nommée infundibuliforme.

SECTION PREMIERE.

Des Herbes à fleur monopétale, infundibuliforme, dont le pistil devient le fruit.

49. LE MÉNIANTHE *ou* Trefle d'eau.

Menyanthes palustre, latifolium & triphyllum. I. R. H.
Menyanthes trifoliata. L. 5-*dria*, 1-*gyn.*

Fleur. Infundibuliforme, découpée profondément en cinq, quelquefois en six parties ovales, pointues, velues, recourbées, ouvertes.

Fruit. Capsule ovale, entourée à sa base du calice, uniloculaire, renfermant plusieurs semences ovales, petites.

Feuilles. Radicales, les petioles en maniere de gaînes, digitées trois à trois, les folioles ovales, entieres.

Racine. Horizontale, articulée, en anneaux. Cl. II. Sect. I.

Port. Tige grêle, cylindrique, qui s'éleve du milieu des feuilles, à la hauteur d'un pied & demi en se recourbant. Les fleurs d'un blanc rose, rassemblées en bouquet; feuilles florales, ovales, pointues, concaves, entieres, amplexicaules.

Lieu. Dans les marais. Lyonnoise. ♃

Propriétés. La fleur & la plante ont un goût amer & désagréable. La plante est résolutive, détersive, savonneuse, diurétique, tonique; fébrifuge, sur-tout antiscorbutique. La semence est expectorante.

Usages. De l'herbe on tire un suc, une conserve, un extrait; on en fait des décoctions dont on se sert, soit extérieurement, soit intérieurement. On ne l'emploie que mêlée avec d'autres drogues.

Observations. Les antheres pourpres, le stigmate en tête tronquée.

Le Ménianthe est une des plantes les plus précieuses en Médecine : elle perd beaucoup de son énergie par la dessication. Sa vertu fébrifuge est incontestable; nous l'avons éprouvé plusieurs fois. Elle est utile dans la goutte, le rhumatisme, les dartres, la gale, dans la supression des menstrues avec chlorose. Elle a souvent dissipé des maux de tête dépendans d'un relâchement d'estomac : lorsque des glaires accumulées rendent la digestion laborieuse, elle est très-indiquée. Nous avons vu quelques sujets qu'une once de suc des feuilles faisoit vomir, ou purgeoit. La décoction des feuilles déterge les ulceres; sa vertu antiscorbutique est aussi incontestable. Les chevres & les moutons mangent cette plante. Elle entre comme le Houblon dans la composition de la Biere.

On ne peut guere séparer du Ménianthe, le *Nymphoides aquis innatans* T. le *Ménianthes nymphoides* L. le petit Nymphéa dont les feuilles arrondies flottent sur l'eau; elles sont en cœur, très-entieres; ses fleurs naissent

CL. II. SECT. I.

d'un point commun, plusieurs ensemble ; elles sont campaniformes, ciliées en leurs bords, jaunes.

Cette jolie plante est commune dans les eaux dormantes de notre Province, près de Lyon, aux Brotteaux.

50. LA NICOTIANE *ou* LE TABAC.

NICOTIANA major latifolia. C. B. P.
NICOTIANA Tabacum. L. *5-dria, 1-gynia.*

Fleur. Infundibuliforme; le tube plus long que le calice; le limbe ouvert, divisé en cinq parties repliées. La corolle rougeâtre.

Fruit. Capsule ovale, biloculaire, s'ouvrant par son sommet, remplie d'un si grand nombre de petites semences ovales, qu'on en a compté jusqu'à mille dans une seule capsule, & qu'au rapport de Rai, un seul pied de Tabac a produit trente-six mille graines.

Feuilles. Alternes, larges, lancéolées, nerveuses, velues, glutineuses, adhérentes par leur base, courantes.

Racine. Rameuse, fibreuse, blanche.

Port. La tige s'éleve depuis deux jusqu'à quatre pieds, grosse d'un pouce, simple, ronde, velue, remplie de moëlle. Les fleurs naissent au sommet, rassemblées en corymbe.

Lieu. L'Amérique, d'où il nous est venu en 1560. Si on le préserve des gelées il est ♃.

Propriétés. Toute la plante a une odeur forte & un goût âcre & nauséeux. Elle est déterfive, résolutive, vulnéraire, anodine, errhine, purgative, émétique.

Usages. On se sert de la décoction des feuilles en lavement, mais il ne faut prescrire ce remede qu'avec beaucoup de prudence, sur-tout pour l'homme. On extrait des feuilles fraîches un suc, un esprit, une huile distillée ; on en fait un sirop, un onguent ; extérieurement on applique les feuilles sur les ulceres & les vieilles plaies. On prend par le nez les feuilles réduites en poudre seche, on les mâche, on s'en sert pour fumer.

Cl. II. Sect. I.

La dose en lavement pour l'homme est de ʒ ij à ℥ ß en décoction, & pour le cheval de ℥ j à ℥ ij.

Observations. Les feuilles récentes frottées entre les doigts, les tachent d'une humeur gluante, brunâtre ; si on les brûle seches, elles flambent & crépitent comme le Nitre ; si on les mâche, elles teignent en vert la salive. Pour juger de ses propriétés, on doit avoir égard à la maniere de l'employer. Si on prend la poudre par le nez, ceux qui n'y sont point accoutumés, éternuent & éprouvent des vertiges, méme des nausées, & le vomissement ; une humeur ténue s'écoule de leurs narines. L'habitude fait disparoître les vertiges & les nausées, diminue même l'écoulement. On ne peut cependant nier qu'un trop grand usage de cette poudre n'affoiblisse l'odorat; plusieurs personnes éprouvent méme une diminution de mémoire. Il est très-difficile de statuer juques à quel point l'abus du Tabac en poudre, ou fumé, peut dispofer à la paralysie ; on n'a guere que des soupçons sur cet objet.

Ceux qui fument beaucoup, comme les Polonois, les Allemands, ont les dents noires, la bouche fétide, peu d'appetit. Ils sont sujets aux obstructions du foie, avec diminution de son volume. Dailleurs, le Tabac comme médicament interne, mérite l'attention des Médecins. En n'écoutant que l'expérience, nous avons vu des fievres quartes emportées par vingt-cinq grains de Tabac en poudre, délayés dans du vin ; des paralytiques ranimés par l'usage des lavemens de Tabac ; de vieilles dartres guéries avec cinq grains de poudre de Tabac. Quelques maniaques & épileptiques ont été guéris avec le sirop de Tabac. On ne peut nier, en dépouillant les anciens Observateurs, que ce sirop n'ait dissipé des empâtemens

Cl. II. Sect. I.

des viſceres des premieres voies. J'ai connu un Médecin qui traitoit toutes les maladies avec engorgement, atonie, par l'uſage du Tabac, à différentes doſes, & qui en guériſſoit pluſieurs. L'uſage externe du Tabac pour la guériſon des dartres, de la gale, des ulceres, eſt confirmé chaque jour par nos obſervations. En général on peut avancer que cette plante maniée par des mains adroites, a produit, & peut produire encore des guériſons déſeſpérées.

51. LA NICOTIANE, *ou* Herbe à la Reine.

NICOTIANA minor. C. B. P.
NICOTIANA ruſtica. L. *5-dria, 1-gyn.*

Fleur. Comme la précédente, mais plus courte, d'une couleur jaune & pâle.

Fruit. Plus arrondi que le précédent. Semences plus menues & plus rondes.

Feuilles. Moins grandes & plus épaiſſes que les premieres, obtuſes par le bout, avec de courts pétioles, plus glutineuſes que les précédentes & couvertes d'un duvet très-fin.

Racine. Quelquefois ſimple & groſſe comme le doigt, quelquefois fibreuſe, toujours blanche.

Port. La tige s'éleve à la hauteur d'un ou deux pieds, ronde, velue, ſolide, glutineuſe; les fleurs naiſſent ramaſſées au ſommet.

Lieu. Le même. ⊙

Propriétés. } Les mêmes, mais plus foibles.
Uſages. }

52. LA JUSQUIAME,

Hanebane *ou* Potelée.

HYOSCYAMUS vulgaris, *vel niger*. C. B. P.
HYOSCYAMUS niger. L. 5-dria, 1-gyn.

Fleur. Infundibuliforme, divisée en cinq segmens obtus, jaunâtres à leurs bords, veinée, d'un pourpre noir dans le milieu ; filamens courbés.

Fruit. Capsule cachée dans un calice de la figure d'une marmite, à deux loges surmontées d'un couvercle qui retient des semences arrondies, ridées, petites, aplaties, inégales, cendrées.

Feuilles. Amples, molles, cotonneuses, découpées profondément en leurs bords, comme pinnées, amplexicaules.

Racine. Epaisse, annulée, ridée, longue, nappiforme, brune en dehors, blanche en dedans.

Port. Les tiges hautes d'une coudée, branchues, épaisses, cylindriques, couvertes d'un duvet épais, un peu glutineux ; les fleurs entourées de feuilles ; les feuilles alternes, quelquefois placées sans ordre sur la tige.

Lieu. Les endroits pierreux, le long des chemins. Lyonnoise. ⊙

Propriétés. Toute la plante a une odeur forte, désagréable, puante ; la racine est douceâtre ; la plante est assoupissante, vénéneuse, anodine, résolutive.

Usages. Extérieurement on emploie les feuilles, les fleurs & les graines ; intérieurement les graines seules. M. Storck, & à son exemple, beaucoup de Médecins commencent à faire usage de son suc épaissi, à la dose de quelques grains. La Jusquiame noire est plus forte que la blanche. Nous

Cl. II.
Sect. I.

ne conſeillons pas l'uſage de cette plante, à moins qu'il ne ſoit preſcrit & dirigé par une main habile : cependant l'on regarde, avec raiſon, ſon ſuc mêlé avec du lait, comme un excellent gargariſme contre les angines.

I.re Observation. L'odeur de la racine de Juſquiame eſt narcotique ; ſi on la mâche, elle paroît douce, mucilagineuſe ; les feuilles récentes mâchées paroiſſent fades ; deſſéchées, elles ſont preſque ſans odeur ; ſi on les brûle, elles crépitent comme le Nitre. Les ſemences donnent une huile par expreſſion, qui a une odeur fade. Ceux qui par mépriſe ont mangé de la racine de cette plante, ont éprouvé un ſommeil profond, avec la face rouge tuméfiée, les yeux rouges, le pouls dur ; ſommeil qui a été ſuivi d'éruptions gangreneuſes aux cuiſſes, aux jambes. Les ſemences cachent dans une enveloppe un principe narcotique qui cauſe le délire, des convulſions, des ſoubreſauts dans les tendons, une dilatation de la pupille.

Cependant l'illuſtre Storck a ſû tirer parti d'une plante auſſi vénéneuſe. On ne peut douter, comme nous en avons été témoins, qu'on n'ait guéri avec ſon extrait, l'épilepſie, la manie, les convulſions, la paralyſie, des palpitations de cœur, & des ſquirres.

II.e Observation. La Juſquiame blanche, *Hyoſcyamus albus*, differe de la précédente par ſa tige, plus courte, moins rameuſe ; par ſes feuilles, moins découpées, plus petites, non aſſiſes, mais à pétioles ; par ſes fleurs à péduncules courts, plus blanches, plus petites.

Ses ſemences ſont blanches : elle croît en Dauphiné, en Languedoc : annuelle. Elle a les mêmes propriétés que la précédente.

53. LA POMME ÉPINEUSE ou l'Endormie.

Cl. II. Sect. I.

STRAMONIUM fructu ſpinoſo rotundo, flore albo ſimplici. I. R. H.
DATURA Stramonium. L. *5-dria, 1-gyn.*

Fleur. Infundibuliforme; tube cylindrique; limbe droit à cinq angles & cinq plis, preſque entier, à cinq pointes; la corolle blanche ou violette.

Fruit. Capſule ovale, biloculaire, à quatre battans, dont l'écorce eſt armée de pointes courtes & groſſes. Les ſemences noires, aplaties, en forme de rein.

Feuilles. Liſſes, larges, anguleuſes, pointues, ſoutenues par de longs pétioles.

Racine. Fibreuſe, rameuſe, ligneuſe, blanche.

Port. La tige s'éleve à la hauteur d'un homme; elle eſt branchue, à rameaux oppoſés, tant ſoit peu velue, ronde, creuſe; les fleurs ſolitaires naiſſent aux aiſſelles des branches & des feuilles; les feuilles alternes.

Lieu. Les terrains gras, près des maiſons; elle vient d'Amérique. ☉

Propriétés. Les feuilles ſont d'une puanteur aſſoupiſſante; les ſemences & les fleurs ſont moins déſagréables; les feuilles ſont narcotiques, étourdiſſantes, adouciſſantes, anodines, réſolutives, dans l'uſage extérieur.

Uſages. L'on emploie la Pomme épineuſe comme la Juſquiame, la Belladone, & tous les autres narcotiques, qui ſont intérieurement des poiſons, lorſqu'ils ſont donnés ſans correctif & à trop grande doſe; leur contre-poiſon ſe trouve dans les ſels volatils, la thériaque, les vomitifs & les acides.

Cl. II. Sect. I.

Observations. La Pomme épineuſe, rare dans nos Provinces, infecte les terrains incultes de Lithuanie, ſur leſquels elle s'éleve moins; j'en ai vu des pieds en fruit, qui n'avoient pas un demi-pied. Les feuilles ſont ameres, nauſéabondes. Il n'eſt pas prudent de s'aſſeoir ſur le gazon dans le voiſinage de cette plante; pluſieurs perſonnes en ont éprouvé des maux de tête avec étourdiſſement : priſe à haute doſe, elle enivre, cauſe le délire, avec dilatation de la pupille; dans l'extrait, on trouve un Nitre pur. Pluſieurs obſervations certaines établiſſent la guériſon de quelques maniaques, avec le ſuc épaiſſi de cette plante. On l'a vu dompter des convulſions & des épilepſies; pluſieurs mélancoliques ont été guéris par ce ſeul remede; l'extrait dans ce cas ſe donne depuis un grain juſques à cinq.

Une décoction de trois têtes de Juſquiame a cauſé le vertige, la perte de la voix, l'inſomnie, le froid aux extrémités, a rendu le pouls petit & très-fréquent; à ces ſymptômes, ſuccéda une fauſſe paralyſie qui fût ſuivie d'un délire furieux; le même jour le délire ceſſa, & le malade s'endormit paiſiblement. En réfléchiſſant ſur cette Obſervation, que nous liſons dans Bergius, nous penſons qu'on pourroit tirer parti pour la pratique, de cette décoction, à très-petite doſe.

54. LA GRANDE PERVENCHE.

Pervinca vulgaris latifolia flore cæruleo. I. R. H.

Vinca major. L. *5-dria, 1-gynia.*

Fleur. Infundibuliforme, en maniere de ſoucoupe; le tube plus long que le calice, & marqué de cinq lignes; le limbe diviſé en cinq parties tronquées obliquement; deux nectars ronds à la baſe du germe; la corolle bleue.

Fruit. Deux ſiliques cylindriques, univalves, qui renferment des ſemences oblongues, preſque cylindriques, ſillonnées.

Feuilles. Ovales, larges, luiſantes, ſoutenues par de longs pétioles. Cl. II. Sect. I.

Racine. Fibreuſe, traçante.

Port. Les tiges s'élevent à peu près à la hauteur de deux pieds, longues, rondes, nouées, vertes, flexibles; les fleurs ſont axillaires, attachées à de courts péduncules; les feuilles oppoſées deux à deux le long des tiges.

Lieu. Les bois. Lyonnoiſe. ♃

Propriétés. Les feuilles ſont d'un goût amer, déſagréable, mêlé d'acrimonie; elles ſont vulnéraires, aſtringentes, fébrifuges.

Uſages. On emploie la décoction en gargariſme, on la coupe avec du lait pour la rendre plus adouciſſante.

55. LA PETITE PERVENCHE.

PERVINCA *vulgaris anguſti-folia, flore cæruleo.* T. inſ.

VINCA *minor.* L. Syſt. nat. *5-dria, 1-gyn.*

Fleur. } Comme dans la précédente.
Fruit. }

Feuilles. Ovales, lancéolées, attachées à de courts pétioles. Celles de l'année précédente d'un vert foncé, les nouvelles plus molles, d'un vert gai.

Racine. Comme dans la précédente.

Port. Elle differe de la premiere par ſes tiges rampantes, ſes fleurs plus petites, ſes feuilles lancéolées; la fleur eſt également axillaire, mais portée ſur de longs péduncules; la fleur devient quelquefois double, par l'épanouiſſement des filets des étamines.

Cl. II. Sect. I.

Lieu. Les bois taillis. Lyonnoiſe. ♃

Propriétés.
Uſages. } Les mêmes que la précédente.

Observations. Pour obtenir le fruit de la Pervenche, il faut la reſſerrer dans un vaſe ; nous trouvons l'une & l'autre à fleur blanche. Elles appartiennent, quoique monogynes, à la famille des Apocyns. Ces plantes ſont trop négligées ; la décoction & la poudre des feuilles eſt utile dans toutes les maladies avec atonie, comme paralyſie, diarrhée, digeſtion laborieuſe, migraine dépendante d'un relâchement d'eſtomac.

On commence à cultiver généralement la belle Pervenche de Madagaſcar, *Vinca roſea*, ſous-arbriſſeau droit, à fleurs qui ſont deux à deux, aſſiſes, à feuilles ovales, oblongues, dont les pétioles offrent deux dents à la baſe.

Les fleurs ſont grandes, pourpres, roſes, ſe développent ſucceſſivement.

L'appareil de la génération des Pervenches eſt très-curieux : les cinq étamines embraſſent par leurs antheres les deux ſtigmates.

56. L'OREILLE-D'OURS.

Auricula urſi flore luteo. J. B.
Primula auricula. L. *5-dria, 1-gyn.*

Fleur. Infundibuliforme, tubulée, pentagone, découpée en cinq parties, en forme de cœur, obtuſes. Calice moitié plus court que la corolle.

Fruit. Capſule arrondie, aplatie au ſommet, uniloculaire, s'ouvrant par ſon ſommet découpé en dix parties, remplie de ſemences rondes adhérentes à un réceptacle libre.

Feuilles. Radicales, entieres, liſſes, dentées, épaiſſes, oblongues, couvertes d'une pouſſiere blanche, ſeſſiles.

Racine. Fuſiforme, fibreuſe.

Port. Du milieu des feuilles s'éleve une tige ſans feuilles, de la hauteur d'un demi-pied, cylindrique, droite; les fleurs en ombelle, au ſommet des tiges. CL. II. SECT. I.

Lieu. Les Alpes du Dauphiné. Varie à l'infini par la culture. ♃

Propriétés. Les feuilles ſont vulnéraires, aſtringentes.

Uſages. En cataplaſme, en décoction.

OBSERVATIONS. L'Oreille-d'ours eſt plus recherchée des Fleuriſtes que des Médecins. Par la culture, elle offre toutes les variétés de fleurs, jaunes, blanches, pourpres, ſimples ou à huit & dix ſegmens, même pleines. La ſurabondance de la ſeve, en multipliant les ſegmens de la corolle, augmente le nombre naturel des étamines; nous en avons compté huit. Nous n'avons rien à dire ſur ſes propriétés médicinales, ne l'ayant jamais ordonnée.

57. LA PETITE CENTAURÉE.

CENTAURIUM minus. C. B. P.
GENTIANA Centaurium. L. *5-dria, 2-gyn.*

Fleur. Infundibuliforme, dont le tube n'eſt pas perforé; le limbe diviſé en cinq parties planes.

Fruit. Capſule oblongue, cylindrique, terminée en pointe, uniloculaire, bivalve, contenant des ſemences très-menues.

Feuilles. A trois nervures, les radicales couchées par terre, cunéiformes, obtuſes, les caulinaires oblongues, linaires aſſiſes, liſſes, veinées.

Racine. Menue, blanche, ligneuſe, fibreuſe.

Port. Les tiges ſont hautes d'un demi-pied; elles s'élevent d'entre les feuilles, & ſont anguleuſes, branchues; les fleurs ſont diſpoſées en corymbe, à corolles rouges ou blanches; les feuilles disposées deux à deux.

Cl. II. Sect. I.

Lieu. Les lieux arides. ☉

Propriétés. Toute la plante est fort amere & a peu d'odeur; elle est tonique, stomachique, fébrifuge, vermifuge & détersive.

Usages. Les sommités des fleurs se donnent à la dose d'une pincée ou deux, macérées dans du vin. La poudre seche à la dose de ʒj; l'extrait jusqu'à ℥ß extérieurement; elle seche les plaies & les déterge.

Pour le cheval on donne l'infusion d'une demi-poignée dans une ℔ ß de vin, la poudre à la dose de ℥ ß, & l'extrait à la dose de ℥ ij.

I.re OBSERVATION. Cette plante appartient au genre naturel des Gentianes. Elle est très-communément prescrite dans la pratique journaliere; à haute dose elle fait quelquefois vomir, & devient purgative; elle produit de bons effets dans les fievres printanieres qu'elle guérit souvent seule, sans laisser d'enflure. Son infusion ou sa poudre sont indiquées dans toutes les maladies d'atonie, comme œdeme, leucophlegmatie, empâtement du foie, de la rate, jaunisse; elle triomphe sur-tout dans les maladies cutanées, comme dartres. Nous l'avons souvent prescrite dans tous ces cas, & dans les rhumatismes chroniques, les foiblesses d'estomac, diarrhée, migraine avec glaires dans l'estomac & les intestins, & nous en avons vu assez constamment de bons effets. C'est un des meilleurs adjuvans dans les maladies chroniques, surtout réuni avec le sel d'Epsom; on peut dire que c'est le congénere de la grande Gentiane.

II.e OBSERVATION. On peut, suivant la méthode de Tournefort, rapprocher de la Centaurée le *Chlora perfoliata* L. le *Centaureum luteum perfoliatum* C. B. La Chlore à fleurs jaunes; ses feuilles radicales sont ovales; celles de la tige sont réunies de maniere que la tige semble les traverser; le calice a huit feuillets; la corolle monopétale a huit segmens: elle renferme huit étamines & un pistil.

Elle

Elle varie par le port ; on trouve des individus très-petits, de deux, ou trois, ou quatre pouces, dont les feuilles & les fleurs ſont très-petites ; c'eſt le *Centaurium puſillum luteum* de C. B. Cette variété, & l'eſpece principale qui s'éleve à un pied & plus, ſont aſſez communes autour de Lyon.

On ne peut nier qu'en ſuivant les affinités naturelles, la Chlore n'appartienne au genre des Gentianes, de même que la petite Centaurée ; c'eſt le ſentiment de Haller, & Linneus lui-même l'avoit anciennement ramené à ce genre.

SECTION II.

Des Herbes à fleur monopétale, en ſoucoupe ou en roſette, & dont le piſtil devient le fruit.

58. LA PRIMEVERE *ou* Primerolle.

PRIMULA *veris odorata, flore luteo ſimplici.* C. B. P.

PRIMULA *veris. Var. officin.* L. *5-dria, 1-gyn.*

FLEUR. Monopétale, en ſoucoupe découpée en cinq ſegmens échancrés ; les autres caracteres de *l'Oreille d'ours* n.° 56 ; corolle jaune, quelquefois pâle.

Fruit. Comme l'*Oreille d'ours*, mais oblong.

Feuilles. Radicales, ſeſſiles, dentées, ſillonnées, ridées.

Cl. II.
Sect. II.

Racine. Fibreuſe, écailleuſe, rougeâtre.

Port. La tige s'éleve du milieu des feuilles à la hauteur d'un demi-pied, nue, portant ſes fleurs en ombelles pendantes; l'ombelle eſt garnie d'une collerette compoſée de cinq à ſix folioles courtes & ſétacées.

Lieu. Les bois. Lyonnoiſe, Lithuanienne. ♃

Propriétés. La fleur a une odeur douce; la racine a un goût un peu aſtringent, aromatique; celui de la plante eſt âcre & amer; les feuilles & les fleurs ſont anodines, cordiales & vulnéraires.

Uſages. On en tire une eau diſtillée; on en fait une conſerve; l'eau ſe donne depuis ℥ iv juſqu'à ℥ vj; la conſerve, depuis ℥ ß juſqu'à ℥ j; on ſe ſert de ſes fleurs en maniere de thé, & de ſes feuilles en cataplaſme; on ne l'emploie que de cette façon pour les animaux.

Observations. Le Chevalier Linné a confondu avec cette eſpece deux autres Primeveres qui ont paru très-différentes à Scopoli & aux autres célebres Botaniſtes.

1.° Le *Primula veris pallido flore elatior* de Tournefort, la Primevere à fleurs pales, dont la tige eſt plus élevée, les fleurs moins pendantes, & d'un jaune très-pâle.

On la trouve aſſez fréquemment dans nos bois; elle fleurit en Avril: vivace.

2.° Le *Primula grandiflora*, la Primevere ſans tige, dont les fleurs ſolitaires ſont portées par des péduncules qui paroiſſent naître immédiatement de la racine. Ses fleurs ſont grandes, d'un jaune de ſoufre; on la trouve dans nos bois.

Si cependant on ſe donne la peine d'ouvrir avec attention la gaîne formée par les pétioles, on verra un péduncule général très-court; ce qui autoriſe le ſentiment du Prince des Botaniſtes.

59. LA PRIMEVERE des jardins.

CL. II.
SECT. II.

PRIMULA veris rubro flore. Cluſ. Hiſt.
PRIMULA farinoſa. L. *5-dria, 1-gyn.*

Fleur. } Comme dans la précédente.
Fruit. }

Feuilles. Radicales, ſeſſiles, ſimples, crenelées, liſſes, vertes en-deſſus, farineuſes en-deſſous.

Racine. Longue, droite, fibreuſe.

Port. La tige comme dans la précédente; le limbe de la fleur plus aplati : elle en differe encore par les couleurs qui embelliſſent la corolle; la plante eſt plus petite que la précédente.

Lieu. Les Alpes du Dauphiné, les plaines du Nord. Une variété cultivée dans les jardins. ♃

Propriétés. } Les mêmes que la précédente.
Uſages. }

I.re OBSERVATION. En examinant nos Primeveres, on ſe rappelle avec plaiſir pluſieurs plantes analogues qui ornent les montagnes Alpines, & qui ſe trouvent ſur nos Alpes Delphinales, comme :

1.° Le *Primula vetaliana*, à feuilles linaires, aiguës, à fleurs jaunes.

2.° Le *Primula integrifolia*, la Primevere à feuilles très-entieres, liſſes, à corolle violette, dont les ſegmens ſont bifides.

Sur les mêmes montagnes ſe trouvent pluſieurs eſpeces d'un genre analogue aux Primeveres; les Androſaces, comme :

1.° L'Androſace majeure, *maxima*, dont le calice eſt plus grand que la corolle.

2.° L'Androſace *Septentrionalis*, dont le calice eſt plus court que la corolle.

Ces plantes different des Primeveres en ce que l'ouverture de la corolle dans les Primeveres eſt nue, ouverte, au lieu qu'elle eſt garnie de glandes dans les Androſaces.

Cl. II. Sect. II.

II.e Observation. Ceux qui ont quelque goût pour les cauſes finales doivent, avant l'épanouiſſement des Primeveres, examiner avec quelles étonnantes précautions la nature enveloppe les germes de ces plantes.

60. LE GRAND PLANTAIN ou Plantain à bouquet.

Plantago latifolia ſinuata. C. B. P.
Plantago major. L. *4-dria, 1-gyn.*

Fleur. Monopétale, diaphane, en ſoucoupe diviſée en quatre parties ovales, renverſées; le tube renflé; étamines très-alongées.

Fruit. Capſule ovale, biloculaire, s'ouvrant horizontalement, renfermant pluſieurs ſemences oblongues.

Feuilles. Radicales, ovales, larges, luiſantes, rarement dentelées en leurs bords, liſſes, à ſept nervures, ſoutenues par de longs pétioles.

Racine. Courte, groſſe comme le doigt, fibreuſe, blanchâtre.

Port. De la racine & du milieu des feuilles s'élevent pluſieurs tiges ou hampes à la hauteur d'un pied environ, arrondies, un peu velues; la fleur naît au ſommet, diſpoſée en épi.

Lieu. Les prairies, le long des chemins. Lyonnoiſe, Lithuanienne. ⊙

Propriétés. Les feuilles ont un goût particulier, aſtringent; les racines ſont à peine ameres; cette plante eſt vulnéraire, aſtringente.

Uſages. On fait de ſes feuilles une tiſane; des racines & des feuilles, on extrait un ſuc qui dépuré, ſe donne depuis ℥ ij, juſqu'à ℥ iv. Extérieurement, la décoction de la plante fait un excellent gargariſme; les feuilles fraîches &

pilées se mettent sur les blessures & les contusions.

On l'emploie pour les chevaux le plus souvent à l'extérieur, ou en tisane, à la dose d'une poignée ou deux, sur ℔ ij d'eau.

OBSERVATIONS. L'eau distillée de Plantain ne vaut pas mieux, comme ophtalmique, que l'eau de riviere; sa décoction filtrée est utile dans les rougeurs des yeux sans ardeur ni chaleur. Une forte décoction des feuilles a quelquefois réussi pour arrêter les fievres tierces vernales, printanieres; mais comme nous nous sommes assurés que ces fievres se dissipent très-souvent sans remedes, nous sommes en droit de douter si la cessation des accès dans les cas énoncés, est l'effet de la nature ou du Plantain.

On doit placer entre le grand Plantain & le Lancéolé, le Plantain moyen, *Plantago media*, dont les feuilles ovales, lancéolées, sont un peu velues de chaque côté, dont les tiges arrondies portent un épi cylindrique.

Il est commun dans nos pâturages, & a les mêmes propriétés que les deux autres; les bestiaux mangent volontiers les Plantains frais.

Outre ces especes de Plantains, assez généralement connues, un amateur doit avoir une idée de quelques autres moins communes.

1.° Le Plantain blanchâtre, *Plantago albicans*, à feuilles étroites, velues, presque droites.

On le trouve dans nos Provinces Méridionales.

2.° Le Plantain à feuilles de Gramen, *Plantago graminifolia*, à feuilles lisses, très-étroites, formant un gazon très-dense.

Cette espece présente plusieurs variétés qui, dans Linné, forment trois especes: le *Maritime*, à feuilles succulentes, arrondies d'un côté; l'*Alpine* à feuilles aplaties, hérissées, & l'*Alené*, *subulata*, à feuilles roides, à trois faces,

Le sol peut très-bien causer ces différences; l'espece *Alpine* se trouve sur nos montagnes Delphinales.

3.° Le Plantain pied-de-lievre, *Plantago lagopus*, dont l'épi est ovale, blanchâtre, très-chargé de poils.

Cl. II.
Sect. II.

Ses feuilles sont étroites, un peu dentées, & un peu velues en-dessous.

Nous l'avons cueilli sur la plage de la Méditerranée, en Languedoc.

4.° Le Plantain monoïque, ci-devant appelé par Linné *Plantago uniflora*, aujourd'hui dénommé *Littorella lacustris*; petite plante à feuilles étroites, radicales, nombreuses, du milieu desquelles naissent des hampes portant une seule fleur, les unes à étamines, d'autres à pistils.

Les fleurs femelles sont assises à l'origine du péduncule de la fleur mâle. Voyez la belle figure du *Flora danica*, *tab. 170*.

Cette espece a été observée dans nos Provinces; savoir, en Bresse. Elle a été pleinement décrite dans les Mémoires de l'Académie, par M. de Jussieu.

61. LE PLANTAIN A CINQ CÔTES.

Plantago angustifolia major. C. B. P.
Plantago lanceolata. L. *4-dria, 1-gyn.*

Fleur. } Comme dans la précédente.
Fruit. }

Feuilles. Epaisses, lancéolées, à cinq nervures dont les pétioles sont plus courts que ceux du grand Plantain.

Racine. Assez grosse, avec des fibres éparses, comme tronquée à son extrémité.

Port. Les feuilles renversées & couchées par terre, couvertes d'un duvet épais & blanchâtre sur les bords; les tiges s'élevent environ à la hauteur d'un pied, rondes, velues, nues, cannelées, anguleuses; les fleurs disposées au sommet en épis ovales.

Lieu. Les prairies. ♃

Propriétés. } Les mêmes que celles du précé-
Usages. } dent; celui-ci a plus de force.

62. LE PLANTAIN DÉCOUPÉ. ou la Corne de Cerf.

Cl. II. Sect. II.

CORONOPUS hortenſis. C. B. P.
PLANTAGO coronopus. L. *4-dria, 1-gyn.*

Fleur. } Comme dans la précédente.
Fruit. }

Feuilles. Alongées, linéaires, profondément découpées, les découpures étroites & comme ailées ; caractere qui diſtingue cette plante des autres Plantains.

Racine. Menue, fibreuſe.

Port. Les feuilles droites pour la plupart; les tiges s'élevent du milieu des feuilles, cylindriques, menues; les fleurs en épis.

Lieu. La Provence, le Dauphiné. ♃

Propriétés. } Il joint aux vertus des précédens,
Uſages. } celle d'être diurétique.

63. L'HERBE AUX PUCES annuelle.

PSYLLIUM Dioſcoridis vel Indicum, foliis crenatis. C. B. P.
PLANTAGO cynops. L. *4-dria, 1-gyn.*

Fleur. } Caracteres des Plantains; les ſemences
Fruit. } très-petites, luiſantes, rouſſes, convexes d'un côté, concaves de l'autre.

Feuilles. Alongées, peu dentelées & recourbées.

Racine. Simple, blanche, fibreuſe.

CL. II. SECT. II.

Port. Une ou plusieurs tiges d'un pied & plus, droites, velues, rondes, fermes, rameuses depuis le bas jusqu'au sommet, en quoi elle differe spécialement des Plantains; les fleurs axillaires, en épis longs & étroits, sans bractées.

Lieu. Les Provinces méridionales de la France. Lyonnoise. ⊙

Propriétés. Cette plante est rafraîchissante, adoucissante, émolliente. Boerhaave la soupçonne un poison, donnée à forte dose.

Usages. On en fait un mucilage assez usité, des décoctions émollientes pour lavement, des fomentations & gargarismes; elle est dangereuse pour les chevres.

La dose pour les décoctions est de ʒij pour l'homme dans ℔ ij d'eau, & de ℥ij pour les animaux.

64. L'HERBE AUX PUCES vivace.

PSYLLIUM majus supinum. C. B. P.
PLANTAGO psyllium. L. *4-dria, 1-gyn.*

Fleur. } Comme dans la précédente.
Fruit. }

Feuilles. Très-entieres, filiformes, plus redressées.

Racine. Fibreuse.

Port. Les tiges rameuses, rougeâtres, un peu couchées, espece de sous-arbrisseau : les épis offrent des bractées concaves.

Lieu. Les terrains incultes, ainsi que la précédente : vivace. Lyonnoise.

Propriétés. } Les mêmes.
Usages. }

OBSERVATIONS. Les deux précédentes especes se ressemblent si bien, que plusieurs célebres Botanistes les confondent ; les ſemences ſont mucilagineuſes, ſans odeur ni ſaveur marquée ; cependant ſi on les fait bouillir dans l'eau, elles la rendent aſſez âcre. Le mucilage de l'Herbe aux puces eſt un adouciſſant précieux dans l'ophtalmie, la dyſſenterie & la dyſurie : ces deux eſpeces d'Herbe aux puces, ſont communes en Lithuanie.

SECTION III.

Des Herbes à fleur monopétale, infundibuliforme, dont le calice devient le fruit ou l'enveloppe du fruit.

65. LE JALAP, *ou* la Belle-de-nuit.

JALAPA officinarum, fructu rugoſo. I. R. H.
MIRABILIS Jalapa. L. *5-dria, 1-gyn.*

FLEUR. Infundibuliforme, à cinq découpures échancrées & pliſſées ; le tube étroit, alongé, renflé par le haut, fixé ſur un nectar globuleux qui ſe trouve entre la corolle & le calice.

Fruit. Petite noix ovale, pentagone, compoſée du nectar durci.

Feuilles. Terminées en pointe, celles du bas pétiolées, les florales ſeſſiles.

Racine. Groſſe, noirâtre en dehors, blanche en dedans, pivotante.

Port. La tige s'éleve à la hauteur de deux coudées, herbacée, ferme, noueuſe, très-branchue ; la fleur & les feuilles different de celles de la Belle-de-nuit des jardins ; la fleur a ſon tuyau du triple

Cl. II. Sect. III.

plus long; les feuilles ſont d'un vert beaucoup plus clair; la ſemence eſt plus groſſe du double, comme marbrée; les fleurs axillaires, entaſſées, droites.

Lieu. L'Amérique. On le cultive dans les jardins; ſa racine eſt ♃; quand on la ſuſpend dans les ſerres chaudes, elle pouſſe au printemps ſuivant, ſans aucun ſoin, & ſans être plantée.

Propriétés. La racine eſt d'un goût âcre & nauſéeux; elle eſt purgative, hydragogue.

Uſages. C'eſt un purgatif fort uſité, à la doſe de xxiv grains; on le donne en ſubſtance depuis xij grains juſqu'à ℈ j; on en prépare une réſine purgative à la doſe de grains iv à viij.

Il y a encore bien des obſervations à faire ſur les purgatifs âcres donnés aux chevaux; ℥ xiv de Laurier ceriſe, & ℥ iij de pulpe de Coloquinte, n'ont agi ſur eux que comme ſimple altérant, tandis que ℥ ij de réſine de Jalap donnent la mort à l'animal; il faut donc être d'une circonſpection extrême en preſcrivant les purgatifs âcres. La Médecine Vétérinaire n'eſt pas encore aſſez éclairée pour en fixer les doſes; on peut cependant donner cette racine en poudre au cheval, à la doſe de ʒ ij à ℥ ß, & la racine depuis ʒ j à ʒ ij.

OBSERVATIONS. On n'eſt point encore certain ſi toutes les racines de Jalap appartiennent à une même plante. Il eſt probable qu'on vend indiſtinctement celles du Jalap à longue fleur, ou du Dichotome, dont le port eſt d'ailleurs ſemblable au *Mirabilis Jalapa*. On peut même ſoupçonner qu'une eſpece de Liſeron en fournit une grande quantité. Quoi qu'il en ſoit, le Jalap doit être peſant, chargé de veines noires, réſineuſes; il doit brûler en partie à la chandelle. Suivant les expériences de Bergius, les racines de *Mirabilis Jalapa*, & du *Longiflora*, n'ont point purgé, priſes à une drachme; tandis que celle du *Dichotoma* a très-bien purgé ; mais ce Savant respectable paroît avoir soumis à l'expérience des racines de *Mirabilis* de son jardin de Stockholm. Nous avons aussi éprouvé que notre Jalap de Grodno purgeoit peu ; mais celui de Lyon est vraiment purgatif, beaucoup moins cependant que celui des boutiques. Celà n'est point étonnant, vu que toutes les plantes des climats chauds perdent de leur énergie dans les pays froids.

Lorsqu'on pile le Jalap, il s'éleve une poudre qui fait éternuer. Si on le mâche, il irrite la gorge, échauffe la langue, paroît amer. Comme l'extrait gommeux est à peine purgatif, & que le résineux l'est beaucoup, il est plus avantageux de prescrire le Jalap en poudre longtemps trituré avec le sucre ; alors on peut le donner aux enfans même. Nous l'avons souvent ordonné dans les affections vermineuses ; en évacuant les glaires qui servent de nid aux vers, le Jalap les entraîne. Dans l'hydropisie, l'œdeme, la leucophlegmatie, c'est le remede le plus sûr, vu qu'il n'enflamme pas comme les autres résineux. Après l'avoir prescrit à des filles chlorotiques, elles ont évacué une étonnante quantité de glaires : nous l'avons prescrit dans les maladies chroniques, toutes les fois que l'indication de purger étoit bien établie. En variant les doses depuis cinq grains jusques à deux drachmes, nous avons trouvé un vrai purgatif polycreste : à deux drachmes, il a fait évacuer le ver solitaire. Avec trente grains de Jalap ordonnés deux ou trois fois, les fleurs de soufre & la tisane de Patience, nous avons guéri en Lithuanie une foule de galeux. Souvent le rhumatisme chronique, & plusieurs autres maladies de la peau, ont leur foyer dans le bas-ventre ; dans ce cas, le Jalap les guérit seul, comme nous l'avons quelquefois éprouvé. Dailleurs, il faut se ressouvenir que ce purgatif, comme tous les autres, n'est, dans le plus grand nombre des cas, qu'un adjuvant qui exige d'être secondé par les altérans. Dans les fievres quartes automnales, nous avons obtenu de fréquentes guérisons en purgeant avec le Jalap, tous les huit jours, & en donnant, les jours vides d'accès, le sel ammoniac, dans une décoction de chardon étoilé.

Cl. II.
Sect. III.

66. LA PETITE GARANCE ou l'Herbe à l'Esquinancie. (a)

Rubeola vulgaris, quadrifolia lævis, floribus purpurascentibus. I. R. H.
Asperula cynanchica. L. *4-dria, 1-gyn.*

Fleur. Monopétale, infundibuliforme, découpée en quatre parties obtuses, recourbées.

Fruit. Les semences attachées deux à deux, blanches, pulpeuses, globuleuses.

Feuilles. Les inférieures sont six à six; les intermédiaires quatre à quatre, en alêne & à trois angles; celles du sommet sont linéaires, deux à deux, plus souvent quatre à quatre.

Racine. Longue, pivotante, grosse, ligneuse, avec des fibres très-fines.

Port. Les tiges d'un pied & demi, la plupart couchées, anguleuses, carrées; les feuilles verticillées, opposées au haut des tiges; les fleurs à leur sommet.

Lieu. Les prés arides. ♃

Propriétés. La plante est astringente.

Usages. On s'en sert en cataplasme, décoction, gargarisme & tisane.

(a) *Voyez* les Aspérules, pag. 66.

67. TRACHELION azuré.

TRACHELIUM azureum. L. Tourn.
VALERIANA cærulea urticæfol. Barr. icon. 683. *5-dria. 1-gynia.*

Fleur. Corolle en entonnoir, diviſée en cinq ſegmens.
Fruit. Germe inférieur, qui devient une capſule à trois loges.
Feuilles. Alternes, pétiolées, ovales, à dents de ſcie.
Racine. Rameuſe.
Fleurs. Terminant la tige, formant un panicule. Tige herbacée, ronde, aſſez ſimple, ou peu branchue.
On cultive cette plante dans les jardins; elle eſt originaire d'Italie: vivace.

67 *. LA LOBELIE antivénérienne.

RAPUNTIUM. Tourn.
RAPUNCULUS Americanus, flore dilutè cæruleo. Dodart.
LOBELIA ſiphyllitica. L. *ſyng. monogam.*

Fleur. Corolle en entonnoir, à tuyau anguleux, cinq ſegmens preſque égaux, ciliés par la carene; les cinq étamines réunies par les antheres.
Fruit. Germe inférieur.
Feuilles. Ovales, lancéolées, un peu rudes, alternes.
Racine. Fibreuſe, blanche, menue.
Port. Tige d'un pied, droite, à angles rudes,

Cl. II. Sect. III.

qui semblent formés par les pétioles qui courent sur la tige; fleurs bleues aux aisselles des feuilles, solitaires, portées par des péduncules très-courts.

Lieu. Dans les forêts humides de Virginie : vivace. Nous l'avons cultivée dans le Jardin Royal à Grodno; elle est aujourd'hui assez généralement reçue dans les autres Jardins Académiques; elle ne craint point le froid.

Propriétés. La racine est âcre, elle purge, fait vomir, c'est un des spécifiques de la vérole. Nous devons à un célebre Botaniste Suédois, au Docteur *Kalm*, la découverte des vertus de cette Lobélie. Les Sauvages d'Amérique se guérissoient de la vérole en buvant la décoction de cinq à six racines de cette plante, qui leur fournissoit une tisane qu'ils prenoient pendant la journée; si elle les purgeoit trop, ils en diminuoient la dose. Ils persistoient pendant quatorze jours à boire le plus qu'ils pouvoient de cette décoction, lavant avec soin les parties externes attaquées du virus siphyllitique. Ils appliquoient sur les ulceres de la poudre de Benoite aquatique, *Geum rivale.* Nous avons goûté cette racine de Lobélie; elle nous a paru analogue, pour le goût, à nos Clématites; ce qui doit faire espérer que parmi nos plantes indigenes, âcres & purgatives, nous trouverons la congenere de cette antisiphyllitique. Les expériences du célebre Storck, sur le *Flamula Jovis*, semblent conduire les Praticiens éclairés sur la voie de cette importante découverte. Nous croyons, d'après ces épreuves, que nos Tithymales & nos Renoncules cachent ce spécifique tant désiré, savoir, la panacée antivénérienne végétale.

Sur vingt especes de Lobélie, nous n'en possédons en Europe que trois.

1.° Le *Lobelia Dortmanna*, dont les feuilles en alêne sont très-entieres; si on les coupe, elles offrent dans leur épaisseur deux gaînes. Sa tige est presque nue, ses fleurs éparses, pendantes. Elle croît dans les marais des pays froids d'Europe : vivace. Cl. II. Sect. III.

2.° La Lobélie brûlante, *Lobelia urens*, dont la tige est redressée, les feuilles inférieures arrondies, crenelées, les supérieures lancéolées, à dents de scie; les fleurs en grappes, lâches, droites, nombreuses, petites, violettes ou bleues. On a observé cette rare plante aux environs de Paris & dans l'Orléanois : elle est annuelle; son goût est âcre, brûlant, piquant. Ne devroit-on pas l'essayer dans les maladies vénériennes?

3.° La Lobélie à feuilles de Paquerette, *Lobelia laurentia*, dont la tige est petite, couchée; les feuilles lancéolées, ovales, crenelées; les péduncules solitaires, portant une seule fleur bleue, tachetée.

On l'a observée en Italie, en Espagne : elle est annuelle.

Le genre des Lobélies appartient à la famille des Campanules & des Raiponces, dont on ne doit pas séparer le genre suivant.

67 **. LA JASIONE des Montagnes.

RAPUNCULUS scabiosæ capitulo cæruleo. TOURN.

JASIONE montana. L. *syng. monogam.*

Fleur. Cinq pétales cohérens à leur base, l'ovaire placé sous la corolle; cinq étamines réunies par les anthères.

Fruit. Capsule arrondie, à deux loges, couronnée par un calice propre.

Cl. II. Sect. III.

Feuilles. Etroites, linaires, hérissées, ondulées ou dentées.

Racine. Blanchâtre, fibreuse.

Port. Plusieurs tiges striées, hérissées, dont les rameaux sont terminés par un long péduncule nu, portant des fleurs bleues ramassées en tête dans un calice commun, composé de plusieurs feuillets.

Lieu. Dans les pâturages, les forêts, commune. Lyonnoise, Lithuanienne: vivace, annuelle. On la trouve quelquefois à fleurs blanches. J'ai trouvé en Lithuanie une variété à feuilles lisses, peu ondulées, à fleurs en ombelles, portées sur des péduncules inégaux, d'un ou deux pouces de longueur, qui naissent tous du calice commun, qui est composé de douze à dix-huit feuilles. Voyez le *Flora Lithuanica.*

Propriétés. Cette plante est laiteuse, comme les Campanules.

67 ***. LA GRANDE VALÉRIANE.

VALERIANA hortensis, Phu folio olusatri Dioscoridis. C. B. P.

VALERIANA Phu. L. *3-dria, 1-gyn.*

Fleur. Monopétale, en rosette, divisée en cinq parties, presque aucun calice.

Fruit. Semences oblongues, plates & aigretées.

Feuilles. Les caulinaires ailées, les radicales sans divisions, ordinairement entieres, quelquefois en forme de lyre.

Racine. Grosse, ridée, transversale, garnie en dessous de grosses fibres.

Port. Les tiges sont communément hautes de trois pieds, grêles, rondes, lisses, creuses, rameuses

meuſes ou bifurquées ; les fleurs petites, purpurines, naiſſent en maniere d'ombelles, aux ſommités des tiges.

Cl. II. Sect. III.

Lieu. Les hautes montagnes, les bois. ♃

Propriétés. La racine eſt d'une odeur forte, déſagréable, & d'un goût aromatique ; elle eſt antiſpaſmodique, diurétique, emménagogue & céphalique.

Uſages. L'on ne ſe ſert que de la racine, dont on fait une poudre & des infuſions ; on la preſcrit dans les tiſanes, pour l'homme, depuis ʒ j juſqu'à ℥ ß, ou bien en ſubſtance & en poudre dans du vin blanc, depuis ℈ j juſqu'à ʒ ß.

Pour les chevaux, en boiſſon à ℥ j, ou en ſubſtance à ℥ ß.

68. LA VALÉRIANE SAUVAGE.

VALERIANA ſilveſtris major. C. B. P.
VALERIANA officinalis. L. *3-dria*, *1-gyn.*

Fleur. } Comme dans la précédente. Un ſeg-
Fruit. } ment de la corolle plus grand ; trois étamines.

Feuilles. Reſſemblant à celles de la Valériane des jardins, mais toujours ailées, plus diviſées, plus dentelées en leurs bords, un peu velues en deſſous, avec des nervures ſaillantes.

Racine. Fibreuſe, blanchâtre, rampante.

Port. A peu près comme celui de la précédente, la tige de trois à ſix pieds, ſimple juſques au ſommet qui produit des branches trois à trois.

Lieu. Les forêts, les endroits humides. ♃

Propriétés. Les feuilles n'ont point d'odeur, mais elles ont un goût ſalé ; les racines ſont ameres, ſtyptiques, d'une odeur aromatique & pénétrante ; cette plante eſt ſur-tout antiépileptique.

Cl. II. Sect. III.

Usages. L'on se sert communément de la racine en décoction & dans les bouillons; on la donne en substance à l'homme, depuis ʒ j jusqu'à ℥ ß, ou en poudre, depuis dix grains jusqu'à ʒ ß; on tire aussi l'eau distillée des fleurs & des racines, qui se donne jusqu'à ℥ vj, pour l'animal, en substance, depuis ℥ ß à ℥ j.

Observations. Les fleurs répandent au loin une odeur très-agréable; on ne doit pas les négliger. Les racines sont aromatiques, un peu âcres. Plusieurs Auteurs assurent avoir guéri des épileptiques avec cette racine. Le célebre Botaniste Columna se guérit lui-même avec ce remede. Récemment M. Scopoli cite une expérience décisive. Haller a guéri une Demoiselle épileptique avec l'extrait de la racine. Nous avons nous-mêmes guéri trois épileptiques, avec cette racine donnée à haute dose en poudre, & en infusion dans du vin. Ses effets dans les autres convulsions, ne sont pas moins certains.

Mais ce qui est moins connu, cette racine est admirable dans la paralysie, comme nous l'avons éprouvé.

Plusieurs migraines ont été dissipées par une seule dose de la poudre de Valeriane. On ne doit point la négliger dans le traitement des maladies cutanées, dans le rhumatisme, dans l'anorexie; quelques coliques sont calmées par ce seul remede, sur-tout les venteuses avec glaires. Quelques Praticiens ont ordonné avec succès l'infusion de la racine & des fleurs dans les fievres intermittentes, pernicieuses, avec abattement des forces & délire sourd, ou affection soporeuse. Nous avons vu guérir quelques-uns de nos malades que nous avions traités par cette méthode. Cette observation mérite d'être suivie. Si elle est confirmée par de nouvelles épreuves, nous pourrons enfin nous passer de Quinquina dans les fievres.

69. LA PETITE VALÉRIANE.

CL. II. SECT. III.

VALERIANA palustris minor.
VALERIANA dioica L. *3-dria, 1-gyn.*

Fleur. Comme dans la précédente : les fleurs mâles séparées des femelles, sur différens pieds; la corolle des femelles, plus petite que celle des mâles.

Feuilles. Les radicales arrondies, ou en cœur, presque entieres, portées par de longs pétioles; les caulinaires découpées jusqu'à leur côte, sessiles.

Racine. Menue, rampante, blanchâtre, très-fibreuse.

Port. La tige d'un pied, anguleuse, grêle, rayée, noueuse; les fleurs purpurines ou blanches comme dans les autres, au sommet, disposées en ombelle ; les feuilles de la tige opposées deux à deux.

Lieu. Le long des ruisseaux & endroits marécageux. Lyonnoise. ♃

Propriétés. } Cette plante jouit des mêmes ver-
Usages. } tus que les autres Valérianes, mais dans un moindre degré ; aussi est-elle peu employée en Médecine.

OBSERVATIONS. Nous avons souvent vu des styles dans les fleurs mâles ; les semences sont couronnées par trois dents; les feuilles de la tige sont dentées ; l'impair est plus grand : ses racines sont aussi aromatiques que celles de la précédente, aussi a-t-elle les mêmes vertus,

Cl. II. Sect. III.

70. LA MACHE *ou* BLANCHETTE, Poule-grasse, Salade de Chanoine.

VALERIANELLA arvensis, præcox, semine compresso. Mor. Umb.

VALERIANA locusta. β olitoria. L. *3-dria, 1-gyn.*

Fleur. Comme dans les précédentes ; la corolle bleuâtre, un peu irréguliere.

Fruit. Les semences aplaties, ridées, blanchâtres, offrant une ou deux dents.

Feuilles. Oblongues, assez épaisses, molles, tendres ; les unes entieres, les autres crenelées & sans pétioles.

Racine. Menue, fibreuse, blanchâtre.

Port. La tige s'éleve du milieu des feuilles à la hauteur d'un demi-pied, foible, ronde, cannelée, creuse, noueuse, bifurquée ; les fleurs naissent aux sommités des tiges, en ombelles ; feuilles opposées deux à deux.

Lieu. Les vignes, les balmes & bords des chemins ; on la cultive dans les jardins potagers. Lyonnoise. ⊙

Propriétés. La racine est d'un goût doux, presque insipide ; les feuilles ont un goût douceâtre. La Mâche est rafraîchissante, adoucissante.

Usages. On l'emploie dans des bouillons de veau, & on la mange en salade ; il est inutile d'en prescrire les doses.

Observations. Voilà encore une de ces plantes qui détruit l'analogie Botanique. Les Valérianes sont odoriférantes ; celle-ci est fade, sans odeur. D'ailleurs, le genre des Valérianes, quoique très-naturel, est difficile à déterminer par des caracteres constans; puisque toutes les parties de la fructification offrent des différences dans les especes. Il y en a à corolle réguliere, d'autres à corolle irréguliere; dans les unes on trouve une étamine, dans d'autres deux, trois, & même quatre. Le stigmate est, ou globuleux ou échancré, ou partagé en trois. Le fruit n'offre pas moins de différences; on trouve des capsules, des semences nues, couronnées, ou non-couronnées. Ce genre comprend une vingtaine d'especes, parmi lesquelles il y en a encore quelques-unes qui méritent spécialement d'être connues.

1.° La Valériane rouge, *Valeriana rubra*, dont les fleurs à nectaires filiformes, n'ont qu'une étamine, & dont les feuilles sont lancéolées, plus ou moins étroites, le plus souvent sans dents.

On la cultive dans les jardins, elle croît aussi dans nos Provinces; ses fleurs sont rouges, rarement blanches.

2.° La Valériane trifide, *Valeriana tripteris*, à feuilles radicales, en cœur; celles de la tige partagées en trois segmens ou ternées. Sur les montagnes du Dauphiné. Sa racine est très-aromatique.

3.° La Valériane celtique, *Valeriana celtica*, dont la tige est de quatre à cinq pouces; les feuilles sont très-entieres, les radicales ovales; celles de la tige plus étroites.

Sur les montages du Dauphiné, sa racine est plus pénétrante que celle de la Valériane officinale; sa saveur est vive & amere : c'est le Nard celtique, dont on transporte une étonnante quantité en Afrique & en Egypte, pour préparer des essences dont les peuples des pays chauds s'oignent le corps. Cette racine précieuse est négligée par nos Médecins modernes. Des observations sûres lui accordent des propriétés décisives pour le traitement des maladies de nerfs; son infusion augmente le cours des urines, sa poudre est le meilleur stomachique que nous connoissions.

CL. II. SECT. IV.

SECTION IV.

Des Herbes à fleur monopétale, infundibuliforme, dont le fruit est composé de quatre semences renfermées dans le calice de la fleur.

71. LA BOURRACHE.

BORRAGO floribus cæruleis. J. B.
BORRAGO officinalis. L. *5-dria, 1-gyn.*

FLEUR. Monopétale, en roue, dont la gorge est fermée par cinq écailles élevées, formant un cône en se rabattant, divisée en cinq segmens pointus.

Fruit. Quatre graines nues, larges à leur base, terminées en pointe, ridées, noirâtres dans leur maturité, contenues dans le calice renflé.

Feuilles. Celles de la tige ovales, oblongues, embrassant la tige, alternes, larges, arrondies, rudes, ridées; les radicales en spatules, couchées sur terre, toutes très-hérissées de poils assez durs.

Port. La tige rameuse, cannelée, anguleuse, succulente, velue, branchue, creuse, s'éleve à la hauteur d'une coudée; les fleurs formant un corymbe, bleues, rarement blanches, naissent au sommet des rameaux, & sont portées sur des péduncules longs d'un pouce au moins; elles s'inclinent vers la terre.

Lieu. Elle croît dans tous les jardins, on la cultive dans les potagers. ☉

Propriétés. La racine eſt d'une ſaveur viſqueuſe ; toute la plante contient un ſuc viſqueux & fade ; les feuilles ſont diurétiques, expectorantes ; les fleurs béchiques. Cl. II. Sect. IV.

Uſages. Les fleurs ſont mal-à-propos placées parmi les cordiales ; elles ſont fades, ſans odeur. On emploie les racines, les fleurs, les feuilles dans les décoctions & les bouillons pectoraux ; on pile les feuilles, on en donne le ſuc exprimé & dépuré, depuis ℥ ij juſqu'à ℥ iij, ℥ iv ou ℥ vj ; de toute la plante, on diſtille une eau qui ne vaut pas mieux que l'eau pure ; on en fait un extrait ou une conſerve ; on en donne à l'animal des boiſſons avec ℥ iv du ſuc, ou deux poignées en décoction.

OBSERVATIONS. On retire du ſuc de Bourrache une aſſez grande quantité de Nitre pur : ce Nitre eſt annoncé par la crépitation des feuilles ſeches, lorſqu'on les brûle. Ce ſuc nitré rend cette plante très-précieuſe dans les maladies inflammatoires & aiguës ; toutes les fois qu'il faut tempérer, ſur-tout dans les pleuréſies & péripneumonies. La décoction miellée de Bourrache, ou le ſuc clarifié, facilite l'expectoration, calme les ardeurs d'urine ; nous l'avons ſouvent preſcrit dans les fievres ardentes ; les malades éprouvent évidemment une grande diminution de chaleur.

Le ſuc de Bourrache & ſon ſirop, ont été très-utiles cette année 1785 pour le traitement des péripneumonies inflammatoires qui ont été très-communes à Lyon.

Avertiſſons cependant que les femmes délicates ſont fatiguées par des quintes de toux, après avoir pris du ſuc de Bourrache.

Cl. II.
Sect. IV.

72. LA BUGLOSE toujours verte.

Buglossum latifolium semper virens. C. B. P.

Anchusa semper virens. L. 5-*dria*, 1-*gyn.*

Fleur. Monopétale, infundibuliforme; l'entrée du tube est fermée par des écailles; la corolle bleue paroît rouge au dehors, avant son développement.

Fruit. Quatre graines terminées en pointes, recourbées sur l'un des côtés, rousses, ridées dans leur maturité au fond du calice.

Feuilles. Nombreuses, sessiles, serrées contre la tige par le bas, pointues, non ridées comme celles de la Bourrache, rudes, velues des deux côtés, assez larges.

Racine. Oblongue, cylindrique, blanche en dedans, d'un rouge brun en dehors, pleine d'un suc gluant.

Port. Les tiges nombreuses, hautes d'une coudée & plus, cylindriques, hérissées de poils, roides, branchues à leur sommet; les fleurs aux sommités des rameaux disposées en bouquets; les péduncules axillaires, plus courts que les feuilles; on trouve deux folioles à la base de l'ombelle; la plante vient en tout temps.

Lieu. L'Espagne, l'Angleterre. ♃

Propriétés. Les mêmes vertus que la Bourrache.

Usages. On prend les fleurs en maniere de thé, ou leur conserve depuis ʒ ij jusqu'à ℥ ß; on donne son suc à la dose de ℥ iv ou ℥ vj. On donne cette plante en boisson à l'animal, à la dose de deux poignées pour ℔ ij d'eau.

73. LA BUGLOSE ordinaire.

CL. II. SECT. IV.

BUGLOSSUM angustifolium majus, flore cæruleo. C. B. P.
ANCHUSA officinalis. L. *5-dria, 1-gyn.*

Fleur. Comme dans la précédente, ordinairement bleue; quelquefois blanche.
Fruit. Comme le précédent.
Feuilles. Lancéolées, très-rudes, couvertes de poils écartés.
Racine. Rameuſe, aſſez groſſe.
Port. Les tiges ſont hautes de deux pieds, rameuſes, couvertes de poils; les rameaux ſortent, les uns des aiſſelles des feuilles, les autres de la tige; les fleurs ſont diſpoſées d'un ſeul côté, en épis géminés, recourbés au ſommet.
Lieu. Les champs, les chemins, les terres incultes. ♃
Propriétés. } Les mêmes que la précédente.
Uſages. }

OBSERVATIONS. Les feuilles ſont béchiques, expectorantes, diurétiques; leur ſuc & leur décoction calment les douleurs dans la dyſſenterie; dans tous les cas elles peuvent remplacer les feuilles de Bourrache. La racine mucilagineuſe, gluante, eſt nourriſſante; ſa décoction eſt tempérante; c'eſt une bonne tiſane dans les maladies aiguës avec chaleur: il faut la cueillir, lorſque la plante eſt jeune.

Nous poſſédons dans nos Provinces deux autres eſpeces de Bugloſe, qui méritent d'être caractériſées.

1.° L'*Anchuſa anguſtifolia*, la Bugloſe à feuilles étroites, dont les feuilles ſont aſſez ſemblables à celles de la Vipérine, un peu dentées; les épis naiſſent conjugués, preſque nus.

Cette eſpece que l'on a trouvée en Dauphiné, qui eſt commune en Lithuanie, ne me paroît qu'une variété de l'Officinale.

2.° La Bugloſe ondulée, dont les feuilles ſont linaires, dentées, les pédicules plus courts que les bractées, le calice du fruit très-enflé.

On la trouve dans les vignobles du Lyonnois.

74. L'ORCANETTE.

BUGLOSSUM radice rubrâ, ſive anchuſa vulgatior, floribus cæruleis. I. R. H.

ANCHUSA tinctoria. L. *ſp. pl. editio* 2.ª : *5-dria, 1-gyn.*

Fleur. Monopétale, infundibuliforme, diviſée en cinq parties; l'entrée du tube eſt trouée & n'a point d'écailles comme les précédentes; la corolle eſt d'un bleu rougeâtre, les étamines ſont plus courtes que la corolle.

Fruit. Quatre ſemences ovales, terminées en pointe; dures, renfermées dans un large calice.

Feuilles. Velues, alternes, ſeſſiles, ſimples, entieres, lancéolées, obtuſes.

Racine. Rameuſe, ligneuſe, rouge.

Port. Ses tiges ſont foibles & ſimples, un peu couchées, velues, hautes de huit à dix pouces; le plus grand nombre des feuilles tient à la racine, quelques-unes à la tige.

Lieu. Les Provinces méridionales de la France. Lyonnoiſe. ♃

Propriétés. La racine eſt un peu âpre & aſtringente; l'on doute de la vertu béchique & inciſive que quelques Auteurs lui attribuent; elle ſert aux teintures.

Usages. Elle eſt moins employée en Médecine, que pour teindre les graiſſes & les huiles en Pharmacie.

Cl. II. Sect. IV.

75. LA RAPETTE ou Porte-feuille.

ASPERUGO vulgaris. I. R. H.
ASPERUGO procumbens. L. *5-dria, 1-gyn.*

Fleur. Monopétale, infundibuliforme, à cinq ſegmens obtus, caves; cinq écailles couvrent les étamines.

Fruit. Quatre ſemences oblongues, comprimées, dans un large calice comprimé, à lames aplaties.

Feuilles. Seſſiles, ſimples, entieres, rudes au toucher, alternes, ovales, oblongues, paralleles, à ſinuoſités.

Racine. Rameuſe.

Port. La tige herbacée, rameuſe, foible, garnie de poils, les calices recourbés, ſur-tout après la maturité des fruits; les fleurs petites, violettes, axillaires, ou entaſſées au ſommet des rameaux, preſque ſolitaires; les feuilles varient: elles ſont auſſi à pétioles, oppoſées, quelquefois à trois ou à quatre, dentées en maniere de ſcie, ou crenelées.

Lieu. Les terrains incultes & gras en Provence; fleurit en Avril. ☉

Propriétés. } On lui attribue, comme à la précé-
Usages. } dente, la vertu béchique & inciſive; il n'y a aucun danger de l'employer à cet uſage.

OBSERVATIONS. Cette plante, très-rare dans nos Provinces, ſe trouve en Dauphiné; nous ne l'avons vu nulle part auſſi commune qu'en Lithuanie, autour de Gredno;

Cl. II. Sect. IV.

nous la prescrivions indifféremment comme la Bourrache. Elle produisoit les mêmes effets, comme tempérante & expectorante. Souvent la tige est couchée, très-rude ; les fleurs sont à peine plus longues que le calice, nous en avons vu de blanches. Le calice de la fleur est tubulé, à cinq dents. Après la chute de la corolle, il se ferme comme une bourse à ressort ; il est en deux battans de douze à quinze dents alternativement plus longues & formant, en se prolongeant jusques à la base, des nervures saillantes.

76. LA VIPÉRINE ou Herbe aux Viperes.

ECHIUM vulgare. C. B. P.
ECHIUM vulgare. L. *5-dria, 1-gyn.*

Fleur. Monopétale, infundibuliforme comme campaniforme, découpée en cinq parties inégales, les supérieures étant les plus longues ; le calice à segmens inégaux.

Fruit. Quatre semences rapprochées les unes contre les autres, ridées, semblables à une tête de vipere, d'où est venu le nom de la plante, renfermée dans le calice.

Feuilles. Linguiformes, longues, rudes au toucher, tachetées, placées sans ordre.

Racine. Longue, ligneuse, rameuse.

Port. Tige de la hauteur de deux pieds, velue, ronde, ferme, marquetée de points rudes, noirs ou rouges ; les feuilles caulinaires assises, les radicales à pétioles ; les fleurs en épis placés sur un seul côté ; elles sont rouges, ou bleues, ou blanches.

Lieu. Tous les champs. Lyonnoise. Lithuanienne. ♂

Propriétés. Malgré le nom qu'elle porte, rien n'établit qu'elle ſoit propre à guérir la morſure des viperes. Cl. II. Sect. IV.

Uſages. On la ſubſtitue à la Bugloſe, aux mêmes doſes.

Observations. Dans cette eſpece, les étamines inégales ſont un peu plus longues que la corolle; les fleurs d'abord rouges, deviennent ſouvent bleues, elles offrent pluſieurs variétés. Quant au port, nous en avons trouvé un pied de deux pouces, qui ne portoit qu'une ſeule fleur rouge au ſommet de la tige; quelquefois nous avons vu des tiges monſtrueuſes réunies, faſciées ou en faiſceaux, de deux ou trois, plates. Elle a les mêmes vertus que la Bugloſe; elle eſt très-nitreuſe. Nous trouvons quelquefois la Vipérine d'Italie, *Echium italicum*, qui reſſemble beaucoup à la vulgaire, mais qui eſt aſſez diſtinguée par ſes tiges plus rudes, par ſes fleurs preſque régulieres, plus petites, & ſes étamines beaucoup plus longues. Sa fleur eſt blanche.

77. LA PULMONAIRE.

Pulmonaria Italorum, ad bugloſſum accedens. I. R. H.

Pulmonaria officinalis. L. 5-*dria.* 1-*gyn.*

Fleur. Monopétale, infundibuliforme, découpée en cinq parties concaves; le calice à cinq côtés, en forme de priſme. La gorge de la corolle ornée de cinq tumeurs ciliées.

Fruit. Quatre ſemences ovales, obtuſes, comme tronquées, noires, au fond du calice.

Feuilles. Oblongues, larges, terminées en pointe, traverſées d'une nervure dans leur longueur, marquetées de taches blanches, pour l'ordinaire garnies de duvet en-deſſous & en-deſſus, rudes au toucher.

Cl. II.
Sect. IV.

Racine. Rameuſe, dure, ligneuſe, à fibres éparſes.

Port. Une ou pluſieurs tiges qui s'élevent environ d'un pied, anguleuſes & velues; les feuilles radicales à pétioles, ovales, cordiformes, s'étréciſſant à leur baſe, couchées à terre; les autres plus étroites, embraſſent la tige; les fleurs au haut des tiges, pluſieurs enſemble, ſoutenues par de courts péduncules.

Lieu. Les bois. Lyonnoiſe, Lithuanienne. ♃

Propriétés. La Pulmonaire a un goût d'herbe un peu ſalé; elle eſt gluante, pectorale, vulnéraire, aſtringente.

Uſages. On fait un ſirop de ſes racines & de ſes feuilles, que l'on preſcrit à la doſe de ℥ j, ou ℥ ij dans les apozemes, potions & tiſanes pectorales; on en fait pour l'animal des tiſanes, avec une poignée, dans ℔ j d'eau.

Observations. La Pulmonaire brûlée fournit une étonnante quantité de cendres, la ſeptieme partie de ſon poids; la leſſive de ces cendres eſt âcre: je la préfere dans la Leucophlegmatie, à la cendre de genêt. On a confirmé par l'expérience qu'outre le principe mucilagineux, la Pulmonaire contenoit un principe aſtringent; auſſi réuſſit-elle auſſi bien que la racine de Conſoude dans les crachemens de ſang.

On trouve dans les forêts du Dauphiné une autre eſpece que nous avons vu très-abondante dans les forêts de Lithuanie. La Pulmonaire à feuilles étroites, *Pulmonaria anguſtifolia*, dont les feuilles radicales ſont lancéolées: celles de la tige comme dans la précédente; ſes corolles d'abord rouges, deviennent bleues, elles ſont entaſſées au ſommet de la tige; en Lithuanie, la tige ne s'éleve en fleur qu'à ſix pouces, elle monte à un pied & demi en mûriſſant, ſes ſemences dans un calice qui s'enfle conſidérablement. Le ſuc de cette eſpece eſt nitreux, j'en ai trouvé des pieds à corolles blanches.

78. LE GRÉMIL ou Herbe aux perles.

Cl. II. Sect. IV.

LITHOSPERMUM majus erectum. C. B. P.
LITHOSPERMUM officin. L. *5-dria, 1-gyn.*

Fleur. Monopétale, infundibuliforme, divisée en cinq segmens obtus; le calice presque aussi long que la corolle. Cinq écailles échancrées forment la gorge de la corolle.

Fruit. Quatre semences arrondies, dures, polies, luisantes, d'un gris de perle, placées dans un large calice.

Feuilles. Lancéolées, sessiles; celles du sommet plus larges.

Racine. Ligneuse, rameuse.

Port. Les tiges s'élevent à la hauteur d'un pied & demi, droites, rudes, cylindriques, branchues; les fleurs axillaires, petites, blanches ou pailles, naissent au sommet des tiges. Les feuilles alternes.

Lieu. Les terrains incultes, le bord des bois. Lyonnoise. ♃

Propriétés. La semence de Grémil a un goût de farine, visqueux; elle est émolliente.

Usages. On ne se sert que de sa semence réduite en poudre; on la donne à la dose de ʒ j dans un véhicule convenable, ou dans du vin; l'on en fait encore des émulsions. Pour l'homme & pour l'animal on en donne la poudre à ℥ ß.

OBSERVATIONS. La plante fraîche répand une odeur narcotique, ce qui la rapproche de la Cynoglosse par ses propriétés.

Les vertus apéritives & contre le calcul sont chimériques; c'est une induction de la doctrine des signatures.

Les anciens croyoient que Dieu prévoyant combien l'esprit de l'homme étoit borné, avoit imprimé aux plantes des signalemens pour indiquer leurs vertus; en conséquence, que celles qui répandoient un suc jaune, étoient bonnes pour la jaunisse; aussi, voyant la dureté & le lisse des semences du Grémil, ils avoient conclu que la poudre de ces semences pouvoit fondre le calcul.

79. LE GRÉMIL RAMPANT.

Lithospermum minus, repens, latifolium. B. B. P.

Lithospermum purpureo-cæruleum L. *5-dria, 1-gynia.*

Fleur. Comme la précédente, mais plus longue que le calice.

Fruit. Comme dans la précédente.

Feuilles. Lancéolées, à une seule nervure, plus grandes & plus larges que dans la précédente.

Racine. Longue, épaisse, ligneuse, tortueuse, noirâtre.

Port. Tiges nombreuses, grêles, noirâtres, longues, rudes, velues, presque toutes couchées; la tige qui porte les fleurs, droite, garnie de feuilles plus longues; la corolle bleue, aussi grande que celle de la Pulmonaire, trois fois plus longue que le calice; les fleurs au sommet.

Lieu. Dans les bois. Lyonnoise. ♃

Propriétés. } Les mêmes que celles de la Pul-
Usages. } monaire.

Observations. Le Chevalier Linné ramene au genre du Grémil une espece très-commune dans nos champs, de même qu'en Lithuanie; c'est le Grémil des champs, *Lithospermum arvense*, dont la racine est rouge, la tige plus basse que celle du Grémil, les semences raboteuses.

Les

Les fleurs blanches naissent entassées au sommet de la tige des aisselles des feuilles; leur péduncule est très-court; la corolle est à peine plus longue que le calice. Elle n'a point de glandes ni d'écailles à la gorge. Sa fleur approche de celle de l'Héliotrope; mais son tuyau est plus long. CL. II. SECT. IV.

La racine fournit un assez beau rouge. Les chevres & les moutons mangent l'herbe.

80. LA GRANDE CONSOUDE.

SYMPHITUM consolida major, flore purpureo, quæ mas. C. B. P.

SYMPHITUM officinale. L. *5-dria, 1-gyn.*

Fleur. Monopétale, infundibuliforme, découpée en cinq parties, courtes; le limbe de la corolle tubulé & renflé, comme campaniforme; cinq écailles ou pals aigus, triangulaires, couvrent les étamines.

Fruit. Quatre semences lisses, qui ont une bosse au milieu, aiguës à la pointe, se rejoignant au sommet, dans un calice élargi.

Feuilles. Ovales, lancéolées, courant sur la tige, rudes.

Racine. Très-grande, épaisse, fibreuse, charnue, noire en dehors, blanche en dedans, visqueuse, gluante.

Port. La tige s'éleve à peu près à la hauteur d'un pied & demi, fistuleuse, velue, rude; les fleurs ou un peu roses, ou couleur de paille, ou blanches, au sommet & en épi; feuilles alternes.

Lieu. Les prés, les bois. Lyonnoise, Lithuanienne. ♃

Propriétés. Le suc des feuilles & de la racine est mucilagineux; cette plante est spécialement vulnéraire, astringente & antidyssentérique.

Cl. II. Sect. IV.

Usages. Pour l'homme on donne la poudre de la racine jusqu'à ʒ j ; on la prescrit en infusion ou en décoction, depuis ℥ ß jusqu'à ℥ j ; on en fait une conserve que l'on prend jusqu'à ℥ ß ; la décoction de la racine se donne aussi en lavement. Extérieurement le suc accélere la consolidation des plaies, ainsi que les feuilles pilées & appliquées.

Pour le cheval on donne cette racine en poudre à ℥ ß, & en boisson à ℥ ij sur ℔ ij d'eau.

Observations. Nos expériences sont favorables à l'usage de la racine de la grande Consoude, dans plusieurs especes de crachement de sang, pissement de sang, & même dyssenterie.

Non-seulement elle diminue le flux de sang, mais elle calme les tranchées qui l'accompagnent presque toujours. Nous avons employé une légere décoction de la racine ; son mucilage calme les douleurs des ulceres, des plaies & des dartres. L'extrait de la racine est rouge ; réduite en poudre, & bouillie dans l'eau, elle donne une belle couleur de kermès.

Nous trouvons encore dans nos prairies le *Symphytum tuberosum* de Linné, la grande Consoude tubéreuse, qui ressemble tellement à l'officinale, qu'on ne la distingue que par ses feuilles supérieures, opposées ; nous avons si souvent trouvé des feuilles opposées dans l'officinale, & des racines noueuses, que nous ne croyons point ces deux plantes vraiment distinctes. En Lithuanie les fleurs de la grande Consoude se trouvent le plus souvent teintes d'un rouge plus ou moins vif. Une autre belle plante de notre Province, peut se rapporter au genre des Consoudes ; savoir, l'*Onosma echioides* de Linné, qu'il avoit autrefois placé avec les Cerinthes, les Melinets.

Sa racine est ligneuse, rouge ; sa tige est branchue, hérissée de poils, jaunâtre, couchée, un peu ligneuse ; ses feuilles sont lancéolées, hérissées de poils rudes, jaunes ; sa fleur en entonnoir, à tuyau très-long, d'un pouce, renflé au sommet, à cinq segmens courts, droits ; cette corolle est d'un jaune clair, sa gorge sans écailles est ouverte ; ses semences sont lisses, droites.

De loin, lorſque le ſoleil darde ſur cette belle plante, elle paroît toute dorée.

Elle eſt commune, auprès de Lyon, ſur les montagnes ſablonneuſes.

Cl. II. Sect. IV.

81. L'HÉLIOTROPE ou l'Herbe aux verrues.

HELIOTROPIUM majus Dioſcoridis. C. B. P.
HELIOTROPIUM Europ. L. *5-dria, 1-gyn.*

Fleur. Monopétale, infundibuliforme, à tuyau très-court, ridée à ſon centre, découpée à ſon bord en cinq parties.

Fruit. Quatre ſemences rudes, courtes, cendrées, anguleuſes d'un côté, convexes de l'autre, dans un calice droit.

Feuilles. Pétiolées, ovales, très-entieres, cotonneuſes, ridées.

Racine. Simple, menue, ligneuſe.

Port. La tige haute d'un demi-pied, droite, remplie de moëlle, cylindrique, branchue, un peu velue; les feuilles alternes, placées à l'origine des rameaux; les fleurs au ſommet en forme d'épi, diſpoſées d'un ſeul côté; l'épi recourbé en maniere de croſſe.

Lieu. Le bord des chemins, les terrains ſablonneux, les jardins. ⊙

Propriétés. Les feuilles ſont ameres, deſſicatives, antiſeptiques, réſolutives & déterſives par excellence.

Uſages. On emploie l'herbe & les ſemences; on en tire une poudre, on en fait des décoctions, des cataplaſmes.

OBSERVATIONS. Quelques obſervations ſont favorables à l'uſage des feuilles, réduites en pulpe molle pour les

CL. II. SECT. IV.

ulceres ſcrophuleux. Une choſe ſinguliere, c'eſt que la fleur de l'Héliotrope eſt aromatique dans certains temps; elle répand alors une odeur ſuave, ce qui la rapproche encore d'une eſpece étrangere, aujourd'hui généralement cultivée; c'eſt l'*Heliotropium peruvianum*, l'Héliotrope du Pérou, à tige ligneuſe, branchue; à feuilles lancéolées, ovales; à épis nombreux, formant un corymbe. Je ne connois aucune fleur auſſi ſuave.

82. LA CYNOGLOSSE *ou* Langue de chien.

CYNOGLOSSUM majus vulgare. C. B. P.
CYNOGLOSSUM officin. L. *5-dria, 1-gyn.*

Fleur. Monopétale, à tuyau court, infundibuliforme, diviſée en cinq parties droites; cinq pals ferment la gorge de la corolle; les étamines plus courtes que la corolle.

Fruit. Quatre capſules un peu aplaties, hériſſées, fixées au ſtyle par le côté intérieur; quatre ſemences ſolitaires, boſſues, pointues, liſſes, noires.

Feuilles. Ovales, lancéolées, ondulées, cotonneuſes, ſeſſiles.

Racine. Pivotante, napiforme, épaiſſe, noirâtre en dehors, blanchâtre en dedans.

Port. Les tiges s'élevent juſqu'à deux coudées, creuſes, branchues; la fleur rouge ou violette au ſommet des rameaux, en épis nus, ſortant des aiſſelles des feuilles; feuilles alternes.

Lieu. Les pays incultes. Lyonnoiſe, Lithuanienne. ☉

Propriétés. L'écorce de la racine a un goût amer, ſalé, ſtyptique, gluant; la plante eſt vulnéraire & pectorale; on la croit légérement narcotique, extérieurement émolliente, ainſi que les feuilles.

Usages. L'on emploie fréquemment la racine, rarement les feuilles; on prescrit la racine jusqu'à ℥ j, & les feuilles poig. j bouillie dans de l'eau ou dans du bouillon; du suc de toute la plante, on fait des pilules dont la dose est depuis quatre grains jusqu'à dix grains; on en fait aussi un sirop.

On donne la décoction de ces feuilles pour les animaux, à la dose de deux poignées sur ℔ ij d'eau.

Observations. Les feuilles répandent une odeur nauséeuse, narcotique; l'odeur de la racine est fétide, elle est douceâtre, désagréable. En mâchant les feuilles, on éprouve une saveur particuliere, répugnante. L'herbe desséchée répand peu d'odeur; l'infusion de la racine est rouge; l'eau distillée conserve l'odeur de la plante. Nous éprouvâmes un mal de tête & des étourdissemens, avec des envies de vomir, en triturant une grande quantité de Cynoglosse. Quelques observations prouvent que mangée comme plante potagere, elle a causé le vomissement, la stupeur & la mort; cependant la décoction de la racine est vantée par quelques Auteurs, contre la gonorrhée, la phthisie, les diarrhées. J'ai fait avaler deux onces du suc des feuilles à un chien, qui n'en fut point fatigué. L'extrait de Cynoglosse n'a aucune vertu narcotique, comme nous l'avons éprouvé, même à haute dose. Aussi devons-nous croire que les pilules de Cynoglosse doivent toutes leurs vertus à l'opium qu'elles contiennent. Les feuilles pilées, appliquées sur les brûlures, calment promptement la douleur.

On trouve dans nos Provinces la Cynoglosse à feuilles de Violier, *Cynoglossum cheirifolium*, dont les feuilles sont blanchâtres, lancéolées, étroites; les corolles blanches, veinées en rouge, deux fois plus longues que les calices. Elle a été observée sur les rives du Rhône.

On cultive généralement dans les jardins la Cynoglosse à feuilles de Lin, *Cynoglossum linifolium*, dont les capsules sont rudes, ombiliquées; elle est annuelle, originaire de Portugal. Ses feuilles sont lisses, d'un vert de mer; ses corolles blanches.

Cl. II. Sect. IV.

On peut encore ramener au genre des Cynoglosses, une plante de nos Provinces qui est encore plus commune en Lithuanie, appelée par Linné *Myosotis lappula*, qui est le *Buglossum angustifolium, semine aculeato* de Tournefort. Cette espece se reconnoît aisément par ses épis en queue de Scorpion, par ses petites fleurs bleues, & par ses semences hérissées de poils très-rudes, assez grandes; ses feuilles sont lancéolées, velues.

La précédente énumération présente, il est vrai, les tableaux des principales especes de la famille naturelle des Boraginées ou Aspérifeuilles; on ne peut cependant omettre, d'après notre plan, quelques autres especes qui se trouvent à chaque pas sous nos yeux; ces especes forment deux genres:

I. Le *Myosotis* ou la Scorpionne, dont la corolle est hypocratériforme, à tube court; à cinq segmens, peu marqués, un peu échancrés; la gorge fermée par cinq glandes & cinq plis. Les fleurs en épis, à queue de Scorpion, à feuilles calleuses à la pointe; ce genre nous présente deux especes très-communes.

1.° Le *Myosotis arvensis*, la Scorpionne des champs, à feuilles rudes, velues, linguilées.

Sa racine est annuelle; ses fleurs bleues, à gorge jaune; sa semence lisse, très-noire.

Elle est inutile dans les pâturages, les bestiaux n'y touchent pas.

2.° Le *Myosotis palustris*, la Scorpionne des marais, à feuilles lisses.

Sa tige est plus grande, ses fleurs plus grandes, sa racine vivace; on la croit nuisible aux bestiaux.

Linné réunit ces deux especes sous le nom de *Myosotis scorpioides*. Quelquefois dans l'une & l'autre les fleurs sont blanches. Nous les avons trouvées l'une & l'autre en Lithuanie, de même qu'une variété remarquable de la premiere, qui s'éleve à peine à un pouce; à feuilles très-étroites, linaires; à fleurs aux aisselles jaunes, à peine couronnées de bleu.

Le second genre dont nous avons à parler, est la Gripe, *Lycopsis*, dont le tube de la corolle est oblong & courbé. Son espece la plus commune en Lithuanie & dans nos champs, c'est la Gripe des champs, *Lycopsis arvensis*, dont la tige droite, rameuse, hérissée, s'éleve d'un pied; les feuilles sont lancéolées, hérissées, ondulées; le limbe de la corolle est bleu, le tube blanc. CL. II. SECT. IV.

Cette espece ressemble beaucoup à la Buglose; aussi Tournefort l'a-t-il appelée *Buglossum sylvestre minus.* Elle est commune sur les bords des chemins, dans le Lyonnois & en Lithuanie. Les bestiaux mangent volontiers cette plante; son suc est nitreux, comme celui de la Bourrache.

83. LA PETITE BOURRACHE.

OMPHALODES pumila verna, symphiti-folio. I. R. H.

CYNOGLOSSUM omphalodes. L. *5-dria, 1-gynia.*

Fleur. Monopétale, infundibuliforme, ressemblant à une roue découpée en plusieurs parties, à peu près semblable à la précédente.

Fruit. Comme dans la précédente.

Feuilles. Les radicales sont cordiformes, les caulinaires imitent celles de la grande Consoude n.° 80.

Racine. Rameuse, napiforme.

Port. La tige rampante, rameuse, cylindrique; les fleurs naissent de côté & sont solitaires.

Lieu. Les bois du Portugal; elle n'est ♃ dans nos Provinces, qu'autant qu'on la préserve des hivers.

Propriétés. Les feuilles ont un goût doux, mais un peu âpre; elles sont vulnéraires, détersives.

Usages. On ne se sert que de ses feuilles pour l'intérieur, ou en décoction, à la dose d'une poignée sur ℔ j d'eau.

Cl. II.
Sect. V.

SECTION V.

Des Herbes à fleur infundibuliforme, dont le pistil se change en une seule semence.

84. LA DENTELAIRE, Herbe au cancer, Malherbe.

Plumbago quorumdam. I. R. H.
Plumbago Europæa. L. *5-dria, 1-gyn.*

Fleur. Calice chargé de tubercules glanduleux & visqueux; corolle monopétale, infundibuliforme, divsée en cinq parties, les étamines insérées à des écailles qui remplissent la base de la corolle, & plus longues qu'elle; le stigmate, à cinq parties.

Fruit. Une semence ovale, renfermée dans la fleur; point de péricarpe.

Feuilles. Simples, entieres, ovales, lancéolées, embrassant la tige, bordées de poils.

Racine. Rameuse.

Port. Tige herbacée, cylindrique, cannelée, haute de deux pieds; les fleurs purpurines ou bleuâtres au sommet des tiges, ramassées en bouquet; feuilles alternes.

Lieu. Les provinces méridionales de France. ♃

Propriétés. Excessivement âcre, elle est corrosive, vulnéraire, déterfive.

Usages. On emploie la racine & les feuilles en topique, son nom lui vient de l'usage qu'on en fait pour les cancers, pour les maux de dents, &c.

Observations. Cette plante que nous avons vu commune auprès de Montpellier, & que nous avons goûtée, laisse sur la langue, dans le fond du gosier, une sensation durable d'acrimonie brûlante. M. de Sauvages avoit connu un Charlatan qui guérissoit les cancers, en appliquant une huile dans laquelle il faisoit macérer les feuilles de Dentelaire.

SECTION VI.

Des Herbes à fleur monopétale, en roue, dont le pistil devient un fruit dur & sec.

85. SAMOLE AQUATIQUE ou Mouron d'eau.

Samolus *Valerandi.* Tourn. Linn. *5-dria. 1-gyn.*

Fleur. Monopétale, hypocratériforme, à tube très-court, découpée en cinq parties obtuses; cinq petites écailles pointues & conniventes à l'entrée de son tube. Germe inférieur.

Fruit. Capsule ovale, uniloculaire, polysperme, couronnée par le calice.

Feuilles. Ovales, spatulées, obtuses, très-lisses.

Racine. Chevelue, blanche.

Port. Tige simple, d'un pied, droite; fleurs blanches en grappes droites, terminant la tige.

Lieu. Sur les bords des ruisseaux. Lyonnoise.

Propriétés. Ses feuilles sont un peu ameres; elles sont apéritives.

Usages. On les mange en salade, les scorbutiques en sont soulagés. Les vaches, les chevres & les moutons là mangent ; les chevaux la négligent.

Cl. II. Sect. VI.

85 *. LA CORNEILLE.

LYSIMACHIA lutea major, quæ Dioscoridis. C. B. P.

LYSIMACHIA vulgaris. L. *5-dria, 1-gyn.*

Fleur. Monopétale, découpée en cinq segmens ovales, oblongs, en forme de roue ; presque point de tube.

Fruit. Capsule sphérique, terminée en pointes, à dix valvules, uniloculaire.

Feuilles. Ternées & quaternées, ovales, lancéolées, un peu velues en-dessous, pointues, entieres, sessiles.

Racine. Horizontale, poussant de petites racines perpendiculaires.

Port. La tige s'éleve à la hauteur de deux pieds, ligneuse, branchue ; les fleurs jaunes naissent en panicule au sommet des tiges, & aux aisselles des feuilles, soutenues par des péduncules de la longueur des feuilles ; les feuilles souvent opposées sur les tiges.

Lieu. Le bord des étangs, des ruisseaux. Lyonnoise, Lithuanienne. ♃

Propriétés. Les semences sont d'un goût âcre ; l'herbe est astringente, vulnéraire & mucilagineuse.

Usages. On ne se sert communément que de l'herbe en décoction, comme de la Consoude.

OBSERVATIONS. Les étamines réunies par leurs filamens, forment une gaîne autour du pistil ; les bords des segmens du calice sont rougeâtres. En Lithuanie cette plante s'éleve quelquefois jusques à quatre pieds. Elle offre plusieurs variétés.

86. LA NUMMULAIRE
ou l'Herbe aux écus.

CL. II. SECT. VI.

LYSIMACHIA humifusa folio rotundiore, flore luteo. I. R. H.
LYSIMACHIA nummularia. L. *5-dria, 1-gynia.*

Fleur. Monopétale, en roue, mêmes caracteres que la précédente.

Fruit. Id. sphérique, contenant des semences très-menues, à peine visibles.

Feuilles. Presque rondes, un peu en cœur, luisantes, avec un très-court pétiole.

Racine. Traçante, menue, fibreuse.

Port. Les tiges herbacées, quadrangulaires, rampantes, grêles, rameuses; les fleurs axillaires, grandes, jaunes, soutenues par des péduncules moins longs que les feuilles; les feuilles opposées deux à deux.

Lieu. Les fossés, les prés, les terrains humides. Lyonnoise, Lithuanienne. ♃

Propriétés. Les feuilles sont d'un goût aigrelet & styptique; l'herbe & les feuilles sont légérement astringentes, détersives, vulnéraires.

Usages. Elles sont très-recommandées en décoction; extérieurement en cataplasme.

OBSERVATIONS. La Nummulaire a mérité l'éloge de quelques célébres Praticiens dans les hémorragies de la matrice, dans l'hémoptysie, les diarrhées, & autres especes de maladies évacuatoires passives qui demandent de légers astringens. On trouve dans le Lyonnois, & plus communément en Lithuanie, une jolie espece de Lysimachie, appellée Thyrſiflore *Lyſimàchia Thyrſiflora*, dont la tige ſimple, d'un pied & demi, a des feuilles oppoſées, étroites, lancéolées, tachetées de points noirs, aux aiſſelles deſquelles naiſſent de petits bouquets de fleurs jaunes, plus courts que les feuilles. Les corolles ſont petites, en roue, à ſegmens très-étroits, au nombre de cinq ou ſept.

Au-deſſus des feuilles à fleurs, ſe développe une ſuite de feuilles ſans fleur.

Cette plante eſt aſſez commune dans les marais auprès de Grodno; la phraſe de C. Bauhin, exprime bien le caractere de cette eſpece: *Lyſimachia bifolia, flore globoſo luteo.*

La Lyſimachie des forêts, *Lyſimachia nemorum*, reſſemble beaucoup à la Nummulaire; mais ſes tiges ſont moins rampantes; ſes feuilles ovales, lancéolées. On la trouve dans les forêts de nos Provinces.

87. LE MOURON.

Anagallis phœniceo flore. C. B. P.
Anagallis arvenſis. L. *5-dria, 1-gyn.*

Fleur. Monopétale, en roſette, profondément découpée en cinq parties lancéolées; point de tube; étamines barbues; les ſegmens du calice lancéolés.

Fruit. Capſule ſphérique, s'ouvrant horizontalement, remplie de très-petites ſemences menues, anguleuſes, ridées, brunes & attachées au placenta.

Feuilles. Ovales, lancéolées, ſucculentes, très-entieres, ſimples, glabres, ſeſſiles.

Racine. Blanche, ſimple, fibreuſe.

Port. Les tiges foibles, quadrangulaires, herbacées, rameuſes, d'un demi-pied de haut; les fleurs axillaires, ſoutenues par des péduncules presque égaux aux feuilles ; les feuilles opposées.

Lieu. Les bords des chemins, les jardins. Lyonnoise, Lithuanienne. ⊙

Propriétés. L'herbe a un goût âcre, sur-tout lorsqu'elle est seche ; elle est vulnéraire, détersive, céphalique, errhine, sialogogue.

Usages. On l'emploie en décoction que l'on donne à la dose de ℥ iv. Suivant les expériences rapportées dans le Recueil de la Société Economique de Berne, c'est un excellent antihydrophobique, donné en poudre, à la dose de ʒ ij pour l'homme, & de ℥ j pour les animaux.

Cl. II. Sect. VI.

OBSERVATIONS. Le suc des feuilles de Mouron est certainement amer. Cette plante a été recommandée par quelques Observateurs, contre la folie & la rage.

Nous l'avons vu ordonner plusieurs fois à des hydrophobes, sans aucun succès. Le Mouron à fleurs pourpres est confondu par Linné avec le Mouron à fleurs bleues. Haller distingue celui-ci par sa tige plus haute, par ses feuilles plus petites, par sa fleur plus grande dont les segmens sont dentelés, par les segmens du calice plus étroits. Cette espece est aussi commune autour de Lyon que la rouge.

Le Mouron délicat, *Anagallis tenella*, auparavant rangé parmi les Lysimachies, a la tige filiforme, couchée ; les feuilles arrondies, petites ; les fleurs roses, axillaires, à péduncules plus longs que les feuilles. On la trouve dans les lieux humides de nos Provinces, en Dauphiné.

Tournefort cite après le Mouron, un genre de plante Européenne, vu par un très-petit nombre de Botanistes, le *Glaux maritima*, dont la corolle est en roue, sans calice, persistante, à cinq étamines, à un pistil qui se change en une capsule uniloculaire, à cinq valves renfermant cinq semences.

Ses tiges sont menues, couchées, chargées de feuilles

Cl. II. Sect. VI.

opposées, ovales ou elliptiques, oblongues, sessiles, très-rapprochées, opposées.

Nous avons eu cette plante des bords de la mer Baltique.

88. LA VÉRONIQUE MALE *ou* Thé d'Europe.

VERONICA mas supina & vulgatissima. C. B. P.

VERONICA officinalis. L. *2-dria. 1-gyn.*

Fleur. Monopétale, infundibuliforme, tubulée, divisée en quatre parties, dont l'inférieure est plus petite, opposée à la plus grande.

Fruit. Capsule en forme de cœur, comprimée par le haut, biloculaire, s'ouvrant en quatre parties, contenant des semences menues, rondes, noirâtres.

Feuilles. Velues, dentelées dans leurs bords, ovales, sessiles.

Racine. Déliée, fibreuse, éparse.

Port. Tiges menues, longues, rondes, noueuses, velues, couchées ordinairement sur la terre; les fleurs en épi; les feuilles opposées deux à deux.

Lieu. Les bois, les côteaux. ♃

Propriétés. Les feuilles ont un goût un peu austere, un peu amer, sans odeur; elles sont stomachiques, vulnéraires, toniques, détersives, diurétiques.

Usages. L'on emploie très-souvent pour l'homme l'herbe en maniere de Thé, à la dose d'une pincée, sur un demi-setier d'eau, ou d'une petite poignée dans un bouillon dégraissé; on en tire un suc; on en fait une conserve, un sirop; on en donne la décoction aux animaux, à la dose d'une poignée sur ℔ j d'eau.

Observations. Cette plante très-célebre, ne mérite certainement pas tous les éloges des Auteurs, ils en ont fait une panacée universelle ; c'est tout au plus un remede adjuvant dans le traitement des maladies chroniques ; son infusion théiforme est indiquée dans tous les cas où il faut ranimer un estomac languissant ; dans la cachexie, la toux catarreuse, les dépôts laiteux, les embarras des reins sans inflammation.

89. LA VÉRONIQUE DES PRÉS.

Veronica supina, facie teucrii, pratensis. Lob. icon.

Veronica teucrium. edit. 2.a L. *2-dria, 1-gynia.*

Fleur. } Comme dans la précédente.
Fruit }

Feuilles. Sessiles, adhérentes, dentelées en leurs bords, veinées, ridées, obtuses.

Racine. Menue, longue, rampante, fibreuse, ligneuse.

Port. Tiges droites ou un peu couchées, rondes, velues, ligneuses, longues d'un demi-pied ou d'un pied ; elles poussent des rameaux de côté ; les fleurs naissent en grappes latérales, très-longues ; les folioles du calice sont linéaires & inégales ; les feuilles opposées deux à deux, les supérieures plus étroites.

Lieu. Les prés. ♃

Propriétés. } Comme dans la précédente.
Usages. }

Observations On a regardé cette espece comme le vrai Thé d'Europe ; elle est un peu amere, astringente ; on doit se défier de sa vertu fébrifuge ;

Cl. II. Sect. VI.

les fievres intermittentes étant le plus ſouvent très-bien guéries par la nature, on a ainſi attribué à pluſieurs plantes des guériſons imaginaires.

On ne doit pas ſéparer de cette eſpece le *Veronica chamædris*, la Véronique à feuilles de Germandrée, qui lui reſſemble beaucoup; mais elle en differe par ſa tige foible, couchée. Elle eſt commune dans nos prairies, de même qu'en Lithuanie où elle offre de grandes variétés par ſes feuilles dentées, ou très-profondément découpées.

90. LA VÉRONIQUE EN ÉPI.

Veronica ſpicata minor. C. B. P.
Veronica ſpicata. L. *2-dria, 1-gyn.*

Fleur. } Comme dans la précédente.
Fruit. }

Feuilles. Crenelées & obtuſes, un peu hériſſées.

Racine. Fibreuſe, oblique.

Port. La tige s'éleve depuis un demi-pied juſqu'à un pied, droite, très-ſimple, terminée par un épi de fleurs bleues; feuilles oppoſées, les inférieures plus larges.

Lieu. Les champs. Lyonnoiſe, Lithuanienne. ♃

Propriétés. } Comme les précédentes; l'on con-
Uſages. } ſeille cependant de préférer la Véronique mâle ou Thé d'Europe.

Observations. Les Véroniques à feuilles verticillées, trois à trois, ou quatre à quatre à chaque nœud, comme le *Spuria*, le *Maritima* de Linné, reſſemblent beaucoup au *Spicata*; elles ſont communes dans les forêts de Lithuanie. Nous ne voyons aucun attribut conſtant qui les diſtingue ſuffiſamment; dans le *Spuria* & le *Maritima*, les feuilles ſont ovales, lancéolées, très-blanches endeſſous; pluſieurs épis très-longs terminent la tige, au nombre de trois à ſept. La Maritime a été, dit-on, trouvée en Alſace.

91.

Cl. II.
Sect. VI.

91. LE BECCABUNGA à feuilles rondes, *ou* Cresson de fontaine.

Veronica aquatica major, folio subrotundo. Mor. Hist.
Veronica beccabunga. L. *2-dria, 1-gyn.*

Fleur. } Comme dans les précédentes.
Fruit. }

Feuilles. Ovales, arrondies, planes, lisses, luisantes, crenelées.

Racine. Fibreuse, blanche, rampante, aquatique.

Port. Les tiges couchées, cylindriques, rougeâtres, branchues; les fleurs en grappe sur des rameaux axillaires; feuilles opposées deux à deux sur les nœuds.

Lieu. Les fossés d'eau vive. Lyonnoise, Lithuanienne. ♃

Propriétés. L'herbe est presque insipide au goût & sans odeur; elle est détersive, diurétique, antiscorbutique, vulnéraire.

Usages. Pour l'homme on prescrit son suc à la dose de ℥ iv ou seul ou mêlé avec du petit-lait; on emploie la plante dans les tisanes, les apozêmes altérans, apéritifs & antiscorbutiques, depuis poignée j jusqu'à poig. iv; on donne l'extrait jusqu'à ʒ j, & la conserve faite avec la plante fleurie jusqu'à ℥ j; on en tire une eau distillée; extérieurement les feuilles pilées & cuites dans de l'eau, sont hémorroïdales; l'infusion de cette plante a plus de vertu que sa décoction. Pour le cheval on la donne en boisson à la dose d'une poignée sur ℔ j d'eau, & l'extrait à ℥ j.

Cl. II. Sect. VI.

92. LE BECCABUNGA à feuilles longues.

Veronica aquatica major, folio oblongo. Mor. Hist.

Veronica anagallis. L. *2-dria, 1-gynia.*

Fleur. } Comme dans la précédente.
Fruit. }

Feuilles. Lancéolées, ensiformes, dentées en maniere de scie.

Racine. Comme la précédente.

Port. Il differe du premier par ses tiges qui sont droites, & par ses fleurs qui sont plus distantes les unes des autres sur l'épi qui les soutient; les feuilles opposées.

Lieu. Le même. Lyonnoise, Lithuanienne. ♃

Propriétés. } Les mêmes que la précédente.
Usages. }

Observations. Une espece assez voisine du *Beccabunga*, c'est le *Veronica scutellata*, la Véronique à écussons, dont les feuilles sont lancéolées, étroites, linaires; les fleurs pendantes en grappes très-lâches, à pédicules filiformes; la tige presque couchée; la capsule aplatie, ronde, échancrée.

Dans les lieux humides; plus commune en Lithuanie que dans nos Provinces.

Outre ces especes principales de Véronique, on doit encore pouvoir en reconnoître quelques autres que l'on trouve fréquemment.

1.° La Véronique à feuilles de Serpolet, *Veronica serpilifolia*, dont les feuilles sont petites, ovales, crenelées, lisses; les tiges penchées, à radicules; les fleurs aux aisselles, à péduncules courts, forment vers le sommet des rameaux un corymbe en grappe.

Dans les lieux humides; plus commune en Lithuanie que dans nos Provinces.

2.° La Véronique des champs, *Veronica arvenſis*, à péduncules uniflores, plus courts que les feuilles qui ſont ovales, crenelées, un peu velues. Cl. II. Sect. VI.

Commme dans nos champs, & en Lithuanie. C'eſt le *Veronica floſculis cauliculis adhærentibus*. Tourn.

3.° La Véronique ruſtique, *Veronica agreſtis*, dont les péduncules uniflores ſont plus longs que les feuilles qui ont cinq ou ſept crenelures bien marquées; les tiges couchées, rameuſes.

Dans nos champs & en Lithuanie, très-commune. C'eſt le *Veronica floſculis pedicellis oblongis inſidentibus chamædrys folio*. Tourn.

4.° La Véronique digitée, *Veronica triphyllos*, à tige un peu couchée; à feuilles à trois ou cinq digitations, plus courtes que les péduncules.

Les calices du fruit ſont très-grands pour une ſi petite plante. C'eſt le *Veronica verna trifido, vel quinquefido folio*. Tourn.

Dans nos champs; plus commune en Lithuanie, où elle eſt mêlée avec la printaniere, *Veronica verna*, qui lui reſſemble beaucoup, mais dont la tige plus petite de deux pouces, eſt droite; les péduncules plus courts que les feuilles qui ſont pinnatifides. On la trouve en Dauphiné.

5.° La Véronique à feuilles de Lierre, *Veronica hederæfolia*, dont la tige rampante porte des feuilles à trois, cinq ou ſept lobes bien marqués; elles ſont en cœur, un peu velues ſur les bords. Dans nos champs, & en Lithuanie. C'eſt le *Veronica cimbalariæ folio verna* de Tournefort.

6.° La Véronique liſſe, *Veronica lævis*, à fleurs ſolitaires, à péduncules courts aux aiſſelles des feuilles; celles d'en-bas pétiolées, très-liſſes, peu dentées; la tige de ſix pouces; les feuilles ſupérieures plus alongées, ſeſſiles. Cette eſpece comprend, comme variétés, les Véroniques *Romana*, *acinifolia*, & *peregrina* de Linné, qui ne different entre elles que par les feuilles plus ou moins étroites, des péduncules plus ou moins alongés.

Nous avons trouvé en Lithuanie la Romaine, *Romana* L. On trouve dans les champs du Lyonnois & du Dauphiné, des individus qui rendent les trois eſpeces du Chev. Linné.

Cl. II.
Sect. VI.

93. LA SAXIFRAGE DORÉE.

CHRYSOSPLENIUM *foliis amplioribus articulatis.* I. R. H.

CHRYSOSPLENIUM *oppositi folium.* L. *10-dria, 2-gynia.*

Fleur. Point de corolle; calice jaune divisé en quatre ou cinq parties; huit ou dix étamines.

Fruit. Capsule à deux cornes, uniloculaire, à deux battans; plusieurs semences menues, d'un rouge brun.

Feuilles. Opposées, pétiolées, arrondies, en forme d'oreille.

Racine. Noueuse, blanchâtre, rampante, garnie de fibres capillaires.

Port. Tige herbacée, rameuse, sur laquelle on remarque des écailles; elle part de la racine; feuilles opposées. Les fleurs jaunes assises au sommet des tiges, enveloppées par des bractées qui jaunissent.

Lieu. Les terrains humides & ombrageux. Lyonnoise, Lithuanienne. ♃

Propriétés. Les feuilles ont un goût styptique & un peu amer; elles sont vulnéraires, apéritives.

Usages. On les emploie en décoction.

Observations. La Dorine a un calice en roue; la capsule s'ouvre comme une coquille bivalve; une seule fleur à cinq segmens & à dix étamines; les fleurs en fausses ombelles terminent la tige. 1.° La Dorine à feuilles alternes, *Chrysosplenium alternifolium*, qui ressemble en tout à la précédente, & qui n'en differe que parce qu'elle offre ses feuilles caulinaires alternes, & qu'elle est plus petite; elle est très-commune en Lithuanie; nous n'y avons jamais vu la Dorine à feuilles opposées : ces deux especes se trouvent dans le Lyonnois. Un homme vomit jusques au sang, après avoir mangé une petite salade de Saxifrage dorée.

94. LA VALÉRIANE GRECQUE.

POLEMONIUM vulgare cæruleum. I. R. H.
POLEMONIUM cærul. L. *5-dria, 1-gynia.*

Fleur. Monopétale, tubulée, en forme de rosette, divisée en cinq parties arrondies.

Fruit. Capsule ovale à trois angles & à trois loges; les semences irrégulieres, aiguës.

Feuilles. Sessiles, ailées, avec une impaire; les folioles entieres.

Racine. Fibreuse.

Port. Les tiges s'élevent à la hauteur de deux & de trois pieds, droites, simples, cannelées; les fleurs naissent au sommet, disposées en bouquet; elles varient par leur couleur, tantôt blanche, tantôt bleue; les feuilles alternes.

Lieu. Dans les forêts du Nord; on la cultive en plein air dans nos jardins. ♃

Propriétés. On la croit vulnéraire, apéritive; elle sert plutôt d'ornement dans les jardins, que de remede en Médecine.

OBSERVATIONS. Le tuyau de la corolle est formé par cinq valves qui donnent naissance aux étamines. Le germe est supérieur. Nous avons vu sur le même pied des fleurs blanches & bleues. Cette espece est très-commune dans les forêts de Lithuanie ; les feuilles varient par le nombre des feuillets & par les dentelures.

Ses vertus vulnéraires sont très-hasardées de même que celles que l'on a accordées à une foule d'autres plantes vantées pour guérir les plaies. Pour sentir

Cl. II. Sect. VI.

toute l'étendue de cette remarque, il faut ſavoir, comme nous nous en ſommes aſſurés par une foule d'expériences, que ſur les ſujets ſains, ou non-cacochymes, toutes les plaies ſont guéries par les ſeuls efforts de la nature; qu'elle ſeule ſait procurer la ſuppuration, rapprocher les levres des plaies, les remplir de nouvelles chairs, former une cicatrice ſolide; que l'art ne doit qu'enlever les obſtacles, éloigner les corps étrangers, empêcher le contact de l'air, &c.

95. LE BOUILLON-BLANC MALE, *ou* Molene.

VERBASCUM mas latifolium luteum. C. B. P.
VERBASCUM thapſus. L. *5-dria, 1-gyn.*

Fleur. Monopétale, en forme de roue; le tube très-court; le limbe ouvert, diviſé en cinq parties un peu inégales, ovales, obtuſes.

Fruit. Capſule ovale, alongée, diviſée en deux loges qui s'ouvrent par le haut & ſont remplies de ſemences menues & anguleuſes.

Feuilles. Grandes, longues, larges, molles, ſeſſiles, courantes, cotonneuſes des deux côtés.

Racine. Oblongue, ligneuſe, blanche, rameuſe.

Port. La tige s'éleve à la hauteur de trois à quatre pieds, groſſe, ronde, un peu ligneuſe; les fleurs jaunes forment un long épi, & entourent la plus grande partie de la tige; les feuilles éparſes ſur la terre, celles de la tige alternes.

Lieu. Les endroits ſecs, ſablonneux, les terres récemment remuées, les champs. Lyonnoiſe, Lithuanienne. ♃

Propriétés. Les feuilles ont un goût d'herbe un

peu salé & styptique; les fleurs sont émollientes, calmantes, béchiques.

Cl. II. Sect. VI.

Usages. L'on emploie pour l'homme les fleurs en maniere de thé; la décoction des feuilles est antihémorroïdale.

On fait entrer les fleurs, à l'égard des chevaux, dans les boissons, à la dose d'une poignée pour ℔ j d'eau.

Observations. La tige de ce Bouillon-blanc s'éleve quelquefois à six pieds dans les terrains favorables; en Lithuanie je ne l'ai jamais vue que de deux pieds, ou trois au plus. Quelques individus s'élevent si peu, qu'on peut les regarder comme des nains; ce qui me feroit croire que ce Bouillon-blanc n'est pas naturel au Nord, qu'il s'y est établi comme plusieurs autres especes, par le transport des semences avec les grains de bled. L'odeur des feuilles fraîches est foible, un peu narcotique, désagréable. La saveur est herbacée, un peu amere. Les fleurs desséchées répandent une odeur agréable, leur saveur n'est point nauséeuse. Cette plante trop négligée dans la pratique, cache un principe narcotique assez masqué pour ne craindre aucun mauvais effet; si on jette ses semences dans un vivier, le poisson en est si étourdi qu'on peut le prendre avec la main; la décoction des feuilles & leur suc est admirable en lavement dans les ténesmes, la dyssenterie, les coliques, comme nous l'avons souvent éprouvé; elle calme les douleurs du fondement causées par des hémorroïdes internes; l'infusion des fleurs est le meilleur adoucissant pendant tout le temps de l'irritation des dyssenteries. C'est un des remedes dont nous nous servons fréquemment dans ce cas, de même que dans les ardeurs de poitrine, les toux convulsives des enfans, coqueluche, les coliques venteuses, les ardeurs d'urine; enfin dans toutes les maladies pour lesquelles l'indication exige de modérer les spasmes, l'irritation. La conserve des fleurs du Bouillon-blanc appliquée sur les dartres rongeantes, & sur les ulceres douloureux, diminue les démangeaisons & les ardeurs.

Elle est aussi indiquée contre les hémorroïdes externes

Cl. II. Sect. VI.

trop douloureuſes, contre les phlegmons. Nous avons cru appercevoir qu'une grande quantité de l'infuſion des fleurs procure le ſommeil, comme narcotique; le duvet des feuilles peut ſervir de moxa; les beſtiaux ne touchent point à cette plante.

96. L'HERBE AUX MITES.

BLATTARIA lutea, folio longo laciniato. C. B. P.

VERBASCUM blattaria. L. *5-dria, 1-gyn.*

Fleur. Comme dans la précédente.

Fruit. Ovale & plus pointu que dans la précédente.

Feuilles. Les ſupérieures amplexicaules, oblongues, liſſes, dentées en maniere de ſcie, les inférieures profondément découpées.

Racine. Ligneuſe, rameuſe.

Port. La tige s'éleve à peu près à la hauteur de deux pieds; les feuilles radicales ſont ſinuées; à la baſe des feuilles, on voit deux nervures élevées qui courent ſur la tige; les fleurs ſont portées ſur des péduncules axillaires, ſolitaires, & forment un épi.

Lieu. Les terres glaiſeuſes. Lyonnoiſe, Lithuanienne. ⊙

Propriétés. } On ſe ſert de l'herbe ſeulement;
Uſages. } elle a un goût amer, un peu âcre; on la regarde comme émolliente; on l'emploie rarement.

OBSERVATIONS. La racine eſt plus amere que les feuilles; les fleurs dont les étamines ſont ornées de poils pourpres, ont les mêmes propriétés que celles du Bouillon-blanc; les ſegmens du calice des Bouillons-blancs ſont inégaux; les filamens velus, la corolle irréguliere : quelques autres especes méritent d'être désignées, ou comme curieuses, ou comme communes. Cl. II. Sect. VI.

1.° Le Bouillon Lychnite, *Verbascum lychnitis*, à feuilles velues en-dessous, cunéiformes, oblongues, à épis lâches, à petites fleurs jaunes, poussiere farineuse sur le haut de la tige; feuilles radicales pétiolées; souvent les fleurs sont blanches.

Dans les terrains incultes; assez commune dans nos Provinces; la racine amere réussit dans les jaunisses.

2.° Le Bouillon cotonneux, *Verbascum phlomoides*, à feuilles inférieures pétiolées; celles de la tige ovales, non décurrentes, très-cotonneuses dessus & dessous.

L'épi est lâche, la fleur est grande, la tige chargée de petites pelottes cotonneuses; dans les champs de nos Provinces, plus rare, très-ressemblant au mâle.

3.° Le Bouillon noir, *Verbascum nigrum*, à feuilles inférieures pétiolées, en cœur; les supérieures sessiles, ovales, lancéolées, plus vertes que dans les précédens.

Les fleurs jaunes, à gorge pourpre, la houppe des filamens pourpre.

Plus commune en Lithuanie que dans nos Provinces; les feuilles à peine velues en-dessous, sont d'un vert foncé en-dessus. Les cochons, & quelquefois les moutons, mangent cette plante que les autres bestiaux ne touchent point; ses fleurs plaisent aux abeilles; on fait boire aux vaches de la décoction de la plante, pour calmer la toux.

On cultive dans les jardins quelques belles especes de ce genre.

1.° Le Bouillon à feuilles de Chou, *Verbascum acturus*, dont les feuilles sont pinnées, lyrées; il est originaire de Crete. Comme il n'offre le plus souvent que quatre étamines, quoique nous l'ayons observé souvent à cinq, c'est aujourd'hui un *Celsia*.

2.° Le Bouillon de Miconio *Verbascum Miconi*, à feuilles toutes radicales, ovales, couvertes d'un duvet de couleur de rouille, à hampe, sans feuilles, qui porte une grande fleur bleue.

Nous avons vu aux Pyrénées un rocher tout couvert de cette jolie plante, & de la grande Saxifrage Cotylédon : cette tapisserie produisoit un effet si ravissant, qu'on ne peut nous nommer un Bouillon de Miconio, ſans nous repréſenter ce ſuperbe tableau. C'eſt la *Sanicula alpina foliis boraginis villoſa* de C. Bauhin, *Auricula urſi Miconi* de Dalechamp, qui le premier en a publié une aſſez bonne figure qu'il conſacra à Miconius célebre Botaniſte de Barcelone.

Cette plante offre, il eſt vrai, la fructification des Bouillons; mais elle ne leur reſſemble en rien pour le port, qui eſt mieux rendu par les phraſes des anciens.

SECTION VII.

Des Herbes à fleur en roſette ou en godet, dont le piſtil devient un fruit mou & charnu.

97. LA MORELLE A FRUIT NOIR.

Solanum officinarum, acinis nigricantibus. C. B. P.

Solanum nigrum. L. *5-dria, 1-gyn.*

Fleur. En roſette, diviſée en cinq parties aiguës; le tube court; le limbe large, replié, plane, pliſſé.

Fruit. Baie ronde, noire, liſſe, marquée d'un point au ſommet, biloculaire, remplie de pluſieurs ſemences obrondes, brillantes & jaunâtres.

Feuilles. A longs pétioles; ovales, molles, pointues, dentées, anguleuſes.

Racine. Longue, déliée, fibreuſe, chevelue.

Port. La tige s'éleve à la hauteur d'un pied &

plus, herbacée, anguleuſe, branchue; les feuilles deux à deux, l'une à côté de l'autre, quelquefois ſolitaires, ainſi que les péduncules; l'ombelle des fleurs ſe meut au moindre vent. La fleur & le fruit ſont pendans; les étamines réunies par les antheres.

Cl. II. Sect. VII.

Lieu. Les endroits incultes, les vignes, les bords des chemins. Lyonnoiſe, Lithuanienne. ⊙

Propriétés. Toute la plante a une odeur narcotique; la racine exceptée, elle eſt extérieurement anodine, rafraîchiſſante, un doux répercuſſif; intérieurement c'eſt un poiſon aſſoupiſſant; les acides lui ſervent de contre-poiſon.

Uſages. On extrait le ſuc de toute la plante, on en fait un onguent, une huile infuſée & cuite; il faut obſerver que les fruits ſont plus rafraîchiſſans que les feuilles; mais celles-ci adouciſſent, réſolvent davantage : on a tenté d'en faire uſage pour guérir les cancers.

Observations. Les beſtiaux qui ne touchent point à cette plante, nous annoncent ſa qualité vénéneuſe; les baies en petite quantité, deux ou trois, ne cauſent aucun mal, comme nous l'avons éprouvé; à plus haute doſe, elles ſoulevent l'eſtomac, ſont vomir; le ſuc à grande doſe, cauſe des étourdiſſemens, le vertige, le délire & la mort.

Donné depuis un grain en augmentant graduellement, c'eſt un bon remede qui augmente le cours des urines, fait ſuer, & eſt indiqué dans les ulceres de la veſſie, l'hydropiſie, les éroſions de la peau, les douleurs rebelles; extérieurement, les feuilles de Morelle calment les douleurs dans les panaris, les hémorroïdes, les inflammations; mais il faut rarement s'en ſervir dans ce cas.

Nous trouvons quelques variétés de cette plante, relativement aux ſinuoſités des feuilles, au liſſe ou au duveté, aux baies qui ſont jaunes, rouges, ou noires.

Cl. II.
Sect. VII.

98. LA MORELLE GRIMPANTE *ou* Vigne vierge.

Solanum ſcandens, ſeu dulcamara. C. B. P.
Solanum dulcamara. L. 5-*dria*, 1-*gyn.*

Fleur. Monopétale, en roſette, diviſée en cinq ſegmens pointus & réfléchis en dehors.

Fruit. Mou, alongé, de couleur écarlate quand il eſt mûr; les ſemences blanchâtres.

Feuilles. Les ſupérieures ſont oblongues, en fer de pique; les inférieures en cœur, lancéolées.

Racine. Petite, fibreuſe.

Port. La tige eſt ligneuſe, grimpante, longue de cinq ou ſix pieds, grêle, fragile, ſans ſupports, herbacée & volubile dans la partie ſupérieure; les fleurs bleues, en grappe au haut des tiges; feuilles alternes.

Lieu. Les endroits humides, les haies, les buiſſons. Lyonnoiſe, Lithuanienne. ♃

Propriétés. Les tiges ſont nauſéeuſes, douces & ameres, apéritives, déterſives, ſudorifiques, réſolutives, expectorantes.

Uſages. L'on ſe ſert communément des tiges & des feuilles, rarement de la racine; appliquées en cataplaſme, elles ſont déterſives & guériſſent les ulceres invétérés.

Observations. L'odeur des feuilles eſt fétide, les tiges ſont d'abord ameres; ce n'eſt qu'en les mâchant long-temps que l'on extrait le principe muqueux, douceâtre. L'odeur des tiges eſt forte, nauſéeuſe; leur décoction augmente le cours des urines; les baies purgent & font vomir; à haute doſe elles ſont vénéneuſes.

C'eſt encore un de ces remedes précieux dont nous pouvons parler d'après notre expérience. La décoction des tiges eſt excellente dans les rhumatiſmes chroniques, dans les gales, les dartres, quelques eſpeces de phthiſie commençante, cauſées par dépôt de la gale ou dartres répercutées, ou humeur rhumatiſmale refoulée. C'eſt un excellent adjuvant dans la vérole. A petite doſe elle facilite l'expectoration dans la fievre catarrale & dans la pleuréſie, ou péripneumonie. On ne ſauroit trop l'employer dans les ulceres cacoétiques. Nous en avons guéri pluſieurs avec cette décoction bue à haute doſe, & en lavant l'ulcere avec la même eau, & appliquant par-deſſus l'emplâtre de diapalme, comme défenſif. L'état de chloroſe cede communément à un uſage bien dirigé de cette décoction réunie avec les bols d'éthiops martial; elle a ſouvent procuré les regles, & rétabli les lochies; enfin, c'eſt un des meilleurs ſecours pour modérer les fleurs blanches, quoique les premiers jours elle en augmente conſidérablement l'écoulement; pluſieurs gonorrhées anciennes ont cédé à l'action de ce remede.

CL. II. SECT. VII.

Les chevres & les moutons mangent cette plante dont les autres beſtiaux ne veulent point; elle attire les renards par ſon odeur; on ſe ſert des branches flexibles pour faire des corbeilles & pour empailler les bouteilles; les baies ſervent pour la teinture.

99. LA POMME DE TERRE, Truffe *ou* Battate de Virginie.

SOLANUM tuberoſum eſculentum. C. B. P.
SOLANUM tuberoſum. L. *5-dria, 1-gyn.*

Fleur. Monopétale, en roſette, comme les précédentes.

Fruit. Rond; les ſemences menues & arrondies.

Feuilles. Ailées, terminées par une impaire plus grande que les autres; les folioles très-entieres, un peu pétiolées.

Cl. II. Sect. VII.

Racine. Ronde, cylindrique, traçante, de laquelle se développent plusieurs Truffes.

Port. La tige s'éleve depuis un demi-pied jusqu'à un pied & demi, arrondie, velue, tachetée, creuse, cannelée, rameuse; les fleurs rougeâtres, bleues ou blanchâtres, naissent en bouquet, ombelliformes.

Lieu. Elle vient de Virginie; on la cultive principalement dans le Lyonnois, le Dauphiné, & en Lithuanie. ⊙

Propriétés. Les feuilles, les tiges sont résolutives; on mange les racines tubéreuses.

Observations. Sur quelques pieds des tiges des Pommes de terre, naissent aux nœuds, des gales ovales, vertes, charnues comme les Pommes de terre; le suc des truffes est narcotique, fétide. On peut couper une Pomme de terre en autant de morceaux qu'elle offre d'yeux; en les plantant, chaque morceau germera; l'herbe récente répand une odeur de tabac, sa saveur est amere.

Quoique les Pommes de terre cachent un principe un peu virulent, il est totalement détruit par la coction. On peut retirer de ses racines farineuses un amidon gélatineux, très-nutritif. Même à petite dose on est parvenu à faire fermenter la farine des Truffes, de maniere, en la délayant dans l'eau chaude, à en retirer, après la fermentation, un esprit ardent, presque aussi actif que l'esprit-de-vin. Cette farine de Truffes fournit la base de la nourriture du peuple. Ces racines s'apprêtent de plusieurs manieres; nous avons remarqué que les enfans de nos Provinces nourris avec ces racines, ont le ventre gros, dur, & sont sujets à des glandes tuméfiées. Les cochons qui ont beaucoup mangé de ces racines récemment retirées de terre, en sont tellement enivrés, qu'ils ne peuvent, de quelques heures, marcher. On pourroit tirer parti, comme médicament, du suc des feuilles; c'est un excellent diurétique & sudorifique.

100. LA POMME D'AMOUR.

CL. II. SECT. VII.

LYCOPERSICON Galeni. Ang. 217.
SOLANUM lycoperſicon. L. *5-dria*, *1-gyn.*

Fleur. Monopétale, en roſette, diviſée en ſept ou huit parties, ſoutenue par un calice très-grand.

Fruit. Gros, rond, ſtrié, jaune, mou quand il eſt mûr; les ſemences orbiculaires, aplaties & jaunes.

Feuilles. Ailées par interruption; les folioles preſque égales, découpées.

Racine. Longue, fibreuſe.

Port. La tige s'éleve à la hauteur d'un pied & demi; elle eſt branchue; les fleurs grandes, diſpoſées en grappes ſimples.

Lieu. L'Amérique. ⊙

Propriétés. } Les fruits ſont ſoupçonnés véné-
Uſages. } neux; on croit cette plante narcotique comme les *Solanum* & la Mandragore; on s'en ſert très-peu.

OBSERVATIONS. Les fruits mûrs répandent, il eſt vrai, une odeur déſagréable; cependant cela n'empêche pas nos Italiens d'en beaucoup manger impunément, cuits au beurre. Il faut donc que la coction lui enleve le principe narcotique, vénéneux.

Cl. II.
Sect. VII.

101. LE COQUERET ou Alkekenge.

Alkekengi officinarum. I. R. H.
Phisalis alkekengi. L. 5-dria, 1-gyn.

Fleur. Monopétale, en cloche, à tube marqué, divisée en cinq parties; les étamines non-unies par les antheres.

Fruit. Baie grosse comme les cerises, ronde, molle, rouge, renfermée dans le calice renflé, qui forme une vessie rouge, membraneuse, à cinq angles; les semences sont en cœur alongé, aplaties, ovales.

Feuilles. Géminées à chaque nœud, très-entieres, ou à sinuosités peu profondes, pointues, soutenues par de longs pétioles.

Racine. Genouilleuse ou articulée, grêle, fibreuse.

Port. Les tiges d'une coudée, un peu velues & branchues; les fleurs blanches, solitaires, soutenues par de longs péduncules.

Lieu. L'Italie, le Lyonnois. ♃

Propriétés. Le fruit est d'abord acide, ensuite amer; puissant diurétique, rafraîchissant, légérement anodin.

Usages. On ne se sert que du fruit; on en avale quatre, cinq & même six, crus ou bouillis; on prescrit le suc des fruits exprimé & dépuré par l'ébullition, à la dose pour l'homme de ℥ j, ou ℥ ß de son extrait; le suc récent, fermenté avec du moût, se donne le matin à jeun à la dose de ℥ iv; on donne pour les animaux le suc simple à la dose de ℥ ij, & fermenté avec du moût à la dose de ℥ vj.

OBSERVATIONS.

OBSERVATIONS. Les ſemences ſont un peu ameres, âcres; le calice eſt amer; les baies aigrelettes, un peu ameres ſur le retour. On mange communément ces baies en Eſpagne. C'eſt un des meilleurs diurétiques; nous l'avons ſouvent ordonné dans l'œdeme, la leucophlegmatie qui ſurviennent après les fievres intermittentes, & nous en avons obtenu de bons effets; c'eſt un adjuvant dans le traitement des dartres; les vieillards obtiennent un cours d'urine plus libre par l'uſage de la tiſane faite avec ces baies. On les emploie dans l'économie domeſtique pour colorer le beurre. Remarquons en paſſant que la nature ſait détruire le principe vénéneux des narcotiques, en le réuniſſant avec les acides. Tous les *Solanum* aigrelets ceſſent d'être poiſons.

Cl. II. Sect. VII.

102. L'AUBERGINE ou Mayenne.

MELONGENA fructu oblongo. I. R. H.
SOLANUM melongena L. *5-dria, 1-gyn.*

Fleur. Monopétale en roſette, diviſée en cinq parties, avec les caracteres des *Solanum;* le calice épineux.

Fruit. Baie très-grande, pendante, molle, cylindrique, longue, liſſe, douce au toucher; ſa peau ordinairement violette, quelquefois blanche & jaune; la chair blanche; les ſemences aplaties, réniformes.

Feuilles. Ovales, dentelées, larges, ſinuées ou pliſſées en leurs bords, ſoutenues par de longs pétioles, ſouvent épineuſes.

Racine. Fibreuſe, peu profonde.

Port. La tige s'éleve ordinairement à un pied de haut & même plus; elle eſt cylindrique, cotonneuſe, rouſsâtre, rameuſe, ſans ſupport; les fleurs bleues ou pourpres, oppoſées aux feuilles.

Cl. II. Sect. VII.

Lieu. On la cultive dans les jardins, ſur-tout en Provence; la variété jaune vient d'Ethiopie. ⊙

Propriétés. L'herbe eſt fade avec une légere odeur narcotique; on lui attribue la vertu des *Solanum.*

Uſages. Les fruits fourniſſent une nourriture rafraîchiſſante; avant de les apprêter, on doit en faire écouler le ſuc cauſtique, en y jetant du ſel; on ſe ſert de l'herbe pour des cataplaſmes.

Observations. La chair du fruit eſt blanche, charnue, ferme, l'odeur analogue à celle du Concombre; le ſuc exprimé du fruit cru eſt amer, déſagréable. On cultive aiſément la Melongene, même dans le Nord, pourvu qu'on garantiſſe la jeune plante ſous des vitraux; le fruit cuit perd toute ſon amertume. Nous en avons mangé chaque jour à Montpellier, ſans en éprouver la moindre incommodité. On prépare les Aubergines après les avoir fait un peu bouillir dans l'eau, en les fendant longitudinalement, & en les ſaupoudrant avec de fines herbes, du pain râpé; après les avoir un peu preſſées, on les fait cuire avec de l'huile. C'eſt un aliment très-agréable dont nous n'avons obſervé aucuns mauvais effets. La pulpe de ce fruit eſt calmante; on l'applique utilement ſur les phlegmons, les hémorroïdes, & même ſur les brûlures; l'Aubergine nous fournit encore un exemple des exceptions à faire aux canons Botaniques qui attribuent les mêmes propriétés aux plantes d'une même famille naturelle.

103. LE POIVRE DE GUINÉE *ou* Corail des jardins.

CAPSICUM *siliquis longis propendentibus.* I. R. H.

CAPSICUM *annuum.* L. *5-dria, 1-gyn.*

Fleur. Monopétale, en rosette comme les précédentes.

Fruit. Baie sans pulpe, biloculaire, longue de deux pouces environ, arrondie en forme d'œuf, d'un rouge de corail dans sa maturité; les semences jaunes, réniformes, comprimées.

Feuilles. Luisantes, simples, très-entieres, soutenues par de longs pétioles.

Racine. Rameuse.

Port. Tige d'un pied & demi, herbacée, rameuse; les fleurs opposées aux feuilles, soutenues pour l'ordinaire par de longs péduncules; les fruits inclinés vers la terre; feuilles alternes.

Lieu. Dans les Indes; on le cultive dans les jardins. ⊙

Propriétés. Le fruit est très-âcre, brûlant au goût, un peu aromatique, digestif, incisif, antiseptique, détersif, corrosif.

Usages. L'on n'emploie que le fruit; on le met, quand il est encore petit, dans du vinaigre; les gens de la campagne se servent du fruit mûr au lieu de poivre.

OBSERVATIONS. L'odeur du fruit récent est un peu nauséeuse; desséché, il est moins âcre; si on le prend en poudre comme du tabac, il fait éternuer; si on le fait brûler, sa vapeur fait tousser & éternuer. Ce principe âcre se combine également avec l'eau & l'esprit-de-vin;

Cl. II. Sect. VII.

mais il ne s'éleve pas dans la distillation. Quoique ce fruit soit brûlant, des peuples entiers s'accoutument à le mâcher, & à en avaler le suc.

Dans nos Contrées on le fait macérer dans le vinaigre pour l'animer. Les Praticiens ont trop négligé ce puissant stomachique, il cache de grandes vertus; c'est un remede admirable dans les langueurs d'estomac provenant d'atonie, relâchement avec glaires: donné en poudre à six grains tous les matins mêlé avec du miel, c'est une vraie panacée pour les hypocondriaques; les maux de tête dépendant, comme cela est fréquent, d'un relâchement, d'une foiblesse d'estomac, ont été guéris avec ce seul remede. Les semences sont vantées par *Bergius* comme excellentes pour guérir les fievres intermittentes prolongées.

104. LE PAIN-DE-POURCEAU.

CYCLAMEN. Lob. ic.
CYCLAMEN Europæum. L. *5-dria, 1-gyn.*

Fleur. Monopétale, en forme de roue; le tube globuleux, deux fois plus grand que le calice; le limbe replié en-dessus, divisé en cinq parties, très-grand; toute la corolle rougeâtre.

Fruit. Baie globuleuse, uniloculaire, membraneuse, s'ouvrant en cinq parties, renfermant des semences ovales, anguleuses, reposant sur un réceptacle ovale.

Feuilles. Radicales presque rondes, cordiformes ou dentées, entieres; vertes en-dessus, rougeâtres en-dessous, portées par de longs pétioles.

Racine. Charnue, tubéreuse, quelquefois ronde, souvent irréguliere, noire en dehors, blanche dans l'intérieur, garnie de fibres très-menues.

Port. La tige, ou hampe, part de la racine, roulée en spirale, ne portant qu'une fleur à son sommet, droite pendant que la fleur subsiste, courbée lorsque le fruit est formé ; les racines gardées dans la chambre, poussent des feuilles & des fleurs sans eau ni soins.

CL. II. SECT. VII.

Lieu. Les bois & les montagnes froides, en Dauphiné. ♃

Propriétés. La racine fraîche est sans odeur, mucilagineuse, caustique, âcre, amere ; elle est encore résolutive, errhine, vermifuge, fortement purgative & apéritive.

Usages. On n'emploie que la racine ; on purge par son moyen les gens d'une forte constitution, à la dose de ʒj en poudre, ou avec ℥ß de son extrait. L'on ne conseille pas son usage pour l'intérieur ; on en peut donner à l'animal jusqu'à ℥j en poudre.

On en extrait une poudre, on en fait des décoctions, un onguent ; son suc pilé est antisquirreux & antiscrophuleux ; son onguent appliqué sur le ventre, est purgatif & diurétique ; sur l'estomac, il fait vomir.

OBSERVATIONS. Si on fait long-temps bouillir dans l'eau la racine d'Arthanita, elle ne laisse qu'une fécule fade sans âcreté ; si on la garde plusieurs années, elle devient peu âcre ; ainsi, pour préparer le fameux onguent d'Arthanita, il faut avoir des racines fraîches ; on prétend qu'appliqué sur le ventre, il purge ; nous l'avons fait appliquer plusieurs fois sans avoir obtenu aucune évacuation.

En ménageant les doses, la racine gardée un an dans un lieu sec, & pulvérisée, en ne prescrivant que dix grains en poudre, triturée avec de la gomme & réduite en pilules, purge très-bien sans tranchée. C'est un de ces médicamens précieux que la pratique des Médecins anodins a chassé des boutiques, qui offre cependant de grandes ressources dans les maladies chroniques.

Le *Cyclamen* est cultivé dans les jardins ; il offre

Cl. II. Sect. VII. plusieurs variétés relativement au contour des feuilles plus ou moins alongées, plus ou moins entieres, & relativement à la fleur pourpre, rose, blanche, simple ou pleine.

104 *. LA MOSCATELINE à feuilles de Fumeterre bulbeuse.

MOSCHATELINA foliis fumoriæ bulbosæ. T.
ADOXA moschatelina. L. *8-dria, 4-gyn.*

Fleur. Calice à trois folioles; corolle en rosette, à cinq segmens; dix étamines; germe inférieur.

Fruit. Baie à cinq loges, collée avec le calice, à cinq semences.

Feuilles. Composées deux ou trois fois, ternées, à folioles incisées, tendres, d'un vert de mer.

Racine. Diaphane, dentée.

Port. Tige simple, de trois à quatre pouces, portant à son sommet cinq fleurs sessiles, verdâtres, formant une petite tête à quatre pans; la fleur terminale n'a que huit étamines, deux feuillets au calice, quatre segmens à la corolle; deux feuilles sur la tige, opposées.

Lieu. Dans les bois en Dauphiné, plus commune en Lithuanie.

Propriétés. Renfermée quelque temps dans une boîte, elle répand une odeur de musc très-agréable; si on la cueille le matin & qu'on la tienne un moment dans la main, elle laisse la même odeur; les chevres mangent cette plante, les moutons n'en veulent point. Pourquoi ne l'a-t-on pas essayée intérieurement dans les maladies nerveuses.

Haller observe avec raison que le nombre des étamines & des segmens de la corolle n'est point conſtant; nous avons auſſi trouvé des individus qui n'offroient aux fleurs du cube que huit étamines. Souvent la fleur terminale & les feuilles de la tige manquent; celles de la racine ſe ſechent promptement & diſparoiſſent. Il eſt rare de trouver plus de deux baies terminant la tige. Relativement aux plantes Européennes, ce genre eſt un des plus ſaillans; la Moſcateline eſt pour ainſi dire iſolée, ſans famille; on ne trouve dans nos climats aucune eſpece qui lui reſſemble par les parties de la fructification; elle n'a de l'analogie que par les feuilles avec une eſpece de Fumeterre; auſſi le nom comparatif de Tournefort eſt-il vraiment caractériſtique.

SECTION VIII.

Des Herbes à fleur monopétale & en roſette, dont le calice devient le fruit.

105. LA PIMPRENELLE.

PIMPINELLA ſanguiſorba major. I. R. H.
SANGUISORBA officinalis. L. *4-dria, 1-gynia.*

FLEUR. Monopétale, en roſette, ſans tube, plane, diviſée en quatre parties obtuſes, très-petite, rougeâtre, portée ſur l'ovaire; calice de deux feuillets courts & inférieurs à l'ovaire, ſtyle ſimple.

Fruit. Capſule petite, à deux loges, quadrangulaire; ſemences ovales, menues.

Cl. II.
Sect. VIII.

Feuilles. Pétiolées, embraſſant la tige, ailées, à onze ou treize folioles pétiolées, cordiformes, ovales, ſimples, entieres, dentelées.

Racine. Rameuſe, longue, grêle, cylindrique.

Port. Les tiges de la hauteur de trois pieds, peu rameuſes, rougeâtres, cylindriques, anguleuſes, ſans poils, garnies de feuilles dans toute leur longueur; les fleurs naiſſent au ſommet des tiges, ramaſſées en épis ovales, arrondis; les feuilles alternes, les pétioles ſouvent garnis de ſtipules ovales & dentelées.

Lieu. Les terrains ſecs. Lyonnoiſe. ♃

Propriétés. La tige a un goût d'herbe ſalé; elle eſt déterſive, vulnéraire, apéritive.

Uſages. On ſe ſert de cette plante en décoction, en infuſion; la plante pilée s'applique ſur les plaies récentes; ſa poudre ſeche arrête les progrès des ulceres chancreux.

Observations. On ne peut ſéparer de la Pimprenelle le *Poterium ſanguiſorba* de Linné, la petite Pimprenelle qui n'en differe que par la tige plus baſſe, un peu anguleuſe; les feuilles de dix-ſept feuillets, le calice de quatre pieces, les ſtyles à ſtigmates bleus ou rouges, plumeux, en pinceau. Elle differe auſſi par ſes fleurs, les unes hermaphrodites, d'autres mâles, d'autres femelles; on compte dans les mâles trente ou cinquante étamines; les fleurs, de vertes deviennent rouges. Le fruit eſt une baie un peu ſeche. Le nombre des feuillets du calice varie de deux à quatre.

Ces deux eſpeces offrent pluſieurs variétés; les feuilles en ſont liſſes, ou un peu velues, de même que les tiges.

La grande Pimprenelle eſt plus aſtringente que la petite dont elle n'a pas le parfum; ſes tiges ſont dures & déplaiſent aux beſtiaux. La décoction a paſſé pour excellente dans les hémorragies, vertu tout au moins douteuſe; ſi l'hémorragie eſt peu conſidérable, elle ceſſe d'elle-même; ſi elle eſt forte, il faut ſonger à des moyens plus actifs. La ſeconde eſpece répand une odeur agréable; on mange la petite Pimprenelle en ſalade avec d'autres herbes, dont elle releve le goût. Son ſuc eſt recommandé avec raiſon dans les dyſſenteries ſans fievre, dans les diarrhées cauſées par atonie, relâchement. Dans ces cas, l'obſervation lui eſt favorable; on ordonne la poudre ou l'infuſion dans les foibleſſes d'eſtomac; les maux de tête dépendant d'un relâchement de ce viſcere. On la cultive beaucoup en grand pour la nourriture des beſtiaux, ce qui leur fournit un excellent pâturage même en hiver, vu qu'elle ne craint pas la gelée.

CLASSE III.

Des Herbes et Sous-Arbrisseaux, à fleur monopétale, anomale ou irréguliere, nommée *perſonnée* ou *fleur en maſque*.

N.ª *Leurs ſemences ſont renfermées dans une capſule.*

SECTION PREMIERE.

Des Herbes à fleur monopétale, irréguliere, en forme de cornet, d'oreille ou de capuchon, dont les fruits ſont attachés au bas du piſtil.

106. LE PIED-DE-VEAU.

Arum vulgare. C. B. P.
Arum maculatum. L. *gynand. polyand.*

Fleur. Monopétale, irréguliere, en forme d'oreille d'âne ou de lievre. Cette ſorte de corolle n'eſt, à proprement parler, qu'un calice blanc, droit, de l'eſpece des ſpathes, intérieurement coloré. La vraie fleur eſt un chaton qui eſt en partie caché dans le ſpathe; étamines très-nombreuſes, posées sur la partie moyenne du chaton, composées d'antheres sessiles, tétragones; la partie inférieure du chaton est occupée par les germes; son sommet nu, en massue, cylindrique, coloré en rouge, se flétrit de bonne heure.

Fruit. Baies rouges, sphériques, rondes, molles, succulentes, uniloculaires, disposées en grappes, remplies d'une ou deux semences arrondies, dures, dont l'enveloppe est en réseaux.

Feuilles. Longues de neuf à dix pouces, triangulaires, en forme de fleche, entieres, luisantes, veinées, souvent tachetées: la présence ou l'absence des taches forment les variétés de la même espece.

Racine. Tubéreuse, charnue, arrondie, remplie d'un suc laiteux.

Port. La tige part de la racine, s'éleve d'une coudée, cylindrique, cannelée, portant à son sommet une seule fleur; les feuilles sont radicales, embrassant la tige comme une gaîne.

Lieu. Les endroits aquatiques, les haies, au bord des chemins. Lyonnoise. ♃

Propriétés. Toute la plante est d'une saveur âcre, & brûle la langue; la racine est échauffante, incisive, déterſive & corrosive, lorsqu'elle est fraîche.

Usages. On se sert sur-tout de la racine qui se donne, à l'homme, fraîche ou seche intérieurement depuis ℈ j jusqu'à ʒ ß; bouillie & mêlée avec du miel, elle est antiasthmatique à la dose de ʒ j; au cheval on la donne, avec du miel à ℥ j. Les feuilles infusées dans du vin, & les racines macérées dans du vinaigre, sont antiscorbutiques.

OBSERVATIONS. Si on goûte la racine de Gouet récente, elle laisse sur la langue une sensation opiniâtre de chaleur & d'acrimonie, qui pique & irrite une foule de papilles distinctes; l'huile seule peut soulager.

Cl. III. Sect. I.

Cette racine n'a point d'odeur; desséchée & long-temps gardée, elle perd absolument son âcreté ; si on la fait long-temps bouillir, on la lui enleve presque entiérement; elle contient, récente, un suc laiteux qui est seul âcre; on peut en extraire un amidon analogue à la gelée animale, & très-nutritif. Les pilules d'Arum mêlé avec la gomme Adragante, sont excellentes dans la chlorose, la cachexie, l'asthme pituiteux, les langueurs d'estomac avec atonie, glaires, les maux de tête périodiques dépendans du même vice de l'estomac, dans les fievres intermittentes & autres maladies qui reconnoissent pour principe l'atonie des fibres ; nous l'avons souvent ordonné dans toutes ces maladies, avec le plus grand succès. Si on applique des tranches de la racine sur la peau des personnes délicates, des enfans, des jeunes femmes, elles la phlogosent & excitent des vessies. Aussi les feuilles pilées & ces tranches des racines peuvent fournir un excellent rubéfiant, applicable dans les fievres malignes, petite vérole, lorsqu'il faut ranimer les forces & ramener vers la peau le courant d'oscillation.

107. LA SERPENTAIRE.

Dracunculus polyphyllus. C. B. P.
Arum dracunculus. L. *gynand. polyand.*

Fleur. Les mêmes caracteres que la précédente, mais la corolle beaucoup plus grande, d'un pourpre noirâtre en dedans ; le chaton est pointu & rougeâtre à son sommet.

Fruit. Comme dans la précédente.

Feuilles. Divisées en cinq ou six segmens & même davantage, chaque foliole soutenue par des especes de pétioles qui se réunissent en un seul; les folioles étroites, lancéolées, entieres, luisantes.

Racine. Presque sphérique, bulbeuse, avec des fibres capillaires, enterrée profondément.

Port. Une ſeule tige, ou plutôt une hampe droite, haute de deux ou trois pieds, cylindrique, liſſe, marbrée, imitant la peau de ſerpent, d'où lui vient ſon nom ; l'odeur de la fleur eſt déſagréable. Cl. III. Sect. I.

Lieu. Les Provinces méridionales de France. ♃

Propriétés. Les feuilles & les racines de cette plante ont les mêmes vertus que celle du Pied-de-veau, la Serpentaire eſt plus douce.

Uſages. La racine deſſéchée & réduite en poudre, ſe donne à l'homme depuis ʒj juſqu'à ʒij. Plus les feuilles & les racines ſont fraîches, plus elles ſont antiputrides. Appliquées extérieurement, elles ſont utiles contre les morſures des bêtes venimeuſes ; le fruit eſt plus puiſſant que les feuilles & les racines ; on en donne la poudre aux animaux à la doſe de ℥j.

Observations. Ces plantes appartiennent à une famille naturelle dont nous poſſédons en Europe très-peu d'eſpeces ; ce ſont les Poivrées, les *Pipiritæ* de Linné. Il faut encore connoître de cette curieuſe famille, quelques eſpeces d'Europe.

1.° L'*Ariſarum latifolium majus* Tourn. L'*Arum ariſarum* de Linné, le Pied-de-veau courbe, dont les feuilles ſont en cœur, oblongues, le ſpathe & le chaton courbés.

Le ſpathe ſe rabat en avant, terminé en pointe comme un capuchon ; ſon ouverture en-deſſous eſt ovale, ſa baſe eſt un tube large, ſa tige ou hampe s'éleve au plus de deux ou trois pouces. On le trouve dans nos Provinces méridionales.

2.° Le Calle des marais, *Calla paluſtris* L. *Dracunculus paluſtris radice arundinacea* C. B., forme un genre qui ſe reconnoît aiſément par ſon ſpathe aplati, ovale, terminé par une pointe, vert en dehors, blanc en dedans ; par ſon chaton court, chargé dans toute ſa longueur de fleurs hermaphrodites, ou mâles & femelles. Les hampes & les feuilles naiſſent, par touffes, des nœuds des racines traçantes dans la vase. Les étamines entourent les germes, leur nombre varie, les baies sont rouges. On la trouve en Alsace ; elle est commune dans les marais de Lithuanie. Ses feuilles sont très-âcres.

SECTION II.

Des Herbes à fleur monopétale, irréguliere, terminée en languette, & dont le calice devient le fruit.

108. L'ARISTOLOCHE RONDE.

ARISTOLOCHIA rotunda, flore ex purpurâ nigro. C. B. P.
ARISTOLOCHIA rotunda. L. *gynand. 6-dria.*

FLEUR. Monopétale, irréguliere, globuleuse à sa base, tubulée ; le tube hexagone, alongé, cylindrique, terminé en forme de langue arrondie à son extrémité. Six étamines portées sur le style un peu au-dessous du stigmate ; ces étamines n'ont point de filamens ; on ne trouve point de calice.

Fruit. Capsule membraneuse, ovale, cylindrique, à six angles, divisée en six loges ; les semences aplaties, entassées.

Feuilles. Cordiformes, presque sessiles & obtuses.

Racine. Arrondie, noueuse, à écorce ferrugineuse, cendrée, tubéreuse, accompagnée de radicules fibreuses, rampantes, stoloniferes.

Port. La tige foible, ordinairement articulée,

anguleuſe, ſtriée, tortueuſe, preſque rampante ; les fleurs d'un pourpre foncé, la levre de la corolle courbée ; ſolitaires, droites ; les feuilles quelquefois échancrées.

Lieu. L'Italie, l'Eſpagne. ♃

Propriétés. La ſaveur de la racine eſt âcre & amere ; ſon odeur eſt forte quand elle eſt fraîche ; elle eſt ſpécialement emménagogue, céphalique, apéritive, réſolutive, très-déterſive.

Uſages. On ſe ſert fréquemment de la racine, très-rarement de la ſemence ; on tire de la racine un extrait peu uſité, une poudre ; on en fait des décoctions & des teintures.

On donne l'extrait aux hommes à ʒ j, & aux chevaux à ℥ j ; on en donne la poudre aux mêmes doſes.

OBSERVATIONS. Toutes les Ariſtoloches, même notre Clématite, cachent un principe médicamenteux, très-pénétrant, répandant une odeur forte, d'une ſaveur vive, amere, aromatique, qui laiſſe une longue impreſſion ſur la langue ; l'infuſion des racines édulcorée avec du miel, eſt un remede énergique qui augmente le flux des urines, détermine plus abondamment les menſtrues. On en donne auſſi la poudre dans du vin. Ce remede a réuſſi dans les pâles couleurs, la bouffiſſure, les fievres intermittentes, l'aſthme humide, l'anorexie dépendante d'une atonie avec glaires : c'eſt un précieux adjuvant dans la paralyſie, la goutte ſereine ; appliqué extérieurement, il déterge les ulceres ſordides. Toutes ſes propriétés ſont aſſurées par des obſervations ſpéciales ; auſſi doit-on être ſurpris qu'une plante auſſi énergique ſoit preſque abandonnée ? Nous nous ſommes toujours ſervis de la racine d'Ariſtoloche Clématite, d'après notre principe que l'on doit préférer les plantes indigenes, lorſqu'elles offrent les mêmes principes médicamenteux que les exotiques.

Cl. III. Sect. II.

109. L'ARISTOLOCHE LONGUE.

Aristolochia longa vera. C. B. P.
Aristolochia longa. L. *gynand. 6-dria.*

Fleur. } Comme dans la précédente ; la couleur
Fruit. } de la languette moins foncée que dans la précédente.

Feuilles. Cordiformes, très-entieres & légérement obtuses, soutenues par de longs pétioles, en quoi cette Aristoloche differe de la premiere.

Racine. Comme dans la précédente, mais plus longue, cylindrique, à écorce sillonnée, cendrée.

Port. Comme la précédente.

Lieu. Le Languedoc, les pays chauds. ♃

Propriétés. Les mêmes vertus que la précédente, plus foibles.

Usages. On l'emploie en poudre & en décoction comme la précédente.

110. L'ARISTOLOCHE clématite.

Aristolochia clematitis erecta. C. B. P.
Aristolochia clematitis. L. *gynand. 6-dria.*

Fleur. } Comme dans la précédente.
Fruit. }

Feuilles. Pétiolées, cordiformes.

Racine. Plus petite, cylindrique, tubéreuse comme les précédentes.

Port. La tige est cannelée, très-simple, droite; les

les fleurs d'un blanc jaunâtre, sont axillaires, rassemblées. Cl. III. Sect. II.

Lieu. Dans les haies, les vignes. Lyonnoise. ♃

Propriétés. Cette plante est acre, amere, aromatique, détersive, vulnéraire, emménagogue, foible émétique.

Usages. De la racine on tire une poudre qui se donne depuis ℈ j jusqu'à ʒ j pour l'homme, & ℥ ß pour les chevaux; on en fait des décoctions, un extrait; on fait des infusions des feuilles & des sommités.

III. L'ARISTOLOCHE PETITE.

ARISTOLOCHIA clematitis serpens. C. B. P.
ARISTOLOCHIA Boetica. L. *gyn. 6-dria.*

Fleur. } Comme dans la précédente.
Fruit. }

Feuilles. Cordiformes, terminées en pointes, attachées à un long pétiole; stipules ovales, rhomboïdes, terminées par une pointe.

Racine. Longue, ténue.

Port. Les tiges serpentantes, quelquefois rameuses, grimpent sur les plantes & sur les arbres voisins: les péduncules souvent trois à trois, plus longs que les pétioles.

Lieu. L'Espagne, l'isle de Crete. ♃

Propriétés. } Comme les précédentes.
Usages. }

OBSERVATIONS. On trouve en Languedoc & en Suisse une autre espece, l'Aristoloche pistoloche, *Aristolochia pistolochia*, dont les feuilles sont petites, en cœur, crenelées, pétiolées, & offrent en-dessous un réseau.

Les fleurs solitaires, droites; les racines en faisceaux.

Cl. III.
Sect. III.

SECTION III.

Des Herbes à fleur irréguliere, en tuyau ouvert par les deux bouts, & dont le pistil devient le fruit.

112. LA DIGITALE.

DIGITALIS purpurea. J. B.
DIGITALIS purpurea. L. *didyn. angiosp.*

FLEUR. Monopétale, irréguliere, campanulée; le tube large, renflé en dehors; le limbe court, découpé en quatre parties, dont la supérieure & l'inférieure imitent deux levres, la supérieure entiere; les folioles du calice ovales, inégales.

Fruit. Capsule arrondie, terminée en pointe, divisée en deux loges; les semences menues, anguleuses, presque carrées.

Feuilles. Ovales, très-alongées, velues, finement dentées, aiguës; les radicales portées par de longs pétioles.

Racine. Napiforme, avec des radicules latérales, fibreuses.

Port. La tige est haute d'une coudée au plus, anguleuse, velue, rougeâtre, creuse; les fleurs grandes, pourpres, avec des taches blanches & des poils dans l'intérieur; rangées sur un côté de la tige, pendantes, portées par de courts péduncules, à l'origine desquels on trouve des feuilles florales.

Lieu. Les montagnes du Lyonnois, la Provence. ♂

Propriétés. Les feuilles de la Digitale ſont ameres ainſi que les racines; les fleurs & les feuilles ſont vulnéraires, émétiques, antiulcéreuſes.

Uſages. On ne ſe ſert plus de cette plante, quoiqu'on prétende en Italie, qu'elle guériſſe toutes les plaies.

OBSERVATIONS. Nous trouvons encore dans nos Provinces, en Dauphiné, & plus communément en Lithuanie, la Digitale jaune à grandes fleurs, *Digitalis ambigua* L., *Digitalis lutea magno flore* Tourn. Ses fleurs très-grandes, ſont jaunes, avec des taches dans l'intérieur, orangées; les folioles du calice lancéolées; les ſegmens de la corolle au nombre de cinq; les feuilles élancées, velues, finement dentées. Linné l'avoit d'abord confondue comme variété avec la petite Digitale jaune, *Digitalis lutea* L., *Digitalis minor luteo parvo flore* T. qui en effet n'en differe que par ſes fleurs plus petites, ſans taches, & par ſes feuilles plus étroites, qui ſont à peine velues.

Je n'ai point trouvé cette derniere en Lithuanie; elle eſt aſſez commune près de Lyon, ſur les collines qui bordent la Saone, vis-à-vis Fontaine.

Ces trois Digitales qui ſe reſſemblent beaucoup par le port, offrent des racines ameres, nauſéeuſes, qui en poudre font vomir, & purgent à la doſe de deux gros. La décoction a les mêmes propriétés. On a loué cette plante pour guérir les tumeurs ſcrofuleuſes; il faut dans ce cas, laver les tumeurs & les ulceres avec le ſuc des feuilles, & donner la poudre des racines, à un gros. Quelques obſervations confirment cette propriété.

Il eſt bon d'avertir que ces plantes appartenant à une famille naturelle, dont le plus grand nombre d'eſpeces eſt vénéneux, il faut être très-circonſpect dans l'emploi des Digitales. Quelques faits nous autoriſent à croire que l'on pourroit étendre leur uſage au rachitis, aux dartres, aux raches, & aux maladies vénériennes, comme médicamens adjuvans.

Cl. III.
Sect. III.

112 *. LA BIGNONE
ou Jasmin de Virginie.

Bignonia Americana fraxinifolio, flore amplo phœniceo. T.
Bignonia radicans. L. *didyn. ang.*

Fleur. Calice campaniforme, à cinq segmens inégaux, peu profonds; corolle campaniforme, à tuyau court, à gorge ventrue, renflée, comme labiée, à cinq segmens échancrés.

Fruit. Longue silique, à deux loges, contenant plusieurs semences, membraneuses, ailées de chaque côté.

Feuilles. Ailées, à folioles découpées.

Port. La tige jette çà & là des radicules qui naissent des nœuds; les fleurs sont très-grandes, d'un beau rouge foncé.

Lieu. Originaire d'Amérique, généralement cultivée dans nos jardins. Cet arbrisseau fait l'ornement des berceaux; sa tige flexible se plie à la volonté du Jardinier.

Cl. III.
Sect. III.

113. LA GRATIOLE, Herbe au pauvre homme.

DIGITALIS minima, Gratiola dicta. MOR. Hist.
GRATIOLA officinalis. L. *2-dria, 1-gyn.*

Fleur. Monopétale, irréguliere, tubulée, avec des levres; la levre ſupérieure en cœur, relevée; l'inférieure diviſée en trois parties : calice de ſept feuillets, dont les deux extérieurs très-écartés; quatre étamines, dont deux ſans antheres.

Fruit. Capſule arrondie, terminée en pointe, partagée en deux loges; les ſemences menues & rouſſâtres.

Feuilles. Lancéolées, arrondies, dentées à leur ſommet en maniere de ſcie, liſſes, veinées, embraſſant la tige, ſeſſiles.

Racine. Rampante, horizontale, noueuſe, avec des fibres perpendiculaires.

Port. Les tiges de la hauteur d'un pied, droites, noueuſes, cannelées; les fleurs axillaires & ſolitaires, les ſegmens de la corolle pourpres, la gorge jaune, le tuyau blanchâtre ou verdâtre; les feuilles oppoſées deux à deux.

Lieu. Les prés humides. ♃

Propriétés. Les feuilles ſont ameres, inodores, hydragogues, émétiques, fortement purgatives, vermifuges.

Uſages. Fréquent chez le peuple; plante trop peu employée en Médecine; pour l'homme on la donne fraîche, macérée dans du vin ou de l'eau, à la doſe de ℨ iij; & ſeche, à la doſe de ℨ j; elle eſt plus douce bouillie dans ℔ ß de lait.

CL. III. SECT. III.

On en tire un extrait fait avec du vin, que l'on donne jusqu'à ℥ ß. Les feuilles fraîches pilées & appliquées sur les plaies, sont vulnéraires & astringentes.

On en fait des infusions pour les chevaux, à la dose de poign. ij. dans ℔ j d'eau, ou de même macérée dans du vin.

Observations. Cette plante précieuse, assez commune dans nos Provinces du Lyonnois, est aussi spontanée en Lithuanie près de Grodno; dans ce pays le tube de la corolle est verdâtre, & la gorge rose ou jaunâtre.

La Gratiole mâchée, laisse sur la langue une amertume durable; desséchée elle est moins amere, mais ne perd pas pour cela ses vertus; donnée en poudre à dix grains, c'est un purgatif sûr, qui est très-utile pour combattre les fievres intermittentes automnales; l'extrait fait rarement vomir, c'est un purgatif assez doux. On peut tirer un grand avantage de la poudre de Gratiole dans la cachexie qui ne reconnoît que l'atonie des fibres, dans la mélancolie, dans les affections vermineuses avec pituite, dans les langueurs d'estomac avec atonie, relâchement. Nous l'avons plusieurs fois prescrite dans tous ces cas, avec avantage. Nous n'ignorons pas que ce remede à haute dose peut occasionner l'inflammation de l'estomac, comme nous l'avons observé sur un sujet qui avoit fait bouillir un paquet entier de Gratiole dans du vin. Mais cette énergie est propre à tous nos médicamens drastiques. Nous mêlons la poudre de Gratiole avec un mucilage; nous ordonnons rarement plus de vingt grains. Cette plante est très-nuisible dans les prairies; les chevaux qui en mangent, maigrissent sensiblement.

114. LA GRANDE SCROFULAIRE. Cl. III. Sect. III.

Scrophularia nodosa fœtida. C. B. P.
Scrophularia nodosa. L. *didyn. angiosp.*

Fleur. Calice à cinq segmens inégaux; corolle monopétale, irréguliere, renversée, à tuyau arrondi, grand, enflé; le limbe divisé en cinq parties, les découpures d'en haut grandes & droites, les deux latérales larges, l'inférieure recourbée; elle imite en quelque sorte deux levres.

Fruit. Capsule arrondie, terminée en pointe, à deux loges, s'ouvrant en deux battans; les semences petites & brunes, attachées à un placenta pentagone.

Feuilles. Cordiformes, à trois nervures, souvent tronquées à la base, pointues, lancéolées.

Racine. Noueuse, serpentante, grosse.

Port. Les tiges de la hauteur de deux pieds, fortes, carrées, creuses, divisées en rameaux ailés; les fleurs au sommet des rameaux, en forme de grappes; les feuilles opposées.

Lieu. Les endroits ombrageux, humides. Lyonnoise, Lithuanienne. ♃

Propriétés. Cette plante a une odeur puante, ingrate, amere; elle est résolutive, émolliente, carminative.

Usages. L'on se sert des racines, des feuilles & des semences, soit intérieurement, soit extérieurement; la racine se donne à l'homme, en poudre, à la dose de ʒ j; elle est antihémorroïdale; la semence à égale dose est vermifuge; les feuilles récentes broyées & appliquées en cataplasme, sont antiscrofuleuses; le suc de la plante est anti-

Cl. III. Sect. III. ulcéreux ; on prépare un onguent avec les racines contre la gale ; on en donne la poudre aux animaux, à la dose de ℥ j.

Observations. La racine fraîche est amere, fétide, âcre ; son odeur & sa saveur s'affoiblissent beaucoup par la dessication. Nous avons souvent ordonné la poudre & la décoction des feuilles & des racines, dans les écrouelles ; plusieurs sujets ont eu l'estomac soulevé ; quelques-uns ont vomi ; peu ont été vraiment guéris. Nous avons cru entrevoir qu'après l'usage de ce remede, les chairs des ulceres scrofuleux étoient plus vermeilles, que les malades suoient plus facilement. Les chevres seules mangent la Scrofulaire ; les abeilles l'aiment beaucoup. Si on fait laver les vieux ulceres avec la décoction des feuilles, ils deviennent évidemment moins sanieux.

115. LA SCROFULAIRE aquatique *ou* Bétoine d'eau. Herbe du siege.

Scrophularia aquatica major. C. B. P.
Scrophularia aquatica. L. *didyn. angiosp.*

Fleur. Comme dans la précédente, plus large, de couleur ferrugineuse, rougeatre.

Fruit. Comme dans la précédente.

Feuilles. Ovales, lancéolées, à pétioles courants sur la tige, assez semblables à celles de la précédente, plus émoussées à leur sommet.

Racine. Grosse, fibreuse, blanche.

Port. La tige de quatre à six pieds, quadrangulaire, à quatre ailes ou membranes saillantes qui courent sur les angles. Les fleurs disposées en grappes au haut des tiges.

Lieu. Les lieux aquatiques. Lyonnoise, Lithuanienne. ♂

Propriétés. Elle a une odeur moins fétide que la premiere; les feuilles sont carminatives & ont les mêmes vertus, mais dans un moindre degré que la précédente; elles sont un excellent vulnéraire.

Usages. L'on n'emploie que les feuilles, & le plus souvent pour l'extérieur, comme en forme de sternutatoire.

OBSERVATIONS. On a prétendu corriger l'odeur abominable du Séné en le faisant infuser dans une décoction des feuilles de Scrofulaire; mais on a remarqué que de telles médecines fatiguoient les malades en causant des nausées; nous l'avons souvent ordonné sans appercevoir ce phénomene, & nous avons trouvé qu'effectivement cette décoction diminuoit très-bien l'odeur & la saveur du Séné. Quoique nous avouons avec M. de Haller, que les Scrofulaires sont suspectes & un peu vénéneuses, nous ne les croyons pas moins utiles dans la Pratique; on devroit essayer ce qu'elles peuvent dans la phthisie, & autres ulcérations internes. Quelques faits bien sûrs nous ont fait entrevoir leur énergie dans ces maladies.

Une autre espece très-commune dans nos Provinces, c'est la Scrofulaire canine, *Scrophularia canina*, dont la tige d'un pied & demi, forme un panicule avec ses fleurs, & dont les feuilles sont ailées, à feuillets assez larges, lobées.

Les segmens du calice sont argentés. Son odeur est fétide, les feuilles âcres & ameres; elle est congénere en vertu des précédentes.

SECTION IV.

Des Herbes à fleur monopétale, irréguliere, tubulée, perſonnée, c'eſt-à-dire, terminée par un mufle à deux mâchoires.

116. LE MUFLE-DE-VEAU.

ANTHIRRINUM vulgare. J. B.
ANTHIRRINUM majus. L. *didyn. angioſp.*

FLEUR. Monopétale, perſonnée, tubulée; le tube oblong, renflé; le limbe diviſé en deux levres, la ſupérieure fendue en deux, l'inférieure en trois; un nectar au bas de la corolle, ou renflement peu ſenſible; la couleur varie en pourpre & blanc: le calice à ſegmens arrondis.

Fruit. Capſule comme cylindrique, imitant aſſez bien la tête d'un veau, partagée en deux loges; les ſemences menues, anguleuſes, noires.

Feuilles. Entieres, lancéolées, pétiolées.

Racine. Fuſiforme avec des rameaux latéraux.

Port. La tige s'éleve depuis un juſqu'à deux pieds, droite, rameuſe; les fleurs au haut de la tige, en épis; les feuilles alternes.

Lieu. Les vieux murs, les terres incultes. Lyonnoiſe. ♂

Propriétés. L'herbe eſt vulnéraire.

Uſages. On s'en ſert en décoction.

OBSERVATIONS. Depuis qu'on s'eſt aſſuré que la nature guérit ſeule toutes les plaies, le nombre des vulnéraires a beaucoup diminué ; on peut croire que la vertu du Mufle-de-veau est déduite, comme tant d'autres, du mauvais raisonnement, *post hoc, ergo propter hoc.* Tel malade a été guéri après tel remede, donc ce remede a été utile. Le plus souvent la nature a tout l'honneur de la guérison. Ainsi n'ayant rien à dire sur les vertus des Muflaudes, faisons connoître les especes les plus communes.

1.° L'*Anthirrinum oruntium* L., le Muflier rubicond, l'*Anthirrinum arvense majus* T., qui ressemble beaucoup au précédent, mais dont les feuilles du calice sont étroites, plus longues que la corolle ; les fleurs sessiles, éparses, axillaires; la corolle pourpre, plus petite ; la capsule imite assez bien, lorsqu'elle est trouée après avoir laissé échapper ses semences, la tête d'un singe ; la corolle a un éperon très-court. On croit cette espece vénéneuse : elle est plus commune dans nos Provinces que dans celles du Nord.

2.° L'*Anthirrinum bellidifolium* L., *Linaria bellidifolio* T., le Muflier à feuilles de Paquerette. Ses feuilles radicales en spatules, dentées ; celles de la tige souvent divisées en trois ou quatre découpures, très-étroites ; les fleurs presque sessiles, en épis ; les corolles resserrées, grêles, très-petites, sans palais, à gorge ouverte, à éperon recourbé. Elle est commune près de Lyon, aux Brotteaux.

3.° L'*Anthirrinum cymbalaria* L., *Linaria hederaceo folio glabro, seu Cymbalaria vulgaris* T., le Muflier à feuilles de Lierre. Sa tige est lisse, rampante ; ses feuilles sont très-lisses, en cœur, à cinq lobes ; ses fleurs axillaires, à longs péduncules ; sa capsule arrondie.

Elle se trouve constamment sur les murs, près de Lyon. Le suc est un peu amer. On le croit bon contre la gale.

4.° L'*Anthirrinum elatine* L., *Linaria segetum nummulariæ folio aurito & villoso, flore luteo & cæruleo* T., le Muflier auriculé. Ses tiges sont couchées, velues ; ses feuilles sont velues, en fer de lance, & oreillées ou anguleuses à leur base. Il ressemble beaucoup à la Velvote femelle.

Commun dans les terres à blés du Lyonnois.

Cl. III. Sect. IV.

5.° L'*Anthirrinum minus* L., *Linaria pumila vulgatior arvensis* T., le petit Muflier dont la tige est très-rameuse, diffuse, visqueuse; les feuilles lancéolées, obtuses, presque toutes alternes, excepté les inférieures qui sont opposées.

Les fleurs axillaires, rougeâtres, à éperons plus courts que la corolle.

Commune dans les champs de Lithuanie, près de Grodno, & dans ceux du Lyonnois.

6.° L'*Anthirrinum arvense* L., *Linaria quadrifolia lutea* T., à tige lisse, droite; à fleurs en épis courts, jaunes ou bleues, avec un éperon blanc, petites, à calices velus, visqueux; à feuilles linaires, les inférieures en anneaux, quatre ou cinq.

Dans nos champs du Lyonnois, assez commune.

7.° L'*Anthirrinum pelisserianum* L., *Linaria annua purpureo violacea, calcaribus longis, foliis imis rotundioribus* T., le Muflier de Pelissier. Les feuilles radicales ovales, souvent en anneaux, de trois à quatre; celles de la tige alternes, linaires; les fleurs en tête, ou corymbe, dont les éperons sont plus longs que la corolle qui est blanche, violette.

Dans nos champs; la tige est droite, les feuilles un peu éloignées.

8.° L'*Anthirrinum repens* L., *Linaria flore albo, lineis purpureis striato* Vail., le Muflier strié, à feuilles linaires, très-rapprochées, les inférieures en anneaux, de quatre; à fleurs en épis, lâches.

Dans nos champs; la tige est un peu couchée dès sa naissance; les segmens du calice sont de la longueur de la capsule; les corolles blanches, cendrées, striées, rayées de lignes bleues ou violettes, avec un éperon fort court; ces fleurs sont sans odeur, ce qui distingue principalement cette espece de la Linaire de Montpellier, qui lui ressemble beaucoup, mais dont les fleurs sont aromatiques.

9.° L'*Anthirrinum supinum* L., *Linaria pumila, supina lutea* T., à tige diffuse, à feuilles linaires, filiformes, quatre à quatre; fleurs en épis, lâches, d'un jaune pâle, à éperon presque droit, assez long & pointu.

Dans nos champs; la tige est un peu couchée à sa base; un des feuillets du calice est plus long que les autres.

117. LA LINAIRE ou Lin ſauvage.

Cl. III. Sect. IV.

LINARIA vulgaris lutea, flore majore. C. B. P.

ANTHIRRINUM linaria. L. *didyn. angioſp.*

Fleur. Monopétale, perſonnée; les mêmes caracteres que la précédente, mais le nectar alongé en forme d'alêne.

Fruit. Capſule arrondie, à deux loges, percée de deux trous à ſon extrémité; les ſemences plates, rondes, noires, feuilletées.

Feuilles. Lancéolées, linéaires, ſerrées contre la tige, rapprochées, d'un vert glauque ou rougeâtre.

Racine. Blanche, dure, ligneuſe, rampante, traçante.

Port. De la même racine s'élevent à la hauteur d'un pied pluſieurs tiges cylindriques, branchues au ſommet, où naiſſent des fleurs en épi, ſoutenues par de courts péduncules axillaires, perpendiculaires; la corolle longue d'un pouce, jaune, à palais orangé.

Lieu. Les terrains incultes. ♃

Propriétés. La Linaire a un goût d'herbe un peu ſalé & amer; elle eſt fortement réſolutive, emolliente, diurétique.

Uſages. On emploie toute la plante; on s'en ſert rarement pour l'intérieur; appliquée en cataplaſme, elle eſt antihémorroïdale; ſon ſuc, ſon eau diſtillée, antiulcéreuſe; elle eſt encore coſmétique.

OBSERVATIONS. La Linaire offre pluſieurs variétés. J'ai trouvé en Lithuanie des individus à peine hauts de

Cl. III. Sect. IV.

cinq pouces, à feuilles plus étroites, linaires, n'offrant au lieu d'épis que deux ou trois fleurs terminales; d'autres à tiges couchées, à feuilles très-étroites, à fleurs d'un jaune pâle. Dans les uns l'éperon est droit, dans d'autres recourbé. J'ai souvent trouvé le commencement d'un cinquieme filament. La morsure des insectes change quelquefois la forme de la corolle, de maniere à ne la plus reconnoitre.

La Linaire répand une odeur virulente, aussi est-elle suspecte; si on la fait macérer dans du lait, elle tue toutes les mouches qui viennent pomper cette liqueur. On la trouve toujours abondamment, parce que les bestiaux ne l'aiment pas. Une forte infusion de Linaire, ou le suc exprimé, cause des nausées, purge, comme nous l'avons éprouvé; en topique elle calme les douleurs des hémorroïdes. C'est encore une de ces plantes dont le principe violent, analogue à celui des Morelles, est assez mitigé par la nature, pour pouvoir l'employer sans grand danger, & qui pourroit être tenté dans toutes les maladies dans lesquelles les poisons narcotiques ont réussi, comme, jaunisse, ulcérations internes. Les observations de M. Storck (*) nous fournissent des données précieuses avec lesquelles une sage analogie peut multiplier les découvertes.

(*) M. Storck premier Médecin de l'Empereur, savant, honnête, cherchant la vérité de bonne foi, immortel par ses découvertes sur les vertus des plantes vénéneuses. Nous avons vu chez lui des collections précieuses, qui annoncent qu'il n'a négligé aucune partie de la Médecine; une suite étonnante de desseins de plantes faits d'après nature.

118. LA VELVOTE FEMELLE.

LINARIA segetum nummulariæ folio villoso. I. R. H.

ANTHIRRINUM spurium. L. *didyn. angiosp.*

Fleur. Monopétale, personnée, caractere des précédentes; mais le nectar est en forme d'éperon; la levre supérieure est d'un pourpre noir.

Fruit. Petite capsule divisée en deux loges, renfermant des semences quelquefois anguleuses, quelquefois arrondies.

Feuilles. Ovales, alternes, très-entieres, velues, souvent cordiformes.

Racine. Menue, fibreuse.

Port. Les tiges sont arrondies, basses, velues, inclinées; les fleurs jaunes à levre supérieure, d'un violet noirâtre, portées par des péduncules plus longs que les feuilles qui sont alternes; les inférieures sont opposées.

Lieu. Dans les blés, dans les chaumes. Lyonnoise. ⊙

Propriétés. } On lui suppose les mêmes vertus
Usages. } qu'à la précédente.

OBSERVATIONS. En suivant la méthode de Tournefort nous devons placer après les Linaires, deux plantes qui méritent d'être connues.

1.° La Grassette vulgaire, le *Pinguicula vulgaris*, dont le calice est à cinq segmens, la corolle personnée, terminée par un éperon cylindrique, de la longueur de la corolle; le fruit est une capsule à une loge; les feuilles radicales, ovales, elliptiques, toujours humectées pat une humeur onctueuse; la tige est une hampe de quatre pouces, portant une seule fleur un peu inclinée, bleuâtre, ou d'un violet pâle : nous l'avons observée en Prusse & en Dauphiné. Le suc de cette plante est vulnéraire : les

Cl. III. Sect. IV.

pasteurs s'en servent pour guérir les gersures du pis des vaches : les feuilles en faisant cailler le lait, forment une masse plus agréable au goût. Ce qui annonceroit que cette plante est médicamenteuse, c'est que les bestiaux n'y touchent pas; elle est nuisible aux moutons; sa décoction fait périr les poux, purge assez fortement; on en tire une teinture jaune.

2.° L'Utriculaire commune, l'*Utricularia vulgaris* T.; *Utricularia vulgaris* L., dont le calice est de deux feuillets caduques, dont la corolle est personnée, à éperons coniques, à entrée fermée par une espece de palais. Les feuilles finement découpées, pinnées, chargées de petites vésicules lenticulaires, sont plongées dans l'eau : plusieurs tiges nues hors de l'eau; fleurs, cinq ou huit, assez grandes, jaunes, en épis fort lâches. Cette plante vivace, commune en Lithuanie autour de Grodno, se trouve aussi dans les étangs du Lyonnois. Elle n'est utile qu'aux canards qui en mangent beaucoup. Les vésicules des feuilles qui sont de petits ballons vides, servent à les tenir développées entre deux eaux.

119. L'EUFRAISE.

EUPHRASIA officinarum. C. B. P.
EUPHRASIA officinalis. L. *didyn. angiosp.*

Fleur. Calice cylindrique, à quatre segmens; corolle monopétale, personnée, tubulée, divisée en deux levres, dont la supérieure est relevée & découpée, l'inférieure divisée en trois parties dont chacune est subdivisée en deux parties égales & obtuses; les deux antheres des étamines inférieures, à deux lobes, dont un est épineux à sa base.

Fruit. Capsule oblongue, arrondie, comprimée, biloculaire; les semences menues & arrondies.

Feuilles. Ovales, à dents aiguës, lisses, luisantes, veinées.

Racine.

Racine. Simple, menue, tortueuſe, ligneuſe, blanchâtre.

Port. La tige s'éleve de quelques pouces, cylindrique, velue, noirâtre, quelquefois ſimple, quelquefois branchue; les fleurs naiſſent au ſommet, la corolle eſt blanche, avec des veines pourpres ou violettes, & une tache jaune; on y remarque deux feuilles florales.

Lieu. Les terrains arides, les bords des bois, les bruyeres. Lyonnoiſe, Lithuanienne. ⊙

Propriétés. Les feuilles de l'Eufraiſe ont un goût amer; la plante fleurie eſt un peu aſtringente, céphalique & ophtalmique.

Uſages. On ne ſe ſert que de la plante fleurie qui donne une eau diſtillée, ſans odeur, des infuſions, une poudre; le vin d'Eufraiſe ſe fait dans le temps des vendanges, avec du vin nouveau avec lequel elle doit fermenter.

Observations. L'Eufraiſe eſt une de ces plantes qui offrent pluſieurs variétés cauſées par le climat, ou le terrain. Nous en avons trouvé des individus à tige très-ſimple, de deux pouces, à feuilles linaires, à peine dentées; d'autres à feuilles très-découpées, un peu velues; les découpures de la levre inférieure varient pour le nombre. La couleur eſt encore moins conſtante dans une variété commune en Lithuanie, les deux levres ſont bleues avec un tuyau blanc; dans une autre, la tache jaune de la corolle s'étendoit ſur les deux levres.

L'odeur de l'Eufraiſe eſt très-foible, les feuilles ſont un peu ameres.

L'eau diſtillée n'a certainement aucune propriété; mais nous n'en pouvons pas dire autant de la décoction ni du ſuc exprimé; nous l'avons ſouvent ordonnée dans les maladies des yeux, comme ophtalmie chronique avec relâchement, foibleſſe de la vue; elle a ſouvent produit des effets avantageux. On trouve dans nos Provinces deux autres eſpeces qui méritent d'être caractériſées.

1.° L'Eufraiſe tardive, *Euphraſia odontites* L.,

Cl. III. Sect. IV.

Pedicularis ſerotina purpuraſcente flore T., dont les feuilles alongées ſont étroites, dentées, un peu velues; les fleurs rouges en longs épis, tournées d'un côté.

Elle fleurit en automne; ſa tige s'éleve juſques à deux pieds; la levre ſupérieure concave, l'inférieure diviſée en trois ſegmens divergens; les filamens ſont velus. On trouve une variété à fleurs blanches, une autre à fleur de couleur de chair; les bractées ſe teignent en rouge foncé. J'en ai trouvé des individus depuis ſix pouces juſques à deux pieds; cette belle eſpece eſt auſſi commune en Lithuanie que dans le Lyonnois. Elle eſt amere, & ſes feuilles froiſſées répandent une odeur nauſéeuſe.

2.° L'Eufraiſe jaune, *Euphraſia lutea* L., dont la tige très-rameuſe s'éleve à un pied; les feuilles ſont oppoſées, linaires, les inférieures dentées; les fleurs en épis ſerrés, ſont d'un jaune foncé.

Cette belle eſpece eſt commune près de Lyon. Ses étamines ſont plus longues que la corolle. Ces deux eſpeces ſont peu du goût des beſtiaux; car ils les laiſſent preſque toujours entieres, excepté les moutons qui les mangent avec aſſez d'avidité.

120. LE POLYGALA.

POLYGALA vulgaris. C. B. P.
POLYGALA vulgaris. L. *Diadelph. 8-dria.*

Fleur. Monopétale, perſonnée, reſſemblant à une papilonacée, tubulée, dont le tube n'eſt pas perforé; le limbe diviſé en deux levres, dont l'inférieure eſt frangée & la ſupérieure partagée en deux.

Fruit. Capſule arrondie, oblongue, en forme de cœur, comprimée, biloculaire, bivalve, remplie de ſemences ſolitaires, ovales.

Feuilles. Linéaires, lancéolées.

Racine. Ligneuſe, dure, menue.

Port. Petite plante qui porte pluſieurs tiges

grêles, rampantes; les fleurs en épi depuis le milieu de la tige jusqu'en haut; le fruit est enveloppé du calice composé de cinq feuilles, trois petites & deux grandes, colorées, qui sont placées comme des ailes; les feuilles alternes.

Lieu. Les pâturages secs, les bois, &c. Lyonnoise, Lithuanienne. ♃

Propriétés. La racine est âcre, amere, nauséeuse; on lui donne communément la vertu résolutive, diurétique, sudorifique; la plante est un excellent béchique incisif, (voyez les Mémoires de l'Académie de l'année 1739, pag. 131.) recommandée dans les pleurésies.

Usages. On la donne pour l'homme, infusée dans de l'eau ou macérée dans du vin, à la dose de demi-poignée pour ℥ vj d'eau ou de vin, & pour le cheval à la dose de deux poignées pour ℔ j de liqueur.

I.re OBSERVATION. Nous avons vu tant de variétés de cette espece, que nous sommes portés à croire que l'*Amara* & le *Monspeliensis* de Linné, ne sont point des especes réelles. Nous avons souvent trouvé la vulgaire à tige droite, & à feuilles inférieures, arrondies. Le Polygala amer est très-commun en Lithuanie, près de Grodno. Elle pousse plusieurs tiges, jusques à douze, haute de quatre à cinq pouces; ses feuilles inférieures sont épaisses, ovales ou arrondies.

On la trouve aussi dans les montagnes du Lyonnois. Ses feuilles sont vraiment âcres & ameres. Ses fleurs, comme celles de la précédente, sont pendantes, & varient par la couleur qui est bleue, ou blanche, ou rose, ou pourpre.

Les Polygalas sont devenus célebres par leurs propriétés médicinales. La décoction a été prescrite utilement dans l'asthme pituiteux, la cachexie, la jaunisse, la péripneumonie catarrale. Dans les contusions, ses vertus sont sûres, nous les avons confirmées par nos observations. Mais on n'en peut dire autant de son utilité dans les pleurésies.

Il y a une eſpece de pleuréſie catarrale dans laquelle le Polygala produit des effets ſalutaires; mais dans l'exquiſe vraiment inflammatoire, il eſt nuiſible dans le temps d'irritation; ſur la fin on peut le preſcrire pour faciliter l'expectoration.

Quoique ces plantes ſoient ameres, les beſtiaux, ſur-tout les moutons, les mangent avec avidité.

II.e Observation. Nous croyons devoir encore faire connoître quelques genres dont les eſpeces méritent d'être connues, ſavoir :

1.° La Pédiculaire des Marais, *Pedicularis paluſtris* L., *Pedicularis paluſtris rubra elatior* T. Sa tige d'un pied & demi eſt branchue; ſes feuilles une ou deux fois ailées, offrent des découpures fines & dentées; ſes fleurs en épis ſont rouges, à calice en crête calleuſe, ponctuée, diviſée en deux pieces principales; la levre ſupérieure de la corolle eſt comprimée, & l'inférieure forme un plan oblique.

Commune dans les marais de Lithuanie, plus rare dans le Lyonnois.

2.° La Pédiculaire des bois, *Pedicularis ſylvatica* L., *Pedicularis pratenſis purpurea* T. Sa tige plus couchée, moins élevée, ſes feuilles ailées, à découpures preſque ovales, à dents aiguës; calices à cinq diviſions, oblongs, anguleux, liſſes; corolle d'un rouge pâle, à levre inférieure, peu oblique, en cœur.

En Lithuanie & dans le Lyonnois, très-reſſemblante à celle des marais. Ces deux eſpeces portent des capſules à deux loges obliques, dont toutes les ſemences ſont enveloppées d'une coiffe membraneuſe.

3.° La Pédiculaire à ſceptre de Charles, *Pedicularis ſceptrum Carolinum.* L. *Pedicularis Alpina folio ceterach* Helv., à tige ſimple, à fleurs en anneaux, trois à trois, à calice crenelé, à capſule réguliere, à feuilles ſimplement découpées, à lobes crenelés.

C'eſt la plus belle Pédiculaire; elle produit un effet étonnant; ſes fleurs jaunes ſont longues d'un pouce, formant un épi qui, porté par une tige ſimple d'un ou deux pieds, imite un ſceptre.

Le calice eſt diviſé en quatre, ou cinq, ou ſix ſegmens.

Le tuyau de la corolle eſt plus long que le calice ; on voit une tache rouge ſur le bord de la levre ſupérieure. Cette corolle n'eſt pas toujours ouverte ; j'ai vu pluſieurs individus ſur leſquels les levres de la corolle étoient rapprochées.

Cette corolle change de teinte ſuivant ſes degrés d'épanouiſſement ; de jaune paille, elle devient jaune ; ſur la fin elle eſt de couleur d'ocre. J'ai vu des individus dont la tige jetoit une branche fleurie qui partoit d'une aiſſelle des premieres feuilles florales. Dans d'autres, la plupart des fleurs étoient alternes & éloignées ; les feuilles florales ſont ſans pétioles, très-entieres vers la baſe, crenelées vers le ſommet; cette belle plante eſt commune en Lithuanie, près de Grodno.

Toutes les Pédiculaires que j'ai vu vivantes répandent une odeur nauſéeuſe, déſagréable, ſur-tout le Sceptre-de-Charles, & celle des marais ; auſſi les beſtiaux n'y touchent pas. Les payſans de Lithuanie en appliquent les feuilles pilées ſur les ulceres ; ils aſſurent qu'ils en éprouvent une prompte guériſon. Ces plantes mériteroient d'être mieux ſuivies par les Praticiens, puiſque nous ſavons aujourd'hui que celles qui annoncent un principe vénéneux fourniſſent dans pluſieurs maladies les remedes les plus efficaces. On ne peut douter que le principe vital, en réagiſſant pour éloigner les poiſons, ne puiſſe en même temps détruire pluſieurs cauſes morbifiques.

4.° La Pédiculaire à bec, *Pedicularis roſtrata* L., *Pedicularis alpina filicis, folio minor* T., à tige petite, couchée, ſimple, à calice velu, à corolle pourpre, dont la levre ſupérieure imite un bec pointu ; les fleurs ſont en épi, très-lâches ; quelquefois la tige jette un ou deux rameaux.

On la trouve ſur nos montagnes du Forez & du Lyonnois.

5.° La Crête-de-coq, le *Rhinanthus criſtagalli* L., *Pedicularis pratenſis lutea vel criſtagalli* T. Tige quadrangulaire, ſimple ; feuilles ovales, lancéolées, très-dentées, les florales ovales, jaunâtres, à dents de ſcie, très-aiguës ; fleurs en épis, aſſiſes aux aiſſelles des bractées ; calice ventru, jaunâtre, à quatre ſegmens très-

Cl. III. Sect. IV. courts; fleurs à corolle jaune, à deux levres, dont la supérieure est aplatie, comprimée; capsule biloculaire, comprimée, obtuse.

Commune dans les prés de nos Provinces, plus rare en Lithuanie. Elle offre quelques variétés; les feuilles sont plus ou moins étroites, les fleurs plus ou moins grandes, quelquefois tachées de couleur de safran; le calice est lisse ou velu; la tige est quelquefois rameuse: dans le Lyonnois elle s'éleve à six ou huit pouces, en Lithuanie jusques à un pied & demi. A ces variétés se rapporte le *Pedicularis pratensis lutea erectior calice floris hirsuto* T.

La farine des graines de la Crête-de-coq, rend le pain brun & amer. Cette plante gâte les prairies, fournit un paturage médiocre aux chevres. Elle passe pour être nuisible aux moutons; lorsqu'elle est seche, elle devient ligneuse, il ne reste dans le foin que les tiges que les chevaux séparent. En général nous observons que les économistes n'ont pas assez fait attention avec quel art les chevaux & les vaches rejettent plusieurs especes à la feniere. Il ne faut pas croire qu'ils mangent sans choix tout ce que le foin leur présente.

III.e Observation. Les Mélampires méritent aussi l'attention des amateurs; ce genre dont la fleur differe peu des Crête-de-coqs, offre un calice divisé en quatre segmens longs & aigus; la corolle est alongée, son limbe est divisé en deux levres, dont la supérieure est un peu en casque, & repliée en ses bords; la capsule est à deux loges obliques.

Les fleurs sont en épis, garnis de bractées; les cinq especes de Mélampires sont assez communes en Europe pour mériter d'être au moins désignées.

1.° Le Mélampire des champs, *Melampyrum arvense* L., *Melampyrum purpurascente comâ* T., à fleurs en épi cônique, lâche; à bractées colorées, garnies de dents sétacées. Les bractées sont purpurines ainsi que les corolles, dont cependant la gorge est jaune. Ses feuilles sont longues, lancéolées, sans pétioles. Sa tige rameuse, rougeâtre, droite, d'un pied. On la trouve dans les blés, dans nos Provinces & en Lithuanie.

Cette plante qui mêle ses semences très-nombreuses avec nos grains, donne une couleur bleuâtre & désagréable au pain. Ses semences se conservent un an en terre. Les bestiaux, sur-tout les vaches, la mangent avec avidité, ce qui l'a fait appeler blé de vache.

2.° Le Mélampire à crête, *Melampyrum cristatum* L., *Melampyrum cristatum flore albo & purpureo* T. Son épi est quadrangulaire & compacte; ses bractées sont en cœur, ciliées, d'un vert jaunâtre, & pliées en gouttiere; le casque de la corolle est pourpre ou blanc, la barbe d'un roux orangé ou blanc.

Plus commun en Lithuanie que dans nos Provinces.

Les chevres, les moutons & les vaches mangent l'herbe fraîche.

3.° Le Mélampire des prés, *Melampyrum pratense* L., *Melampyrum luteum latifolium* T., Ses fleurs blanches sont disposées par couples éloignés, tournées toutes d'un côté; sa corolle est fermée. La gorge de la corolle est jaune, les bractées en fer de lance.

Les chevaux n'y touchent pas, les autres animaux domestiques la recherchent, sur-tout les vaches; on prétend que lorsqu'elles en mangent beaucoup, leur beurre est plus jaune.

Commune en Lithuanie, plus rare dans nos Provinces.

4.° Le Mélampire des bois, *Melampyrum sylvaticum*, ne differe du précédent que par ses corolles plus courtes, à bouche béante; elles sont toutes jaunes.

On le trouve en Dauphiné, il est très-commun dans les forêts de Lithuanie. Je ne sai si les bestiaux recherchent cette espece; j'en douterois, vu que, quoique très-abondante, je l'ai rarement trouvé broutée.

5.° Le Mélampire violet, *Melampyrum nemorosum* L., *Melampyrum comâ cæruleâ* C. B. Ses feuilles sont larges & dentées à leur base, un peu velues; le calice est velu; les bractées purpurines ou violettes, profondément incisées; corolles jaunes.

Les Mélampires noircissent en desséchant.

IVe OBSERVATION. Nous trouvons encore dans cette classe deux genres bien rapprochés qui méritent notre attention; on les reconnoît aisément, parce qu'ils offrent seuls parmi les Personnées, des tiges aqueuses, sans vraies feuilles, ornées seulement d'écailles ou de languettes succulentes; nous voulons parler des Orobanches & des Clandestines. Dans les Orobanches, le calice est divisé en deux segmens;

Cl. III. Sect. IV.

la levre ſupérieure de la corolle eſt échancrée, on voit une glande à la baſe du germe ; la capſule eſt à une loge à deux battans, à pluſieurs ſemences. Nous avons :

1.° L'Orobanche majeure, *Orobanche major* L., *Orobanche major caryophyllum olens* T. Sa racine eſt bulbeuſe, couverte d'écailles ; ſes tiges ou hampes hautes de demi-pied, ſont droites, velues, jaunâtres ; elles ſont garnies d'écailles membraneuſes, pointues, lancéolées, épaiſſes, cotonneuſes ; ſes fleurs grandes, jaunes, en épi terminent la tige ; les étamines ne ſont point ſaillantes. Cette plante qui s'implante ſur les racines de pluſieurs eſpeces, eſt nommée par cette ſingularité, Paraſite ; elle eſt rare en Lithuanie, très-commune dans nos Provinces ; on la regarde comme vulnéraire, on la mange comme l'Aſperge. Elle ne répand une odeur de Girofle que dans certain temps. Comme paraſite elle eſt très-nuiſible dans les pays où elle ſe multiplie trop, car elle énerve les plantes qui la nourriſſent.

2.° L'Orobanche liſſe, *Orobanche levis* L., *Orobanche ſubcærulco flore, ſeu ſecunda Cluſii* T. Elle reſſemble beaucoup à la précédente ; elle n'en differe que par ſes écailles plus courtes, liſſes, par ſes étamines ſaillantes.

Ses corolles ſont bleuâtres, ou d'un violet pâle.

On la trouve en Dauphiné ; nous avons près de Lyon une Orobanche ambigue qui eſt plus haute que la majeure, dont les écailles ſont liſſes, dont les fleurs ſont d'un rouge ferrugineux. C'eſt l'*Orobanche magna purpurea monſpeſullana* de Jean Bauhin.

3.° L'Orobanche branchue, *Orobanche ramoſa* L., *Orobanche ramoſa floribus purpuraſcentibus, vel ſubcæruleis* T. Sa tige jaunâtre, velue, s'éleve à ſix pouces ; elle ſe ſubdiviſe en rameaux qui portent des fleurs bleuâtres ou d'un violet pâle. La corolle eſt diviſée en cinq ſegmens.

On la trouve dans nos Provinces, quoique plus rarement que la majeure.

Les Clandeſtines reſſemblent aux Orobanches pour le port ; leur corolle a la levre ſupérieure entiere ; leur calice eſt à quatre ſegmens ; les tiges & les racines ſont ſucculentes, chargées d'écailles. Les principales eſpeces que l'on peut rencontrer, ſont :

La Clandestine à fleurs droites, *Lathræa clandestina* L., *Clandestina flore subcæruleo* T. Sa tige est rameuse & couchée sous terre. Elle ne pousse au dehors que ses fleurs qui sont droites & bleuâtres. Cette belle espece a été observée en Dauphiné; je l'ai vue pour la premiere fois dans les Pyrénées, près de Puy-Cerda.

2.° La Clandestine à fleurs pendantes, *Lathræa squamaria* L. Sa racine est grosse, rameuse, succulente, chargée d'écailles; sa tige grosse comme le doigt est simple, haute de demi-pied, molle, courbée, chargée d'écailles membraneuses; les fleurs en épis sur deux rangs d'un côté, pendantes, tuilées; les écailles florales grandes, opposées aux feuilles; la levre supérieure de la corolle pourpre, l'inférieure blanche; on voit une glande à la base de la suture du germe.

J'ai observé cette belle plante dans une forêt vis-à-vis de Grodno, elle y étoit commune; sa racine s'implantoit sur les racines des arbres. Je la cherchai inutilement les années suivantes; ce qui confirme ce qu'un bon Observateur m'avoit assuré, qu'elle ne fleurit pas toutes les années. On la trouve près de Paris, & dans la Bourgogne; les chevres, les moutons, les cochons mangent cette plante, dont les chevaux & les vaches ne veulent point.

Enfin, on peut terminer cet ordre de plantes monopétales, irrégulieres, par une jolie petite plante.

La Limoselle aquatique, *Limosella aquatica* L. *Plantaginella palustris* Vaill. La racine traçante produit des touffes de feuilles à longs pétioles, ovales, lancéolées; du centre des feuilles, naissent des hampes beaucoup plus courtes, ne portant qu'une seule fleur, à calice à cinq segmens, à corolle campaniforme à cinq segmens pointus, dont un plus court, à quatre étamines; le fruit est une capsule à une loge à deux battans, renfermant plusieurs semences. Elle se trouve près de Lyon, dans les Brotteaux Mognat, & en Lithuanie.

SECTION V.

Des Herbes à fleur monopétale, irréguliere, terminée dans le bas par un anneau.

121. L'ACANTHE BRANCURSINE.

Acanthus ſativus. C. B. P.
Acanthus mollis. L. *didyn. angioſp.*

FLEUR. Monopétale, perſonnée en forme de gueule, tubulée; le tube très-court en maniere d'anneau; point de levre ſupérieure (les étamines en occupent la place), l'inférieure grande & plane, diviſée en trois à ſon extrémité; la levre ſupérieure de la corolle eſt remplacée par les feuillets ſupérieurs du calice.

Fruit. Capſule en forme de gland, ovale, pointue, diviſée en deux loges, dont chacune contient une ſeule graine, rouſſâtre, aplatie.

Feuilles. Preſque toutes radicales, ſinuées, ſans épines, ailées, amplexicaules, luiſantes.

Racine. Epaiſſe, charnue, chevelue, noirâtre en dehors, blanchâtre en dedans.

Port. La tige s'éleve preſque à la hauteur de deux pieds, droite, ferme, cylindrique, terminée par des fleurs grandes, blanches, un peu jaunâtres, en épi, longue d'un pied; les ſix folioles qui compoſent le calice ſont inégales, la ſupérieure & l'inférieure ſont plus larges que celles des côtés; les feuilles radicales couchées à terre.

Lieu. Commune en Italie, en Provence; ſe cultive dans nos jardins. ♃

Propriétés. Toute la plante eſt remplie d'un ſuc gluant & mucilagineux, elle a un goût fade & viſqueux; elle eſt émolliente.

Uſages. On ne ſe ſert communément que des feuilles en décoctions, lavemens ou fomentations.

Observations. L'Acanthe Brancurſine eſt une des plus belles plantes, par ſes feuilles qui ont ſervi de modele pour orner les chapiteaux des colonnes, & par ſon épi qui porte de grandes fleurs, intéreſſantes par leur ſinguliere ſtructure; ſes propriétés médicinales ſont communes à pluſieurs autres eſpeces d'autres genres; auſſi, depuis que les Médecins moins ſoumis à l'empiriſme, ayant généraliſé les faits, ont appris à négliger les congeneres, eſt-elle abſolument négligée. Cependant on peut s'en ſervir, ſi on l'a ſous la main, dans toutes les maladies qui exigent les adouciſſans. Son ſuc eſt admirable dans les dyſſenteries, les ardeurs d'urine, les teneſmes, les hémorroïdes & les ardeurs d'entrailles. On l'ordonne auſſi avec avantage dans les maladies cutanées qui ſont accompagnées de prurit, d'ardeur, comme les dartres. Dans la gonorrhée commençante, avec inflammation, ardeur, douleur, des bains avec des feuilles d'Acanthe, & des lavemens préparés avec ces feuilles, ont été très-ſalutaires.

Cl. III. Sect. V.

122. L'ACANTE SAUVAGE.

Acanthus rarioribus & brevioribus aculeis munitus. I. R. H.

Acanthus spinosus. L. *didyn. angiosp.*

Fleur. } Comme dans la précédente.
Fruit. }

Feuilles. Presque toutes radicales, épineuses en leurs bords, d'un vert un peu noirâtre, pinnées, cotonneuses.

Racine.
Port.
Lieu. } Les mêmes. Les fleurs blanches ou un peu rougeâtres.
Propriétés.
Usages.

CLASSE IV.

Des Herbes ou Sous-Arbrisseaux à fleur monopétale, irréguliere, nommée labiée ou fleur en gueule. (*)

SECTION PREMIERE.

Des Herbes à fleur monopétale, irréguliere, labiée, dont la levre supérieure est en casque ou en faucille.

123. LE PHLOMIS ou Bouillon sauvage. Sauge en arbre.

Phlomis fruticosa, salviæ folio latiore & rotundiore. I. R. H.

Phlomis fruticosa. L. *didyn. gymnosp.*

Fleur. Labiée; la levre supérieure velue; en casque recourbé sur l'inférieure qui se partage en trois : collerettes de feuilles étroites, sous le verticille; calice anguleux.

(*) Les plantes de cette classe forment une famille naturelle, dont les especes présentent plusieurs caracteres communs : dans presque toutes, les feuilles sont simples, opposées, les tiges carrées; les fleurs sont très-souvent disposées en anneaux autour des tiges; les calices sont d'une seule piece, à cinq dents inégales : les corolles le plus souvent à deux levres; la supérieure ou le casque est en voûte ou laniere; l'inférieure ou la barbe est à trois segmens, dont les deux latéraux s'appellent ailes. Le plus souvent quatre étamines, dont deux plus courtes; la plupart aromatiques, quelques-unes fétides, d'autres inodores.

CL. IV. SECT. I.

Fruit. Quatre ſemences oblongues, à trois côtés, renfermées dans un calice à cinq angles, qui tient lieu de péricarpe.

Feuilles. Arrondies, crenelées, cotonneuſes, oppoſées.

Racine. Rameuſe.

Port. La tige s'éleve d'un demi-pied, carrée, preſque ligneuſe; la plante varie quelquefois par ſes feuilles qui ſont cordiformes ou lancéolées; elle a des feuilles florales, cotonneuſes, lancéolées; ſes corolles ſont jaunes; fleurs en anneaux, denſes.

Lieu. Les Provinces méridionales de France. ♃

Propriétés. Toute la plante eſt vulnéraire, déterſive.

Uſages. Pilée & appliquée.

OBSERVATIONS. Le Phlomite lychnite, *Phlomis lychnitis* L. & T., *Verbaſcum anguſtis ſalviæ foliis* C. B., reſſemble beaucoup à la Sauge en arbre; il en differe par ſes feuilles plus étroites, par ſes corolles à peine plus grandes que les calices, par ſa collerette formée de feuilles plus étroites, ſétacées, chargées de plus longs poils; les feuilles florales ſont ovales, celles de la tige lancéolées, cotonneuſes.

On trouve cette belle eſpece en Languedoc.

2.° La Phlomide ventiere, *Phlomis herba venti* L., *Phlomis Narbonenſis horminifolio, flore purpuraſcente* T.; ſa tige herbacée, d'un pied & demi, velue; feuilles ovales, lancéolées, rudes, la collerette ſétacée, hériſſée.

On trouve cette eſpece en Dauphiné.

3.° La Phlomide queue-de-lion, *Phlomis leonurus* L., dont la tige eſt ligneuſe; les feuilles lancéolées & à dents de ſcie; les calices à dix dents, à dix angles; la collerette linaire, nue.

Les anneaux ou verticilles très-nombreux, forment un épi de ſept à huit pouces, chargé de fleurs très-longues, & de couleur de feu.

Cette ſuperbe eſpece ſe cultive généralement dans tous les jardins, elle en fait un des plus beaux ornemens.

124. L'ORMIN.

Cl. IV. Sect. I.

HORMINUM coma purpureo-violacea. I. R. H.
SALVIA horminum. L. 2-*dria*, 1-*gynia.*

Fleur. Labiée, la levre ſupérieure petite, en caſque; l'inférieure diviſée en trois parties dont la moyenne eſt creuſée en cuiller; les filets des étamines ſont bifurqués par le bas; la corolle rougeâtre.

Fruit. Le calice ſert de capſule & renferme quatre ſemences arrondies.

Feuilles. Obtuſes, crenelées.

Racine. Rameuſe.

Port. La tige s'éleve à peu près d'un pied; les fleurs ſont en épi au ſommet; les feuilles florales qui terminent la tige ſont colorées de rouge, & ne portent aucune fleur.

Lieu. L'Italie. ♃

Propriétés. La plante eſt d'une odeur aromatique, d'une ſaveur amere; la ſemence eſt un peu mucilagineuſe; l'herbe eſt vulnéraire, ſtomachique, réſolutive. La ſemence eſt aphrodiſiaque.

Uſages. On emploie l'herbe, la ſemence, le ſuc de l'herbe en cataplaſme; la ſemence contre l'ophtalmie.

OBSERVATIONS. Les Sauges ſont caractériſées par la forme de leurs étamines, dont les filamens ſont fourchus à leur baſe, en maniere de Y, ou ſont comme attachés tranſverſalement ſur un pédicule particulier. Cette ſinguliere conſtruction des filamens, fournit le caractere eſſentiel des Sauges; car la forme de la corolle & du calice varie dans les différentes eſpeces. Toutes les Sauges ſont plus ou moins aromatiques; il y en a cependant, comme celle des prés, qui ſont à peine odorantes. L'Ormin & l'Officinale répandent une odeur pénétrante & agréable; l'odeur de la Toute-Bonne eſt ſi forte qu'elle

Cl. IV.
Sect. I.

paroît désagréable à la plupart des sujets. Nous avons beaucoup prescrit l'infusion & la poudre de la Sauge officinale ; elle nous a paru bien supérieure au Thé, dans les langueurs d'estomac, les migraines après des excès de vin, ou dépendantes d'un atonie de l'estomac ; son usage & la poudre avec les martiaux, l'éthiops martial de Lémeri, ont guéri sous notre direction plusieurs chlorotiques, en rétablissant les regles. Dans la cachexie, la leucophlegmatie, la Sauge est un bon auxillaire. Des fourreaux faits avec des bas doubles, dans l'interstice desquels on pique de la Sauge grossiérement brisée, en donnant du ressort à la peau, accélere singuliérement la guérison de l'enflure des jambes, qui survient après les maladies aiguës, & sur-tout après les fievres intermittentes. Lorsque l'appétit languit, quelques tasses d'infusion de Sauge ont souvent suffi pour le rétablir. Dans l'asthme humide, cette infusion accélere l'excrétion des crachats. Dans les toux catarrales, dans les frissons causés par la suppression de la transpiration, on a souvent vu guérir des personnes qui, se tenant un ou deux jours au lit, à la diete la plus sévere, ont bu toutes les deux heures une tasse d'infusion de Sauge. C'est comme tonique, qu'en donnant du ressort à l'estomac, elle diminue les sueurs nocturnes des convalescens. En gargarisme on l'emploie pour guérir les aphtes des enfans, les ulceres de la bouche, & pour fortifier les gencives ; mais il y a un espece d'aphtes avec ardeur, douleur, qui en proscrit l'usage. Nous avons vu de bons effets des sachets de Sauge appliqués sur l'estomac dans les convalescences, lorsque les digestions sont laborieuses, sur-tout si on fait soir & matin des frictions avec la main sur la région épigastrique.

La Toute-Bonne est aussi très-énergique, peut-être plus que la Sauge officinale ; mais comme elle est enivrante, que son odeur porte à la tête, j'ai toujours préféré l'Officinale. Si on l'ajoute à la biere en fermentation, elle la rend plus enivrante ; infusée à froid dans du vin blanc, elle lui donne un goût plus agréable. Les lavemens & l'infusion de Toute-Bonne, produisent fréquemment de bons effets dans les coliques spasmodiques avec flatuosités.

125.

Cl. IV. Sect. I.

125. L'ORMIN SAUVAGE.

HORMINUM sylvestre latifolium verticillatum. C. B. P.
SALVIA verticillata. L. *2-dria*, *1-gynia.*

Fleur. Comme la précédente, mais le style retombe sur la levre inférieure.
Fruit. Le même.
Feuilles. En forme de cœur, crenelées, à dents de scie; quelquefois en cœur, en fleche ou en lyre; imitant assez souvent celles de la Sauge.
Racine. La même.
Port. Tige d'un pied & demi, carrée, velue, cannelée; les fleurs verticillées, paroissant en automne & en été.
Lieu. En Allemagne, en Alsace & en Bourgogne.
Propriétés. } Les mêmes que la précédente.
Usages. }

126. L'ORVALE, la Toute-bonne.

SCLAREA. Tab. icon.
SALVIA sclarea. L. *2-dria*, *1-gynia.*

Fleur. Caractere de la précédente, mais la levre supérieure est en faucille.
Fruit. Comme dans la précédente.
Feuilles. Ridées, cordiformes, alongées, dentelées par ses bords, ondulées, très-grandes.
Racine. Rameuse.

Cl. IV. Sect. I. *Port.* La tige velue, rameuſe, s'éleve quelquefois à la hauteur d'un homme; pluſieurs feuilles florales plus longues que le calice, concaves, pointues, colorées en violet; les fleurs en épis.

Lieu. Les prés, ſur-tout dans les pays chauds, devenue ſpontanée près de Lyon. ♂

Propriétés. Cette plante eſt d'une odeur très-pénétrante, ſtimulante, ſternutatoire, réſolutive, ſtomachique; ſon ſuc peut enivrer.

Uſages. On emploie l'herbe très-rarement; ſon ſuc & ſes feuilles ſeches trempées quelque temps dans du vin chaud, ſont employées pour les ulceres.

127. LA TOUTE-BONNE DES PRÉS.

SCLAREA pratenſis, foliis ſerratis, flore cæruleo. I. R. H.

SALVIA pratenſis. L. *2-dria, 1-gynia.*

Fleur. } Comme dans la précédente; corolle
Fruit. } bleue, blanche ou rougeâtre.

Feuilles. Les radicales couchées, cordiformes, alongées & crenelées, quelquefois très-découpées; les ſupérieures embraſſent la tige.

Racine. Simple, ligneuſe, fibreuſe, odorante.

Port. Les tiges s'élevent à la hauteur de deux pieds, carrées, roides, velues, creuſes, avec des rameaux oppoſés les uns aux autres, & ſouvent ſimples; les fleurs naiſſent au ſommet, diſpoſées en épi & verticillées; le caſque des corolles eſt gluant, en faucille plus longue que le tube, le ſtyle eſt ſaillant.

Lieu. Les prés. Lyonnoiſe. ♃

Propriétés. } Comme dans la précédente.
Uſages. }

128. LA GRANDE SAUGE.

Cl. IV. Sect. I.

SALVIA major an Sphacelus Theophrasti. C. B. P.

SALVIA officinalis. L. 2-*dria*, 1-*gynia*.

Fleur. Caracteres des précédentes, mais la levre supérieure est en casque; les filets des étamines ressemblent à l'os hyoïde par leur bifurcation; la corolle purpurine.

Fruit. Comme dans les précédentes.

Feuilles. Lancéolées, ovoïdes, chagrinées, ou finement ridées, peu succulentes, quelquefois panachées, entieres, crenelées, pétiolées.

Racine. Ligneuse, dure, fibreuse.

Port. Les tiges ligneuses, rameuses, velues, ordinairement carrées; les fleurs disposées en épi, de distance en distance; les calices aigus.

Lieu. Les endroits chauds. ♃

Propriétés. Les feuilles ont une odeur forte, pénétrante, agréable, d'un goût aromatique, un peu amer, un peu âcre; la plante est tonique, céphalique, cordiale, stomachique, sternutatoire & sialogogue.

Usages. L'on emploie fréquemment l'herbe & les fleurs, les semences rarement; on fait avec l'herbe des décoctions, des vinaigres, des infusions, & une poudre; les fleurs donnent une eau, une huile distillée, une huile infusée, une conserve, un esprit, des infusions. L'eau distillée se donne à l'homme depuis ℥ ij jusqu'à ℥ iv; l'huile distillée, à deux, trois, quatre, six gouttes dans du vin; on en donne les infusions à la dose d'une poignée dans ℔ j d'eau ou de vin; pour les animaux, on donne l'essence à la dose de ʒ j; & les infusions à la dose de poig. ij dans ℔ j ß d'eau ou de vin.

Cl. IV. Sect. I.

129. LA PETITE SAUGE, Sauge franche, Sauge de Provence.

Salvia minor aurita & non aurita. C. B. P.
Salvia officinalis. β L. *2-dria, 1-gynia.*

Fleur. } Comme dans la précédente, dont elle
Fruit. } n'est qu'une variété.

Feuilles. Plus petites que dans la précédente, moins larges, plus blanches, ridées, rudes, peu succulentes, ordinairement accompagnées à leur base de deux petites feuilles en façon d'oreillettes.

Racine. La même.

Port. Le même, la plante plus petite.

Lieu. La Provence, le Languedoc. ♃

Propriétés. } Les mêmes que la précédente;
Usages. } mais son odeur est plus forte, son goût plus pénétrant, plus aromatique.

130. LA SAUGE DE CATALOGNE.

Salvia folio tenuiore. C. B. P.
Salvia officinalis. β. *folio tenuiori.* L. *2-dria, 1-gynia.*

Fleur. Comme les précédentes; autre variété; la corolle blanche pour l'ordinaire.

Fruit. Plus petit.

Feuilles. Plus petites, plus vertes.

Racine. La même.

Port. Le même. L'odeur de la plante est plus douce.

Lieu. L'Espagne; on la cultive dans nos jardins. ♃

Propriétés. } Comme dans la précédente.
Usages. }

OBSERVATIONS. Comme le genre des Sauges offre encore plusieurs especes qui se trouvent en France, ou qui sont généralement cultivées dans nos jardins; nous croyons devoir caractériser au moins celles qui peuvent fréquemment se trouver sous les yeux des amateurs.

1.° La Sauge sauvage, *Salvia sylvestris* L. *Sclarea salviæ folio major vel maculata* T., dont la tige est rameuse & pubescente; les feuilles en cœur, lancéolées, aiguës, ondulées, à doubles dentelures, tachées de blanc en-dessus, pubescentes en-dessous; les bractées colorées sont plus courtes que la fleur, dont la levre supérieure est moins longue que le tube.

On trouve cette plante en Autriche, en Boheme, & dans nos Provinces méridionales.

2.° La Sauge glutineuse, *Salvia glutinosa* L. *Salvia montana maxima foliis hormini flore flavescente* T. Ses tiges droites, à angles obtus; ses feuilles grandes, en cœur, sagittées, presque lisses & glutineuses; ses corolles grandes, d'un jaune sale; la levre supérieure en faucille, les étamines saillantes.

Cette belle Sauge se trouve en Dauphiné, en Provence, & en Alsace.

3.° La Sauge lanugineuse, *Salvia Æthiopis* L., *Sclarea vulgaris lanuginosa amplissimo folio* T. Sa tige cotonneuse & branchue; ses feuilles très-grandes, ovales, oblongues, sinuées, cotonneuses; calice enveloppé d'un coton très-blanc; corolles blanches.

On la trouve en Dauphiné, en Languedoc & en Bourgogne; les bractées concaves, un peu épineuses resserrent les anneaux des fleurs, dont les segmens de la levre inférieure réunis forment un sac.

4.° La Sauge clandestine, *Salvia clandestina* L., *Horminum sylvestre inciso folio, cæsio flore, italicum* Barr. tab. 220. Sa tige est basse, ses feuilles très-ridées, pinnatifides, ou à sinuosités très-profondes; ses épis comme tronqués, obtus; calices glutineux; corolles violettes, à barbe blanche, plus étroites, & presque deux fois plus longues que le calice. Cette belle Sauge a été observée en Dauphiné, par M. Villars, Botaniste plein d'ardeur, & très-exact dans la dénomination des especes les plus difficiles.

CL. IV.
SECT. I.

131. LA TOQUE
ou Centaurée bleue.

CASSIDA paluſtris vulgatior flore cæruleo. I. R. H.

SCUTELLARIA galericulata. L. *didyn. gymnoſp.*

Fleur. Calice à deux levres entieres, à boſſe lenticulaire dans la partie ſupérieure de ſon tube; labiée; la levre ſupérieure en caſque, diviſée en trois par ſes bords, accompagnée de deux petites oreillettes; l'inférieure eſt échancrée, évaſée; corolle quatre fois plus longue que le calice.

Fruit. Quatre ſemences oblongues placées au fond d'un calice, dont la forme imite une toque entr'ouverte dans ſa partie inférieure.

Feuilles. Cordiformes, lancéolées, crenelées, oppoſées, glabres.

Racine. Rameuſe.

Port. La tige s'éleve à la hauteur d'un pied & plus; droite, rameuſe, quadrangulaire, liſſe; les fleurs bleues ou violettes, axillaires; les feuilles florales, oppoſées, à la baſe des fleurs. Feuilles oppoſées.

Lieu. Le bord des étangs. ♃

Propriétés. La plante eſt très-amere, ſtomachique, fébrifuge.

Uſages. On ne ſe ſert que des fleurs, à la doſe pour l'homme de pinc. ij., & pour les chevaux de poig. ß.

OBSERVATIONS. Ajoutons à l'eſpece principale de ce ſingulier genre, trois eſpeces qui méritent d'être au moins déſignées.

1.° Le *Scutellaria minor* L., *Cassida palustris minima flore purpurascente* T., la petite Toque, dont la tige grêle, très-branchue, a tout au plus six pouces, dont les feuilles sont ovales & presque entieres, dont les fleurs rougeâtres sont beaucoup plus petites.

Cette espece se trouve en Bourgogne & en Dauphiné ; nous l'avons déterminée en Lithuanie ; ses feuilles supérieures sont lancéolées, étroites ; les intermédiaires le plus souvent en cœur, ovales.

2.° La Toque à fer de fleche, *Scutellaria hastifolia* L., dont les feuilles non dentées varient par la forme ; les inférieures sont à oreilles, en fer de lance. Peut-être n'est-elle qu'une variété de la vulgaire ; nous l'avons trouvé mêlée avec elle assez fréquemment, près de Grodno.

3.° La Toque des Alpes, *Scutellaria Alpina* L., *Cassida Alpina supina magno flore* T. Ses tiges un peu couchées vers leur base ; ses feuilles ovales, crenelées, terminées par une pointe mousse ; ses fleurs en épi terminal, garnies de bractées ovales & entieres ; les corolles très-grandes, à levre supérieure velue & bleue, à levre inférieure blanche. On l'a trouvée sur les montagnes de Provence, de Dauphiné, de Bourgogne ; cette espece & la commune sont ameres ; leurs feuilles froissées exhalent une odeur d'ail ; l'infusion de ces feuilles & des sommités est regardée comme fébrifuge. Quelques observations favorisent cette propriété, quoique nous n'ayons point apperçu qu'elle diminuât le nombre des accès des fievres tierces vernales, dans lesquelles nous l'avons souvent ordonnée ; nous nous sommes assurés qu'elle calmoit dans cette espece les anxiétés, les vomissemens, qu'elle ranimoit l'appétit.

Cl. IV.
Sect. I.

132. LA BRUNELLE.

Brunella major folio non dissecto. C. B. P.
Brunella vulgaris. L. *didyn. gymn.*

Fleur. Labiée ; la levre supérieure en casque, mais plane, large, & légérement dentelée ; l'inférieure divisée en trois parties dont celle du milieu est creusée en maniere de cuiller, crenelée ; la corolle bleue, purpurine, quelquefois blanche.

Fruit. Quatre semences presque rondes, renfermées dans le calice, dont la levre supérieure est tronquée.

Feuilles. Opposées, pétiolées, ovales, oblongues, quelquefois profondément découpées ; ce qui n'est qu'une variété.

Racine. Menue, fibrée, presque horizontale.

Port. Les tiges de demi-pied, herbacées, quadrangulaires, velues, à rameaux opposés ; les fleurs disposées en épi au sommet des rameaux ; sous chaque fleur une bractée ovale colorée.

Lieu. Les pâturages, les près. Lyonnoise, Lithuanienne. ♃

Propriétés. La plante a une odeur foible, son suc une saveur styptique & amere ; elle est vulnéraire, astringente, détersive.

Usages. On ne se sert communément que de son herbe ; on la prescrit, dans les décoctions & potions vulnéraires, à la dose de ℥ vj ; le suc jusqu'à ℥ ij ou ʒ iv de sa décoction dans les inflammations des amigdales ; cette plante fraîche, pilée & appliquée, est consolidante & antiulcéreuse.

Observations. Le caractere eſſentiel du genre des Brunelles, doit ſe chercher dans les filamens qui ſont fourchus à leur extrémité, dont une diviſion porte l'anthere.

Cette eſpece offre pluſieurs variétés. Dans les unes les feuilles ſont très-entieres, dans d'autres dentées, ou profondément découpées. On en trouve des échantillons nains, hauts tout au plus de trois pouces. La Brunelle à grande fleur, *Prunella grandiflora*, ſe diſtingue par la grandeur de ſa corolle, & par les dentelures plus marquées de la levre ſupérieure du calice ; elle eſt commune en Lithuanie, mais plus rare autour de Lyon.

La Brunelle a été long-temps célebre comme vulnéraire ; mais depuis qu'on s'eſt aſſuré que les plaies guériſſent très-bien ſans remedes, on eſt en droit de douter de ſes vertus ; on en preſcrit le ſuc dans les diarrhées cauſées par atonie ; mais on poſſede tant d'autres aſtringens légers, plus énergiques, que l'on peut très-bien abandonner la Brunelle.

SECTION II.

Des Herbes à fleur monopétale, irréguliere, labiée, dont la levre supérieure est creusée en cuiller.

133. L'ARCHANGÉLIQUE ou Ortie blanche.

LAMIUM *vulgare album sive* Archangelica, *flore albo.* Park Theat.
LAMIUM *album.* L. *didyn. gymnosp.*

FLEUR. Labiée, dont la levre supérieure est obtuse, entiere, en forme de cuiller, velue; l'inférieure plus courte, échancrée en forme de cœur; la corolle grande, blanche, tachetée de jaune, une dent en alêne de chaque côté de la corolle.

Fruit. Quatre semences triangulaires, tronquées, placées dans l'intérieur du calice, dont les découpures se terminent en filets aigus.

Feuilles. Cordiformes, à dents de scie, ridées, velues, pointues, pétiolées.

Racine. Rameuse, fibreuse, traçante.

Port. Tiges hautes d'un pied, carrées, grêles, creuses, un peu velues, noueuses; les fleurs verticillées, presque sessiles, dix, seize ou vingt à chaque anneau; les feuilles florales éparses, entieres; quelques-unes en forme d'alêne au milieu des bouquets de fleurs; feuilles opposées deux à deux.

Lieu. Les haies, les buissons, à l'ombre. ♃

Propriétés. Le suc de la plante est d'un goût fort; les fleurs sont vulnéraires, astringentes.

Usages. On emploie les fleurs en maniere de Thé, de même que les sommités fleuries; les fleurs macérées au soleil, dans de l'huile d'olive, sont un baume vulnéraire excellent pour les plaies des tendons; il déterge les ulceres, dissipe les tumeurs; on se sert du suc de la plante pour arrêter les pertes de sang; les autres especes de ce genre jouissent des mêmes vertus.

On en donne le suc aux hommes, à la dose de ℥ ij, & aux chevaux à la dose de ℔ ß.

OBSERVATIONS. L'Archangélique est une de ces plantes que les Médecins prescrivent journellement, comme pour amuser les malades; on a beaucoup recommandé l'infusion des fleurs contre les fleurs blanches; nous l'avons souvent conseillée, & nous n'avons pu nous assurer une seule fois de son efficacité; probablement c'est un remede signé.

On trouve communément dans toute l'Europe deux autres especes de *Lamium* qu'il est bon de désigner.

1.° Le *Lamium purpureum* L., le *Lamium purpureum fœtidum folio subrotundo* C. B., la Lamie à fleurs rouges, dont les feuilles pétiolées sont rapprochées au sommet de la tige qui est presque nue.

Si on le froisse entre les doigts, il répand une odeur désagréable; il fleurit en Mars & Avril. Lyonnoise, Lithuanienne.

2.° Le *Lamium amplexicaule* L., *Lamium folio caulem ambiente minus* C. B., la Lamie à feuilles sans pétiole; les radicales sont cependant pétiolées.

Plus commune en Lithuanie que dans nos Provinces; sa fleur est aussi rouge.

Cl. IV.
Sect. II.

134. LA MOLDAVIQUE *ou* Mélisse des Moldaves.

MOLDAVICA betonicæ folio, flore cæruleo. I. R. H.

DRACOCEPHALUM moldavica. L. *didyn. gymnosp.*

Fleur. Labiée ; la levre supérieure creusée en cuiller, fendue en deux parties relevées ; l'inférieure divisée en trois ; la corolle bleue ou blanche.

Fruit. Quatre semences renfermées dans un calice renflé, dont l'ouverture imite deux levres ; la supérieure divisée en trois parties, l'inférieure en deux plus petites, plus aiguës.

Feuilles. Portées sur un court pétiole, oblongues, ovales, à trois nervures.

Racine. Rameuse, fibreuse.

Port. La tige carrée s'éleve à la hauteur de deux pieds ; les fleurs axillaires & verticillées ; plusieurs feuilles florales lancéolées, découpées en fines dentelures, terminées par un filet, comme les dentelures des feuilles ordinaires qui sont opposées.

Lieu. La Moldavie, on la cultive dans les jardins. ☉

Propriétés. Aromatique, un peu âcre, cordiale, céphalique, vulnéraire, astringente.

Usages. On emploie les feuilles seches en infusion, & l'on tire le suc des feuilles fraîches.

OBSERVATIONS. L'odeur de la Moldavique est analogue à celle de la Mélisse.

Nous l'avons souvent ordonnée en infusion théiforme ; dans les affections spasmodiques causées par des flatuosités, elle soulage évidemment.

Nous fûmes bien étonnés de trouver auprès de Grodno cette précieuse plante.

On cultive assez généralement dans nos jardins une autre espece de ce genre appelée *Dracocephalum canariense* L., la Mélisse des Canaries; on la distingue aisément par ses feuilles composées, triphylles, ou trois à trois; elle est visqueuse, & répand une odeur pénétrante très-agréable; son infusion est encore préférable à la précédente dans les maladies de langueur, anorexie, flatuosités, &c. &c.

C'est une de ces plantes qui offre un camphre tout formé.

On trouve communément en Lithuanie le *Dracocephalum ruischiana*, à tige d'un pied, à feuilles entieres, lancéolées, linaires; celles des branches très-étroites, à fleurs en épi formé par des anneaux rapprochés, à corolles bleues, grandes, à bractées ovales, lancéolées, entieres. La corolle est longue d'un pouce; j'ai trouvé près de Grodno une variété plus petite, à feuilles plus étroites, sétacées, à calices violets. Dauphinoise.

135. LA BALLOTE,
Marrube puant *ou* Marrube noir.

BALLOTE. Mathiol.
BALLOTA nigra. L. *didyn. gymnosp.*

Fleur. La levre supérieure creusée en cuiller, droite, ovale, entiere; l'inférieure divisée en trois pieces obtuses, dont la moyenne est échancrée; corolle purpurine, quelquefois blanche.

Fruit. Quatre semences oblongues, enfermées dans un calice plissé en cinq stries & découpé en cinq pointes égales.

Feuilles. Pétiolées, cordiformes, sans division, dentées en maniere de scie.

Racine. Ligneuse, rameuse, fibreuse.

Port. Tiges hautes d'une coudée, carrées, branchues, noueuses; plusieurs fleurs sur un même péduncule axillaire; feuilles florales qui entourent

Cl. IV. Sect. II.

les fleurs; les feuilles opposées deux à deux sur les nœuds.

Lieu. Les terrains incultes. Lyonnoise, Lithuanienne. ♃

Propriétés. Acre, amere, antiépileptique, antiictérique, détersive, recommandée par Boerhaave.

Usages. On emploie l'herbe en cataplasme, en décoction & en infusion dans du vin, à la dose d'une demi-poignée sur ℔ ß d'eau ou de vin pour l'homme, & de poig. ij sur ℔ j de liqueur pour les animaux.

OBSERVATIONS. On trouve encore dans le Lyonnois le *Ballota alba* L., dont la fleur est blanche; mais il est bien démontré, en rapprochant les deux prétendues especes, que le blanc n'est qu'une variété du noir.

Si le Marrube noir a été utile dans quelques especes d'épilepsie & d'ictere, ce ne peut être que comme médicament auxiliaire; nous l'avons quelquefois prescrit dans des empâtemens du bas-ventre, sans en avoir obtenu aucun effet sensible.

136. L'ORTIE MORTE DES BOIS.

GALEOPSIS procerior, fœtida, spicata. I.R.H.
STACHYS sylvatica. L. *didyn. gymnosp.*

Fleur. Labiée; la levre supérieure creusée en cuiller; l'inférieure partagée en trois segmens; celui du milieu est obtus, long, large, réfléchi des deux côtés, les deux autres petits & courts; la corolle purpurine, la levre inférieure tachetée.

Fruit. Quatre semences oblongues, dans le fond du calice, dont les dentelures sont pointues en forme d'alêne, inégales.

Feuilles. Pétiolées, larges, cordiformes, dentelées, rudes au toucher.

Racine. Rampante, avec quelques fibres grêles qui forment des nœuds. Cl. IV. Sect. II.

Port. Les tiges s'élevent à la hauteur de deux pieds, carrées, velues, creuſes, branchues ; les fleurs verticillées naiſſent au ſommet des rameaux, en épi ; deux feuilles florales lancéolées & très-entieres ; les feuilles oppoſées.

Lieu. Les forêts, les bois. Lyonnoiſe, Lithuanienne. ⊙

Propriétés. Cette plante a une odeur de bitume, un goût un peu ſalé, un peu aſtringent ; elle eſt vulnéraire & emménagogue.

Uſages. On emploie les fleurs en infuſion ; les feuilles fraîches, pilées & appliquées, ſont anti-ulcéreuſes ; macérées dans l'huile, elles ſont utiles contre la brûlure & les plaies des tendons.

Observations. Dans cette eſpece & les autres Stachis, deux des filamens ſont renverſés ſur les bords de la corolle.

On trouve aſſez fréquemment dans toute l'Europe pluſieurs autres eſpeces analogues aux *Galeopſis* de Tournefort.

1.° Le *Stachys paluſtris* L., à ſix ou dix fleurs à chaque anneau, à feuilles linaires lancéolées, preſque ſans pétiole, comme embraſſant la tige.

Commune dans les prés humides de Lithuanie, plus rare dans le Lyonnois.

137. L'ORTIE MORTE à fleur jaune.

GALEOPSIS *ſive urtica iners, flore luteo.* J. B.

GALEOPSIS *galeobdolon.* L. *didyn. gymn.*

Fleur. Labiée ; la levre ſupérieure creuſée en cuiller, dentée à ſon extrémité ; l'inférieure di-

CL. IV. SECT. II.

visée en trois parties dont la moyenne est la plus grande, les latérales arrondies; corolle jaune.

Fruit. Quatre semences oblongues, renfermées au fond du calice.

Feuilles. Cordiformes, celles du sommet lancéolées, presque sessiles.

Racine. Rameuse, fibreuse.

Port. Les tiges s'élevent à la hauteur d'un pied; les fleurs sont verticillées de six en six, quelquefois jusqu'à douze; les feuilles opposées.

Lieu. Les balmes & bords des bois. ♃

Propriétés. } Les mêmes que la précédente.
Usages. }

OBSERVATIONS. Il faut ramener à cette espece deux plantes communes dans presque toute l'Europe.

1.° Le *Galeopsis tetrahit* L., dont les nœuds supérieurs sont renflés, & les anneaux des fleurs très-rapprochés; les dents du calice comme piquantes.

La tige est hérissée; les feuilles ovales, lancéolées; la fleur rouge. Lyonnoise, Lithuanienne.

On trouve aussi une belle variété de cette espece dont la fleur est jaune, plus grande, offrant des taches pourpres sur la levre inférieure; je l'ai trouvé très-commune en Lithuanie.

2.° Le *Galeopsis ladanum*, dont les dents du calice sont peu roides, & tous les anneaux des fleurs éloignés entre eux.

Elle offre des feuilles assez étroites, qui cependant dans une variété s'élargissent.

Commune en Lithuanie & dans le Lyonnois.

Dans ces deux especes la gorge de la corolle offre deux mamelons, ou dents très-marquées, qui manquent dans le *Galeopsis galeobdolon.*

Cl. IV. Sect. II.

138. LE STACHIS ou Épi fleuri.

STACHYS major germanica. C. B. P.
STACHYS germanica. L. *didyn. gymn.*

Fleur. Labiée ; la levre supérieure est creusée en cuiller, relevée & échancrée ; l'inférieure est divisée en trois parties ; celles des côtés plus petites que celle du milieu, ne paroissent que des crenelures.

Fruit. Quatre semences presque rondes, renfermées dans le calice.

Feuilles. Ovales, pointues, blanches, cotonneuses, dentelées, sessiles.

Racine. Ligneuse, fibrée, jaunâtre.

Port. La tige s'éleve à la hauteur de deux pieds, carrée, velue, veloutée ; les fleurs naissent au sommet ; les bouquets de fleurs verticillés & très-chargés ; les feuilles opposées, celles du sommet ont de courts pétioles.

Lieu. Les pays montagneux, rudes, incultes. Lyonnoise. ☉

Propriétés. Cette plante est d'une odeur agréable ; elle est emménagogue, diaphorétique.

Usages. On se sert rarement de cette plante en Médecine, on en peut faire des infusions & des décoctions.

OBSERVATIONS. Nous observerons, à l'occasion de l'Epi fleuri, qu'un Médecin sceptique est fort embarrassé de prononcer sur les vertus spéciales de la plupart des especes des Labiées, vu qu'il est bien certain que les Praticiens de tous les temps les ont énoncées, plutôt d'après des principes de théorie, que d'après l'observation ;

Cl. IV. Sect. II.

d'ailleurs nous ne connoiſſons que très-peu de Médecins qui aient ordonné chaque eſpece iſolée pour une eſpece déterminée de maladie. Le plus ſouvent les plus célebres ont entaſſé dans une ſeule formule une foule de Labiées.

Ajoutons encore un autre doute bien fondé. Il eſt aujourd'hui démontré par des faits innombrables, que la plupart des maladies guériſſables ſe diſſipent auſſi promptement ſans remedes, par l'exercice & le régime ; or, combien de vertus attribuées à une foule de plantes, pour guérir ces mêmes maladies !

139. L'AGRIPAUME *ou* Cardiaque.

CARDIACA. J. B.

LEONURUS cardiaca. L. *didyn. gymnoſp.*

Fleur. Labiée ; la levre ſupérieure pliée en gouttiere, obtuſe à ſon extrémité, arrondie, entiere, velue, beaucoup plus longue que l'inférieure, qui eſt diviſée en trois & repliée ; la corolle d'un rouge pâle.

Fruit. Quatre ſemences oblongues, triangulaires dans le fond du calice.

Feuilles. Celles du bas de la tige arrondies, profondément diviſées en trois lanieres, dentelées en leur bord ; celles de la tige ſont lancéolées & à trois lobes, les ſupérieures quelquefois lancéolées, entieres.

Racine. Garnie de fibres qui ſortent comme d'une tête.

Port. Les tiges s'élevent à la hauteur de trois ou quatre pieds, nombreuſes, quadrangulaires, épaiſſes & dures ; les fleurs axillaires ; les feuilles oppoſées ; les corolles velues.

Lieu. On la cultive dans les jardins. ♂

Propriétés. Toute la plante est d'une odeur forte & d'une saveur un peu amere; on la croit cordiale, tonique, incisive, apéritive; mais ces propriétés sont assez incertaines.

Usages. On fait des infusions & des décoctions de la plante.

OBSERVATIONS. Le Chevalier Linné donne pour caractere essentiel des Léonures, des antheres chargées de grains resplendissans; mais on ne les peut distinguer que dans certain temps donné.

La Cardiaque très-rare dans le Lyonnois, est très-commune en Lithuanie, de même que la variété à feuilles à cinq lobes.

Nous avons observé qu'une forte infusion de l'herbe détermine plus abondamment le flux menstruel. Elle a été utile dans bien des cas, pour calmer les affections hystériques.

Une superbe espece, analogue à l'Agripaume, c'est la Queue-de-lion, *Phlomis leonurus* L., à calice à dix angles, à dix dents, à tige ligneuse; à feuilles étroites, lancéolées; à corolle très-longue, de couleur de feu.

Originaire d'Afrique, cultivée dans tous les jardins des curieux; elle produit un effet étonnant par son long épi de grandes fleurs; la levre supérieure de la corolle velue, est très-longue, creusée en cuiller.

140. LA MOLUQUE *ou* Mélisse des Moluques.

MOLUCA lævis. Dod. Pemp.
MOLUCELLA lævis. L. *didyn. gymnosp.*

Fleur. Labiée; la levre supérieure creusée en cuiller, droite, entiere; l'inférieure divisée en trois parties, dont celle du milieu est ordinairement échancrée & la plus alongée.

Cl. IV. Sect. II.

Fruit. Quatre ſemences relevées de trois coins, tronquées, renfermées au fond d'un calice quatre ou cinq fois plus dilaté que la corolle, campaniforme, avec cinq denticules à ſes bords.

Feuilles. Rondes, quelquefois en forme de coin, ſimples, entieres, pétiolées.

Racine. Rameuſe.

Port. La plante haute de deux pieds; les tiges unies, carrées; les fleurs verticillées, remarquables par leur grand calice; les feuilles oppoſées.

Lieu. Les Iſles Moluques, dans les jardins. ☉

Propriétés. Toute la plante a une odeur aromatique, un peu âcre au goût; elle eſt cordiale, céphalique, vulnéraire, aſtringente.

Uſages. On l'emploie en poudre, en cataplaſme, en décoction & en infuſion.

Observations. Dans cette eſpece, la corolle eſt plus courte que le calice; au contraire, dans le *Molucella ſpinoſa* L., la Moluque épineuſe, la corolle eſt plus ſaillante hors du calice, dont les dents ſont longues, épineuſes. Cette plante eſt auſſi cultivée dans les jardins. Son odeur eſt forte & déſagréable.

La Méliſſe des Moluques eſt peu uſitée; cependant ſon odeur pénétrante lui mérite la préférence ſur pluſieurs eſpeces de la même claſſe qui ont moins d'énergie. A titre de cordiale, de ſtomachique, elle nous a ſouvent réuſſi dans les anorexies, les anxiétés, les affections hypocondriaques & autres maladies dans leſquelles il faut ranimer le principe vital. C'eſt une de nos plantes favorites.

141. LE FAUX DICTAME.

CL. IV. SECT. II.

PSEUDODICTAMNUS verticillatus inodorus. C. B. P.

MARRUBIUM pseudodictamnus. L. *didyn. gymnosp.*

Fleur. Labiée ; la levre supérieure ordinairement voûtée, fourchue; l'inférieure divisée en trois; les parties latérales aiguës.

Fruit. Quatre semences oblongues renfermées dans un calice infundibuliforme, tubulé, avec dix stries, dont les bords velus sont divisés en dix parties.

Feuilles. En cœur, concaves, obtuses, cotonneuses, crenelées, entieres.

Racine. Rameuse.

Port. Tige carrée, ligneuse, haute de trois, quatre ou cinq pieds; les fleurs verticillées, sessiles; les feuilles opposées.

Lieu. Dans l'Isle de Crete. ♃

Propriétés. Les feuilles ont un goût amer, une odeur forte & puante, elles sont antiulcéreuses.

Usages. On l'emploie rarement pour l'intérieur à cause de son odeur fétide; les feuilles pilées avec du miel, nettoient les ulceres sordides; on emploie leur décoction contre les maladies cutanées.

OBSERVATIONS. Le faux Dictame appartient au genre des Marrubes. Le limbe du calice est en soucoupe velue; toute la plante est chargée d'un duvet épais.

Cl. IV. Sect. II.

142. LA MENTHE FRISÉE.

Mentha rotundifolia, crispa, spicata. C. B. P.

Mentha crispa. L. *didyn. gymnosp.*

Fleur. Labiée ; la levre supérieure creusée en cuiller ; l'inférieure divisée en trois parties ; ces deux levres & leurs parties disposées de maniere que la corolle ne paroît divisée qu'en quatre.

Fruit. Quatre semences oblongues au fond d'un calice tubulé, droit, à cinq dentelures.

Feuilles. Sans pétioles, cordiformes, dentées, ondulées, crépues.

Racine. Rampante, traçante.

Port. Tiges de la hauteur de trois pieds, droites, velues, carrées ; les fleurs en tête alongée, les étamines de la longueur de la corolle.

Lieu. La Sibérie & la Suisse ; cultivée dans les jardins. ♃

Propriétés. Cette plante a une odeur aromatique ; elle est stomachique, antiémétique, vermifuge, apéritive, tonique, répercussive, vulnéraire, astringente.

Usages. On donne son extrait pour arrêter le vomissement ; pour l'homme à la dose de gr. xv ; aux enfans & aux adultes à la dose de ℈j ; les feuilles appliquées extérieurement arrêtent le sang. On la donne aux chevaux, à la dose d'une poignée macérée dans ℔ ß de vin.

Observations. Toutes les especes de Menthe méritent l'attention des Praticiens ; leur odeur forte & pénétrante, leur saveur piquante, un peu amere, annoncent une véritable énergie. La Menthe frisée perd peu par la deſſication ; l'infuſion aqueuſe conſerve l'odeur de la plante, mais retient à peine ſa ſaveur ; l'infuſion avec l'eſprit-de-vin ſemble mieux retenir le principe de la ſaveur. Une livre des feuilles fournit environ trois drachmes d'huile eſſentielle. C'eſt une des plantes aromatiques le plus ſouvent employée pour diſſiper les flatuoſités, pour calmer les affections hyſtériques & hypocondriaques ; elle excite le plus ſouvent l'irructation, ce qui ſoulage ſinguliérement les malades ; auſſi calme-t-elle promptement les coliques venteuſes ; elle diminue les diarrhées & le vomiſſement qui reconnoiſſent pour cauſes les ſpaſmes des inteſtins ou de l'eſtomac.

La poudre des feuilles mêlée avec du miel, eſt excellente dans l'anorexie, foibleſſe, langueur de l'eſtomac avec diminution de l'appétit. La Menthe infuſée dans le lait l'empêche de ſe cailler ; auſſi c'eſt un excellent moyen de diminuer le lait & de le diſſiper, lorſqu'il eſt coagulé chez les nourrices ou femmes en couche. L'huile eſſentielle de Menthe appliquée ſur les mamelles, diſſout le lait grumelé ; l'infuſion de Menthe friſée rétablit les regles ſupprimées par atonie. Les feuilles appliquées extérieurement ſur les échimoſes, les tumeurs froides, ſont très-réſolutives ; enfin, les Praticiens qui connoiſſent bien les eſpeces de maladies, pourront employer toutes les Menthes dans les maladies cauſées par le relâchement des fibres & l'épaiſſiſſement des humeurs.

L'eau diſtillée de Menthe friſée, ranime le principe vital ; c'eſt un excellent carminatif ; elle calme le vomiſſement, fortifie l'eſtomac. Boerhaave l'a trouvé utile dans la lienterie.

L'huile eſſentielle de Menthe eſt d'un jaune pâle ; c'eſt un des médicamens les plus énergiques dans la paralyſie, les langueurs d'eſtomac, la leucophlegmatie ; on en verſe dix à douze gouttes ſur du ſucre pulvériſé.

Cl. IV.
Sect. II.

143. LA MENTHE AQUATIQUE.

MENTHA rotundifolia paluſtris, ſeu Aquatica major. I. R. H.
MENTHA aquatica. L. *didyn. gymnoſp.*

Fleur. Caractères de la précédente ; les étamines plus longues que les corolles qui ſont d'un rouge pâle.

Fruit. Quatre ſemences menues, noirâtres au fond du calice.

Feuilles. Ovales, dentées en maniere de ſcie, pétiolées.

Racine. Rampante, très-fibreuſe.

Port. Tiges menues, carrées, velues, creuſes, remplies d'une moëlle fongueuſe ; les fleurs naiſſent au ſommet, ramaſſées en têtes arrondies ; les feuilles oppoſées.

Lieu. Les terrains humides & aquatiques. Lyonnoiſe, Lithuanienne. ♃

Propriétés. Les feuilles ſont âcres, ameres, aromatiques, ſtomachiques, diurétiques.

Uſages. On emploie les feuilles en maniere de Thé ; le ſuc bu dans du vin blanc, pouſſe les graviers ; les feuilles ſont utilement appliquées contre la piqûre des guêpes & des abeilles.

144. LA MENTHE SAUVAGE ou Menthaſtre.

MENTHA ſylveſtris rotundiore folio. C. B. P.
MENTHA rotundifolia. L. *didyn. gymn.*

Fleur. } Comme dans la précédente, diſpoſés
Fruit. } en épi.

Feuilles. Ovales, cotonneuſes, ridées, crenelées, blanchâtres.

Racine. Fibreuſe, rampante.

Port. Les tiges s'élevent à la hauteur d'un pied, carrées & velues ; les feuilles florales alongées en forme d'alêne ; l'épi des fleurs eſt nu, cylindrique, elles ſont verticillées ; les feuilles oppoſées.

Lieu. Les ſauſſaies, les terrains humides. Lyonnoiſe. ♃

Propriétés. Cette plante a un goût amer, âcre, aſtringent ; ſon odeur eſt forte & aromatique ; ſes feuilles ont les mêmes vertus que les précédentes, mais plus foibles.

Uſages. Les feuilles appliquées en cataplaſme ſont véſicatoires.

145. LA MENTHE DES JARDINS ou Baume.

MENTHA hortenſis verticillata, ocymi odore. C. B. P.
MENTHA gentilis. L. *didyn. gymnoſp.*

Fleur. } Caracteres des précédentes ; les éta-
Fruit. } mines plus courtes que la corolle.

Cl. IV. Sect. II.

Feuilles. Ovales, aiguës, dentées en maniere de scie, d'un vert brun.

Racine. Traçante, fibreuse.

Port. Les tiges s'élevent à la hauteur d'une coudée, droites, carrées; les fleurs verticillées; feuilles opposées; toute la plante d'un vert foncé.

Lieu. Les pays chauds, nos jardins. Lyonnoise. ♃

Propriétés. } Les mêmes que la Menthe frisée,
Usages. } mais plus foibles.

Observations. Nous avons plus souvent prescrit la Menthe des jardins que la Menthe frisée, & nous lui avons reconnu les mêmes propriétés; nous nous rappelons d'avoir dissipé une loupe assez grosse en appliquant deux fois par jour les feuilles de cette Menthe sur la tumeur. Outre les especes de Menthe décrites ci-dessus, il faut au moins pouvoir reconnoitre:

1.° La Menthe sauvage, *Mentha sylvestris* L., dont les feuilles sont oblongues, blanchâtres, soyeuses, à dents de scie, sans pétioles, les épis cylindriques, les étamines deux fois plus longues que la corolle; c'est le *Mentha sylvestris folio longiore* de C. B.

On la trouve en Lithuanie & dans le Lyonnois; elle est aussi très-aromatique, d'un goût piquant.

2.° La Menthe des champs, *Mentha arvensis* L., dont la tige est couchée; les feuilles sont hérissées, ovales, lancéolées, à dents de scie; les fleurs en anneaux; les calices velus, blanchâtres. Lyonnoise, Lithuanienne.

3.° La Menthe poivrée, *Mentha piperita*, dont les feuilles sont à pétioles, ovales, à dents de scie, les épis en tête, les étamines plus courtes que la corolle.

Cultivée dans nos jardins, originaire d'Angleterre.

Cette espece, outre son odeur aromatique, excite une saveur piquante, à laquelle succede la fraicheur de l'éther; on retire de l'eau distillée de cette Menthe une certaine quantité d'un véritable camphre; son huile essentielle, assez abondante, est d'un vert jaunâtre. On prépare avec cette huile & le sucre les fameuses pastilles de Menthe poivrée. La plante desséchée conserve tous ses principes médicamenteux; sa saveur & son odeur paroissent même plus énergiques ; nous lui avons reconnu les mêmes propriétés que celles des autres Menthes ; aussi l'employons-nous souvent pour toutes les maladies énoncées dans l'article de la Menthe frisée. Si on frotte les joues avec l'huile essentielle de la Menthe poivrée, les yeux en sont affectés, ils deviennent larmoyans.

146. LE POULIOT.

MENTHA aquatica, seu Pulegium *vulgare.* I. R. H.

MENTA pulegium. L. *didyn. gymnosp.*

Fleur. } Comme dans la précédente.
Fruit. }

Feuilles. Pétiolées, ovales, obtuses, presque crenelées.

Racine. Rameuse, rampante.

Port. Les tiges glabres, lisses, arrondies, rampantes ; les fleurs verticillées, disposées en bouquets au-dessous desquels on trouve des feuilles opposées ; les bouquets sont arrondis.

Lieu. Les lieux humides, les bords d'étangs, au confluent du Rhône & de la Saône. ♃

Propriétés. L'odeur de cette plante est plus pénétrante que celle des précédentes ; on la croit plus sudorifique ; elle est très-âcre & très-amere.

Usages. On en fait des décoctions, des infusions avec de l'eau & du vin ; on en tire le suc ; on prétend que son odeur chasse les puces.

Cl. IV.
Sect. II.

147. LE MARRUBE AQUATIQUE.

LYCOPUS palustris, glaber & hirsutus. I. R. H.

LYCOPUS Europæus. L. *2-dria, 1-gyn.*

Fleur. Labiée, presque campaniforme; la levre supérieure à peine distinguée de l'inférieure, de maniere que la corolle paroît divisée en quatre; elle n'a que deux étamines, quoique les labiées en aient quatre.

Fruit. Quatre semences arrondies au fond du calice.

Feuilles. Simples, ovales, sessiles, sinuées à leur base, & comme ailées, dentées à leur sommet en maniere de scie.

Racine. Fibreuse, rampante, blanche.

Port. La tige carrée, rameuse, velue; les fleurs très-petites, très-nombreuses, axillaires & verticillées; les feuilles opposées.

Lieu. Les lieux humides. Lyonnoise, Lithuanienne. ♃

Propriétés. } On la croit vulnéraire, détersive,
Usages. } astringente.

OBSERVATIONS. Le Lycope ou Pied-de-loup varie beaucoup par la hauteur de la tige & par les feuilles qui sont lisses ou hérissées, très-découpées, comme pinnées ou presque entieres. On compte jusques à cent petites fleurs dans chaque anneau; les segmens des corolles blanches offrent quatre taches rouges. Cette plante est employée pour teindre en noir; son suc imprime aux étoffes des taches noires qui ne peuvent s'enlever. Elle fournit un assez bon fourrage pour les chevres & les moutons; mais les vaches & les chevaux la négligent.

SECTION III.

Des Herbes à fleur monopétale, labiée, dont la levre supérieure est retroussée.

148. LA CRAPAUDINE.

SIDERITIS hirsuta procumbens. C. B. P.
BETONICA hirta. L. syst. nat.
SIDERITIS hirsuta. L. sp. ed. 2.a *didyn. gymnosp.*

FLEUR. Labiée; la levre supérieure divisée en trois, retroussée, échancrée; l'inférieure garnie de déchirures plus aiguës & plus petites; les corolles jaunes, tachées comme la peau d'un crapaud, d'où la plante a pris son nom.

Fruit. Quatre semences noirâtres, oblongues, renfermées dans un calice dont les dentelures sont comme épineuses.

Feuilles. Ovales, alongées, légérement dentées, sur-tout à leur sommet, entieres à leurs bases, un peu rudes au toucher.

Racine. Dure, ligneuse.

Port. Les tiges longues d'un ou deux pieds, carrées, couchées par terre; les fleurs verticillées; les feuilles opposées.

Lieu. Les lieux arides & pierreux. Lyonnoise. ♃

Propriétés. Les feuilles sont d'une odeur désagréable, d'un goût un peu âcre; elles sont vulnéraires, astringentes, détersives.

Cl. IV. Sect. III.

Usages. On emploie les feuilles en cataplasmes & en décoctions ; elles sont très-utiles dans les bains pour faciliter la transpiration.

Observations. On peut ramener à cette espece deux autres plantes assez communes dans nos Provinces.

1.° Le *Sideritis vulgaris hirsuta* J. B., le *Stachys recta* L., dont la tige est droite, les feuilles rudes, hérissées, ovales, à dents arrondies; les fleurs comme en épis, formés par des anneaux éloignés ; les corolles jaunes, les dents du calice comme épineuses. Lyonnoise, Lithuanienne.

2.° Le *Sideritis arvensis latifolia glabra* C. B., le *Stachys annua* L., dont la tige est droite, les feuilles ovales, lancéolées, à trois nervures, lisses, pétiolées ; la corolle blanche, à barbe jaune. Lyonnoise.

Dans ces deux especes les étamines se renversent sur les côtés ; ce qui a obligé le Chevalier Linné à les ranger avec les Stachis ; Haller en fait des Bétoines. Cet exemple & cent autres prouvent combien les caracteres génériques sont arbitraires.

149. LE MARRUBE BLANC.

Marrubium album vulgare. C. B. P.
Marrubium vulgare. L. *didyn. gymnosp.*

Fleur. Labiée ; la levre supérieure relevée & fendue en deux cornes ; l'inférieure divisée en trois parties, dont la moyenne est large, les latérales aiguës.

Fruit. Quatre semences oblongues au fond d'un calice, dont les dix dentelures sont recourbées en maniere d'hameçon.

Feuilles. Arrondies, cannelées, blanchâtres, ridées, pétiolées.

Racine. Simple, ligneuse, fibreuse.

Port. Les tiges nombreuſes, velues, carrées, branchues, de la hauteur d'un pied; les fleurs verticillées, ſeſſiles; les feuilles oppoſées deux à deux ſur chaque nœud. Cl. IV. Sect. III.

Lieu. Les terrains incultes, les bords des chemins. Lyonnoiſe, Lithuanienne. ♃

Propriétés. L'odeur de cette plante eſt forte & aromatique; elle eſt âcre & amere au goût; elle eſt inciſive, hépatique, emménagogue, chaude, ſtomachique, vermifuge, déterſive.

Uſages. C'eſt une des meilleures plantes médicinales de l'Europe; le ſuc exprimé & mêlé avec du miel, ſe donne pour l'homme à la doſe de ℥ j ou ℥ ij; ſon ſirop à pareille doſe eſt antiaſthmatique; les ſommités des tiges ſont antivermineuſes, données à pareille doſe; les mêmes ſommités infuſées dans du vin blanc, à la doſe de poig. j, & priſes le matin à la doſe de ℥ viij, ſont antiſquirreuſes.

On donne pour les animaux le ſuc à la doſe de ℥ iv, ou l'infuſion à la doſe de poig. ij dans ℔ j d'eau ou de vin.

OBSERVATIONS. Le Marrube blanc eſt une de ces plantes fameuſes que nous avons ſouvent conſeillées. On ne peut douter de ſon énergie dans les empâtemens des viſceres du bas-ventre, dans l'aſthme pituiteux, dans la ſuppreſſion des regles avec atonie. Il abrege beaucoup les rhumes dans les catarres habituels; il facilite l'expectoration; quelques phthiſiques en ſont évidemment ſoulagés. Son ſuc a quelquefois guéri ſeul des icteres.

Cette plante eſt inutile dans les pâturages, les beſtiaux n'y touchent pas.

Cl. IV.
Sect. III.

150. LA MÉLISSE ou Citronnelle.

Melissa hortensis. C. B. P.
Melissa officinalis. L. *didyn. gymnosp.*

Fleur. Labiée; la levre supérieure courte; retrouſſée, arrondie, échancrée; l'inférieure diviſée en trois parties, la moyenne grande, en forme de cœur.

Fruit. Quatre ſemences preſque rondes dans le fond d'un calice aride, à deux levres, renflé par la maturité.

Feuilles. En cœur, obrondes, légérement veloutées, dentelées à leurs bords, d'un vert luiſant.

Racine. Ligneuſe, longue, arrondie, profonde, fibreuſe.

Port. Les tiges hautes d'une coudée, carrées, preſque liſſes, rameuſes, dures, roides; les fleurs en grappes axillaires & verticillées; les pédicules ſimples; les fleurs inférieures preſque ſeſſiles; les feuilles oppoſées.

Lieu. L'Italie, les montagnes de Savoie, cultivée dans les jardins. ♃

Propriétés. L'odeur forte & agréable, analogue à celle du citron, le goût un peu amer & âcre; la plante eſt cordiale, céphalique, antiaſthmatique.

Uſages. On emploie fréquemment l'herbe cueillie avant ſa floreſcence, les ſommités fleuries, les fleurs, & rarement les ſemences; l'on tire de l'herbe fraîche une eau diſtillée; on en fait des décoctions, un extrait; de l'herbe ſeche une poudre, des infuſions en maniere de Thé, &c.

Observations. Cette plante fournit une très-petite quantité d'huile eſſentielle, d'un rouge jaunâtre.

On

On ne peut refuſer à la Méliſſe une efficacité marquée dans les maladies nerveuſes, ſur-tout dans les affections hyſtériques. Son infuſion ſoulage évidemment les hypocondriaques, dont les accès ſont fomentés par des flatuoſités. On a vu des palpitations de cœur ceſſer, après avoir preſcrit la Méliſſe. Un long uſage de cette plante a ſeul guéri la chloroſe. Si elle ne guérit pas la paralyſie, la foibleſſe de mémoire, au moins elle ranime les malades. La pratique journaliere ſemble avoir ſur-tout deſtiné la Méliſſe pour cette foule de maladies dépendantes d'un engorgement dans le ſyſtême vaſculeux de la matrice avec atonie; il eſt certain par nos obſervations, qu'elle eſt très-utile dans ces circonſtances.

Nous poſſédons encore dans nos Provinces deux eſpeces de Méliſſe.

1.° La Méliſſe à grande fleur, *Meliſſa grandiflora*, dont les fleurs ſont en grappes latérales, éparſes, les péduncules axillaires, dichotomes, de la longueur de la fleur, dont la corolle eſt trois fois plus longue que le calice.

L'odeur eſt très-pénétrante. Lyonnoiſe.

2.° La Méliſſe cataire, *Meliſſa cataria* L., dont la tige roide ſe releve hériſſée; les feuilles ovales lancéolées, liſſes en-deſſus, hériſſées en-deſſous; les péduncules axillaires, dichotomes, plus longs que les feuilles; la corolle bleuâtre, dont la gorge eſt blanche & bleue.

Elle répand une odeur de Pouliot. Lyonnoiſe.

Les Médecins qui connoiſſent la force de l'analogie médicinale, peuvent employer ces deux eſpeces comme cordiales, toniques, diaphorétiques.

Cl. IV.
Sect. III.

151. LA MÉLISSE DES BOIS.

Melissa humilis latifolia, maximo flore purpurascente. I. R. H.
Melitis melissophyllum. L. *didyn. gymn.*

Fleur. Labiée ; la levre supérieure relevée, obronde, plane ; l'inférieure ouverte, obtuse, divisée en trois parties crenelées, la moyenne plus grande ; grande corolle pourprée ou blanche.

Fruit. Quatre semences grosses, noirâtres, inégales, renfermées au fond d'un calice renflé, plus large que le tube de la corolle, à deux levres.

Feuilles. Ovales, crenelées, obtuses, pétiolées.

Racine. Rameuse, fibreuse.

Port. Les tiges plus basses que celles de la vraie Mélisse, carrées, velues, simples, remplies de moëlle ; les fleurs axillaires, solitaires, soutenues par des péduncules plus courts que les calices qui sont trois fois plus petits que les corolles ; les feuilles opposées.

Lieu. Les montagnes, les bois. Lyonnoise, Lithuanienne. ♃

Propriétés. Un peu aromatique, âcre au goût, vulnéraire, apéritive, diurétique.

Usages. On n'emploie que les feuilles, & rarement ; on les donne en infusion théiforme.

Observations. Le Chevalier Linné a séparé cette plante des Mélisses, pour en constituer un genre particulier qui n'offre qu'une espece; Tournefort n'ayant égard qu'au port, l'a réunie avec la Mélisse, & en a fait graver la fleur & le calice à côté de celle de la Mélisse officinale. Si cette plante a quelques vertus, elles sont bien peu énergiques, vu son odeur à peine sensible, quoique agréable; ses propriétés, comme vulnéraires, sont chimériques; nous ne croyons pas non plus qu'elle augmente le cours des urines. Cl. IV. Sect. III.

152. LE CALAMENT.

CALAMINTHA vulgaris, & officinarum Germaniæ. I. R. H.

MELISSA calamintha. L. *didyn. gymnosp.*

Fleur. } *Fruit.* } Caractere de la vraie Mélisse, dont la plante ne differe que par la disposition des fleurs; corolle purpurine.

Feuilles. Arrondies, terminées par une pointe mousse, légérement dentelées & velues.

Racine. Rameuse, fibreuse.

Port. Les tiges droites, hautes d'une palme, quadrangulaires, branchues; les fleurs axillaires, en bouquet, portées par des péduncules subdivisés en deux & de la longueur des feuilles; les feuilles opposées deux à deux.

Lieu. Les lieux pierreux, en Dauphiné. ♃

Propriétés. Les feuilles sont d'une odeur agréable, d'une saveur âcre & un peu amere; elles sont stomachiques, incisives, résolutives, carminatives.

Usages. L'on emploie toute la plante, rarement les semences, quoique fort utiles; on en fait des infusions, une poudre, des vins, des conserves, un sirop; extérieurement le Calament est atténuant, répercussif, résolutif.

OBSERVATIONS. Cette plante peu usitée, vu la multitude des congéneres, est cependant très-énergique; son huile essentielle, assez abondante, est âcre & rubéfiante. La Mélisse-Calament a les mêmes vertus que les

Cl. IV. Sect. III.

Menthes, elle produit de bons effets dans les maladies causées par atonie ; elle dissipe les spasmes qui proviennent de flatuosités ; une forte infusion des feuilles a souvent rétabli les menstrues & dissipé la chlorose.

153. LE LIERRE TERRESTRE.

CALAMINTHA humilior rotundiore folio. I. R. H.

GLECHOMA hederacea. L. *didyn. gymnosp.*

Fleur. Labiée ; le tube comprimé ; la levre supérieure droite, obtuse, presque divisée en deux ; l'inférieure grande, ouverte, obtuse, divisée en trois ; la partie moyenne évasée.

Fruit. Quatre semences ovales, renfermées dans un calice cylindrique dont la bouche a cinq dents pointues & inégales.

Feuilles. Simples, réniformes, crenelées, pétiolées.

Racine. Horizontale, rampante, stolonifere.

Port. Tiges rampantes, carrées, grêles, velues, jetant des racines ; les fleurs sessiles, axillaires, verticillées, au nombre de six ; les feuilles opposées deux à deux ; les supérieures cordiformes & portées par de longs pétioles.

Lieu. Les champs, les haies. Lyonnoise, Lithuanienne. ♃

Propriétés. Les feuilles sont ameres, un peu aromatiques ; la plante est astringente, vulnéraire, expectorante, foiblement incisive.

Usages. L'on emploie l'herbe fraîche & seche, & les sommités fleuries ; de l'herbe fraîche, on fait une décoction, un extrait, des bouillons ; on en tire un sirop & un suc ; l'on prend l'herbe seche en infusion & en poudre. Le suc clarifié de la plante, ſe donne pour l'homme, à la doſe de ℥ ij ou ℥ iij; la poudre infuſée dans de l'eau ou dans du vin, depuis ʒ ß juſqu'à ʒ j; la décoction en lavement; on s'en ſert pour les ulceres internes & externes.

Pour les animaux on donne la poudre, à la doſe de ℥ ß, le ſuc à ℥ iv, & les infuſions à la doſe de poig. j. dans ℔ j d'eau.

OBSERVATIONS. Le caractere eſſentiel du Lierre terreſtre ſe trouve dans les antheres qui, en s'adoſſant, repréſentent une croix.

On ne peut refuſer à cette plante de grandes vertus; elle contient, outre le principe aromatique qui eſt peu pénétrant, un extrait amer aſſez piquant; donné en infuſion & en poudre, elle nous a paru utile dans l'aſthme pituiteux, dans les rhumes invétérés; quelques phthiſiques ſont évidemment ſoulagés avec l'infuſion miellée, ils crachent plus facilement, touſſent moins long-temps. Elle a auſſi quelquefois réuſſi dans cette eſpece de colique néphrétique cauſée par une abondance de glaires; dans l'anorexie qui reconnoît la même cauſe, elle eſt évidemment utile.

On trouve deux variétés de cette plante, celle à petites feuilles, & une autre à grandes feuilles; la corolle qui eſt communément bleue, eſt auſſi quelquefois blanche.

154. LE GRAND BASILIC ſauvage.

CLINOPODIUM origano ſimile, elatius, majori folio. C. B. P.

CLINOPODIUM vulgare. L. *didyn. gymn.*

Fleur. Labiée; la levre ſupérieure diviſée en trois dentelures aiguës & retrouſſées; l'inférieure en trois dentelures obtuſes, recourbées en dedans; la moyenne plus large que les autres; la corolle purpurine.

CL. IV. SECT. III.

Fruit. Quatre semences ovales au fond du calice, qui par la maturité est renflé à sa base & contracté par le haut.

Feuilles. Simples, entieres, ovales, à légeres dentelures, pétiolées.

Racine. Ligneuse, rameuse.

Port. La tige s'éleve à la hauteur d'un pied, velue, herbacée, rameuse, carrée; les fleurs au sommet des tiges, entiérement verticillées, ramassées en tête : caractere qui le distingue de la Mélisse & du Calament; feuilles opposées; feuilles florales sétacées.

Lieu. Les terrains secs, les rochers. Lyonnoise, Lithuanienne. ♃

Propriétés. Cette plante est aromatique & céphalique.

Usages. On s'en sert en infusion; on en donne aussi la poudre à la dose de ʒß pour l'homme, & de ℥ß pour les animaux.

OBSERVATIONS. Une foule de bractées sétacées qui se trouvent dans les anneaux, donnent le caractere essentiel de ce genre. Le grand Basilic sauvage n'est point usité, il est à peine aromatique; les chevres & les moutons le mangent volontiers, les vaches le négligent; si, comme on l'assure, les chevaux qui en mangent deviennent poussifs, ne seroit-ce point parce que les bractées sétacées pénetrent dans la trachée artere?

155. LE PETIT BASILIC sauvage.

CLINOPODIUM arvense, ocimi facie. C. B. P.

THYMUS acinos. L. *didyn. gymnosp.*

Fleur. Labiée; le tube de la longueur du calice; la levre supérieure droite, échancrée, retroussée, obtuse, plus courte que l'inférieure; celle-ci ouverte, tachetée, à trois dentelures, dont celle du milieu eſt large & échancrée. Cl. IV. Sect. III.

Fruit. Quatre ſemences ſous-orbiculaires, dans un calice ſtrié, velu, rétréci par le haut, renflé par le bas.

Feuilles. Ovales, aiguës, dentées en maniere de ſcie, ſe terminant en pétioles par le bas.

Racine. Rameuſe, ligneuſe.

Port. S'éleve d'un demi-pied; les tiges ont quatre angles obtus, droites, rameuſes; les fleurs verticillées, ſix à chaque anneau; les péduncules ne portent qu'une ſeule fleur; les feuilles oppoſées.

Lieu. Les bords des chemins & des bois. Lyonnoiſe, Lithuanienne. ☉

Propriétés. Aromatique, cordiale, tonique, peu uſitée.

156. LE ROMARIN.

ROSMARINUS hortenſis, anguſtiore folio. C. B. P.

ROSMARINUS officinalis. L. 2-*dria*, 1-*gyn.*

Fleur. Labiée; la levre ſupérieure retrouſſée, échancrée, renverſée; l'inférieure découpée en trois parties, dont celle du milieu eſt creuſée en cuiller; deux étamines accompagnées chacune d'une dent recourbée, plus longues que la levre ſupérieure; les autres labiées en ont quatre.

Fruit. Quatre ſemences jointes enſemble, ovales, renfermées dans le calice cotonneux.

Feuilles. Blanches, cotonneuſes en deſſous, ſimples, très-entieres, linéaires, repliées par les bords, preſque ſeſſiles; les feuilles plus larges conſtituent une variété de la même eſpece.

Racine. Fibreuſe, ligneuſe.

Port. Arbriſſeau dont la tige a trois ou quatre

Cl. IV. Sect. III.

pieds au moins, divisée en plusieurs rameaux opposés, longs, grêles, articulés; les fleurs axillaires; les feuilles opposées.

Lieu. Le Languedoc, la Provence, nos jardins. ♃

Propriétés. Les feuilles ont une odeur forte, aromatique, agréable, le goût en est âcre; les fleurs ont une odeur douce, moins pénétrante que les feuilles; la plante est tonique, cordiale, céphalique à un très-haut degré, très-résolutive, fébrifuge, antiasthmatique, antiapoplectique.

Usages. On emploie très-souvent l'herbe fraîche & seche, les feuilles, les sommités fleuries, les fleurs, les calices qui en sont la partie la plus odorante, rarement les semences; de l'herbe fraîche, on fait des décoctions, des vins infusés; de l'herbe seche, on tire une huile essentielle, un esprit ardent; des feuilles on fait des décoctions, des huiles & des vins infusés; des sommités fleuries, on fait des décoctions, on tire une huile, une eau simple; avec la plante fleurie, on compose l'eau distillée que l'on nomme, *Eau de la Reine d'Hongrie*. La conserve cordiale & stomachique se donne depuis gr. j jusqu'à gr. iv.

On donne aux chevaux l'infusion de cette plante, à la dose de poig. j dans du vin ou de l'eau ℔ j; sa poudre, à la dose de ℥ ß; on s'en sert aussi beaucoup pour les fumigations.

OBSERVATIONS. Dans le Romarin les corolles sont moins aromatiques que les calices & les feuilles; si on mâche les feuilles vertes, elles paroissent un peu âcres, échauffent la bouche, & laissent sur le retour une sensation d'éther. Le principe recteur est abondant dans cette plante; on retire par la distillation une huile essentielle, limpide, verdâtre, très-aromatique. L'extrait aqueux des feuilles est amer, le spiritueux sépare les principes aromatiques; cette plante est très-énergique.

Son infusion dans du vin ranime les forces, augmente la transpiration; elle a déterminé seule le flux menstruel; elle dissipe les vents; on s'en sert utilement dans les maladies nerveuses, dans le vertige, la débilité des facultés intellectuelles, la paralysie, quoique l'expérience nous ait appris que le plus souvent ces maladies sont incurables. L'effet salutaire de cette infusion est plus marqué dans l'asthme pituiteux; c'est un des plus sûrs remedes pour accélérer la résolution des tumeurs du cou des enfans, quoiqu'il ne faille pas perdre de vue que ces tumeurs, appelées dans nos Provinces du Lyonnois, *Ourles*, se dissipent d'elles-mêmes par la seule énergie du principe vital. Le vin de Romarin a seul guéri une diarrhée chronique qui avoit réduit le malade dans un état de marasme. Des sachets de Romarin sont utiles pour résoudre les échimoses; nous avons arrêté avec ces sachets, les progrès d'une tuméfaction des os du genou, dans une jeune fille de onze ans.

157. LE THYM DE CRETE.

THYMUS capitatus qui Dioscoridis. C. B. P.
SATUREIA capitata. L. *didyn. gymnosp.*

Fleur. Labiée; la levre supérieure retroussée, obtuse, large, de la longueur de la levre inférieure, qui est ouverte & divisée en trois parties.

Fruit. Quatre semences obrondes dans le fond du calice refermé.

Feuilles. Menues, étroites, à carene, blanchâtres, ponctuées, garnies de cils.

Racine. Dure, un peu ligneuse, fibreuse.

Port. Tige d'un pied, divisée en rameaux, grêle, ligneuse; les fleurs naissent en épi; les feuilles opposées.

Lieu. La Grece, l'Archipel; cultivé dans nos jardins. ♃

Propriétés. Plante plus odorante, plus suave

CL. IV. SECT. III.

que le Thym & le Serpolet; incisive, cordiale, céphalique, stomachique, carminative, diaphorétique, alexitere, résolutive.

Usages. On se sert fréquemment de toute la plante, excepté de la racine, mais rarement des semences; des feuilles, on fait des décoctions, des eaux composées, une poudre; des feuilles récentes, une eau simple distillée; des sommités fleuries & fraîches, des eaux composées; des sommités fleuries seches, des décoctions, une poudre; de toute la plante fraîche ou seche, des bains de siege ou de vapeurs; du suc de toute la plante, une huile essentielle.

On emploie pour les animaux les infusions de cette plante, à la dose de poig. j, dans de l'eau ou du vin ℔ j; & la poudre, à la dose de ℥ ij.

158. LE THYM COMMUN.

THYMUS vulgaris folio tenuiore. C. B. P.
THYMUS vulgaris. L. *didyn. gymnosp.*

Fleur. Labiée; le tube de la longueur du calice; la levre supérieure droite, retroussée, plus courte que l'inférieure qui est divisée en trois, large & obtuse.

Fruit. Quatre semences obrondes dans un calice tubulé, rétréci par le haut.

Feuilles. Menues, étroites, ovoïdes, repliées sur elles-mêmes par les côtés; les feuilles plus larges constituent une variété de l'espece.

Racine. Dure, ligneuse, rameuse.

Port. Sous-arbrisseau dont la tige qui persiste l'hiver, est droite, peu élevée, rameuse, ligneuse; les fleurs verticillées en épi; les feuilles opposées.

Lieu. Le Languedoc, nos jardins. ♃

Propriétés. } Les mêmes vertus que la précé-
Usages. } dente, mais moins fortes.

OBSERVATIONS. Le Thym vulgaire, comme plusieurs autres plantes aromatiques, supporte très-bien les rigueurs des hivers du Nord; seroit-ce à cause de l'huile essentielle? On retire par la distillation une grande quantité de cette huile qui dépose une certaine quantité de camphre assez semblable au coup-d'œil au sucre candi. L'huile de Thym est très-âcre, de couleur jaune; on en retire quelquefois une once de huit livres d'herbe; d'ailleurs les Thyms & les Sarriettes, sont plus usités comme assaisonnement que comme médicament. Nous pouvons dire que les Praticiens les abandonnent par pur caprice, car l'observation leur accorde les mêmes vertus qu'aux autres plantes aromatiques à huile essentielle.

Suivant Linné, le caractere essentiel des Thyms est d'offrir la gorge du calice hérissée de poils; celui des Sarriettes se trouve dans la divergence des étamines. Tournefort qui ne cherchoit les caracteres de ses genres que dans l'ensemble de toutes les parties, sans avoir égard aux très-petites parties de la fructification, a confondu quelques Sarriettes avec ses Thyms.

159. LE SERPOLET.

SERPYLLUM *vulgare majus, flore purpureo.* C. B. P.

THYMUS *serpillum.* L. *didyn. gymnosp.*

Fleur. } Comme dans le précédent; la corolle
Fruit. } rougeâtre, quelquefois blanche.

Feuilles. Planes, obtuses, garnies de cils à leur base, presque ovales; les grandes & les petites ne sont que des variétés.

Racine. Rameuse, fibreuse, déliée.

Port. Plusieurs petites tiges carrées, dures, ligneuses, rougeâtres; les unes d'un demi-pied,

Cl. IV. Sect. III. les autres rampantes; les fleurs aux sommités des tiges, disposées en maniere de tête; les feuilles opposées.

Lieu. Les collines, les champs. Lyonnoise, Lithuanienne. ♃

Propriétés. } Les vertus du Thym, mais un peu
Usages. } plus astringent; son odeur est agréable; on en cultive une variété à odeur de citron.

Observations. Le Serpolet offre plusieurs variétés; sa tige est droite ou rampante; ses feuilles plus ou moins grandes ne sont pas toujours ciliées à la base; on les trouve souvent rouges. Les corolles sont ou blanches, ou incarnates, ou bleues.

Le Serpolet a été employé utilement dans la chlorose, les douleurs de tête provenant d'un relâchement d'estomac; les chevres, les moutons le mangent, les cochons n'y touchent pas. C'est une grande ressource pour les abeilles.

Suivant Tournefort, le genre du Serpolet differe du Thym par ses tiges plus basses, moins ligneuses, moins dures.

160. LA SARRIETTE.

Satureia *sativa.* C. B. P.
Satureia *hortensis.* L. *didyn. gymnosp.*

Fleur. Labiée; la levre supérieure relevée; l'inférieure divisée en trois; caracteres du Thym de Crete.

Fruit. Idem.

Feuilles. Sessiles, simples, lancéolées, linéaires, un peu velues.

Racine. Petite, simple, ligneuse.

Port. Les tiges de la hauteur d'un pied, droites, à quatre angles obtus, rondes, rougeâtres, un peu velues, noueuſes; les fleurs axillaires, les péduncules portant deux fleurs; les feuilles oppoſées.

Lieu. Le Languedoc, la Provence; cultivée dans nos jardins. ☉

Propriétés. Cette plante eſt d'une odeur aromatique, pénétrante, & d'un goût à peine amer; elle eſt ſtomachique, atténuante, diurétique, emménagogue, aphrodiſiaque.

Uſages. On l'emploie ſouvent dans les cuiſines, en la ſubſtituant au Serpolet dont l'uſage eſt le même; on ſe ſert aſſez rarement des feuilles & des ſommités, encore plus rarement des ſemences. La décoction de cette plante, injectée dans les oreilles, eſt très-utile dans les affections ſoporeuſes.

OBSERVATIONS. Suivant Tournefort, la Sarriette differe du Thym par ſes fleurs éparſes aux aiſſelles des feuilles, & non raſſemblées en tête; du Calament, en ce que ſes fleurs n'ont point de péduncules rameux.

161. LA SARRIETTE DE CRETE.

THYMBRA legitima. cluſ. Hiſt.
SATUREIA thymbra. L. *didyn. gymnoſp.*

Fleur. } Comme dans la précédente.
Fruit. }

Feuilles. Ovales, pointues, lancéolées.

Racine. Comme la précédente.

Port. Cette plante differe ſpécialement de la précédente par ſes fleurs verticillées, preſque nues & ramaſſées en têtes rondes.

Lieu. L'iſle de Crete.

Propriétés. } Les mêmes que la précédente; on
Uſages. } ne ſe ſert que de l'herbe, & rarement.

Cl. IV. Sect. III.

Observations. Dans la Thymbra, les fleurs verticillées constituent le caractere essentiel générique, & la séparent ainsi du Thym, de la Sarriette, & du Calament.

162. LA SARRIETTE VRAIE.

Thymbra Sancti Juliani sive Satureia vera. Lob. icon.

Satureia Juliana. L. *didyn. gymnosp.*

Fleur. } Comme dans la précédente.
Fruit. }

Feuilles. Linéaires, lancéolées, glabres.

Racine. Dure, ligneuse.

Port. Les tiges de la hauteur d'un pied & demi, droites & ligneuses; les fleurs verticillées, ramassées, terminées en épi.

Lieu. L'Italie. ♃

Propriétés. Cette plante est d'un goût agréable qui tient de celui de la Sarriette & du Thym; ses propriétés sont les mêmes; on la regarde comme céphalique, carminative, apéritive, hystérique.

Usages. On se sert de son huile essentielle que l'on estime beaucoup; on la donne pour l'homme, depuis v gout. jusqu'à viij gout. dans ℥ iij ou ℥ iv d'une liqueur convenable; & pour les animaux, à la dose de xl gout.

163. LA LAVANDE FEMELLE *ou* commune.

LAVANDULA angustifolia. C. B. P.
LAVANDULA spica. L. *didyn. gymnosp.*

Fleur. Labiée; tube cylindrique, plus long que le calice; la levre supérieure relevée, étendue, partagée en deux; l'inférieure en trois parties arrondies, à peu près égales.

Fruit. Quatre semences arrondies, dans un calice refermé par le haut.

Feuilles. Sessiles, lancéolées, entieres: la Lavande à feuilles larges, n'est qu'une variété de celle-ci.

Racine. Ligneuse, fibreuse.

Port. Sous-arbrisseau dont la tige a deux pieds, ligneuse, grêle, quadrangulaire; les feuilles florales plus courtes que les calices qui sont rougeâtres; les fleurs au sommet des tiges disposées par anneaux, en maniere d'épi; les feuilles opposées.

Lieu. L'Europe méridionale. ♃

Propriétés. Les feuilles ont une odeur agréable, un goût amer; les fleurs & les feuilles sont cordiales, céphaliques, emménagogues, masticatoires, sternutatoires, carminatives.

Usages. On se sert fréquemment des fleurs & des feuilles, rarement des semences; des feuilles, on fait des cataplasmes, des décoctions; des fleurs, une eau, un esprit, une huile essentielle nommée *d'aspic*, des infusions, des décoctions dans l'eau & dans le vin.

OBSERVATIONS. Vous trouverez, suivant Linné, le caractere essentiel des Lavandes dans le calice ovale à dents très-courtes, soutenu par une bractée, dans la

Cl. IV. Sect. III. corolle inverſe, dans les étamines comme cachées dans le tuyau de la corolle; dans cette eſpece les anneaux formés par dix fleurs, très-reſſerrés, excepté l'inférieur, forment un épi.

On retire une plus grande quantité d'huile eſſentielle des épis de Lavande que des feuilles. Cette huile eſt de couleur citrine, elle retient l'odeur de Lavande; ſa ſaveur eſt très-forte. Sur quinze livres d'épis, on en a retiré cinq onces.

On fait des ſachets aromatiques avec la Lavande; l'infuſion dans l'eau & le vin, ſont également aromatiques; l'infuſion de Lavande eſt indiquée dans les défaillances, les paralyſies, tremblement des membres, le vertige; mais il faut que ces maladies ne ſoient accompagnées ni de fievres ni de plétore; les ſachets de Lavande ſont utiles pour réſoudre les humeurs froides. L'eau de Lavande s'applique utilement ſur les tumeurs œdémateuſes, lorſqu'on ne craint point de répercuſſion.

Enfin cette plante peut être preſcrite avec avantage dans toutes les maladies qui reconnoiſſent pour cauſe l'atonie des ſolides, & la viſcoſité des humeurs; mais il faut ſe reſſouvenir que ces maladies réſiſtent le plus ſouvent à tous les toniques, & que la plupart ſont incurables, malgré toutes les reſſources de l'art.

164. L'ORIGAN SAUVAGE.

ORIGANUM ſylveſtre, ſive Cunila bubula Plinii. I. R. H.

ORIGANUM vulgare. L. *didyn. gymnoſp.*

Fleur. Labiée, droite; tube cylindrique, comprimé; la levre ſupérieure plane, obtuſe, tronquée; l'inférieure diviſée en trois; les découpures ſous orbiculaires preſque égales; les étamines du double plus longues que la corolle rouge ou blanche.

Fruit. Quatre ſemences ovales au fond du calice.

Feuilles.

Feuilles. Ovales, denticulées, portées ſur un court pétiole, un peu velues & blanchâtres.

Racine. Menue, ligneuſe, rameuſe.

Port. Les tiges de la hauteur de deux ou trois pieds, rougeâtres, dures, carrées, velues; les fleurs ramaſſées en épis obronds, entourées de feuilles florales, nombreuſes, ovales, ſouvent colorées de rouge, plus longues que les calices; feuilles oppoſées.

Lieu. Les lieux champêtres, les collines. Lyonnoiſe, Lithuanienne. ♃

Propriétés. Odeur aromatique, un peu âcre au goût; la plante eſt cordiale, apéritive, emménagogue, déterſive, réſolutive.

Uſages. La poudre de ſes feuilles & de ſes fleurs eſt céphalique; on fait des feuilles & de l'herbe, des décoctions & des infuſions; on en tire une huile eſſentielle; on s'en ſert dans les demi-bains. On donne aux animaux, la poudre à la doſe de ℥ ß, la décoction à la doſe de poig. j. dans ℔ j d'eau; on s'en ſert en ſternutatoire.

OBSERVATIONS. L'odeur de l'Origan commun eſt pénétrante, analogue à celle du Thym, ſa ſaveur vive; on retire de cette plante une très-petite quantité d'huile eſſentielle qui eſt très-âcre. Si on ajoute l'Origan à la biere, il la rend plus enivrante, arrête ſa pente à tendre à la fermentation acide. Les feuilles infuſées comme du Thé, donnent une boiſſon très-agréable qui peut être ordonnée comme auxiliaire dans l'aſthme & la toux, cauſés par ſuppreſſion de tranſpiration ou abondance de pituite. On preſcrit encore cette infuſion dans la chloroſe cauſée par atonie; cependant, quoique cette plante ſoit énergique, les Médecins l'ont preſque abandonnée, & lui préferent des plantes congéneres, exotiques, qui n'ont pas plus d'énergie. Du coton imprégné de l'huile eſſentielle, & inſéré dans une dent cariée, calme la douleur; cette propriété lui eſt commune avec les autres huiles eſſentielles très-âcres.

Cl. IV. Sect. III.

165. LE DICTAME DE CRETE.

Origanum Creticum latifolium tomentosum, seu Dictamnus Creticus. I. R H.
Origanum dictamnus. L. *didyn. gymnosp.*

Fleur. } Comme dans la précédente.
Fruit }

Feuilles. Sessiles, deux à deux, entieres, ovales, orbiculaires; les feuilles inférieures velues.

Racine. Fibreuse, rameuse, ligneuse, brune.

Port. Sous-arbrisseau de la hauteur de huit ou neuf pouces; les tiges persistent l'hiver, branchues, couvertes d'un duvet; les fleurs naissent en épi ou pyramide à quatre côtés; les épis courbés, penchés, avec des feuilles florales, grandes & luisantes.

Lieu. L'Isle de Crete, de Candie. ♃

Propriétés. Odeur aromatique, goût âcre & amer; la plante est cordiale, emménagogue.

Usages. On se sert des feuilles seches, on en fait une poudre que l'on donne depuis ʒ ß jusqu'à ʒ j, & en infusion dans du vin depuis ʒ j jusqu'à ℥ ß pour l'homme, & pour les animaux à la dose de ℥ ß.

Observations. L'Origan de Crete ne nous fournit que ses épis qui, desséchés, sont jaunes; l'huile essentielle qu'on en retire est rouge, très-pénétrante, très-odoriférante; c'est un des plus puissans aromatiques, mais peu usité, vu la quantité de congéneres que nous possédons.

166. LA MARJOLAINE commune.

CL. IV. SECT. III.

MAJORANA vulgaris. C. B. P.
ORIGANUM majorana. L. *didyn. gymn.*

Fleur. } Comme dans les précédentes.
Fruit. }

Feuilles. Petites, ovales, obtuſes, très-entieres, preſque ſeſſiles, douces au toucher, blanches.

Racine. Ligneuſe, menue.

Port. Tiges de la hauteur d'un demi-pied, gréles, ligneuſes, rameuſes, ſouvent velues; les fleurs naiſſent en panicule, formé par des épis courts; les feuilles oppoſées.

Lieu. Le Languedoc, la Provence; on la cultive dans nos jardins. ☉

Propriétés. Cette plante eſt d'une odeur aromatique, agréable; âcre & amere au goût; elle eſt réſolutive, antiſeptique, tonique, céphalique, ſudorifique, ſternutatoire, cordiale, antiſpaſmodique, & ſur-tout carminative.

Uſages. De l'herbe fraîche on tire une huile cuite, une eau diſtillée; de l'herbe ſeche une huile eſſentielle, des infuſions; des fleurs & des feuilles ſeches, une poudre ſternutatoire.

OBSERVATIONS La Marjolaine ne differe de l'Origan que par ſes épis plus courts, duvetés; auſſi quoique Tournefort en ait fait deux genres, il n'ignoroit pas leur analogie, & il les a fait graver dans la même planche. On retire de la Marjolaine un ſoixante-quatrieme d'huile eſſentielle. Cette plante eſt un des aſſaiſonnemens les plus communs. Les Médecins l'ordonnent rarement comme médicament interne; cependant on ne peut nier qu'elle ne ſoit très-indiquée toutes les fois qu'il faut réſoudre une pituite tenace qui empâte les narines, les bronches,

Cl. IV. Sect. III.

l'estomac ; l'infusion des sommités ranime le systéme nerveux, excite une fievre momentanée.

L'huile essentielle de Marjolaine, en vieillissant, développe un sel volatil, huileux, solide, blanc, retenant l'odeur de la plante. Si on en met sur un fer chaud, il se fond, & reprend sa consistance dès que le fer se refroidit. Cette concrétion se dissout dans l'esprit-de-vin, & devient laiteuse si on la délaie dans l'eau. Si on fait évaporer l'esprit-de-vin qui la tient en dissolution, le résidu offre des fleurs blanches qui brûlent à la flamme, laissant très-peu de charbon.

167. LA VERVEINE.

Verbena communis flore cæruleo. C. B. P.
Verbena officinalis. L. *2-dria, 1-gynia.*

Fleur. Monopétale, imitant les labiées; le tube cylindrique, courbé; le limbe étendu, à cinq segmens arrondis, presque égaux; la corolle très-petite & bleuâtre; quatre étamines.

Fruit. Deux ou quatre semences oblongues, renfermées dans un calice tubulé, anguleux; le péricarpe à peine visible.

Feuilles. Alongées, découpées en plusieurs parties, & comme laciniées profondément.

Racine. Rameuse, peu fibreuse, oblongue.

Port. La tige s'éleve depuis un pied jusqu'à deux, rameuse, foible, carrée, un peu velue; les fleurs en épis longs & grêles. Remarquez que la tige est quelquefois lisse, que les feuilles sont opposées, souvent divisées en trois, & dentées; celles du sommet quelquefois lancéolées, oblongues, entieres.

Lieu. Les bords des grands chemins. ☉

Propriétés. La racine est amere, ainsi que les feuilles dont le goût est désagréable; cette plante est vulnéraire, déterſive, fébrifuge, réſolutive.

Uſages. On emploie toutes ſes parties; ſon uſage eſt intérieur & extérieur; on la fait infuſer dans du vin pendant douze heures, & on la donne à la doſe de ℥ iv; l'on ſe ſert de la poudre contre l'hydropiſie; des feuilles infuſées en maniere de Thé, & de l'extrait, contre la fievre intermittente à la doſe de gr. iv; du ſuc depuis ʒ ij juſqu'à ʒ iv; extérieurement on l'emploie en cataplaſme, & l'action de la ſueur la fait rougir; ſa décoction ſe donne en gargariſme; ſon ſuc ou ſon huile par infuſion, pour les bleſſures; ſon eau diſtillée, pour les inflammations des yeux à l'homme; pour les animaux on la donne infuſée à poig. ij dans ℔ j de vin, ou le ſuc à la doſe de ℥ ij.

Observations. La Verveine eſt inodore : on a beaucoup vanté cette plante dans les douleurs de tête; mais ceux qui ſavent que cette maladie eſt très-ſouvent périodique, & ceſſe ſans remedes, douteront de cette vertu. On a prétendu que le ſuc de Verveine étoit fébrifuge; nous l'avons preſcrit dans les fievres tierces vernales, elles n'ont pas ceſſé plutôt que chez ceux qui n'avoient pris aucun remede. Très-certainement elle ne guérit point les jauniſſes. Comme les ophtalmies ſe diſſipent très-ſouvent par les ſeules forces vitales, on peut douter des prétendues guériſons faites avec la décoction des feuilles de Verveine : l'eau diſtillée d'une plante inodore, eſt aujourd'hui regardée comme moins bonne que l'eau de riviere. Les gargariſmes avec le ſuc de Verveine dans l'angine catarrale, me paroiſſent auſſi inutiles, ayant vu ces angines diſſipées en peu de jours ſans remedes. Les feuilles écraſées & appliquées ſur une partie contuſe, rougiſſent la peau; ce qui a fait croire qu'elles attiroient le ſang extravaſé: mais ce ſuc appliqué ſur une partie ſaine devient également rouge; d'ailleurs, nous ſavons par expérience que de grandes échimoſes par contuſion, ont été diſſipées par les ſeules forces vitales.

Cl. IV.
Sect. III.

168. L'HYSOPE.

Hyssopus officinarum. C. B. P.
Hyssopus officinalis. L. *didyn. gymn.*

Fleur. Labiée; la levre supérieure courte, droite, échancrée au sommet; l'inférieure divisée en trois; les corolles de la longueur des calices; les étamines & les pistils de la longueur des corolles qui sont d'un bleu rougeâtre.

Fruit. Quatre semences oblongues, dans le fond du calice.

Feuilles. Simples, ovales, lancéolées, ponctuées, entieres, sessiles.

Racine Ligneuse, dure, fibrée, de la grosseur du petit doigt.

Port. Les tiges s'élevent à la hauteur d'une coudée, carrées, rameuses, cassantes; les fleurs en épi d'un seul côté; les péduncules chargés de plusieurs fleurs; deux feuilles florales en alêne, à la base des péduncules; les feuilles opposées.

Lieu. On la cultive dans nos jardins; spontanée en Autriche & en Savoie. ♃

Propriétés. Odeur forte & aromatique; saveur âcre; la plante est cordiale, céphalique, expectorante, incisive, stomachique & détersive.

Usages. L'herbe & les fleurs sont souvent employées, la semence rarement; de l'herbe fraîche & fleurie on tire une eau simple distillée; on fait de l'herbe seche des décoctions & des infusions en maniere de Thé ou dans du vin; les fleurs donnent une huile essentielle.

Observations. Les étamines droites, divergentes, & le segment intermédiaire de la levre inférieure de la corolle comme crenelé, fourniſſent le caractere eſſentiel du genre de l'Hyſope.

CL. IV. SECT. III.

L'Hyſope eſt aujourd'hui ſouvent ordonnée par nos Médecins ; ſon huile eſſentielle, jaunâtre, conſerve l'odeur de la plante ; l'herbe infuſée dans du vin, lâche plus de principes médicamenteux que dans l'eau. Six livres de l'herbe récente ont donné une once d'huile eſſentielle ; l'infuſion théiforme ou dans du vin, réuſſit dans les maladies de poitrine, dites froides, cauſées par l'atonie & la pituite, comme aſthme, toux ; dans l'anorexie reconnoiſſant la même cauſe, elle eſt très-utile. On lui a même reconnu par haſard une vertu vermifuge.

Un gargariſme fait avec les feuilles eſt indiqué dans l'angine catarreuſe, dans les échimoſes ; l'infuſion d'Hyſope a ſouvent aidé la réſolution dans les ophtalmies, après l'application des ſangſues. C'eſt une bonne méthode, s'il n'y a pas trop de chaleur, de laver l'œil avec une infuſion d'Hyſope, faite avec du vin.

169. LE STŒCHAS à feuilles dentelées.

STŒCHAS folio ſerrato. Bar. Ic.
LAVANDULA dentata. L. *didyn. gymn.*

Fleur. Labiée ; caracteres de la Lavande.
Fruit. Idem.
Feuilles. Seſſiles, linéaires, ailées, dentées.
Racine. Rameuſe.
Port. Les tiges carrées ; les fleurs en épis & verticillées ; les feuilles florales très-grandes, colorées ; les feuilles oppoſées.
Lieu. Très-commun dans les pays chauds ; en Eſpagne.
Propriétés. } Les mêmes que l'Hyſope, & de
Uſages. } plus emménagogue.

Cl. IV. Sect. III.

Observations. On cultive encore assez généralement dans nos jardins deux especes de Lavandes.

1.° Le *Lavandula Stœchas* L., le *Stœchas purpurea* C. B. dont les feuilles sont lancéolées, linaires, très-entieres, & les épis assez gros, terminés par une houppe; de grandes bractées colorées; épis aromatiques, amers: spontanée en Languedoc.

2.° Le *Lavandula multifida* L., *Lavandula folio dissecto* C. B., la Lavende à feuilles très-découpées; la forme fondamentale de ces feuilles est arrondie, elles sont doublement ailées ou pinnées : originaire de Portugal.

170. L'HERBE AU CHAT.

CATARIA major vulgaris. I. R. H.
NEPETA cataria. L. *didyn. gymnosp.*

Fleur. Labiée; le tube cylindrique recourbé; la levre supérieure relevée, arrondie, échancrée; l'inférieure divisée en trois parties, dont les deux latérales sont comme des ailes, la moyenne arrondie & creusée en cuiller, crenelée.

Fruit. Quatre semences ovales dans un calice droit.

Feuilles. Pétiolées, simples, entieres, cordiformes, dentées en maniere de scie.

Racine. Rameuse, ligneuse.

Port. La tige de la hauteur de trois pieds, carrée, velue, herbacée, rameuse; les rameaux toujours opposés deux à deux; feuilles florales en forme d'alêne à la base des calices; les fleurs en épis, verticillées, portées sur de courts péduncules; feuilles opposées.

Lieu. Les lieux humides. Lyonnoise, Lithuanienne. ♃

Propriétés. Odeur aromatique, saveur âcre & amere; plante antiscorbutique, emménagogue très-recommandée, apéritive, céphalique, hystérique, expectorante, incisive.

Usages. L'on se sert souvent de l'herbe & des feuilles, des sommités fleuries ; on en fait une poudre, des décoctions, des infusions, des vins infusés.

OBSERVATIONS. La Cataire répand une odeur forte, analogue à celle des Menthes, mais plus désagréable ; elle fournit par la distillation une huile essentielle, jaune, conservant l'odeur de sa plante. Les chats se roulent sur cette plante avec fureur, & la couvrent de leur urine ; c'est pourquoi, si on veut éloigner les rats des ruches à miel, il suffit de suspendre au-dessus un paquet de Cataire.

L'infusion de cette plante, aujourd'hui presque négligée par les Praticiens, a cependant en sa faveur quelques bonnes observations qui établissent ses vertus pour la chlorose, la suppression des regles, l'affection hystérique ; certainement elle mérite d'être suivie. On peut croire que son infusion seroit utile dans la plupart des maladies dans lesquelles les autres plantes aromatiques ont été prescrites avantageusement.

171. LA BÉTOINE.

BETONICA purpurea. C. B. P.
BETONICA officinalis. L. *didyn. gymnosp.*

Fleur. Labiée ; le tube cylindrique, courbé ; la levre supérieure arrondie, entiere, plane, droite ; la levre inférieure divisée en trois parties, la moyenne échancrée ; corolle pourpre, quelquefois blanche.

Fruit. Quatre semences brunes & arrondies au fond du calice.

Feuilles. Oblongues, arrondies, dentées tout

Cl. IV.
Sect. III.

autour, velues, ridées, quelquefois oreillées à leur base; les radicales pétiolées.

Racine. De la grosseur d'un pouce, coudée, fibreuse, chevelue.

Port. Les tiges s'élevent à la hauteur d'un pied & demi, droites, noueuses, carrées; les fleurs en épis interrompus; le calice barbu; quelques feuilles florales; les feuilles opposées deux à deux.

Lieu. Les bois, les buissons, les prés. Lyonnoise, Lithuanienne. ♃

Propriétés. Ses racines ont un goût amer, & les feuilles une saveur aromatique: la plante est céphalique, tonique, sternutatoire, antihystérique, vulnéraire, détersive.

Usages. On se sert de toute la plante; on tire de l'herbe fraîche une eau distillée & un suc; des feuilles seches on fait une poudre sternutatoire & des infusions; des sommités on fait des infusions; tous deux se donnent, pour l'homme, depuis ℥ ß jusqu'à ℥ j; le suc des feuilles jusqu'à ℥ iv, & l'extrait jusqu'à ℥ ß. L'usage des racines est bien différent de celui des fleurs & des feuilles; elles sont désagréables au goût, elles excitent des nausées & des vomissemens; on conseille rarement leur usage; pour les animaux on donne la poudre, à la dose de ʒ j, & le suc à la dose de ℥ ij.

Observations. La saveur de la Bétoine est un peu amere, comme salée; son odeur, aromatique, foible; l'extrait, aqueux, amer, & sans odeur; la poudre des feuilles fait éternuer & augmente le cours de la morve. En général nous trouvons que cette plante a été trop vantée pour la guérison de plusieurs maladies qui demandent de plus puissans secours, comme la paralysie, la jaunisse, l'hydropisie; ces maladies, le plus souvent incurables, ne céderont certainement pas au principe médicamenteux peu actif de la Bétoine; la vertu purgative des racines, annoncée par quelques Auteurs, est peu certaine; nous l'avons tentée, sans observer aucune évacuation. La poudre de Bétoine est utile, d'après nos observations, dans les maladies catarrales avec atonie, comme diarrhée, anorexie, toux.

172. LE BASILIC.

OCYMUM vulgatius. C. B. P.
OCYMUM basilicum. L. *didyn. gymnosp.*

Fleur. Labiée, renversée; tube court & large; la levre supérieure plus grande que l'inférieure; celle-ci frisée & crenelée légérement; l'une fendue en quatre, l'autre entiere.

Fruit. Quatre semences oblongues, noirâtres, dans un calice cilié, refermé, très-court, dont la levre supérieure est arrondie, un peu échancrée, l'inférieure à quatre segmens.

Feuilles. Ovales, un peu succulentes, glabres, simples, entieres, pétiolées; il y en a de grandes, de petites, de panachées: ce sont des variétés.

Racine. Ligneuse, fibreuse, noire.

Port. Les tiges nombreuses, touffues, s'élevent à la hauteur de huit à dix pouces; les fleurs en épis verticillés; deux feuilles florales au-dessous des bouquets, verticillées; les feuilles opposées.

Lieu. Les Indes; on le cultive dans tous les jardins. ⊙

Propriétés. Odeur aromatique; saveur forte, comme anisée; la plante est céphalique, emménagogue, diaphorétique, stomachique, sternutatoire.

Usages. On emploie son herbe & ses semences; on fait de la plante seche une poudre, & les feuilles servent en infusion. Le Basilic est plus utile dans les cuisines qu'en Médecine, mais il entre dans plusieurs compositions.

Cl. IV.
Sect. III.

Observations. L'herbe de Basilic récente, a une odeur plus agréable que celle qui est desséchée; c'est un des assaisonnemens vulgaires; les feuilles fournissent une grande quantité d'huile essentielle très-aromatique; cette huile est utile dans les maladies nerveuses avec atonie, comme paralysie, goutte sereine; la poudre des feuilles est sternutatoire, on l'a employée utilement dans la perte de l'odorat, causée par l'épaississement de la morve.

On cultive encore quelques autres especes très-aromatiques.

1.° Le petit Basilic, *Ocymum minimum* L., dont les feuilles très-petites sont ovales, très-entieres; il est originaire de Ceilan.

2.° Le Basilic des Moines, *Ocymum monachorum* L., dont les filamens sont sans dents, & dont deux sont velus à leur base; les feuilles grandes, ovales, à dents de scie; son odeur est très-pénétrante & très-agréable; nous l'avons cultivé. On ignore son origine.

Dans les autres Basilics vous trouverez deux filamens dentés un peu au-dessus de leur insertion.

SECTION IV.

Des Herbes à fleur monopétale en gueule & à une seule levre.

173. LA GERMANDRÉE *ou* petit Chêne.

CHAMÆDRIS *major repens.* C. B. P.
TEUCRIUM *chamædris.* L. *didyn. gymnosp.*

FLEUR. Labiée; tube cylindrique, recourbé, à l'extrémité duquel on ne remarque distinctement qu'une levre inférieure divisée en cinq parties, la partie du milieu en forme de cuiller; les étamines paroissent occuper la place de la levre supérieure; la corolle est purpurine.

Fruit. Quatre semences obrondes dans le fond d'un calice tubulé, qui n'est pas changé.

Feuilles. Ovales, découpées & crenelées à leur circonférence, pétiolées; les grandes & les petites ne forment qu'une variété.

Racine. Fibreuse, traçante.

Port. Les tiges de neuf à dix pouces, quadrangulaires, couchées, velues; les fleurs presque verticillées ou quaternées, soutenues par des péduncules, naissent des aisselles des feuilles qui sont opposées deux à deux.

Lieu. Les bois, les côteaux secs & arides. Lyonnoise. ♃

Propriétés. Les feuilles ont une odeur foible,

Cl. IV. Sect. IV.

peu aromatique, un goût amer; l'herbe est tonique, sudorifique, emménagogue, fébrifuge, vermifuge, incisive.

Usages. L'on emploie l'herbe fraîche & seche fréquemment; de la fraîche on fait un extrait; de la seche, une poudre ou des infusions en maniere de Thé; on donne la poudre dans du bouillon, contre la fievre quarte; l'extrait se donne à la dose de ʒj pour l'homme; on donne aux chevaux l'infusion, à la dose de poig. j dans le vin blanc.

Observations. Nous trouvons souvent les tiges du petit Chêne droites; de chaque côté aux aisselles deux ou trois fleurs; les calices des fleurs supérieures sont souvent pourpres.

En résumant toutes les observations, on peut croire que le petit Chêne a été utile pour accélérer la coction dans les fievres intermittentes, & faciliter la dépuration dans la goutte; mais ces observations paroîtront toujours incertaines aux Médecins sceptiques qui savent que la nature seule fait guérir les fievres intermittentes, & dissiper l'humeur arthritique à chaque période. Nous ne saurions trop souvent faire remarquer, en évaluant les vertus des plantes, quelles sont les maladies qui sont, quoi que l'on fasse, sous l'empire immédiat du principe vital.

174. LE SCORDIUM ou Germandrée aquatique.

Chamædris palustris canescens, seu Scordium officinarum. I. R. H.

Teucrium scordium. L. *didyn. gymnosp.*

Fleur. } Caracteres de la précédente; le calice
Fruit. } renflé; la corolle rougeâtre.

Feuilles. Ovales, dentées, sessiles, moins découpées que celles de la Germandrée.

Racine. Fibreuſe, rampante.

Port. Tiges d'un pied, carrées, velues, blanchâtres, creuſes, rameuſes, inclinées vers la terre; les fleurs verticillées, quatre à quatre, pédunculées, quelquefois axillaires, deux à deux; feuilles oppoſées.

Cl. IV. Sect. IV.

Lieu. Les terrains humides & marécageux, au confluent du Rhône & de la Saône, & ailleurs. ♃

Propriétés. Odeur forte, aromatique, approchant de l'ail; ſaveur amere; la plante eſt antiſeptique, alexitere, fébrifuge, vermiſuge, emménagogue, diaphorétique, & ſur-tout mondificative.

Uſages. On ſe ſert de l'herbe fleurie dont on tire une eau diſtillée, une teinture ſpiritueuſe qui ſe prend en infuſion, un extrait, des décoctions, une poudre, un ſirop. L'eau diſtillée ſe donne depuis ℥ iv juſqu'à ℥ vj; la teinture, depuis ʒ j juſqu'à ʒ ij; l'extrait, à la doſe de ℥ ß; la conſerve, à la doſe de ℥ j; le ſirop également. Extérieurement on ſe ſert de l'herbe en fomentations & cataplaſmes; le tout pour l'homme. Pour les chevaux on en fait infuſer poig. ij dans ℔ j ß d'eau, pour un breuvage, ou la poudre à la doſe de ℥ j.

Observations. En vieilliſſant, le Scordium perd de ſon odeur d'ail, mais il conſerve ſon amertume; ſes principes médicamenteux paſſent dans les infuſions aqueuſes & ſpiritueuſes; on retire une petite quantité d'huile eſſentielle qui conſerve l'odeur d'ail. Ce principe eſt ſi pénétrant qu'il infecte le lait des vaches qui ont mangé du Scordium.

Cette plante a été très-célebre dans tous les temps, on ne peut lui refuſer des vertus bien conſtatées, ſoit dans les maladies aiguës, ſoit dans les maladies chroniques; nous l'avons ſouvent preſcrite dans les fievres intermittentes. Si elle ne guérit pas ſeule, elle accélere évidemment le travail de la nature. Dans les fievres pernicieuſes avec abattement des forces, & même dans la peſte c'eſt un puiſſant cordial; on peut la preſcrire dans toutes les

Cl. IV. Sect. IV.

maladies avec atonie, comme paralysie, anasarque, leucophlegmatie, chlorose, rhumatisme chronique. Extérieurement elle réussit dans le traitement des ulceres putrides. Dans la gangrene elle produit un effet aussi marqué que l'Absynthe ; dans les sinoches putrides avec abattement des forces, nous avons souvent ordonné avec avantage, pour toute tisane, la décoction de Scordium dans l'oximel simple.

175. LA GERMANDRÉE en arbre.

CHAMÆDRIS frutescens teucrium vulgo. I. R. H.

TEUCRIUM flavum. L. *didyn. gymnosp.*

Fleur. } *Fruit.* } Comme dans la précédente; corolle jaune.

Feuilles. Arrondies, cordiformes, ondulées, dentées à dents obtuses, sessiles.

Racine. Rameuse, ligneuse.

Port. Tige de la consistance d'un arbuste ; les fleurs verticillées au nombre de six, pédunculées; feuilles florales concaves, entieres ; feuilles opposées.

Lieu. L'Italie, la Sicile. ♃

Propriétés. } *Usages.* } De la précédente.

176. LE POLIUM à fleur blanche.

POLIUM montanum album. C. B. P.

TEUCRIUM polium. L. *didyn. gymnosp.*

Fleur. } *Fruit.* } Comme dans les précédentes; la corolle jaune ou blanche : variété.

Feuilles.

Feuilles. Petites, oblongues, épaiſſes, crenelées, couvertes d'un duvet blanc, ſeſſiles.

Racine. Ligneuſe, peu fibreuſe.

Port. Tiges menues, arrondies, fermes, ligneuſes; les fleurs raſſemblées pluſieurs enſemble, en maniere de têtes ou en épis ronds; feuilles oppoſées.

Lieu. Les Provinces méridionales. ♃.

Propriétés. Odeur forte & aromatique; ſaveur déſagréable & amere; le Polium eſt tonique, diurétique.

Uſages. On emploie particuliérement les ſommités fleuries, en infuſion en maniere de Thé.

Observations. Le genre des *Teucrium* préſente trente-cinq eſpeces dans le ſyſteme de Linné, parce que cet Auteur n'a eu égard, d'après ſes principes, qu'aux parties de la fructification; peut-être ſeroit-il plus avantageux, pour la pratique, de ſubdiviſer les *Teucrium* ſuivant les idées de Tournefort, qui a formé ſes genres ſecondaires d'après la floreſcence. Quoi qu'il en ſoit, nous croyons devoir donner les caracteres de quelques eſpeces aſſez communes dans nos Provinces, en commençant par la plus célebre, qui ne ſe trouve que dans les Provinces méridionales.

1.° Le *Teucrium marum* L., *Chamædris maritima incana fruteſcens, foliis lanceolatis* T.; tige d'un demi-pied, droite, à branches nombreuſes, contournées, cotonneuſes; feuilles pétiolées, épaiſſes, ovales, aiguës, petites, blanchâtres, cotonneuſes en-deſſous; fleurs aux aiſſelles, ſolitaires, tournées d'un ſeul côté, formant au ſommet des tiges comme des grappes; corolles violettes. Spontanée en Eſpagne & dans quelques Iſles Françoiſes de la Méditerranée. Les feuilles & les jeunes branches froiſſées entre les doigts, exhalent une odeur camphrée, très-pénétrante, & font éternuer; elles perdent peu par la deſſication, elles lâchent dans les menſtrues aqueux & ſpiritueux leurs principes aromatiques; l'huile eſſentielle du *Marum* eſt volatile, très-aromatique, très-pénétrante. Il eſt ſurprenant qu'une plante auſſi éner-

Cl. IV. Sect. IV.

gique ait été abandonnée par les Médecins modernes; cependant plusieurs observations prouvent qu'elle a réussi dans l'apoplexie séreuse, dans la paralysie, dans la chlorose avec suppression des regles, dans l'asthme pituiteux, dans l'anorexie avec relâchement & flatuosités, dans l'affection hypocondriaque; nous l'avons toujours donnée infusée dans du vin.

2.° Le *Teucrium botrys* L., dont les feuilles sont très-découpées, comme pinnées; les fleurs axillaires, à pédunculés, trois à chaque aisselle. Très-commune dans le Lyonnois.

3.° Le *Teucrium scorodonia* L., dont la tige est droite; les feuilles pétiolées, en cœur, crenelées; les fleurs en épis tournés d'un seul côté; les corolles blanches. Lyonnoise & Allemande.

4.° Le *Teucrium montanum* L., *Polium lavandulæ folio* C. B., dont les tiges sont inclinées; les feuilles étroites, lancéolées, cotonneuses, blanches en-dessous; les fleurs en corymbe terminant la tige; les corolles blanches. Lyonnoise.

177. L'IVETTE.

CHAMÆPITYS lutea vulgaris, sive folio trifido. C. B. P.

TEUCRIUM chamæpitys. L. *didyn. gymnosp.*

Fleur. } Caracteres des précédentes; le calice
Fruit. } un peu renflé; la corolle jaune.

Feuilles. Linéaires, velues, divisées au sommet en trois parties linaires.

Racine. Menue, fibrée, blanche.

Port. Les tiges longues de quelques pouces, couchées, velues, disposées en rond; les fleurs solitaires, sessiles, axillaires; feuilles opposées deux à deux, sur les nœuds des tiges.

Lieu. Les champs & montagnes sablonneuses. Lyonnoise. ⊙

Propriétés. Odeur de la résine de Meleze ou de

Pin, goût âcre & amer; la plante apéritive, vulnéraire, céphalique, antispasmodique, astringente, emménagogue. Cl. IV. Sect. IV.

Usages. On se sert pour l'homme de toute la plante, excepté des racines; on fait des feuilles une poudre & des infusions dans de l'eau ou dans du vin; on s'en sert en décoction; on tire le suc, on en fait un extrait. La poudre dans de l'eau ou du vin, se donne à la dose de ℈j, ainsi que l'extrait; extérieurement on l'applique sur les plaies.

On donne aux animaux la poudre à ℥ ß, ou l'infusion à poig. j dans ℔ j de vin blanc.

Observations. L'Ivette a été très-vantée pour la guérison de plusieurs maladies; on l'a sur-tout souvent ordonnée aux goutteux : la tisane faite avec cette plante a diminué chez quelques-uns le nombre des accès; mais quelques-uns ont été jetés dans un état de langueur avec fievre lente. L'Ivette réussit très-bien dans l'ictere avec empâtement du foie.

178. LA BUGLE *ou* petite Consoude.

Bugula. Dod. Pempt.
Ajuga reptans. L. *didyn. gymnosp.*

Fleur. Labiée; la levre inférieure divisée en trois parties, celle du milieu partagée en deux; on trouve deux dentelures à la place de la levre supérieure.

Fruit. Quatre semences arrondies au fond d'un calice assez petit.

Feuilles. Simples, très-entieres, arrondies, molles, sinuées, légérement découpées, luisantes; les radicales pétiolées, les caulinaires sessiles.

Racine. Horizontale, fibreuse, stolonifere, jetant plusieurs drageons.

Cl. IV.
Sect. IV.

Port. Tiges herbacées; les unes grêles, un peu cylindriques, rampantes; les autres droites, longues d'une palme, quadrangulaires, velues des deux côtés opposés; les feuilles opposées.

Lieu. Les prés, &c. Lyonnoise, Lithuanienne. ♃

Propriétés. Saveur amere & astringente; la plante est vulnéraire, résolutive, apéritive.

Usages. On se sert pour l'homme de toute la plante, soit intérieurement, soit extérieurement; on en tire une eau distillée; on en fait un extrait; on prescrit les feuilles dans les infusions, apozemes & potions vulnéraires, à la dose de poig. j; les fleurs, depuis une pincée jusqu'à deux; le suc des feuilles exprimé & clarifié, à la dose de ℥ iv jusqu'à ℥ vj; le suc s'applique extérieurement sur les plaies & les ulceres; on en fait des gargarismes; on en tire une eau distillée.

On donne aux animaux l'infusion à la dose de poig. j ß dans ℔ ij d'eau, le suc à la dose de ℔ ß.

Observations. La Bugle, presque inodore, nous prouve encore que toutes les plantes d'une même famille naturelle n'ont pas les mêmes principes médicamenteux; son eau distillée ne vaut pas l'eau commune; ses vertus vulnéraires sont peu réelles, elle n'a guéri que les plaies que la nature conduit très-bien à cicatrice. Cette espece n'est pas la seule que nous possédons, on trouve encore assez généralement dans toute l'Europe:

1.° L'*Ajuga pyramidalis* L., *Consolida media pratensis* C. B., dont la tige est velue, droite; les feuilles radicales très-grandes. Lyonnoise, Lithuanienne.

2.° L'*Ajuga genevensis* L., très-ressemblante à la précédente; mais ses feuilles sont plus velues, ses calices hérissés de poils, le plus souvent les corolles rouges. Lyonnoise, Lithuanienne.

Plusieurs Botanistes ne la regardent que comme une variété de la Bugle pyramidale.

Dans les Bugles, les fleurs sont en épis, plus ou moins resserrés.

CLASSE V.

DES HERBES ET SOUS-ARBRISSEAUX à fleur polypétale, réguliere, composée de quatre pétales disposés en croix, nommée *cruciforme*.

SECTION PREMIERE.

Des Herbes à fleur polypétale, réguliere, cruciforme, dont le pistil devient un fruit assez court, qui n'a qu'une seule cavité.

179. LE PASTEL *ou* LA GUEDE.

Isatis Sylvestris, seu angustifolia. C. B. P.
Isatis tinctoria. L. *tetradin. siliquosa.*

Fleur. Cruciforme; les pétales oblongs, obtus, larges par le haut, jaunes; le calice découpé en quatre folioles ovales, colorées.

Fruit. Siliques oblongues, aplaties, très-nombreuses, pendantes, lancéolées, obtuses, à une loge s'ouvrant à deux battans de forme naviculaire; une semence ovale, alongée.

Cl. V.
Sect. I.

Feuilles. Simples ; les radicales pétiolées, les caulinaires sessiles, amplexicaules & en fer de fleche, d'un vert de mer.

Racine. Napiforme.

Port. La tige de deux ou trois pieds, très-lisse, herbacée, rameuse ; les fleurs petites, au haut des tiges, disposées en grappe & en corymbe ; feuilles alternes ; aucun support.

Lieu. Les bords de la mer ; on le cultive dans nos jardins. ♂

Propriétés. Vulnéraire, astringent ; on le dit sudorifique, hépatique, ce qui demande à être confirmé.

Usages. En cataplasme, en décoction.

I.re Observation. Toutes les vertus médicinales du Pastel sont incertaines & oubliées ; mais comme plante économique, il mérite notre attention ; ses feuilles réduites en pâte, & ensuite en boules séchées, fournissent une teinture bleue, résineuse, que l'on développe au moins de l'alkali. Les vaches & les moutons mangent le Pastel ; & comme il résiste à la gelée, on peut en faire des pâturages pour l'hiver ; les chevres, les chevaux n'aiment point cette plante. Nous l'avions cultivé dans le Jardin royal de Grodno ; non-seulement ses semences mûrissoient, mais en s'échappant elles produisirent du Pastel dans les terres circonvoisines.

II.e Observation. On doit ramener à cette section quelques plantes très-communes, savoir :

1.° La Caméline vivace, *Myagrum perenne* L., dont la tige est lisse, très-rameuse, haute d'un pied & demi ; les feuilles inférieures pétiolées, pinnatifides ; celles de la tige dentées ; les fleurs jaunes ; les silicules à deux articulations, dont un seul nœud renferme une semence. Lyonnoise, Allemande.

2.° La Caméline cultivée, *Myagrum sativum* L. ; tige de deux pieds ; feuilles embrassant la tige, articulées ; les silicules en forme de poires, pédunculées, à plusieurs semences. Lyonnoise, Lithuanienne.

On retire de ses graines une huile bonne à brûler.

3.° La Caméline paniculée, *Myagrum paniculatum* L., *Rapistrum arvense folio auriculato acuto* T.; tige velue, à rameaux étalés; feuilles embrassant la tige, à oreilles, un peu velues; fleurs en longs épis, jaunes; silicules très-petites, arrondies, à une semence. Lyonnoise; plus commune en Lithuanie.

Nous avons souvent trouvé en Lithuanie des individus à tige très-simple, sans branches, terminée par un seul épi à silicules ridées velues. Dans l'une & l'autre variété, les feuilles sont entieres ou dentées.

4.° La petite Caméline des Alpes, *Myagrum saxatile* L., se trouve aussi dans le Lyonnois; ses feuilles radicales pétiolées, forment sur terre une rose; celles de la tige sont assises, elles sont ovales, dentées ou élancées; les silicules sphériques, arrondies, lisses.

5.° La Caméline perfoliée, *Myagrum perfoliatum* L., à feuilles radicales en lyre; celles de la tige assises, d'un vert de mer; fleurs d'un jaune pâle; silicule piriforme, à une semence, quoique à trois loges. En France.

III.e Observation. Un genre analogue à la Caméline, qui offre quelques especes très-communes, ce sont les Draves, parmi lesquelles nous possédons,

1.° La Drave printaniere, *Draba verna*, petite plante dont les feuilles radicales, petites, lancéolées, un peu dentées, forment sur terre une petite rosette; les tiges nues, ou hampes, portent plusieurs fleurs sur d'assez longs péduncules; les pétales blancs, divisés; les silicules entieres, ovales, oblongues, dont la cloison est parallele avec les valves. Nous avons trouvé plusieurs variétés de cette espece, tant dans le Lyonnois qu'en Lithuanie; quelquefois elle est infiniment petite, à hampe, ne portant que deux ou trois fleurs; les feuilles sont entieres ou dentées, lisses ou hérissées; comme la silicule se développe rapidement, elle oblittere plusieurs étamines.

2.° La Drave des murailles, *Draba muralis*, à tige rameuse, à feuilles ovales, assises, dentées: les fleurs sont blanches ou jaunes, les feuilles velues. On trouve des individus très-petits, à tige de trois pouces. Lyonnoise, Lithuanienne.

CL. V. SECT. I.

180. LE CHOU MARIN.

CRAMBE maritima brassicæ folio. I. R. H.
CRAMBE maritima. L. *tetradyn. siliquosa.*

Fleur. Cruciforme; les pétales grands, obtus, ouverts; les onglets de la longueur du calice qui est formé par quatre folioles ovales, concaves, ouvertes.

Fruit. Une seule semence sous-orbiculaire, renfermée dans une silique, espece de baie seche, arrondie, caduque.

Feuilles. Cordiformes, crépues, charnues, lisses, grandes, sinuées, quelquefois ailées.

Racine. Napiforme.

Port. La tige herbacée, cylindrique, rameuse, de la hauteur de trois pieds; les fleurs au sommet des rameaux, disposées en grappes; les feuilles alternes; aucun support.

Lieu. Les bords de l'Océan septentrional. ♃

Propriétés. } On dit cette plante résolutive.
Usages. } Ses vertus ne sont pas suffisamment reconnues; il est douteux qu'elle jouisse des mêmes propriétés que les véritables Choux.

OBSERVATIONS. Les quatre étamines plus longues forment au sommet une fourche dont une branche porte l'anthere; rien ne ressemble plus au Chou avant la fructification, cependant cette plante constitue un genre bien différent.

SECTION II.

Des Herbes à fleur polypétale, réguliere, cruciforme, dont le pistil devient un fruit assez court, divisé transversalement en deux loges, par une cloison mitoyenne.

181. LE THLASPI.

THLASPI *vulgatius.* J. B.
THLASPI *campestre.* L. *tetradyn. siliculosa.*

FLEUR. Cruciforme ; les pétales blancs, ovales, deux fois plus longs que le calice formé par quatre folioles ovales, concaves, qui tombent avant la formation du fruit.

Fruit. Petite silique, obronde, échancrée au sommet, entourée d'un rebord aigu, rétrécie par le bas, biloculaire, divisée par une cloison lancéolée, s'ouvrant en deux battans naviculaires; quelques semences aplaties fixées dans la silicule.

Feuilles. Blanchâtres; celles de la tige en forme de fleche, dentées, quelquefois amplexicaules; les radicales pétiolées, ovales.

Racine. Assez grosse, napiforme, blanche.

Port. Tiges d'un pied de haut, rameuses, lisses; les fleurs au sommet, rassemblées en petits bouquets, presque en ombelle, & soutenues par de longs péduncules; point de supports.

Lieu. Les champs, les terrains incultes. Lyonnoise. ♂

Propriétés. La racine & les feuilles sont d'un

goût âcre, & plus encore la ſemence; la plante eſt apéritive, inciſive, réſolutive, antiſcorbutique & diaphorétique.

Uſages. On ſe ſert ſeulement de la ſemence dont on tire une poudre qui ſert dans les cataplaſmes, contre les humeurs rhumatiſmales & les tumeurs humorales.

Observations. Les vertus médicinales de ce Thlaſpi, ſont purement rationnelles; comme plante économique, nous remarquerons que les chevres ſont les ſeules des animaux domeſtiques qui la mangent.

Dans pluſieurs individus, les feuilles radicales ſont découpées.

182. LE THLASPI à odeur d'ail.

Thlaspi allium redolens. Mor. Hiſt.
Thlaspi alliaceum. L. *tetradyn. ſiliculoſa.*

Fleur. Cruciforme : comme la précédente.

Fruit. Silicule qui ne differe de la précédente qu'en ce qu'elle eſt ovale & renflée.

Feuilles. Oblongues, obtuſes, dentées, glabres; celles de la tige ſont comme celles de la précédente.

Racine. } Comme dans la précédente.
Port. }

Lieu. Les pays chauds. Lyonnoiſe. ♂

Propriétés. Toute la plante répand une odeur d'ail; elle a un goût âcre. On regarde ſa ſemence comme inciſive, déterſive, apéritive, antiſcorbutique.

Uſages. On ne ſe ſert que de la ſemence en poudre, dont la doſe eſt pour l'intérieur, depuis ℈ j juſqu'à ℈ ij. On ne la donne qu'aux tempéramens froids, fatigués par la pituite & par les acides, à cauſe de ſon âcreté cauſtique; extérieurement, on s'en sert pour masticatoire; elle déterge & mondifie promptement les ulceres. On en donne la poudre aux animaux à la dose de ʒj ß ou ʒ ij.

Observations. Cette espece n'a paru à plusieurs Botanistes qu'une variété du *Thlaspi arvense.* Elle répand une odeur d'ail plus pénétrante; ses semences sont plus ameres, plus piquantes; ses feuilles infusées dans du lait passent pour tuer les vers & appaiser les tranchées des enfans. Le lait des vaches qui mangent abondamment ce Thlaspi, a un gout d'ail très-désagréable.

183. LA ROSE DE JÉRICHO.

Thlaspi rosa de Hierico dictum: Mor. Hist.
Anastatica hierocuntica. L. *tetrad. silicul.*

Fleur. Cruciforme; pétales obronds, planes; les onglets de la longueur du calice; la corolle blanche; le calice formé par quatre folioles ovales, oblongues, concaves.

Fruit. Silicule épineuse, couronnée à la marge par deux valvules beaucoup plus longues que la cloison, à deux loges qui renferment chacune une semence obronde.

Feuilles. Charnues, cotonneuses, en forme de spatule, crenelées au sommet, sessiles.

Racine. Napiforme.

Port. Tige de la hauteur d'un ou deux pouces, diffuse, rameuse, cotonneuse; les rameaux épars, ramassés en forme d'ombelle; les fleurs en épis très-courts, sessiles, axillaires; les feuilles éparses, alternes.

Lieu. Les bords de la mer Rouge; difficilement dans les jardins. ⊙

Propriétés. } On lui croit les mêmes vertus
Usages. } qu'à la précédente; elle est anti-

Cl. V. Sect. II.

ſcorbutique. Elle peut ſervir d'hygrometre, lors même qu'elle eſt vieille & ſeche ; la moindre humidité fait épanouir ſes branches ; la ſéchereſſe les fait replier.

Observations. On trouve en Autriche une autre eſpece de Roſe de Jéricho, l'*Anaſtatica ſiriaca*, dont les feuilles ſont rudes, lancéolées ; les épis plus longs que les feuilles ; les ſilicules ovales, terminées par une pointe.

184. LE THLASPI à larges ſiliques.

Thlaspi arvenſe latis ſiliquis. C. B. P.
Thlaspi arvenſe. L. *tetradyn. ſiliculoſa.*

Fleur. Caractere des Thlaſpis n.° 181. & 182.

Fruit. Idem. Silicule large, orbiculée, aplatie, échancrée par le haut ; ſemences noires.

Feuilles. Liſſes, jaunâtres ; les inférieures pétiolées & profondément dentées, oblongues ; les caulinaires ſeſſiles & amplexicaules.

Racine. Perpendiculaire, napiforme.

Port. Tiges rameuſes, de la hauteur d'un pied, anguleuſes, cannelées. Les fleurs blanches, en épi, au ſommet des tiges, ſur de longs péduncules.

Lieu. Les champs, les vignes. Lyonnoiſe, Lithuanienne. ☉

Propriétés. } Les mêmes que les autres Thlaſpis.
Uſages. }

Observations. Cette eſpece qui exhale une légere odeur d'ail, impregne de cette odeur le lait des animaux qui en ont long-temps mangé, ſur-tout celui des vaches & des brebis ; mais leur lait perd cette qualité ſi on les nourrit ſeulement trois ou quatre jours avec un autre fourrage. Cela prouve que le principe odorant de cette plante eſt inaltérable par la digeſtion. On prétend que l'odeur du Thlaſpi chaſſe les punaiſes, & les inſectes qui attaquent le bled. La ſemence des Thlaſpis cache dans l'écorce un principe vif, piquant, analogue à celui des Moutardes, mais moins énergique. CL. V. SECT. II.

La ſilicule bien développée ſe creuſe comme un cuiller; la plante en fleur a ſouvent à peine trois pouces, elle s'éleve enſuite à plus d'un pied; on trouve rarement les ſix étamines, parce que la ſilicule qui s'enfle rapidement en oblittere pluſieurs. Dans la plupart des individus, les feuilles de la plante en fleur ſont très-entieres; elles ne deviennent dentées que dans la plante dont les ſilicules ſont développées.

Nous poſſédons encore aſſez généralement dans nos Provinces quelques autres eſpeces de Thlaſpi qu'il eſt agréable de ſavoir dénommer.

1.° Le *Thlaſpi montanum* L., dont la tige eſt droite; les feuilles radicales en cœur; celles de la tige l'embraſſant, & à oreillettes, toutes liſſes, un peu ſucculentes; les ſilicules en cœur, échancrées; les corolles plus grandes que le calice. Lyonnoiſe, Allemande.

2.° Le *Thlaſpi perfoliatum* L., dont les tiges ſont liſſes, rameuſes; les feuilles radicales ovales; celles de la tige en cœur, l'embraſſant, liſſes, dentelées; les ſilicules triangulaires; les corolles blanches, à peine plus longues que les feuillets des calices. Lyonnoiſe, Allemande. Les étamines ſont plus longues que les pétales.

185. LE CRESSON ALÉNOIS *ou* Naſitor.

NASTURTIUM hortenſe vulgatius. C. B. P.
LEPIDIUM ſativum. L. *tetradyn. ſiliculoſa.*

Fleur. Cruciforme; les pétales ovales, deux fois plus grands que le calice, dont les quatre folioles ſont ovales, concaves.

Fruit. Silicule ovale, peu échancrée, aplatie,

Cl. V.
Sect. II.

biloculaire, divisée par une cloison lancéolée ; semences solitaires, ovales, terminées en pointe.

Feuilles. Un peu oblongues, succulentes, à plusieurs découpures, quelquefois lancéolées ou ovales, dentées au sommet; les inférieures pinnées: les feuilles frisées constituent une variété.

Racine. Simple, ligneuse, fusiforme, blanche, garnie de fibres menues.

Port. Les tiges d'un ou deux pieds, lisses, rondes, solides, rameuses ; les fleurs nombreuses, blanches au sommet des tiges.

Lieu. Les jardins. ⊙

Propriétés. La racine est moins âcre que les feuilles; la plante est détersive, diurétique, emménagogue, incisive, antiscorbutique, sternutatoire.

Usages. De l'herbe on tire pour l'homme une eau distillée, un suc; de la semence, une poudre en farine; l'eau distillée se donne depuis ℥ j jusqu'à ℥ iv; extérieurement ses semences & ses feuilles mêlées avec du sain-doux, sont utiles contre les ulceres sordides, la teigne, la gale : pour les animaux on donne le suc à la dose de ℥ iv, & l'infusion à une poignée dans ℔ j d'eau.

Observations. Cette plante, très-usitée dans nos cuisines, a été cultivée depuis long-temps dans nos jardins, quoiqu'on ignorât son pays natal ; on l'a, dit-on, nouvellement découvert dans quelques Isles du détroit de Magellan ; mêlée dans les salades, elle les anime comme l'Estragon. Sa saveur piquante est analogue à celle des autres especes de cette famille, mais moins mordante que dans quelques autres especes. Ce principe énergique qui la rend assez active pour enflammer la peau, se perd par la dessication & l'action du feu ; elle est, comme ses congéneres, antiscorbutique, & elle offre cet avantage qu'on peut s'en procurer en tout temps, vu son étonnante facilité à croître de semences. Un moyen curieux & commode, c'eſt d'envelopper une bouteille d'une couche de coton cardé, dont les franges trempent dans le gouleau, & de ſemer ſur ce coton la ſemence de Creſſon ; en peu de jours on ne voit plus qu'une forêt de plantules qui couvrent la bouteille.

On peut mâcher à jeun l'herbe, lorſque les premieres voies ſont ſurchargées de glaires.

Les ſemences ſont encore plus piquantes que les feuilles ; elles nous ont ſouvent fourni un excellent épipaſtique. Le genre des *Lepidium* offre pluſieurs eſpeces dont quelques-unes méritent d'être connues.

1.° La grande Paſſerage, *Lepidium latifolium*, dont les feuilles ſont ovales, lancéolées, entieres, à dents de ſcie.

On le trouve dans nos Provinces, il eſt encore plus âcre que le Creſſon alénois ; on le regarde comme un diurétique très-actif qui a quelquefois fait rendre des graviers par les urines. Voyez ci-après le tableau 188.

2.° Le *Lepidium nudicaule*, le petit Creſſon à hampes, dont la tige très-ſimple eſt ſans feuilles, dont les fleurs n'offrent que quatre étamines, & les feuilles ſont étroites, pinnatifides, ou profondément dentées.

On le trouve dans nos montagnes du Lyonnois.

3.° Le *Lepidium procumbens*, le Creſſon couché, à hampes couchées, à feuilles ſinuées & pinnées ; la foliole impaire, plus grande. Dans nos Provinces. Annuelle.

3.° Le *Lepidium ruderale*, le Creſſon des ruines, à fleurs ſans pétales, à deux étamines, à feuilles de la racine pinnées, dentées ; celles de la tige linaires, très-entieres. Cette eſpece répand une odeur très-forte ; elle eſt très-commune en Lithuanie, elle eſt plus rare autour de Lyon. J'ai ſouvent trouvé les pétales. Le ſuc de cette herbe qui eſt âcre eſt ſouvent employé avec ſuccès contre les ulceres ſcorbutiques.

4.° Le *Lepidium iberis*, le Creſſon ibiride, à fleurs à deux étamines, à quatre pétales ; à feuilles inférieures lancéolées, à dents de ſcie ; les ſupérieures linaires, très-entieres. Sur les bords des chemins. Lyonnoiſe.

Cl. V. Sect. II.

186. L'HERBE AUX CUILLERS.

Cochlearia folio ſubrotundo. C. B. P.
Cochlearia officinalis. L. *tetrad. ſilicul.*

Fleur. Cruciforme ; pétales blancs, plus grands que le calice, les onglets plus courts.

Fruit. Silicule en forme de cœur, boſſue, terminée par un filet, biloculaire, ſes bords obtus; environ quatre ſemences rondes dans chaque cavité.

Feuilles. Les radicales arrondies, cordiformes, ſucculentes, luiſantes, portées par de longs pétioles ; les caulinaires ſeſſiles, ovales, oblongues, dentées.

Racine. Droite, napiforme, chevelue.

Port. Les feuilles radicales diſpoſées en rond ſur la terre, du milieu deſquelles s'élevent pluſieurs tiges à la hauteur d'un demi-pied; les fleurs au ſommet, en petits bouquets ronds.

Lieu. Les Pyrénées, près de Barege, les bords de la mer, les jardins. ♂

Propriétés. Les feuilles ſont âcres, ameres, piquantes. L'herbe & la ſemence ſont diurétiques par excellence, déterſives, inciſives, préférables à tous les antiſcorbutiques.

Uſages. L'on ſe ſert de l'herbe & des ſemences fraîches. De l'herbe on tire une eau ſimple, un ſuc, un eſprit ; on en fait des décoctions, un vin, des infuſions; la ſemence donne une poudre, une farine, une eau diſtillée. Le ſuc & l'eſprit ſont d'excellens gargariſmes antiſcorbutiques.

On donne aux animaux le ſuc à la doſe de ℥ ij, ou l'eſprit à la doſe de ʒ j dans un véhicule convenable.

Observations.

Ire OBSERVATION. L'herbe aux cuillers eſt très-commune dans le Nord, c'eſt ſans contredit le chef de bande des antiſcorbutiques; auſſi eſt-elle la plus communément employée, à ce titre, par les Médecins de nos jours. Les brebis mangent avec avidité le Cochléaria, en deviennent plus graſſes; mais leur chair acquiert par-là un goût déſagréable.

Cette plante, comme les autres Cruciformes, perd ſes vertus en ſe deſſéchant; ainſi il faut la preſcrire, ou fraîche ou en conſerve; le principe médicamenteux paſſe dans la diſtillation, ſoit avec l'eau, ou l'eſprit-de-vin; c'eſt avec ce dernier que l'on prépare l'eſprit de Cochléaria, très-énergique pour l'odontalgie. On retire auſſi de cette plante une huile eſſentielle, jaunâtre, d'abord limpide, s'épaiſſiſſant en vieilliſſant; cette huile renferme auſſi le principe vif de cette plante: de là on peut conclure que ce principe eſt miſcible avec l'eau, l'eſprit-de-vin & l'huile eſſentielle. L'eau diſtillée de Cochléaria, même très-chargée du principe mobile de cette plante, ne verdit point le ſirop violat, ni ne cauſe aucune effervescence avec les acides; d'où l'on conclut aujourd'hui que l'on s'étoit trop preſſé d'établir une grande analogie du principe volatil des Cruciformes, avec l'alkali volatil. Si on fait brûler ſur le charbon l'huile eſſentielle de Cochléaria, elle répand une odeur d'eſprit ſulfureux.

IIe OBSERVATION. La troiſieme eſpece de ce genre qui mérite d'être caractériſée, eſt le *Cochlearia coronopus*, la Corne-de-cerf, à tige penchée, à feuilles comme pinnées.

Ses petites fleurs blanches aſſiſes, ſes ſilicules hériſſées, la font aſſez reconnoitre.

Ses feuilles & ſes ſemences ont un goût piquant; elle n'eſt officinale que parce que ſes cendres entrent dans le fameux Lithontriptique de Mademoiſelle Stephens, mais elles ne lui fourniſſent qu'un alkali végétal non purifié.

Cette eſpece s'étend dans preſque toute l'Europe; elle eſt commune dans la Province du Lyonnois.

Cl. V.
Sect. II.

187. LE GRAND RAIFORT ſauvage.

COCHLEARIA folio cubitali. I. R. H.
COCHLEARIA armoriaca. L. *tetrad. ſilicul.*

Fleur. } Caracteres de la précédente.
Fruit. }

Feuilles. Les radicales ſont grandes, lancéolées, crenelées; les caulinaires découpées, ſeſſiles.

Racine. Napiforme, groſſe, blanche.

Port. La tige s'éleve du milieu des feuilles à la hauteur d'un pied ou deux, droite, ferme, creuſe, cannelée; les fleurs au ſommet de la tige.

Lieu. Les foſſés, les bords des ruiſſeaux. ♃

Propriétés. Les racines ont un goût plus âcre & plus brûlant que les feuilles. Les unes & les autres ſont antiſcorbutiques, coſmétiques, déterſives, emménagogues & très-diurétiques.

Uſages. On ſe ſert de la racine & de l'herbe fraîche. De la racine on fait des décoctions, des infuſions, des tiſanes, un vin, une eau diſtillée. De l'herbe & de la racine enſemble, une eau diſtillée. L'eau diſtillée de l'une ou de l'autre, ſe donne pour l'homme, à la doſe de ℥ iv dans les potions antiſcorbutiques & apéritives. L'eau appliquée extérieurement appaiſe les douleurs rhumatiſmales.

On donne aux animaux le ſuc des feuilles à ℥ ij, & l'infuſion à la doſe de poig. j dans ℔ ij d'eau.

OBSERVATIONS. La racine du grand Raifort ſauvage eſt ſi âcre, ſi on la goûte récente, qu'elle brûle & enflamme la langue & l'arriere-bouche; en la coupant, il s'exhale une odeur pénétrante qui fait éternuer & pleurer. On retire par la diſtillation de cette racine & des feuilles, une eau & une huile eſſentielle qui contiennent le principe médicamenteux; on peut adoucir l'acrimonie de la racine en la faiſant plus ou moins bouillir. Dans le Nord, après une légere décoction, on pile les racines pour en former une pulpe que l'on mange avec le bouilli; cela cauſe des éructations aux eſtomacs foibles. On a quelquefois preſcrit avec avantage dans les différentes eſpeces d'hydropiſie le ſuc de Raifort ſauvage; c'eſt un des plus puiſſans diurétiques; il nous a ſouvent réuſſi, donné à une, deux, ou trois onces; ce même ſuc ſoulage les goutteux, quelques aſthmatiques; il prolonge la vie dans le cas d'hydropiſie de poitrine : mais rappelons encore que ce n'eſt, dans ces maladies graves, qu'un palliatif; elles ſont preſque toujours mortelles ou incurables.

188. LA GRANDE PASSERAGE.

LEPIDIUM latifolium. C. B. P.
LEPIDIUM latifolium. L. *tetrad. ſiliculoſa.*

Fleur. Cruciforme; caracteres du Creſſon Alénois n.° 185.

Fruit. Idem. Le péricarpe obtus par ſes bords & non échancré au ſommet.

Feuilles. Glabres, ovales ou lancéolées, dentées en maniere de ſcie, entieres; les caulinaires ſeſſiles, les radicales pétiolées.

Racine. De la groſſeur du pouce, napiforme & blanchâtre.

Port. Les tiges glabres, très-rameuſes, remplies de moelle, & hautes de deux coudées; les fleurs naiſſent au ſommet des tiges, diſpoſées en pluſieurs bouquets axillaires, & portées ſur des péduncules très-grêles; les feuilles alternes.

Lieu. Les terrains fertiles & ombragés. Lyonnoiſe. ♃

Propriétés. Toute la plante a une ſaveur âcre; elle eſt apéritive, inciſive, emménagogue.

Usages. On se sert des feuilles, dont on fait des décoctions, des cataplasmes; on la fait infuser dans du vin. La racine & les feuilles fraîches pilées & appliquées appaisent la douleur de la sciatique. On en donne aux animaux la poudre à la dose de ℥ ß.

Cl. V. Sect. II.

189. LE TABOURET, Bourse à Pasteur.

BURSA pastoris major, folio sinuato. C. B. P.
THLASPI bursa pastoris. L. *tetradin. siliculosa.*

Fleur. Cruciforme; caracteres des Thlaspis n.° 181 & 182.

Fruit. Petite silicule triangulaire, s'ouvrant par le haut, & représentant à peu près une bourse divisée en deux loges remplies de semences menues: elle differe de celle des Thlaspis en ce qu'elle n'a aucun rebord.

Feuilles. Les radicales découpées en forme d'aile; les caulinaires plus petites, amplexicaules, larges à leur base, garnies d'oreilles des deux côtés sans découpures; les feuilles varient singuliérement suivant la nature du terrain, tantôt rondes, tantôt longues, entieres, découpées, simples ou ailées.

Racine. Blanche, droite, fibreuse, menue.

Port. La tige rameuse varie comme les feuilles; sa plus grande hauteur est d'une coudée; les fleurs blanches pédunculées naissent au sommet des rameaux.

Lieu. Elle croît par-tout, même pendant l'hiver. Lyonnoise, Lithuanienne. ☉

Propriétés. Sa racine a une saveur douceâtre &

naufécufe ; la plante entiere a une faveur un peu âcre.

Ufages. On fe fert auffi de toute la plante, à l'exception des racines. On en tire une eau diftillée qui a peu de vertus; des décoctions, un fuc, une poudre; le fuc clarifié fe donne à l'homme, depuis ℥ iv jufqu'à ℥ vj; les feuilles feches & pulvérifées fe prefcrivent à la dofe de ʒ j.

On en donne aux animaux, le fuc à la dofe de ℔ ß; la poudre à la dofe de ℥ ß, & la décoction à poig. j fur ℔ j d'eau.

OBSERVATIONS. Le Tabouret offre plufieurs variétés, fi on a égard à fes tiges & à fes feuilles. Les feuilles radicales ne font pas toujours comme pinnées; j'en ai trouvés qui les donnoient très-entieres, ou fimplement dentées. La tige eft fimple ou rameufe; les filicules, d'ovales deviennent en croiffant, triangulaires; les feuilles font fouvent hériffées de poils. Le ftigmate vu à la loupe, paroît mamelonné; les filamens font courbés; les antheres grifes. Lorfque les deux panneaux en nacelle de la filicule tombent, le péduncule porte encore quelque temps la cloifon qui les féparoit; cette cloifon eft blanche, diaphane. Le Tabouret, quoique peu âcre, fait cependant fentir le goût de fa famille : les Anciens, & même Boerhaave, lui ont attribué des vertus peu conformes à fes principes médicamenteux. Qui peut croire, en effet, qu'elle rafraîchit, qu'elle arrête les hémorragies, les diarrhées, les dyffenteries? On l'a ordonné dans ces évacuations qui le plus fouvent ceffent d'elles-mêmes; c'eft-là fur-tout qu'il faut fe défier de l'argument *poft hoc, ergo propter hoc*: telle maladie a ceffé après l'adminiftration de tel remede, donc ce remede l'a guérie.

Cl. V.
Sect. III.

SECTION III.

Des Herbes à fleur polypétale, réguliere, cruciforme, dont le pistil devient un fruit divisé en deux loges par une cloison mitoyenne & parallele aux panneaux du fruit.

190. L'ALYSSON VIVACE.

Alysson fruticosum incanum. C. B. P.
Alyssum incanum. L. *tetradyn. siliculosa.*

Fleur. Cruciforme; les pétales fendus, blancs, plus longs que le calice qui est divisé en quatre folioles obtuses, caduques.

Fruit. Petite silique ronde, aplatie, avec des rebords, biloculaire, divisée par une cloison elliptique & surmontée d'un filet aussi long que la silique; semences orbiculées, brunes, comprimées.

Feuilles. Lancéolées, très-entieres, blanchâtres, rudes.

Racine. Pivotante, napiforme, grêle.

Port. La tige ligneuse, d'un pied & demi, droite, ronde, rameuse, blanchâtre; les fleurs disposées en corymbe.

Lieu. Les bords des chemins, les terrains secs. Lithuanienne. ♃ ou ♂

Propriétés. } Quelques Auteurs le regardent
Usages. } comme apéritif, employé en infusion ou en décoction.

OBSERVATIONS. Le goût de l'Alyſſon eſt piquant : on ne s'en ſert pas en Médecine, quoique l'analogie lui aſſure les propriétés de ſa famille ; il eſt plus commun dans le Nord que dans nos Provinces méridionales de France.

Les chevres & les moutons mangent cette plante que les chevaux ne touchent pas.

Nous avons encore, comme eſpeces aſſez communes :

1.° L'Alyſſon bouclier, *Alyſſum calicinum*, à tige herbacée ; à feuilles rudes, elliptiques ; à calice perſiſtant ; à étamines dentées.

Dans nos terres aréneuſes du Lyonnois. Annuel.

2.° L'Alyſſon des champs, *Alyſſum campeſtre*, à tige herbacée ; à feuilles rudes, ponctuées ; à calice caduque ; à ſilicules plates, rondes.

On trouve deux ſoies qui, naiſſant du réceptacle, accompagnent deux des étamines.

Commun ſur les bords du Rhône. Annuel.

191. LA GRANDE LUNAIRE ou Bulbonac.

LUNARIA major ſiliquâ rotundiore. J. B.
LUNARIA annua. L. *tetradyn. ſiliculoſa.*

Fleur. Cruciforme ; pétales obtus, de la longueur du calice, ainſi que les onglets qui les terminent.

Fruit. Silicule très-grande, elliptique, plate, compoſée de deux membranes fines, tranſparentes, diviſées par une cloiſon membraneuſe, terminée par un filet, contenant des ſemences brunes, aplaties, en forme de rein, échancrées, avec des rebords membraneux.

Feuilles. Ovales, ſimples, entieres ; les radicales pétiolées ; les caulinaires ſeſſiles, pointues, dentées en maniere de ſcie.

Cl. V. Sect. III.

Racine. Napiforme.

Port. Cette plante s'éleve à la hauteur d'un pied & demi, droite, cylindrique; les rameaux au sommet des tiges n'ont que deux ou trois feuilles; les feuilles opposées.

Lieu. L'Allemagne. ♃

Propriétés. Les feuilles âcres, échauffantes, ameres au goût, la semence encore plus; la racine détersive, diurétique, emménagogue.

Usages. On se sert de la racine & des feuilles, rarement des semences; on fait de la racine & des feuilles une décoction, & de la semence une poudre.

Observations. Quoique, par le goût vif & pénétrant des feuilles, la Lunaire promette des vertus analogues aux plus puissantes de cette classe, elle est cependant abandonnée dans la pratique journaliere. En général on peut assurer que toutes les Cruciformes qui offrent plus ou moins le piquant de la Moutarde, ont plus ou moins les mêmes vertus; l'analogie Botanique, l'analyse Chimique & l'expérience se réunissent pour établir cette vérité générale. Dans un petit nombre d'especes, ce principe vif, volatil, est tellement masqué par le mucus nutritif, qu'on le saisit à peine avec le secours des sens; mais s'il échappe au goût, l'odorat le saisit facilement, sur-tout si on froisse les feuilles entre les doigts.

192. LA PETITE LUNAIRE.

Lunaria leviori folio, siliquâ oblongâ majori. I. R. H.

Lunaria rediviva. L. *tetradyn. siliculosa.*

Fleur. } Comme la précédente; la silicule ovale,
Fruit. } oblongue.

Feuilles. Cordiformes, alternes; les supérieures pointues, dentées.

Racine. Napiforme, quelquefois tubéreuſe, ou ſes fibres ſont raſſemblées en faiſceaux.

Port. Elle a tant de reſſemblance avec la précédente, que le Chevalier Linné doute ſi ce n'eſt pas une variété.

Lieu. L'Europe Septentrionale. ♃ ou ♂

Propriétés. On lui accorde les mêmes vertus qu'à la précédente; on la croit encore vulnéraire.

Uſages. On ſe ſert de ſes feuilles en cataplaſme ſur des plaies contuſes.

OBSERVATIONS. Dans cette eſpece, les fleurs répandent une odeur agréable.

SECTION IV.

Des Herbes à fleur polypétale, réguliere, cruciforme, dont le piſtil devient une ſilique diviſée dans ſa longueur en deux loges, par une cloiſon mitoyenne.

193. LE CHOU POMMÉ BLANC.

BRASSICA capitata alba. C. B. P.
BRASSICA oleracea, δ capitata. L. *tetradyn. ſiliquoſa.*

FLEUR. Cruciforme; les pétales ovales, ouverts; le calice vert, droit; ſes folioles lancéolées, linéaires, creuſées en gouttiere; quatre nectars en forme de glandes, entre les étamines.

Fruit. Silique longue, cylindrique, aplatie,

Cl. V. Sect. IV.

divifée en deux loges par une cloifon, dont le fommet cylindrique furmonte la filique; femences globuleufes.

Feuilles. Très-grandes, d'un pied, finuées, feffiles, amplexicaules, à côtes faillantes & relevées.

Racine. Napiforme, blanchâtre, qui fort de terre comme une tige cylindrique, charnue.

Port. La tige de trois pieds; les fleurs au fommet; les feuilles alternes.

Lieu. Les jardins potagers. ♂

Propriétés. La racine eft d'une faveur âcre tirant fur le doux; les feuilles laxatives, incifives, nourriffantes, expectorantes; la femence vermifuge.

Ufages. Des feuilles on fait des cataplafmes, on tire un fuc; on emploie les femences en cataplafmes fur les tumeurs froides; plante plus utile dans les cuifines qu'en Médecine.

Observations. Le Chou des jardins, *Braffica oleracea* de Linné, comprend plufieurs variétés remarquables.

1.° Le *Braffica capitata alba*, le Chou pommé qui eft décrit dans le Tableau précédent.

2.° Le *Braffica alba crifpa*, le Chou frifé, dont les feuilles chargées de bulles font frifées, frangées & plus grandes que celles du précédent.

3.° Le *Braffica capitata rubra*, le Chou pommé rouge, dont les feuilles d'un vert bleu, offrent leurs nervures rouges, violettes.

4.° Le *Braffica cauliflora*, le Choux-fleur, dont les fleurs avant leur développement, forment des têtes fucculentes, enveloppées de feuilles.

5.° Le *Braffica italica purpurea*, le Brocolis, à feuilles en lyre, d'un pied & demi.

6.° Le *Braffica fimbriata*, le Chou de Savoie, à feuilles rouges, frangées.

7.° Le *Braffica radice napiformi*, le Chou-rave, dont la racine charnue eft groffe comme la tête d'un enfant.

Toutes les variétés du Chou que nous avons énoncées, contiennent, foit dans leurs feuilles ou dans leurs racines, ou dans leur tige, un principe ſucré, muqueux, nutritif. Cela eſt démontré par la fermentation ſpiritueuſe & acéteuſe qu'ils peuvent éprouver à la volonté de l'Artiſte.

Si on fait bouillir les Choux, la premiere eau répand une odeur très-déſagréable ; ſi on les abandonne en plein air, entaſſés, ils ſubiſſent la putréfaction, & répandent une odeur infecte très-dangereuſe.

Le Chou conduit à la fermentation acéteuſe eſt un aliment très-uſité dans le Nord, d'autant plus précieux que les habitans ſont très-enclins au ſcorbut terreſtre. C'eſt une des meilleures proviſions de mer pour préſerver les équipages du ſcorbut marin.

Les Choux nourriſſent peu, & ſe digerent mal par pluſieurs perſonnes dont l'eſtomac eſt foible ; elles ſont alors tourmentées par des flatuoſités très-fétides ; ce qui prouve que l'action de la digeſtion dévelope ce principe fétide, fourni par la premiere décoction.

Nous préférons communément, pour panſer les véſicatoires, les feuilles de Choux aux feuilles de Bettes.

Le Chou pommé ne forme point de tête dans les pays très-ſeptentrionaux.

Non-ſeulement les Choux fourniſſent une nourriture au peuple, mais encore pendant l'hiver ils aſſurent une grande reſſource aux beſtiaux, ſur-tout les Choux-raves.

Dans le Nord on fait deſſécher les Choux-fleurs ; par ce moyen on en mange toute l'année.

Les Choux-crouttes ſont des Choux pommés, hachés menus, qui fermentent & deviennent aigres dans les tonneaux, malgré le ſel & le Cumin qui les aſſaiſonnent ; lorſqu'il eſt bien préparé, il peut durer ſans corruption quatre à cinq ans.

Le Choux de Savoie eſt plus tendre & plus délicat.

Le Choux rouge perd par la décoction une partie de ſon principe colorant.

Le Chou-rave cultivé depuis deux cents ans dans le Nord, n'a été tranſporté en Angleterre qu'en 1767.

Les meilleurs Choux en ragoût, ſont les Choux-fleurs & les Brocolis.

Cl. V.
Sect. IV.

194. LE GIROFLIER *ou* Violier jaune.

LEUCOIUM luteum vulgare. C. B. P.
CHEIRANTHUS cheiri. L. *tetradin. siliquosa.*

Fleur. Cruciforme ; pétales plus longs que le calice, les onglets de la même grandeur ; le calice divisé en quatre folioles lancéolées, concaves, paralleles, caduques, dont deux bossues à la base.

Fruit. Silique longue, aplatie, composée de deux lames appliquées sur les bords d'une cloison mitoyenne ; semences rangées alternativement, ovales, comprimées.

Feuilles. Lancéolées, aiguës, glabres, sessiles.

Racine. Pivotante, peu fibreuse, blanche.

Port. La tige de deux pieds, presque ligneuse, droite, rameuse ; les rameaux presque égaux ; à mesure que les fleurs se développent, les tiges s'alongent ; feuilles alternes.

Lieu. Les rochers, les vieux murs. Lyonnoise. ♃

Propriétés. Les fleurs ont une odeur agréable, le goût un peu amer ; elles sont détersives, anodines, diurétiques, céphaliques, antispasmodiques & incisives.

Usages. On emploie souvent les fleurs, rarement l'herbe, les feuilles & les semences ; on en fait des infusions, une conserve très-usitée, une huile par infusion, de peu d'usage ; on s'en sert pour appaiser les douleurs rhumatismales.

On donne aux animaux la poudre des fleurs à la dose de ℨ ij.

OBSERVATIONS. Suivant Linné, on trouve de chaque côté du germe une petite dent glanduleuse ; je ne l'ai observé que dans quelques especes de ce genre. Cette espece de

Giroflier nous offre plusieurs variétés ; celui à grandes fleurs, à feuilles dentées ; la Girarde, à fleurs pleines, très-odorantes. Dans toutes, le principe aromatique se perd par la dessication. On peut le conserver par la distillation. Quelques observations assurent à la poudre des feuilles & à leur infusion, une efficacité marquée dans la chlorose avec suppression des regles, dans l'anorexie: les feuilles & les semences sont aussi pénétrantes que celles des autres Cruciformes.

Le genre des Girofliers nous offre encore quelques especes qui méritent d'être désignées.

1.° Le *Cheiranthus incanus*, le Giroflier blanc, à feuilles lancéolées très-entieres, obtuses, blanches, à siliques comprimées & comme tronquées au sommet, à tige ligneuse.

Originaire d'Espagne, cultivé dans nos jardins ; sa fleur aromatique est blanche ou rouge ; ses pétales entiers ; ses feuilles & ses semences ont le piquant des Cruciformes. Ces deux especes sont négligées, quoique la saveur & l'odeur leur assurent des propriétés aussi réelles que celles des autres Cruciferes.

2.° Le *Cheiranthus fenestralis*, le Giroflier-choux, à feuilles blanches, entassées comme celles du Choux pommé, recourbées, ondulées ; il offre la fleur & le fruit du précédent ; peut-être n'est-il qu'une variété. On ignore son pays natal ; on commence à le cultiver dans tous les jardins ; la singularité de son port l'a fait rechercher des curieux.

3.° Le *Cheiranthus erysimoides*, le Giroflier-vélard, à tige droite, très-simple ; à feuilles lancéolées, dentées ; à siliques à quatre pans.

Nous l'avons trouvé en Lithuanie & en Dauphiné.

Ses fleurs sont petites, jaunes ; il ressemble beaucoup à l'*Erysimum cheirantoides*.

CL. V. SECT. IV.

195. L'ALLIAIRE.

HESPERIS allium redolens. I. R. H.
ERYSIMUM alliaria. L. *tetradin. ſiliquòſa.*

Fleur. Cruciforme ; pétales oblongs, obtus à la pointe ; les onglets de la longueur du calice, dont les folioles ſont alongées, colorées ; deux nectars en forme de glandes entre les filets des étamines ; corolle blanche.

Fruit. Silique longue, linéaire, à quatre côtés, bivalve, biloculaire ; ſemences petites, obrondes.

Feuilles. Cordiformes, pétiolées, dentées, quelquefois réniformes, au bas de la tige.

Racine. Napiforme.

Port. La tige s'éleve à deux pieds, cylindrique, un peu velue vers le bas, liſſe dans le haut ; les fleurs ſoutenues par de courts péduncules au ſommet des tiges ; feuilles alternes.

Lieu. Les haies, les prés. Lyonnoiſe, Lithuanienne. ♃

Propriétés. La plante eſt amere au goût, d'une odeur d'ail, diurétique, inciſive, carminative, expectorante.

Uſages. On ne ſe ſert que de l'herbe, & trop rarement ; on en fait des décoctions, des cataplaſmes.

OBSERVATIONS. L'Alliaire eſt une de ces plantes négligées par les Médecins modernes ; cependant quelques obſervations ſpéciales aſſurent ſa propriété d'arrêter les progrès de la gangrene, ſoit ſon ſuc, ſoit les feuilles contuſes ; cette plante perd ſon odeur & ſes vertus par la deſſication. On retire par la diſtillation une huile eſſentielle mêlée avec le principe aromatique. La nature ſe plie ſi peu à nos méthodes, qu'elle a accordé cette odeur d'ail au Scordium qui eſt labié, à notre Alliaire qui eſt cruciſere, & au genre des Aulx.

196. LA JULIANE *ou* JULIENE.

CL. V. SECT. IV.

HESPERIS hortensis. C. B. P.
HESPERIS matronalis. L. *tetradyn. siliquosa.*

Fleur. Cruciforme ; les pétales oblongs, terminés par des onglets de la longueur du calice dont les folioles sont linéaires, excepté deux qui sont renflées.

Fruit. Silique longue, striée, séparée par une cloison membraneuse de la longueur des battans ; les semences ovales, aplaties, rousses.

Feuilles. Ovales, lancéolées, à légeres dentelures, avec de courts pétioles.

Racine. Petite, napiforme, blanche.

Port. Les tiges de deux pieds, rondes, velues, remplies de moelle, droites, simples ou rameuses ; les rameaux axillaires ; au sommet naissent les fleurs portées par de longs péduncules ; feuilles alternes.

Lieu. Elle vient d'Italie, cultivée dans les jardins. ♂

Propriétés. Les fleurs ont une odeur suave, les feuilles un goût âcre, toute la plante un goût piquant ; elle est diurétique, sudorifique, incisive, expectorante.

Usages. On se sert de l'herbe & de la semence ; malgré les vertus qu'on lui suppose, on a abandonné son usage en Médecine ; on l'emploie à décorer les jardins.

OBSERVATIONS. Le caractere essentiel des Julienes renferme des pétales obliquement fléchis ; une glande entre les étamines les plus courtes, un stigmate fourchu à la base, dont les pointes se rapprochent.

Cl. V.
Sect. IV.

197. LE CRESSON DES PRÉS.

CARDAMINE pratenſis magno flore purpuraſcente. I. R. H.
CARDAMINE pratenſis. L. *tetradyn. ſiliquoſa.*

Fleur. Cruciforme; les onglets des pétales droits & deux fois plus longs que le calice dont les folioles ſont ovales, alongées & tombent; corolle purpurine.

Fruit. Silique longue, cylindrique, aplatie; ſes valvules élaſtiques ſe replient en mûriſſant & lancent des ſemences obrondes.

Feuilles. Ailées; les folioles ovales; les folioles radicales orbiculaires; les caulinaires lancéolées.

Racine. Menue, napiforme.

Port. La tige de demi-pied; les fleurs diſpoſées en grappes; feuilles alternes.

Lieu. Les pâturages humides. Lyonnoiſe, Lithuanienne. ♃

Propriétés. Goût âcre & piquant; les mêmes vertus que le Creſſon Alénois n.° 185. On croit les fleurs antiépileptiques.

Uſages. On en fait prendre le ſuc aux animaux, à la doſe de ℥ iv.

Ire Observation. Ajoutez à cette eſpece commune,

1.° Le *Cardamine impatiens*, la Cardamine ſans pétales, à feuilles ailées, à folioles dentées ou ſinuées.

Les pétales tombent ſi promptement, que la plupart des Botaniſtes l'ont nommée *Apetale*; mais ſi on diſſeque les fleurs avant leur épanouiſſement, on trouvera les pétales. Lyonnoiſe, Lithuanienne.

2.° Le *Cardamine hirſuta*, la Cardamine velue, à tige velue, à feuilles ailées, à folioles arrondies.

Le

Le plus ſouvent les fleurs n'offrent que quatre étamines; nous en avons cependant trouvé ſix. Lyonnoiſe, Lithuanienne.

3.° Le *Cardamine amara*, la Cardamine amere, à feuilles ailées, à folioles anguleuſes.

Des aiſſelles naiſſent des racines.

La figure des folioles n'eſt pas conſtante, on en trouve d'anguleuſes, d'arrondies, d'alongées, de dentées.

La fleur eſt blanche ou pourpre, ou roſe; on ne trouve pas toujours les racines aux aiſſelles des feuilles; la tige eſt le plus ſouvent couchée. Cette plante, comme les précédentes de ce genre, aime les prés humides. Lyonnoiſe, Lithuanienne.

Les feuilles ſont vraiment ameres, mais leur amertume n'eſt point déſagréable.

II.e OBSERVATION. On peut rapprocher des plantes ci-deſſus décrites, deux genres omis dans les Démonſtrations élémentaires.

1.° L'*Arabis thaliana* L., *Burſæ paſtoris ſimilis ſiliquoſa major* C. B., à tiges d'un pied, preſque nues; à feuilles radicales, nombreuſes, couchées par terre, ovales, lancéolées, dentées, hériſſées; celles de la tige lancéolées, liſſes, peu nombreuſes; à fleurs blanches, petites; à ſiliques effilées, courbées, s'écartant de la tige.

Quelquefois la tige s'éleve à peine à ſix pouces. Lyonnoiſe, Lithuanienne.

2.° L'*Arabis turrita*, la Tourette, à tige ſimple, à feuilles embraſſant la tige, lancéolées, dentées, liſſes; à ſiliques courbes, aplaties, linaires, pendantes d'un ſeul côté.

Les feuilles radicales ovales, oblongues, épaiſſes, blanches; les fleurs pailles. Dans les montagnes du Bugey.

3.° La *Turritis glabra*, à tige droite, d'un pied & demi; à feuilles radicales, dentées, hériſſées; celles de la tige très-entieres, l'embraſſant, liſſes; à ſiliques très-longues, anguleuſes, droites.

C'eſt le *Braſſica ſylveſtris foliis circa radicem cichoraceis* C. B.; les fleurs petites, blanches. Lyonnoiſe.

4.° *Turritis hirſuta*, à feuilles radicales formant la roſe, ovales, obtuſes; celles de la tige embraſſant la tige, toutes hériſſées.

Cl. V. Sect. IV. La tige d'un demi-pied; les fleurs blanches, petites; les ſiliques linaires, collées d'abord contre la tige, s'en ſéparant lorſqu'elles ſont mûres. Lyonnoiſe.

198. LA ROQUETTE DE MER.

Cakile maritima ampliore folio. T. cor. inſt.

Bunias cakile. L. *tetradyn. ſiliquoſa.*

Fleur. Cruciforme; les onglets des pétales ſont un peu plus longs que le calice; les pétales ovales.

Fruit. Silique irréguliere, ovale, oblongue, à quatre faces, avec un ou deux angles pointus; ſous les angles ſont logées des ſemences obrondes; quelques ſiliques tétragones, dentées à leur baſe.

Feuilles. Simples, pétiolées vers la racine, ſucculentes, linéaires, ailées, dentelées; les caulinaires ſeſſiles; quelques-unes en fer de pique.

Racine. Napiforme.

Port. La tige de deux pieds, herbacée, cylindrique, rameuſe; les fleurs au ſommet; les feuilles alternes.

Lieu. Les bords de la mer. ⊙

Propriétés. Saveur âcre; vertu inciſive & antiſcorbutique.

Uſages. On ne ſe ſert que des feuilles. On en donne aux animaux la décoction à la doſe de poig. ij ſur ℔ ij d'eau.

Observations. Lorſque les ſiliques tombent, elles laiſſent leur baſe qui eſt fourchue. Dans cette eſpece les feuilles ſont quelquefois ſimplement dentées, plus ou moins larges. Ramenez à ce genre la Maſſe à Bedeau, le *Bunias erucago* du tableau 213.

199. LA DENTAIRE.

DENTARIA heptaphyllos baccifera. C. B. P.
DENTARIA pentaphyllos. L. *tetrad. siliquosa.*

Fleur. Cruciforme; les pétales obtus, obronds, à peine échancrés; onglets de la longueur du calice dont les folioles sont oblongues, obtuses & tombent; corolle purpurine.

Fruit. Silique longue, cylindrique, biloculaire, bivalve; la cloison plus longue que les battans; semences ovales.

Feuilles. Pétiolées, les supérieures digitées; leurs folioles, au nombre de cinq ou de sept, simples, entieres, dentées, lancéolées, aiguës.

Racine. Noueuse, couverte d'écailles tuilées, de la grosseur du pouce.

Port. Tige simple, de la hauteur de deux ou trois pieds, terminée par des fleurs disposées en grappes; feuilles alternes.

Lieu. Les Alpes, les montagnes du Bugey. ♃

Propriétés. La plante a une odeur à peu près semblable à celle de la Roquette; elle est vulnéraire, détersive.

Usages. On s'en sert rarement; on n'emploie que la racine.

OBSERVATIONS. Les valvules de la silique se roulent en spirale après la maturité; le stigmate est échancré; le nombre des folioles varie de cinq à sept: une variété les offre rudes.

La Dentaire bulbeuse, *Dentaria bulbifera*, est distinguée de la précédente par ses feuilles inférieures, ailées, & par ses feuilles supérieures, très-simples, à dents de scie. Dans les aisselles des feuilles se trouvent des bulbes succulentes qui, détachées de la plante, servent à sa propagation; le plus souvent les semences avortent. Plus commune en Allemagne qu'en France.

Cl. V. Sect. IV.

La Dentaire à neuf feuillets, *Dentaria enneaphyllos*, dont toutes les feuilles sont digitées, à trois pétioles partiels, produisant chacun trois feuilles ou deux fois ternées.

Nous l'avons trouvée dans les montagnes des Pyrénées; cette espece, & cent autres très-rares, nous rappellent, en les voyant, un de nos plus agréables voyages.

200. L'HERBE DE SAINTE-BARBE.

Sisymbrium erucæ folio glabro, flore luteo. I. R. H.

Erysimum barbarea. L. *tetradyn. siliquosa.*

Fleur. } Caracteres de l'Alliaire n.° 195; corolle
Fruit. } jaune; pétales plus longs que le calice.

Feuilles. En forme de lyre, arrondies au sommet, glabres; les inférieures presque sessiles, les supérieures embrassant la tige à moitié; toutes varient dans leurs découpures.

Racine. Napiforme, oblongue, blanche.

Port. Les tiges droites, d'un pied & demi, anguleuses, herbacées, fermes, moelleuses, rameuses, cylindriques; les fleurs au sommet; les feuilles alternes.

Lieu. Les bords des ruisseaux, les prés. Lyonnoise, Lithuanienne. ♃

Propriétés. La racine plus âcre que les feuilles, détersive, vulnéraire, antiscorbutique; la semence apéritive.

Usages. On emploie pour l'homme les feuilles en tisane ou en infusion, en maniere de Thé; on fait infuser dans du vin blanc les semences concassées, à la dose de gr. v; son suc sert pour déterger, dessécher les vieux ulceres; la plante légérement pilée & macérée dans l'huile d'olive, donne un baume excellent pour les blessures.

On donne aux animaux les ſemences infuſées dans du vinaigre, à la doſe de ʒj ſur vinaigre ℥v. Cl. V. Sect. IV.

Observations. L'odeur des feuilles analogue à celle du Chou; la ſaveur du Creſſon, un peu amere, âcre; ſi on les mâche, elles laiſſent ſur la langue & au fond de la bouche, une ſenſation de chaleur. Dans le Nord on la mange en ſalade, même en hiver, vu que ſes feuilles perſiſtent vertes ſous la neige. C'eſt un bon antiſcorbutique. Elle eſt d'autant plus précieuſe qu'on peut ſe la procurer même pendant les plus grands froids.

En liſant les Synonymes de Linné & de Tournefort, on les trouve ſouvent différens, quant au nom générique: on en ſera moins ſurpris, lorſqu'on ſaura que ces deux hommes célebres ont ſouvent pris pour caractere générique, les attributs de différentes parties de la génération.

201. LE CRESSON DE FONTAINE.

Sisymbrium paluſtre repens, naſturtii folio. I. R. H.

Sisymbrium ſylveſtre. L. *tetrad. ſiliquoſa.*

Fleur. Cruciforme; pétales oblongs, très-ouverts, plus longs que le calice, les onglets très-petits.

Fruit. Silique alongée, recourbée, cylindrique, biloculaire, bivalve; ſemences arrondies, menues, rougeâtres.

Feuilles. Ailées avec une impaire; les folioles lancéolées, dentées.

Racine. Napiforme & fibreuſe.

Port. Pluſieurs tiges longues d'un pied, herbacées, creuſes, cannelées, liſſes, rameuſes, rampantes; les fleurs au ſommet des tiges; aucuns ſupports.

Lieu. Les fontaines, les foſſés, les ruiſſeaux. Lyonnoiſe, Lithuanienne. ♃

Cl. V. Sect. IV.

Propriétés. Toute la plante a un goût piquant; elle eſt diurétique, antiſcorbutique; intérieurement apéritive & déterſive.

Uſages. L'herbe eſt ſouvent employée, & très-utilement; on en tire le ſuc, une eau diſtillée; on en fait des décoctions, un vin, un eſprit vineux & urineux; celui-ci ſe donne pour l'homme, depuis une cuillerée juſqu'à deux dans ℔ j de petit-lait, contre les affections ſcorbutiques. L'extrait ſe preſcrit à la doſe de gr. ij; l'eau diſtillée depuis ℥ iv juſqu'à ℥ viij dans les potions & juleps anti-ſcorbutiques; les feuilles légérement bouillies dans du lait font un très-bon effet contre certaines affections de poitrine, comme l'aſthme.

On donne aux animaux le ſuc de Creſſon, à la doſe de ℥ vj, & les infuſions ou macérations dans du vinaigre, à la doſe d'une poignée, ſur ℔ ß ſur cette liqueur.

N.² Le Cresson d'eau, *Siſymbrium naſturtium* L., ne differe de celui-ci que par ſes folioles arrondies en forme de cœur; ſes vertus ſont les mêmes. Lyonnoiſe, Lithuanienne.

Observations. Les deux eſpeces de Creſſon de fontaine donnent dans la diſtillation une huile eſſentielle particuliere, & lâche leur principe aromatique volatil très-pénétrant; on doute beaucoup aujourd'hui de leur analogie avec l'alkali volatil. Quelques expériences ſemblent plutôt indiquer que ce piquant du Creſſon des fontaines eſt dû à un acide huileux; ce qui leveroit la contradiction des antiſcorbutiques chauds & acides. Quoi qu'il en ſoit, l'uſage de ces plantes en ſalade, ou leur ſuc, eſt juſtement vanté dans le ſcorbut, les légeres obſtructions; pluſieurs phthiſiques ont été ſoulagés en mangeant ces Creſſons. Si on les fait cuire, leur principe médicamenteux ſe perd en grande partie.

Le Creſſon amphibie, *Siſymbrium amphibium* de Linné ſe rapproche des précédentes; on l'en diſtingue par ſa ſilique plus courte, ovale; par ſes feuilles pinnatifides, dentées.

Cette espece comprend trois variétés tranchantes ; le marécageux, *Palustre*, à feuilles comme ailées ; l'aquatique, *Aquaticum*, à feuilles entieres, dentées ; le terrestre, *Terrestre*, à feuilles diverses.

Dans le premier, les pétales sont plus longs que le calice ; dans les autres, plus courts ; ce qui a déterminé Haller à en faire deux especes.

202. LE TALICTRON des Boutiques.

SISYMBRIUM annuum, absinthii minoris folio. I. R. H.

SISYMBRIUM sophia. L. *tetradyn. siliquosa.*

Fleur. } Caracteres de la précédente ; pétales
Fruit. } très-petits, plus courts que le calice.

Feuilles. Surcompofées, plusieurs fois ailées, découpées finement, blanchâtres, couvertes d'un duvet très-fin, imitant celles de la petite Absinthe.

Racine. Napiforme, longue, ligneuse, fibreuse, blanche.

Port. Tige d'un pied ou deux, ronde, dure, un peu velue ; les fleurs jaunes en grand nombre au sommet des rameaux ; les péduncules minces & très-longs ; feuilles alternes.

Lieu. Les terrains incultes, le bord des chemins, les vieux murs. Lyonnoise, Lithuanienne. ⊙

Propriétés. L'herbe & la semence sont un peu astringentes & âcres au goût ; elles sont vulnéraires, détersives, astringentes, vermifuges & fébrifuges.

Usages. On se sert très-souvent de l'herbe & de la semence ; on en fait des cataplasmes, des infusions, des décoctions, un extrait ; on en tire un suc, & de la semence une poudre qui se donne à la dose de ʒj.

On s'en sert encore avec succès contre les crachemens de sang ; on emploie extérieurement toute la plante pilée & appliquée sur les blessures.

On donne aux animaux la semence du Talictron en poudre, à la dose de ℥ ß.

OBSERVATIONS. Autant le *Sophia* est rare dans nos Provinces, autant il est commun en Lithuanie ; sa semence est très-âcre ; la plante répand au loin une odeur désagréable. Ceux qui savent que la nature guérit seule les plaies, ont aujourd'hui peu de foi à sa vertu vulnéraire ; mais son suc ranime évidemment les ulceres cacoëthiques. Les semences ont réussi dans les retentions d'urine causées par des matieres glaireuses. On les a aussi ordonnées avec succès dans les fleurs blanches.

Les insectes attaquent quelquefois les sommités fleuries de cette plante, de maniere à faire extravaser la seve, & ne former de tout le thyrse qu'une masse informe. Ajoutons encore quelques especes de *Sisymbrium* de nos Provinces.

1.° Le *Sisymbrium tenuifolium*, la Roquette sauvage, dont les feuilles inférieures sont très-découpées, à feuillets étroits ; les supérieures entieres. Lyonnoise.

2.° Le *Sisymbrium supinum*, à tige hérissée, couchée ; à siliques solitaires, assises aux aisselles des feuilles qui sont dentées, sinuées. Cette espece est bien dessinée, & amplement décrite dans les Mémoires de l'Académie, 1724, par Isnard, qui la nomma *Eruca supina alba, siliquâ singulari è foliorum alis erumpente*, fleurs blanches. Lyonnoise.

3.° Le *Sisymbrium monense*, à hampe lisse ; à feuilles pinnées, dentées, un peu velues ; à pétales jaunes, entiers. Lyonnoise.

4.° Le *Sisymbrium arenosum*, à tige hérissée de poils ; plusieurs feuilles radicales, lyrées, lancéolées, hérissées, formant une rose ; celles de la tige, rares, lancéolées, dentées ; fleurs blanches, violettes. Lyonnoise, Lithuanienne.

Nous ramenons à cette espece une variété Lithuanienne, à feuilles rougeâtres, simplement dentées ; à tige de quatre pouces ; à pétales pourpres.

4.° Le *Sisymbrium Irio*, à tige lisse, de deux pieds; à feuilles lyrées, pinnatifides; le lobe terminant très-grand; à siliques redressées. Lyonnoise, Lithuanienne.

203. LA ROQUETTE des jardins.

ERUCA latifolia alba, sativa Dioscoridis. C. B. P.

BRASSICA eruca. L. *tetradyn. siliquosa.*

Fleur. Cruciforme; pétales, ovales, planes, ouverts, diminuant vers les onglets qui ont la longueur du calice rougeâtre, dont les découpures sont linéaires, lancéolées, rougeâtres, presque réunies.

Fruit. Silique lisse, longue, presque cylindrique, mais comprimée de chaque côté; les battans plus courts que la cloison bivalve, biloculaire, surmontée d'un style ensiforme; semences globuleuses, d'un rouge jaune.

Feuilles. En forme de lyre, glabres, presque ailées.

Racine. Fusiforme, blanche, ligneuse, menue.

Port. Les tiges de deux ou trois pieds, velues; les fleurs au sommet.

Lieu. Les champs, les jardins. ☉

Propriétés. La racine a une saveur âcre, ainsi que les feuilles; l'odeur de cette plante est forte; elle est aphrodisiaque, diurétique, stomachique, antiscorbutique & détersive.

Usages. L'herbe & les semences sont souvent employées; de l'herbe, on fait des décoctions; de la semence, une poudre; la semence mâchée provoque la salive.

On donne aux animaux cette plante en substance, à la dose de poig. ij chaque jour, ou le suc, à la dose de ℥ iv.

Cl. V.
Sect. IV.

Observations. L'odeur de la Roquette eſt particuliere, déſagréable ; ſes ſemences ſont âcres. Cette plante fournit un aſſaiſonnement pour les ſalades ; ſa vertu aphrodiſiaque eſt à-peu-près chimérique. On peut avec les ſemences préparer un rubéfiant aſſez énergique.

204. LA MOUTARDE, SENEVÉ.

Sinapis rapi folio. I. R. H.
Sinapis nigra. L. *tetradyn. ſiliquoſa.*

Fleur. Cruciforme ; les pétales preſque ovales, planes, ouverts ; les onglets droits, linéaires, à peine de la longueur du calice très-ouvert, dont les découpures tombent.

Fruit. Silique glabre, tétragone, oblongue, charnue par le bas, raboteuſe, biloculaire, bivalve ; ſemences globuleuſes, brunes.

Feuilles. A peu près ſemblables à celles de la Rave, lyrées, mais plus petites & plus rudes, ſeſſiles.

Racine. Napiforme, ligneuſe, fibreuſe.

Port. Tige de la hauteur de trois pieds, moelleuſe, velue, rameuſe ; les fleurs pédunculées au ſommet ; les feuilles alternes.

Lieu. Les bords de la mer, les terrains pierreux ; on la cultive dans nos jardins. ☉

Propriétés. Toute la plante eſt d'un goût exceſſivement âcre ; elle a peu d'odeur ; elle eſt ſternutatoire, ſialogogue, diurétique, véſicatoire, puiſſamment déterſive, diaphorétique, antiſcorbutique.

Uſages. On ne ſe ſert communément que de la ſemence, ſoit pour l'intérieur, ſoit pour l'extérieur ; dans le premier cas, on la fait infuſer dans du vin blanc ; dans le ſecond, elle ſert mâchée, priſe en poudre par le nez, appliquée en cataplaſme : on tire de la ſemence une huile par expression, qui convient dans la paralysie & les rhumatismes; on l'applique aussi sur les tumeurs indolentes, pour les résoudre.

Observations. On trouve sous ce genre la Moutarde des champs, *Sinapis arvensis* L., *Rapistrum flore luteo* C. B., qui se reconnoît aisément par ses siliques lisses, renflées par plusieurs étranglemens, anguleuses, terminées par un bec tranchant, plus court que la silique. Lyonnoise, Lithuanienne.

205. LA MOUTARDE BLANCHE.

Sinapis apii folio. C. B. P.
Sinapis alba. L. *tetradyn. siliquosa.*

Fleur. En croix comme dans la précédente.

Fruit. Silique velue, dont l'extrémité est alongée & courbée comme un bec; semences quelquefois blanches.

Feuilles. Découpées, garnies de poils, sessiles.

Racine. Comme dans la précédente.

Port. La tige de la hauteur de deux pieds, velue, rameuse, cylindrique; les fleurs au sommet, portées sur des péduncules de même que la précédente; feuilles alternes.

Lieu. Dans les blés, dans les prés. ⊙

Propriétés. } Les mêmes que la précédente,
Usages. } dans un moindre degré.

Observations. Les semences de Moutarde font cailler le lait; elles donnent par la distillation une huile éthérée, très-âcre, plus pesante que l'eau. On peut extraire par expression une autre huile douce & insipide; le principe âcre, & l'huile éthérée, sont principalement nidulés dans l'écorce. On doute aujourd'hui de la nature alkaline de la Moutarde.

Si on veut l'avoir forte pour la table, il ne faut pas la faire bouillir; en la mêlant avec du vin cuit, on a

Cl. V. Sect. IV.

un assaisonnement très-agréable ; la Moutarde prise intérieurement comme assaisonnement, facilite la digestion.

On a prétendu qu'à haute dose elle arrêtoit les fievres intermittentes. Nous avons vu réussir ce moyen en faisant avaler toutes les heures une cuillerée à café de Moutarde, les jours vides d'accès. On a depuis quelque temps vanté la Moutarde pour guérir la goutte ; plusieurs goutteux de notre connoissance n'ont éprouvé aucun soulagement, même en avalant de grandes doses de Moutarde.

Quant à son usage extérieur, plusieurs Praticiens préferent les sinapismes aux vésicatoires, vu qu'ils se sont assurés que la Moutarde agit plus efficacement & plus promptement, & n'a point le grand inconvénient d'enflammer les voies urinaires, comme les vésicatoires. Nous nous sommes assurés, d'après Rosensten, que les sinapismes offrent un moyen efficace de diminuer l'irruption de la petite vérole, lorsqu'elle est trop abondante à la tête ; il faut alors les appliquer sur les jambes ou sur la face interne des cuisses. Si on laisse trop long-temps agir la Moutarde, elle cause des ulceres très-longs à guérir ; ce qui est pourtant avantageux pour les varioles confluentes des adultes ; cela prévient les dépôts internes & externes. Mêmes avantages des sinapismes dans les péripneumonies, pour rétablir l'expectoration ; alors il faut les appliquer sur la poitrine. Dans l'angine, un petit sinapisme en collier, en faisant boursoufler l'extérieur, diminue l'étranglement & la difficulté d'avaler.

206. LE VÉLAR *ou* TORTELLE.

Erysimum vulgare. C. B. P.
Erysimum officinale. L. *tetradyn. siliquosa.*

Fleur. Cruciforme ; pétales oblongs, obtus à leur sommet ; les onglets droits, de la longueur du calice, dont les folioles sont ovales, oblongues, colorées & tombent.

Fruit. Silique linéaire, étroite, tétragone, ſtriée, biloculaire, bivalve, ſeſſile, un peu veloutée, appliquée contre la tige; ſemences petites, obrondes. Cl. V. Sect. IV.

Feuilles. Le plus communément en forme de lyre, terminées en pointe, un peu velues.

Racine. Cylindrique, tortueuſe, fibreuſe, blanche, ligneuſe.

Port. Les tiges d'un pied & demi, cylindriques, fermes, rudes & branchues; les fleurs jaunes ſont, ainſi que les ſiliques, diſpoſées en longs épis le long des rameaux; feuilles alternes.

Lieu. Les terrains incultes & ſecs. ⊙

Propriétés. Les racines ſont âcres & les ſemences piquantes; la plante eſt expectorante, inciſive, antiſcorbutique, diurétique.

Uſages. L'herbe eſt ſouvent employée, rarement les ſemences; de l'herbe, on fait des décoctions, un ſirop, dont la doſe pour l'homme, eſt de ℥ j dans les décoctions pectorales; la ſemence ſe donne à la doſe de ʒ j; cette plante appliquée extérieurement, eſt utile pour le cancer qui n'eſt pas ulcéré.

On en donne aux animaux, le ſuc à la doſe de ℥ iv, & les décoctions à poig. j dans ℔ j d'eau.

Observations. Le Vélar a peu d'odeur; ſa ſaveur eſt un peu âcre, analogue à celle du Creſſon; les ſemences ſont preſque auſſi âcres que celles de la Moutarde; auſſi peut-on les employer comme véſicant. L'infuſion des ſemences dans l'oximel ſimple, eſt très-utile pour abréger l'enrouement cauſé par une tranſpiration ſupprimée; on peut en étendre l'uſage dans les rhumes, l'aſthme catarral, & même dans quelques eſpeces de phthiſie commençante cauſées par des engorgemens lymphatiques.

On trouve aſſez généralement dans toute l'Europe:

1.° L'*Eryſimum cheiranroides*, à feuilles lancéolées, très-entieres; à ſiliques s'écartant de la tige.

Il reſſemble beaucoup au *Cheiranthus eryſimoides*; mais il offre des fleurs plus petites, Lyonnoiſe, Lithuanienne.

2.° L'*Eryſimum hieracifolium*, à feuilles lancéolées, dentées. Lyonnoiſe, Lithuanienne. C'eſt le *Leucoium luteum ſylveſtre hieracifolium* C. B. Il a les feuilles de l'Hiéracium, & les fleurs du Violier jaune.

207. LA RAVE.

RAPA ſativa oblonga ſeu fœmina. C. B. P.
BRASSICA rapa. L. *tetradin. ſiliquoſa.*

Fleur. Cruciforme ; caractères de la Roquette, n.° 203.

Fruit. Silique ſurmontée d'un ſtyle en forme de corne fongueuſe ; les ſemences arrondies.

Feuilles. Les radicales profondément découpées, étendues ſur la terre ; les caulinaires ſémi-amplexicaules, terminées en pointe.

Racine. Groſſe, charnue.

Port. La racine monte en tige, au milieu des feuilles, à la hauteur de deux pieds ; les fleurs au ſommet ; les feuilles alternes.

Lieu. Naturelle dans les champs d'Italie & de Flandres ; on la ſeme dans nos climats. ♂

Propriétés. Racine douce, piquante au goût ; elle eſt aphrodiſiaque, diurétique, antiſcorbutique.

Uſages. On ſe ſert de la racine & des ſemences ; de la racine, on fait des décoctions, des ſoupes, un ſirop ; avec les ſemences, une huile exprimée. On emploie la racine en cataplaſme, contre les ulceres ; on la donne aux perſonnes attaquées de la phthiſie.

Elle ſert pendant l'hiver à la nourriture des bœufs & des vaches.

On peut en faire prendre aux animaux les décoctions en boiſſons ordinaires.

OBSERVATIONS. Cette eſpece de Chou, ſuivant Linné qui n'a eu égard, pour conſtituer ſes genres, qu'aux parties de la fructification, offre quelques variétés par sa racine qui est, ou ronde, ou alongée; le sommet en est communément violet, ridé; une partie de la racine s'éleve au-dessus du niveau du terrain.

Les Raves, avant leur maturité, & dans le Nord, sont âcres; dans les Provinces Méridionales, elles sont assez douces; l'écorce seule est un peu amere.

Le principe nutritif est plutôt saccharin que gélatineux; car les Raves fournissent une très-petite quantité d'amidon ou de gelée; la Rave est béchique. Sa décoction & son sirop dissipent, ou plutôt abregent les rhumes; car la nature seule les guérit. Le suc de la Rave, adouci avec le miel, & employé en gargarisme, appaise la douleur des aphtes de la bouche; la pulpe de Rave est résolutive ou émolliente dans les phlegmons. La Rave fournit aux personnes robustes une assez bonne nourriture: avec les Truffes ou Pommes-de-terre, c'est la ressource des paysans; mais nous avons observé que les gens de Lettres, & autres personnes affoiblies, digerent difficilement les Raves, qu'elles leur causent des coliques venteuses. La Rave est pendant l'hiver un bon aliment pour les moutons & les vaches; mais on s'est apperçu qu'elle altere le goût de leur chair. Il ne faut pas croire que la décoction enleve aux Raves tout le principe des Cruciferes; les éructations de ceux qui les digerent avec peine, prouvent le contraire.

208. LE NAVET.

NAPUS sativa, radice albâ. C. B. P.
BRASSICA napus. L. *tetradyn. siliquosa.*

Fleur. } Caracteres de la Roquette & de la
Fruit. } Rave, n.° 203 & 207.

Feuilles. Les radicales en forme de lyre; celles de la tige cordiformes, pointues, semi-amplexicaules.

Racine. Fusiforme, montant en tige.

Port. La tige s'éleve à la hauteur d'un pied &

Cl. V. Sect. IV. demi, lisse, jetant des rameaux axillaires, garnis d'une ou deux feuilles; les fleurs naissent au sommet, en épis lâches & pendans.

Lieu. Les bords sablonneux des côtes d'Angleterre, nos jardins. ♂

Propriétés. La racine est d'une saveur douceâtre, incisive, diurétique.

Usages. On se sert de la racine & des semences; de la racine on fait des décoctions, des soupes, des bouillons, un sirop, des cataplasmes, & on en tire le suc; de la semence on obtient une huile exprimée qui ne sert qu'aux usages mécaniques & à brûler. On l'emploie pour les animaux comme la rave.

Observations. Les semences de Navet qui sont rondes, brunes, donnent une grande quantité d'huile par expression, propre à brûler pour les lampes, & que les Peintres recherchent comme plus dessicative. Si on seme les Navets un peu dru, on a de plus petites racines, mais plus délicates. D'ailleurs ces racines ont les mêmes propriétés que les Raves. Le suc de Navet a réussi dans le scorbut.

N'oublions pas deux autres especes du genre des *Brassica*.

1.° Le *Brassica campestris* L., le Chou champêtre, dont la racine & les tiges sont ténues, effilées; les feuilles de la tige en cœur, assises, embrassant la tige, lisses; les radicales lyrées, un peu hérissées; la fleur jaune. Lyonnoise, Lithuanienne. Ce Chou fournit une abondante nourriture aux chevres, aux moutons & aux vaches; il se contente des plus mauvais terrains. On commence à cultiver une variété de cette espece, sous le nom de *Colsat*.

2.° Le *Brassica erucastrum*, à tige hérissée; à feuilles découpées profondément, comme pinnées; à segmens dentés; à siliques terminées par un style aplati, pointu; fleurs jaunes, grandes; c'est l'*Eruca sylvestris major lutea caule aspero* C. B. Lyonnoise, Lithuanienne. Les tiges sont droites ou couchées; la figure des feuilles est assez incertaine.

209.

209. LE RAIFORT *ou* RADIX.

RAPHANUS major orbicularis vel rotundus. C. B. P.

RAPHANUS ſativus. L. *tetradyn. ſiliquoſa.*

Fleur. Cruciforme; pétales en forme de cœur, ouverts, diminuant vers les onglets, un peu plus longs que le calice; les folioles du calice oblongues, paralleles, renflées à leur baſe.

Fruit. Silique faite en corne, raboteuſe, comme articulée, épaiſſe, ſpongieuſe, biloculaire, ſéparée par une cloiſon très-mince; ſemences obrondes, glabres.

Feuilles. Ailées; les radicales pétiolées, les caulinaires ſeſſiles.

Racine. Longue, peu fibreuſe, charnue, d'un rouge vif en dehors & blanche en dedans, quelquefois ronde.

Port. Du milieu des feuilles, s'élevent des tiges à la hauteur de deux pieds, herbacées, rondes, rameuſes; les fleurs naiſſent en grappes au ſommet des rameaux; les feuilles alternes.

Lieu. Nos jardins. Originaire de la Chine. ♂

Propriétés. La racine eſt âcre, piquante au goût, déterſive, apéritive, emménagogue, expectorante.

Uſages. La racine fraîche ſe mange; on en tire une eau diſtillée; on en fait des infuſions dans du vin; on en exprime le ſuc, qui ſe donne depuis ℥ iij juſqu'à ℥ iv, mêlé avec ℥ ß de miel; la doſe de l'eau diſtillée eſt juſqu'à ℥ iv dans les potions apéritives. De la ſemence on fait des décoctions; extérieurement, on ſe ſert de la racine écraſée & appliquée ſous la plante des pieds, dans les fievres malignes; ce topique produit moins d'effet que la Moutarde.

Cl. V. Sect. IV.

Cette racine sert quelquefois de nourriture aux animaux; on leur en donne le suc à ℥ vj, & les infusions dans du vin blanc.

Observations. Le Raifort offre quelques variétés, relativement à sa racine qui est ronde ou alongée, blanche, violette, rougeâtre ou noirâtre. L'écorce est plus âcre que la pulpe. Si on fait cuire les Raiforts, ils perdent presque tout leur piquant. On les mange crus avec du sel; en général c'est une mauvaise nourriture, qui dans les personnes foibles cause des coliques, & au plus grand nombre des sujets, des éructations désagréables, souvent avec anxiété. Comme remede, le Raifort est utile dans le scorbut, l'asthme & l'ischurie, causés par des engorgemens séreux. Linnæus a réuni au Raifort une espece de plante très-commune en Europe.

Le *Raphanus raphanistrum*, le Raifort sauvage, dont les siliques en corne très-longue, sont lisses, articulées, à une seule loge; la tige d'un pied, hérissée; les feuilles inférieures en lyre, les supérieures simples; toutes plus ou moins velues.

Les fleurs blanches, veinées, ou jaunes, ou rouges. Lyonnoise, Lithuanienne.

Cette plante, très-commune dans les terres à Blé, est âcre par ses feuilles, & sur-tout par ses semences. On a prétendu que les semences mêlées avec le Seigle, causent des maladies convulsives, ce qui seroit contraire à l'analogie. Ne peut-on pas croire que ces convulsions suivies de paralysie, ont été causées par le Seigle ergoté?

SECTION V.

Des Herbes à fleur polypétale, réguliere, cruciforme, dont le pistil devient une gousse articulée, divisée en travers & en plusieurs loges.

210. LE CUMIN CORNU.

HYPECOON latiore folio. I. R. H.
HYPECOUM procumbens. L. *4-dria, 2-gynia.*

FLEUR. Cruciforme; quatre pétales dont deux plus grands, opposés l'un à l'autre, & découpés en trois lobes; quatre étamines d'égale hauteur; calice de deux feuillets.

Fruit. Silique comprimée, articulée, longue, recourbée; une semence presque ronde, aplatie dans chaque articulation.

Feuilles. Imitant celles de la Rue; les radicales ailées, leurs folioles découpées.

Racine. Fusiforme, jaunâtre, fibreuse.

Port. La tige part de la racine, arrondie, simple; les fleurs solitaires au haut des tiges, avec des feuilles florales découpées, solitaires, ou deux à deux.

Lieu. Les Provinces Médidionales de la France. ⊙

Propriétés. Au rapport de Dodoens, cette plante est rafraîchissante, & possede les mêmes vertus que le suc de Pavot.

Usage. Elle est abandonnée en Médecine.

V ij

Cl. V. Sect. V.

OBSERVATIONS. On trouve encore dans nos Provinces Méridionales une autre espece ; c'eſt,

L'*Hypecoum pendulum*, à ſiliques pendantes, cylindriques, arrondies.

Ces deux eſpeces n'appartiennent point à la famille des Cruciferes, de même que les ſuivantes, excepté la Maſſe au Bedeau ; mais par la rigueur de ſes diviſions, Tournefort a dû les rapprocher de cette famille ; vu que, par le nombre des pétales & la figure du fruit, elles ſont analogues à celle des Tétradynames. Linnæus a moins rigoureuſement ſuivi les lois de ſa méthode ; n'ayant égard le plus ſouvent qu'aux genres naturels, il a réuni avec les Tétradynames, des eſpeces qui n'offrent que deux ou trois étamines.

SECTION VI.

Des Herbes à fleur polypétale, réguliere, cruciforme, dont le piſtil devient une ſilique unicapſulaire ou qui n'a qu'une cavité.

211. LA CHÉLIDOINE. *ou* l'Éclaire.

CHELIDONIUM majus vulgare. C. B. P.
CHELIDONIUM majus. L. *polyand. 1-gynia.*

FLEUR. Cruciforme ; les pétales obronds, planes, ouverts, plus étroits à leur baſe ; le calice diviſé en deux folioles ovales, concaves, qui tombent ; un grand nombre d'étamines égales en longueur.

Fruit. Silique linaire, cylindrique, uniloculaire, bivalve. Cl. V. Sect. VI.

Feuilles. Seſſiles, entieres, ſouvent ailées, à folioles ovales, couvertes de quelques poils.

Racine. Cylindrique, fibreuſe, chevelue.

Port. Les tiges droites, un peu velues; les fleurs au ſommet, portées ſur des péduncules diſpoſés en ombelle; les feuilles alternes; le ſuc de la plante eſt jaune.

Lieu. Les terrains incultes, les vieux murs. Lyonnoiſe, Lithuanienne. ♃

Propriétés. Le ſuc eſt âcre, piquant, un peu amer, ainſi que toute la plante; l'herbe & la racine ſont réſolutives, apéritives, purgatives, fébrifuges.

Uſages. On ſe ſert de l'herbe verte & de la racine; on tire de l'herbe verte un ſuc; la racine ſe prend en poudre ou en décoction; la poudre de la racine ſeche ſe donne à l'homme depuis ʒ ß juſqu'à ʒ j, & même ℥ ß; la racine infuſée dans ℔ ij de vin ou d'eau, ſe donne à la doſe de ℥ vj; le ſuc mêlé avec du vin ou avec quelque autre liqueur convenable, ſe prend à la doſe de iij ou iv gout. On vante le ſuc pour les maladies ulcéreuſes des yeux; on doit l'adminiſtrer avec prudence.

On donne aux animaux la poudre de la racine à ℥ ß, ou infuſée dans du vinaigre à ℥ j ſur ℥ viij de vinaigre, pour être priſe en deux fois.

Observations. On peut exprimer de la racine, des feuilles & des pétioles, un ſuc jaune, fétide; ſi on fait évaporer, on a une maſſe noirâtre, très-amere. L'herbe en ſéchant perd ſon odeur déſagréable; ſon âcreté diminue, mais elle eſt encore amere.

Cette plante très-bien vérifiée par nos anciens Médecins, eſt malheureuſement preſque oubliée dans la pratique vulgaire. Cependant ſon énergie eſt bien conſtatée par

Cl. V. Sect. VI.

l'expérience; nous avons guéri des icteres chroniques avec ce seul remede. Il fait des miracles dans les empâtemens de la rate, à la suite des fievres intermittentes. On a vu, par ce seul remede, des fievres quartes abrégées dans leur cours.

Le suc de Chélidoine est un des plus puissans détersifs dans les ulceres, même scrophuleux. Intérieurement, on a vu réussir l'extrait pour la guérison des dartres qui avoient résisté à tous les remedes.

A haute dose, savoir, une cuillerée de suc de Chélidoine fait vomir & purge; ce suc est assez corrosif pour faire disparoitre de petites verrues. Il faut beaucoup de prudence pour les maladies des yeux. Une décoction des feuilles a cependant souvent guéri des ophtalmies chroniques qui avoient résisté aux astringens. Les vaisseaux propres du suc de Chélidoine, sont peu nombreux; ce suc laisse sur la peau des taches difficiles à enlever; la page inférieure des feuilles est blanchâtre; le calice, avant l'épanouissement des pétales, est d'une seule piece; il se déchire en deux par l'action des pétales tuméfiés. J'ai compté de cinquante à soixante étamines, à filamens jaunes; les péduncules s'alongent beaucoup après la chute des pétales; les pétioles & la tige sont chargés de poils blancs, longs, entrelassés. On trouve des bractées aux sommités des péduncules généraux, qui forment un involucre.

Linné a réuni aux Chélidoines le Pavot cornu, *Chelidonium glaucium*, à tige lisse; à péduncule uniflore; à feuilles d'un vert de mer, embrassant la tige, sinuées; les radicales comme pinnées; à siliques longues, courbées, en corne; à fleurs jaunes. En Dauphiné.

2.° *Chelidonium corniculatum*, le Pavot cornu, à fleurs rouges, dont la tige est hérissée; les feuilles assises comme empennées; les siliques droites, hérissées.

En Languedoc; cultivé dans nos jardins.

Ces deux especes passent pour virulentes; on prétend qu'elles causent le délire, les convulsions; cependant, infusées dans du vin, on a prétendu qu'elles calmoient les stranguries. Voyez ci-après le tableau 252.

212. LE CHAPEAU D'ÉVÊQUE.

Cl. V. Sect. VI.

Epimèdium. Dod. Pempt.
Epimedium Alpinum. L. *4-dria. 1-gynia.*

Fleur. Cruciforme ; les pétales ovales, obtus, concaves ; quatre nectars en forme de taſſe, adhérens aux pétales ; quatre étamines égales ; calice caduque.

Fruit. Silique alongée, pointue, bivalve, uniloculaire, contenant pluſieurs ſemences oblongues.

Feuilles. Cordiformes, recourbées, au nombre de neuf, ſur un long pétiole.

Racine. Menue, noirâtre, d'une odeur forte, compoſée de fibres qui ſe propagent.

Port. La tige baſſe, épineuſe ; feuilles imitant celles du Lierre.

Lieu. Les terrains humides des Alpes. ♃

Propriétés. } Quoique Dodoens, d'après Galien,
Uſages. } regarde cette plante comme rafraîchiſſante, Magnol aſſure que l'on ne connoît point encore ſes vertus ; elle eſt peu d'uſage en Médecine.

Cl. V.
Sect. VII.

SECTION VII.

Des Herbes à fleur polypétale, réguliere, dont le pistil devient un fruit multiloculaire ou divisé en trois ou quatre cellules.

213. LA MASSE AU BEDEAU *ou* Roquette des champs.

Erucago segetum. I. R. H.
Bunias erucago. L. *tetradyn. siliquosa.*

Fleur. Cruciforme ; les pétales ovales, deux fois plus longs que le calice, leurs onglets droits.

Fruit. Silique irréguliere, ovale, oblongue, tétragone ou à quatre angles, dont un ou deux se terminent en pointe ; quatre loges placées sous les angles ; semences obrondes.

Feuilles. Profondément sinuées, quelquefois ailées ou en maniere de lyre, toujours sessiles.

Racine. Napiforme, fibreuse.

Port. Tige de la hauteur d'un pied environ, peu branchue, couverte de petits tubercules relevés, rudes, rougeâtres ; les feuilles alternes.

Lieu. Les champs un peu humides du Languedoc ; dans le Lyonnois. ⊙

Propriétés. Toute la plante est d'une saveur âcre, piquante, un peu amere & d'une odeur forte, aphrodisiaque, apophlegmatique, diurétique, expectorante, antiscorbutique.

Usages. On se sert de l'herbe & des semences pour l'homme; de l'herbe on fait des décoctions; de la semence, une poudre.

On en donne à manger aux animaux une ou deux poignées le matin.

SECTION VIII.

Des Herbes à fleur polypétale, réguliere, cruciforme, dont le pistil se change en plusieurs semences ramassées en tête.

213 *. L'ÉPI D'EAU FLOTTANT *ou* Potamogeton.

POTAMOGETON rotundifolium. M. C. B.
POTAMOGETON natans. L. *4-dria. 4-gynia.*

Fleur. Sans calice, quatre pétales réguliers, obtus, entiers; antheres presque sans filamens; pistils sans style.

Fruit. Quatre semences anguleuses, aiguës.

Feuilles. Nerveuses, ovales, nageant, lisses.

Lieu. Les étangs, les rivieres. Lyonnoise, Lithuanienne.

Port. Tige longue, rameuse; fleurs en épis longs de deux pouces, verdâtres.

Usage. Cette plante rend les eaux paisibles; quelquefois les vaches & les chevres la mangent; mais, comme les autres especes de ce genre, elle sert de domicile à une foule d'insectes aquatiques.

OBSERVATIONS. Sous ce genre, se trouvent communément dans presque toute l'Europe, plusieurs especes qu'il faut au moins savoir caractériser.

1.° Le Potamogeton perfolié, *Potamogeton perfoliatum*, à feuilles en cœur, embrassant la tige. Lyonnoise, Lithuanienne, aquatique.

2.° Le Potamogeton dense, *Potamogeton densum*, à tige dichotome; à feuilles rapprochées, tuilées, ovales, aigues, opposées; à épis à quatre fleurs. Lyonnoise.

3.° Le Potamogeton luisant, *Potamogeton lucens*, à feuilles lancéolées, planes, étroites, diaphanes. Lyonnoise, Lithuanienne.

4.° Le Potamogeton ondulé, *Potamogeton crispum*, à feuilles lancéolées, alternes & opposées, ondulées, dentelées. Lyonnoise, Lithuanienne.

5.° Le Potamogeton dentelé, *Potamogetum serratum*, à feuilles étroites, lancéolées, opposées, dentelées; elle ne paroit être qu'une variété de la précédente. Lyonnoise.

6.° Le Potamogeton comprimé, *Potamogeton compressum*, à tige aplatie; à feuilles linaires, obtuses; à épis très-courts. On la trouve à feuilles alternes & opposées. Lyonnoise, Lithuanienne.

7.° Le Potamogeton pectiné, *Potamogeton pectinatum*, à feuilles sétacées, très-longues, alternes, entassées. Lyonnoise.

8.° Le Potamogeton graminé, *Potamogeton gramineum*, à feuilles linaires, lancéolées, alternes, assises, plus larges que les stipules. Lithuanienne, en Suisse, en Provence.

9.° Le Potamogeton linaire, *Potamogeton pusillum*, à tige arrondie; à feuilles linaires, filiformes, opposées & alternes; à épis alongés.

SECTION IX.

Des Herbes à fleur polypétale, réguliere, cruciforme, dont le pistil devient un fruit mou.

214. LE RAISIN DE RENARD.

HERBA Paris. Dod. Pempt.
PARIS quadrifolia. L. *8-dria, 4-gyn.*

FLEUR. Cruciforme; pétales verdâtres, ouverts, oblongs, en forme d'alêne; le calice divisé en quatre folioles renversées, lancéolées, aiguës, de la grandeur de la corolle; huit étamines à antheres très-longues.

Fruit. Baie noire, globuleuse, tétragone, à quatre loges remplies de deux rangs de semences ovales, lisses, blanchâtres.

Feuilles. Quatre disposées en croix, sessiles, ovales & très-entieres.

Racine. Horizontale, articulée, noueuse.

Port. La tige s'éleve d'un demi-pied, simple, unique, cylindrique, solide, herbacée; les fleurs pédunculées, solitaires; les feuilles au sommet de la tige, verticillées, ordinairement quatre, quelquefois cinq.

Lieu. Les forêts de l'Europe. Lyonnoise, Lithuanienne. ♃

Propriétés. Toute la plante a une odeur puante & désagréable; elle est alexipharmaque, céphalique, résolutive, anodine.

Cl. V. Sect. IX.

Uſages. On s'en ſert plus ſouvent pour l'extérieur que pour l'intérieur; l'on emploie les feuilles & les baies bouillies ou ſeulement pilées, pour les bubons peſtilentiels, les inflammations malignes, les panaris, les ulceres invétérés, &c.

Observations. Les feuilles ſont nerveuſes, à nerfs réunis par des anaſtomoſes; le péduncule eſt plus court que les feuilles; les antheres ſont collées au milieu des filamens; le germe très-grand, eſt d'un noir violet, à huit côtes; les ſtyles ſont violets. J'ai trouvé ſix & ſept feuilles formant l'anneau au ſommet de la tige. Le plus ſouvent la tige eſt bleuâtre vers ſa baſe. Si on froiſſe les feuilles entre les doigts, elles les impregnent d'une odeur analogue à celle du Sureau.

La ſaveur des feuilles & des baies m'a paru peu déſagréable.

La racine de cette plante fait vomir, à la doſe de vingt-quatre à trente grains. J'ai avalé deux baies mûres qui me cauſerent quelques anxiétés. Un ſcrupule de la poudre des feuilles ſeches, calme véritablement la toux convulſive des enfans, la coqueluche; la même poudre a fait ceſſer les convulſions hyſtériques; les baies tuent les poules; cependant les chevres & les moutons mangent la plante, mais les autres beſtiaux n'en veulent point.

Geſner prit une drachme de l'herbe à Pâris, cela le fit beaucoup ſuer; il éprouva une ſéchereſſe à l'arriere-bouche. Ayant empoiſonné deux chiens avec la Noix vomique, il ſauva celui auquel il fit avaler l'herbe à Pâris.

CLASSE VI.

Des Herbes et Sous-Arbrisseaux à fleur polypétale, réguliere, composée d'un nombre indéterminé de pétales disposés en forme de rose, appelée *rosacée*.

SECTION PREMIERE.

Des Herbes à fleur polypétale, réguliere, rosacée, dont le pistil devient un fruit unicapsulaire ou à une seule loge, qui s'ouvre transversalement en deux parties.

215. L'AMARANTHE *ou* Passe-velours.

Amaranthus maximus. C. B. P.
Amaranthus caudatus. L. *monœc. 5-dria.*

Fleur. Mâles ou femelles séparées sur le même pied; le calice leur tient lieu de corolle; il est coloré de rouge, droit, formé par trois ou cinq feuillets lancéolés, aigus, disposés en maniere de rose; cinq étamines.

Fruit. Capsule arrondie, un peu comprimée, colorée comme le calice, à trois pointes, uniloculaire, s'ouvrant par le milieu horizontalement; chaque capsule ne contient qu'une semence globuleuse, comprimée, brune & polie.

Feuilles. Pétiolées, simples, très-entieres, oblongues, lisses.

Racine. Fusiforme, très-chevelue.

Port. La tige s'éleve quelquefois à la hauteur d'un homme, branchue, cannelée; les fleurs ramassées le long d'un grand péduncule, en maniere de grappe très-grande, décomposée, à rameaux cylindriques, pendans; les mâles & les femelles rassemblées dans les mêmes grappes; les feuilles alternes.

Lieu. La Perse, le Pérou; cultivée dans les jardins. ⊙

Propriétés. Plante très-succulente, peu odorante; quelques Auteurs la croient astringente & rafraîchissante.

Usages. On se sert de l'herbe & des fleurs, dont on tire un suc; on en fait des apozemes; son usage est abandonné en Médecine.

OBSERVATIONS. Tournefort considérant les calices colorés comme des corolles, a ramené à ses Rosacées les Amaranthes qui sont dans la classe des Apétales, de la famille des Arroches. Comme dans ce genre les fleurs sont très-entassées, & que les calices sont très-petits, la démonstration des parties de la fructification n'est pas facile. Ajoutons à l'espece décrite, les especes Européennes, & quelques étrangeres généralement cultivées dans les jardins.

1.° L'Amaranthe hypocondriaque, *Amaranthus hypocondriacus*, à feuilles ovales, très-aiguës; à grappes composées, entassées, droites; la tige est verte, les feuilles rougeâtres en-dessous; les fleurs très-pourpres; cinq étamines jaunes. Originaire de Virginie.

2.° L'Amaranthe épineuse, *Amaranthus spinosus*, à grappes cylindriques, droites, verdâtres; à aisselles épineuses. Originaire des Indes.

3.° L'Amaranthe verte, *Amaranthus viridis*, à tige droite, rouge, ſtriée; à fleurs ramaſſées en tête; fleurs mâles, de trois feuillets, à trois étamines; feuilles ovales, bordures membraneuſes, ondulées, rougeâtres. Lyonnoiſe, Lithuanienne.

4.° L'Amaranthe-bette, *Amaranthus blitum*, à fleurs en tête latérales; à fleurs de trois feuillets; feuilles ovales, mouſſes; à tige diffuſe, couchée. Lyonnoiſe.

5.° L'Amaranthe à trois couleurs, *Amaranthus tricolor*, à fleurs ramaſſées en tête aux aiſſelles; à trois étamines; à feuilles ovales, lancéolées, colorées; les feuilles ſupérieures ſont pourpres. Originaire de l'Inde.

216. LE POURPIER.

PORTULACA latifolia ſive ſativa. C. B. P.
PORTULACA oleracea. L. *12-dria. 1-gynia.*

Fleur. Roſacée, à cinq pétales droits, obtus, verdâtres, plus grands que le calice qui eſt petit, diviſé en deux & poſé ſur le germe.

Fruit. Capſule couverte, ovale, uniloculaire, remplie de petites ſemences brunes.

Feuilles. En forme de coin, graſſes, charnues, luiſantes.

Racine. Simple, peu fibreuſe.

Port. Les tiges de la longueur d'un pied au plus, arrondies, liſſes, luiſantes, tendres, quelques-unes couchées à terre; les fleurs axillaires, ſolitaires, ſeſſiles; les feuilles alternes.

Lieu. Les terrains gras, les jardins. ☉

Propriétés. Cette plante potagere eſt aqueuſe, fade, nitreuſe; la ſemence a une ſaveur un peu deſſicative; la plante eſt rafraîchiſſante, diurétique-froide; quelques Auteurs la diſent vermifuge & narcotique, mais ſans en donner de preuves.

Uſages. On ſe ſert de l'herbe & des ſemences;

Cl. VI. Sect. II.

de l'herbe on tire un ſuc peu employé ; on en fait, dans du petit-lait, des décoctions très-uſitées : on en tire encore un ſirop, qui ſe donne depuis ℥ j juſqu'à ℥ ij ; on peut en faire manger aux animaux quelques poignées le matin.

Observations. Dans le Pourpier, le nombre des étamines n'eſt pas conſtant, on en trouve de ſix à quinze.

Le ſuc de Pourpier a été employé utilement dans les fievres ardentes ; les lavemens avec la décoction calment les teneſmes des dyſſenteriques. Des ſcorbutiques ſe trouvent bien de manger une grande quantité de cette herbe.

On en prépare des ragoûts peu nourriſſans, qui ne deviennent agréables que par les aſſaiſonnemens. C'eſt une ſottiſe d'avancer que ces ragoûts ſont alors rafraîchiſſans.

SECTION II.

Des Herbes à fleur polypétale, réguliere, roſacée, dont le piſtil ou le calice devient un fruit unicapſulaire ou qui n'a qu'une ſeule cavité.

217. LE PAVOT DES JARDINS.

Papaver hortenſe ſemine albo, ſativum Dioſcoridis, album Plinii. C. B. P.

Papaver ſomniferum. L. *polyand. 1-gynia.*

Fleur. Roſacée, à quatre pétales arrondis, planes, ouverts, grands, plus étroits à leur baſe ; le calice arrondi, glabre, de deux feuillets liſſes ; corolle ſouvent double, de diverſes couleurs.

Fruit.

Fruit. Capſule très-groſſe, glabre, ronde, ſurmontée d'une couronne; percée ſous la couronne de pluſieurs trous; uniloculaire, contenant un ſi grand nombre de petites ſemences brunes qu'on en a compté juſqu'à 32000 dans la même capſule.

Feuilles. Découpées, pinnatifides, amplexicaules, charnues, dentées, ſinuées à leurs bords, liſſes en-deſſus, un peu velues en-deſſous.

Racine. Fuſiforme, noirâtre.

Port. Tige herbacée, forte, ſolide, noueuſe, liſſe, cylindrique; les feuilles naiſſent de ſes nœuds alternativement & moins découpées à meſure qu'elles approchent du ſommet qui porte les fleurs.

Lieu. Les terrains incultes. Originaire des Provinces méridionales. ☉

Propriétés. Acre, amere, réſineuſe, odeur déſagréable; les feuilles & les fruits narcotiques, antiſpaſmodiques; les ſemences adouciſſantes, anodines.

Uſages. On emploie toute la plante, excepté les racines; on fait l'*Opium* avec les fleurs, les feuilles, le fruit & le ſuc épaiſſi.

OBSERVATIONS. Le Pavot offre par la culture une foule de variétés, par ſes fleurs de toute couleur, & par ſes feuilles plus ou moins découpées; on en trouve à ſemences brunes & à ſemences blanches. On peut extraire de nos têtes de Pavot encore fraîches, ou non mûres, un ſuc laiteux qui, clarifié & évaporé, fournit un vrai Opium qui, à quatre grains, produit les mêmes effets que l'Officinal à un grain. La décoction de deux têtes de Pavot non mûres, endort comme deux grains d'Opium. Les feuilles contiennent auſſi le ſuc extracto-réſineux, ſoluble dans l'eau & dans l'eſprit-de-vin. Ces remedes ſont indiqués dans les maladies où l'irritabilité eſt trop grande; dans les affections hyſtériques, les ſpaſmes, les douleurs, les grandes évacuations, les toux d'irritation. On doit les éviter dans les fievres, les inflammations. Il eſt rare qu'ils ſoient néceſſaires dans la variole. Dans toutes les maladies où la douleur est nécessaire pour atténuer l'humeur, comme dans la goutte, &c., l'Opium est nuisible.

Les semences de Pavot ne sont nullement narcotiques. Dans le Nord, & sur-tout en Lithuanie, on mange à chaque repas des gâteaux faits avec ces semences; on en exprime une huile douce que le froid ne fige pas; une livre de semences en donne quatre onces. L'Opium à petite dose, donne de la gaieté; à dose moyenne, il endort: en imitant l'apoplexie, à haute dose, il tue. On s'accoutume facilement à cette drogue, de maniere que quelques sujets en ont pris habituellement une drachme & plus, impunément. Le Pavot fournit aux Abeilles une grande quantité de cire.

218. LE COQUELICOT *ou* Pavot rouge.

PAPAVER erraticum majus, rheas Dioscoridis. C. B. P.

PAPAVER rheas. L. *polyand. 1-gynia.*

Fleur. } Comme dans le précédent; le calice
Fruit. } hérissé, la capsule ovale, petite, lisse; corolle rouge, une tache noire à l'onglet.

Feuilles. Ailées, découpées profondément, & velues.

Racine. Fusiforme, simple, blanche.

Port. Les tiges quelquefois d'une coudée & plus, rondes, solides, rameuses, couvertes de poils; les fleurs naissent au sommet, plusieurs sur la même tige.

Lieu. Dans les champs, dans les blés. ⊙

Propriétés. Acidule; les fleurs gluantes, anodines, diaphorétiques, & sur-tout pectorales adoucissantes.

Usages. On se sert très-fréquemment des fleurs,

dont on tire une eau diſtillée inutile, dont on fait une conſerve très-bonne, un ſirop fort uſité, des infuſions très-employées; la conſerve ſe donne depuis ℥ ß juſqu'à ℥ j; l'extrait depuis gr. ß juſqu'à gr. j. Les décoctions des fruits ou têtes de Coquelicot, ſont très-adouciſſantes & même un peu ſomniferes.

On peut donner aux animaux la fleur en décoction, à poig. ij dans ℔ j ß d'eau.

OBSERVATIONS. Les étamines du Coquelicot ſont pourpres; le ſtigmate ſeſſile, à ſtries pourpres.

Les fleurs déſſéchées ſont inodores; récentes, elles répandent, comme les capſules & les feuilles, une odeur narcotique; on peut extraire des capſules encore vertes, un ſuc vraiment narcotique qui, évaporé, laiſſe pour ſédiment une eſpece d'Opium. Nous l'avons trouvé efficace pour la coqueluche; les fleurs en infuſion ſont tout au plus calmantes. On les ordonne utilement dans la dyſſenterie, les coliques ſpaſmodiques.

Les vaches, les chevres & les moutons mangent impunément le Coquelicot, qui eſt nuiſible aux chevaux.

Nous avons encore quelques eſpeces de Pavot aſſez communes.

1.° Le Pavot hibride, *Papaver hybridum*, à capſules arrondies, ſillonnées, hériſſées; à tige portant pluſieurs fleurs; à feuilles trois fois pinnées; à folioles linaires. En Dauphiné, Lithuanienne.

2.° Le Pavot à maſſue, *Papaver Argemone*, à capſule alongée, hériſſée; à feuilles hériſſées, pinnées; à folioles en lobes un peu élargis. Lyonnoiſe, Lithuanienne.

3.° Le Pavot douteux, *Papaver dubium*, à capſules alongées, liſſes; à tige portant pluſieurs fleurs; à poils appliqués contre la tige. Lithuanienne, en Bourgogne.

4.° Le Pavot jaune, *Papaver cambricum*, à tige liſſe, à capſules alongées, liſſes; à fleurs jaunes. Sur les montagnes ſous-Alpines du Lyonnois.

5.° Le Pavot d'Orient, *Papaver orientale*, à capſules liſſes, groſſes, arrondies; à feuilles pinnées, dentées; à tige rude, portant une ſeule fleur.

Cl. VI. Sect. II.

219. LE PAVOT ÉPINEUX

ou Pavot du Mexique, Chardon-bénit des Américains.

Argemone Mexicana. I. R. H.
Argemone Mexicana. L. *polyand. 1-gynia.*

Fleur. Rofacée ; cinq pétales grands, arrondis, droits, ouverts, plus grands que le calice découpé en trois parties ; corolle jaune.

Fruit. Capfule épineufe, grande, ovale, à cinq angles, uniloculaire ; s'ouvrant en cinq parties, contenant de petites femences logées fous les angles de la capfule.

Feuilles. Simples, découpées, amplexicaules, épineufes.

Racine. Fufiforme, fibreufe.

Port. Tige herbacée, de la hauteur d'un pied, cylindrique, rameufe ; les fleurs axillaires, folitaires, fur de longs péduncules ; toute la plante hériffée de petites épines ; feuilles alternes.

Lieu. L'Amérique, les jardins. ♂

Propriétés. } On lui fuppofe en général les
Ufages. } mêmes vertus qu'aux Pavots.

220. LE FIGUIER D'INDE, Raquette, Cardaſſe.

Cl. VI. Sect. II.

Opuntia vulgò herbariorum. I. R. H.
Cactus opuntia. L. *icoſand. 1-gynia.*

Fleur. Roſacée; pluſieurs pétales larges, obtus, les extérieurs plus courts que les intérieurs; calice monophille, poſé ſur le germe, couvert d'écailles.

Fruit. Groſſe baie oblongue, uniloculaire, ombiliquée ſous le ſtigmate, charnue, rouge, remplie de ſemences ſous-orbiculaires & petites.

Feuilles. Charnues, épaiſſes de trois ou quatre lignes, ovales, arrondies au ſommet, inſérées les unes dans les autres, armées de quelques épines ſétacées, la ſurface des feuilles liſſe.

Racine. En forme de corde.

Port. Point de tige; les feuilles naiſſent les unes des autres comme par articulations; au ſommet de la feuille naît la fleur; la plante s'éleve peu & rampe en quelque ſorte; les épines durciſſent à meſure que la plante vieillit.

Lieu. Les Indes, les jardins. ♃

Propriétés. La plante teint en rouge l'urine de ceux qui en mangent; on la dit rafraîchiſſante.

Uſages. On l'emploie peu en Médecine; quelques Auteurs prétendent que les feuilles chaudes & ouvertes adouciſſent les douleurs lorſqu'on les applique ſur les jointures; ce qui demande d'être confirmé par l'expérience.

Observations. On cultive dans preſque tous les jardins des curieux, pluſieurs eſpeces du genre des *Cactus*, qu'il eſt agréable de pouvoir dénommer.

1.° *Cactus ficoides melocactus*, l'Hériſſon, arrondi, à quatorze angles.

Cl. VI. Sect. II.

Ce n'eſt qu'une maſſe charnue, couronnée au ſommet d'épines entaſſées.

2.° *Cactus cereus peruvianus*, le Cierge du Pérou, droit, long, à huit angles obtus; à piquans entaſſés.

Le fruit rouge, gros comme une noix; il s'éleve, en vieilliſſant, à une hauteur extraordinaire, à cinquante pieds & plus.

3.° *Cactus cereus flagelliformis*, le Serpenteau rampant, à dix angles très-épineux.

4.° *Cactus ficus indica*, la Figue d'Inde, à feuilles articulées, ovales, oblongues, ſans tiges. Ces plantes ſont originaires d'Amérique.

Toutes ces plantes donnent de grandes & belles fleurs; leur fruit eſt ſucculent & nutritif, quoique fade. Sur une eſpece de Figuier d'Inde, ſe trouve le Kermès qui fournit cette belle couleur écarlate.

221. LA FLEUR DE LA PASSION.

GRANADILLA polyphillos fructu ovato. I. R. H.

PASSIFLORA cærulea. L. *gynand. 5-dria.*

Fleur. Roſacée; cinq pétales preſque lancéolés, de la longueur & de la figure du calice qui eſt diviſé en cinq parties colorées; cinq étamines adhérentes au germe par leurs filets; un nectar compoſé d'une triple couronne, dans leſquels on a cru voir les attributs de la Paſſion.

Fruit. Groſſe baie charnue, preſque ovale, uniloculaire, portée ſur un ſtyle alongé; pluſieurs ſemences ovales revêtues d'une membrane.

Feuilles. Pétiolées, palmées, à cinq ou à ſept découpures, lancéolées, ovales, entieres, d'un vert foncé.

Racine. Rampante, ſarmenteuſe, ſtolonifere.

Port. Tiges ſarmenteuſes, angulées, grimpantes;

fleurs axillaires, solitaires, soutenues par des pédoncules plus longs que les pétioles; vrilles axillaires aux côtés des péduncules; stipules réniformes; feuilles alternes.

Lieu. L'isle Minorque; on la cultive dans les jardins. ♃

Propriétés. } On doute de ses vertus, quoi-
Usages. } que certains Auteurs la regardent comme apéritive.

OBSERVATIONS. Les Passiflores sont en grand nombre; on les recherche dans les jardins des curieux, parce que leurs tiges flexibles se plient à la volonté du jardinier, & peuvent garnir agréablement les berceaux. La commune ou la bleue étoit généralement cultivée en Lithuanie. Les suivantes ornent encore nos jardins.

1.° La Passiflore à feuilles de Laurier, *Passiflora laurifolia*, à feuilles indivisées, très-entieres, ovales, deux glandes aux pétioles; à enveloppe dentée.

Le fruit est ovale, très-gros, d'un goût agréable. Originaire de Surinam.

2.° La Passiflore Chauve-souris, *Passiflora vespertilio*, à feuilles à deux lobes, portant des glandes à leur base; les lobes arrondis à leur base, d'ailleurs aigus, divergens, ponctués en-dessous.

La fleur est petite, blanche; le fruit succulent. Américaine.

3.° La Passiflore ponctuée, *Passiflora punctata*, à feuilles comme à trois lobes oblongs, le lobe intermédiaire très-petit, ponctuées en-dessous.

4.° La Passiflore très-petite, *Passiflora minima*, à feuilles velues, trifides ou fendues au-delà du centre en trois segmens lancéolés, dont l'intermédiaire est le plus long; la fleur jaunâtre est très-petite.

CL. VI.
SECT. II.

222. LA MORGELINE.

ALSINE media. C. B. P.
ALSINE media. L. 5-*dria*, 3-*gynia*.

Fleur. Roſacée, à cinq pétales fendus, égaux, plus longs que le calice qui eſt diviſé en cinq folioles velues, concaves, oblongues, pointues.

Fruit. Capſule membraneuſe à une ſeule loge, ovale; ſemences menues, rougeâtres, attachées au placenta en maniere de grappe.

Feuilles. Pétiolées, ſimples, entieres, ovales, cordiformes, un peu ſucculentes.

Racine. Chevelue, fibreuſe.

Port. Pluſieurs tiges herbacées, cylindriques, foibles, d'un demi-pied de haut, couchées, velues, articulées, rameuſes; les fleurs au ſommet, axillaires, pédunculées, ſolitaires, les feuilles oppoſées ſur les nœuds des tiges.

Lieu. Les jardins, les cours, les chemins. ☉

Propriétés. Les feuilles ont un goût d'herbe un peu ſalé; la plante eſt vulnéraire, déterſive, rafraîchiſſante.

Uſages. On s'en ſert pour l'homme, en décoction; on en tire un ſuc qui, dépuré, ſe donne en décoction, à la doſe de ℥ j; l'on fait avec les feuilles ſéchées à l'ombre, une poudre qui ſe donne en décoction, à la doſe de ʒ ß; l'on emploie encore l'herbe pilée & appliquée en cataplaſme.

On en donne aux animaux la décoction, à poig. ij dans ℔ j ß d'eau.

OBSERVATIONS. Le nombre des étamines eſt incertain; j'en ai trouvé trois, quatre, cinq, ſix, ſept; les antheres ſont pourpres; dans la capſule ſe trouvent trois ou ſix valves. On donne le ſuc de cette herbe aux phthiſiques, quelques-uns en ont été soulagés ; il réussit assez bien en collyre dans l'ophtalmie inflammatoire. Les vaches, les chevaux, les moutons aiment cette plante que les chevres négligent. Les serins & autres petits oiseaux de voliere recherchent la Morgeline.

On trouve encore assez généralement,

L'*Alsine segetalis*, la Morgeline des blés, à pétales entiers, à feuilles filiformes.

Les feuilles sont tournées toutes d'un côté; on trouve des stipules vaginales, membraneuses. Lyonnoise.

Ces deux especes appartiennent à la famille naturelle des Caryophillées, & au genre naturel des Alsines qui, dans Tournefort & Haller, comprend plusieurs genres factices formés par Linné, relativement au nombre des étamines, des styles, ou des pétales. Nous allons présenter les caracteres spécifiques de celles qui sont les plus communes dans toute l'Europe, en suivant les divisions de Linné, qui deviennent nécessaires, vu la multiplicité des especes.

ALSINE à trois étamines.

1.° L'*Holosteum umbellatum*, à feuilles opposées, linaires ; à fleurs en ombelle ; à capsule comme cylindrique.

Quelquefois on trouve cinq étamines & quatre styles. Lyonnoise.

2.° Le *Polycarpon tetraphyllum*, à feuilles verticillées, ovales, quatre à chaque anneau ; cinq pétales ovales, très-petits ; capsule à une loge à trois valves.

C'est l'*Anthyllis alsinefolia polygonoides major*, Barr. rar. t. 534.

Commune près de Lyon.

A quatre étamines.

3.° La Sagine rampante, *Sagina procumbens*, à tige diffuse, couchée; à feuilles lancéolées, réunies par leur base.

Le calice à quatre feuillets, quatre pétales ; capsule à quatre loges ; souvent les pétales manquent. Lyonnoise, Lithuanienne.

CL. VI. SECT. II.

4°. La Sagine droite, *Sagina erecta*, à tige droite, le plus souvent ne portant qu'une fleur ; à feuilles linaires ; à fleur clause. On trouve quelquefois quatre styles & cinq étamines. C'est l'*Alsine verna glabra* Vaill. Par. t. 3. f. 2. Lyonnoise.

A huit étamines & deux styles.

5.° La Moehringe mousseuse, *Moehringia muscosa*, à feuilles linaires, très-étroites, réunies par leur base. Quatre feuillets au calice ; quatre pétales ; capsule à une loge, à quatre valves. Lyonnoise ; sur les montagnes. C'est l'*Alsine montana capillaceo folio* C. B. Plukenet almag. t. 75. f. 1.

A huit étamines & quatre styles.

6.° L'*Elatine hydropiper*, à feuilles opposées, la fleur est blanche ou rose ; à trois ou quatre pétales ; calice de quatre feuillets ; capsule déprimée à quatre loges, à quatre valves. C'est l'*Alsinastrum serpilifolium flore albo tetrapetalo* Vaill. Par t. 2. f. 2., & l'*Alsinastrum serpilifolium flore roseo tripetalo* Vaill. Par. t. 2. f. 1.

Dans les prairies humides, en Dauphiné, en Bourgogne & en Bresse.

7.° L'*Elatine alsinastrum*, à feuilles en anneaux, les surnageantes linaires, les submergées capillaires.

C'est l'*Alsinastrum galiifolio* Vaill. t. 1. f. 6.

Dans les fossés, en Bresse ; ses fleurs sont à quatre pétales, petites & blanches.

A dix étamines & trois styles.

8.° Le *Stellaria nemorum*, la Stellaire des bois, à feuilles pétiolées, en cœur ; à péduncules composés, formant le panicule ; le calice de cinq feuillets ouverts ; cinq pétales fendus ; capsule à une loge renfermant plusieurs semences. Très-ressemblante au Céraiste aquatique, tige haute, feuilles grandes. Commune dans les forêts de Lithuanie ; se trouve dans le Lyonnois, sur les hautes montagnes.

9.° Le *Stellaria dichotoma*, à rameaux en bras ouverts ; à feuilles ovales, assises ; à fleurs solitaires ; à péduncules portant les capsules renversées.

Haller penſe que cette eſpece n'eſt que la précédente adulte. Se trouve ſur les montagnes du Bugey.

10.° Le *Stellaria holoſtea*, à feuilles lancéolées, ciliées.

Fleurs blanches, grandes; pétales fendus. Lyonnoiſe.

11.° Le *Stellaria graminea*, à feuilles linaires très-entieres; fleurs en panicule.

Lyonnoiſe, Lithuanienne, dans les haies, les bois.

On trouve auſſi la variété, appelée par Dillen *Alſine folio gramineo anguſtiore paluſtris*; dans les prairies aquatiques.

12.° L'*Arenaria trinervia*, à feuilles ovales, aiguës, pétiolées, à trois nervures.

Dans les *Arenaria*, les pétales ſont entiers. Lyonnoiſe, Lithuanienne.

13.° L'*Arenaria ſerpilifolia*, à feuilles aſſiſes, ovales, lancéolées, un peu hériſſées; à pétales plus courts que le calice; à péduncules portant une ſeule fleur.

La tige rameuſe; feuilles de Serpolet. Lyonnoiſe, Lithuanienne.

14.° L'*Arenaria rubra*, à feuilles filiformes; à ſtipules membraneuſes, vaginales, ou en gaines ovales, lancéolées, blanches; à fleurs rouges. Lyonnoiſe, Lithuanienne.

15.° L'*Arenaria media*, à tiges un peu velues, à feuilles linaires, ſucculentes, un peu velues; à ſtipules membraneuſes; fleurs blanches; les pétales preſque auſſi longs que les calices; les ſemences entourées par un cercle membraneux, blanc. Lyonnoiſe, Allemande.

16.° L'*Arenaria ſaxatilis*, à tige paniculée, à feuilles en alêne.

C'eſt L'*Alſine ſaxatilis & multiflora capillaceo folio* Vaill. Par. t. 2. f. 3.

Les pétales ſont plus longs que le calice. Dans le Dauphiné, en Allemagne.

17.° L'*Arenaria tenuifolia*, à tige paniculée; à feuilles en alêne; à pétales lancéolés, plus courts que le calice.

C'eſt L'*Alſine tenuifolia* Vaill. Par. t. 5. f. 1. Lyonnoiſe.

Cl. VI. Sect. II.

A dix étamines & cinq ſtyles.

18.° La Spargoute des champs, *Spergula arvenſis*, à feuilles en anneaux, en alêne, ſucculentes. Le nombre des étamines varie, on en trouve cinq, ſix, ſept, huit, dix ; vingt feuilles à chaque anneau ; tige d'un pied, foible ; pétales entiers. Lyonnoiſe, Lithuanienne. C'eſt un bon pâturage, ſa racine très-abondante donne une aſſez bonne farine.

19.° La Spargoute à cinq étamines, *Spergula pentandra ;* à feuilles en anneaux.

Tige de cinq pouces, velue, ſix ou huit fleurs à chaque anneau ; ſemences couronnées par une membrane. Lyonnoiſe.

20. La Spargoute noueuſe, *Spergula nodoſa*, à tige de quatre pouces ; à nœuds enflés ; à feuilles inférieures, oppoſées, en alène, liſſes, les ſupérieures en faiſceaux. Lyonnoiſe, Lithuanienne.

En général toutes les Alſines ſont nutritives pour les beſtiaux.

223. L'OREILLE DE SOURIS.

MYOSOTIS incana repens. I. R. H.
CERASTIUM repens. L. *10-dria, 5-gynia.*
MYOSOTIS arvenſis polygonifolio. Vaill. Par. t. 30. f. 2.

Fleur. Roſacée ; cinq pétales diviſés en deux à leur ſommet, droits, ouverts, de la longueur du calice qui eſt formé par cinq folioles ovales, lancéolées, aiguës.

Fruit. Capſule tranſparente, ovale, cylindrique, de la forme d'une corne, ouverte à ſon ſommet qui eſt découpé en cinq dentelures ; ſemences petites, obrondes.

Feuilles. Seſſiles, lancéolées, ſimples, très-entieres, velues, cotonneuſes.

Racine. Menue, ſimple.

Port. La tige foible, couchée ; les fleurs grandes au sommet sur des péduncules rameux ; les feuilles opposées. CL. VI. SECT. II.

Lieu. Les terrains arides. Lyonnoise, Lithuanienne. ♃.

Propriétés. } Quelques Auteurs lui attribuent les
Usages. } mêmes vertus qu'à la Morgeline.

I.re OBSERVATION. Nous trouvons plusieurs especes de Céraistes assez communs en Europe pour mériter d'être caractérisés.

1.° Le Céraiste vulgaire, *Cerastium vulgatum*, à tige diffuse ; à feuilles ovales ; à pétales de la longueur du calice.

C'est le *Myosotis arvensis hirsuta parvo flore albo* T. Vaill. Par. tab. 30. f. 1., très-semblable au suivant ; mais il croit plus touffu. Lyonnoise, Lithuanienne.

2.° Le Céraiste visqueux, *Cerastium viscosum*, à tige droite, visqueuse, velue.

C'est le *Myosotis hirsuta altera viscosa* Vaill. Par. t. 30. f. 1. 3.

Dans les montagnes du Lyonnois. Lithuanienne.

3.° Le Céraiste pentandre, *Cerastium semidecandrum*, à cinq étamines ; à tiges simples ; à feuilles ovales, hérissées.

C'est le *Myosotis arvensis hirsuta minor* Vaill. Par. t. 30. f. 2.

Le nombre des étamines & des styles n'est pas constant, on le trouve à cinq, à dix, à trois, à cinq styles ; à cinq étamines stériles, & à cinq portant antheres.

4.° Le Céraiste des champs, *Cerastium arvense*, à feuilles linaires, lancéolées, lisses ; à corolles plus longues que le calice.

C'est le *Myosotis arvensis hirsuta flore majore* Vaill. Par. t. 30. f. 4. Dauphinoise, Lithuanienne.

5.° Le Céraiste aquatique, *Cerastium aquaticum*, à feuilles ovales, en cœur ; les inférieures pétiolées ; à fleurs solitaires ; à fruits inclinés, arrondis.

C'est l'*Alsine maxima solanifolia* de Mentz t. 1. f. 3.

Cl. VI. Sect. II.

Commune en Lithuanie, près de Lyon, en Dauphiné; il ressemble beaucoup au *Stellaria nemorum* de Linné.

6.° Le Céraiste cotonneux, *Cerastium tomentosum*, à feuilles lancéolées, linaires, blanches, cotonneuses; à péduncules portant plusieurs fleurs; à capsules rondes. On la cultive dans nos parterres; elle forme des gazons fleuris très-agréables. Originaire d'Espagne; on en trouve une variété en Suisse.

En général les Céraistes fournissent un mauvais pâturage; les chevres & les chevaux les mangent, les vaches & les moutons n'en veulent point.

II.e Observation. On peut rapprocher de la famille des Alsines & des Céraisies, un genre qui se trouve assez généralement en Europe pour en présenter les caracteres essentiels. C'est le *Peplis portula*, dont le calice campaniforme a douze segmens; on trouve quelquefois six pétales rouges insérés au calice, six étamines, un pistil; capsule à deux loges; tiges rampantes; feuilles opposées, arrondies, succulentes; fleurs aux aisselles sans péduncules, qui tombent aussi-tôt que le calice est épanoui; mais disséquez ce calice avant qu'il s'ouvre, vous trouverez constamment les pétales.

C'est le *Glaux altera folio subrotundo* Vaill. Par. t. 15. f. 5. L'*Alsine palustris minor serpilifolia* C. B. Lyonnoise, Lithuanienne, dans les terrains humides. Annuelle.

224. LE ROSSOLIS à feuilles rondes *ou* Rosée du Soleil.

Rossolis folio subrotundo. C. B. P.
Drosera rotundifolia. L. 5-dria, 5-gynia.

Fleur. Rosacée, presque infundibuliforme, à cinq pétales obtus, un peu plus grands que le calice qui est d'une seule piece & à cinq découpures aiguës.

Fruit. Capsule ovale, uniloculaire, terminée

par cinq valvules qui contiennent des ſemences obrondes. Cl. VI. Sect. II.

Feuilles. Simples, pétiolées, très-entieres, orbiculaires, alongées, couvertes de filets.

Racine. Fibreuſe, déliée comme des cheveux.

Port. Petite plante compoſée de deux ou trois tiges qui s'élevent, du milieu des feuilles, à quelques pouces, grêles, rondes, rougeâtres; les fleurs au ſommet raſſemblées en grappes; les feuilles radicales & couvertes de petites glandes pétiolées, d'où ſuinte une liqueur gluante.

Lieu. Les lieux marécageux, les Alpes. Lyonnoiſe, Lithuanienne. ⊙

Propriétés. Acre au goût, cauſtique, ſuſpecte.

Uſages. On ſe ſert de l'herbe, mais rarement; quelques Auteurs, en particulier M. Geoffroy, la regardent comme pectorale, utile contre la toux invétérée, les ulceres des poumons, l'aſthme & la coqueluche; on la preſcrit en infuſion juſqu'à deux gros, & à un gros en poudre; on en fait un ſirop que l'on donne à la doſe de ℥j, ou ſeul ou mêlé dans les apozemes & potions béchiques.

Le Roſſolis eſt, dit-on, un poiſon pour les moutons; il leur attaque le foie & le poumon, & leur occaſionne une toux qui les fait périr inſenſiblement, ce qui mérite d'être confirmé dans les lieux où croît cette plante aſſez rare.

Observations. Le Roſſolis à feuilles longues, *Droſera longifolia*, ne differe de la précédente que par ſes feuilles ovales, oblongues; auſſi pluſieurs célebres Botaniſtes ne la regardent que comme une variété. On les trouve ſouvent enſemble dans les mêmes marais. Lyonnoiſe, Lithuanienne.

Au mois de Juillet la fleur s'épanouit à neuf heures, ſe referme avant midi; le ſuc qui tranſude des feuilles eſt aſſez âcre pour ôter l'organiſation aux verrues; il fait cailler le lait. Cette Plante & l'Utriculaire ſont les ſeules Plantes du Nord que l'on ait trouvées dans les Indes.

CL. VI. SECT. II.

225. LA SOUDE ORDINAIRE.

KALI majus cocleato ſemine. C. B. P.
SALSOLA ſoda. L. *5-dria, 2-gynia.*

Fleur. Roſacée par ſon calice diviſé en cinq découpures ovales, obtuſes, en rondache, perſiſtantes; point de corolle.

Fruit. Capſule ronde à une ſeule loge, entourée du calice, remplie d'une ſemence longue, noire, luiſante, roulée en ſpirale.

Feuilles. Sans piquans, longues, étroites, épaiſſes, ſeſſiles.

Racine. Ferme, fibreuſe, rameuſe.

Port. Tige de trois pieds environ, ſans épines, les rameaux droits & rougeâtres; les fleurs le long de la tige, axillaires, ſolitaires.

Lieu. Les bords de la mer, nos Provinces méridionales. ⊙

Propriétés. Cette plante a un goût ſalé, elle eſt apéritive, diurétique, antiulcéreuſe.

Uſages. On ſe ſert de toute la plante, excepté dans les cas d'inflammation de la veſſie : l'âcreté de ſon ſel l'augmenteroit; on s'en ſert extérieurement pilée & appliquée. On tire de la pierre de ſoude un ſel fixe qui eſt cauſtique & ſert à faire des pierres à cauteres; l'alkali de cette plante réduite en cendre, entre dans la compoſition du fameux ſel de Seignette, & dans celle du ſavon.

OBSERVATIONS. On trouve encore ſur les bords de nos mers, & même bien avant dans nos terres, quelques eſpeces qu'il faut faire connoître.

1.° La *Salſola tragus*, herbacée, droite; à feuilles en alêne, ſucculentes, liſſes, épineuſes; à calices ovales.

2.°

2.° La *Salsola kali*, herbacée, couchée; à feuilles en alêne, hérissées, épineuses, piquantes; calices axillaires, dont les marges des feuilles sont membraneuses. CL. VI. SECT. II.

Ces deux especes qui se ressemblent beaucoup, sont devenues indigenes, auprès de Lyon, sur les bords du Rhône.

Toutes ces Soudes, & quelques autres, fournissent plus ou moins abondamment l'alkali fixe du sel marin qui forme la base de plusieurs sels précieux en Médecine, comme le sel de Seignette, le sel de Glauber. Cet alkali uni avec les graisses ou les huiles, constitue les différens savons.

Le meilleur sel de Soude est fourni par la *Salsola sativa* que l'on cultive en Espagne; ses feuilles sont lisses, courtes, rondes, assez semblables à celles des Joubarbes.

226. LA SOUDE D'ALICANTE.

KALI Hispanicum supinum annuum, sedi foliis brevibus. Act. Acad. Reg. Par.

SALSOLA hirsuta. L. sp. ed. 2.ª *Chenopodium.* ed. 1.ª *5-dria, 2-gynia.*

Fleur. } Comme dans la précédente; la capsule
Fruit. } velue.

Feuilles. Cylindriques, obtuses, cotonneuses, charnues.

Racine. Fibreuse, rameuse.

Port. La tige d'un pied tout au plus, velue, herbacée, diffuse; fleurs axillaires; feuilles alternes.

Lieu. Les bords de la mer, en Espagne. ☉

Propriétés. } Comme dans la précédente.
Usages. }

226*. LA PARNASSIE des marais.

PARNASSIA palustris & vulgaris. T.

PARNASSIA palustris. L. *5-dria, 4-gynia.*

Fleur. Calice divisé en cinq segmens; cinq pétales ovales; cinq mielliers, ou cinq tubercules ornés de plusieurs cils terminés par des glandes arrondies.

CL. VI. SECT. II.

Fruit. Capsule à quatre valves contenant plusieurs semences.

Feuilles. Radicales pétiolées, en cœur, lisses au milieu de la tige, une seule feuille assise, l'embrassant.

Racine. Produisant d'un tronc court une foule de radicules.

Port. Tige d'un pied, droite, simple, anguleuse, ne portant qu'une fleur blanche, grande.

Lieu. Dans les prairies humides, dans les montagnes du Lyonnois; plus commune en Lithuanie. ♃

Propriétés. Amere; utile dans l'anorexie pituiteuse.

OBSERVATIONS. Le germe pendant la florescence est ouvert à son sommet; alors chaque étamine rapproche son anthere de cette ouverture, lance sa poussiere séminale, après quoi se retire contre la corolle.

Les styles sont souvent collés, de maniere qu'il n'en paroît qu'un seul; le germe est à côtes, rose, blanc, terminé le plus souvent par quatre stigmates sans style; les sommets des cils du miellier, jaunes, diaphanes; dans chaque miellier environ douze cils inégaux.

226 **. LE JONC CONGLOMÉRÉ.

JUNCUS levis paniculâ non sparsâ. C. B.
JUNCUS conglomeratus. L. *6-dria, 1-gynia.*

Fleur. Calice persistant, formé par six feuillets lancéolés.

Fruit. Capsule à trois loges, à plusieurs semences.

Feuilles. Elles ne sont que des gaînes radicales, terminées par des feuilles très-courtes, sétacées, que l'on trouve même rarement.

Racine. Fibreuse.

Port. Chaume droit de deux ou trois pieds, rond, nu, terminé en pointe; à un demi-pied au-dessous de cette pointe, naît le panicule arrondi, dense, dont chaque péduncule général est ramifié, & porte des fleurs petites, brunes, brillantes.

Lieu. Dans les fossés. Lyonnoise, Lithuanienne.

Propriétés. Ce Jonc, vu sa grosseur, contient beaucoup de moelle qui peut servir de meche aux lampes; il indique toujours un sol humide; on en fait de petites corbeilles. C'est un mauvais pâturage, quoique les vaches & les chevres mangent ce Jonc lorsqu'il est vert.

OBSERVATIONS. Contentons-nous d'indiquer les caracteres spécifiques des principaux Joncs assez généralement existans en Europe.

1.° Le Jonc épars, *Juncus effusus*, à chaume arrondi, nu; à panicule épars, latéral. Lyonnoise, Lithuanienne.

2.° Le Jonc recourbé, *Juncus inflexus*, à chaume nu, dont la pointe est membraneuse, recourbée; à panicule épars.

Il ne paroît être qu'une variété du précédent. Sur les montagnes du Lyonnois.

3.° Le Jonc filiforme, *Juncus filiformis*, à chaume petit, nu, filiforme, courbé; à panicule latéral. Lyonnoise, Dauphinoise.

4.° Le Jonc rude au toucher, *Juncus squarrosus*, à chaume nu, roide; à feuilles roides, sétacées; à fleurs en tête ramassées, sans feuilles; à fleurs cartilagineuses. Lyonnoise, Lithuanienne.

5.° Le Jonc articulé, *Juncus articulatus*, à tige feuillée; à feuilles nouées, articulées, aplaties; à panicule inégal; à feuillets du calice obtus. Lyonnoise, Lithuanienne.

6.° Le Jonc bulbeux, *Juncus bulbosus*, à tige filiforme, petite, feuillée; à feuilles linaires, creusées en canal; à fleurs en corymbe terminant la tige; à capsules obtuses. Lyonnoise, Lithuanienne.

7.° Le Jonc des crapauds, *Juncus buffonius*, à tige petite, dichotome; à feuilles sétacées, anguleuses; à fleurs solitaires, assises sur les divisions des branches. Lyonnoise, Lithuanienne.

Cl. VI. Sect. II.

8.° Le Jonc velu, *Juncus pilosus*, à tige petite; à feuilles aplaties, à longs poils; à corymbe rameux. Lyonnoise, Lithuanienne.

9.° Le Jonc argenté, *Juncus niveus*, à feuilles planes, peu velues; à corymbe plus court que la feuille; les segmens intérieurs du calice plus courts que les extérieurs; fleurs blanches. Lyonnoise.

10.° Le Jonc des champs, *Juncus campestris*, à feuilles planes, un peu velues; à épis péduncules & assis, penchés.

C'est le *Juncus villosus capitulis psylii* T. Dans les terrains secs. Lyonnoise, Lithuanienne.

12.° Le Jonc en épis, *Juncus spicatus*, à feuilles planes; à épis penchés, divisés; fleurs noires. Ce n'est probablement qu'une variété du précédent. Sur les montagnes du Forez.

226 ***. LE TELEPHE RAMPANT *ou* le Pourpier sauvage.

TELEPHIUM repens folio non deciduo. C. B.
TELEPHIUM imperati. L. *5-dria, 3-gynia.*

Fleur. Calice de cinq feuillets; cinq pétales insérés sur le réceptacle.

Fruit. Capsule à une loge, à trois valves.

Feuilles. Alternes, ovales, oblongues, succulentes, persistantes.

Racine. Chevelue, menue.

Port. Tige rameuse, rampante; fleurs en grappes terminant la tige, tournées d'un seul côté.

Lieu. Dans les terres sablonneuses, sur les rochers. En Dauphiné. ♃

227. LE CISTE HÉLIANTHEME ou la Fleur du Soleil.

CL. VI. SECT. II.

HELIANTHEMUM vulgare flore luteo. J. B.
CISTUS helianthemum. L. *polyand. 1-gynia.*

Fleur. Rosacée; cinq pétales sous-orbiculaires, planes, étendus, très-grands; calice de cinq feuillets, dont deux plus petits.

Fruit. Capsule uniloculaire, à trois battans, à trois côtés, obronde, fermée; semences petites, orbiculaires, un peu aplaties.

Feuilles. Oblongues, garnies de quelques poils, repliées, portées sur de courts pétioles.

Racine. Blanche, ligneuse.

Port. Les tiges ligneuses, nombreuses, grêles, cylindriques, velues, couchées par terre; les fleurs jaunes au sommet, disposées en longs épis, soutenues par de longs péduncules, quatre stipules lancéolées à la base; feuilles opposées deux à deux.

Lieu. Dans les pâturages. Lyonnoise, Lithuanienne. ♃

Propriétés. Les feuilles sont remplies d'un suc gluant & visqueux; la plante est vulnéraire & astringente.

Usages. On se sert communément des feuilles, rarement des racines, & jamais des fleurs; des feuilles, on fait des décoctions dans de l'eau; on s'en sert en gargarismes, bouillies dans du vin.

OBSERVATIONS. Le genre des Cistes est un des plus nombreux en especes; on en compte plus de trente Européennes.

Les Provinces les plus méridionales en produisent le plus grand nombre; dans le Nord on n'en trouve

CL. VI. SECT. II.

guere qu'une espece, celle qui vient d'être décrite, dont la tige & les feuilles acquierent souvent une couleur rouge foncée. Nous en avons trouvé une variété près de Grodno en Lithuanie, à feuilles presque sans poils, deux fois plus longues & plus larges, noirâtres.

Voici les caracteres spécifiques des especes les plus communes en France.

1.° Le Ciste à feuilles de Sauge, *Cistus salvifolius*, arbrisseau sans stipules; à feuilles pétiolées, ovales, obtuses, hérissées de deux côtés, ridées, dentelées.

Les péduncules sont latéraux, solitaires, ne portant qu'une fleur plus longue que la feuille; fleurs blanches. Lyonnoise.

2.° Le Ciste filiforme, *Cistus lævipes*, sous-arbrisseau sans stipules; à feuilles alternes, naissant par faisceaux, filiformes, lisses, péduncules en grappe; fleurs jaunes. *Voyez* Gerard, *Fl. Prov.* tab. 14. En Dauphiné.

3.° Le Ciste à feuilles de Bruyère, *Cistus fumana*, petit sous-arbrisseau, à branches couchées, sans stipules; à feuilles alternes, dures, linaires, entassées; à péduncules portant une fleur; à calices lisses.

Une partie des étamines sans antheres; les feuilles à surfaces lisses, bordées de quelques petites épines ou poils rudes. Lyonnoise.

4.° Le Ciste blanc, *Cistus canus*, sous-arbrisseau, à rameaux couchés, sans stipules; à feuilles petites, opposées, ovales, velues, blanches en-dessous, à fleurs en ombelle. Dauphinoise.

5.° Le Ciste d'Œlande, *Cistus Œlandicus*, sous-arbrisseau couché, sans stipules; à feuilles opposées, alongées, vertes, lisses; à fleurs comme en ombelle; à calices velus; à pétales échancrés, petits, jaunes. En Dauphiné.

6.° Le Ciste à gouttes de sang, *Cistus guttatus*, à tige droite, herbacée, sans stipules; à feuilles opposées, lancéolées, à trois nervures; à fleurs en grappes, sans bractées.

La base des feuilles offre une tache rouge, deux feuillets du calice sétacés. Commune autour de Lyon.

7.° Le Ciste velu, *Cistus pilosus*, sous-arbrisseau, à tige un peu redressée; à quatre stipules en alêne; à feuilles linaires, blanches en-dessous, & traversées par deux sillons; à calices lisses; à fleurs blanches. Cl. VI. Sect. II.

On trouve aussi, près de Lyon, la variété à feuilles plus larges.

8.° Le Ciste hérissé, *Cistus hirsutus*, sous-arbrisseau, à stipules; à feuilles lancéolées, linaires, blanches en-dessous; à fleurs jaunes. Dauphinoise.

228. LA TOUTE-SAINE.

ANDROSÆMUM maximum frutescens. C. B. P.

HYPERICUM androsæmum. L. *polyadelph. polyand.*

Fleur. Rosacée, cinq pétales jaunes assez petits, ovoïdes, alongés, étendus; calice découpé en cinq, trois pistils.

Fruit. Péricarpe mou & coloré; espece de baie contenant des semences petites, brunes, oblongues, fixées sur trois placenta.

Feuilles. Grandes, ovoïdes, plus longues que leur pétiole, d'une odeur vineuse.

Racine. Grosse, ligneuse, rougeâtre, avec de longues fibres.

Port. Espece de sous-arbrisseau; tige de deux ou trois pieds, rougeâtre, à deux angles, ligneuse, lisse; les fleurs naissent au sommet, souvent au nombre de cinq ou sept, disposées presque en ombelle; feuilles opposées.

Lieu. Dans le Lyonnois, les haies, au bord des ruisseaux; cultivée dans les jardins. ♃

Propriétés. Sa racine a un goût résineux; on lui attribue les mêmes vertus qu'au Mille-pertuis, ci-après n.° 233; elle en a les caracteres génériques.

CL. VI. SECT. III.

SECTION III.

Des Herbes à fleur polypétale, réguliere, rosacée, dont le pistil devient un fruit divisé, le plus souvent bicapsulaire ou à deux loges.

229. LA SAXIFRAGE RONDE *ou* le Géum.

GEUM rotundifolium majus. I. R. H.
SAXIFRAGA rotundifolia. L. *10-dria, 2-gyn.*

FLEUR. Rosacée ; cinq pétales planes, plus longs que le calice, étroits à leur base ; dix étamines.

Fruit. Capsule presque ovoïde, uniloculaire, s'ouvrant par le haut en forme de deux becs, posée sur le réceptacle de la fleur ; semences très-menues, rousses.

Feuilles. Les caulinaires réniformes, dentées, pétiolées, entieres.

Racine. Fibreuse.

Port. Les tiges s'élevent d'entre les feuilles, à la hauteur d'un pied, lisses, foibles & pliantes ; les fleurs au sommet, portées sur de longs pédoncules ; feuilles alternes.

Lieu. Sur les Alpes & sur les hautes montagnes du Lyonnois. ♃

Propriétés. Cette plante est apéritive, vulnéraire, détersive.

Usages. On l'emploie pour l'intérieur en décoction, en cataplasmes pour l'extérieur.

230. LA SAXIFRAGE grenue.

Cl. VI. Sect. III.

SAXIFRAGA rotundifolia alba. I. R. H.
SAXIFRAGA granulata. L. *10-dria, 2-gynia.*

Fleur. } Comme dans la précédente, mais la
Fruit. } capſule & le germe entourés du réceptacle de la fleur; pétales grands, plus longs que le calice.

Feuilles. Alternes, ſucculentes, velues; les radicales & les inférieures réniformes, découpées en pluſieurs lobes ovoïdes; les ſupérieures cunéiformes, à lobes pointus; les feuilles des rameaux linaires, entieres, ſans lobes.

Racine. Fibreuſe; les fibres naiſſant entre de petits tubercules de la groſſeur d'un pois, rougeâtres, placés les uns ſur les autres.

Port. La tige velue, peu rameuſe, d'un rouge pâle; les fleurs au ſommet; les pétioles plus longs que les feuilles, s'élargiſſent à leurs baſes.

Lieu. Les bois taillis, les haies. Lyonnoiſe, Lithuanienne. ♃

Propriétés. Les tubercules de la racine ſont amers; la plante apéritive & diurétique.

Uſages. L'on ſe ſert de toute la plante, on doit cueillir les tubercules des racines, dès que la plante fleurit : bientôt elle ſeche, & ils diſparoiſſent; on les fait infuſer dans le vin blanc; de toute la plante on fait des décoctions; on tire de ſes cendres un ſel fixe, excellent diurétique. On donne aux animaux la décoction de cette plante, à la doſe de ℔ j par jour.

OBSERVATIONS. Toute la plante eſt velue, un peu viſqueuſe, ſur-tout le calice; la racine récente eſt âpre, amere; ſéchée, elle paroît d'abord inſipide, mais peu-à-peu ſon amertume ſe développe ; l'herbe eſt ſans odeur, ſa ſaveur eſt un peu aigre.

Cl. VI. Sect. III.

Nous avons ſouvent trouvé, ſur-tout près de Grodno, une variété plus petite, dont la page inférieure des feuilles eſt chargée de tubercules de couleur de Safran.

Les vertus des Saxifrages ne ſont pas encore bien confirmées par l'obſervation. Leurs vertus apéritives, & contre le calcul, ont été prononcées par une ſotte analogie ; comme ces plantes croiſſent ſur les rochers, on a cru que leur ſuc pouvoit diſſoudre les pierres. Les vaches ſeules mangent quelquefois le Saxifrage que les moutons & les chevres négligent.

Le genre des Saxifrages eſt un des plus nombreux ; de quarante-deux eſpeces qu'il préſente, faiſons au moins connoître les plus communes & les plus curieuſes. Toutes ces eſpeces ſe diſtinguent par leur tige, leurs feuilles ſucculentes, ce qui les faiſoit confondre par les anciens Botaniſtes, avec les Joubarbes.

1.° La Saxifrage cotyledon, *Saxifraga cotyledon*, à tige preſque nue ; à feuilles radicales, lingulées ; à marges cartilagineuſes, blanches, dentelées, ſucculentes, formant une roſe ; à fleurs en panicule.

On la trouve à grandes & à petites feuilles ; à panicule très-long, chargé de fleurs, & à panicule portant peu de fleurs qui ſont grandes, blanches, ſans taches, ou ponctuées.

Sur les Alpes du Dauphiné. Nous avons vu aux Pyrénées des rochers tapiſſés de la grande variété qui, mêlée avec le *Verbaſcum miconi*, produiſoit un effet étonnant.

2.° La Saxifrage androſace, *Saxifraga androſacea*, à tige nue, velue, portant deux fleurs ; à feuilles lancéolées, hériſſées, obtuſes.

Sur les Alpes du Dauphiné.

3.° La Saxifrage bleue, *Saxifraga cæſia*, à tiges très-petites, portant pluſieurs fleurs blanches ; à feuilles épaiſſes, dures, ciliées à la baſe, recourbées, à points, comme percées à jour.

Sur les Alpes du Dauphiné. Nous l'avons auſſi cueillie aux Pyrénées.

4.° La Saxifrage mouſſeuſe, *Saxifraga bryoides*, à

tige très-petite, velue, portant cinq à six feuilles alternes, une ou deux fleurs jaunes ; les radicales en rose, imbriquées en tuile, dentelées & ciliées à la base.

Nous l'avons cueillie sur les Alpes du Dauphiné & sur les Pyrénées.

5.° La Saxifrage étoilée, *Saxifraga stellaris*, à tige nue, branchue ; à feuilles rhomboïdes, finement dentelées ; à fleurs blanches ; à pétales pointus ; à dents du calice renversées.

Sur les Alpes du Dauphiné, & sur les montagnes du Forez.

6.° La Saxifrage à feuilles opposées, *Saxifraga oppositifolia*, à tige rampante ; à feuilles ovales, ciliées, tuilées, formant quatre angles, à une fleur terminant la tige, sans péduncules. En Dauphiné.

7.° La Saxifrage rude, *Saxifraga aspera*, à tiges couchées, rameuses, portant des fleurs ; à feuilles alternes, dures, ciliées, lancéolées ; à pétales blancs ; à onglets jaunes. Sur les montagnes du Dauphiné.

8.° La Saxifrage faux-Ciste, *Saxifraga hirculus*, à tige droite, rouge, portant une ou deux fleurs ; à feuilles de la tige alternes, lancéolées, lisses ; à pétales jaunes, tachetés de points couleur de ventre de biche.

En Suisse, commune près de Grodno en Lithuanie.

9.° La Saxifrage aizoïde, *Saxifraga aizoides*, à tiges penchées ; à feuilles éparses sur la tige, lisses, en alêne ; à fleurs d'un jaune pâle, tachetées de Safran.

Sur les montagnes du Dauphiné.

10.° La Saxifrage d'automne, *Saxifraga autumnalis*, à tige simple, portant peu de fleurs ; à feuilles radicales aggrégées ; à feuilles de la tige alternes, linaires, ciliées ; à pétales jaunes, tachetées.

En Dauphiné & en Lithuanie.

11.° La Saxifrage cunéiforme, *Saxifraga tridactylites*, à petite tige rameuse, droite ; à feuilles de la tige alternes, cunéiformes ; à trois lobes ; à fleurs blanches. Lyonnoise, Lithuanienne.

Cette espece offre des variétés ; quelquefois elle est très-petite, à feuilles de la tige très-entieres ; d'autres fois ses feuilles ont cinq dents ; la tige est gluante, de deux à quatre pouces de hauteur.

Cl. VI.
Sect. III.

231. LA SALICAIRE vulgaire.

Salicaria vulgaris purpurea. I. R. H.
Lythrum salicaria. L. *12-dria, 1-gynia.*

Fleur. Rosacée; six pétales oblongs, ouverts, attachés par leurs onglets aux découpures du calice qui est d'une seule piece, & à douze denticules; corolle purpurine.

Fruit. Capsule oblongue, terminée en pointe, fermée, biloculaire; semences menues & nombreuses.

Feuilles. Un peu velues en-dessous, sessiles, très-entieres, oblongues, en forme de cœur lancéolé; les inférieures opposées, les supérieures éparses.

Racine. De la grosseur du doigt, ligneuse, blanche.

Port. Tiges quelquefois de la hauteur d'un homme, roides, anguleuses, rameuses, rougeâtres, noueuses; les fleurs naissent en épi, presque verticillées; les feuilles opposées.

Lieu. Les saussaies, les fossés. Lyonnoise, Lithuanienne. ♃

Propriétés. Les feuilles & la tige ont un goût sec & astringent; la plante est déterfive, astringente, vulnéraire.

Usages. On se sert de l'herbe en décoction, elle est très-efficace contre les diarrhées & les dyssenteries.

Pour les animaux on en fait une décoction avec poig. j. sur ℔ j d'eau.

Observations. L'herbe est sans odeur, elle a un goût herbacé, peu acerbe. Quel que soit son principe médicamenteux, nous nous sommes assurés, par une foule d'expériences, de l'utilité de la poudre & de la décoction dans les diarrhées sans irritation; dans les dyssenteries, non au commencement, lorsqu'il y a fievre, ardeur; mais sur la fin, sa poudre à petites doses répétées, produit des effets évidens; dans les pertes blanches, elle les modere. Une preuve que cette plante contient beaucoup de principe muqueux nutritif, c'est que les bestiaux l'aiment & la mangent avec avidité.

L'herbe est aussi employée pour tanner les cuirs.

On trouve assez fréquemment des variétés à feuilles plus larges, & d'autres à feuilles supérieures en anneaux, trois à quatre.

Faisons encore mention de deux especes du même genre qui offrent quelques singularités.

1.° La Salicaire à feuilles d'Hysope, *Salicaria hyssopifolia*, à feuilles alternes, linaires; à fleurs à six étamines.

Les tiges sont couchées, rameuses; les feuilles obtuses, très-entieres; les fleurs assises aux aisselles des feuilles; à six pétales pourpres, à onglets blancs; le calice en tuyau, à trois ou six dents. Lyonnoise.

2.° La Salicaire à feuilles de Thym, *Lythrum thymifolia*, à feuilles opposées & alternes, linaires; à fleurs de quatre pétales.

Dans celle-ci la tige est droite, les calices à quatre dents, accompagnés de deux bractées; on ne trouve souvent que deux étamines, j'en ai compté quatre.

Dans les prairies humides du Dauphiné.

232. LE PAVOT CORNU.

GLAUCIUM flore luteo. I. R. H.
CHELIDONIUM glaucium. L. *polyand. 1-gynia.*

Fleur. Rosacée; quatre pétales obronds, planes, ouverts, étroits par le bas; calice divisé en deux; un grand nombre d'étamines; corolle jaune.

Fruit. Silique longue, cylindrique, pliée comme une corne, uniloculaire, bivalve, remplie de semences arrondies, luisantes.

Cl. VI. Sect. III.

Feuilles. Amplexicaules, ſinuées, longues, charnues, velues, blanchâtres.

Racine. De la groſſeur du doigt, fuſiforme, brune.

Port. Tige herbacée, ſolide, rameuſe, noueuſe, glabre, inclinée; les fleurs axillaires, une ſeule ſur chaque péduncule; les feuilles partent de chaque nœud, alternes.

Lieu. L'Angleterre, dans les ſables au bord de la mer, la Suiſſe. ♂

Propriétés. Le ſuc de la plante a un goût amer; elle eſt réſolutive, déterſive & diurétique.

Uſages. On emploie comme diurétiques, les feuilles pilées & infuſées dans du vin blanc; comme vulnéraires & déterſives, les feuilles pilées & appliquées ſans addition; on donne aux animaux les feuilles dans le vin blanc, à poig. j. dans ℔ ß de vin.

SECTION IV.

Des Herbes à fleur polypétale, réguliere, roſacée, dont le piſtil devient un fruit diviſé en cellules.

233. LE MILLE-PERTUIS vulgaire.

Hypericum vulgare. C. B. P.

Hypericum perforatum. L. *polyadelph. polyand.*

Fleur. Roſacée; cinq pétales ovales, oblongs, ouverts; le calice diviſé en cinq parties ovales, concaves; le péricarpe membraneux; trois piſtils,

Fruit. Capſule obronde, triloculaire, remplie de ſemences menues, luiſantes & oblongues. Cl. VI. Sect. IV.

Feuilles. Obtuſes, ſeſſiles, veinées, marquées de points brillans, diaphanes.

Racine. Ligneuſe, fibreuſe, jaunâtre.

Port. Tiges hautes d'une coudée, nombreuſes, roides, ligneuſes, cylindriques, rougeâtres, branchues; les fleurs jaunes au ſommet des rameaux; les feuilles oppoſées deux à deux; elles paroiſſent percées de pluſieurs trous; ce ſont des glandes véſiculaires, ſemées ſur les deux ſurfaces avec des points noirs, ſemblables à ceux qu'on obſerve ſur les folioles du calice.

Lieu. Les prairies, le long des chemins. Lyonnoiſe, Lithuanienne. ♃

Propriétés. La ſemence eſt d'une ſaveur amere & réſineuſe; celle des feuilles eſt un peu ſalée, ſtyptique & légérement amere; les fleurs & les ſemences ont une odeur de réſine; cette plante tient le premier rang parmi les vulnéraires; elle eſt auſſi réſolutive, diurétique, vermifuge.

Uſages. On ſe ſert, pour l'homme, des feuilles, des fleurs, des ſemences, des ſommités fleuries, infuſées ou bouillies dans du vin ou dans de l'eau, à la doſe de poig. j; des ſemences, à la doſe de ʒ ß; pour les animaux on donne toute la plante en infuſion, à la doſe de poig. j dans ℔ j d'eau; extérieurement on emploie les feuilles & les ſommités fleuries, pilées & appliquées ſur les plaies & ſur les ulceres; on les donne macérées dans du vin ou dans de l'huile; on fait avec les fleurs une huile atténuante, réſolutive, diſcuſſive, donnée quelquefois intérieurement depuis ℥ ß juſqu'à ℥ j; on la fait entrer dans les lavemens.

Cl. VI. Sect. IV.

234. L'ASCIRUM ou Mille-pertuis quadrangulaire.

Hypericum ascirum dictum, caule quadrangulo. J. B.

Hypericum quadrangulum. L. *polyadelph. polyand.*

Fleur. } *Fruit.* } Caracteres de la précédente ; les pétales très-petits, jaunes, à points noirâtres.

Feuilles. Ovoïdes, sessiles, simples, entieres, perforées, & à points noirs.

Racine. Fibreuse, ligneuse.

Port. La tige herbacée, de deux pieds de haut, quadrangulaire ; les fleurs au sommet disposées en corymbe ; feuilles opposées.

Lieu. Les prairies, les fossés. Lyonnoise, Lithuanienne. ♃

Propriétés. } *Usages.* } Les vertus de la précédente, mais plus foibles.

Observations. Les semences sont ameres ; l'odeur des fleurs est foible, leur saveur est amere, balsamique ; si on les mâche, elles teignent en rouge la salive. L'odeur des feuilles est foible, un peu analogue à celle de l'Angélique ; leur saveur amere, un peu astringente, balsamique ; les sommités des fleurs & les feuilles, indiquées dans les crachemens de sang avec suppuration, dans la phthisie, la suppression des regles, les ulceres de la vessie, les anciennes dyssenteries. Nous avons souvent ordonné ces deux especes de Mille-pertuis dans les maladies énoncées. Il est sûr qu'elles soulagent les phthisiques ; qu'elles sont curatives dans quelques chloroses avec suppression des regles ; que l'infusion des sommités dans l'eau-de-vie, déterge efficacement les ulceres. Dans les vessies diaphanes est renfermée une huile essentielle, balsamique,

assez

assez analogue à une gomme résine, qui paroît être le principe médicamenteux qu'on extrait en plus grande quantité par les menstrues spiritueux. Sa vertu vulnéraire est douteuse pour ceux qui savent que les plus grandes plaies ont été guéries par la seule action du principe vital; ces deux Mille-pertuis donnent, macérés avec l'alun, une teinture jaune de mauvais teint. Les vaches, les chevres & les moutons mangent les Mille-pertuis, que les chevaux négligent. On cultive assez communément dans les jardins, & on trouve généralement dans presque toute l'Europe, quelques especes de Mille-pertuis qu'il est agréable de pouvoir désigner.

1.° Le Mille-pertuis arbrisseau, *Hypericum balearicum*, à tiges ligneuses, chargées de points glanduleux; à feuilles ondulées, ayant à leurs marges des glandes comme des verrues; à fleurs grandes, solitaires, terminant les tiges; à cinq styles.

Originaire de l'Isle Majorque.

2.° Le Mille-pertuis couché, *Hypericum humifusum*, à tiges filiformes, rampantes, anguleuses; à feuilles petites, ovales, sans points, diaphanes; à fleurs aux aisselles, solitaires; à calices ponctués, dentelés; à trois styles. Lyonnoise, Lithuanienne.

3.° Le Mille-pertuis des montagnes, *Hypericum montanum*, à tige droite, ronde; à feuilles assises, ovales, lisses, ponctuées; à calices glanduleux, dentelés. Lyonnoise, Lithuanienne.

4.° Le Mille-pertuis velu, *Hypericum hirsutum*, très-ressemblant au précédent; mais à feuilles un peu velues. Lyonnoise.

5.° Le beau Mille-pertuis, *Hypericum pulchrum*, à tige ronde, droite; à feuilles embrassant la tige, en cœur, lisses; à calices dentelés, glanduleux; à pétales jaunes, garnis de points noirs; à trois styles. Sur les montagnes du Lyonnois.

6.° Le Mille-pertuis à feuilles de Nummulaire, *Hypericum nummularium*, à tiges couchées; à feuilles petites, en cœur, arrondies, lisses; à fleurs grandes; à pétales d'un jaune pâle, crenelés; à trois styles.

Nous l'avons cueilli sur les rochers de la Grande-Chartreuse en Dauphiné; M. de la Tourrete l'a trouvé sur les montagnes du Bugey.

CL. VI. SECT. IV.

7.° Le Mille-pertuis bruyere, *Hypericum Coris*, à feuilles comme en anneaux; ſavoir, quatre ſtipules & deux feuilles linaires très-étroites. Près de Lyon, dans la plaine du Dauphiné. Le Chevalier Linné a déterminé quarante deux Mille-pertuis.

235. LA PIROLE.

PYROLA rotundifolia major. C. B. P.
PYROLA rotundifolia. L. *10-dria, 1-ginia.*

Fleur. Roſacée, un peu irréguliere; cinq pétales ſous-orbiculaires, concaves, ouverts; le piſtil recourbé en maniere de trompe; dix étamines droites; ſtigmate à cinq dents.

Fruit. Capſule obronde, pentagone, diviſée en cinq loges, s'ouvrant par les angles; les ſemences rouſſâtres & menues.

Feuilles. Radicales pétiolées, rondes, épaiſſes, liſſes.

Racine. Preſque horizontale, en forme de corde.

Port. La tige s'éleve d'entre les feuilles à la hauteur d'un pied, droite, ferme, anguleuſe, ſimple, couverte de quelques écailles; les fleurs blanches naiſſent au ſommet, diſpoſées en grappe; on trouve des feuilles florales à la baſe des péduncules; la plante eſt toujours verte.

Lieu. Les terrains humides & ombragés; les bois. Lyonnoiſe, Lithuanienne. ♃

Propriétés. Toute la plante a un goût amer & fort aſtringent; elle eſt vulnéraire & aſtringente, fébrifuge, moins échauffante que les autres vulnéraires.

Uſages. On ſe ſert principalement des feuilles, que l'on prend comme les autres vulnéraires, en décoction ou en infuſion en maniere de Thé; on la donne auſſi en poudre, à la doſe de gr. vj pour l'homme, & pour les animaux, à ℥ j.

OBSERVATIONS. Le goût décidément amer & astringent, annonce des principes énergiques; aussi la Pirole nous a-t-elle été très-utile en décoction dans les diarrhées passive avec atonie ; la décoction ranime les ulceres baveux qui sont entretenus par le relâchement des fibres.

Sur six especes de Piroles, cinq sont Européennes.

1.° La petite Pirole, *Pirola minor*, à tige & feuilles plus petites ; à étamines & styles droits. Lyonnoise, Lithuanienne.

2.° La Pirole ondulée, *Pirola secunda*, à tige de quatre pouces, portant des feuilles ovales, lancéolées, ondulées, crenelées; fleurs en grappe, tournées d'un seul côté. En Dauphiné, en Lithuanie.

3.° La Pirole arbrisseau, *Pirola umbellata*, à tige ligneuse, rameuse, de cinq à six pouces ; à feuilles rassemblées vers le haut des branches, noirâtres, seches, lisses, cunéiformes, dentelées ; à péduncules partant du centre des feuilles, portant plusieurs fleurs, comme en ombelles ; à calice rouge ; à pétales rouges. En Lithuanie.

4.° La Pirole à une fleur, *Pirola uniflora*, tige à hampe de trois ou quatre pouces, portant une seule fleur odoriférante, grande, laiteuse, inclinée; à feuilles radicales pétiolées, arrondies, tendres, dentelées. Lithuanienne, Dauphinoise.

236. LA RUE DES JARDINS.

RUTA hortensis latifolia. C. B. P.
RUTA graveolens. L. *10-dria, 1-gynia.*

Fleur. Rosacée ; quatre ou cinq pétales concaves, attachés par des onglets étroits ; le calice divisé en quatre ou cinq segmens; le réceptacle environné par dix points ou mielliers.

Fruit. Capsule divisée en autant de lobes qu'il y a de pétales; elle a le même nombre de cavités, & s'ouvre par le haut; plusieurs semences rudes, anguleuses & réniformes.

Feuilles. Décomposées, découpées, petites,

Cl. VI. Sect. IV.

oblongues, charnues, lisses, rangées comme par paires sur une côte terminée par une foliole impaire.

Racine. Jaune, ligneuse, très-fibreuse.

Port. Plusieurs tiges ponctuées s'élevent quelquefois à la hauteur de trois pieds, ligneuses, rameuses, l'écorce blanchâtre; les fleurs naissent au sommet; les feuilles alternes.

Lieu. En Provence, dans les jardins. ♃

Propriétés. Toute la plante répand une odeur désagréable & forte; elle a un goût âcre & amer; elle est emménagogue, alexitere, antivermineuse, carminative, antispasmodique, céphalique, fondante, antiscorbutique, résolutive, déterfive.

Usages. On se sert pour l'homme de toute la plante, les racines exceptées; on exprime un suc de l'herbe fleurie, on en distille une eau, on en fait une huile par infusion, on s'en sert en décoction; les feuilles fraîches servent à faire des cataplasmes; les feuilles seches donnent une poudre; des sommités fleuries on tire une huile essentielle; on en fait une conserve.

Les feuilles fraîches se donnent en infusion dans un verre de vin blanc, à la dose de pinc. j ou pinc. ij; les feuilles seches réduites en poudre, à la dose de gr. vj; le suc de l'herbe fraîche, à la dose de ℥ ij; l'eau distillée, depuis ℥ j jusqu'à ℥ iv dans les potions & juleps; l'huile par infusion, à la dose de ℥ ij en lavement; l'huile distillée, à la dose de quelques gouttes.

On emploie extérieurement la décoction des feuilles en gargarismes. Pour les animaux on donne le suc, à la dose de ℥ iv, ou l'infusion dans le vin blanc, à la dose de ℥ vj, après y avoir fait infuser une demi-poignée des feuilles.

Observations. Les filamens sont cachés dans la cavité des pétales; les germes grands, ponctués.

La plante desséchée perd de son odeur, qui est très-pénétrante lorsqu'elle est fraîche.

On retire de la Rue une huile essentielle, rouge, qui dépose en vieillissant un sédiment résineux, roux. On en retire une plus grande quantité des semences que de l'herbe. L'extrait de la Rue, par les menstrues aqueux, est amer, âcre.

Les expériences journalieres nous prouvent que la Rue est très-efficace dans les affections hystériques avec atonie, dans la chlorose avec suppression des regles; la décoction est souvent énergique dans les spasmes & sur la fin des fievres hémitritées; on peut en étendre l'usage à toutes les maladies dans lesquelles il faut rétablir la sueur, ranimer les forces, enlever des engorgemens; elle réussit comme auxiliaire dans la gale, les dartres, le scorbut, l'asthme pituiteux.

237. LA RUE SAUVAGE.

HARMALA. Dod. Pempt.
PEGANUM harmala. L. *12-dria, 1-gynia.*

Fleur. Rosacée; cinq pétales oblongs, ovoïdes, droits, ouverts; les cinq folioles du calice linéaires, de la longueur des pétales.

Fruit. Capsule obronde, à trois côtés, triloculaire, trivalve; semences ovales, pointues.

Feuilles. Sessiles, épaisses, succulentes, simples, linéaires, découpées en plusieurs parties.

Racine. Fusiforme, assez simple.

Port. Tige cannelée, herbacée, rameuse, assez basse; les fleurs opposées aux feuilles; les feuilles alternes.

Lieu. L'Espagne, l'Italie, l'Egypte. ♃

Propriétés. } Les mêmes vertus que la précé-
Usages. } dente, si elle est cueillie dans son pays natal; elle en a peu dans nos climats

Cl. VI.
Sect. IV.

238. LA NIELLE ou Toute-Épice.

Nigella arvensis cornuta. C. B. P.
Nigella arvensis. L. *polyand. 5-gynia.*

Fleur. Rosacée; cinq pétales ovales, planes, obtus, ouverts; huit nectars disposés en rond; calice nul; des feuilles florales nulles, ou très-courtes.

Fruit. Composé de cinq capsules turbinées, oblongues, comprimées, réunies, surmontées de cinq cornes, s'ouvrant par le haut; semences noires, ridées, anguleuses.

Feuilles. Presque velues, sessiles, découpées en petits filamens.

Racine. Fibreuse, petite, blanchâtre.

Port. Les tiges foibles, de la hauteur d'un pied, grêles, cannelées, quelquefois rameuses; une fleur au sommet des tiges; les feuilles alternes, assises.

Lieu. Les champs. Lyonnoise, Lithuanienne. ☉

Propriétés. Cette plante est légérement odorante & âcre; elle est diurétique, vermifuge, incisive, antispasmodique, résolutive, fébrifuge.

Usages. On se sert pour l'homme, de la semence; on la réduit en poudre, on en fait un électuaire, des infusions, & on en tire une huile exprimée; la semence doit être bien seche avant de s'en servir; sa farine mêlée avec du miel se donne à la dose de gr. vj. On frotte avec l'huile essentielle, le bas des narines, pour atténuer les matieres glaireuses qui s'y ramassent; on donne aux animaux la poudre de la semence, à la dose de ℥j, mêlée avec du miel.

Observations. L'analogie botanique rend toutes les parties de la Nielle suspectes; son affinité avec les Aconits, la fait ſoupçonner vénéneuſe; on a vanté, pour rétablir les regles, les fumigations faites avec les ſemences de Nielle; mais nous ſavons par expérience que la vapeur de l'eau chaude produit auſſi ſeule cet effet. Dans le Levant on mêle les ſemences avec le pain, ce qui nous prouve qu'elles ne ſont pas vénéneuſes. Cependant ceux qui ſavent que les beſtiaux ne mangent point l'herbe de la Nielle, la craindront comme dangereuſe. Dans cette eſpece nous avons compté de cinq à huit nectaires, & cinq, ſix & ſept germes.

On cultive encore dans les jardins deux eſpeces de Nielle.

1.° La Nielle de Damaſcene, *Nigella Damaſcena*, qui ſe diſtingue aiſément de la précédente par une involucre ou collerette formée par cinq feuilles plus longues que la fleur qui eſt ſouvent pleine, bleue ou blanche.

Dans les Provinces Méridionales. Annuelle.

2.° La Nielle cultivée, *Nigella ſativa*, à capſules hériſſées de piquans arrondis; à fleurs petites, blanches; à feuilles velues. Originaire d'Allemagne.

239. LE FABAGO.

FABAGO Belgarum, ſive Peplus Pariſienſium. I. R. H.

ZIGOPHYLLUM fabago. L. *10-dria, 1-gyn.*

Fleur. Roſacée; cinq pétales larges, obtus, plus longs que le calice qui a cinq feuillets ovales; un nectar diviſé en dix écailles qui couvrent le germe.

Fruit. Capſule oblongue en forme de priſme, à cinq côtés, à cinq loges, à cinq valves; les ſemences ſous-orbiculaires & aplaties.

Feuilles. Comme ovales, arrondies, graſſes, charnues, pétiolées deux à deux.

Racine. Rameuſe.

Port. Tige herbacée, cylindrique, rameuſe,

Cl. VI. Sect. IV.

articulée, diffuse; les fleurs entre les feuilles, alternes, géminées, soutenues par des péduncules qui ne portent qu'une seule fleur; une stipule très-entiere à la base des péduncules; feuilles opposées.

Lieu. La Syrie, les jardins. ♃

Propriétés. } On regarde cette plante comme
Usages. } vermifuge.

Observations. Le Fabago a été aussi observé en Sybérie, par Gmelin; aussi avons-nous éprouvé qu'elle supportoit très-bien les froids de Lithuanie. Nous l'avons cultivée pendant six ans dans le Jardin Royal de Grodno (*); on la recherche dans les jardins, parce que c'est une de ces plantes qui n'ayant point en Europe d'analogues pour la forme, surprend par presque tous ses attributs. Nos anciens Botanistes qui, en déterminant chaque plante, les comparoient presque toujours avec les analogues vulgaires, trouvoient quelque analogie du Fabago avec le Pourprier & le Câprier.

(*) Le Jardin Royal de Grodno qui a été le premier jardin de Botanique établi en Pologne, fut fondé en 1776, par les soins du Tréforier de la Cour, le Comte de Tysenausen, d'après les plans conçus & arrêtés par Sa Majesté le Roi Stanislas-Auguste. Le projet de ce Souverain, dont le génie s'est porté successivement sur toutes les branches de l'Administration, étoit de faire connoître à la République de Pologne les avantages que les Sciences pouvoient procurer à la patrie : c'est dans cette vue qu'il avoit établi à Grodno, non-seulement ce Jardin, mais encore une Ecole complete de Médecine & de Chirurgie, qui n'a été annexée à l'Université de Wilna que lorsque la Commission d'Education nationale s'est décidée à fonder dans cette Université la Faculté de Médecine. Alors Sa Majesté céda à l'Université de Wilna, non-seulement toutes les plantes étrangeres cultivées dans ses jardins de Grodno, mais encore son Cabinet d'Histoire Naturelle & d'Anatomie, une nombreuse Bibliotheque, & une suite considérable d'instrumens de Chirurgie & de Physique expérimentale. En 1780, le Jardin présentoit aux Amateurs 1600 Plantes étrangeres, le Muséum, une Collection complete de Minéralogie, & la Bibliotheque d'environ 3000 volumes, dont au moins 500 étoient les Ouvrages les plus rares & les plus précieux d'Histoire Naturelle, de Botanique & d'Anatomie.

240. LE CISTE qui porte le Labdanum.

Cl. VI. Sect. IV.

Cistus ladanifera Hispanica, salicis folio, flore candido. I. R. H.
Cistus ladanifera. L. *polyand. 1-gynia.*

Fleur. Rosacée ; cinq pétales ouverts, grands ; le calice divisé en cinq folioles, dont deux alternes sont très-petites.

Fruit. Capsule obronde, à dix loges ; plusieurs semences arrondies, petites, brunes.

Feuilles. Lancéolées, lisses en dessus, ondées à leurs bords, pétiolées ; les pétioles élargis & réunis à leur base.

Racine. Ligneuse, blanchâtre en dedans, noirâtre en dehors, fibreuse.

Port. Port d'un arbrisseau branchu, rameux, de la hauteur de deux pieds, la tige rougeâtre ; les feuilles sont couvertes d'une matiere résineuse qu'on ramasse avec des fouets de cuir. *Tournef. Voyag. du Levant.*

Lieu. Le Levant. ♃

Propriétés. Les fleurs ont un goût d'herbe un peu styptique ; sa résine nommée *Labdanum*, est pour l'intérieur stomachique, antidyssentérique, astringente ; à l'extérieur résolutive, antiulcéreuse & balsamique.

Usages. On n'emploie que sa résine, & le plus souvent seulement pour l'usage extérieur.

Observations. La résine nommée Labdanum, ne se retire point du Ciste ladanifere, mais d'une autre espece nommée *Cistus Creticus*, le Ciste de Crete, qui est un arbrisseau sans stipules, à feuilles en spatule, ovales, pétiolées, sans nervures, rudes ; à calices lancéolés. C'est le *Ciſtus ladanifera Cretica* de Tournefort, Voyage du Levant, t. I. p. 29. Cette réſine tranſude ſur les branches & ſur les feuilles, comme des gouttes tranſparentes de thérébentine; on la ramaſſe avec des fouets de cuir : anciennement on recueilloit ſoigneuſement la partie de cette réſine qui s'attachoit à la barbe & aux poils des chevres. Cette réſine ſolide, noire, peſante, contient un ſable hétérogene; elle eſt aſſez amere; ſon odeur légere eſt agréable; elle brûle à la bougie; elle ſe ramollit à une chaleur médiocre; quoiqu'elle lâche dans l'infuſion aqueuſe une partie de ſon principe aromatique, elle ne ſe diſſout que dans l'eſprit-de-vin.

Cette réſine eſt plus nuiſible qu'utile dans tous les temps de la dyſſenterie; elle entre dans la compoſition des parfums à brûler.

241. LE CISTE de Montpellier.

CISTUS ladanifera Monſpelienſium. C. B. P.
CISTUS Monſpelienſis. L. *polyand. 1-gynia.*

Fleur. } Roſacée, caracteres de la précé-
Fruit. } dente.

Feuilles. Lancéolées, ſeſſiles, pointues, velues des deux côtés, avec trois nervures.

Racine. Ligneuſe.

Port. Arbriſſeau qui conſerve ſa verdure tout l'hiver; les fleurs naiſſent au ſommet des branches; les feuilles oppoſées.

Lieu. Les Provinces méridionales de la France. ♃

Propriétés. } On le regarde comme aſtringent;
Uſages. } il n'a pas les vertus du précédent.

242. LE NÉNUFAR BLANC ou Nymphea.

CL. VI. SECT. IV.

NYMPHÆA alba major. C. B. P.
NYMPHÆA alba. L. *polyand. 1-gynia.*

Fleur. Rosacée, très-grande; environ quinze pétales, plus grands que le calice qui est formé par quatre feuillets.

Fruit. Ressemblant à une tête de Pavot ovale; baie couronnée, partagée dans sa longueur en plusieurs loges; les semences oblongues, noirâtres, luisantes.

Feuilles. Très-grandes, cordiformes, très-entieres, épaisses, charnues, veinées, pétiolées, en rondache, surnageant sur l'eau.

Racine. Très-grosse, horizontale, brune en dehors, blanche en dedans.

Port. La tige vit dans l'eau; chaque tige ne porte qu'une fleur à son sommet; aucuns supports.

Lieu. Les étangs; les eaux dormantes. Lyonnoise, Lithuanienne. ♃

Propriétés. La racine est aqueuse, fade, visqueuse, rafraîchissante, un peu narcotique; les fleurs sont sans goût & sans odeur.

Usages. L'on se sert des racines & des fleurs; les racines sont employées dans les tisanes pour l'homme; on tire des fleurs une huile par infusion & par coction; le sirop se donne dans les potions, depuis ℥ ß jusqu'à ℥ j; on en fait aussi un miel qui se donne depuis ℥ ij jusqu'à ℥ iij, dans les lavemens rafraîchissans. Le Chevalier Linné révoque en doute ses qualités.

On peut en donner aux animaux, les racines dans des boissons, à la dose de ℥ iv, sur ℔ iij d'eau.

Cl. VI. Sect. IV.

Observations. Les feuillets du calice ſont extérieurement verdâtres; la lame interne jaunâtre; le bord blanc; le nombre des pétales eſt incertain, j'en ai compté de quinze à vingt, ils ſont blancs, les plus externes un peu verdâtres en deſſous; on trouve quatre-vingts ou cent étamines, les intérieures recourbées contre le germe.

La racine eſt blanche lorſqu'elle eſt fraîche; deſſéchée, ſon écorce ſe brunit; alors elle eſt légere, ſpongieuſe. J'en ai fait arracher des tronçons plus gros que la jambe. Lorſqu'elle eſt récente, elle eſt un peu âcre, un peu amere. Les fleurs récentes ſont aromatiques.

Le mucilage de Nymphea n'eſt point inutile dans l'hémophthiſie, dans le vomiſſement de ſang, les pollutions nocturnes, la gonorrhée, les ardeurs d'urine. Relativement à ſa vertu d'éteindre les déſirs vénériens, de rendre incapable d'engendrer, nous avons connu un jeune homme qui ayant bu pendant un mois de la tiſane de Nymphea, devint abſolument impuiſſant. Nous en avons connu d'autres qui n'ont rien éprouvé. D'ailleurs, nous ſavons qu'on a fait du pain avec cette racine, qui n'a point énervé ceux qui en ont mangé; car elle contient, outre un principe réſineux, amer, une grande quantité de ſubſtance muqueuſe nutritive. Cette racine deſſéchée peut fournir une abondante nourriture aux beſtiaux.

On trouve encore dans nos étangs du Lyonnois, & plus communément en Lithuanie, le Nymphea jaune, *Nymphæa lutea*, qui differe du précédent par ſa fleur jaune, plus petite; par ſon calice de cinq feuillets plus grands que les pétales; par ſon fruit conique.

On trouve de douze à ſeize pétales, de cent à cent ſoixante étamines, dont les extérieures ſont renverſées ſur les pétales; la fleur aromatique, répandant une odeur ſuave qui lui eſt propre.

Dans ces deux plantes, les cellules des tiges, des pétioles, des péduncules, ſont très-grandes & toujours remplies d'eau; c'eſt pourquoi un grand amas de ces tiges deſſéchées, ſe réduit à un très-petit volume. On peut facilement ſéparer des pétioles, des fibres ſpirales. L'eau diſtillée des fleurs fraîches de Nymphea, perd, comme ſes fleurs, promptement ſon principe recteur.

SECTION V.

Des Herbes à fleur polypétale, réguliere, rosacée, dont le pistil devient un fruit qui dans son épaisseur renferme plusieurs semences.

243. LE CAPRIER.

CAPPARIS *spinosa, fructu minore, folio rotundo.* C. B. P.

CAPPARIS *spinosa.* L. *polyand. 1-gynia.*

FLEUR. Rosacée; quatre pétales sous-orbiculaires, échancrés, grands, ouverts; le calice coriacé, divisé en quatre parties ovales; les étamines très-longues.

Fruit. Baie charnue, à péduncule de la grosseur d'un gland, de la forme d'une poire, uniloculaire; les semences menues & blanches.

Feuilles. Réniformes, sous-orbiculaires, pétiolées, simples, très-entieres, un peu épaisses.

Racine. Ligneuse, rameuse, revêtue d'une écorce épaisse.

Port. Espece d'arbuste qui dans nos climats perd, en hiver, une partie de ses tiges; elles s'élevent de deux coudées, ligneuses, lisses, pliantes, armées d'épines roides; de l'aisselle de chaque feuille, naît un long péduncule qui supporte une fleur blanche; ce péduncule de la longueur des feuilles est du double plus long que les corolles; les feuilles alternes.

Cl. VI.
Sect. V.

Lieu. Les Provinces méridionales de France, & dans nos climats contre le pied d'un mur, à l'abri du Nord. ♃

Propriétés. Toutes ses parties sont d'une saveur un peu amere & astringente; l'écorce de la racine est amere, âcre, diurétique, résolutive.

Usages. On ne se sert que des boutons des fleurs & de l'écorce des racines; on fait macérer les boutons dans le vinaigre; ils sont plus utiles dans les cuisines qu'en Médecine. Le vinaigre qui a servi à la macération est très-utile, appliqué extérieurement, comme résolutif; l'écorce se réduit en poudre, on la donne pour l'homme à la dose de ʒ j, & en infusion ou décoction, jusqu'à ℥ j dans ℔ j d'eau ou de vin; pour les animaux, on donne la poudre à ℥ ß, & l'infusion dans son vinaigre, se donne à ℥ iij.

Observations. Le Câprier produit un bel effet par ses grandes fleurs, dont les étamines longues, en divergeant, forment une houppe.

On cueille les boutons de fleurs pour assaisonner les ragoûts, leur piquant en releve le goût; la racine & les boutons donnent un des meilleurs apéritifs stomachiques; elles sont utiles dans l'anorexie, l'affection hypocondriaque, les obstructions récentes, les empâtemens qui succedent avec bouffissure après les fievres intermittentes automnales; mais ce remede & une foule d'autres apéritifs âcres, n'agissent surement qu'autant qu'on réunit une diete sévere, les frictions & l'exercice, aux secours médicamenteux. Toute personne dont l'estomac fait mal ses fonctions, doit manger peu & souvent, & faire un exercice réglé, proportionné à ses forces. Ces deux moyens valent le plus souvent mieux que les meilleurs remedes; combien de maladies de langueur ne peut-on pas guérir en les appliquant avec méthode? Dumoulin avoit bien raison de dire que la diete, l'eau & l'exercice étoient les trois plus grands Médecins qu'il eût connus de sa vie.

SECTION VI.

Des Herbes à fleur polypétale, réguliere, rosacée, dont le pistil devient un fruit composé de plusieurs pieces ou capsules.

244. LA GRANDE JOUBARBE.

SEDUM majus vulgare. C. B. P.
SEMPERVIVUM tectorum. L. *12-dria, polygyn.*

FLEUR. Rosacée ; douze pétales lancéolés, ovales, concaves, un peu plus grands que le calice qui est également divisé en douze parties concaves & aiguës.

Fruit. Douze capsules disposées en rond, courtes, comprimées, pointues en dehors, & qui s'ouvrent en dedans ; plusieurs semences obrondes, petites.

Feuilles. Oblongues, charnues, succulentes, convexes en dehors, aplaties en dedans, ciliées en leurs bords, attachées à la racine, conglobées, rassemblées en forme d'hémisphere.

Racine. Petite, fibreuse.

Port. La tige s'éleve du milieu des feuilles, à la hauteur d'un pied, droite, rougeâtre, pleine de moelle, revêtues de feuilles plus étroites que les radicales ; elle se seche dès que la semence est mûre ; les fleurs rouges naissent au sommet en bouquet ou corymbe, dont les rameaux sont recourbés.

Cl. VI. Sect. VI.

Lieu. Les vieux murs, les rochers. Lyonnoise, Lithuanienne. ♃

Propriétés. Goût âcre; la plante aqueuse, rafraîchissante, astringente.

Usages. On ne se sert que des feuilles dont on tire le suc; on le donne à la dose de ℥ iv, dans les fievres intermittentes qui n'ont point de froid marqué; les feuilles mondées de la peau, macérées dans de l'eau, sont employées dans les fievres ardentes & les inflammations qui menacent de la gangrene; on emploie extérieurement les feuilles mondées de leur peau, appliquées sur les cors des pieds & sur les hémorroïdes; la poudre des feuilles est antiulcéreuse. On donne aux animaux le suc de cette plante, à la dose de ℔ ß.

Observations. On trouve douze & seize pétales; le nombre des étamines n'est pas certain; aussi doit-on regarder ce genre de Linné comme artificiel, & ranger avec Tournefort, les *Sempervivum* avec les *Sedum* ou Joubarbes. On doit ramener à cette espece plus commune, quelques plantes curieuses qui lui ressemblent beaucoup.

1.° Le *Sempervivum globiferum*, la Joubarbe globuleuse, dont les feuilles ciliées forment une tête, & dont les pétales sont en alêne.

On compte six pétales, six étamines, six pistils, quelquefois douze. Se trouve en Dauphiné, en Allemagne.

2.° Le *Sempervivum arachnoideum*, l'Araignée, à feuilles formant une tête entrelacée par des fils, imitant les soies d'araignée; à neuf pétales pourpres, réunis, nerveux.

Nous l'avons observée très-commune aux Pyrénées, en montant à Mont-Louis. Elle se trouve aussi sur les Alpes du Dauphiné.

3.° Le *Sempervivum montanum*, la Joubarbe des montagnes, à feuilles sans poil, formant une rose ouverte, à grandes fleurs rouges.

Sur les montagnes du Dauphiné, & en Silésie.

Ces plantes & les suivantes croissent sur les vieux murs ou sur des rochers; elles n'ont besoin que d'un peu de de sable ou de chaux pulvérisée, pour fixer leurs racines. Si on les arrache, elles continuent à végéter, & même fleurissent sans être adhérentes à la terre; leur structure est parénchymateuse, cellulaire, contenant un mucus délayé dans les feuillets d'un tissu cellulaire assez lâche; leur épiderme est très-poreux; aussi dès qu'elles sont flétries il suffit de les exposer un moment à la vapeur de l'eau pour les faire renfler & leur donner l'apparence de la vie; d'où nous devons conclure que dans toute la famille des plantes grasses, la nutrition dépend presque entiérement du pompement des vapeurs par les vaisseaux inhalans des feuilles & des tiges. Cela ne paroîtra pas surprenant à ceux qui savent que toutes les plantes se nourrissent autant par le pompement des feuilles que par celui des racines.

245. LA PETITE JOUBARBE *ou* Trique-madame.

SEDUM minus teretifolium album. C. B. P.
SEDUM album. L. *10-dria, 5-gynia.*

Fleur. Rosacée; calice à cinq segmens succulens; cinq pétales lancéolés, pointus, planes, ouverts; cinq nectars en forme d'écailles adhérentes au germe; corolle blanche.

Fruit. Cinq capsules droites, comprimées, échancrées à leurs bases, s'ouvrant pour laisser sortir plusieurs petites semences.

Feuilles. Succulentes, divergentes, oblongues, obtuses, presque cylindriques, sessiles, d'un vert luisant.

Racine. Menue, fibreuse.

Port. Tige d'un demi-pied, rougeâtre, succulente, dure dans sa maturité, rameuse à son sommet; les fleurs en corymbe; les feuilles alternes.

Lieu. Les vieux murs, les rochers, les toits. Lyonnoise. ♃

Cl. VI. Sect. VI.

Propriétés. Goût d'herbe salé; elle est astringente, rafraîchissante.

Usages. On peut la substituer à la précédente, on lui reconnoît les mêmes vertus.

Observations. La Trique-madame pilée & appliquée sur les flegmons & les hémorroïdes enflammées, calme la douleur, comme nous l'avons éprouvé plusieurs fois; nous avons aussi trouvé le suc propre à déterger les ulceres putrides. Les chevres, les moutons mangent cette plante lorsqu'elle est verte, les chevaux n'en veulent point.

246. LA VERMICULAIRE brûlante.

Sedum parvum acre, flore luteo. C. B. P.
Sedum acre. L. *10-dria, 5-gynia.*

Fleur. } Comme dans la précédente; corolle
Fruit. } jaune.

Feuilles. Presque ovoïdes, sessiles, droites, charnues, grasses, comme collées à la tige, entassées.

Racine. Petite, fibreuse.

Port. Les tiges basses, menues; trois grappes de fleurs au sommet qui se divise en trois; feuilles alternes.

Lieu. Les vieux murs, les toits des maisons, les rochers. Lyonnoise, Lituanienne. ♃

Propriétés. Acre au goût, piquante, presque corrosive, antiscorbutique, vomitive, diurétique, fébrifuge.

Usages. Il faut être extrêmement circonspect en l'employant à l'intérieur, vu son extrême âcreté.

Observations. Si on mâche cette plante, elle paroît d'abord fade; mais peu de temps après elle excite une ardeur dans la bouche, semblable à celle des plantes les plus âcres. Si on la fait dessécher, elle perd presque entiérement son acrimonie. Si on la fait bouillir dans de la biere, ou avec l'hydromel simple, elle est peu énergique; on peut alors prescrire une ou deux verrées de ce remede, il fait rarement vomir; le suc, à une once, délayé dans une verrée d'oximel, fait vomir & purge; à deux drachmes, il excite seulement quelques nausées, & devient un puissant diurétique; donné ainsi comme altérant, c'est un excellent remede dans les empâtemens des visceres, dans la jaunisse, la chlorose. Ce suc mêlé avec un mucilage gommeux, est un des meilleurs détersifs; aussi avons-nous guéri par ce seul remede, des ulceres cacoétiques qui avoient résisté à tous les autres remedes. Je ne vois pas sur quoi est fondée la réputation de la Vermiculaire dans le scorbut, sur-tout donnée à haute dose; comme altérante, elle est vraiment précieuse pour la guérison de cette maladie; mais comme émétique, je l'ai toujours trouvée nuisible. Le scorbut terrestre étant une maladie très-commune en Lithuanie, j'ai eu de fréquentes occasions de connoître quelles étoient les plantes avantageuses pour disposer à la guérison. Je peux même assurer que dans ce pays il y a peu de sujets adultes qui n'offrent des symptômes de scorbut.

Cl. VI. Sect. VI.

247. L'ORPIN, REPRISE, Joubarbe des vignes.

ANACAMPSEROS, vulgò faba crassa. J. B.
TELEPHIUM vulgare. C. B. P.
SEDUM telephium. L. *10-dria, 5-gynia.*

Fleur. } Caracteres des précédentes; corolle
Fruit. } rougeâtre ou blanche.

Feuilles. Aplaties, droites, très-épaisses, charnues, en forme de coin, succulentes, quelquefois crenelées en leurs bords, très-entieres.

Racine. Charnue, à tubercules blancs.

Cl. VI. Sect. VI.

Port. La tige paroît auſſi-tôt que les feuilles, ce qui la diſtingue des Joubarbes ; cette tige tachetée de points rouges s'éleve d'un pied & demi, courbée, cylindrique, ſolide, avec quelques rameaux revêtus de feuilles ; les fleurs au ſommet diſpoſées en bouquet ; feuilles oppoſées.

Lieu. Les terrains pierreux, les vignes. Lyonnoiſe, Lithuanienne. ♃

Propriétés. La racine, gluante, légérement acide, douce, eſt plus réſolutive, plus rafraîchiſſante, plus déterſive que les feuilles qui ſont vulnéraires, aſtringentes.

Uſages. On ne conſeille pas de s'en ſervir pour l'intérieur ; on fait uſage à l'extérieur des racines & des feuilles. On en extrait le ſuc que l'on applique ſur les plaies récentes ; les racines pilées & cuites, ſont antihémorroïdales.

248. L'ORPIN ROSE.

ANACAMPSEROS radice roſam ſpirante. I. R. H.

RHODIOLA roſea. L. *diœc. 8-dria.*

Fleur. Roſacée, mâle & femelle ſur des pieds différens ; les fleurs femelles ont quatre pétales égaux au calice ; ceux des fleurs mâles ſont deux fois plus longs. Les unes & les autres ont quatre nectars droits, échancrés, plus courts que le calice.

Fruit. Quatre capſules en forme de cornes aplaties, univalves, s'ouvrant en dedans ; ſemences nombreuſes, ſous-orbiculaires.

Feuilles. Seſſiles, ſimples, entieres, épaiſſes, ſucculentes, dentées au ſommet en maniere de ſcie, ovales, lancéolées.

Racine. Fusiforme ; son odeur semblable à celle de la rose. Cl. VI. Sect. VI.

Port. Tige herbacée, simple, succulente ; les fleurs en faisceaux au sommet des tiges ; aucuns supports.

Lieu. Les Alpes. ♃

Propriétés. La racine est céphalique & astringente.

Usages. On l'emploie dans les décoctions astringentes ; on la pile, on la fait bouillir dans de l'eau rose ; on l'applique sur le front pour guérir les maux de tête occasionnés par les coups de soleil.

Observations. On compte quelquefois cinq nectaires, six, huit ou douze étamines, quatre pistils. On a aussi trouvé cette espece sur les montagnes de la Silésie & en Angleterre. M. de Haller a eu raison de la ramener au genre des Joubarbes ; ce genre assez nombreux présente encore dans nos Provinces quelques especes que nous allons caractériser par leurs attributs essentiels.

1.° L'Orpin paniculé, *Sedum cepæa*, à feuilles planes, aplaties ; à tiges rameuses ; à fleurs en panicule, blanches. En Dauphiné. Lyonnoise.

2.° L'Orpin glauque, *Sedum dasyphyllum*, à tige foible ; à feuilles opposées, ovales, obtuses, ornées d'un réseau de veines rouges ; à fleurs éparses, blanches. On compte quelquefois douze étamines & six styles. Lyonnoise, Dauphinoise.

3.° La Joubarbe réfléchie, *Sedum reflexum*, à feuilles recourbées, arrondies d'un côté, pointues ; à fleurs jaunes. On compte six, sept, huit & neuf étamines. Lyonnoise.

4.° La Joubarbe des rochers, *Sedum rupestre*, rampante ; à feuilles tuilées, en alène, formant cinq côtés ; à fleurs jaunes en cime. Lyonnoise.

5.° La Joubarbe à six angles, *Sedum sexangulare*, à feuilles comme ovales, adossées contre la tige, tuilées, formant six côtés ; à fleurs en cime ; à trois branches, chaque branche portant trois fleurs jaunes. On compte de huit à douze étamines. Lyonnoise.

6.° La Joubarbe annuelle, *Sedum annuum*, à tige très

Cl. VI. Sect. VI.

petite, droite, ſolitaire; à feuilles ovales, aſſiſes, alternes, boſſues; à fleurs jaunes en cime, recourbées.

Très-reſſemblante à la précédente, mais elle eſt annuelle; ſes feuilles ſont rouges. En Dauphiné.

7.° La Joubarbe velue, *Sedum villoſum*, à tige droite; à feuilles un peu aplaties, linaires, obtuſes, un peu velues; à péduncules latéraux, velus; à fleurs pourpres. Dans les marais de Breſſe, du Forez.

249. LA REINE-DES-PRÉS.

Ulmaria Cluſii. I. R. H.
Spiræa ulmaria. L. *icoſand.* 5-*gynia.*

Fleur. Roſacée; cinq pétales attachés par leurs onglets au calice, vingt étamines au moins adhérentes à la baſe du calice.

Fruit. Pluſieurs capſules oblongues, pointues, comprimées, bivalves, contournées comme des chevilles; quelques ſemences petites & pointues.

Feuilles. Dentées, ailées; à folioles petites & grandes alternativement, terminées par une impaire plus grande & plus arrondie que les autres folioles.

Racine. Odorante, fibreuſe, noirâtre en dehors, d'un rouge brun en dedans.

Port. La tige preſque ligneuſe, haute de deux ou trois coudées, liſſe, rougeâtre, creuſe & rameuſe; les fleurs formant un grand bouquet au ſommet des tiges & des rameaux; feuilles alternes.

Lieu. Les prairies un peu humides. Lyonnoiſe, Lithuanienne. ♃

Propriétés. Les feuilles ont un goût d'herbe ſalé & gluant; toute la plante eſt auſtere & odorante, aſtringente, ſudorifique, & vulnéraire.

Uſages. On ſe ſert pour l'homme de l'herbe, des fleurs, de la racine. La décoction de la racine eſt utile dans les fievres malignes. Des fleurs on tire une eau distillée que l'on donne depuis ℥ iv jusqu'à ℥ vj, dans les potions cordiales, diaphorétiques. L'extrait de la racine est sudorifique; sa dose est de gr. x. Les racines pilées & appliquées sont utiles contre les blessures & les ulceres. On donne aux animaux la décoction de cette plante à la dose de ℔ ß.

OBSERVATIONS. La Reine-des-prés mérite plus de célébrité qu'elle n'en jouit parmi les Praticiens; l'odeur de ses fleurs est très-agréable & pénétrante. On en peut retirer une eau distillée très-énergique; éprouvée pour faciliter l'irruption des varioles, lorsqu'un pouls foible indique les cordiaux. Elle a aussi réussi seule pour ranimer les forces dans les fievres amphémérines & hémitritées; c'est un bon cordial. L'infusion vineuse & aqueuse ont les mêmes propriétés. La racine amere & astringente, est indiquée, ainsi que les feuilles, en poudre & en décoction dans les diarrhées causées par atonie, & sur la fin des dyssenteries. On peut s'en servir pour tanner les cuirs; les fleurs macérées dans le vin & dans la biere, leur communiquent un goût très-agréable; les chevres mangent volontiers cette plante que les vaches & les chevaux négligent.

Les sommets des segmens du calice renversés sont rouges. On compte vingt à vingt-six étamines à antheres blanches; les styles sont courts, renversés; on trouve six germes.

La Reine-des-prés ressemble beaucoup à la Filipendule décrite ci-après, n.° *169*.

Ce genre présente encore quelques especes ou spontanées ou généralement cultivées, qu'un amateur doit savoir dénommer.

1.° La Barbe-de-chevre, *Spiræa aruncus*, à feuilles doublement ailées; à pinnules de cinq, de trois feuilles, & simples; à panicules alongés, en épis.

Les fleurs sont ou hermaphrodites ou monoïques, ou dioïques, ou polygames. Dans quelques-unes nous avons trouvé étamines & pistils; dans d'autres, des étamines sans pistils, & des pistils sans étamines, dont quelques-unes offroient & pistils & étamines.

Sur les montagnes du Lyonnois.

Cl. VI. Sect. VI.

2.°. La Spirée à feuilles crenelées, *Spiræa crenata* L., à tige ligneuse; à feuilles ovales, oblongues, les unes très-entieres, d'autres crenelées au sommet qui est arrondi; les rameaux terminés par de petits bouquets de fleurs blanches très-nombreuses.

En Espagne, en Languedoc, cultivée dans les jardins.

250. LA CROIX DE CHEVALIER.

TRIBULUS terrestris, ciceris folio, fructu aculeato. C. B. P.

TRIBULUS terrestris. L. *10-dria, 1-gynia.*

Fleur. Rosacée; cinq pétales oblongs, obtus, ouverts; le calice divisé en cinq parties plus courtes que les pétales; germe sans style.

Fruit. Obrond, avec des angles aigus, composé de cinq capsules bossuées, armées de trois ou quatre piquans, imitant en quelque sorte une Croix de chevalier; semences turbinées, oblongues.

Feuilles. Ailées, rangées par paire le long d'une côte simple; les folioles au nombre de six de chaque côté, presque égales.

Racine. Simple, blanche, petite, fibreuse.

Port. Les tiges longues de demi-pied, couchées par terre, velues, rougeâtres, rameuses; les fleurs axillaires, solitaires, pédunculées; les feuilles opposées; les folioles garnies de cils à leurs bords, velues en dessous; deux stipules entieres.

Lieu. Les Provinces méridionales de la France, en Dauphiné. ⊙

Propriétés. Le fruit est détersif & apéritif.

Usages. Le fruit réduit en poudre, se donne à l'homme depuis gr. x jusqu'à ℈ j. Cette plante n'est point employée aujourd'hui en Médecine.

250*. LE TROSCART des Marais. Cl. VI. Sect. VI.

JUNCAGO palustris & vulgaris. T.
GRAMEN junceum spicatum, seu Triglochin. C. B.
TRIGLOCHIN palustre. L. *6-dria, 3-gynia.*

Fleur. Calice de trois feuillets; corolle de trois pétales, droits, assez semblables au calice; trois styles plumeux.

Fruit. Capsule linaire, à trois loges qui s'ouvrent par la base; une semence dans chaque loge.

Feuilles. Radicales, graminées, droites, très-étroites.

Racine. Chevelue.

Port. Tige d'un pied, nue, terminée par un épi de fleurs jaunes, resserrées.

Lieu. Dans les prés aquatiques. Lyonnoise, Lithuanienne.

Usages. C'est un mauvais pâturage, les bestiaux la négligent.

OBSERVATIONS. On peut regarder les trois feuillets du calice comme trois pétales; alors ce seroit une plante à fleur liliacée, exapétale; non-seulement la fleur, mais encore le fruit, le port, ramenent cette espece à la famille des Liliacées.

Le Troscart maritime, *Triglochin maritimum*, ressemble beaucoup au précédent, mais il en differe par sa capsule arrondie & à six loges.

On le trouve sur les rivages des mers d'Europe.

On peut encore rapprocher de ce genre le petit Jonc fleuri, *Scheuchzeria palustris*, à six petales, à six étamines sans style, à capsule enflée, au nombre de trois. Il offre le port des Liliacées; cinq à six fleurs en grappe terminant la tige : c'est le *Gramen junceum aquaticum semine racemoso*, Lœsel. *Fl. Pruss.* t. 28. On trouve

Cl. VI.
Sect. VI.

souvent trois, cinq, six capsules dans chaque fleur. La corolle étant persistante, peut être prise pour un calice. Dans chaque capsule on compte une ou deux semences. En Dauphiné, plus commune en Lithuanie.

251. LE BEC-DE-GRUE sanguin.

Geranium sanguineum maximo flore. C. B. P.

Geranium sanguineum. L. *monadelph. 10-dria.*

Fleur. Polypétale, réguliere, rosacée; cinq pétales cordiformes; calice de cinq feuillets, ovales, aigus, concaves; dix étamines; corolle grande & violette.

Fruit. En forme de bec alongé, marqué longitudinalement de cinq stries, divisé en cinq battans, qui lors de la maturité se détachent par leur base & se relevent en se roulant sur eux-mêmes, pour laisser sortir des semences réniformes.

Feuilles. Arrondies, découpées en cinq parties qui sont divisées en trois, velues, vertes en dessus, blanchâtres en dessous.

Racine. Epaisse, rouge & fibreuse.

Port. Les tiges droites, de la hauteur d'une coudée, nombreuses, rougeâtres, velues, noueuses. Les péduncules axillaires, portant une seule fleur; deux feuilles florales sur le péduncule le plus élevé; les feuilles opposées; celles du sommet portées par de courts pétioles.

Lieu. Les bords des chemins. Lyonnoise, Lithuanienne. ♃

Propriétés. Les feuilles sont styptiques, salées, vulnéraires, astringentes.

Usages. Des feuilles on fait des décoctions & des apozemes vulnéraires. On s'en sert extérieurement, pilées & appliquées sur les plaies.

252. L'HERBE A ROBERT.

CL. VI. SECT. VI.

GERANIUM Robertianum viride. C. B. P.
GERANIUM Robertianum. L. *monadelph. 10-dria.*

Fleur. } Caracteres de la précédente; le calice
Fruit. } velu, à dix angles; corolle plus petite.

Feuilles. Velues, divisées en cinq lobes étroits qui sont encore découpés en maniere d'aile, d'une couleur souvent rougeâtre.

Racine. Menue, jaune.

Port. Les tiges s'élevent à la hauteur d'une coudée, velues, noueuses, rougeâtres, branchues, couvertes de poils. Les péduncules axillaires portent deux fleurs; les feuilles opposées, leurs pétioles presque rouges, velus.

Lieu. Les rochers, les décombres. Lyonnoise, Lithuanienne. ♃

Propriétés. Toute la plante est d'un goût légérement salé; elle est vulnéraire, astringente, plus tempérée que les autres Becs-de-grue.

Usages. L'herbe est employée dans les potions & décoctions vulnéraires. L'on fait macérer dans du vin pendant douze heures les feuilles pilées; elles arrêtent l'hémorragie. L'herbe réduite en poudre se donne à l'homme à la dose de ʒ j. On emploie extérieurement dans les cataplasmes astringens les feuilles pilées ou bouillies dans du vin. On peut donner aux animaux, la poudre à ℥ ß.

Cl. VI.
Sect. VI.

253. LE PIED-DE-PIGEON.

Geranium folio malvæ rotundo. C. B. P.
Geranium rotundifolium. L. *monadelph. 10-dria.*

Fleur. } *Fruit.* } Caracteres des précédentes; les pétales presque entiers; les feuillets du calice longs & pointus; les capsules glabres.

Feuilles. Découpées en cinq parties principales qui se subdivisent en plusieurs petites découpures aiguës.

Racine. Simple & branchue.

Port. Les tiges visqueuses, de la hauteur de quelques pouces, nombreuses, inclinées vers la terre; les feuilles des tiges souvent au nombre de cinq, longuement pétiolées, moins lisses, plus blanches, plus petites que les radicales; les fleurs petites, rougeâtres, axillaires, deux fleurs sur un péduncule; feuilles opposées.

Lieu. Les prés, les jardins. Lyonnoise, Lithuanienne. ☉

Propriétés. } *Usages.* } Les mêmes que la précédente.

254. LE GÉRANIUM CICUTIN.

Geranium cicutæ folio minus & supinum. C. B. P.
Geranium cicutarium. L. Syst. Nat. 1143. *monadelph. 10-dria.*

Fleur. } *Fruit.* } Caracteres des précédentes. Les fleurs ont cinq étamines; les calices divisés en cinq parties.

Feuilles. Ailées, découpées finement, obtuſes, reſſemblant à celles de la Ciguë, moins grandes, rampantes.

Racine. Epaiſſe & d'une mauvaiſe odeur.

Port. Tige rameuſe, très-baſſe; les péduncules axillaires portent pluſieurs fleurs; ſtipules membraneuſes; les feuilles oppoſées; les folioles linéaires.

Lieu. Les terrains ſtériles. Lyonnoiſe, Lithuanienne. ☉

Propriétés. } Comme les précédentes.
Uſages.

OBSERVATIONS. Le genre des Géranium eſt des plus nombreux en eſpeces; on en compte environ quatre-vingt, dont trente au plus ſe trouvent en Europe.

La fructification eſt un peu différente dans les différentes eſpeces; on en trouve à calice d'un ſeul ou de pluſieurs feuillets; à corolle réguliere, & à corolle irréguliere; à cinq, à ſept, à dix étamines.

Linnæus donne pour caractere eſſentiel du genre, un ſeul ſtyle à cinq ſtigmates, le fruit à bec de grue, à cinq coques.

Nous allons faire connoître, 1.° les eſpeces étrangeres aſſez généralement cultivées dans nos jardins; 2.° les indigenes qui ſont les plus généralement répandues en Europe.

En général les Becs-de-grue d'Europe ſont utiles dans les pâturages, puiſque les chevres, les moutons, les vaches les mangent. Si le muſqué répand une odeur agréable, l'Herbe-à-Robert exhale une odeur fétide, particuliere; ſon goût eſt acerbe, un peu amer; on l'a beaucoup vanté contre les hémorragies. Nous ſoupçonnons que ſa couleur rouge a donné lieu aux premieres aſſertions des Anciens; dans ce cas ce ſeroit un remede ſigné. Son infuſion a été propoſée pour le traitement de la phthiſie ſcrofuleuſe, & même de la jauniſſe; quelques obſervations ſont favorables à ces vertus. On doit encore vérifier ce que peut produire la pulpe de ce Bec-de-grue contre la teigne, l'éryſipele & les dépôts laiteux des mamelles.

Cl. VI.
Sect. VI.

Les Becs-de-grue cultivés, à sept étamines, à péduncules, portant plusieurs fleurs.

1.° Le Bec-de-grue salissant, *Geranium inquinans*, à tige ligneuse; à feuilles alternes, grasses, réniformes, orbiculaires; à calice d'une seule piece; à fleurs de couleur de feu.

Originaire d'Afrique; les feuilles froissées entre les doigts les tachent d'une couleur ferrugineuse.

2.° Le Bec-de-grue vinaigrier, *Geranium acetosum*, à tige ligneuse, rameuse, lâche; à feuilles succulentes, lisses, comme ovales, crenelées.

Originaire d'Afrique; les feuilles d'un vert de mer ont un goût acide. Ne pourroit-on pas les tenter dans les fievres putrides?

3.° Le Bec-de-grue bouclier, *Geranium peltatum*, arbrisseau couché; à feuilles lisses en bouclier, les inférieures presque entieres, les supérieures à cinq lobes.

Africaine, feuilles acides.

4.° Le Bec-de-grue à zone, *Geranium zonale*, arbrisseau à feuilles arrondies en cœur, incisées, circonscrites sur la surface par une zone noirâtre. Africaine.

5.° Le Bec-de-grue très-odorant, *Geranium odoratissimum*, à tiges succulentes, très-courtes; à rameaux herbacés, alongés; à feuilles en cœur, très-molles, répandant une odeur très-pénétrante. Africaine.

6.° Le Bec-de-grue triste, *Geranium triste*, à racine tubéreuse; à feuilles comme pinnées; radicales larges & étroites; les pétales d'une couleur triste, verte, jaune, pâle. Il répand la nuit une odeur particuliere. Africaine.

Tous ces Géranium ont le calice d'une seule piece.

Les Becs-de-grue indigenes.

1.° Le Bec-de-grue romain, *Geranium romanum*, à hampe portant plusieurs fleurs assez grandes, pourpres; à feuilles ailées; à folioles incisées; cinq feuillets au calice, à cinq étamines.

Très-ressemblant au Bec-de-grue cicutin, sa tige est rameuse. Lyonnoise.

2.° Le Bec-de-grue des Pyrénées, *Geranium Pyrenaicum*, à tige droite, velue; à feuilles inférieures arrondies, divisées en cinq parties incisées ; les supérieures divisées en trois ; à péduncules portant deux fleurs ; à pétales pourpres, divisés en deux lobes ; à calice de cinq feuillets dont les pointes sont ornées d'une glande rouge ; cinq étamines, les deux extérieures sans antheres. En Dauphiné, près de Lyon.

3.° Le Bec-de-grue livide, *Geranium phæum*, à tige droite, velue ; à feuilles hérissées, ridées, palmées, divisées en cinq ou sept lobes incisés ; à calices velus, terminés par une arête ; à péduncules solitaires, biflores, opposés aux feuilles ; à corolle livide, d'un rouge brun ; à pétales dentelés.

Le *Geranium fuscum* n'en est distingué que par ses feuilles plus rudes ; par sa corolle à pétales entiers ; par ses péduncules naissant deux à deux ; opposés aux feuilles. Ces deux especes, ou variétés, se trouvent dans le Lyonnois.

4.° Le Bec-de-grue noueux, *Geranium nodosum*, à tige comprimée, diffuse ; à feuilles de la tige fendues en trois lobes entiers, dentelés ; les inférieures à cinq lobes, toutes lisses ; à pétales échancrés ; à péduncules portant deux fleurs.

Sur les montagnes du Lyonnois.

5.° Le Bec-de-grue des prés, *Geranium pratense*, à tige de deux pieds, droite ; à feuilles grandes, palmées, découpées en cinq ou sept lobes, comme ailées, ridées, assez analogues à celles du Napel, à péduncules longs, portant deux grandes fleurs ; à pétales entiers, bleus.

En Dauphiné, dans le Lyonnois, en Lithuanie.

6.° Le Bec-de-grue des forêts, *Geranium sylvaticum*, à tige droite, rameuse, d'un pied ; à feuilles de Napel moins profondément découpées que dans le précédent ; à fleurs grandes, purpurines, rayées, ou blanches.

Commun en Lithuanie ; nous l'avons cueilli dans les Pyrénées.

7.° Le Bec-de-grue mollet, *Geranium molle*, à tige rameuse, peu soutenue, velue ; à feuilles molles, blanchâtres, velues, arrondies, incisées en cinq demi-lobes crenelés ; à péduncules portant deux petites fleurs ; à calices velus ; à pétales roses, fendus. Lyonnoise.

8.° Le Bec-de-grue luisant, *Geranium lucidum*, à

Cl. VI. Sect. VI.

plusieurs tiges rameuses, d'un pied; à feuilles luisantes, arrondies; à cinq lobes obtus; à calices anguleux, ridés transversalement, pyramidaux; à fleurs petites, roses. Lyonnoise.

9.° Le Bec-de-grue colombin, *Geranium columbinum*, à tiges couchées, rameuses; à feuilles divisées en cinq parties qui sont sous-divisées en trois; à péduncules très-longs, portant deux fleurs assez grandes, rouges ou bleuâtres; à pétales échancrés; à calices terminés par de longs poils rudes. Lyonnoise, Lithuanienne.

1.° Le Bec-de-grue disséqué, *Geranium dissectum*, à tiges foibles, rameuses; à feuilles divisées en cinq lanieres, sous-divisées deux fois en trois; à péduncules très-courts, portant deux fleurs purpurines, assez petites; à calices terminés par de longs poils rudes; à pétales échancrés, de la longueur du calice. Lyonnoise.

Cette espece ressemble beaucoup à la précédente.

11.° Le Bec-de-grue nain, *Geranium pusillum*, à tige couchée, peu velue; à feuilles arrondies, découpées en fines lanieres jusques à la base; à péduncules portant deux fleurs, dont les pétales sont rouges, pourpres, échancrés.

Très-ressemblant au Bec-de-grue Pied-de-pigeon, dont il n'est probablement qu'une variété; cinq étamines sans antheres; les autres Becs-de-grue indigenes en présentent communément dix. Lyonnoise.

12. Le Bec-de-grue musqué, *Geranium moschatum*, très-ressemblant au Cicutin; à tige rameuse, diffuse; à feuilles ovales, pinnées; à folioles incisées; à péduncules portant plusieurs fleurs qui offrent cinq étamines.

Son odeur aromatique, pénétrante, suffit pour le reconnoitre; ses feuilles séminales, ou cotylédons, sont aussi pinnées. En Suisse. On trouve en Lithuanie un Bec-de-grue à tige élevée d'un pied, rameuse; à feuilles pinnées, hérissées; à capsule très-longue: seroit-ce le Musqué de Linné?

255. LE PIGAMON JAUNE ou la Rue des prés.

CL. VI. SECT. VI.

THALICTRUM majus siliquâ angulosâ aut striatâ. C. B. P.
THALICTRUM flavum. L. *polyand. polygyn.*

Fleur. Rosacée ; quatre pétales jaunes, sous-orbiculaires, obtus, concaves, qui tombent & tiennent lieu de calice ; étamines nombreuses.

Fruit. Plusieurs capsules anguleuses, striées ; les semences oblongues, jaunes, solitaires, très-menues.

Feuilles. Amplexicaules, trois fois ailées ; les folioles ovales ; à trois lobes obtus.

Racine. Jaunâtre, horizontale, stolonifere.

Port. Tiges d'environ deux pieds, roides, sillonnées, rameuses, feuillées, cylindriques ; les fleurs au sommet, disposées en panicule droit, un peu étalé ; feuilles alternes.

Lieu. Les prés, les lieux humides. Lyonnoise, Lithuanienne. ♃

Propriétés. La racine a un goût un peu amer & désagréable ; les semences sont seulement ameres ; les racines vulnéraires, diurétiques, purgatives ; les semences astringentes ; les feuilles purgatives.

Usages. On se sert de cette plante, pour l'homme, intérieurement ou extérieurement ; les feuilles en décoction, entrent dans les bouillons laxatifs émolliens, à la dose de poig. j. Pour que la racine soit un purgatif suffisant, il faut que sa dose soit de ℥ j. Le suc des fleurs se donne depuis ℥ j jusqu'à ℥ ij, c'est un bon astringent. Extérieurement, on emploie la poudre de la semence tirée par les narines pour arrêter l'hémorragie. On s'en

Cl. VI. Sect. VI.

sert encore pour saupoudrer les ulceres, elle les mondifie & les desseche.

On donne aux animaux la décoction des feuilles, à la dose de poig. ij sur ℔ j ß d'eau.

Observations. Dans le Pigamon jaunâtre, *Thalictrum flavum*, j'ai compté, sur chaque fleur, de dix-huit à vingt-quatre étamines, de dix à dix-huit pistils.

La décoction de la racine est légérement purgative; on ne doit pas la négliger dans le traitement des fievres quartes, de la jaunisse; elle teint la laine en jaune. Toute la plante fournit un assez bon pâturage aux bestiaux.

On trouve une variété de cette espece dont les folioles sont plus étroites, plus ridées, & terminées par trois dents pointues. Les autres Pigamons assez généralement répandus en Europe pour mériter d'être désignés, sont:

1.° Le Pigamon à feuilles d'Ancolie, *Thalictrum aquilegifolium*, à tige peu striée, d'un bleu rougeâtre; à feuilles trois fois ailées; à folioles larges, légérement fendues en trois lobes; à fleurs purpurines; en panicule dense; à capsules pendantes, triangulaires, un peu ailées.

Sur les montagnes du Lyonnois, commune dans les forêts de Lithuanie. On compte, dans les fleurs, de cinquante à soixante étamines, de six à seize pistils, quatre pétales.

2.° Le Pigamon brillant, *Thalictrum lucidum*, ne differe du jaune que par ses folioles plus étroites, succulentes.

On le trouve en Bourgogne.

3.° Le Pigamon à feuilles étroites, *Thalictrum angustifolium*, très-ressemblant au jaune & au brillant; il en differe par ses folioles lancéolées, linaires, non succulentes, très-entieres.

On le trouve en Dauphiné & en Lithuanie. On a compté dans les fleurs quatre pétales, seize étamines, sept pistils. Les folioles longues d'un pouce, très-étroites, sont ridées, luisantes en dessus; les fleurs sont petites, herbacées.

4.° Le petit Pigamon, *Thalictrum minus*, à tige d'un pied, rougeâtre; à folioles ovales, à six lobes; à panicule ouvert; à fleurs pendantes, dont les étamines sont jaunes. Lyonnoise, Lithuanienne.

256. L'HELLÉBORE NOIR *ou* Pied-de-griffon.

HELLEBORUS niger fœtidus. C. B. P.
HELLEBORUS fœtidus. L. *polyand. polygynia.*

Fleur. Rosacée ; cinq pétales obronds, obtus, larges, persistans, verdâtres, rouges à leurs bords, point de calice ; plusieurs nectars rangés en rond, tubulés, à deux levres échancrées.

Fruit. Plusieurs capsules comprimées, à double carene, membraneuses, dures, renfermant des semences rondes, nombreuses.

Feuilles. Radicales & caulinaires, soutenues par plusieurs pétioles qui se réunissent en un pétiole commun ; elles sont d'un vert brun.

Racine. Fibreuse.

Port. Tige feuillée de la hauteur d'un pied & demi ; les fleurs pendantes au sommet, disposées comme en ombelle ; une feuille florale au bas de chaque péduncule ; la plante répand une odeur fétide ; elle est toujours verte & fleurit en tout temps.

Lieu. Les grands chemins sablonneux, les bords des rivieres. Lyonnoise. ♃

Propriétés. Les feuilles sont très-âcres au goût, & purgatives.

Usages. On ne conseille pas de s'en servir pour l'homme, c'est un purgatif violent. On l'emploie comme seton, sur les animaux, & contre la manie.

On donne aux animaux cette racine en poudre à ʒ ß, & l'extrait de cette plante à la même dose.

Cl. VI.
Sect. VI.

257. L'HELLÉBORE NOIR à fleur verte.

Helleborus niger hortensis flore viridi. C. B. P.

Helleborus viridis. L. *polyand. polygyn.*

Fleur. } Caractere du précédent ; la corolle
Fruit. } verdâtre ; pistils, trois, quatre, cinq ; étamines courtes.

Feuilles. Radicales pétiolées, coriacées, seches, digitées, en quatre, cinq, six ou huit parties, souvent dentelées & laciniées ; les feuilles des péduncules petites & sessiles.

Racine. Rameuse, de couleur noire.

Port. La plante s'éleve à la hauteur d'un pied ; les fleurs pendantes au haut des péduncules qui prennent naissance de la racine.

Lieu. Les montagnes d'Allemagne, les jardins. ♃

Propriétés. } Les mêmes que le précédent.
Usages. }

Observations. 1.° L'Hellébore noir, *Helleborus niger*, differe peu du *viridis* ; la hampe ne présente que le rudiment d'une feuille ; les fleurs sont blanches, roses. Originaire des montagnes d'Auvergne.

2.° L'Hellébore d'hiver, *Helleborus hiemalis*, à racine tubéreuse ; à hampe très-simple, d'un pouce, terminée par une feuille plane, horizontale, arrondie, profondément découpée en lobes un peu étroits ; à une seule fleur, droite, assise sur la feuille ; à six pétales jaunes.

En Suisse, aux Pyrénées, il fleurit dès les premiers beaux jours de l'hiver. Les racines d'Hellébore noir qui se trouvent dans le commerce, sont souvent suspectes, vu que de tout temps les collecteurs, pour augmenter la masse, ont mêlé les racines de plusieurs autres plantes des Adonis, & même de l'herbe Saint-Christophe ou Actéa.

La racine d'Hellébore noir doit être noire, rousse, comme cylindrique, un peu bossue, rameuse, chargée de fibres filiformes, noires; l'intérieur ou le parenchyme est blanc. Si on la mâche récente, elle est très-âcre; elle perd de cette acrimonie en vieillissant. Si on l'a conservée plusieurs années dans les boutiques, il faut la mâcher long-temps pour sentir son âcreté.

Lorsqu'elle est récente & fraiche, c'est un vrai poison qui enflamme, & agit même extérieurement comme vésicatoire. Si elle est bien desséchée, & quelque temps conservée, elle devient émétique, purgative, emménagogue, sternutatoire, suivant la dose. Si elle est trop vieille, elle n'est que diurétique. Le principe âcre est volatil, & s'éleve par la distillation. L'eau peut extraire le principe énergique médicamenteux. La partie résineuse, soluble par l'esprit-de-vin, est aussi très-abondante. On doit prendre des précautions pour pulvériser cette racine, sans cela elle exciteroit l'éternuement; l'ouverture des cadavres a appris que l'extrait à haute dose, enflamme l'estomac & les intestins: voyez Morgagni, *de sedibus & causis morborum*. D'après ce que nous venons d'avancer, il est facile d'accorder les Observateurs qui ont trop loué les Hellébores comme purgatifs peu énergiques, & ceux qui les craignent comme très-drastiques. On peut même assurer que cette racine peut fournir, à la volonté de l'Artiste, presque tous les altérans énergiques, & tous les évacuans. Aussi en parcourant les observations des Anciens & des Modernes, nous trouvons l'usage de la racine d'Hellébore très-avantageux pour le traitement de la plupart des maladies causées par l'atonie des visceres, par l'épaississement des humeurs, & même de celles qui sont accompagnées d'épanchement lymphatique, soit dans le tissu cellulaire, soit dans les cavités.

On ne peut nier que quelques especes de mélancolie avec manie, n'aient été guéries avec l'Hellébore, sur-tout celles qui reconnoissent pour cause un empâtement des visceres avec amas de glaires dans les premieres voies: nos propres observations ont confirmé cette vertu.

Dans la chlorose avec atonie & suppression des regles, nous avons vu réussir l'extrait d'Hellébore donné de six

Cl. VI. Sect. VI.

à dix grains, à dose souvent répétée ; ce médicament détermine également l'engorgement des vaisseaux hémorroïdaux, & fait fluer les hémorroïdes avec avantage. Dans les affections hypocondriaques simples, dans les hydropisies sans squirre des viscères, l'extrait & la teinture d'Hellébore ont quelquefois réussi.

Quelques fievres quartes qui avoient résisté à tous les remedes, ont cédé à l'énergie de l'Hellébore.

Plusieurs dartreux ont été guéris par cette racine, soit donnée comme purgative, ou comme altérante.

Il n'est pas rare de voir évacuer des vers dans les sujets purgés avec l'Hellébore. On peut étendre l'usage de ce remede dans le traitement de l'asthme pituiteux, de la paralysie, du rhumatisme chronique, des obstructions commençantes.

Les setons formés avec les filets de cette racine, sont aussi efficaces que ceux que l'on fait aujourd'hui avec l'écorce de Garou.

Quoi qu'on en dise, les racines de l'Hellébore vert ont les mêmes propriétés ; nous pouvons même ajouter que notre Hellébore Pied-de-griffon, bien manié, offre aux Praticiens les mêmes ressources, soit dans les feuilles, soit dans les racines. Nous l'avons employé dans les maladies ci-dessus mentionnées, avec les mêmes avantages. Mais, sur tous les sujets, il faut commencer par de très-petites doses, soit comme altérant, soit comme évacuant.

258. L'HELLÉBORE BLANC à fleur rouge.

VERATRUM flore atro rubente. I. R. H.
VERATRUM nigrum. L. *polygam. monœc.*

Fleur. Rosacée, hermaphrodite & mâle sur la même plante ; six pétales oblongs, d'un rouge noirâtre, lancéolés, dentelés, très-ouverts.

Fruit. Trois capsules uniloculaires, univalves,

s'ouvrant en dedans, oblongues, droites, comprimées ; ſemences oblongues, obtuſes à l'une des extrémités.

Feuilles. Seſſiles, ſimples, entieres, ovales, embraſſant la tige en maniere de gaîne.

Racine. Fibreuſe, preſque tubéreuſe.

Port. La tige herbacée, ſimple, haute de trois ou quatre pieds, terminée par des bouquets de fleurs de différens ſexes & diſpoſées en grappe, les péduncules velus, une feuille florale à la baſe de chaque péduncule ; feuilles alternes.

Lieu. Les lieux humides, en Alſace & aux Pyrénées. ♃

Propriétés. Sa racine a un goût âcre, & cauſe des nauſées. Elle eſt recommandée comme ſternutatoire, antiépileptique, antihypocondriaque.

Uſages. On s'en ſert rarement pour l'homme, parce qu'elle eſt ſuſpecte & dangereuſe ; ſa doſe eſt de gr. vij. On en peut donner aux animaux la poudre à ℥ ß. Les Bergers ignorans s'en ſervent pour guérir les brebis galeuſes ; ils en font avec du beurre un onguent dont ils les frottent ; preſque toutes enflent & périſſent.

OBSERVATIONS. Les Veratres appartiennent à la famille des Liliacées ; les fleurs mâles ne ſe trouvent guere que vers la baſe des panicules, encore trouve-t-on le plus ſouvent les rudimens des germes ; d'où l'on peut conclure que dans ce genre, comme dans quelques autres, les Polygames ne ſont tels que par accident.

CL. VI. SECT. VI.

259. L'HELLÉBORE BLANC à fleur pâle.

VERATRUM flore subviridi. I. R. H.
VERATRUM album. L. *polygam. monœc.*

Fleur. } Caracteres du précédent ; corolles
Fruit. } droites, blanchâtres.

Feuilles. Ovoïdes, simples, entieres, qui embrassent la tige en maniere de gaîne.

Racine. Presque tubéreuse.

Port. Tige plus basse que la précédente, terminée par un panicule plus composé ; les feuilles florales moins nombreuses ; la corolle quelquefois verte.

Lieu. Les Alpes Suisses, les montagnes, aux Pyrénées, & en Lithuanie. ♃

Propriétés. } Comme le précédent.
Usages. }

OBSERVATIONS. La racine de l'Hellébore blanc est fusiforme, grosse comme le pouce, d'un blanc jaunâtre, chargée de fibres filiformes ; desséchée, elle est grise. Si on la coupe transversalement, elle paroît toute ponctuée ; l'odeur de la racine récente est nauséeuse ; sa saveur très-âcre, comme brûlant la gorge.

L'infusion aqueuse de la racine seche est rouge, répand une odeur désagréable, est très-âcre, amere ; à très-petites doses elle a excité des coliques, des cardialgies. Les chevaux mangent l'herbe au printemps sans en être incommodés ; mais elle leur donne de violentes coliques lorsqu'elle est adulte en été. Les autres bestiaux n'y touchent pas, les semences & les feuilles sont vénéneuses pour les oiseaux.

Cette racine, même à dose moyenne, est si féroce qu'elle a excité la soif, la cardialgie, le sanglot, des suffocations, les convulsions, les tremblemens, les défaillances, les ſueurs froides & la mort. Cependant Geſner (*) prenoit deux drachmes de cette même racine, les faiſoit digérer pendant un mois dans ſix onces de vin ſpiritueux; après quoi il donnoit de ce vin ſcrupule par ſcrupule, non dans l'intention de purger, mais de réſoudre les humeurs épaiſſies, & lever les embarras des viſceres. Il s'étoit aſſuré par une foule d'expériences, tant ſur lui-même que ſur pluſieurs malades, que la racine d'Hellébore blanc preſcrite de cette maniere, n'excitoit aucun ravage & devenoit un des meilleurs remedes; les Médecins de ce ſiecle qui ſavent adminiſtrer avec avantage les poiſons les plus féroces, trouveront comme nous la méthode du grand Geſner très-ingénieuſe. Nous l'avons vérifiée ſur quelques ſujets diſpoſés aux obſtructions, elle a parfaitement réuſſi.

259 *. LE JONC FLEURI.

BUTOMUS flore roſeo. T.
BUTOMUS umbellatus. L. *9-dria. 6-gynia.*

Fleur. Corolle de ſix pétales, dont trois extérieurs, plus grands & plus larges; nul calice; neuf étamines; ſix ſtyles.

Fruit. Six capſules univalves, à pluſieurs ſemences.

Feuilles. Radicales nombreuſes, droites, très-longues, comme des lames d'épée, à trois tranchans vers leur baſe.

(*) Conrad Geſner Médecin Suiſſe, qui floriſſoit vers le milieu du XVI.e ſiecle, quoique mort dans la fleur de ſon âge, a été un des plus laborieux Ecrivains, & un des plus beaux génies de ſon temps; ſa maniere d'obſerver ſur les objets de Botanique & d'Hiſtoire Naturelle, a été adoptée par tous les bons Ecrivains. Conduit par la ſeule analogie, il avoit ſaiſi les véritables affinités des plantes & deviné leurs propriétés qu'il vérifioit ſouvent ſur lui-même.

Cl. VI. Sect. VI.

Racine. Faiſceaux de radicules filiformes.

Port. Tige ſans feuilles, haute de quatre à cinq pieds, terminée par une ombelle de quinze à vingt fleurs rougeâtres, à péduncules longs de trois pouces; l'ombelle garnie à ſa baſe d'une collerette de trois pieces, membraneuſe.

Lieu. Dans les étangs du Lyonnois & de Lithuanie.

Uſages. Les beſtiaux ne touchent point à cette plante, elle donne aſile à une foule d'inſectes aquatiques; l'ombelle de ſes fleurs rouges, blanches, quelquefois incarnates, flatte la vue; elles ſont aſſez grandes pour produire un bel effet. Cette plante, dans l'ordre naturel, eſt intermédiaire entre les Joncs & les Liliacées.

260. LE SOUCI DES MARAIS.

POPULAGO flore majore. I. R. H.
CALTHA paluſtris. L. *polyand. polygyn.*

Fleur. Roſacée; cinq pétales ovales, grands; beaucoup d'étamines; cinq ou dix piſtils; la corolle jaune, quelquefois double.

Fruit. Cinq ou dix capſules, petites, pointues, comprimées, à double carene, s'ouvrant par la ſuture ſupérieure; pluſieurs ſemences ovales, liſſes, brunes, terminées par un chaperon jaunâtre.

Feuilles. Pétiolées, les pétioles en gaînes blanches, ſimples, entieres, arrondies, preſque réniformes, crenelées; les inférieures orbiculaires, portées par des pétioles plus longs.

Racine. Preſque horizontale, fibreuſe.

Port. La tige liſſe, haute d'un pied; fleurs pédunculées, axillaires, ſolitaires, ſouvent au ſommet des tiges; feuilles grandes, alternes.

Lieu. Les endroits humides. Lyonnoise, Lithuanienne.

Propriétés. Goût âcre ; la plante est purgative, vulnéraire, détersive.

Usages. On se sert des feuilles & des fleurs ; leur principal usage est contre les ulceres & les érysipeles.

OBSERVATIONS. On compte quelquefois six ou sept pétales, cent étamines, de six à huit pistils, sans styles ; j'ai trouvé jusques à huit capsules. La tige est courbée à chaque nœud ; les feuilles lisses, à réseau rougeâtre, d'un vert foncé. Quoique cette plante soit un peu âcre & caustique, les vaches la mangent volontiers, on croit même que les fleurs rendent le beurre plus jaune ; les boutons des fleurs macérés dans du vinaigre, imitent les Câpres.

Nous avons observé en Lithuanie les variétés à fleurs pleines & à petites fleurs, qui se trouvent aussi près de Lyon.

260 *. LA MORENE grenouillette.

MORSUS ranæ foliis circinatis, floribus albis.
NYMPHÆA alba minima. C. B.
HYDROCHARIS morsus ranæ. L. Vaill. Par. *diœc. enneand.*

Fleur. A calice de trois feuillets ; à corolle de trois pétales arrondis ; les fleurs mâles, à neuf étamines, dont trois au centre, produisent un stylet de leur base ; les fleurs femelles à ovaire sous la corolle, qui est chargé de six styles.

Fruit. Capsule coriacée, à six loges, renfermant chacune plusieurs semences très-petites.

Feuilles. Pétiolées, réniformes, lisses, luisantes, orbiculaires, flottantes sur l'eau, d'un vert foncé.

Racine. D'une tige traçante naissent plusieurs radicules à chaque nœud.

CL. VI. SECT. VI.

Port. De distance en distance naissent de la tige traçante des feuilles disposées comme par paquets; péduncules, quatre ou cinq des aisselles des feuilles, portant chacun une, deux, trois fleurs à pétales blancs; fleurs mâles & femelles sur des pieds différens.

Lieu. Sur les eaux tranquilles. Lyonnoise, Lithuanienne.

Usages. Cette plante n'a d'autre usage que de servir de retraite & de nourriture à une foule d'insectes aquatiques. On trouve quelquefois douze étamines; au milieu du péduncule se trouvent deux bractées concaves, diaphanes.

260 **. LE TROLLE globuleux.

HELLEBORUS niger ranunculifolio, flore globoso majore. T.

TROLLIUS Europæus. L. *polyandr. polyg.*

Fleur. Grande, jaune, composée de douze à quatorze pétales ramassés en boule. Miellier: dix à douze languettes tubulées.

Fruit. Plusieurs capsules ovales, renfermant plusieurs semences.

Feuilles. Palmées, à cinq lobes incisés.

Port. Tige d'un pied, simple, feuillée, le plus souvent simple, portant au sommet une seule fleur.

Lieu. Très commune dans les forêts de Lithuanie, dans nos Provinces. On ne la trouve que sur les plus hautes montagnes.

Usages. La fleur répand une odeur très-agréable; les bestiaux mangent volontiers cette plante.

OBSERVATIONS. La tige s'éleve quelquefois à dix-huit pouces; les feuilles radicales à longs pétioles; on ne trouve sur la tige qu'une feuille à pétiole court. Avant l'épanouissement de la fleur, les cinq pétales extérieurs sont verts. Je n'ai compté le plus souvent que dix étamines; les nectaires de couleur de Safran, les étamines jaunes.

260 ***. L'ISOPIRE Renoncule.

THALICTRUM montanum præcox. T.
ISOPYRUM thalictroides. L. *polyand. polyg.*

Fleur. Sans calice ; corolle de cinq pétales; nectaires tubulés, fendus au sommet en trois.

Fruit. Capsules recourbées à plusieurs semences.

Feuilles. Feuilles à pétioles, une ou deux fois ternées; à folioles ovales, en lobes tendres, d'un vert de mer.

Port. Tige de cinq à six pouces, grêle, rougeâtre, rameuse, fleurs petites, blanches; à pétales émoussés; stipules ovales.

Lieu. Sur les montagnes du Dauphiné.

OBSERVATIONS. Si on a égard au nectaire, ce genre ne seroit, comme le précédent, qu'un Hellébore; il offre la fleur des Renoncules, la feuille des Thalictrum. Ces rapports sont bien rendus par la phrase de Gaspard Bauhin, *Ranunculus nemorosus thalictrifolio.*

Je me rappelle d'avoir déterminé cette plante, il y a vingt ans; je la trouvai en fleur en Avril, sur les rives d'un ruisseau, au bois d'Ars, à trois lieues de Lyon.

Cl. VI.
Sect. VI.

261. LA PIVOINE MALE.

Pæonia folio nigricante splendido, quæ mas. C. B. P.
Pæonia officinalis. β mascula. L. *polyand. 2-gynia.*

Fleur. Rosacée; cinq pétales sous-orbiculaires, grands, étroits à leur base; le calice divisé en cinq folioles, concaves, inégales en grandeur.

Fruit. Plusieurs capsules ovales, oblongues, velues, uniloculaires, univalves, s'ouvrant en dedans longitudinalement; semences nombreuses, presque sous-orbiculaires & noires dans leur maturité.

Feuilles. Simples, découpées en lobes, de trois en trois, ovoïdes & lancéolées.

Racine. Tubéreuse, en faisceaux.

Port. Les tiges de la hauteur de deux pieds, rameuses, un peu rougeâtres; les fleurs au sommet, très-simples & solitaires; feuilles alternes.

Lieu. En Suisse & dans les environs de Montpellier; on la cultive dans nos jardins. ♃

Propriétés. } Voyez la suivante.
Usages. }

262. LA PIVOINE FEMELLE.

Pæonia communis vel femina. C. B. P.
Pæonia officinalis. α feminea. L. *polyand. 2-gynia.*

Fleur. } Variété de la précédente; les semences
Fruit. } oblongues & plus petites.

Feuilles. Doublement ternées, elles different des précédentes par leurs lobes qui ſont difformes.

Racine. Tubéreuſe, fibreuſe.

Port. La tige & les fleurs moins grandes que dans la précédente.

Lieu. Le même. ♃

Propriétés. On préfere le mâle à la femelle; ſon odeur eſt forte, aſſoupiſſante; & ſa ſaveur douce; la plante eſt céphalique, antiépileptique, antiſpaſmodique, diaphorétique.

Uſages. On ſe ſert fréquemment pour l'homme, de la racine, quelquefois des feuilles, des fleurs & des ſemences; on fait des infuſions avec la racine; on en tire une poudre très-uſitée; des feuilles on fait une teinture, une eau; de la ſemence une poudre; la poudre ſe donne depuis gr. x juſqu'à ℈j en opiate ou en bol; les infuſions & décoctions de la racine fraîche juſqu'à ℥j; l'eau diſtillée, depuis ℥iv juſqu'à ℥vj dans les potions, juleps antiépileptiques; le ſirop des fleurs, depuis ℥ß juſqu'à ℥ij. On donne aux animaux la poudre des racines à ʒij.

OBSERVATIONS. Le parenchyme des ſemences de la Pivoine eſt ſolide, extérieurement floconneux; ſi on le coupe tranſverſalement, on apperçoit un point central.

Les ſtigmates ſucculens, pourpres, ſans ſtyles.

La racine de la Pivoine femelle très-grande, difforme, extérieurement rouge, à parenchyme incarnat, tubéreuſe; à tubercules partant du tronc de la racine; à branches radicales en fuſeau, longues de ſix pouces & plus, rougeâtres en-dehors; à parenchyme charnu, blanc, ſolide.

Dans les jardins les fleurs deviennent pleines, doubles, parce que, vu l'abondance du ſuc nourricier, les étamines ſe changent en pétales; ces fleurs preſque groſſes comme le poing, ſont d'un rouge foncé.

L'odeur de la racine eſt nauſéeuſe; ſa ſaveur eſt âcre, amere; les fleurs récentes ſont ameres, & répandent une odeur un peu nauſéeuſe.

Cl. VI. Sect. VI.

L'extrait aqueux de la racine est douceâtre, presque insipide, & sans odeur; l'extrait spiritueux conserve l'odeur & la saveur de la Pivoine; l'eau même distillée retient l'odeur des fleurs. En desséchant la racine, on lui fait perdre son odeur, mais elle conserve sa saveur amere.

On a retiré des tubercules de la racine de Pivoine femelle, un amidon blanc, gélatineux, gluant, assez semblable à celui des Pommes-de-terre.

Ceux qui rient de Galien qui assure avoir vu guérir un épileptique en lui faisant porter au cou des racines de Pivoine, ignorent qu'il parle de la fraîche qui a un principe virulent volatil, qui peut être repompé par les vaisseaux inhalans.

Quoi qu'il en soit de cette amulette, il est sûr que quelques épileptiques ont été guéris après avoir pris la racine de Pivoine, & si sur d'autres sujets elle a été inutile, c'est que l'ouverture des cadavres nous prouve que la plupart des épilepsies reconnoissent pour cause des vices dans le cerveau absolument insurmontables.

L'infusion des fleurs & la racine en poudre, ont été efficaces dans quelques éclampsies des enfans, dans la danse de Saint-Gui, & dans la toux convulsive, vulgairement appelée *Coqueluche*.

Les Anciens ont conseillé la racine dans les empâtement des visceres; l'analogie des principes médicamenteux de la Pivoine avec ceux des plantes, bien vérifiée, est favorable à l'assertion des Anciens. C'est encore ici le cas d'inviter les Praticiens d'étendre l'usage de cette plante à toutes les maladies causées par une lymphe épaissie, ou par les engorgemens chroniques des visceres. Les expériences nombreuses que nous avons faites, nous font regarder la racine de Pivoine comme très-efficace dans plusieurs maladies chroniques.

SECTION

SECTION VII.

Des Herbes à fleur polypétale, réguliere, rosacée, dont le pistil devient un fruit composé de plusieurs semences disposées en maniere de tête.

263. L'ANÉMONE SAUVAGE.

ANEMONE sylvestris alba major. C. B. P.
ANEMONE sylvestris. L. *polyand. polyg.*

FLEUR. Rosacée, composée de cinq ou six pétales ovales, oblongs, rangés en deux ou trois ordres; point de calice; corolle blanche, velue en dehors.

Fruit. Point de péricarpe; réceptacle globuleux, alongé, couvert de points concaves; plusieurs semences obrondes, velues, surmontées du style.

Feuilles. Radicales avec de longs pétioles, composées de cinq digitations velues, incisées & anguleuses.

Racine. Fibreuse, horizontale.

Port. Des Renoncules; la tige foible s'éleve à la hauteur de six pouces; le péduncule nu. A quelques pouces au-dessous de la fleur une collerette de trois à cinq feuilles partagées en lobes profonds & incisés.

Lieu. A l'ombre dans les bois, les haies. Lyonnoise, Lithuanienne. ♃

Propriétés } Elle picote fortement la langue;
Usages. } son suc est caustique, brûlant; il

faut de la prudence pour en prescrire l'usage, qui ne peut être qu'extérieur.

CL. VI. SECT. VII.

OBSERVATIONS. On trouve deux variétés de cette espece ; une à tige de dix pouces, à grande fleur ; l'autre à tige de quatre à six pouces, à petite fleur. La grande variété est commune en Lithuanie ; les pétales sont souvent un peu roses. Cette espece mâchée nous a paru peu âcre.

264. LA PULSATILLE *ou* Coquelourde, Herbe au vent.

PULSATILLA folio crassiore & majore flore. C. B. P.

ANEMONE pulsatilla. L. *polyand. polyg.*

Fleur. Rosacée ; six pétales épais, très-velus, droits ; une espece de calice ou d'enveloppe foliacée, découpée en plusieurs parties embrassant le sommet de la tige & la base du péduncule.

Fruit. Disposé en maniere de tête arrondie, composé de plusieurs semences surmontées du style alongé en forme de queue ; les semences velues.

Feuilles. Deux fois ailées, velues, couchées sur terre, attachées par des pétioles longs & velus.

Racine. Ligneuse, grosse comme le doigt, chevelue.

Port. La tige s'éleve du milieu des feuilles, à la hauteur d'un demi-pied, ronde, cylindrique, duvetée, nue ; les fleurs pendantes, solitaires au sommet, agitées par le moindre vent ; péduncule d'un pouce ; feuilles florales, découpées profondément.

Lieu. Les prés, les taillis, les terrains incultes. Lyonnoise, Lithuanienne. ♃

Propriétés. Elle a un goût très-âcre, elle est détersive, incisive, vulnéraire, la racine moins âcre que les feuilles.

Usages. On ne se sert que de l'herbe, dont on tire une eau distillée, très-propre pour déterger les vieux ulceres; les feuilles font le même effet, pilées & appliquées. Cl. VI. Sect. VII.

Observations. Nous avons trouvé près de Grodno une Pulsatille très-ressemblante à la Coquelourde, mais dont la fleur étoit de couleur jaune. Seroit-ce l'*Anemone sulphurea* de Linné? Il est aussi très-difficile de distinguer de la Coquelourde l'*Anemone pratensis*, l'Anémone des prés, qui n'en differe réellement que par sa tige plus petite, & par le lymbe de la corolle renversé en dehors. Lyonnoise, Lithuanienne.

Quelquefois sa fleur est droite; ses fleurs qui sont d'un bleu noirâtre, sont quelquefois d'un violet clair. J'ai trouvé près de Wilna un individu à fleur sans péduncule, assise sur la collerette, cette fleur étoit verdâtre, deux fois plus petite que celle de l'Anémone des prés. Il paroît que l'illustre M. Storck a employé l'Anémone des prés. Nous nous servons à Lyon de la Coquelourde, comme plus commune. L'odeur de ces plantes est à peine sensible; la saveur est âcre. Si on les mâche, elles laissent dans l'arriere-bouche un âcreté durable; si on fait évaporer l'extrait aqueux, il s'éleve une vapeur si âcre qu'elle a causé des ophtalmies très-considérables.

Par les observations de M. Storck confirmées par plusieurs Praticiens, l'extrait de la Pulsatille est efficace dans plusieurs maladies des yeux causées par stagnation de la lymphe, comme goutte-sereine, onglet, taches, & même quelques cataractes ont cédé à ce médicament.

On a vu disparoître par l'action de ce seul remede plusieurs symptômes vénériens, des douleurs rhumatismales, squirre des testicules, condilome, crête, &c. Quelques paralytiques ont recouvré le mouvement après avoir pris l'extrait de la Pulsatille; il a aussi réussi dans la mélancolie. Avouons cependant que quelques Praticiens célebres déclarent n'avoir obtenu aucun effet salutaire de l'extrait de Pulsatille, même poussé à quinze grains, soit contre la goutte-sereine, soit contre d'autres maladies. L'extrait peut se donner de quatre à douze grains; l'eau distillée de deux drachmes à une once. On mêle

CL. VI. SECT. VII.

l'extrait avec du sucre ; ce remede augmente le cours des urines, excite quelquefois une légere diarrhée, accélere les menstrues.

Si on laisse vieillir l'eau distillée de la Coquelourde, on voit flotter des filets blanchâtres, qui sont une espece de camphre qui brûle tout entier si on l'expose à la bougie, en répandant une odeur vive qui irrite les narines ; si on goûte ce camphre ramolli par la chaleur, il paroît très-âcre.

Les autres especes d'Anémones qui méritent d'être connues, ou comme curieuses, ou à titre de vulgaires, sont :

1.° La grande Pulsatille, *Anemone pulsatilla patens*, à fleurs ouvertes, droites, d'un beau bleu, très-grandes, velues ; à semences à queue velue.

Sa racine noire, ligneuse, produit plusieurs feuilles radicales, digitées, très-découpées, velues, & plusieurs tiges velues terminées par une collerette de feuilles découpées, & portant une seule fleur qui est quelquefois très-blanche, ou de couleur de chair. Cette espece est très-commune en Lithuanie ; elle frappe par la beauté de ses fleurs qui se développent les premiers jours du printemps ; les paysans écrasent la fleur & les feuilles, & s'en servent comme de véficatoires sur le poignet, pour guérir les fievres intermittentes, ce qui leur réussit ; cette pulpe excite de grandes phlyctenes.

Cette espece d'Anémone a le port des Coquelourdes.

2.° L'Anémone printaniere, *Anemone vernalis*, à tige de quatre à six pouces, très-velue ; à feuilles une fois ailées ; à folioles larges ; à fleurs droites, assises, grandes, d'un blanc jaunâtre, ou un peu rougeâtre en dehors ; à pétales velus ; à collerette en dessous de la fleur formée par des feuilles chargées d'un duvet roussâtre. Lyonnoise, Lithuanienne.

3.° L'Anémone des jardins, *Anemone hortensis*, à racine tubéreuse, à tige de six pouces, un peu velue, portant une seule fleur, grande, purpurine, de neuf pétales étroits, à semences velues ; à feuilles radicales, digitées ; à trois lobes découpés ; la collerette de trois feuilles assises, ovales, lancéolées.

Originaire de Provence, cultivée dans nos jardins ; elle fournit par la culture une foule de belles variétés.

4.° L'Anémone des couronnes, *Anemone coronaria*, à feuilles radicales, ternées, décompoſées; à collerette formée par des feuilles.

Cette eſpece, originaire de Conſtantinople, fournit aux fleuriſtes une foule de variétés; ſes fleurs ſimples ou pleines, préſentent diverſes couleurs; les feuilles ſont plus ou moins étroites.

5.° L'Anémone des bois, la Sylvie, *Anemone nemoroſa*, à tige de ſix pouces, ſimple; à une fleur de ſix pétales blancs ou roſes, ovales, lancéolés; à feuilles radicales ailées, à pinnules découpées, la collerette de cinq feuilles découpées profondément.

Les fleurs ſont pendantes; on trouve ſur la ſurface des feuilles peu de poils portés ſur de petites glandes; quelquefois la collerette offre des feuilles plus courtes, rougeâtres; à ſegmens ſecs, linaires. Lyonnoiſe Lithuanienne.

Nous avons trouvé près de Grodno une belle variété à fleur pleine, qui mérite d'être décrite; au centre de la collerette ſiégeoit ſans péduncule une fleur formée par quarante pétales, les inférieurs lancéolés, inciſés au ſommet, tous verts, les autres alongés, pluſieurs très-étroits; ſix étamines, on voyoit les germes.

L'Anémone des bois eſt preſque ſans odeur, très-âcre; l'eau diſtillée eſt auſſi âcre, nauſéeuſe. On s'en ſert dans le Nord comme épipaſtique ſur le poignet pour guérir les fiévres intermittentes du printemps. Si on laiſſe la pulpe de cette herbe un jour ou deux, elle enflamme le bras, cauſe des ulceres très-longs à guérir.

Le ſuc épaiſſi eſt emménagogue; nous croyons cette plante congénere de la Coquelourde.

Les chevres & les moutons mangent cette plante que les chevaux négligent; elle cauſe aux vaches un piſſement de ſang, & la dyſſenterie.

Cette eſpece très-commune dans les plaines de Lithuanie, ne ſe trouve que ſur les hautes montagnes de nos Provinces.

6.° L'Anémone jaune, *Anemone ranunculoides*, à tige de ſix pouces partant à angles droits de la racine qui eſt traçante, terminée par une collerette de trois feuilles profondément découpée en cinq lobes inciſés; du

Cl. VI. Sect. VII.

centre de la collerette s'éleve un ou deux pédoncules inégaux, portant chacun une fleur de cinq pétales, jaunes, arrondis ; à semences recourbées, lisses. Nous avons quelquefois compté six, sept & huit pétales. Lyonnoise, Lithuanienne.

Toutes les Anémones fleurissent dès les premiers jours du printemps ; elles inspirent la gaieté par la beauté de leurs corolles qui sont assez grandes pour former dans les forêts des parterres bien intéressans, après les rigueurs de l'hiver.

Tournefort a confondu avec ses Renoncules quelques Anémones de Linné qui ayant pris pour caracteres des Renoncules les nectaires des onglets, a dû ramener sous le genre des Anémones l'Hépatique & l'Anémone jaune qui ne présente point de nectaire. Mais, à dire vrai, ces formations de genres paroissent bien arbitraires à ceux qui savent que la nature a plutôt voulu former un réseau dans le regne végétal, qu'une chaîne ; elle passe par nuances imperceptibles d'une famille à l'autre, liant souvent par des attributs communs plusieurs familles voisines.

265. LA RENONCULE tubéreuse, Grenouillette.

Ranunculus pratensis radice verticilli modo rotunda. C. B. P.

Ranunculus bulbosus. L. *polyand. polygyn.*

Fleur. Rosacée ; cinq pétales obtus, luisans, jaunes ; l'onglet petit, à nectaire pulpeux, fendu ; le calice formé par cinq folioles concaves, un peu colorées, réfléchies en dehors.

Fruit. En maniere de tête, composé d'un réceptacle auquel les semences irrégulieres adherent par de courts pédicules ; point de péricarpe.

Feuilles. Composées, découpées en plusieurs lanieres, étroites & alongées.

Racine. Bulbeuſe, arrondie, produiſant à ſa baſe pluſieurs radicules.

Port. La tige droite, d'un pied de haut, velue & garnie de feuilles; les fleurs au ſommet; les péduncules ſillonnés; les feuilles alternes.

Lieu. Dans les prés. Lyonnoiſe, Lithuanienne. ♃

Propriétés. Cette plante eſt exceſſivement âcre, cauſtique; elle ulcere la peau & y excite des puſtules.

Uſages. On s'en ſert rarement; on emploie la racine & l'herbe; on en tire un ſuc, on en fait des cataplaſmes; l'uſage peut en être dangereux.

OBSERVATIONS. La racine de la Grenouillette eſt très-âcre; en peu de temps, un demi-quart d'heure ſuffit, ſa pulpe enflamme la peau, & excite des phlyctenes; ce moyen ſeroit précieux lorſque l'indication des véſicatoires eſt urgente. Nous avons trouvé près de Grodno un individu curieux de la Renoncule bulbeuſe; les racines, la tige, les péduncules & les fleurs, étoient faſciés, c'eſt-à-dire, offroient une tige plate, de la largeur d'un pouce. On diſtinguoit par des ſillons, la réunion de trois tiges. Les fleurs formoient un ovale; on y comptoit vingt pétales inégaux.

266. LA RENONCULE des marais.

RANUNCULUS *paluſtris apiifolio levis.* C. B. P.

RANUNCULUS *ſceleratus.* L. *polyand. polygyn.*

Fleur. Caracteres de la précédente.

Fruit. Les ſemences liſſes, menues, ramaſſées en tete, plus longues & plus déliées que celles des autres Renoncules.

Feuilles. Les inférieures palmées, celles des

Cl. VI. Sect. VII.

tiges digitées, les supérieures simples, d'un vert pâle.

Racine. Grosse, creuse, fibreuse.

Port. Les tiges creuses, cannelées, rameuses, d'une coudée; les fleurs petites au sommet; feuilles alternes.

Lieu. Les terrains humides & marécageux. Lyonnoise, Lithuanienne. ♃

Propriétés. Cette plante est excessivement âcre, détersive, caustique, dépilatoire.

Usages. Sa causticité est telle, que l'on peut regarder son usage intérieur comme un poison; pilée & appliquée, suivant quelques Auteurs, elle peut résoudre les tumeurs scrofuleuses; on prétend qu'elle tue les brebis; il est certain que cette nourriture leur devient nuisible.

I.re Observation. Quelquefois la tige de la Renoncule des marais est très-rameuse, d'autres fois plus petite & presque simple; les segmens des feuilles plus ou moins larges. Cette plante est une des plus âcres, sa racine l'est très-peu; les parties supérieures le sont plus que les inférieures. Si on fait bouillir l'herbe, elle perd presque entiérement son âcreté; le suc qui est très-mordant s'adoucit en le faisant évaporer. Tous ces faits prouvent que le principe énergique de cette plante est très-volatil; intérieurement elle cause l'inflammation de l'estomac, des intestins, qui est indiquée par les tremblemens, les convulsions, la cardialgie; appliquée extérieurement, elle enflamme promptement, fait tuméfier la partie, excite des phlyctènes, des vessies qui sont suivies d'ulceres profonds. Si on la laisse long-temps, elle gangrene la partie qu'elle touche. Le suc de cette plante délayé dans une grande quantité d'eau, se mitige & peut être donné intérieurement comme apéritif, tonique, désobstruant; il a été utile dans l'asthme, les gonorrhées, les ulceres de la vessie.

II.e Observation. Le genre des Renoncules, suivant la méthode de Tournefort, non-seulement présente une foule d'especes, plus de quarante, mais encore quelques genres isolés par le Chevalier Linné. Nous allons présenter les caracteres spécifiques des especes les plus communes, ou les plus curieuses.

Les Renoncules proprement dites offrent trois ou cinq feuillets au calice, souvent caduques ; cinq pétales ou davantage, remarquables par un miellier sur l'onglet, en cornet, en écaille, ou en fossette.

Le fruit est un amas de semences nues, formant une tête arrondie, ovale ou conique.

Les RENONCULES *à feuilles entieres.*

1.° La Renoncule grande Douve, *Ranunculus lingua*, à tige de deux ou trois pieds, un peu velue, droite ; à feuilles lancéolées, fort longues, légérement dentées ; à fleurs grandes, terminales, d'un beau jaune.

Dans les lieux aquatiques. Lyonnoise, Lithuanienne.

2.° La Renoncule petite Douve, *Ranunculus flamula*, ressemblante à la précédente ; à tige plus basse, lisse, inclinée ; à feuilles ovales, lancéolées, très-entieres ; à fleurs terminales, jaunes, plus petites que dans la précédente.

Dans les prés humides. Lyonnoise, Lithuanienne.

Elle est très-âcre, très-caustique ; elle ulcere la peau, cause aux chevaux l'enflure, la gangrene, la paralysie. Les autres bestiaux ne touchent point à cette plante ; on trouve une variété à feuilles dentées.

3.° La Renoncule rampante, *Ranunculus reptans*, à tige couchée, petite, produisant des racines de ses nœuds inférieurs ; à feuilles linaires, naissant par faisceaux. Dans les marais, en Lithuanie : Lyonnoise. Ce n'est probablement qu'une variété de la précédente.

4.° La Renoncule à feuilles de Plantain, *Ranunculus nodiflorus*, à tige petite ; à feuilles ovales, nerveuses, pétiolées ; à fleurs aux aisselles, petites, jaunes. Dans les terrains humides, près de Paris.

5.° La Renoncule à feuilles de Gramen, *Ranunculus gramineus*, à tige droite, de huit pouces, lisse, portant peu de fleurs, deux ou trois, jaunes, luisantes ; à feuilles linaires, nerveuses.

En Dauphiné, dans les prés secs.

6.° La Renoncule venimeuse, *Ranunculus thora*,

Cl. VI. Sect. VII.

à tige de six pouces, ornée de deux feuilles réniformes, crenelées, lisses, portant à son sommet une ou deux fleurs jaunes, petites, au-dessous desquelles se trouve une bractée découpée en trois ou quatre lobes.

Sur les montagnes du Dauphiné.

Son suc est âcre, caustique; on assure que les Anciens s'en servoient pour empoisonner leurs fleches.

A feuilles disséquées ou composées.

7.° La Renoncule de Cassubie, *Ranunculus cassubicus*, à tige d'une coudée, portant plusieurs fleurs jaunes; à feuilles radicales arrondies, en cœur, crenelées; celles de la tige digitées, dentées.

Très-commune dans les forêts près de Grodno, c'est le *Ranunculus aconitifolio, folio rotundo ad radicem præstolante* de Lœsel, dont la figure réduite, exprime cependant très-bien quelques individus; on ne trouve le plus souvent qu'une seule feuille radicale, quelquefois petite, comme elle est dessinée dans la figure de Lœsel; j'en ai vu de réniformes, dont le diametre étoit de six pouces. Dans les feuilles de la tige, on compte de six à douze digitations. Cette belle Renoncule n'a encore été trouvée qu'en Prusse & en Sibérie; c'est donc une des plantes les plus rares d'Europe.

8.° La Renoncule douce, *Ranunculus auricomus*, à feuilles radicales réniformes, crenelées ou incisées; celles de la tige digitées, linaires; à fleurs jaunes, dont les pétales sont plus courts que le calice. Lyonnoise, Lithuanienne.

Les pétales sont d'abord tellement collés avec les feuillets du calice qu'ils paroissent apétales; ils s'en détachent peu-à-peu, un à un. Elle m'a parue très-peu âcre.

9.° La Renoncule à feuilles de Platane, *Ranunculus platanifolius*, à tige de trois pieds, rameuse, droite; à feuilles grandes, lisses, palmées, incisées; à fleurs blanches, grandes, ou plus petites.

Sur les montagnes du Lyonnois; on ne distingue point de cette espece la Renoncule à feuilles d'Aconit, dont les feuilles sont presque digitées; la tige & les fleurs plus petites.

On la trouve en Dauphiné, en Bourgogne.

10.° La Renoncule asiatique, *Ranunculus asiaticus*, à racine tubéreuse ; à tige inférieurement branchue, velue, ronde ; les feuilles inférieures simples, ou à lobes, incisées, velues en dessous ; les supérieures ternées & deux fois ternées, le calice non renversé.

Originaire d'Asie, cultivée dans les jardins ; elle fournit une foule de variétés relativement aux fleurs qui sont doubles, pleines, & de différentes couleurs, simples ou panachées. C'est une des belles fleurs de parterre ; elle est, comme les autres Renoncules, inodore, âcre.

11.° La Renoncule âcre, *Ranunculus acris*, à calices ouverts ; à péduncules ronds ; à feuilles divisées profondément en trois lobes, qui sont eux-mêmes très-divisés ; les feuilles supérieures entieres, linaires ; à fleurs jaunes ; la tige est droite, très-âcre. Lyonnoise, Lithuanienne.

On cultive une variété à fleurs pleines.

12.° La Renoncule de Montpelier, *Ranunculus monspeliacus*, à tige simple, velue, presque nue, portant une seule fleur jaune, grande ; à feuilles partagées en trois segmens crenelés. Lyonnoise.

13.° La Renoncule couchée, *Ranunculus repens*, à tige rameuse, foible, couchée, portant plusieurs fleurs ; à feuilles composées, hérissées ; à péduncules sillonnés. Lyonnoise, Lithuanienne.

14.° La Renoncule velue, *Ranunculus lanuginosus*, à feuilles à trois segmens, incisées, velues, blanchâtres ; à tige droite, velue ; à pétioles ronds, velus ; à calice ouvert. Lyonnoise, Lithuanienne.

15.° La Renoncule à feuilles de Cerfeuil, *Ranunculus chærophyllos*, à tige velue, de sept à huit pouces, droite, simple, portant une seule fleur assez grande, jaune ; à péduncules sillonnés ; à feuilles ailées, à découpures linaires.

La racine est bulbeuse, quelquefois la tige produit deux ou trois rameaux. Lyonnoise.

16.° La Renoncule des champs, *Ranunculus arvensis*, à tige rameuse, de huit pouces ; à feuilles partagées en trois, chaque partie pétiolée, subdivisée en deux, trois folioles incisées ; à semences hérissonnées. Lyonnoise.

17.° La Renoncule aquatique, *Ranunculus aquatilis*, à tige grêle, rampante ; à feuilles submergées, composées

Cl. VI. Sect. VII.

de segmens capillaires; les feuilles au-dessus de l'eau en bouclier, entieres; à péduncules aux aisselles, portant une seule fleur blanche. Plante aquatique. Lyonnoise, Lithuanienne.

Cette espece présente quelques variétés; si elle croît dans des eaux profondes, toutes ses feuilles sont laciniées; si le courant est rapide, les découpures intermédiaires s'alongent; dans les eaux paisibles, les feuilles sont plus arrondies dans leur contour, quelquefois la tache jaune de l'onglet s'étend très-avant sur les lames des pétales.

267. LA PETITE CHÉLIDOINE.

RANUNCULUS vernus rotundifolius minor. I. R. H.

RANUNCULUS ficaria. L. *polyand. polyg.*

Fleur. Rosacée; le calice formé par trois feuillets creusés en cuiller, huit pétales lingulés.

Fruit. Arrondi, hérissé & couvert de plusieurs petites semences recourbées au sommet.

Feuilles. Pétiolées, cordiformes, anguleuses.

Racine. Divisée en fibres auxquelles sont attachés des tubercules succulens, oblongs, pâles en dehors & blancs en dedans.

Port. Les tiges longues de demi-pied, succulentes, grêles, couchées; au sommet de chaque tige naît une fleur.

Lieu. Les fossés & les lieux humides. Lyonnoise, Lithuanienne. ♃

Propriétés. La plante est d'un goût insipide; les racines sont un peu plus âcres; les feuilles moins résolutives que les racines; on regarde cette plante comme un antiscorbutique tempéré, & comme émolliente.

Usages. On s'en sert rarement, soit pour l'intérieur, soit pour l'extérieur. Si l'on s'en rapporte à quelques Auteurs, elle est spécialement antihémorroïdale, auſſi l'appellent-ils *l'herbe aux hémorroïdes ;* pour cet effet, on mêle le ſuc avec du vin ; on s'en baſſine pluſieurs fois le jour, ou l'on fait un onguent avec le ſuc & du beurre frais.

OBSERVATIONS. Pluſieurs filamens ſouvent dilatés, ſans antheres. J'ai compté de dix à douze pétales, quelquefois on obſerve cinq feuillets au calice ; deux pétales ſont fréquemment réunis par les onglets. Rien n'eſt plus incertain que la figure des feuilles ; je les ai vu très-entieres, arrondies, alongées, palmées, dentées, &c. les bulbes des racines qui ſont au printemps dures, ſucculentes, très-âcres, deviennent molles, preſque fades, vides en été ; on trouve auſſi de petites bulbes aux aiſſelles des feuilles qui, détachées, ſervent à la multiplication de l'eſpece, vu qu'elle ſe propage à peine par ſes ſemences qui avortent preſque toutes ; les bulbes, qui ſont vraiment âcres, perdent leur ſaveur par la décoction, elles ne ſont alors que farineuſes.

268. L'HÉPATIQUE des jardins.

RANUNCULUS tridentatus vernus flore ſimplici, cæruleo. I. R. H.
ANEMONE hepatica. L. *polyand. polygyn.*

Fleur. Roſacée ; caractere de l'Anémone n.° 263 ; pluſieurs rangs de pétales ; un calice formé par trois feuillets, à peine ſéparées de la fleur ; corolle bleue, blanche ou rouge, ſimple ou double.

Fruit. Semences ovales, oblongues, velues.

Feuilles. Radicales à longs pétioles, à trois lobes, très-entieres ; la forme des lobes varie.

Racine. Diviſée en maniere de têtes, avec pluſieurs fibres capillaires.

Port. Tige ſans feuilles, velue, herbacée, baſſe ; les péduncules plus courts que les pétioles ;

Cl. VI. Sect. VII. chaque péduncule porte une fleur qui paroît les premiers jours du printemps ; on trouve trois petites feuilles florales, ovales, lancéolées, concaves au-dessous de la fleur ; les feuilles ne se renouvellent que lorsque la fleur est passée.

Lieu. Les pays froids; on en fait des bordures dans les jardins. Lyonnoise, Lithuanienne. ♃

Propriétés. Cette plante est vulnéraire, dessicative, astringente, cosmétique.

Usages. On emploie toute la plante, le plus souvent en cataplasme.

Observations. Les nouvelles feuilles couvertes d'un duvet, les anciennes lisses, seches, coriacées; le nombre des pétales, même de la plante sauvage, varie de six à dix. J'en ai trouvés de blancs, d'incarnats; les antheres étoient aussi mêlées de blanc & de rose; la saveur de l'Hépatique est un peu âcre, c'est la plus douce des Anémones. On pourroit la tenter à haute dose dans les maladies pour lesquelles la Coquelourde a réussi, sur-tout dans l'affection hypocondriaque, la gonorrhée.

268 *. L'ADONIS D'ÉTÉ.

Ranunculus arvensis foliis chamæmili, flore phœniceo. T.

Adonis æstivalis. L. *polyand. polyg.*

Fleur. Cinq feuillets au calice ; cinq pétales sans nectaires.

Fruit. Ovale, formé par plusieurs semences nues.

Feuilles. Composées, découpées très-menues, assez semblables à celles de la Camomille, mais plus petites.

Port. Tige de huit pouces, foible, grêle, peu rameuse; fleurs terminant la tige, ou les branches ſolitaires; à pétales étroits, d'un rouge clair, plus longs que les feuillets du calice.

Lieu. En Bourgogne, en Dauphiné.

OBSERVATIONS. Les Adonis ont été rangés par Tournefort ſous le genre des Rènoncules, quoique Gaſpard Bauhin avoit déjà ſenti que leur port étoit trop différent pour ne pas les diſtinguer. Il faut encore connoître quelques autres eſpeces de ce beau genre.

1.° L'Adonis d'automne, *Adonis autumnalis*, à tige ne portant qu'une fleur d'un rouge noirâtre; à huit pétales; à fruit comme cylindrique. En Languedoc.

2.° L'Adonis printanier, *Adonis vernalis*, à fleur jaune, de douze pétales; à fruit ovale.

On l'a trouvé en Dauphiné; ſa racine épaiſſe, noirâtre, fibreuſe, âcre, eſt regardée par quelques Auteurs comme le véritable Hellébore d'Hippocrate.

3.° L'Adonis apennin, *Adonis apennina*, à tige d'un pied, rameuſe, portant pluſieurs grandes fleurs jaunes, à quinze pétales.

Nous avons cueilli ce ſuperbe Adonis en montant la Vallée d'Eines, aux Pyrénées; ſes fleurs ſont preſque auſſi grandes que celles de la Tulipe. On le croit une ſimple variété de l'Adonis printanier.

268 **. LA RENONCULE mineure. *ou* la Ratuncule.

RANUNCULUS gramineo folio, flore caudato, ſeminibus in capitulum ſpicatum congeſtis.

MYOSURUS minimus. L. *pentand. polyg.*

Fleur. Calice de cinq feuillets adhérents à la hampe par leur partie moyenne, étroits, linaires; cinq pétales ou nectaires linaires, lingulés, caducs comme le calice.

Fruit. Cylindrique, formé par une foule de ſemences.

CL. VI. SECT. VII.

Feuilles. Radicales nombreuſes, linaires, ſucculentes, droites, plus courtes que la hampe.

Port. Tige ſans feuilles, de trois ou quatre pouces, droite, portant au ſommet une ſeule fleur.

Lieu. Commune en Lithuanie; on l'a trouvée en Dauphiné.

OBSERVATIONS. La plante en fleur, de deux ou trois pouces; alors les feuilles ſont plus longues que la hampe, pluſieurs filamens forment la racine; cette herbe eſt fade; les appendices inférieurs du calice, collés contre la hampe, ſont ſimples ou fendus. J'ai trouvé ſept & huit feuillets du calice, & autant de pétales; le nombre des étamines varie de cinq à vingt; l'épi des germes s'alonge beaucoup après la chute du calice & des pétales; d'une même racine naiſſent ſouvent pluſieurs hampes, cinq & ſix. J'ai trouvé des individus ſi petits que les feuilles étoient comme des fils; à la baſe de chaque germe, on trouve une petite bractée.

268***. LA SAGITTAIRE aquatique.

RANUNCULUS paluſtris folio ſagittato maximo. L.

SAGITTARIA ſagittifolia. L. *monœc. polyand.*

Fleur. Mâle & femelle; à calice de trois feuillets; à corolle de trois pétales; dans la fleur mâle, environ vingt-quatre étamines; dans la fleur femelle, une foule de piſtils.

Fruit. Pluſieurs ſemences nues en tête.

Feuilles. A longs pétioles; radicales liſſes, nerveuſes, en fer de fleche.

Racine. Fibreuſe, blanche.

Port. Tige nue, droite; fleurs en anneaux de trois péduncules, ornés d'une bractée; les fleurs ſupérieures, mâles; les inférieures, femelles.

Lieu.

Lieu. Dans les fossés. Lyonnoise, Lithuanienne. ♃

Propriétés. Les feuilles sont âcres, on en a proposé le suc pour déterger les ulceres scrofuleux.

Les chevres, les chevaux, & même les vaches, mangent volontiers cette plante.

Cl. VI. Sect. VII.

OBSERVATIONS. Les pétales sont grands, arrondis; à onglets pourpres, violets; à lames blanches. J'ai trouvé une foule d'étamines à filamens très-courts; à antheres pourpres, violettes. Dans les fleurs inférieures, j'ai trouvé, avant l'épanouissement, trois pétales, plusieurs étamines qui environnoient les pistils; ces pétales & ces étamines sont très-caduques, d'où l'on peut conclure que la Sagittaire n'est monoïque que par accident.

On trouve dans le Lyonnois & en Lithuanie la variété à feuilles très-étroites.

Nous avons aussi observé près de Grodno la variété appelée par C. Bauhin *Gramen bulbosum aquaticum*.

Ses racines sont filamenteuses, du centre desquelles descend une espece de péduncule d'un demi-pied, orné d'une gaîne longue de deux pouces; au dessous de la gaîne ce péduncule produit un corps bulbeux, solide, oblong, tacheté en jaune, sur un fond vert; ce corps est intérieurement charnu; par l'expression il s'en écoule un suc laiteux; son épaisseur étoit de cinq lignes, sa longueur d'un pouce; il s'élevoit de la racine plusieurs feuilles graminées, très-entieres, aqueuses, longues d'un demi-pied.

Tous les individus de cette singuliere variété étoient sans fleurs & sans fruit. Toutes les variétés fournissent cette bulbe qui s'implante seule dans les terrains solides, les radicules flottant dans la vase. Les Chinois cultivent la Sagittaire pour la bulbe, qu'ils mangent apprêtée de plusieurs manieres.

Cl. VI.
Sect. VII.

268 ****. LE FLÛTEAU plantaginé.

Ranunculus palustris plantaginis folio ampliore. T.

Alisma plantago. L. *6-dria. polyg.*

Fleur. Calice de trois feuillets; corolle de trois pétales; six étamines; plusieurs pistils.

Fruit. Plusieurs capsules ramassées en cercle, à une semence.

Feuilles. Radicales à longs pétioles, ovales, lancéolées, nerveuses.

Racine. Bulbeuse, succulente, produisant une foule de fibres.

Port. Tige nue de deux pieds, péduncules en anneaux, branchue, formant au sommet de la hampe un panicule; pétales roses, petits; les capsules, dix-sept, forment un triangle à angles obtus.

Lieu. Dans les fossés. Lyonnoise, Lithuanienne. ♃

Usages. Cette plante & celles du même genre, sont suspectes, comme âcres, dangereuses pour les vaches; cependant les chevres la mangent.

Observations. On trouve aussi dans le Lyonnois & en Lithuanie, la variété à feuilles lancéolées, étroites, longues; son panicule offre peu de fleurs; les pétales sont rouges. Nous avons trouvé dans les fleurs de la commune les pétales lilas & échancrés. On trouve encore assez fréquemment en Europe:

1.° Le Flûteau étoilé, *Alisma damasonium* L., *Damasonium stellatum* T., à tiges nues, de six pouces, soutenant à leur sommet un ou deux anneaux de fleurs blanches, à six styles; à feuilles radicales ovales, oblongues, en cœur; à capsules terminées en pointe, & disposées en étoiles. Lyonnoise.

2.° Le Flûteau renoncule, *Alisma ranunculoides* L., *Ranunculus palustris plantaginisfolio, humilis & supinus* T., à tiges de quatre pouces, droites ou inclinées, terminées par deux verticilles simples; à feuilles radicales linaires, lancéolées, nerveuses; à fruits en têtes rondes très-hérissées. Lyonnoise.

3.° Le Flûteau nageant, *Alisma natans* L., *Damasonium radiculas emittens ex geniculis* Vaill. Par., à tiges rampantes, produisant des radicules; feuilles oblongues, obtuses; à ombelle formée par un petit nombre de fleurs; huit capsules.

Les feuilles sont quelquefois très-étroites. Lyonnoise.

4.° Le Flûteau en bouclier, *Alisma parnassifolia* L., à tige d'un pied & plus; à feuilles en cœur, à peine aigues; à pétioles articulés; à fleurs en panicule formé par des anneaux; à fruit à arête. C'est l'*Alisma peltata foliis patulo cordatis* de M. la Tourette. Dans le Lyonnois.

269. LA FILIPENDULE.

FILIPENDULA vulgaris, an Molon Plinii? C. B. P.

SPIRÆA filipendula. L. *icosand. 5-gynia.*

Fleur. Caractere de la Reine-des-prés n.° 249; calice à six segmens; six pétales; trente étamines.

Fruit. Plusieurs capsules disposées en rond, de douze à vingt, terminées par un style endurci; semences rudes & aplaties.

Feuilles. Ailées, découpées profondément, dentelées uniformément; d'un vert foncé.

Racine. Fibreuse & tubéreuse; composée de tubercules oblongs, ronds, charnus, qui paroissent disposés sur un filet, comme les grains d'un chapelet.

Port. Ordinairement une tige herbacée qui s'éleve jusqu'à un pied, droite, cannelée, branchue, feuillée; les fleurs au ſommet diſpoſées en une eſpece d'ombelle rameuſe; les feuilles alternes.

Lieu. Les prairies ſeches. Lyonnoiſe, Lithuanienne. ♃

Propriétés. Les racines ſont légérement âcres & ameres; les feuilles ont un goût aſtringent & un peu ſalé; elles ſont inciſives, aſtringentes & antiſcrofuleuſes.

Uſages. On ſe ſert des feuilles & des racines qui ſont plus aſtringentes que les feuilles; on tire des racines une poudre qui ſe donne pour l'homme à la doſe de ʒj; des feuilles, on fait des décoctions; on donne aux animaux la racine en poudre, à ℥ ß.

Observations. Les corps des racines, ſucculens, à écorce noirâtre, à chair blanche, ſont le plus ſouvent comme des olives; les feuilles radicales à pétioles; celles de la tige aſſiſes. J'ai trouvé des calices à cinq diviſions; j'ai compté cinq, ſept & huit pétales; leur lame extérieure eſt ſouvent rouge; on ne trouve quelquefois que vingt étamines plus longues que les corolles; les antheres ſont didymes, jaunes.

Les racines cuites & pulvériſées nous ont donné une farine qui n'étoit point déſagréable; les cochons en ſont friands; les fleurs répandent une odeur aromatique. On peut ſéparer de la farine macérée dans l'eau, un amidon; les fleurs donnent une ſaveur agréable au lait.

Toute la plante peut ſervir à tanner les cuirs; les chevres, les moutons mangent la Filipendule, que les chevaux abandonnent; les fleurs & les feuilles ont les mêmes propriétés que celles de la Reine-des-prés.

Cette plante étoit très-commune dans les pairies des environs de Grodno.

Cl. VI. Sect. VII.

270. LA CLÉMATITE *ou* Herbe aux gueux.

CLEMATITIS *ſylveſtris latifolia.* C. B. P.
CLEMATIS *vitalba.* L. *polyand. polygyn.*

Fleur. Roſacée; quatre pétales lancéolés, coriacés, veloutés en deſſous, lâches; point de calice.

Fruit. Point de péricarpe; pluſieurs ſemences diſpoſées en rond, barbues, chevelues, très-longues.

Feuilles. Ailées, rangées ordinairement au nombre de cinq ſur une côte; les folioles cordiformes, entieres ou dentelées inégalement.

Racine. Groſſe, fibreuſe, rougeâtre.

Port. Plante grimpante, elle jette des ſarmens ligneux, gros, rudes, plians, anguleux; les fleurs blanches, naiſſent en grappe ou en maniere d'ombelle; les feuilles oppoſées, dont les pétioles, en ſe roulant, s'accrochent à tout ce qu'ils rencontrent.

Lieu. Les haies. Lyonnoiſe. ♃

Propriétés. Cette plante eſt âcre au goût & ſans odeur; c'eſt un grand cauſtique; la racine eſt purgative.

Uſages. On ſe ſert généralement de toute la plante pilée & appliquée ſur les vieux ulceres; elle les nettoie & fait tomber les chairs pourries; on n'en conſeille pas l'uſage à l'intérieur.

OBSERVATIONS. Notre Clématite eſt un de ces remedes énergiques qui promet de grandes reſſources aux Praticiens animés de l'eſprit de M. Storck. Il eſt très-ſûr que les jeunes bourgeons de cette plante, pris à petite doſe, à une drachme, purgent très-efficacement ſans coliques; à dix, à douze grains, ils augmentent ſenſi-

Cl. VI. Sect. VII.

blement le cours des urines : ces faits très-certains, réunis aux obſervations faites ſur le *Flamula jovis*, devroient engager les Médecins à eſſayer à petite doſe les feuilles ou l'extrait, dans les ſquirres, les ulceres, les tumeurs. On peut former des cauteres avec le bois de Clématite, tout comme avec le Garou. Les mendians ſavent ſe procurer des ulceres avec les feuilles de cette plante ; ces feuilles appliquées ſur le carpe excitent des phlyctenes, & guériſſent ſouvent les fievres quartes ; la décoction des feuilles dans l'huile, a réuſſi dans le traitement de la gale.

On a préparé du papier avec le duvet des ſemences ; les pétales même ſont aſſez âcres. La deſſication diminue peu l'âcreté de l'écorce, & même celle des feuilles. Cette eſpece ne s'éleve guere au-delà du Danube.

Indiquons encore deux eſpeces de Clématites qui méritent d'être connues.

1.° La Clématite flamule, *Clematis flamula*, à ſarmens nombreux, rampans, ou grimpans ; à feuilles ailées, dont les folioles ſont petites, ovales, entieres ou échancrées ; à pétales blancs, velus ſeulement vers les bords ; à cinq ou ſix ſemences.

Les feuilles ſupérieures ſont entieres, ovales, lancéolées. En Dauphiné.

2.° La Clématite droite, *Flamula erecta* L., à tige droite, non-grimpante ; à feuilles ailées ; à folioles ovales, lancéolées, très-entieres ; à fleurs en ombelle terminant la tige ; à quatre & à cinq pétales. En Dauphiné.

Cette eſpece eſt devenue célebre par les obſervations du Baron Storck. Si on mâche les feuilles récentes, elles excitent ſur la langue & dans l'arriere-bouche, une ardeur conſidérable ; en ſe deſſéchant, elles ſont moins âcres ; appliquées ſur la peau, elles cauſent la rougeur, l'inflammation & des phlyctenes ; les fleurs ſont auſſi très-âcres.

Deux, trois grains de la poudre des feuilles deſſechées, ou trois grains de l'extrait, ou l'infuſion faite avec deux drachmes des feuilles ſur une livre d'eau, dont la doſe eſt de deux ou trois onces, ont préſenté des remedes efficaces dans les ulceres, les nodoſités & douleurs des os cauſées par le virus ſiphyllitique, dans la mélancolie, dans la gale, les céphalées opiniâtres, les carcinomes. Dans quelques malades ce remede a augmenté le cours des urines; dans d'autres il a agi comme sudorifique; quelques-uns ont été purgés.

Extérieurement la poudre des feuilles est utile dans les ulceres sordides, fongueux, carcinomateux, & dans la carie des os. Voyez Storck, *libellus de Flamula jovis.*

271. LA BENOITE ou Herbe de Saint-Benoît.

CARYOPHYLLATA vulgaris. C. B. P.
GEUM urbanum. L. *icosand. polygyn.*

Fleur. Rosacée; cinq pétales de la grandeur du calice auquel ils sont attachés; le calice d'une seule piece, les découpures alternativement plus petites.

Fruit. Semences nues en tête, armées de pointes longues, nues, courbées en hameçon.

Feuilles. Pétiolées, en forme de lyre; les inférieures pinnées, terminées par une impaire plus large que les autres, & fendues en trois lobes; les supérieures sessiles, découpées en trois lobes.

Racine. Fibreuse, roussâtre.

Port. Les tiges d'un pied de haut, velues & branchues; les rameaux alternes; les fleurs au sommet, droites; les feuilles alternes.

Lieu. Les terrains ombrageux & humides. Lyonnoise, Lithuanienne. ♃

Propriétés. Cette plante est d'une odeur agréable, quoique assez forte; le goût en est âcre & amer; elle est astringente, sudorifique, cordiale, fébrifuge.

Usages. On se sert pour l'homme, de l'herbe & de la racine cueillie au printemps; la décoction de

Cl. VI. Sect. VII.

la racine fraîche, se donne à la dose de ℥ j ou poig. j., de la plante bouillie dans ℔ j d'eau; la dose de la racine réduite en poudre, est de ʒ j dans du vin chaud; elle résout le sang coagulé, ce que produit aussi le suc des feuilles, donné à la dose de ℥ iij. Aux animaux, on donne la décoction de toute la plante, à la dose de poig. j. dans ℔ j d'eau, & la poudre des racines, à la dose de ℥ ß.

Observations. Les pétales jaunes souvent plus courtes que les segmens du calice, à veines verdâtres. On compte de soixante à soixante & dix étamines, les unes droites, d'autres courbées; germes très-nombreux, velus; la tige souvent rouge à sa base; l'arête des semences en crochet, sans plumes; à la base des feuilles deux stipules; les folioles grandes & petites, alternativement dentées.

La racine, extérieurement brune, est blanche en dedans; celle des plantes de la premiere année n'est qu'un assemblage de fibres; celle des anciennes plantes produit, d'un tronc court, une foule de chevelus. Si on la cueille au printemps sur un terrain sec, elle répand une odeur de Girofle qui se perd par la dessication. Cette odeur est assez vive pour imprégner l'air d'une grande chambre, sur-tout si on en a laissé plusieurs livres entassées sur une table. Mâchez cette racine, vous sentez la saveur du Girofle mêlée avec une amertume particuliere; sur le retour vous appercevrez son goût austere, âpre.

Sa poudre est un peu rougeâtre, elle teint en rouge l'eau & l'esprit-de-vin; ce dernier menstrue enleve & conserve l'odeur de Girofle.

Si on fait distiller la racine, il s'en éleve une eau aromatique & une petite quantité d'huile blanche qui devient concrete & s'épaissit. L'extrait aqueux est plus copieux que le spiritueux; de seize onces on retire par l'eau cinq onces d'extrait sur trois par l'esprit-de-vin; mais ces deux extraits ne sont point purs; l'un & l'autre sont gommeux, résineux.

Si on ajoute à la biere en fermentation la racine de

Benoite, elle est plus agréable, & n'aigrit pas si facilement; sa vertu antiseptique ou contre la pourriture, est plus énergique que celle du Quinquina, comme on s'en est assuré par des expériences faites avec de la viande noyée dans une décoction de Bétoine.

Les Anciens avoient déjà annoncé les vertus de la Benoite dans les fievres intermittentes, la diarrhée, la dyssenterie, & autres maladies qui exigent de légers astringens amers; mais ces assertions ont été reprises d'après des observations spéciales. Plusieurs Médecins Danois, entre autres le célebre Buchhave, ont annoncé la Benoite comme le vrai congénere du Quinquina, dans toutes les fievres intermittentes; il cite dans son Traité sur cette plante, plus de trois cents observations de fievres intermittentes, vernales & automnales, guéries par ce seul remede; il prescrit la racine en poudre, en décoction, en extrait, & la teinture spiritueuse. Nous avions déjà en 1780 essayé cette racine sur nos malades en Lithuanie, nous l'avons reprise sur ceux de Lyon, & nous pouvons assurer que nous avons autant procuré de guérisons avec la Benoite qu'avec le Quinquina. Nous n'ignorons pas que plusieurs Médecins Allemands se sont élevés contre les assertions de Buchhave; mais nous savons que l'on a vendu pour de la racine de Benoite, d'autres racines, ou des vraies mal-desséchées, altérées, &c. D'ailleurs, qui ignore que certaines fievres résistent au Quinquina, & ce qui augmente le doute, que plusieurs fievres intermittentes guérissent sans remedes? Quoi qu'il en soit, depuis deux ans nous avons vu guérir plus de cent cinquante malades qui n'avoient pris d'autres fébrifuges que le Chardon étoilé, le *Scordium*, & le *Caryophyllata*. On peut encore, d'apres les observations, employer la racine de Benoite dans les diarrhées chroniques causées par atonie; dans les hémorragies utérines, non-actives; dans la perte de semence avec relâchement, & sur la fin des maladies aigues, lorsque l'appétit languit.

Cette plante fournit un pâturage agréable aux bestiaux.

Nous devons encore connoître quelques especes de ce genre.

1.° La Benoite aquatique, *Geum rivale* L.; elle differe

de la précédente par ses fleurs inclinées, par ses semences à arêtes, barbues, tordues; les racines, très-nombreuses, sont aussi odorantes; leur écorce est rougeâtre; la tige s'élève à six ou huit pouces; les feuilles radicales ailées, très-longues. J'ai trouvé les fleurs à pétales blancs, à couleur de rouille, & jaunes; à veines couleur de safran; un échantillon présentoit des fleurs à calice de douze segmens, à six pétales.

La racine de cette Bénoite mérite tous les éloges que l'observation a assurés à la précédente.

Nous avons décrit dans la Flore de Lithuanie une variété très-curieuse. Du centre d'une fleur polypétale, de trente pétales, s'élevoit une autre fleur portée sur un péduncule de six lignes; cette fleur, sans pétales & sans étamines, renfermoit dans un calice de plusieurs segmens, une foule de germes à styles velus, rouges; nous la trouvâmes près de Wilna.

2.° La Benoite des montagnes, *Geum montanum*, à tiges de six pouces, velues; à feuilles radicales ailées, velues; une fleur inclinée termine la tige, elle est grande, d'un beau jaune, à pétales échancrés; les arêtes des semences droites, velues.

Sur les montagnes du Bugey & du Dauphiné.

Un genre de Linné, très-voisin des Benoites, c'est la Chenette à huit pétales, *Dryas octopetala* L., *Caryophyllata alpina chamædryos folio* T., à tiges de cinq à six pouces, couchées, rameuses, presque ligneuses; à feuilles ovales, crenelées, blanches en dessous; à fleurs solitaires, assez grandes, composées d'un calice à huit segmens, de huit pétales blancs; à semences ramassées, terminées par une queue velue.

Sur les Alpes du Dauphiné; nous l'avons aussi cueillie sur les Pyrénées.

Crantz l'a rangée avec les Benoites; on trouve des fleurs à cinq & à dix pétales.

272. LE FRAISIER.

CL. VI. SECT. VII.

FRAGARIA vulgaris. C. B. P.
FRAGARIA vesca. L. *icosand. polygyn.*

Fleur. Rosacée; cinq pétales obronds, étendus, adhérens, ainsi que les étamines, à un calice presque découpé en dix parties.

Fruit. Point de péricarpe; réceptacle pulpeux, ovale, coloré de rouge & de blanc, renfermant plusieurs petites semences éparses çà & là sur la superficie de la pulpe.

Feuilles. Les radicales pétiolées & ternées, dentées en maniere de scie; les caulinaires sessiles & entieres.

Racine. Roussâtre, fibreuse, chevelue.

Port. Tiges rampantes, stoloniferes, quatre ou cinq fleurs sur un même péduncule, à la base duquel on trouve une feuille florale.

Lieu. Les bois. Lyonnoise, Lithuanienne. ♃

Propriétés. La racine a une saveur astringente; les fleurs sont presque sans odeur; les racines & les feuilles sont diurétiques, apéritives; le fruit a une saveur visqueuse; il est rafraîchissant, diurétique, apéritif.

Usages. De toute la plante on tire une eau distillée cosmétique; on s'en sert en gargarisme; on la donne intérieurement à la dose de ℥ j ou ℥ ij; les racines & même les feuilles s'emploient en décoction, comme tisanes apéritives.

OBSERVATIONS. Les semences très-petites, sont brillantes, aiguës, rougeâtres; la pulpe charnue se détache facilement du calice; les feuilles avant leur développement, sont plissées à chaque nervure comme des manchettes, suivant leur longueur : dans cet état, elles ſont enveloppées par les ſtipules; les jeunes feuilles ſont très-velues; les racines traçantes, ou les radicules, ont une eſpece d'inſtinct pour choiſir la terre qui leur eſt favorable; on s'en aſſurera en plaçant ſous un Fraiſier traçant, des vaſes garnis de ſable, du terreau, &c. J'ai compté de douze à vingt étamines; les ſegmens du calice ſont ſouvent fendus; les pétales découpés.

La Fraiſe eſt un de ces alimens ſalutaires pour preſque tous les ſujets; ſi quelques perſonnes, après en avoir beaucoup mangé, ont éprouvé des fievres avec éruption, on doit l'attribuer à un tempérament ſingulier, qui ne tire pas à conſéquence pour le plus grand nombre des ſujets.

La Fraiſe cultivée offre pluſieurs variétés; on la trouve dans les jardins, à fleurs doubles; à fruit blanc; à gros fruits comme des prunes. On en cultive qui fleuriſſent tous les mois, & donnent du fruit tout l'été.

On peut aſſurer, d'après l'obſervation, que la Fraiſe rafraîchit, & eſt antiputride. On la conſeille aux goutteux, qui en reſſentent de bons effets. Le célebre Linné éprouvoit rarement ſes retours de goutte, depuis qu'il mangeoit beaucoup de Fraiſes; quelques phthiſiques ont été guéris en mangeant ſouvent des Fraiſes. Nous en avons vu quelques-uns évidemment ſoulagés par ce moyen. On aſſure que les calculeux ſont moins ſujets aux coliques néphrétiques, s'ils peuvent digérer une grande quantité de Fraiſes.

La décoction des racines de Fraiſier qui eſt un peu amere & aſtringente, fournit une tiſane rougeâtre qui n'eſt pas à mépriſer dans le traitement de la gale, des dartres, des fleurs blanches, de la bouffiſſure & des diarrhées. Les Fraiſes gardées pluſieurs jours ſe ramolliſſent, noirciſſent; dans cet état, elles cauſent des diarrhées; on peut faire fermenter les fraiſes fraîches & en retirer un eſprit ardent; on peut auſſi en extraire un ſel eſſentiel, acidule, très-agréable; celles du Nord ſont plus agréables & plus aromatiques que celles du Midi; elles perdent auſſi ces qualités par la culture. Sur nos Alpes, comme en Dauphiné & aux Pyrénées, elles ſont auſſi agréables que dans le Nord.

On ramene au genre des Fraiſiers le *Fragaria ſterilis* L., le Fraiſier ſtérile, qui reſſemble beaucoup au Fraiſier ſucculent, mais qui ne trace pas, quoique sa tige rampe; son placenta est sec, non-pulpeux; ses fleurs blanches sont plus petites. Assez commun dans le Lyonnois, rare en Lithuanie. Cl. VI. Sect. VII.

273. LA QUINTE-FEUILLE.

QUINQUEFOLIUM majus repens. I. R. H.
POTENTILLA reptans. L. *icosand. polyg.*

Fleur. Rosacée; cinq pétales sous-orbiculaires, adhérens, ainsi que les étamines, à un calice presque découpé en dix, les découpures alternes & recourbées.

Fruit. Presque rond; semences ramassées en maniere de têtes, enveloppées par le calice.

Feuilles. D'un vert foncé, pétiolées, digitées, peu velues, crenelées en leurs bords; cinq folioles sur un même pétiole; d'où vient le nom de Quinte-feuille.

Racine. Longue, fibreuse, noirâtre en dehors, rouge en dedans.

Port. Tiges longues de deux à trois pieds, rondes, grêles, flexibles, velues, genouillées, rampantes, stoloniferes; les fleurs jaunes, portées sur de longs péduncules, axillaires; feuilles alternes.

Lieu. Les champs sablonneux, pierreux & humides. Lyonnoise, Lithuanienne. ♃

Propriétés. La racine est d'un goût astringent, elle est vulnéraire, astringente & fébrifuge.

Usages. On ne se sert ordinairement pour l'homme, que des racines, soit en décoction, soit en tisanes, soit dans les apozemes astringens; extérieurement, on emploie le suc des feuilles pour guérir les fistules; en gargarisme, pour les ulceres de la bouche. On donne aussi aux animaux les racines bouillies dans les boissons, à la dose de ℥ ij sur ℔ ij d'eau.

Cl. VI. Sect. VII.

Observations. La tige s'étend quelquefois à cinq pieds; alors elle est plus ténue. On trouve des feuilles à sept folioles à chaque nœud qui est enflé; deux stipules bifides ou trifides; les cinq feuillets internes du calice sont colorés, les pétales échancrés.

L'observation a prononcé en faveur de la racine, pour le traitement des diarrhées, des dyssenteries avec relâchement; elle guérit seule les fievres intermittentes; elle a réussi dans les pertes de semence, les fleurs blanches.

Les vaches, les chevres, les moutons mangent cette plante; la racine est utile pour tanner les cuirs.

274. LA TORMENTILLE.

Tormentilla sylvestris. C. B. P.
Tormentilla erecta. L. *icosand. polyg.*

Fleur. Rosacée; à peu près les caracteres de la précédente, mais elle n'a que quatre pétales adhérens à un calice velu, presque découpé en huit folioles.

Fruit. Petit réceptacle chargé de semences menues & oblongues.

Feuilles. Pétiolées, ternées; les folioles sessiles, simples & entieres.

Racine. Noueuse, traçante.

Port. Les tiges droites, longues de six à huit pouces, grêles, foibles, velues, rougeâtres; les fleurs petites, jaunes, solitaires, opposées aux feuilles & soutenues par des péduncules; feuilles alternes.

Lieu. Les lieux humides. Lyonnoise, Lithuanienne. ♃

Propriétés. La racine a un goût styptique & amer; elle est vulnéraire & astringente.

Usages. On ne se sert ordinairement que de la

racine, qui se donne à l'homme depuis ℥ ß jusqu'à ℥ j dans une ou deux pintes d'eau; elle jouit des mêmes vertus que la précédente, & s'applique aux mêmes usages. On en donne aux animaux la poudre, à la dose de ℥ ß. Cl. VI. Sect. VII.

Observations. La racine est rousse en dehors, rouge dans l'intérieur, un peu austere, répandant une odeur particuliere; son principe médicamenteux est soluble par l'eau & l'esprit-de-vin; son suc est rouge, aussi la décoction prend-elle cette couleur.

Cette racine en poudre & en décoction, a réussi dans les dyssenteries, les fievres intermittentes, les hémorragies; mais dans tous ces cas il faut supposer que ces maladies sont entretenues par un relâchement des fibres; ainsi on ne doit prescrire cette plante que dans les dyssenteries qui ont parcouru l'état d'irritation, & seulement sur la fin des fievres intermittentes. Plusieurs ulceres sont entretenus avec des chairs molles, baveuses, par atonie; dans ce cas, notre racine est avantageuse. J'ai vu un jeune homme phthisique guéri par le seul usage d'une drachme de poudre de cette racine, qu'il prit pendant un mois, tous les matins. Un paysan de Lithuanie lui conseilla ce remede singulier; cette phthisie étoit une suite de fréquens crachemens de sang, avec langueur d'estomac.

La racine de Tormentille sert à tanner les cuirs; son suc leur donne une belle teinte rouge; les vaches, les chevres mangent l'herbe, que les chevaux négligent.

Nous avons trouvé près de Grodno & dans le Lyonnois, une variété à tige plus menue, de cinq pouces, couchée; à feuilles plus petites; blanchâtres; à fleurs d'un jaune safrané, c'est le *Tormentilla repens*.

Cl. VI.
Sect. VII.

275. L'ARGENTINE.

PENTAPHYLLOIDES argenteum alatum, ſeu Potentilla. I. R. H.
POTENTILLA anſerina. L. *icoſand. polyg.*

Fleur. Roſacée ; caracteres de la Quinte-feuille n.° 273.

Fruit. Sphérique, chargé de ſemences arrondies & jaunâtres.

Feuilles. Ailées, dentées en maniere de ſcie, conjuguées, vertes par-deſſus, & d'une couleur argentine par-deſſous.

Racine. Noirâtre, fibreuſe.

Port. Tige herbacée, rampante, cylindrique ; les fleurs jaunes, axillaires, ſolitaires, portées ſur de longs péduncules.

Lieu. Le bord des rivieres, dans les ſables humides. Lyonnoiſe, Lithuanienne. ♃

Propriétés. Toute la plante a un goût d'herbe un peu ſalé ; elle eſt vulnéraire, aſtringente, deſſicative ; quelques Auteurs la regardent comme fébrifuge.

Uſages. On ſe ſert pour l'homme, de la racine, des feuilles & des ſemences ; le ſuc de la plante ſe donne depuis ℥ iv juſqu'à ℥ vj ; on la donne en décoction ou en infuſion dans de l'eau, ou dans du vin. On donne aux animaux le ſuc à ℔ ß.

I.re OBSERVATION. Le ſuc des feuilles eſt recommandé contre les fleurs blanches, maladie aujourd'hui très-commune, qu'il eſt très-ſouvent dangereux de guérir avec les aſtringens ; car c'eſt ſouvent une maladie dépuratoire. La racine a le goût du Panais, & plait aux cochons ; elle peut ſervir pour tanner les cuirs. Cette plante

plante gâte les prairies, & se multiplie beaucoup dans les endroits où l'eau séjourne; cependant elle n'est pas entiérement négligée des bestiaux. Nous trouvons quelques observations en faveur de la racine d'Argentine, pour la phthisie & l'empieme; ce qui confirme ce que nous avons vu au sujet de la Tormentille. La décoction de l'herbe est aussi employée dans les diarrhées, les hémorragies; mais elle n'a réussi que lorsque ces maladies étoient passives, ou avec atonie. Nous ne saurions trop répéter que dans les flux critiques, dépendans de l'énergie du principe vital, les astringens sont nuisibles.

II.e OBSERVATION. Le genre des Potentilles contient trente-une especes; contentons-nous de présenter les caracteres essentiels de celles qui sont les plus communes en Europe.

1.° La Potentille argentée, *Potentilla argentea*, à tige droite, d'un pied; à feuilles digitées; cinq folioles cunéiformes, incisées, blanches en dessous; à calice velu; à corolles jaunes, petites. Lyonnoise, Lithuanienne.

2.° La Potentille des roches, *Potentilla rupestris*, à tige d'un pied, velue; à feuilles alternes, ailées, de cinq, sept ou neuf folioles ovales, crénelées; à fleurs blanches. Lyonnoise.

3.° La Potentille droite, *Potentilla recta*, à tige droite formant un corymbe; à feuilles digitées de cinq ou sept folioles; à dents de scie, velues sur les deux faces; à fleurs jaunes. Lyonnoise, Lithuanienne.

4.° La Potentille blanche, *Potentilla alba*, à tige filiforme, d'un pied, couchée, velue; les feuilles inférieures alongées; pétioles digités; à cinq folioles soyeuses en dessous, blanches, dentées au sommet; celles de la tige à trois folioles; à pétioles courts; calices soyeux; pétales blancs.

En Dauphiné, sur les montagnes & dans les plaines de Lithuanie; très-commune près de Grodno.

Comme dans les mêmes endroits j'ai trouvé des individus à tige droite, à tige couchée, à grandes & petites feuilles, je pense, avec le célebre Chevalier la Marck, que la *Potentilla caulescens* de Linné n'est qu'une variété de la blanche; cinq dents terminent la foliole im-

Cl. VI. Sect. VII.

paire ; quatre, les intermédiaires ; & deux, les extérieures ; les feuilles, avant leur développement, sont pliées & adossées comme les feuillets d'un livre ; le fond du calice est pourpre ; le diametre de la corolle de dix lignes. J'ai compté trente étamines dont la plupart n'avoient point d'antheres.

5.° La Potentille printaniere, *Potentilla verna*, à tiges inclinées, nombreuses, de quatre pouces, rameuses ; à feuilles radicales à longs pétioles, digitées, de cinq folioles mousses, peu velues ; celles de la tige de trois folioles ; les pétiolées accompagnées de deux stipules ; à fleurs jaunes. Lyonnoise, Lithuanienne.

6.° La Potentille dorée, *Potentilla aurea*, très-ressemblante à la précédente, mais plus velue ; les tiges plus longues ; les feuilles moins émoussées ; les fleurs plus grandes, jaunes ; l'onglet offre plus souvent une tache couleur de Safran.

Sur les montagnes du Forez, commune en Lithuanie.

Cette plante ne me paroît être, comme l'a très-bien décidé le fameux Scopoli, qu'une variété de la précédente. Je le crois d'autant mieux, que j'ai trouvé près de Grodno, des individus intermédiaires, à tiges nombreuses, de deux ou trois pouces ; à feuilles ternées, d'un vert gai, crenelées, dentées ; à deux stipules lancéolées accompagnant les pétioles ; à cinq pétales jaunes plus petits que le calice.

7.° La Potentille rouge, *Comarum palustre* L., *Pentaphylloides palustre rubrum* T., à tige en partie couchée ; à feuilles ailées, de cinq à sept feuillets, argentées en dessous ; à pétales étroits, rouges, plus courts que le calice ; à réceptacle un peu charnu. Lyonnoise, Lithuanienne.

Dans les terrains aquatiques le calice est très-grand, d'un rouge foncé ; la tige couchée jette de sa base quelques radicules ; la racine sert à teindre en rouge ; quoique astringente, elle a guéri des jaunisses qui reconnoissoient pour cause un relâchement du systême parenchymateux du foie. Cette plante n'est guere mangée que par les chevres. Le Chevalier Linné a formé un genre particulier du Comarum, par la considération des pétales plus courts que le calice, & par le placenta spongieux ; mais

M. de Haller n'a pas cru ces attributs suffisans, il a cru que le Comarum devoit rentrer dans le genre des Fraisiers. M. Crantz, plus hardi encore, n'a fait qu'un seul genre de la Tormentille, des Potentilles, du Comarum, des Fraisiers & de la Sibbaldie; le nombre des segmens du calice & des pétales, varie dans le Comarum. J'ai compté cinq, six, sept pétales; on trouve de douze à vingt étamines. Cl. VI. Sect. VII.

8.° La Sibbaldie couchée, *Sibbaldia procumbens*, à tiges grêles, foibles, de trois ou quatre pouces; à feuilles digitées; à trois folioles mousses; à dents au sommet, velues; les radicales pétiolées, celles de la tige sessiles; à fleurs à cinq pétales, à cinq étamines, à cinq ovaires.

Sur les Alpes du Dauphiné. M. de Haller a ramené ce genre de Linné à ses Fraisiers.

SECTION VIII.

Des Herbes à fleur polypétale, réguliere, rosacée, dont le pistil ou le calice deviennent des fruits mous.

276. HERBE DE S.T-CHRISTOPHE.

CHRISTOPHORIANA vulgaris nostras, racemosa & ramosa. MOR. Hist.
ACTÆA spicata. L. *polyand. 1-gyn.*

FLEUR. Rosacée; quatre pétales pointus aux deux extrémités, plus grands que le calice qui a quatre feuillets caduques.

Cl. VI. Sect. VIII.

Fruit. Baie noire, molle, ovoïde; les ſemences rangées ſur deux rangs, collées enſemble & ſous-orbiculaires.

Feuilles. Deux fois ailées; cinq folioles entieres, dentelées, ovales; l'impaire à trois lobes; les inférieures pétiolées, les ſupérieures ſeſſiles.

Racine. Noueuſe.

Port. Tige herbacée, cylindrique, rameuſe, de trois pieds; les fleurs au ſommet de la tige, diſpoſées en une grappe ovoïde; feuilles alternes.

Lieu. Les bois de l'Europe. Lyonnoiſe, Lithuanienne. ♃

Propriétés. Cette plante eſt regardée comme vénéneuſe; elle eſt apéritive, ſudorifique.

Uſages. On ne ſe ſert que de ſa racine; elle eſt peu employée en Médecine, & on ne doit la donner qu'avec beaucoup de circonſpection.

Observations. Les folioles varient beaucoup pour la grandeur des dentelures; les péduncules ſont blancs, comme diaphanes, enflés à leur ſommet; les pétales étroits, preſque tranſparens; les feuilles du calice blanchâtres; on compte de ſeize à vingt-quatre étamines; les antheres ſont blanches; le piſtil eſt ſans ſtyle; le ſtigmate & le germe blancs. On trouve des bractées linaires à la baſe de chaque pédicille.

Le plus ſouvent chaque grappe ne préſente que cinq à ſix fleurs. J'ai quelquefois trouvé au deſſous de la branche portant la grappe, deux fleurs aſſiſes ſans péduncules.

Cette plante très-commune dans les forêts de Lithuanie, ne ſe trouve dans nos Provinces du Lyonnois que ſur les plus hautes montagnes.

La racine preſque ligneuſe eſt âcre; les baies ſont nauſéeuſes, fétides, vénéneuſes; le ſuc des baies, bouilli avec l'alun, donne une couleur noire; en froiſſant les feuilles, il s'exhale une odeur légere, déſagréable; ſi on les mâche, leur ſaveur eſt amere, âpre, un peu âcre.

La décoction des feuilles guérit la gale, tue les poux; la racine eſt ſurement purgative, comme nous l'avons éprouvé ; à petite dose, à dix grains, elle est utile dans les écrouelles, la chlorose, la jaunisse, l'asthme pituiteux; les baies tuent les poules & les chiens. Cependant les chevres, les moutons mangent l'herbe, que les chevaux négligent. Les Médecins conduits par l'analogie tireront un jour parti du rob des baies. Nous en avons avalé quatre grains sans avoir éprouvé le moindre accident.

277. LE RAISIN D'AMÉRIQUE.

PHYTOLACCA americana majori fructu. I. R. H.

PHYTOLACCA americana. 10-dria, 10-gyn.

Fleur. Rosacée ; cinq pétales ouverts, étendus, concaves, courbés à leur pointe ; point de calice.

Fruit. Baie molle, ronde, comprimée, à dix sillons longitudinaux, umbiliquée à l'insertion du pistil; composée de dix loges qui contiennent chacune une semence réniforme, glabre.

Feuilles. Pétiolées, simples, très-entieres, lisses, grandes, ovales, lancéolées.

Racine. Fusiforme, blanche, plus grosse que la jambe.

Port. Les tiges s'élevent quelquefois à la hauteur de six pieds, rondes, fermes, rougeâtres, rameuses, cylindriques; les fleurs blanches, verdâtres, disposées en grappes opposées aux feuilles, soutenues par des péduncules rouges; les baies d'un beau rouge dans leur maturité; feuilles alternes.

Lieu. La Virginie, l'Amérique. On le cultive dans les jardins, & il ne craint point la rigueur de nos hivers. ♃

Propriétés. Les feuilles & les racines sont anodines & résolutives. Le suc de la racine est un

Cl. VI. Sect. VIII.

purgatif violent qu'il eſt dangereux de mettre en uſage; les baies donnent une teinture d'un très-beau rouge.

Uſages. On emploie les feuilles pour les tumeurs douloureuſes & difficiles à réſoudre.

Observations. Les jeunes feuilles du *Phytolacca* s'adouciſſent par la maturité; appliquées ſur les cancers ulcérés, elles calment les douleurs; un chien qui mangea des ſemences n'en éprouva aucun effet; un autre chien éprouva des convulſions & la toux, après avoir avalé quelques gouttes du ſuc de cette plante; mais ces ſimptômes n'eurent aucune ſuite fâcheuſe.

Cette plante ſe cultive en plein air, même dans le Nord; nous avons ſeulement obſervé que dans le jardin de Grodno, elle s'élevoit la moitié moins qu'en France. Je ne doute point que l'extrait des jeunes feuilles ne recele des qualités analogues à celles des Morelles. J'ai connu un Chirurgien qui guériſſoit promptement les ulceres cacoétiques & carcinomateux, avec les feuilles en topique & avec leur extrait donné intérieurement.

278. L'ASPERGE.

Asparagus ſativa. C. B. P.
Asparagus officinalis. L. *6-dria, 1-gyn.*

Fleur. Roſacée ; ſix pétales réunis par leurs onglets, oblongs, droits, en forme de tube; les trois pétales intérieurs réfléchis à leur ſommet; point de calice.

Fruit. Baie ſphérique, rouge dans ſa maturité, renfermant deux ou trois ſemences anguleuſes, noires, dures & glabres.

Feuilles. Sétacées, linéaires, molles, longues d'un pouce.

Racine. Nombreuſe, comme attachée à une tête cylindrique & charnue.

Port. Les tiges s'élevent à la hauteur de deux ou trois pieds, lisses, rameuses ; à la base des feuilles & des rameaux on trouve de petites stipules membraneuses ; les feuilles en faisceaux, trois à trois, ou quatre à quatre ; les fleurs aux aisselles des feuilles à deux péduncules portant chacun une ou deux fleurs, dont les trois pétales extérieurs sont d'un vert rougeâtre.

Lieu. Les terrains sablonneux, les isles du Rhône. Lyonnoise, Lithuanienne. ♃

Propriétés. Les racines ont une saveur douceâtre, gluante, un peu austere. On les place parmi les cinq grandes racines apéritives : elles sont diurétiques.

Usages. Les jeunes tiges se mangent, provoquent l'urine & lui donnent une mauvaise odeur. L'on prescrit les racines mêlées avec les autres apéritives, depuis ℥ ß jusqu'à ℥ j pour chaque ℔ de décoction pour l'homme ; on double la dose pour les animaux.

Observations. L'Asperge est spontanée dans les isles du Rhône près de Lyon ; je l'ai aussi trouvée dans plusieurs terrains sablonneux & incultes de Lithuanie ; ses jeunes racines de la premiere année sont assez menues ; chaque année le tronc transversal prend de l'accroissement jusques à offrir la grosseur du bras. Ces racines ont une écorce blanche ; le tronc jette une foule de rejets qui, transplantés, servent à propager la plante ; chaque rejet de la racine produit une tige ; l'odeur des racines fraîches est particuliere, sans être désagréable ; si on les mâche elles sont d'abord un peu douces, mais sur le retour on sent un goût amer, assez marqué ; les jeunes pousses d'Asperge ont un goût de pois crus. Par la culture on obtient des Asperges plus grosses que le pouce ; souvent cette grosseur excessive vient de ce qu'elles sont fasciées, c'est-à-dire, parce que plusieurs tiges naissent collées ensemble. Dans les pays très-chauds l'Asperge est ligneuse, très-fine, sans goût. La racine d'Asperge entre dans les bouillons apéritifs ; sa décoction n'est point inutile dans le traitement des dartres, des rhumatismes, de la jaunisse, de l'œdématie ; mais elle ne peut être que remede adjuvant dans tous ces cas.

L'Asperge mangée même en petite quantité rend les urines fétides, leur donne une odeur particuliere ; ce qui prouve la tendance d'un principe particulier vers les voies urinaires. On a éprouvé qu'elle est nuisible aux goutteux & aux calculeux. Les vaches & les chevres mangent l'Asperge sauvage, que les chevaux négligent.

On trouve en Dauphiné l'Asperge piquante, *Asparagus acutifolius*, à tige ligneuse, anguleuse ; à feuilles roides, piquantes, persistantes, très-ténues, ramassées, sept à sept par faisceaux très-courts ; à fleurs solitaires, jaunâtres. L'Asperge appartient à la famille naturelle des Liliacées par toutes les parties de sa fructification ; mais elle s'en éloigne beaucoup par son port.

SECTION IX.

Des Herbes à fleur polypétale, réguliere, rosacée, dont le calice devient un fruit sec.

279. LE CUMIN SAUVAGE.

Cuminoides vulgare. I. R. H.
Lagoecia cuminoides. L. *5-dria, 1-gyn.*

Fleur. Rosacée ; cinq pétales fourchus supérieurs ; calice de cinq feuillets découpés en filets pinnés.

Fruit. Sous-orbiculaire ; semences solitaires, ovales, oblongues, couronnées par le calice.

Feuilles. Ailées, terminées par une impaire, écartées, plus larges vers le bas.

Racine. Napiforme.

Port. La tige cylindrique, herbacée; les fleurs axillaires, pédunculées, disposées en ombelle; à collerette générale & partielle, quelques épines sur les denticules des folioles.

Lieu. L'Isle de Crete, de Lemnos. ⊙

Propriétés. Cette plante a une odeur forte, elle n'est pas d'un grand secours en Médecine; on la reconnoît pour carminative.

Usages. On emploie l'herbe en infusion, pour l'homme & pour les animaux.

OBSERVATIONS. Voilà encore une de ces plantes faciles à cultiver dans nos jardins, dont l'odeur annonce un principe médicamenteux énergique, qui néanmoins est négligée par les Médecins modernes; cependant elle peut réussir dans les affections du bas-ventre, qui reconnoissent pour cause l'atonie & des amas glaireux. Ce genre a beaucoup de rapport avec la famille des Ombelliferes; il offre une collerette générale, de huit feuillets ailés, dentés, ciliés; la partielle, de quatre feuillets ailés; à segmens en fils enveloppant un seul péduncule qui est plus court que les folioles.

280. LA CIRCÉE

ou Herbe de Saint-Etienne. Herbe des Magiciennes.

CIRCÆA *lutetiana.* LOB. icon.
CIRCÆA *lutetiana.* L. 2-*dria*, 1-*gyn.*

Fleur. Rosacée; deux pétales en forme de cœur, de la grandeur du calice formé par deux feuilles vertes, repliées; deux étamines.

Fruit. Capsule ovoïde, rude, velue, aplatie, à deux loges; les semences solitaires, oblongues, étroites à leur base.

Cl. VI. Sect. IX.

Feuilles. Pétiolées, ſimples, ovales, pointues, peu dentées, preſque égales aux pétioles.

Racine. Rameuſe, rampante.

Port. Tige d'un ou deux pieds, droite, velue, quelquefois liſſe; elle pouſſe des rameaux, ceux des côtés étant les plus courts; fleurs en grappes terminant les branches; corolles blanches ou roſes; feuilles oppoſées; aucuns ſupports.

Lieu. Les bois de l'Europe. Lyonnoiſe, Lithuanienne. ♃

Propriétés. } Quelques Auteurs la croient ré-
Uſages. } ſolutive; ſes vertus ne ſont pas aſſez connues, elles ſont même ſuſpectes.

Observations. Cette plante a été vantée en cataplaſme contre les hémorroïdes.

Ajoutons à cette eſpece la Circée des Alpes, *Circæa alpina*, qui differe de la précédente par ſa tige un peu couchée, haute de quatre à cinq pouces; par ſes feuilles véritablement en cœur, plus profondément dentées; par ſon calice coloré en rouge. Cependant il faut avouer que toutes ces différences peuvent dépendre du climat; ce qui me le feroit croire, c'eſt que j'ai trouvé très-communément dans les forêts de Lithuanie, des Circées d'un pied, à tige un peu couchée; à feuilles ovales & en cœur, dentées, ou peu dentées; à calice très-rouge; à une ou plusieurs grappes. Si cette Circée Lithuanienne ne réunit pas la *Lutetiana* & l'*Alpina*, alors il faudroit conſtituer trois eſpeces, ce qui ne paroît pas poſſible: ces trois eſpeces feroient 1.° La Circée Pariſienne, 2.° La Circée des Alpes, 3.° La Circée moyenne, *Circæa media*; mais ceux qui feroient tentés d'admettre ces trois eſpeces, ſont invités à vérifier les Galium, les Campanules des plaines du Nord qui, quoique très-modifiées dans les plaines, n'en ſont pas moins les Galium & les Campanules de nos Alpes. La Campanule thyrſe, *Campanula thyrſoides*, qui en Lithuanie offre une tige élevée, à feuilles ſéparées, & qui ſur les Alpes la préſente courte, à feuilles reſſerrées, eſt une preuve bien claire de notre propoſition.

281. L'AIGREMOINE.

CL. VI. SECT. IX.

AGRIMONIA officinarum. I. R. H.
AGRIMONIA eupatoria. L. *12-dria, 2-gyn.*

Fleur. Rosacée; cinq pétales planes, échancrés, attachés par de petits onglets à un calice d'une seule piece divisée en cinq; ce calice entouré d'un second calice.

Fruit. Le calice intérieur resserré & endurci tient lieu de péricarpe; il est couvert en dessus de poils rudes, pliés en hameçon; il renferme deux semences obrondes.

Feuilles. Sessiles, veinées, velues; les caulinaires ailées avec interruption, terminées par une impaire; leurs folioles dentelées, sessiles, alternativement grandes & petites.

Racine. Horizontale, rameuse, noirâtre.

Port. Tige de deux pieds, simple, velue, cylindrique; les fleurs au sommet, éloignées, disposées en grappe; péduncule à une ou deux fleurs; corolles jaunes; on remarque deux stipules cordiformes, amplexicaules.

Lieu. Les prairies, les champs, les fossés. Lyonnoise, Lithuanienne. ♃

Propriétés. La racine a une saveur astringente; les feuilles sont âcres & astringentes; les fleurs ont une odeur douce; la plante est astringente, vulnéraire, apéritive, déterſive, dessicative.

Usages. On se sert communément pour l'homme, de l'herbe, du suc, & de la poudre seche des feuilles, qui se donne à la dose de ʒj dans un véhicule convenable. La décoction, à la dose de ℥iv; le suc dépuré, à celle de ℥iij ou ℥iv; la décoction des feuilles, à celle de poig. j pour ℔j

Cl. VI. Sect. IX.

de liqueur convenable. On se sert extérieurement des feuilles pilées & bouillies dans l'eau ou le vin, pour des cataplasmes sur les plaies & sur les ulceres.

Pour les animaux, on donne la plante en décoction, à la dose de poig. ij dans ℔ ij d'eau.

Observations. La racine au printemps a une odeur aromatique ; en n'écoutant que les observations, cette plante a quelquefois réussi dans la leucophlegmatie, la cachexie, l'ulcération de la vessie, les fievres intermittentes.

Le nombre des étamines varie de dix à douze. J'ai trouvé quelquefois six pétales ; il est rare de trouver deux semences dans chaque calice ; le plus souvent on n'en rencontre qu'une. Les chevaux & les vaches négligent l'Aigremoine ; sous l'écorce de la racine on trouve une lame d'un beau rouge ; si on froisse les feuilles entre les doigts, elles répandent une légere odeur aromatique ; elles sont plutôt ameres qu'astringentes ; elles fournissent par la distillation une petite quantité d'huile aromatique, qui conserve l'odeur propre de la plante ; dans l'ordre naturel l'Aigremoine se rapproche beaucoup de la Benoite.

282. L'HERBE AUX ÂNES.

Onagra latifolia. I. R. H.
Œnothera biennis. L. *8-dria, 1-gyn.*

Fleur. Rosacée ; quatre pétales cordiformes, insérés dans les divisions du calice supérieur au germe qui est cylindrique & alongé.

Fruit. Capsule cylindrique, tétragone, à quatre battans, à quatre loges remplies de semences anguleuses sans poils, attachées à un réceptacle en forme de colonne.

Feuilles. Ovales, lancéolées, simples, presque

entieres ; les inférieures ordinairement pétiolées, & les supérieures sessiles. Cl. VI. Sect. IX.

Racine. Rameuse.

Port. La tige s'éleve à deux ou trois pieds de hauteur, velue, cylindrique, fistuleuse ; les fleurs axillaires, sans péduncules ; pétales jaunes, grands ; les nervures des feuilles se prolongent & courent sur la tige ; les radicales sont dentées à leurs pétioles.

Lieu. La Virginie ; naturalisée en Europe depuis 1614 ; commune à Lyon sur les bords du Rhône & dans les fossés. Lithuanienne. ♂

Propriétés. Quelques Auteurs la regardent comme un excellent vulnéraire & comme détersive.

Usages. On emploie l'herbe en infusion & en décoction, pilée & appliquée.

Observations. Les fleurs répandent une odeur assez vive, analogue à celle des primeveres ; la racine au printemps peut se manger en salade ; elle contient une assez grande quantité de principe muqueux nutritif. En Lithuanie nous avons trouvé l'Herbe aux ânes presque naine, s'élevant de cinq à six pouces, offrant ses feuilles & ses fleurs plus petites ; les fleurs naissent latéralement & forment comme un épi qui produit un bel effet, vu qu'elles sont grandes.

283. LE PETIT LAURIER-ROSE

ou l'Herbe de Saint-Antoine. L'Épilobe à feuilles étroites.

CHAMÆNERION *latifolium vulgare.* I. R. H.
EPILOBIUM *angustifolium.* L. *8-dria, 1-gynia.*

Fleur. Rosacée ; quatre pétales obronds ; plus larges au sommet & échancrés ; le calice supérieur

Cl. VI. Sect. IX.

au germe, divisé en quatre folioles oblongues, aiguës, colorées; le stigmate recourbé; germe grêle, très-alongé.

Fruit. Longue capsule cylindrique, à quatre battans & autant de loges; les semences aigretées, attachées à un placenta tétragone.

Feuilles. Lancéolées, entieres.

Racine. Simple, ligneuse, rameuse.

Port. Tige herbacée, cylindrique, rameuse au sommet; les fleurs axillaires, solitaires, pédunculées; calice rouge; les corolles irrégulieres, pourpres; les feuilles éparses; aucuns supports.

Lieu. Dans les sables aux bords du Rhône, de la riviere d'Aim. La variété à feuilles étroites dans les rochers des montagnes. Lithuanienne. ♃

Propriétés. Saveur austere, gluante, un peu âcre, point d'odeur; la plante vulnéraire, détersive.

Usages. Peu employée; on en fait quelquefois des cataplasmes, des décoctions.

Observations. Les racines de cette espece, & des autres Epilobes, sont nutritives, sur-tout au printemps. On peut préparer avec leur mucus une bonne biere. On a préparé de très-bons feutres avec les aigrettes des semences; d'ailleurs ce genre est très-voisin de l'Onagra, il n'en differe que par ses semences qui sont aigretées. Les especes d'Epilobes assez généralement répandues en Europe, sont les suivantes.

1.° L'Epilobe à épis, *Epilobium spicatum* L., *Chamænerion latifolium vulgare* T., à tige de quatre pieds, lisse, rougeâtre; à feuilles longues, lancéolées, blanchâtres en dessous; fleurs en épis, grandes, rouges; à calice coloré. Lyonnoise, Lithuanienne.

2.° L'Epilobe velu, *Epilobium hirsutum*, à tige de trois pieds; à feuilles embrassant la tige, opposées, lancéolées, dentelées, hérissées; à grandes fleurs pourpres; à siliques velues. Lyonnoise, Lithuanienne.

3.° L'Epilobe mollet, *Epilobium molle* L., *Chamæ-*

nerion hirſutum parvo flore T., à feuilles à peine embraſſant la tige ; à fleurs plus petites, d'un roſe pâle. Linné ne fait de cette eſpece qu'une variété de la précédente.

4.° L'Epilobe de montagne, *Epilobium montanum*, à tige de deux pieds, rameuſe ; à feuilles pétiolées, oppoſées, ovales, dentées, liſſes ; fleurs rouges. Lyonnoiſe, Lithuanienne.

5.° L'Epilobe à quatre pans, ou tétragone, *Epilobium tetragonum*, à tige d'un pied, tétragone ; à feuilles lancéolées, dentées, liſſes ; les inférieures oppoſées ; fleurs petites, à pétales échancrés. Lyonnoiſe, Lithuanienne.

6.° L'Epilobe des marais, *Epilobium paluſtre*, à tige droite, de ſept à huit pouces ; à feuilles liſſes, étroites, lancéolées, très-entieres, oppoſées. Lyonnoiſe, Lithuanienne.

CLASSE VII.

DES HERBES ET SOUS-ARBRISSEAUX à fleurs ſimples, polypétales, régulieres, roſacées, diſpoſées en paraſol ou en ombelle, nommées *Ombelliferes.* (*)

SECTION PREMIERE.

Des Herbes à fleurs roſacées, en ombelle, ſoutenues par des rayons, dont le calice devient un fruit composé de deux petites ſemences ſtriées ou cannelées.

284. L'AMMI.

AMMI majus. C. B. P.
AMMI majus. L. *5-dria, 2-gyn.*

FLEUR. Roſacée, en ombelle; cinq pétales cordiformes, recourbés & inégaux en grandeur; l'enveloppe générale composée de folioles linéaires, ailées,

(*) La claſſe des Ombelliferes eſt véritablement naturelle, parce que les eſpeces de cette famille offrent des attributs ſemblables dans les racines, les tiges, les feuilles & les parties de la fructification; raccourciſſez les péduncules de l'ombelle; réuniſſez les pétales & les antheres, vous rapprocherez

ailées, à peine de la longueur de l'ombelle; l'enveloppe particuliere composée de plusieurs folioles linéaires plus courtes que l'ombelle; l'ombelle générale composée d'un grand nombre de rayons, la partielle courte & ramassée; toutes les fleurs hermaphrodites. Cl. VII. Sect. I.

Fruit. Ovale, lisse, composé de deux semences cannelées d'un côté & convexes de l'autre.

Feuilles. Les inférieures ailées, à folioles lancéolées, dentées; les supérieures très-divisées, à folioles étroites.

Racine. Fusiforme.

---

cherez les Ombelliferes des Syngeneses ou composées. Dans la plupart des plantes à ombelles, les racines sont fusiformes, assez épaisses, marquées par des stries transversales, formant des anneaux d'où naissent les radicules. La tige est presque dans toutes, herbacée, striée, fistuleuse, contenant plus ou moins de moëlle; elle offre ses feuilles & ses rameaux le plus souvent alternes. Dans le plus grand nombre, les feuilles sont ailées ou pinnées; les fleurons sont à péduncules; les ombelles composées. Dans la plupart, une ou deux collerettes formées par des feuilles simples ou composées, enveloppent l'extrémité des rameaux ou des péduncules qui supportent les ombelles ou les ombellules.

Dans toutes, le fruit inférieur est composé de deux semences collées ensemble avant la maturité, mais séparées lorsqu'elles sont mûres; sur le germe, dans la plupart, on trouve un placenta pulpeux, environné par les feuillets très-courts du calice propre. Dans toutes, on compte cinq pétales à la corolle, cinq étamines, deux pistils; les pétales sont souvent en cœur, planes, ou à segmens repliés.

Le plus souvent les pétales de la circonférence plus longs que ceux du centre, rapprochent ces Ombelliferes des Syngeneses radiées: dans les ombelles resserrées, les fleurs centrales sont souvent stériles.

Quant aux propriétés générales, on peut dire que la plupart des Ombelliferes contiennent dans l'écorce des semences, une huile essentielle, aromatique; leurs feuilles & leurs racines sont souvent aromatiques, un peu âcres. Ces deux principes les rendent utiles dans toutes les maladies dans lesquelles il faut ranimer le principe vital, augmenter le ton des solides, exciter la sueur, le flux des urines, &c.; cependant quelques-unes (les aquatiques) sont nauséeuses, vénéneuses.

Cl. VII. Sect. I.

Port. Tige d'un pied & demi, ſimple, herbacée; les fleurs au ſommet en ombelle compoſée d'un grand nombre de rayons; les feuilles alternes, amplexicaules.

Lieu. Les Provinces méridionales de la France. Cette plante eſt rare. ⊙

Propriétés. La plante eſt aromatique, âcre, piquante au goût, ſtomachique, emménagogue, diurétique & un excellent carminatif.

Uſages. On ne ſe ſert que de ſa ſemence, l'une des quatre ſemences chaudes. On en fait une poudre que l'on donne aux animaux à la doſe de ℥ ij.

Observations. La ſemence d'Ammi eſt rouſſe, d'une ſaveur aſſez marquée, mais peu aromatique; elle ne mérite aucune préférence ſur les autres Ombelliferes; auſſi eſt-elle négligée par tous les Médecins qui ne preſcrivent plus dans la même formule, les quatre ſemences chaudes; ils ſavent qu'une ſeule ſuffit, & déclarent hardiment que c'eſt une ignorance impardonnable ſur la fin du dix-huitieme ſiecle, d'entaſſer pluſieurs médicamens congéneres dans la même potion, qui ſeroit auſſi active en augmentant les doſes, en n'employant qu'une ſeule plante.

On trouve en Dauphiné & dans le Lyonnois, l'*Ammi glaucifolium*, aſſez diſtingué du précédent, parce que les folioles de toutes les feuilles ſont lancéolées.

285. LE PERSIL COMMUN.

Apium hortenſe, ſeu Petroſelinum vulgò. C. B. P.

Apium petroſelinum. L. *5-dria, 2-gyn.*

Fleur. Roſacée, en ombelle; pluſieurs pétales obronds, égaux, recourbés; l'enveloppe générale compoſée d'une foliole; la particuliere, de pluſieurs très-petites.

Fruit. Ovale, ſtrié, ſe diviſant en deux ſemences ovales, ſtriées d'un côté, planes de l'autre.

Feuilles. Deux fois ailées, amplexicaules; les inférieures à folioles ovales ou cunéiformes, inciſées; celles des tiges linéaires; celles du ſommet ailées, à trois ou cinq folioles très-entieres; une foliole unique à la baſe de l'ombelle.

Racine. Fuſiforme, de la groſſeur du pouce, fibreuſe, blanchâtre, pivotante.

Port. Tige de deux ou trois pieds, herbacée, ſtriée, ſillonnée, nouée, creuſe, ſouvent rameuſe; les feuilles alternes.

Lieu. Les terrains humides; cultivé dans nos jardins. ♂

Propriétés. La ſemence un peu âcre, toutes les parties de la plante apéritives; les feuilles réſolutives & vulnéraires; la racine diaphorétique; la ſemence eſt une des quatre ſemences chaudes mineures; elle eſt atténuante, diurétique.

Uſages. La racine s'emploie dans les tiſanes & apozemes apéritifs; les feuilles appliquées diſſipent le lait des mamelles; la décoction de la racine facilite l'éruption de la petite vérole & du claveau dans les moutons. On tire de la ſemence une eau diſtillée qui ſe donne depuis ℥ ij juſqu'à ℥ iv dans les potions apéritives. On donne aux animaux la décoction de la racine, à la doſe de ℥ ij ſur ℔ ß d'eau, ou la poudre à la doſe de ℥ ß.

OBSERVATIONS. La ſemence eſt aromatique & amere; elle fournit une huile eſſentielle qui eſt aſſez peſante pour gagner en grande partie le fond de l'eau. L'eſprit-de-vin extrait le principe le plus énergique; on le regarde aſſez unanimement comme capable de réſoudre, de diſſiper les vents, d'augmenter le cours des urines; la poudre des ſemences eſt contraire aux poux; l'herbe répand une odeur particuliere, très-agréable, elle contient auſſi l'huile eſſentielle. On prétend que les épileptiques ſont

Cl. VII. Sect. I.

plus fatigués s'ils mangent habituellement du Persil dans les ragoûts; les personnes sujettes à l'ophtalmie en sont certainement plus incommodées. Le Persil pilé & appliqué sur les mamelles engorgées par le lait grumelé, dissipe promptement les glandes, comme nous l'avons vérifié plusieurs fois.

On assure que le suc de Persil est utile aux graveleux. La racine réunit la douceur avec un principe un peu âcre. Elle perd par la dessication son acrimonie ; elle entre avantageusement dans les tisanes apéritives; elle nous a souvent réussi dans le traitement des dartres, de la gale, du rhumatisme; mais elle ne peut être alors que remede adjuvant. Voilà tout ce que l'observation nous apprend sur les vertus du Persil; mais un Médecin rationnel, conduit par l'analogie, peut étendre à plusieurs maladies l'application des racines, des semences & des feuilles de cette plante.

Le Persil à feuilles frisées, crépues, n'est qu'une variété causée par la culture.

286. LE CÉLERI
ou Persil des marais.

Apium dulce, Celeri *Italorum*. H. R. Par.
Apium graveolens. L. *5-dria*, *2-gyn*.

Fleur. }
Fruit. } Caracteres du précédent.

Feuilles. Pinnées, deux ou trois fois ailées, à folioles cunéiformes, luisantes, incisées, dentées; les caulinaires en forme de coin, dentées, sessiles; les inférieures pétiolées, se divisent en trois.

Racine. Pivotante & fibreuse, rousse en dehors & blanche en dedans.

Port. Tiges hautes de deux pieds, cannelées profondément, noueuses; les fleurs ordinairement axillaires, aſſiſes quelquefois au ſommet des rameaux; les feuilles de la tige alternes, les inférieures oppoſées; on remarque des points blancs ſur les dentelures.

Lieu. Les terrains humides, marécageux. On l'a naturaliſé dans les jardins potagers, où l'on blanchit les tiges par la culture. ♂

Propriétés. La racine de la plante ſauvage eſt d'une ſaveur déſagréable, âcre, un peu amere; ſon odeur forte & aromatique; celle des jardins eſt plus douce; elle eſt apéritive, ſudorifique, diurétique & emménagogue.

Uſages. La racine eſt une des cinq racines apéritives majeures, & la ſemence une des quatre ſemences chaudes. On ſe ſert pour l'homme, de la racine, des ſemences & des feuilles. On en tire un ſuc qui, dépuré, ſe donne à la doſe de ℥ iv pour exciter la ſueur. L'on confit les ſommités fleuries, qui ſont carminatives, diurétiques; on en donne juſqu'à ℥ ß; le ſuc ſert auſſi à déterger les ulceres ſcorbutiques de la bouche.

On donne le ſuc aux animaux, à la doſe de ℔ ß; & la ſemence en poudre, à la doſe de ℥ ß.

OBSERVATIONS. L'odeur de la racine du Céleri ſauvage la rend ſuſpecte, comme nauſéeuſe; auſſi quelques perſonnes en ont éprouvé de mauvais effets; elle répand un ſuc jaune, fétide; la racine du Céleri cultivé eſt très-groſſe, ſucculente, blanche; ſon odeur vive n'eſt point déſagréable; les tiges & les côtes des feuilles ſont auſſi aromatiques; ce principe ſe perd en grande partie par la deſſication & la coction. On prétend que le Céleri eſt nuiſible aux épileptiques & à ceux qui ſont ſujets aux vertiges, de même qu'aux vieillards; les hypocondriaques & les hyſtériques en ſont certainement incommodés. Le ſuc de Céleri pris à ſix onces, pendant le friſſon, a emporté d'emblée des fievres intermittentes qui avoient réſiſté à pluſieurs autres remedes; nous avons vérifié pluſieurs fois cette belle obſervation de Chomel; la ſueur

Cl. VII. Sect. I.

abondante & fétide que ce remede excite, eſt véritablement critique.

On mange les feuilles & les racines en ſalade; dans ce cas, elles ſont ſouvent aphrodiſiaques. Le ſuc des feuilles & des racines eſt utile aux calculeux.

Les ſemences cendrées, âcres, ameres, aromatiques, fourniſſent peu d'huile eſſentielle; l'eſprit-de-vin en ſépare un principe aromatique vif. Les ſemences du Céleri ſauvage ſont plus énergiques que celles du cultivé.

Quoique le Céleri ſauvage ſoit ſuſpect, cependant les chevres, les moutons & quelquefois les vaches le mangent; mais les chevaux n'y touchent pas.

Dans le Nord, malgré la culture la plus ſoignée, les racines & les feuilles de Céleri n'acquierent pas le tiers de la groſſeur qu'elles ont en France.

287. LE PERSIL DE MACÉDOINE.

Apium Macedonicum. C. B. P.
Bubon Macedonicum. L. *5-dria, 2-gyn.*

Fleur. Roſacée, en ombelle; cinq pétales lancéolés, recourbés; l'ombelle univerſelle, de dix rayons; la partielle, de quinze à vingt; l'enveloppe générale diviſée en cinq folioles, la partielle en a quelques-unes de plus.

Fruit. Ovale, cannelé, velu, couronné, ſe diviſant en deux ſemences aplaties d'un côté & convexes de l'autre.

Feuilles. Rhomboïdales, ovales, crénelées; les inférieures deux fois ailées, celles du ſommet ſimplement ailées & cotonneuſes.

Racine. Fuſiforme, blanche, ridée.

Port. Tige haute d'un pied & demi, velue, rameuſe; l'ombelle au ſommet, blanche dans les jeunes plantes; les feuilles alternes, amplexicaules.

Lieu. Les rochers & lieux pierreux de la Macédoine. ♂

Propriétés. Le goût de la racine eſt âcre ; celui des feuilles moins piquant que dans le Perſil des jardins ; les ſemences odorantes, aromatiques, d'un goût âcre ; la ſemence carminative, diurétique, emménagogue, alexipharmaque.

Uſages. On ne ſe ſert que de ſa ſemence, & trop rarement. On peut en donner aux animaux, à la doſe de ℥ ß

288. L'ANIS.

APIUM aniſum dictum, ſemine ſuaveolente majori. I. R. H.

PIMPINELLA aniſum. L. *5-dria, 2-gyn.*

Fleur. Roſacée, en ombelle; cinq pétales ovales, recourbés, égaux ; l'ombelle univerſelle a pluſieurs rayons; la partielle un plus grand nombre; point d'enveloppe générale ni partielle; le calice propre à peine viſible, les ſtigmates globuleux.

Fruit. Oblong, ovoïde, ſe diviſant en deux ſemences convexes, cannelées d'un côté.

Feuilles. Ailées ; les radicales arrondies, découpées & diviſées en trois ; celles du ſommet plus découpées.

Racine. Fuſiforme, blanche, fibreuſe.

Port. La tige n'a pas un pied; elle eſt branchue, cannelée, creuſe; les fleurs naiſſent au ſommet ; les feuilles alternes, amplexicaules.

Lieu. Il vient d'Egypte. On le cultive dans nos jardins. ⊙

Propriétés. La ſemence eſt carminative, ſtomachique & apéritive.

Cl. VII. Sect. I.

Uſages. On ſe ſert principalement de la ſemence, très-rarement des feuilles, jamais de la racine. La ſemence réduite en poudre ſe donne à l'homme, depuis ℈j juſqu'à ʒj en infuſion dans du vin, de l'eau-de-vie ou de l'eau ſimple ; on en tire une huile diſtillée ou exprimée qui a plus de vertus que la ſemence elle-même ; ſa doſe eſt depuis gout. ij juſqu'à gout. x ou xij ; aux animaux, on donne la ſemence en poudre, à la doſe de ℥j, & infuſée dans de l'eau-de-vie, à la doſe de ℥j ſur ℔ ß de liqueur.

I.re OBSERVATION. La ſemence d'Anis eſt douce, aromatique, moins âcre que celle des autres Ombelliferes ; trois livres de ſemences fourniſſent une once d'huile éthérée qui réſide dans le tiſſu cellulaire de l'écorce ; car, des grains purement farineux, on retire une huile graſſe, ſans goût, & ſans odeur d'Anis. L'eſprit-de-vin extrait le principe aromatique, & l'huile eſſentielle. Dans le Nord on aime le pain pétri avec des ſemences d'Anis. L'huile eſſentielle retient très-bien l'odeur de la ſemence ; le moindre froid la fige comme du beurre ; elle eſt ſi pénétrante, que des femmes qui en avoient pris quelques gouttes, rendoient un lait vraiment aniſé. L'Anis eſt célebre, comme propre à diſſiper les vents, en détruiſant les ſpaſmes des inteſtins qui, par leurs étranglemens, les empêchent de circuler. On a raiſon d'ordonner les ſemences d'Anis dans l'anorexie cauſée par des glaires accumulées. Dans les affections hypocondriaques & hyſtériques, c'eſt une reſſource pour ranimer les organes.

II.e OBSERVATION. Les Boucages offrent les caracteres génériques de l'Anis ; on trouve communément :

1.° La Boucage mineure, *Pimpinella ſaxifraga* L., *Tragoſelinum minus* T. : ſa tige eſt d'un pied, grêle, peu rameuſe ; feuilles radicales ailées, à cinq ou ſix folioles arrondies & dentées ; la foliole impaire, ſouvent à trois lobes ; ces feuilles ſe flétriſſent bientôt ; les feuilles de la tige à folioles découpées très-menu ; les ſupérieures n'offrant presque que des gaînes alongées ; les ombelles sans collerettes, penchées avant la floraison ; les fleurs blanches, presque régulieres ; les fruits ovales, oblongs, striés. Lyonnoise, Lithuanienne.

2.° La Boucage majeure, *Pimpinella magna* L., *Tragoselinum majus* T. ; elle ne differe de la précédente que par ses tiges plus hautes, de deux pieds ; par ses feuilles lisses, brillantes, à folioles ovales, lancéolées, dentelées, offrant souvent des oreilletes ; l'impaire à trois lobes ; les feuilles de la tige étroites. Lyonnoise, Lithuanienne.

3.° La Boucage naine, *Tragoselinum pumilum* de la Marck, *Pimpinella glauca* L., à tige de six pouces, grosse, très-rameuse ; à folioles très-découpées, comme pinnées ; à ombelles nombreuses. Lyonnoise, Lithuanienne.

Cette espece est à peine distinguée du *Seseli glaucum* ; d'ailleurs j'ai trouvé tant d'individus intermédiaires, que je serois porté à regarder la plupart des Boucages comme ne formant qu'une espece, que l'élévation du sol, la température font varier relativement à la hauteur des tiges & aux découpures des feuilles. Quoi qu'il en soit, les Boucages sont très-précieuses en Médecine.

On emploie 1.° la racine, l'herbe, la semence du *Pimpinella saxifraga*, sous le nom de *Pimpinella alba*. Sa racine, souvent aussi grosse que le doigt, est blanche, très-âcre, piquante, échauffant vivement la langue; lorsqu'elle est récente, elle répand une odeur vive ; elle perd beaucoup de son acrimonie par la dessication. Cette racine fournit par la distillation une huile essentielle, jaune, très-âcre ; le vin & l'eau-de-vie sont les vrais menstrues du principe énergique. On ordonne l'extrait ou la poudre ; Stahl employoit fréquemment la Boucage toutes les fois qu'il vouloit ranimer le ton des fibres, atténuer une pituite épaisse & accumulée dans quelques organes ; il l'avoit trouvée très-énergique dans l'asthme pituiteux, dans les catarres, l'angine catarrale, l'anorexie, la chlorose. Si on mâche la racine de Boucage, elle fait couler une quantité considérable de salive ; aussi comme masticatoire, est-elle recommandée dans les paralysies, sur-tout de la langue.

CL. VII. SECT. I.

Les Médecins Allemands emploient beaucoup une variété de Boucage qui eſt le *Daucus cyanopus* de Cordus, le *Tragoſelinum majus ombellâ candidâ ſuccum cæruleum fundente* de Johren & de Bergen. Elle eſt commune dans toute l'Allemagne & en Lithuanie ; ſa racine récente eſt rouſſe; deſſéchée, elle devient noire ; par la diſtillation, elle donne un eau couleur de ſaphir, & une huile aromatique bleue. Indépendamment des vertus de la précédente qui ſont bien confirmées par notre propre expérience, on la croit encore excellente ſur la fin des fievres intermittentes ſuivies de l'enflure. La Boucage commune a auſſi cette propriété. Dans ces plantes, l'herbe a un goût piquant, quoique plus foible que les racines.

289. LA GRANDE CIGUË.

CICUTA major. C. B. P.
CONIUM maculatum. L. *5-dria, 2-gyn.*

Fleur. Roſacée, en ombelle très-ouverte; cinq pétales en cœur recourbé; les ombelles ont pluſieurs rayons ouverts ; l'enveloppe générale eſt compoſée de quatre ou cinq folioles très-courtes; la partielle, d'un feuillet, diviſé en trois, n'occupant qu'un côté de l'ombellule.

Fruit. Strié, obrond, diviſé en deux ſemences convexes, hémiſphériques, crénelées des deux côtés.

Feuilles. Grandes, trois fois ailées; à folioles lancéolées, découpées, pointues, luiſantes, d'un vert noirâtre.

Racine. Fuſiforme, jaunâtre en dehors & blanche en dedans.

Port. La tige s'éleve à la hauteur de quatre pieds, liſſe, branchue, marquetée de quelques taches d'un rouge noirâtre ; l'ombelle naît au ſommet; fleurs blanches; les feuilles alternes.

Lieu. Les terrains aquatiques, mais rare dans

le Lyonnois, commune en Lithuanie; elle se cultive & se multiplie facilement. ♂

Cl. VII. Sect. I.

Propriétés. Toute la plante est nauséeuse par sa saveur & par son odeur; elle est résolutive & narcotique.

Usages. On se sert de la racine, de l'herbe & de la semence. De la racine on tire une poudre; de l'herbe un suc simple ou épaissi; on en fait des emplâtres, des cataplasmes. La ciguë prise intérieurement à une dose considérable, devient un poison; donnée avec prudence elle est salutaire. La poudre se prescrit pour l'homme, à la dose de cinq à dix grains dans les fievres malignes, fievres quartes & avant l'accès. Son plus grand usage est à l'extérieur; on en tire un extrait utile dans les cancers & les tumeurs scrofuleuses. Quant aux animaux, un mulet morveux a été traité avec la Ciguë. L'on a commencé par gros j; on a été graduellement l'espace de vingt jours jusqu'à gros xij; cette derniere dose a un peu purgé l'animal; on a continué pendant cinq jours, chaque jour la purgation diminuoit; au vingt-sixieme on a donné gros xiv, ce qui a occasionné des tranchées assez vives; ℥ ij n'ont ensuite rien produit jusqu'au trente-unieme jour; mais au trente-deuxieme, pareille dose a excité un sueur générale; l'animal avoit les oreilles froides, & il fut dégoûté; on a continué la même dose jusqu'au quarantieme jour, & la dose de ℥ iij jusqu'au quarante-quatrieme, le tout sans effet. Ces observations peuvent conduire à la détermination des doses de certains remedes administrés aux animaux.

Observations. La grande Ciguë fraîche répand au loin une odeur nauséabonde, particuliere; cette plante anciennement négligée en Médecine, est devenue célebre depuis les expériences du Baron Storck; il s'est assuré que l'extrait ou la poudre des feuilles donnée à très-petite dose, depuis deux grains, étoit un remede efficace pour résoudre les tumeurs squirreuses, même pour guérir les carcinomes & les cancers ulcérés. On l'a vu réussir dans des suppressions des regles, dans la chlorose, les écrouelles, la vérole, le rhumatisme.

Les malades s'accoutument tellement à l'action de ce médicament, que plusieurs ont pris une once de l'extrait chaque jour, sans en être incommodés. Dans quelques sujets il augmente le cours des urines, excite la sueur; dans d'autres, il ne procure aucune évacuation sensible. A haute dose, sur-tout l'herbe fraîche, excite des vomissemens, des cardialgies, des étourdissemens, la perte de la vue, le délire & la mort.

Si nous parcourons ce qui a été avancé pour & contre la Ciguë, nous resterons dans la plus grande incertitude. La moitié de ceux qui disent l'avoir employée dans les cas ci-dessus énoncés, la déclarent utile; l'autre moitié l'annoncent ou comme inutile ou comme nuisible. En général les Médecins Allemands soutiennent que les observations de Storck sont sûres; les Anglois & les François les infirment. Dans cette incertitude, declarons de bonne foi ce que nous avons vérifié. 1.° Plusieurs Médecins se plaignoient en ma présence de l'inutilité de la Ciguë, je voulus voir la plante qu'ils employoient; je trouvai au lieu du *Conium*, le *Chærophyllum bulbosum*, bien tacheté comme la Ciguë, mais sans odeur virulente; je soupçonnai d'autant plus cette méprise, que la Ciguë étant très-rare dans nos Provinces, l'avidité des Herboristes devoit nécessairement substituer quelques plantes plus communes; si cette méprise a été aussi fréquente ailleurs, peut-on être surpris si les Médecins n'éprouvent aucun effet de l'extrait de Ciguë?

2.° Etant à Vienne, je vis Messieurs Storck & Colin: ce dernier me montra plusieurs malades vraiment guéris par l'extrait de Ciguë; les jeunes Médecins qui suivoient les visites de M. Colin, m'assurerent tous que les guérisons, dans les cas énoncés ci-dessus, étoient très-ordinaires dans l'Hôpital de Pazmann.

3.° Pendant mon séjour à Grodno, j'ai souvent guéri avec l'extrait de la Ciguë du pays, plusieurs maladies graves, entr'autres, un carcinome à la langue.

4.° Il est vrai que nous avons vu périr sous nos yeux,

plusieurs femmes attaquées de cancer, pour lesquelles on n'avoit pas ménagé la Ciguë; mais ces faits ne peuvent débiliter les observations qui constatent des guérisons. Faut-il nier que les Praticiens ont guéri des hydropisies, parce que nous voyons chaque jour des hydropiques conduits au tombeau!

On peut placer après la grande Ciguë, la Cicutaire aquatique, *Cicutaria aquatica* du Chevalier la Marc, *Cicuta virosa* de Linné, *Sium palustre alterum foliis serratis* de Tournefort. Sa racine est très-grande, grosse comme le bras d'un enfant, vide, à diaphragmes; sa tige grosse s'éleve à trois ou quatre pieds; ses feuilles deux ou trois fois ailées, à folioles lancéolées, incisées; la collerette universelle, ou nulle, ou d'une, deux ou trois folioles; la partielle, de plusieurs folioles étroites, très-longues; ses ombelles lâches, opposées aux feuilles; fleurs blanches, presque régulieres; semences ovales, un peu velues; à marges blanches; à dos chargé de trois ailes. Cette plante qui est rare en France, est très-commune en Lithuanie; c'est la plus vénéneuse des Ombelliferes. En coupant un jour des racines pour en exprimer le suc qui est jaune & fétide, nous éprouvâmes un violent mal de tête, & des étourdissemens. Voyez l'admirable Traité de Vepfer, *de Cicuta aquatica*, dans lequel vous trouverez une foule d'expériences qui prouvent que cette racine excite tous les symptômes des poisons, comme, anxiétés, coliques, vertiges, convulsions, vomissemens. Vepfer a prouvé qu'elle tuoit en causant l'inflammation, la gangrene. Le meilleur remede est de donner promptement l'émétique à ceux qui par méprise ont mangé de cette racine.

Cette racine est aussi mortelle pour les bœufs que pour l'homme, comme l'expérience l'a trop souvent démontré; quelques Pharmacologistes, & même Linné, conseillent de préparer l'emplâtre de Ciguë, plutôt avec cette plante qu'avec le *Conium maculatum*.

On peut encore, pour ne pas perdre de vue les Ombelliferes vénéneuses, ajouter aux Ciguës les plantes suivantes:

1.° La Phellandrie aquatique, *Phellandrium aquaticum* L., l'*Œnanthe phellandrium* de M. de la Marck:

Cl. VII. Sect. I.

ſa tige eſt de deux pieds, plus groſſe que le pouce; feuilles trois fois ailées; à folioles briſées avec les pétioles formant un angle obtus; ces folioles lancéolées, dentées, obtuſes: collerette générale, nulle; partielle, de ſept feuillets, courts; les ombelles oppoſées aux feuilles; fleurs petites, blanches, à pétales en cœur; ſemences ovales, liſſes, couronnées par une eſpece de calice, & par les ſtyles perſiſtans. Lyonnoiſe, Lithuanienne.

Les ſemences âcres, aromatiques, infuſées dans du vin, ont été éprouvées avec ſuccès, pour déterger les ulceres cacoétiques; cette même graine eſt indiquée, d'après quelques obſervations, dans les fievres intermittentes, la phthiſie, l'aſthme, les obſtructions du foie, de la rate; la doſe eſt d'une demi-drachme. Cette plante en cataplaſme eſt utile pour arrêter la gangrene & les progrès du carcinome; elle eſt ſi peu vénéneuſe que certainement les chevres & les moutons la mangent impunément; & ſi on l'a cru un poiſon pour les chevaux, on doit attribuer les accidens qu'elle leur cauſe, à une eſpece de Charançon qu'elle nourrit.

290. LA PETITE CIGUË.

Cicuta minor, Petroſelino ſimilis. C. B. P.
Æthusa cynapium. L. *5-dria, 2-gyn.*

Fleur. Roſacée, en ombelle; cinq pétales inégaux, en forme de cœur recourbé; les rayons de l'ombelle générale vont en diminuant de grandeur juſqu'au centre; point d'enveloppe générale; la partielle composée de trois ou cinq folioles étroites & longues.

Fruit. Preſque rond, cannelé, ſe diviſant en deux ſemences ſous-orbiculaires & ſtriées.

Feuilles. Amplexicaules, deux fois ailées; les folioles ſeſſiles & profondément découpées, comme pinnées.

Racine. Fuſiforme.

Port. Cette plante eſt beaucoup plus baſſe que la précédente ; les tiges d'un pied & demi, herbacées, cannelées, rameuſes ; l'ombelle au ſommet ; les feuilles alternes.

Lieu. Dans les jardins où elle ne ſe mêle que trop ſouvent avec les herbages. Lyonnoiſe, Lithuanienne. ⊙

Propriétés. Toute la plante a une ſaveur d'ail ; elle eſt nauſéeuſe, réſolutive, calmante extérieurement ; c'eſt un poiſon très-énergique, priſe intérieurement.

Uſages. On n'emploie que l'herbe. On pourroit dans le beſoin la ſubſtituer à la précédente.

OBSERVATIONS. La petite Ciguë confondue dans les ſalades avec le Perſil qui lui reſſemble beaucoup pour la forme des feuilles, a cauſé les plus grands maux, & même la mort ; elle fait auſſi périr les oies ; cependant les beſtiaux la mangent impunément.

291. LE CARVI
ou Cumin des prés.

CARVI *cæſalpini.* C. B. P.
CARUM *carvi.* L. *5-dria, 2-gynia.*

Fleur. Roſacée, en ombelle ; cinq pétales preſque égaux, cordiformes, obtus, échancrés, recourbés au ſommet ; l'ombelle générale compoſée de dix rayons ſouvent inégaux ; ceux de la partielle raſſemblés ; enveloppe nulle, ou d'une ſeule feuille, & le calice peu apparent.

Fruit. Ovale, oblong, ſtrié, ſe diviſant en deux ſemences aplaties d'un côté, ſtriées du côté convexe.

Feuilles. Amplexicaules, liſſes, deux fois ailées ; les folioles ſimples & découpées en deux ou trois lobes anguleux.

CL. VII. SECT. I.

Racine. Fusiforme, peu fibreuse, de la grosseur du pouce.

Port. Tiges hautes de deux pieds, cannelées, lisses, branchues, rameuses; l'ombelle au sommet; les feuilles alternes.

Lieu. Dans les prés des montagnes. Lyonnoise, Lithuanienne. ♂

Propriétés. La racine a un goût âcre & aromatique, ainsi que la semence, l'une des quatre semences chaudes; elle est carminative, stomachique, diurétique.

Usages. On ne se sert communément que de la semence; on la donne en poudre, pour l'homme, depuis ℈ j jusqu'à ʒ j; on en tire une huile essentielle que l'on prescrit depuis gout. iij jusqu'à gout. vj mêlées avec du sucre.

On peut aussi faire entrer la racine dans les apozemes & lavemens carminatifs. On donne la semence en poudre aux animaux, à la dose de ʒ ij, & la racine à celle de ℥ ij sur ℔ j d'eau.

OBSERVATIONS. La plante du Carvi cultivé, produit de plus grosses semences dont l'aromat est plus agréable; elles sont moins âcres que celles du Carvi sauvage. Dans le Nord on mêle cette semence avec la pâte du pain, & avec l'eau-de-vie de grains.

Les jeunes racines se mangent en salade; les semences infusées dans l'eau, l'impregnent d'un aromat très-agréable. Une livre de semences donne par la distillation une grande quantité d'huile essentielle jaune, deux drachmes sur une livre.

On a beaucoup loué ses semences dans le traitement de l'affection hypocondriaque & hystérique; elles réussissent très-bien dans les coliques spasmodiques, venteuses: infusées avec le miel, c'est un expectorant utile dans les catarres. Infusées dans du vin, elles offrent une potion cordiale que l'on peut prescrire avec succès dans tous les temps des maladies accompagnées de langueur, de foiblesse. Avec cette potion nous avons vu disparoître des

des fievres intermittentes vernales. Alors il faut la faire prendre au commencement du friſſon. En ſoutenant les forces de la digeſtion, les ſemences de Carvi augmentent la quantité du lait.

292. LA TERRE-NOIX.

BULBOCASTANUM majus apiifolio. C. B. P.
BUNIUM bulbocaſtanum. L. *5-dria, 2-gyn.*

Fleur. Roſacée, en ombelle; cinq pétales en forme de cœur, recourbés, preſque égaux; l'ombelle générale a près de vingt rayons, ceux de la partielle ſont très-courts & raſſemblés; l'enveloppe générale diviſée en pluſieurs folioles courtes & linéaires, ainſi que la partielle qui eſt de la longueur des petites ombelles.

Fruit. Ovoïde, compoſé de deux ſemences légérement ſtriées, convexes d'un côté & aplaties de l'autre.

Feuilles. Amplexicaules, deux fois ailées; les folioles linéaires & très-diviſées, reſſemblant aux feuilles du Perſil.

Racine. Tubéreuſe, ſolide, arrondie, noirâtre.

Port. Tiges d'un pied & demi, herbacée, foible; l'ombelle au ſommet; les feuilles alternes.

Lieu. Dans les pâturages des hautes montagnes du Lyonnois.

Propriétés. La ſemence eſt âcre au goût; la racine mucilagineuſe, un peu aſtringente.

Uſages. On emploie en Médecine la ſemence, & rarement la racine; celle-ci peut ſervir de nourriture.

OBSERVATIONS. Les ſemences âcres, aromatiques, ſont très-analogues à celles du Carvi; elles contiennent une huile eſſentielle, très-pénétrante. La racine fournit

Cl. VII. Sect. I.

une farine légere, nourrissante, dont on peut faire du pain; on peut même, en enlevant l'écorce, la manger crue; elle fournit aux cochons une abondante & excellente nourriture: je ne l'ai vue nulle part aussi commune que sur les montagnes des Pyrénées.

Cette espece, unique dans son genre, se trouve presque sans interruption depuis les Pyrénées jusques en Danemarck; cependant nous ne l'avons point trouvée en Lithuanie.

M. Gouan reconnoit deux especes de Terre-noix, 1.° le *Bunium majus*, à feuilles de la tige très-étroites; à collerette générale, nulle; à fruits ovales, aigus; à styles persistans. 2.° Le *Bunium minus*, à feuilles uniformes; à collerette de plusieurs feuillets; à fruits comme cylindriques, épaissis au sommet; à styles caduques, renversés.

293. LA CAROTTE.

DAUCUS sativus radice luteâ & rubrâ. I. R. H.

DAUCUS carotta. L. *5-dria, 2-gyn.*

Fleur. Rosacée, en ombelle; cinq pétales en cœur, recourbés; les pétales extérieurs plus grands que les intérieurs; l'ombelle universelle ainsi que la partielle, composée d'un grand nombre de rayons presque égaux, un peu plus courts dans le centre; l'enveloppe générale composée de plusieurs folioles de la longueur de l'ombelle, ses folioles linéaires & ailées; l'enveloppe partielle simple & de la longueur des petites ombelles.

Fruit. Ovoïde, couvert de poils rudes, composé de deux semences convexes, hérissées d'un côté, & aplaties de l'autre.

Feuilles. Velues, amplexicaules, à pétioles nerveux en dessous, ailées; les folioles ailées & très-découpées.

Racine. Fusiforme, jaune ou rouge, ce qui ne constitue qu'une variété.

Port. Tige de deux ou trois pieds, herbacée, cannelée, rameuse, velue; l'ombelle très-garnie au sommet; fleurs blanches; les feuilles alternes.

Lieu. Les prés, les champs arides; cultivée dans les potagers. Lyonnoise, Lithuanienne. ♂

Propriétés. La semence carminative, apéritive, diurétique; elle est une des quatre semences chaudes mineures.

Usages. On n'emploie que la racine & les semences. On donne aux animaux la racine pour nourriture & la semence comme médicament, à la dose de ℥j macérée dans du vin blanc.

OBSERVATIONS. La Carotte sauvage offre quelques variétés; nous l'avons observée à feuilles plus ou moins velues, à ombelles roses; souvent au centre on voit une fleur isolée, pourpre, stérile; la tige est quelquefois simple, très-courte. Nous en avons observé près de Grodno des individus de quatre à cinq pouces. Les fleurs de la circonférence sont souvent stériles, quelquefois elles n'offrent que les pistils; celles du disque sont hermaphrodites.

La racine de Carotte sauvage est petite, ligneuse, fade; celle de la cultivée est fusiforme, grosse, succulente, jaune, ou de couleur de Safran; la variété à racine rouge est plus rare. Ces racines sont douces, & fournissent un mucus nutritif assez abondant; Marggraff en a retiré un suc sucré, analogue au sirop, très-doux, qu'il n'a cependant pu faire cristalliser. Ce suc épaissi en extrait, peut tenir lieu de miel; on l'a employé avec avantage contre la toux, la phthisie, & les vers. Cette racine est savonneuse, & avantageuse dans les maladies chroniques de la peau. Les calculeux se trouvent mieux lorsqu'ils la mangent en quantité; le suc exprimé est vermifuge, & utile dans les aphtes des enfans, & pendant le ptyalisme des petites véroles. La pulpe n'est point à mépriser dans le traitement des ulceres

Cl. VII. Sect. I.

cacoétiques; elle diminue les douleurs des cancers, & des brûlures profondes.

Les ſemences aromatiques, âcres, fourniſſent par la diſtillation le principe recteur & l'huile eſſentielle; elles rendent la biere plus agréable; nous les préférons, comme très-communes, aux autres ſemences des Ombelliferes; auſſi les avons-nous ſouvent employées avec ſuccès dans les affections ſpaſmodiques avec flatuoſités, dans l'anorexie, les diarrhées avec relâchement, &c.

L'ombelle portant des ſemences, change de forme; les péduncules ſe plient vers le centre, de même que la collerette qui les embraſſe; alors l'ombelle forme comme un godet; elle ne ſe développe qu'après la parfaite maturité des ſemences; ce changement de forme étoit néceſſaire; ſans cela, les ſemences hériſſées, adhérentes à tout ce qui les touche, auroient été arrachées avant la maturité.

294. LE SISON aromatique.

Sium aromaticum, ſiſon officinarum. I. R. H.

Sison amomum. L. *5-dria, 2-gyn.*

Fleur. Roſacée, en ombelle; cinq pétales lancéolés, recourbés; l'ombelle générale compoſée d'environ ſix rayons inégaux, la partielle de dix; l'enveloppe générale & la partielle de quatre folioles.

Fruit. Ovoïde, cannelé, compoſé de deux ſemences ovales, convexes & cannelées d'un côté, & aplaties de l'autre.

Feuilles. Amplexicaules, ailées, compoſées de cinq à ſept folioles ovales, lancéolées, ſimples & dentelées à leurs bords.

Racine. Fuſiforme, ſimple, blanche, dure.

Port. Tiges de deux pieds, grêles, ſtriées, moelleuſes, rameuſes; l'ombelle redreſſée au ſommet; les feuilles alternes.

Lieu. Les terrains humides & glaiſeux.

Propriétés. Les ſemences âcres & plus aromatiques que les racines; elles ſont carminatives & diurétiques.

Uſages. On ne ſe ſert communément que des ſemences, dont on tire une eau diſtillée qui ſe donne, depuis ℥ iv juſqu'à ℥ vj dans les potions carminatives. On en augmente la vertu en y ajoutant gout. v ou gout. vj de l'huile eſſentielle de la même plante.

OBSERVATIONS. Le genre des Siſons de Linné préſente quelques eſpeces qui méritent d'être caractériſées.

1.° Le Siſon des Blés, *Siſon ſegetum*, à tige droite de ſept à huit pouces; à feuilles ailées, de onze à quinze folioles petites, ovales, pointues, dentées, & quelquefois un peu inciſées; à ombelles de cinq à ſix rayons, inclinées. Dans les champs un peu humides en France.

2.° Le Siſon-Ammi, *Siſon Ammi*, à feuilles trois fois ailées; à folioles des radicales linaires; celles de la tige ſétacées; celles qui terminent les ſtipules plus longues que les feuilles de la tige qui eſt courte. En Portugal; cultivé dans les jardins. C'eſt l'*Ammi parvum foliis fœniculi* C. B.

La ſemence eſt petite, ſtriée, d'un gris brun, amere; ſon odeur aromatique eſt analogue à celle de l'Origan; elle fournit une grande quantité d'huile aromatique, qui a l'odeur & le goût de la ſemence; l'extrait ſpiritueux conſerve la ſaveur de la ſemence.

Cette plante, abandonnée de nos jours, a paru ſi énergique à nos Anciens, qu'ils ont cru, d'après l'expérience, que pluſieurs femmes ſtériles avoient conçu après avoir pris pendant quelques jours une drachme de ſemences de Siſon-Ammi. Quoi qu'il en ſoit, ces ſemences ſont carminatives, antiſpaſmodiques, diurétiques; mais la foule des Congéneres les a fait négliger.

3.° Le Siſon inondé, *Siſon inundatum* L., *Sium minimum* Vaill. Par., à tige petite, rampante; à feuilles

CL. VII. SECT. I.

radicales, très-découpées, à folioles capillaires; celles de la tige ailées, à folioles impaires de trois lobes; à ombelle de deux ou trois rayons.

Dans les terrains inondés en Bresse.

4.° Le Sison verticillé, *Sison verticillatum* L., *Carvi-foliis tenuissimis asphodeli radice* T., à racine charnue, oblongue; à tige d'un pied, très-grêle; à feuilles dont les folioles très-courtes, capillaires, entourent le pétiole, comme en anneaux; à ombelles terminant la tige, de six à dix rayons; collerette générale & partielle; la générale de cinq folioles, très-courte. Lyonnoise, dans les terres humides.

295. LE CHERVI.

SISARUM Germanorum. I. R. H.
SIUM sisarum. L. *5-dria, 2-gyn.*

Fleur. Rosacée, en ombelle; cinq pétales en cœur, recourbés & égaux; le nombre des rayons varie dans les ombelles; la partielle est plane, étendue; l'enveloppe générale a plusieurs folioles lancéolées plus courtes que l'ombelle.

Fruit. Ovale, presque rond, petit, strié, se divisant en deux semences convexes d'un côté, striées, planes de l'autre.

Feuilles. Amplexicaules, ailées, terminées par une impaire, souvent cordiformes; les folioles simples, entieres.

Racine. Tubéreuse, ridée, fibreuse.

Port. Tiges de la hauteur de trois pieds, noueuses, cannelées; l'ombelle au sommet; les feuilles alternes; les florales ternées.

Lieu. On le cultive dans les jardins potagers. ♃

Propriétés. Les racines sont douces, apéritives & vulnéraires.

Usages. On ne se sert que des racines, & plus souvent comme nourriture que comme remede.

OBSERVATIONS. La racine de cette plante contient un mucus sucré. M. Marggraaff en a retiré trois gros d'une demi-livre. On obtient aussi de l'amidon, en triturant cette racine dans l'eau ; elle fournit une nourriture saine & légere ; elle est aussi recommandée comme adoucissante, bonne contre le crachement de sang, les ardeurs d'urine & le ténesme.

296. LA PERCE-FEUILLE *ou* Oreille-de-Lievre.

BUPLEURUM perfoliatum, rotundifolium, annuum. I. R. H.

BUPLEURUM rotundifolium. L. *5-dria, 2-gyn.*

Fleur. Rosacée, en ombelle ; cinq pétales recourbés, en forme de cœur ; l'ombelle générale a moins de dix rayons, ainsi que la partielle qui est droite & étendue ; l'enveloppe générale nulle, la partielle composée de cinq folioles ouvertes, ovales ; les trois plus grandes pointues, les deux plus petites obtuses ; le calice à peine visible.

Fruit. Sous-orbiculaire, cannelé, aplati, composé de deux semences oblongues, ovales, aplaties d'un côté, convexes & cannelées de l'autre.

Feuilles. Ovales, lancéolées, simples, dures, entieres, perfeuillées, lisses, nerveuses.

Racine. Simple, blanche, peu fibreuse.

Port. Tige unique, haute d'un pied & demi, grêle, longue, lisse, cannelée, creuse, noueuse, rameuse ; l'ombelle à fleurs jaunes au sommet ; les feuilles inférieures finissent en pétiole.

Lieu. En Pologne & en Dauphiné. ☉

Propriétés. Vulnéraire & astringente.

Usages. On se sert de toute la plante ; on en-

Cl. VII. Sect. I.

fait des décoctions; les feuilles séchées se réduisent en poudre. La plante bouillie dans du vin avec de la farine de feves, forme des cataplasmes dans les hernies ombilicales. On mêle cette plante avec d'autres vulnéraires pour les animaux.

Observations. Cette plante s'étend depuis nos Provinces méridionales jusques en Pologne. Nous l'avons trouvée dans les champs près de Varsovie, mais je la croirois d'autant plus échappée des jardins, qu'elle étoit aussi devenue spontanée près de Grodno dans les champs qui avoisinoient le Jardin Botanique. Nous avons trouvé des individus à tige grêle, de cinq pouces; à feuilles arrondies, obtuses; la vertu vulnéraire de cette plante est douteuse; la semence est sillonnée, noire, âpre. Si on mâche l'herbe, elle paroit âpre, austere. Ceux qui savent que la seule pression des bandages a guéri des hernies, douteront de la vertu antiherniaire attribuée au Perce-feuille. Comme les échimoses se dissipent d'elles-mêmes, nous croyons aussi que la Perce-feuille est sans vraie énergie pour ces accidens.

Le genre des Bupleures est assez nombreux, ses quinze especes Européennes sont ou Alpines ou Méridionales; nous allons présenter les caracteres des plus généralement citées dans nos Auteurs classiques.

1.° Le Bupleure à feuilles longues, *Bupleurum longifolium*, à tige simple, d'un pied; à feuilles embrassant la tige, longues, lisses, pointues; les inférieures pétiolées; à collerette générale, de trois feuillets; la partielle de cinq feuillets ovales, de la longueur des fleurs. En Dauphiné & en Allemagne.

2.° Le Bupleure-Faucillier, *Bupleurum falcatum*, à tige de deux pieds, un peu coudée à chaque nœud; à feuilles lancéolées, nerveuses; les supérieures plus étroites, courbées en faucille; la collerette générale d'un à trois feuillets, la partielle de cinq petits, aigus. Lyonnoise.

3.° Le Bupleure roide, *Bupleurum rigidum*, est très-ressemblant au Faucillier; mais ses feuilles sont plus seches, plus roides, plus élargies, plus nerveuses; la collerette partielle formée par des feuillets très-petits, aigus. En Languedoc.

4°. Le Bupleure étalé, *Bupleurum odontites*, à tige de huit pouces; à branches très-écartées, très-ouvertes, noueuses à leur base; à feuilles linaires, lancéolées; à collerette générale, de cinq feuillets; la partielle de trois ou de cinq, longs, lancéolés; le fleuron central beaucoup plus élevé que les autres; à fleurs jaunes. Lyonnoise.

5.° Le Bupleure menu, *Bupleurum tenuissimum*, à tige d'un pied, grêle; à branches pourpres, alternes; à feuilles linaires, pointues; à petites ombelles aux aisselles des feuilles, formées par un petit nombre de fleurs; à collerette générale, de trois feuillets courts, la partielle de cinq feuillets sétacés, courts. Lyonnoise & Allemande.

297. LE BUPLEURUM en arbre ou Séféli d'Ethiopie.

BUPLEURUM arborescens salicis folio. I. R. H.

BUPLEURUM fruticosum. L. *5-dria, 2-gyn.*

Fleur. }
Fruit } Comme dans la précédente.

Feuilles. Simples, très-entieres, en ovale renversé, plus larges dans le haut que dans le bas, traversées dans leur longueur d'une forte nervure qui se confond avec un pétiole creusé en gouttiere, & amplexicaule.

Racine. Ligneuse, rameuse.

Port. Cet arbrisseau s'éleve de quatre à cinq pieds; les tiges droites, rameuses; la fleur au sommet. Il jette plusieurs rejetons par le pied. On y voit au printemps plusieurs feuilles plus grandes que les feuilles ordinaires.

Lieu. Originaire du Levant; il réussit parfaitement dans nos climats. ♃

Cl. VII. Sect. I.

Propriétés. Cet arbrisseau froissé entre les doigts répand une odeur forte; son goût est âcre, aromatique, désagréable; sa vertu carminative.

Usages. On l'emploie en décoction & en infusion.

Observations. On a trouvé cet arbrisseau spontané près de Marseille & de Narbonne, peut-être s'est-il échappé des jardins; il forme de très-beaux espaliers, souffre la taille, prend une belle forme, & produit un bel effet par ses fleurs très-nombreuses.

SECTION II.

Des Herbes à fleurs rosacées, en ombelle, soutenues par des rayons, dont le calice se change en deux petites semences oblongues & un peu épaisses.

298. LE FENOUIL COMMUN.

Fœniculum dulce majore & albo semine. I. R. H.

Anethum fœniculum. L. *5-dria, 2-gyn.*

Fleur. Rosacée, en ombelle; cinq pétales entiers, lancéolés, recourbés; les ombelles composées de plusieurs rayons, aucune enveloppe; le calice à peine visible.

Fruit. Ovale, composé de deux semences convexes, cannelées d'un côté, aplaties de l'autre, sans être environnées d'une membrane comme l'Anet.

Feuilles. Très-grandes, lisses, amplexicaules, plusieurs fois ailées; les folioles simples, ailées, linéaires, comme cylindriques, terminées en pointe.

Racine. Fusiforme, cylindrique, presque blanche.

Port. Tiges de la hauteur d'un homme, nombreuses, droites, cylindriques, cannelées, noueuses, lisses; l'ombelle au sommet, grande, concave, à fleurs jaunes; les feuilles alternes.

Lieu. Dans les vignes pierreuses des Provinces méridionales, dans les jardins. ♂

Propriétés. Sa racine a une saveur aromatique, toute la plante un goût âcre, aromatique & pénétrant; elle est résolutive, carminative, diurétique, sudorifique, stomachique.

Usages. L'herbe, les semences, la racine, sont souvent employées pour l'homme. On tire de la racine un suc qui, adouci avec le sucre, se donne à la dose de ℥ iv. De l'herbe, on tire une eau simple & une eau distillée. Toutes les deux se prescrivent depuis ℥ j jusqu'à deux; on tire de la semence une huile exprimée, une huile distillée, une huile essentielle très-carminative qui se donne à la dose de gout. vj mêlée avec un peu de sucre dans du vin. Des semences on fait une poudre qui se donne dans du vin, depuis ʒ ß jusqu'à ʒ j. Aux animaux, on donne la semence en poudre, à la dose de ℥ j, ou macérée dans de l'eau-de-vie à ℥ j sur ℔ j de liqueur. On leur donne l'huile essentielle à la dose de ʒ j.

OBSERVATIONS. Je ne sais si le Fenouil est originairement spontané en Lithuanie, mais il est certain qu'il croît sans culture presque par-tout autour de Grodno; on distingue trois variétés de Fenouil: le sauvage, qui est plus âcre; le cultivé d'Allemagne, qui est plus doux; & le cultivé d'Italie, dont les tiges & les racines plus grosses que le bras, se mangent en salade.

La tige & les feuilles de Fenouil répandent une odeur

aromatique ſpéciale ; les ſemences brunes ſont auſſi très-aromatiques ; on peut en extraire, par la diſtillation, une huile eſſentielle, jaune, douce, ſuave ; elle ſe fige comme du beurre au moindre froid. Les ſemences fourniſſent encore une huile graſſe qui réſide dans leur ſubſtance farineuſe ; les habitans du Nord aiment le pain aromatiſé avec les ſemences de Fenouil ; on les a regardées de tout temps comme efficaces dans les affections ſpaſmodiques cauſées par des vents détenus ; pluſieurs Praticiens les preſcrivent dans les potions purgatives, pour empêcher les flatuoſités ; il eſt bien permis aujourd'hui de rire de leurs prétentions.

On aſſure que les nourrices qui mangent du Fenouil ont beaucoup plus de lait ; tous les ſtomachiques peuvent produire cet effet.

La racine du Fenouil, peu aromatique, a cependant un goût très-agréable, ſur-tout celle du Fenouil d'Italie qui eſt plus blanche, plus ſucculente.

299. LE SÉSÉLI DE MARSEILLE *ou* Fenouil tortu.

FŒNICULUM tortuoſum. J. B.
SESELI tortuoſum. L. *5-dria*, *2-gyn.*

Fleur. Roſacée, en ombelle arrondie ; cinq pétales en cœur, recourbés, un peu inégaux ; l'ombelle générale varie dans ſa forme ; la partielle eſt preſque ronde & très-courte ; point d'enveloppe générale, la partielle compoſée de pluſieurs folioles linéaires, pointues, de la longueur des petites ombelles.

Fruit. Petit, ovale, ſtrié, diviſé en deux ſemences cannelées, convexes d'un côté, & de l'autre aplaties.

Feuilles. Amplexicaules, deux fois ailées, les folioles linéaires, raſſemblées en faiſceaux, plus épaiſſes que celles du Fenouil.

Racine. Fusiforme, petite, tortue.

Port. Tige herbacée, haute, droite, roide, tortueuse, cannelée, très-rameuse; l'ombelle au sommet; les feuilles alternes.

Lieu. L'Europe méridionale. ♃

Propriétés. La semence est aromatique, un peu âcre au goût, stomachique, diurétique, emménagogue, résolutive, carminative.

Usages. On ne se sert que de la semence, & rarement.

OBSERVATIONS. Cette espece a été trouvée en Dauphiné & dans le Palatinat; ainsi sa station s'étend beaucoup plus haut qu'on ne l'avoit pensé; sa semence verte, est aromatique, assez piquante; on lui a reconnu les vertus des semences des autres Ombelliferes aromatiques; mais le grand nombre de ses congéneres l'a fait abandonner; cependant, pour prouver combien les Auteurs les plus graves sont portés à accorder aux plantes des vertus imaginaires, Schroder nous annonce gravement que la semence du Fenouil tortu peut seule détruire les mauvais effets de la Ciguë.

Ramenons à cette espece principale quelques Séselis assez communs en France pour mériter d'être au moins dénommés.

1.° Le Séséli des montagnes, *Seseli montanum*, à tige d'un pied, lisse; à feuilles radicales, deux fois ailées, à folioles étroites, fendues en trois segmens; celles de la tige à pétioles membraneux, oblongs, entiers; plus petites, moins composées; à ombellules denses, rougeâtres; nulle collerette générale. Lyonnoise. C'est le *Carvifolia* Vaill. Bot. Par. Tab. V. fig. 2.

2.° Le Séséli annuel, *Seseli annuum*, à tige d'un pied, striée, légérement rameuse; à gaîne des feuilles échancrée à son sommet; elles sont deux fois ailées, lisses, à folioles assez roides, linaires, pinnatifides. Lyonnoise, Lithuanienne. C'est le *Fœniculum sylvestre annuum tragoselini odore, umbellâ albâ* de Vaillant Botan. Par. Tab. IV. fig. 4.

Cl. VII.
Sect. II.

300. LE MEUM.

Meum foliis anethi. C. B. P.
Athamanta Meum. L. 5-dria, 2-gyn.

Fleur. Rosacée, en ombelle ; cinq pétales en forme de cœur, recourbés, un peu inégaux ; l'enveloppe générale, nulle, ou quelquefois d'un seul feuillet ; la partielle de trois feuillets, ornant un seul côté de l'ombellule ; l'ombelle générale ouverte, composée de plusieurs rayons, la partielle en a moins.

Fruit. Ovale, oblong, cannelé, divisé en deux semences glabres, cannelées, convexes d'un côté & aplaties de l'autre.

Feuilles. Amplexicaules, deux fois ailées ; les folioles courtes, capillaires.

Racine. Fusiforme.

Port. Les tiges d'un ou deux pieds, herbacées, cannelées, l'ombelle au sommet ; les feuilles alternes.

Lieu. Les Alpes en Suisse, en Espagne, au Mont Pila. ☉

Propriétés. La racine a un goût piquant, assez agréable à sentir ; elle est carminative, diurétique, emménagogue, stomachique, incisive, détersive, sudorifique & antiasthmatique.

Usages. On se sert seulement de la racine, & rarement ; on en tire une eau simple, peu usitée ; on en fait une poudre, des infusions ; on donne aux animaux la poudre à ℥ ß, & l'infusion à ℥ j dans ℔ j de vin blanc.

Observations. Les genres des Ombelliferes sont si peu prononcés pour la plupart, que les Auteurs les plus célebres different presque tous en ramenant les especes ſous leurs genres définis ; le *Meum* en eſt une preuve. Linné en avoit fait un *Athamenta*, il l'a enſuite ſoumis à l'*Ethuſa* ; Scopoli en a fait un *Seſeli* ; Crantz un *Liguſticum* ; Jacquin un *Meum*. Linné s'eſt décidé ſur la ſtructure des collerettes qui ſont très-incertaines dans la plupart des Ombelliferes. Quoi qu'il en ſoit, cette plante qui eſt très-commune dans les prairies de Mont Pila, & que nous avons auſſi trouvée dans des prés en montant à la Chartreuſe, a été auſſi obſervée ſur les montagnes de la forêt d'Hircinie, en Allemagne ; elle eſt ſous-alpine.

La racine extérieurement brune, eſt âcre, aromatique ; la plante répand une odeur propre, agréable, pénétrante ; les ſemences ſont auſſi aromatiques. Dans les prairies de Pila, cette eſpece eſt ſi abondante, qu'elle impregne le foin d'une odeur très-vive, qui peut cauſer des maux de tête à ceux qui repoſent ſur ce foin. Le *Meum* pourroit, au moins pour nos Provinces, tenir lieu de toutes les autres Ombelliferes : éminemment médicamenteux, tonique dans toutes ſes parties, c'eſt un bon ſtomachique, cordial, ſudorifique, diurétique ; on peut donc le preſcrire dans les maladies avec atonie, comme chloroſe, ſuppreſſion des regles, anorexie, paralyſie, aſthme pituiteux, fievres intermittentes. Cette eſpece plaît à tous les animaux ruminans ; mais on a obſervé qu'elle leur cauſe des égagropiles, boules légeres qui ne ſont autre choſe que les filets des feuilles & des racines, liés par le gluten des ventricules ; ces boules retiennent l'odeur du *Meum*.

300 *. L'ŒNANTHÉ aquatique.

ŒNANTHE *aquatica*. T.
ŒNANTHE *fiſtuloſa*. L. *5-dria, 2-gyn.*

Fleur. Roſacée, en ombelles irrégulieres, celles du diſque aſſiſes, ſtériles ; la collerette univerſelle, ſouvent nulle, ou d'une foliole ; l'ombelle composée de trois ou quatre rayons qui soutiennent chacun une ombellule très-ramassée, plane.

Fruit. Oblong, couronné par le calice & les styles persistans.

Feuilles. Les radicales deux fois ailées; à folioles planes; à lobes arrondis; celles de la tige ailées, fistuleuses, filiformes, cylindriques.

Racine. Stolonifere; elle produit çà & là dans la vase, des bulbes.

Port. La tige d'un pied, cylindrique, lisse, fistuleuse, presque nue; fleurs blanches.

Lieu. Dans les marais. Lyonnoise, Lithuanienne.

Propriétés. Les semences âcres, aromatiques; les racines répandent une odeur fétide. Cette plante est suspecte, comme vénéneuse. Un chien qui avoit mangé de sa racine, périt en peu de jours; les vaches, les chevaux, ne touchent point à cette plante; la décoction de cette racine, versée sur les taupinieres, fait, dit-on, périr les taupes.

OBSERVATIONS. Ajoutons à cette espece principale,

1.° L'Œnanthé-Pimprenelle, ou à feuilles de Persil, *Œnanthe pimpinelloïdes* L., à tige de demi-pied, anguleuse; à feuilles radicales deux fois ailées; à folioles cunéiformes, incisées; celles de la tige plus simples, à peine ailées; à folioles linaires, très-longs; à collerette générale & partielle, de plusieurs feuillets en alêne, sétacés; à corolles blanches, les extérieures un peu plus grandes. Sur les montagnes du Lyonnois.

Nous trouvons dans nos marais formés par les eaux stagnantes du Rhône, une belle variété de cette espece, que M. de la Tourrette a appelée *Œnanthe tenuifolia*, & qui a été bien dessinée par M. Buliard dans sa Flore de Paris. Sa tige s'éleve à un pied & plus; les feuilles des tiges sont à folioles plus menues.

2.° L'Œnanthé safranée, *Œnanthe crocata* L., à racine donnant un suc jaune; à tige de deux pieds, d'un vert roussâtre; toutes les feuilles une ou deux fois ailées; à folioles uniformes, cunéiformes, incisées, lisses; collerette générale,

générale, nulle ; ombelle de quinze à vingt rayons, opposée aux feuilles. CL. VII. SECT. II.

Observée en Provence & en Suede ; elle passe pour un poison très-dangereux.

301. LA LIVECHE ou Ache de montagne.

ANGELICA montana perennis, paludapii folio. I. R. H.

LIGUSTICUM levisticum. L. 5-*dria*, 2-*gyn*.

Fleur. Rosacée, en ombelle ; cinq pétales égaux, blancs, entiers, recourbés au sommet, planes, creusés en forme de carene ; l'enveloppe générale de sept ou huit folioles linaires, lancéolées, inégales ; la partielle de quatre au plus ; l'ombelle générale est composée de plusieurs rayons, ainsi que la partielle.

Fruit. Oblong, anguleux, sillonné, divisé en deux semences oblongues, glabres, profondément cannelées d'un côté, à cinq sillons, & de l'autre aplaties.

Feuilles. Amplexicaules, deux fois ailées ; les folioles cunéiformes, opposées, sessiles, simples, lisses, découpées à leur sommet.

Racine. Fusiforme, rameuse, longue d'un pied.

Port. Les tiges de la hauteur d'un homme, de la grosseur du pouce, nombreuses, noueuses, épaisses, creuses, cannelées, peu rameuses ; l'ombelle au sommet ; les feuilles alternes.

Lieu. Les Alpes, l'Esperou. ♃

Propriétés. Toute la plante, sur-tout la semence, a une odeur désagréable ; elle est carminative, stomachique, antihystérique, emménagogue, sudorifique, résolutive.

Cl. VII.
Sect. II.

Usages. On ſe ſert pour l'homme, de la racine, des feuilles & des ſemences. Des feuilles, on fait des décoctions; elles entrent dans les emplâtres vulnéraires. La racine ſe preſcrit en poudre, depuis ʒ ß juſqu'à ʒ j; avec la ſemence on fait une farine & des infuſions. Pour les animaux, on preſcrit la racine en poudre depuis ℥ ß juſqu'à ℥ j.

Observations. La Liveche cultivée dans les jardins s'en échappe facilement, & devient ainſi comme ſpontanée; toute la plante répand une odeur forte, particuliere; ſa ſaveur eſt vive, aromatique. Elle contient un ſuc jaune, aſſez abondant; la Liveche le diſpute en vertus avec l'Angélique & l'Impératoire; elle a réuſſi dans les affections ſpaſmodiques, hyſtériques; ſon ſuc ranime ſuffiſamment pour accélérer chez les femmes foibles & l'accouchement & l'expulſion de l'arriere-faix.

Nous l'avons ſouvent vu réuſſir dans les ſuppreſſions des regles avec chloroſe. La ſemence qui eſt brune, fournit une huile eſſentielle; ſon odeur & ſa ſaveur ſont plus fortes que celles de l'Angélique; elle augmente évidemment la quantité du lait aux nourrices.

Sa racine, jaune en dehors, blanche en dedans, a une odeur analogue à celle du Melilot, mais plus forte; ſa ſaveur eſt vive, piquante, plus énergique que celle de l'Angélique; ſon principe muqueux eſt doux, & ſe diſſout en partie dans l'eau, ſans retenir l'odeur de l'écorce. L'extrait ſpiritueux offre le principe aromatique, l'huile eſſentielle & le corps doux muqueux. Une cuillerée de la poudre de la racine ſuffit ſouvent pour rétablir les menſtrues.

302. LA PETITE ANGÉLIQUE sauvage.

ANGELICA sylvestris minor seu erratica. C. B. P.

ÆGOPODIUM podagraria. L. *5-dria, 2-gyn.*

Fleur. Rosacée, en ombelle ; cinq pétales ovales, concaves ; point d'enveloppe ; l'ombelle générale de forme convexe, est composée de plusieurs rayons, ainsi que la partielle dont la forme est aplatie.

Fruit. Ovale, oblong, cannelé, divisé en deux semences oblongues, convexes d'un côté & aplaties de l'autre.

Feuilles. Amplexicaules ; les inférieures deux fois ternées, leurs folioles sessiles ; les supérieures simples, ternées & les folioles pétiolées ; toutes les feuilles simples, assez grandes, ovales, entieres & dentées.

Racine. Longue, rampante, horizontale, fibreuse.

Port. Tige de deux pieds, droite, anguleuse, herbacée, cannelée ; l'ombelle au sommet, dense, inégale ; fleurs blanches ; les feuilles alternes.

Lieu. Les haies, les bords des vignes. Lyonnoise, Lithuanienne. ♃

Propriétés. } Quelques Auteurs la croient ré-
Usages. } solutive.

OBSERVATIONS. Tournefort a placé la Podagraire avec ses Angéliques ; Crantz en fait un *Ligusticum* ; Scopoli un Séséli ; le Chevalier la Marck un *Tragoselinum.* Après tant de variations, qu'on nous assure d'un ton magistral que les genres sont tous naturels, constans ! ceux qui pensent ainsi, n'ont qu'à examiner les genres des Ombelliferes, des Cruciformes, des Caryophyllées ;

& ils verront combien ils sont peu fondés sur des caracteres invariables. Quoi qu'il en soit, la Podagraire, peu aromatique, se recueille dans le Nord, au printemps, pour être mangée comme plante potagere; tous les bestiaux s'en nourrissent avec plaisir. Les Praticiens qui savent que la goutte est une maladie dépuratoire qu'il ne faut pas guérir, & qu'heureusement on ne peut guérir, rient des assertions des Anciens qui prétendent avoir guéri des goutteux avec cette plante; ce qui lui a valu le nom de *Podagraria*. Cent remedes inutiles sont vantés contre la goutte, parce que les accès se sont dissipés en prenant ces remedes; mais ils n'ont pas eu plus d'effet pour guérir cette maladie, que les prétendus vulnéraires appliqués sur les plaies, tandis que la nature seule les purge, fait pousser les chairs, les remplit & les consolide.

303. LA SANICLE FEMELLE.

ASTRANTIA major, coronâ floris candidâ vel purpurascente. I. R. H.
ASTRANTIA major. L. *5-dria, 2-gyn.*

Fleur. Rosacée, en ombelle; plusieurs pétales en forme de cœur, recourbés, divisés en deux à leur extrémité; l'enveloppe générale divisée en plusieurs folioles; la partielle en a une vingtaine, lancéolées, à trois nervures, colorées, plus longues que les petites ombelles; l'ombelle générale composée de trois rayons; la partielle d'un très-grand nombre.

Fruit. Ovale, obtus, cannelé, couronné, composé de deux semences ovales, oblongues.

Feuilles. Palmées, divisées en cinq lobes qui se subdivisent en trois parties; les radicales pétiolées, les caulinaires sessiles.

Racine. Fusiforme, accompagnée de petites racines de la même forme & paralleles.

Port. Tige haute d'un pied ; l'ombelle au sommet ; les ombelles partielles semblent former une belle fleur radiée, rougeâtre ou blanchâtre ; les feuilles ordinairement deux à deux sur la tige, leurs dentelures terminées par des poils.

Lieu. Les Alpes, les Pyrénées, sur les montagnes sous-alpines du Bugey. ♃

Propriétés. La racine est purgative.

Usages. On n'emploie que sa racine, & son usage est presque abandonné en Médecine.

OBSERVATIONS. Plusieurs fleurs de cette plante, aussi appelée Radiaire majeure, avortent ; les angles des semences sont à dentelures. On trouve encore sur les Alpes du Dauphiné une autre espece de Radiaire appelée mineure, *Astrantia minor* L. T., à tige plus grêle, plus petite ; à feuilles digitées, de sept folioles distinctes, plus étroites, simplement dentées ; à ombellules très-petites, dont la collerette déborde très-peu.

304. LE CERFEUIL.

CHÆROPHYLLUM sativum. C. B. P.
SCANDIX cerefolium. L. *5-dria, 2-gyn.*

Fleur. Rosacée, en ombelle ; cinq pétales en cœur, recourbés, les extérieurs plus grands que les intérieurs ; point d'enveloppe générale ; la partielle de deux, trois ou cinq folioles de la longueur des petites ombelles ; l'ombelle générale longue, composée de peu de rayons, la partielle plus nombreuse.

Fruit. Long, subulé, ovale, strié, composé de deux semences sillonnées d'un côté, planes de l'autre, luisantes.

Feuilles. Amplexicaules, deux ou trois fois ailées ; les folioles un peu élargies, obtuses, découpées, un peu velues, imitant celles du Persil.

Cl. VII. Sect. II.

Racine. Fusiforme, menue, blanche, fibreuse.

Port. Tige d'une coudée, cylindrique, cannelée, noueuse, lisse, branchue; l'ombelle au sommet, ou assise, latérale; les feuilles alternes; toutes les fleurs hermaphrodites.

Lieu. Les jardins potagers; spontanée dans les champs des Provinces méridionales. ☉

Propriétés. La racine est légérement âcre; les feuilles ont une saveur & une odeur aromatique; la plante est incisive, apéritive, résolutive, diurétique.

Usages. On se sert, pour l'homme, de l'herbe & des semences; de l'herbe, on tire un suc que l'on donne à la dose de ℥ iij ou ℥ iv. On en fait une décoction qui se prescrit depuis ℥ v jusqu'à ℥ vj. Le suc exprimé ou les décoctions, sont un diurétique doux; la plante pilée & appliquée est antihémorroïdale. On donne le suc aux animaux, à la dose de ℔ ß.

Observations. Souvent les fleurs du disque sont seulement à étamines, ou mâles; le nectaire posé sur le sommet du germe est un mamelon persistant, aplati, blanc, anguleux, fendu par son milieu. M. Cusson qui avoit beaucoup travaillé sur les Ombelliferes, nous assuroit, en 1773, que cette partie de la fructification trop négligée par Linné, offroit plusieurs modifications essentielles & très-sûres pour constituer les genres. L'examen des Ombelliferes d'Europe nous a confirmé l'assertion de ce savant Botaniste.

Le Cerfeuil mérite toute l'attention des Praticiens: sans parler de son usage dans nos cuisines, connu de tout le monde, son odeur agréable annonce un principe recteur & une huile essentielle, tonique, cordiale, apéritive; cette huile essentielle qui a l'odeur du Fenouil, est peu abondante, vu que cette herbe est très-aqueuse. Son suc contient un sel piquant qui ne détonne pas comme le nitre. Ce suc de Cerfeuil donné à une ou deux onces le matin, est très-utile dans les obstructions de la rate, du mésentere; dans l'ictere, l'asthme, les fievres lentes, la phthisie, l'hydropisie; dans les tumeurs indolentes des mamelles, les dépôts laiteux; dans les écrouelles, les dartres. Nous trouvons des observations spéciales qui prouvent l'énergie de ce remede dans tous ces cas: nous l'avons éprouvé dans quelques-unes de ces maladies, il a soulagé les malades; mais nous n'avons que trop éprouvé que plusieurs de celles qui sont énoncées résistent à tous les remedes; les feuilles de Cerfeuil pilées, appliquées extérieurement, peuvent résoudre les tumeurs des mamelles, causées par le lait.

Ramenons sous ce genre,

1.° Le Peigne de Vénus, *Scandix pecten*. Voyez ci-après le n.° 324.

2.° Le Scandix hérissé, *Scandix anthriscus*, à tige lisse, de deux pieds; à feuilles trois fois ailées, légérement velues; à folioles petites, incisées; à ombelles latérales; à péduncules courts; à fleurs petites, presque régulieres; à semences ovales, hérissées, d'une ligne & demie de longueur. C'est le *Chærophyllum sylvestre seminibus brevibus hirsutis* T. En effet, il ressemble beaucoup au Cerfeuil. Lyonnoise, Lithuanienne.

3.° Le Scandix noueux, *Scandix nodosa*, à tige hérissée de poils mous, renversés; à nœuds renflés; à feuilles trois fois ternées; à folioles découpées, rudes; à collerette générale nulle; les partielles de deux ou trois feuillets en alêne, très-courts; à semences alongées, hérissées de poils redressés. C'est le *Chærophyllum sylvestre alterum geniculis tumentibus* de Tournefort. J'ai trouvé cette plante dans le Lyonnois, à Chazay-sur-Azergues.

305. LE CERFEUIL SAUVAGE.

CHÆROPHYLLUM sylvestre perenne, cicutæ folio. I. R. H.

CHÆROPHYLLUM sylvestre. L. *5-dria, 2-gyn.*

Fleur. Rosacée, en ombelle; cinq pétales en forme de cœur, recourbés, les extérieurs un peu plus longs que les intérieurs ; point d'enveloppe générale ; la partielle divisée en cinq ou dix folioles lancéolées, concaves, recourbées ; l'ombelle générale ouverte, la partielle composée d'un nombre de rayons presque égal à ceux de l'ombelle générale.

Fruit. Ovale, oblong, pointu, divisé en deux semences oblongues, très-menues à leur pointe, lisses, convexes d'un côté, aplaties de l'autre.

Feuilles. Amplexicaules, deux ou trois fois ailées ; les folioles pinnatifides & pointues, imitant celles de la Ciguë.

Racine. Fusiforme.

Port. Tige herbacée, striée, rameuse, de deux à quatre pieds, un peu enflée à chaque nœud ; l'ombelle au sommet ; les feuilles alternes ; toutes les fleurs hermaphrodites.

Lieu. Les vergers, les lieux cultivés. Lyonnoise, Lithuanienne.

Propriétés. Cette plante est amere & âcre au goût. Quelques Auteurs la regardent comme résolutive. Le Chevalier Linné croit ses vertus douteuses, & la soupçonne vénéneuse.

Usages. On l'emploie pour arrêter les progrès de la gangrene.

Observations. Le Chevalier de la Marck ramene à cette espece, comme simple variété, le Cerfeuil hérissé, *Chærophyllum hirsutum* L. ; mais il differe par sa racine plus longue, par sa tige cylindrique, hérissée ; par ses feuilles à nervures plus velues ; par son fruit plus alongé, terminé par deux arêtes plus longues, seches, dures. Lyonnoise, Lithuanienne.

Le Cerfeuil sauvage, *Chærophyllum sylvestre* L., vraiment nauséeux, fétide, ne doit point être coordonné avec les Ombelliferes aromatiques, à huile essentielle, cordiale ; sa ressemblance, au moins par ses feuilles, avec la Ciguë, l'a rendu avec raison suspect, comme vénéneux ; mais l'expérience n'a pas encore prononcé d'une maniere décisive sur ses mauvais effets. On emploie en Suede ses fleurs pour teindre les laines en jaune, & ses tiges pour les teindre en vert ; on le croit dangereux dans les prairies.

Faisons encore connoître quelques especes de Cerfeuils qui peuvent tomber sous la main.

1.° Le Cerfeuil bulbeux, *Chærophyllum bulbosum*, à racine charnue, en toupie; à tige de cinq pieds, lisse, tachetée comme celle de la Ciguë, enflée à chaque nœud, hérissée à sa base; à feuilles trois fois ailées; à folioles incisées; à collerettes de cinq à sept feuillets inégaux, en alêne, presque réunis par la base. Ce grand Cerfeuil se trouve dans les prairies d'Allemagne & en Lithuanie.

2.° Le Cerfeuil penché, *Chærophyllum temulum*, à tige rude, tachetée, dont les nœuds sont enflés ; à feuilles deux fois ailées; à folioles découpées, obtuses ; à ombelles lâches, souvent penchées. Lyonnoise, Lithuanienne.

3.° Le Cerfeuil aromatique, *Chærophyllum aromaticum*, à tige de deux ou trois pieds, rude, tachetée ; à feuilles composées, deux fois ternées ; à folioles entieres, en cœur, à dents de scie, un peu rudes ; à ombelles blanches ; la collerette générale, d'un ou de plusieurs feuillets lancéolés, renversés ; la partielle de six à dix feuillets plus courts ; semences alongées, lisses, grêles ; à quatre sillons obscurs, terminés par deux arêtes. Commune dans les forêts de Lithuanie. Cette plante ressemble beaucoup par les feuilles à la Podagraire. M. Jacquin en donne une bonne figure, Tab. 150, Flor. Austr. C'est l'*Angelica sylvestris major hirsuta* Lœsel. Flor. Pruss. pag. 16., ses feuilles broyées entre les doigts répandent une odeur agréable ; les fleurs sont aussi odorantes, mais les semences le sont très-peu.

4.° Le Cerfeuil doré, *Chærophyllum aureum*, à tige petite, d'un pied, anguleuse, striée, inférieurement hérissée ; à feuilles deux fois ailées, hérissées en dessous ; à folioles découpées ; à pétales blancs, extérieurement un peu rouges ; à semences à peine striées, cylindriques, jaunes. C'est le *Myrrhis perennis alba minor*, *foliis hirsutis*, *semine aureo* T.

On la trouve en France, en Allemagne, Lyonnoise, sur les montagnes.

Cl. VII.
Sect. II.

306. LE CERFEUIL MUSQUÉ.

MYRRHIS major, ſeu Sicutaria odorata. I. R. H.

SCANDIX odorata. L. *5-dria, 2-gyn.*

Fleur. Roſacée, en ombelle; caracteres du Cerfeuil, n.° 304.; l'enveloppe ne perſiſte que peu de temps.

Fruit. Grand, long, compoſé de deux ſemences profondément ſillonnées & anguleuſes.

Feuilles. Grandes, larges, molles, amplexicaules, trois fois ailées; à folioles découpées, un peu velues.

Racine. Fuſiforme, blanche, molle.

Port. Tiges herbacées, cannelées, rameuſes, velues, fiſtuleuſes, de la hauteur de trois ou quatre pieds; l'ombelle au ſommet; les feuilles alternes; les fleurs du diſque n'ont que des étamines.

Lieu. Les Alpes & les montagnes du Lyonnois: on le cultive dans les jardins potagers. ♃

Propriétés. La racine eſt d'une ſaveur agréable, aromatique, un peu âcre, ainſi que les ſemences; cette plante a toutes les vertus du Cerfeuil n.° 304. on la regarde auſſi comme béchique, inciſive; ſa décoction eſt emménagogue.

Uſages. On emploie toute la plante en infuſion ou en décoction. (*)

(*) Les propriétés que nous aſſignons à toutes les plantes des familles naturelles, ne ſont que les réſultats de nos obſervations, ou de celles des plus célébres Praticiens: en les réſumant ſous des regles générales, nous voyons avec plaiſir que très-ſouvent les plantes de ces familles ont à-peu-près les mêmes vertus: c'eſt une vue bienfaiſante de la Providence; vue d'autant plus admirable, que les plantes ne croiſſent pas toutes dans le même lieu, & ne ſont pas en vigueur dans le même temps.

SECTION III.

Des Herbes à fleurs rosacées, en ombelle, soutenues par des rayons, dont le calice devient un fruit arrondi, un peu épais & de médiocre grosseur.

307. LE MACERON commun.

SMYRNIUM. Math.
SMYRNIUM olusatrum. L. *5-dria, 2-gyn.*

FLEUR. Rosacée, en ombelle; cinq pétales lancéolés, un peu recourbés; l'ombelle générale est inégale, la partielle droite; aucune enveloppe.

Fruit. Presque rond, cannelé, composé de deux semences en forme de croissant, d'un côté convexes & à trois cannelures, aplaties de l'autre côté.

Feuilles. Amplexicaules, trois fois ternées; les caulinaires à folioles ovales, dentées, lisses, luisantes, pétiolées, dentées en maniere de scie.

Racine. En forme de rave, blanche.

Port. Tiges de trois pieds, rameuses, cannelées, un peu rougeâtres; l'ombelle au sommet; fleurs d'un jaune pâle; les feuilles alternes.

Lieu. A Montpellier, dans les terrains marécageux. ♂

Propriétés. La racine est âcre & amere, ainsi que les semences; toutes deux sont apéritives, carminatives, diurétiques.

Usages. On ne se sert que de la racine & de la semence, sur-tout de la racine; elle entre dans les tisanes & apozemes pour purifier le sang. On met pour les animaux ℥ j des semences sur ℔ j d'eau.

Cl. VII. Sect. III.

Observations. Les gaînes des feuilles ſont déchirées & ciliées; on trouve ſouvent des collerettes très-courtes; les fleurs du diſque ſont la plupart mâles, ou à étamines; celles du rayon ſont hermaphrodites. Cette plante ſe trouve auſſi dans les marais de Hollande; elle eſt abſolument négligée dans la pratique, quoique ſa ſaveur annonce beaucoup d'énergie. Les anciens Médecins l'ont louée pour le traitement des maladies chroniques avec épaiſſiſſement des humeurs, atonie, comme, la paralyſie, les obſtructions, les langueurs d'eſtomac, &c. Rien n'empêche d'ajouter confiance à leurs obſervations, vu que l'analogie parle en leur faveur. On peut regarder les racines du Maceron comme analogues à celles du Céleri; auſſi les peut-on manger au printemps, de même que les jeunes tiges, ſoit en ſalade, ſoit cuites au jus.

308. LA CORIANDRE.

Coriandrum majus. C. B. P.
Idem. L. *8-dria, 2-gyn.*

Fleur. Roſacée, en ombelle : cinq pétales en forme de cœur, recourbés; ceux du diſque ſont égaux; ceux de la circonférence inégaux; les extérieurs plus grands & diviſés en deux : l'enveloppe générale d'une ſeule foliole; la partielle diviſée en trois folioles linéaires : l'ombelle compoſée d'un très-petit nombre de rayons; la partielle de pluſieurs.

Fruit. Rond, ſphérique, ridé, ſtrié, compoſé de deux ſemences hémiſphériques à ſtries légeres.

Feuilles. Les inférieures deux fois ailées, à folioles aſſez larges, ovales, lobées ou dentées, amplexicaules, ailées; les caulinaires découpées, très-menues.

Racine. Fuſiforme, foible, blanche, peu fibreuſe.

Port. Tige ſimple, grêle, cylindrique, pleine

de moelle, haute de deux ou trois pieds; l'ombelle au sommet; les feuilles alternes; les fleurs du disque ne produisent souvent point de semences.

Lieu. L'Italie; on la cultive aisément dans les jardins. ⊙

Propriétés. La semence fraîche est d'une odeur désagréable; elle devient plus douce en séchant; elle est carminative, stomachique.

Usages. On n'emploie que la semence; dont on tire une eau distillée; on en fait des décoctions & une farine. On la donne en poudre aux animaux, à la dose de ℥ ß.

OBSERVATIONS. On ne peut nier, en rassemblant toutes les observations, que la Coriandre cultivée ne soit une espece hétéroclite, intermédiaire entre les Ombelliferes cordiales, toniques, & les vénéneuses. Il est certain que des masses de cette plante fraîche, portent à la tête, causent des cardialgies, comme nous l'avons nous-mêmes éprouvé; aussi dans les Provinces méridionales dont les champs sont infectés de Coriandre, a-t-on observé que lorsque le temps est pluvieux, cette plante en végétation répand une odeur si désagréable, qu'elle cause des maux de tête, avec envie de vomir, à ceux qui traversent les terres à blé; mais ce qui prouve que ce principe vénéneux est très-volatil, c'est que des peuples entiers ont consommé en ragoût une quantité prodigieuse de Coriandre; il faut croire que la décoction dissipe ce principe nuisible. Quoi qu'il en soit, on n'emploie de nos jours que les semences de Coriandre, qui donnent peu d'huile essentielle. Ces semences fraîches répandent une odeur désagréable, analogue à celle des punaises; elles perdent cette odeur en vieillissant, & en acquierent une autre vraiment aromatique; aussi dans le Nord, les mêle-t-on avec la pâte, pour aromatiser le pain. Ces semences en poudre ont réussi pour fortifier l'estomac, pour dissiper les vents, calmer les affections spasmodiques des premieres voies; deux drachmes de cette poudre ont quelquefois emporté des fievres quartes,

CL. VII. SECT. III.

on la fait boire au commencement de l'accès, dans une verrée de vin. Ce remede augmente la sueur ; l'infusion des semences dans du vin a souvent seule rétabli les menstrues.

Le Coriandre didyme, *Coriandrium testiculatum*, est assez distingué du cultivé par ses fleurs plus petites, presque régulieres; par son fruit géminé, sans stries.

Sa tige est anguleuse, haute d'un pied ; les feuilles deux fois ailées, à folioles très-étroites, pointues; les ombelles petites & souvent simples; la collerette générale d'un seul feuillet, les partielles nulles. Cette espece est encore plus fétide que la cultivée ; se trouve en Languedoc.

SECTION IV.

Des Herbes à fleurs rosacées, en ombelle, soutenues par des rayons, dont le calice devient deux semences ovales, aplaties & assez petites.

309. L'IMPÉRATOIRE.

IMPERATORIA major. C. B. P.
IMPERATORIA ostruthium. L. *5-dria, 2-gyn.*

FLEUR. Rosacée, en ombelle; cinq pétales en cœur, recourbés, presque égaux; point d'enveloppe universelle; la partielle composée de plusieurs folioles ténues, de la longueur de la petite ombelle; l'ombelle universelle plane, composée de plusieurs rayons; la partielle inégale.

Fruit. Obrond, comprimé, se divisant en deux semences arrondies, ou formant une bosse au centre, marquées de deux ſillons, entourées d'un large rebord.

Feuilles. Radicales, trois fois ſubdiviſées par trois folioles, larges, ovales, à grandes dentelures, quelquefois trois fois ternées, à trois lobes; les feuilles florales oppoſées.

Racine. Charnue, tubéreuſe, oblongue, épaiſſe, ridée, articulée, ſe propageant par des rejetons, griſe en dehors, blanche en dedans.

Port. Tige de deux pieds, au ſommet de laquelle naît une large ombelle blanche; les feuilles radicales; la plante a à peu près le port de l'Angélique, mais moins rameuſe & moins fiſtuleuſe.

Lieu. Les montagnes d'Italie, d'Allemagne, les Alpes. Lyonnoiſe. ♃

Propriétés. Cette plante eſt âcre, ſur-tout ſa racine, aromatique, agréable; la racine eſt ſudorifique, carminative, emménagogue, cordiale, céphalique, ſtomachique par excellence.

Uſages. On ne ſe ſert que de ſa racine, dont on fait des infuſions, des vins, des décoctions. On donne pour l'homme, la décoction de la poudre, à la doſe de ℥j, & de ℥iv pour les animaux; en ſubſtance à la doſe de gr. x, & aux animaux à celle de ʒj.

OBSERVATIONS. Quelquefois l'enveloppe générale eſt d'un ou de deux feuillets très-petits; la ſtipule du pétiole eſt grande, membraneuſe, ventrue.

Si on coupe la racine fraîche, elle laiſſe échapper un ſuc d'un blanc jaunâtre, amer. Cette racine mâchée, laiſſe dans l'arriere-bouche une ſenſation de chaleur; les feuilles ont un goût & une odeur analogue à celui de la racine, quoique plus foible.

Cette racine jouit d'une grande célébrité; ſon goût vif & ſon odeur pénétrante annoncent aſſez ſon énergie; auſſi l'obſervation parle-t-elle en ſa faveur pour la guériſon de pluſieurs maladies; elle a réuſſi en poudre ou en infuſion dans du vin, dans les rétentions d'urine

Cl. VII. Sect. IV.

& la colique néphrétique causée par des glaires ; dans l'asthme pituiteux, dans l'affection hysterique & hypocondriaque avec atonie. C'est un bon remede dans toutes les fievres intermittentes ; si on la mâche, elle fait affluer une grande quantité de salive ; aussi est-elle utile dans l'angine catarreuse, l'ophtalmie, l'odontalgie séreuse, la paralysie de la langue ; extérieurement elle ranime les vieux ulceres, les déterge.

J'ai trouvé l'Impératoire spontanée en Lithuanie ; mais je la crois volontiers échappée des jardins.

310. L'ANGÉLIQUE.

IMPERATORIA sativa. I. R. H.
ANGELICA archangelica. L. *5-dria, 2-gyn.*

Fleur. Rosacée, en ombelle ; cinq pétales lancéolés, un peu recourbés ; ils sont d'un jaune verdâtre, & tombent bientôt ; l'enveloppe universelle, petite, divisée en trois ou en cinq folioles, la partielle en huit ; l'ombelle générale, obronde, composée de plusieurs rayons ; la partielle exactement sphérique lorsqu'elle est en fleur.

Fruit. Obrond, anguleux, divisé en deux semences ovales, planes d'un côté & entourées d'un rebord, convexes de l'autre & marquées de trois lignes.

Feuilles. Amplexicaules, deux fois ailées, terminées par une foliole impaire, divisée en lobes ; les folioles opposées, sessiles, ovales, lancéolées, à dents de scie, simples, entieres.

Racine. Fusiforme, grande, brune en dehors.

Port. Tige herbacée, fistuleuse, rameuse, de la hauteur de trois ou quatre pieds ; l'ombelle au sommet ; les feuilles alternes.

Lieu. Les Alpes ; cultivée dans les jardins. ♃

Propriétés. Toutes les parties de cette plante sont

ſont d'un goût aromatique, un peu âcre & amer, d'une odeur agréable. Elles ſont cordiales, ſtomachiques, carminatives, vulnéraires, apéritives, emménagogues & antivermineuſes.

Cl. VII. Sect. IV.

Uſages. On ſe ſert ſouvent pour l'homme, de l'herbe, de la racine & des ſemences; on fait de la racine fraîche un extrait; de la racine ſeche une poudre; de l'herbe en général, une eau diſtillée; avec les ſemences, on compoſe une liqueur ſpiritueuſe, une huile, un baume. La décoction de la racine ſeche ſe donne, à la doſe de ℨj en ſubſtance, & en poudre à la doſe de gr. x dans un demi-verre de vin ou d'autre liqueur. On donne aux animaux la poudre à la doſe de ℨij.

Observations. Souvent l'enveloppe générale n'eſt que d'un feuillet.

La racine renferme dans des vaiſſeaux particuliers, un ſuc jaune, gommeux, réſineux, très-vif; toute la plante a une odeur agréable, pénétrante, ſur-tout les racines; on les fait confire; alors c'eſt un des meilleurs ſtomachiques. Cette racine offre aux Praticiens les plus grandes reſſources pour ranimer le principe de vie, réveiller les organes de la digeſtion; auſſi eſt-elle indiquée dans toutes les maladies aigues ou chroniques, qui exigent des cordiaux toniques, fortifians. Là viennent parmi les premieres, les fievres intermittentes, les hémitritées; parmi les ſecondes, l'anorexie, la paralyſie, le rhumatiſme, les douleurs de tête cauſées par relâchement de l'eſtomac, la chloroſe, la ſuppreſſion des regles, les dartres; dans tous ces cas, & pluſieurs autres analogues, notre propre expérience nous oblige à confirmer par notre aveu, les obſervations des Anciens.

Cl. VII. Sect. IV.

311. L'ANGÉLIQUE DES PRÉS.

Angelica pratensis major. I. R. H.
Angelica sylvestris. L. 5-*dria*, 2-*gyn*.

Fleur. } Caracteres de la précédente.
Fruit. }

Feuilles. Deux fois ailées, à folioles égales, ovales, lancéolées, dentées en leurs bords en maniere de scie.

Racine. Fusiforme.

Port. Comme la précédente, moins forte, moins nourrie; les feuilles alternes.

Lieu. Dans les parties froides & humides des forêts. Lyonnoise, Lithuanienne. ♃

Propriétés. } Elle jouit des mêmes vertus que
Usages. } l'Angélique des Alpes, mais dans un moindre degré; on la croit antiépileptique.

Observations. La petite Angélique, quoique moins pénétrante, a les mêmes propriétés que la précédente; il suffit d'augmenter la dose : on prétend, en outre, que la poudre de ses semences tue les poux.

312. LA PERCE-PIERRE, Criste marine *ou* Fenouil marin.

Crithmum seu Fœniculum minus. I. R. H.
Crithmum maritimum. L. 5-*dria*, 2-*gyn*.

Fleur. Rosacée, en ombelle; cinq pétales ovales, courbés, presque égaux; l'enveloppe universelle horizontale, de cinq folioles lancéolées, obtuses; la partielle divisée en sept petites folioles linéaires ; l'ombelle générale globuleuſe, compoſée de pluſieurs rayons, ainſi que la partielle.

Fruit. Ovale, comprimé, diviſé en deux ſemences elliptiques, comprimées, planes d'un côté, ſtriées de l'autre.

Feuilles. Amplexicaules, deux fois ailées ; les folioles lancéolées, charnues, ſucculentes, blanchâtres.

Racine. Fuſiforme.

Port. Tige herbacée, d'un pied, le plus ſouvent très-ſimple, ſans rameaux, courbée, cannelée ; l'ombelle au ſommet ; les feuilles alternes.

Lieu. Au bord de la mer, ſur les rochers ; cultivée dans les jardins. ♃

Propriétés. Apéritive, diurétique, emménagogue, lithontriptique.

Uſages. On confit les feuilles dans le vinaigre ; elles ſont bonnes à manger. On donne ſon ſuc en Médecine.

Observations. Les fruits du Criſte, ſuivant M. le Chevalier de la Marck, ne ſont point comprimés ; ſes ſemences ſont liſſes, ayant ſur le dos un onglet tranchant, & deux latéraux plus petits ; telles ſont celles que nous avons ſous les yeux. Quoi qu'il en ſoit, cette eſpece eſt en quelque maniere ſolitaire dans ſa famille ; ſes feuilles ſucculentes & ſon port, la diſtinguent ſuffiſamment de toutes les autres Ombelliferes ; & comme M. de Haller penſe que le Criſte des Pyrénées n'eſt qu'une variété de l'*Athamanta libanotis*, cette eſpece maritime ſe trouve ſeule de ſon genre.

Cl. VII. Sect. IV.

313. L'ANET.

ANETHUM hortenſe. I. R. H.
ANETHUM graveolens. L. *5-dria, 2-gyn.*

Fleur. Roſacée, en ombelle, plane; cinq pétales lancéolés, recourbés; aucune enveloppe; les ombelles compoſées de pluſieurs rayons.

Fruit. Preſque rond, aplati, diviſé en deux ſemences preſque rondes, convexes, cannelées d'un côté, aplaties de l'autre, entourées d'un rebord membraneux, ce qui diſtingue l'Anet du Fenouil, dont la ſemence eſt ſans bordure & ovale.

Feuilles. Amplexicaules, deux fois ailées; les folioles ſimples, ailées, linéaires, aplaties.

Racine. Fuſiforme, cylindrique, rameuſe, blanche.

Port. Tige d'un ou deux pieds, herbacée, ſtriée; à ſtries alternativement blanches & rougeâtres; l'ombelle au ſommet, à fleurs jaunes; les feuilles alternes.

Lieu. L'Eſpagne, l'Italie; on le cultive aiſément dans nos jardins. ⨀

Propriétés. Son odeur eſt forte, ſon goût âcre & piquant; la plante eſt carminative, aſſoupiſſante, ſtomachique, antiémétique, réſolutive.

Uſages. On ſe ſert rarement des fleurs & de l'herbe, ſouvent des ſemences; de l'herbe, on tire une huile par infuſion & par coction; des ſemences, une huile exprimée, une huile diſtillée, une eau de peu d'uſage. L'huile des ſemences ſe donne à l'homme, depuis gout. ij jusqu'à gout. iv. On emploie extérieurement les feuilles & les ſemences dans les cataplaſmes & les fomentations réſolutives; les fleurs & les ſemences dans les lavemens carminatifs. On donne aux animaux la ſemence en poudre à ℥ ij, & l'eſſence à ʒ ß. Cl. VII. Sect. IV.

Observations. L'odeur des feuilles d'Anet eſt particuliere, forte, pénétrante; la ſaveur eſt vive, aromatique; les fleurs ſont plus ſuaves; l'odeur & la ſaveur des ſemences ſont encore plus vives; les ſemences fourniſſent par la diſtillation une huile eſſentielle, jaune, conſervant l'odeur de l'Anet, & ſe figeant facilement au froid. On retire de quatre livres de ſemences deux onces d'huile eſſentielle. L'obſervation eſt favorable aux prétentions des Praticiens qui déclarent les ſemences d'Anet utiles dans les coliques venteuſes, les vomiſſemens ſpaſmodiques avec glaires, l'anorexie par atonie, les hoquets ſpaſmodiques cauſés par une humeur glaireuſe; elles augmentent la quantité du lait; l'herbe cuite avec le poiſſon, lui donne un goût agréable, & en facilite la digeſtion.

314. LE FENOUIL DE PORC *ou* Queue de pourceau.

PEUCEDANUM Germanicum. I. R. H.
PEUCEDANUM officinale. L. *5-dria, 2-gyn.*

Fleur. Roſacée, en ombelle; cinq pétales égaux, oblongs, recourbés, entiers; l'enveloppe générale compoſée de pluſieurs petites folioles linéaires, recourbées; la partielle encore plus petite; les rayons de l'ombelle générale très-alongés & ténus; la partielle ouverte; les fleurs du centre avortent ſouvent.

Fruit. Arrondi, entouré d'un rebord membraneux, ſtrié de deux côtés, diviſé en deux ſemences ovales, alongées, comprimées, marquées de trois ſtries du côté convexe, entourées d'une membrane échancrée au ſommet.

Feuilles. Amplexicaules, ailées, cinq fois diviſées en trois; les folioles linéaires & filiformes.

Cl. VII. Sect. IV.

Racine. Grande, fusiforme, grosse, noire en dehors, blanche en dedans.

Port. Tige de deux pieds, herbacée, creusée, cannelée, rameuse; l'ombelle au sommet; les feuilles alternes.

Lieu. En Provence, dans les terrains marécageux & ombrageux. Lyonnoise. ♃

Propriétés. La racine est pleine d'un suc jaunâtre; elle a une odeur de poix; elle est apéritive, résolutive, diurétique, antispasmodique.

Usages. On n'emploie que la racine, dont on tire un suc en y faisant des incisions; on le fait dessécher, & on le donne à l'animal, à la dose de gr. x dans ℥ j de miel blanc; on se sert encore de la racine pilée & appliquée en cataplasme sur les plaies & les ulceres. On donne aux animaux le suc à la dose de ʒ j.

Observations. La racine est âcre, amere, aromatique, mais d'un aromat désagréable; cette racine fraîche est justement suspecte, mais elle perd son principe nuisible par la dessication. En n'ayant égard qu'aux observations, son infusion dans le vin, ou sa poudre, a été utile dans quelques suppressions des regles avec anasarque, dans les empâtemens glaireux des visceres, dans l'asthme pituiteux. Cette même décoction a seule guéri des ulceres; prise intérieurement, & employée extérieurement, on l'a regardée comme psorique, propre à guérir la gale; quelques faits confirment encore cette propriété. D'après ces assertions émanées de l'expérience, on entrevoit facilement que cette racine peut être employée comme énergique, dans plusieurs maladies analogues à celles que nous venons d'énoncer.

SECTION V.

Des Herbes à fleurs rosacées, en ombelle, soutenues par des rayons, dont le calice devient un fruit composé de deux semences ovales, aplaties & d'une grosseur considérable.

315. LE GRAND PERSIL de montagne.

OREOSELINUM apiifolio majus. I. R. H.
ATHAMANTA libanotis. L. 5-*dria*, 2-*gyn*.

FLEUR. Rosacée, en ombelle; cinq pétales en cœur, renversés, un peu inégaux; l'enveloppe générale divisée en plusieurs folioles linéaires, un peu plus courte que l'ombelle; la partielle égale aux rayons; l'ombelle générale composée de plusieurs rayons, étendue, hémisphérique; la partielle moindre.

Fruit. Arrondi, oblong, strié, divisé en deux semences arrondies, velues, convexes & striées d'un côté, planes de l'autre.

Feuilles. Amplexicaules, deux fois ailées, planes, lisses, imitant les feuilles du Persil ordinaire.

Racine. Fusiforme, blanche en dehors, noirâtre en dedans, succulente.

Port. Tige de quatre ou cinq pieds, cannelée, divisée; l'ombelle au sommet; les feuilles alternes.

Lieu. Sur les montagnes du Bugey & du Dauphiné, & en Allemagne, dans les terrains sablonneux & marécageux. ♃

Propriétés. La ſemence a un goût âcre & aromatique, ainſi que la racine; la ſemence ſur-tout eſt carminative, diurétique, emménagogue; la racine odontalgique.

Uſages. Communément on n'emploie que la ſemence, & rarement la racine; la ſemence ſe prend en infuſion & en décoction; on mâche la racine. On donne la ſemence aux animaux, à la doſe de ℥ ij en poudre.

Observations. Souvent la tige s'éleve à peine à un pied.

On trouve ſous ce genre trois eſpeces qui ſont aſſez recommandables pour être caractériſées.

1.° L'*Athamanta cervaria* L., à tige de cinq pieds; à feuilles deux fois ailées, glauques, veinées en deſſous; à folioles larges, lancéolées, dentées, comme à trois lobes. Lyonnoiſe, Lithuanienne.

2.° L'*Athamanta oreoſelinum*, à tige de deux pieds; à feuilles trois fois ailées; à folioles cunéiformes, inciſées, dentées; les pétioles comme briſés ou interrompus dans leur direction. Lyonnoiſe, Lithuanienne.

Cette eſpece trop négligée de nos jours, mérite l'attention des Praticiens; ſa racine fuſiforme, ſucculente, donne un ſuc laiteux, amer, gluant, qui par l'évaporation préſente une réſine brillante, jaunâtre, aromatique; cette racine fournit par la diſtillation, le principe aromatique; l'eſprit-de-vin en extrait une teinture qui a l'odeur & le goût de la Saxifrage; l'extrait vineux eſt très-amer; on attribue à la racine, d'après l'obſervation, la propriété de faciliter la ſueur, le cours des urines, de rétablir les menſtrues, d'enlever les obſtructions commençantes; elle a réuſſi dans la jauniſſe, la fievre quarte, dans l'anorexie; ſa ſemence ovale, comprimée, aplatie, ayant une bordure membraneuſe, blanche, eſt vive, aromatique; ſa ſaveur eſt analogue à celle de l'Orange; on en retire une eau diſtillée aromatique; l'herbe infuſée donne à l'eau une odeur de

Citron ; cette infuſion eſt utile dans les foibleſſes d'eſtomac.

3.° L'*Athamantha cretenſis* L., *Daucus creticus officin.*, à tige ſtriée, un peu velue ; à feuilles velues, trois fois ailées ; à folioles profondément diviſées en deux ſegmens linaires ; à pétales en cœur ; à ſemences oblongues, hériſſées. En Dauphiné ſa ſemence eſt âcre, chaude, aromatique ; elle fournit de l'huile eſſentielle, & une eau diſtillée, aromatique ; on l'a ordonnée avec ſuccès dans quelques coliques ſpaſmodiques, & pour accélérer l'écoulement des urines dans ceux dont les reins & la veſſie, dans un état d'atonie, laiſſent accumuler des glaires ou des graviers.

316. LE PERSIL DES MARAIS.

THYSSELINUM paluſtre. I. R. H.
SELINUM paluſtre. L. *5-dria*, *2-gyn.*

Fleur. Roſacée, en ombelle ; cinq pétales en forme de cœur, recourbés, inégaux ; l'enveloppe générale diviſée en pluſieurs folioles lancéolées, linéaires, recourbées ; la partielle à peu près ſemblable ; l'ombelle générale compoſée de pluſieurs rayons, étendue, plane ; la partielle de même.

Fruit. Comprimé, plane, elliptique, oblong, ſtrié dans le milieu ; diviſé en deux ſemences oblongues, elliptiques, planes de deux côtés, ſtriées dans leur milieu, membraneuſes à leurs bords.

Feuilles. Radicales ou amplexicaules, quatre fois ailées ; les folioles linéaires ; les bords des feuilles légérement crenelées.

Racine. Une ſeule racine fuſiforme.

Port. Tige d'un pied & demi, ferme, droite, ſtriée, noueuſe, blanchâtre ; l'ombelle au ſommet ; les feuilles alternes ; toute la plante eſt recouverte d'un ſuc deſſéché, blanchâtre.

CL. VII. SECT. V.

Lieu. Les prés & terres marécageuses. Lyonnoise, Lithuanienne. ♃

Propriétés. } du précédent.
Usages.

OBSERVATIONS. La racine est brûlante, âcre; l'herbe rompue répand un suc laiteux, amer. Cette espece est sans raison suspecte pour l'homme, comme vénéneuse; elle sert de pâture aux bestiaux; son suc laiteux, amer, peut se prendre à haute dose sans causer des ravages; nous l'avons plusieurs fois éprouvé dans le Nord; on mâche la racine comme salivaire; elle fait couler une étonnante quantité de salive. Nous avons encore à connoître de ce genre,

1.° Le Selin sauvage, *Selinum sylvestre*, à racine fusiforme, divisée; à tiges nombreuses, lisses; à feuilles trois fois ailées; à folioles linaires; à semences ovales, oblongues; à trois côtes élevées, obtuses, rapprochées; à collerette générale & partielle. Lyonnoise, Lithuanienne.

L'herbe brisée donne encore plus de lait que la précédente.

2.° Le Selin à feuilles de Chervi, *Selinum carvifolia*, à tige sillonnée, anguleuse; à feuilles trois fois ailées; à folioles un peu élargies, simples & à trois segmens, terminées par une pointe blanche; la collerette générale nulle; à semences ovales, comprimées, à trois côtes élevées. Lyonnoise, Lithuanienne.

Suivant Bohemer, *Flor. Lips.* c'est une Angélique. Scopoli en fait un *Laserpitium.* C'est le *Carvifolia* de Vaill. *Flor. Par. tab.* 5. *fig.* 2. Les pétales sont extérieurement rouges; les pistils du fruit sont renversés.

317. LE PANAIS ou Pastenade.

PASTINACA sativa (vel sylvestris) latifolia. I. R. H.

PASTINACA sativa. L. *5-dria, 2-gyn.*

Fleur. Rosacée, en ombelle; cinq pétales lancéolés, recourbés, sans enveloppe générale ni particuliere; l'ombelle générale plane, composée de plusieurs rayons, ainsi que la particuliere.

Fruit. Comprimé, aplati, elliptique, divisé en deux semences presque aplaties de deux côtés & bordées d'une membrane.

Feuilles. Amplexicaules, une fois ailées; à folioles assez larges, incisées.

Racine. Fusiforme.

Port. Tige herbacée de trois ou quatre pieds, cannelée, creuse, rameuse; l'ombelle au sommet; fleurs jaunes; feuilles alternes.

Lieu. Les jardins potagers. Lyonnoise, Lithuanienne. ♂

Propriétés. La racine a un bon goût; elle est nourrissante, venteuse.

Usages. On s'en sert dans les cuisines; on l'a abandonnée en Médecine.

OBSERVATIONS. Le Panais cultivé n'est qu'une variété du sauvage dont la racine est plus seche, plus petite; dans le cultivé elle est assez succulente, un peu aromatique, fournissant même de l'huile essentielle, odorante, cachant dans son mucus une petite quantité de sel saccharin; cette racine donne une assez bonne nourriture qui convient aux calculeux & aux phthisiques; si elle a causé dans quelques cas le vomissement, des anxiétés, c'est qu'elle étoit gâtée; les semences qui donnent une

Cl. VII.
Sect. V.

petite quantité d'huile essentielle, sont aromatiques; on les croit fébrifuges & utiles pour les embarras glaireux des voies urinaires; l'analogie est favorable à ces observations; la décoction de la racine est un bon auxiliaire dans le traitement de la gale, des dartres.

Nous avons trouvé des individus de Panais sauvages, dont la tige n'avoit pas six pouces; les feuilles lisses ou velues varient beaucoup pour la forme. Nous avons inutilement voulu transformer le Panais sauvage en Panais cultivé; il n'a jamais acquis les qualités du cultivé.

Le *Pastinaca opoponax*, qui suivant MM. Gouan & la Marck, est la même plante que le *Laserpitium chironium* L., a une tige de cinq pieds, lisse, peu rameuse; ses feuilles deux fois ailées, sont très-amples; à pétioles hérissés; à folioles ovales, dentées & remarquables par un lobe à leur base.

Dans les Provinces méridionales de la France. On retire de cette plante un suc qui en s'épaississant, fournit des grains résineux, extérieurement jaunes, blancs en dedans, amers, nauséabondes, d'une odeur balsamique. Cette résine est, comme bien d'autres, propre pour faciliter l'expectoration; on l'a utilement ordonnée dans l'asthme pituiteux; elle est encore indiquée dans la suppression des regles, pour le traitement des écrouelles.

318. LA BERCE,
ou Fausse Branc-Ursine.

SPHONDYLIUM vulgare hirsutum. C. B. P.
HERACLEUM sphondyl. L. *5-dria, 2-gyn.*

Fleur. Rosacée, en ombelle; cinq pétales; les pétales des fleurs du disque recourbés, crochus; les pétales extérieurs des fleurs de la circonférence plus grands, divisés en deux, oblongs, recourbés; l'enveloppe universelle polyphille, caduque; la partielle composée, depuis trois jusqu'à sept folioles linéaires, lancéolées; cette espece n'a quelquefois aucune enveloppe; l'ombelle universelle très-grande; la partielle plane.

Fruit. Elliptique, aplati, échancré, cannelé dans le milieu des deux côtés, divisé en deux semences ovoïdes, aplaties, feuillées.

Feuilles. Très-grandes, amplexicaules, ailées; les folioles hérissées, découpées profondément en cinq ou sept lobes larges.

Racine. Fusiforme, charnue, blanche, remplie d'un suc jaunâtre.

Port. Tige de trois ou quatre pieds, droite, ronde, noueuse, velue, creuse, rameuse; l'ombelle au sommet; feuilles alternes.

Lieu. Les bords des bois, les prés. Lyonnoise, Lithuanienne. ♂

Propriétés. Le suc de la racine a un goût âcre, un peu amer; les semences ont une odeur désagréable; les racines & les semences incisives, apéritives, carminatives & antispasmodiques.

Usages. On se sert de l'herbe & des semences, seulement en décoction, pour les bains & les lavemens; on en fait une farine; on se sert des feuilles en cataplasme. Quelques Auteurs prétendent que la racine pilée & appliquée, dissipe les callosités.

OBSERVATIONS. On trouve sur nos montagnes du Lyonnois, & très-communément dans les plaines de Lithuanie, une autre espece de Berce à feuilles étroites, *Heracleum angustifolium* L., facile à distinguer par ses folioles étroites, & par ses fleurs verdâtres moins irrégulieres.

La Berce est une de ces plantes qui présentent plusieurs principes opposés par leur nature; l'écorce & la racine sont assez âcres pour enflammer la peau; sous cette écorce se trouve dans des vaisseaux particuliers un suc mucilagineux, saccharin; ce sucre transude à travers les tiges & les pétioles des feuilles concassées & abandonnées quelques jours sur des claies: accumulez ces tiges &

Cl. VII.
Sect. V.

ces pétioles brisés, dans un tonneau ; versez de l'eau pour couvrir le tout ; après un mois vous retirerez une masse d'un goût aigrelet & assez agréable. Si vous saisissez le moment de la fermentation vineuse du suc saccharin, soumettez ce marc à la distillation, il vous fournira un esprit ardent plus actif que celui de grains.

En Lithuanie, pour les tables des gens aisés, on prépare ce qu'on appelle les *Barsz* avec les Betteraves rouges, conduites à la fermentation acéteuse ; mais il n'est pas moins vrai que les paysans savent les préparer avec la Berce. Nous pouvons assurer que l'usage de ces végétaux rendus aigrelets par la fermentation, ne contribue en rien au développement de la plique ; cette maladie très-réelle, est causée par un virus aussi particulier que celui de la vérole.

319. LA FÉRULE.

FERULA galbanifera. LOB. ICON.
BUBON galbanum. L. *5-dria, 2-gyn.*

Fleur. Rosacée, en ombelle ; cinq pétales jaunes, lancéolés, recourbés ; l'enveloppe générale composée de cinq folioles lancéolées, aiguës, étendues, égales ; la partielle d'un plus grand nombre ; l'ombelle générale composée d'environ dix rayons, la partielle de quinze ou vingt.

Fruit. Ovale, strié, velu, couronné, divisé en deux semences ovales, planes d'un côté, convexes de l'autre, striées, velues.

Feuilles. Rhomboïdes, striées, dentées en maniere de scie, glabres.

Racine Fusiforme & fibreuse.

Port. Tiges de cinq ou six pieds, ligneuses, cylindriques, articulées, rameuses, remplies d'une moelle blanche ; un petit nombre d'ombelles au sommet ; les feuilles & le port de la Liveche n.° 301, caractere générique du Persil de Macédoine n.° 287, dont il differe par les feuilles & par le petit nombre de ses ombelles. Cl. VII. Sect. V.

Lieu. L'Ethiopie. ♃

Propriétés. La plante est remplie d'un suc visqueux, laiteux & clair; on en tire le Galbanum. Il faut bien distinguer cette plante du *Ferulago latiore folio.* C. B. P. dont on tire une sorte de gomme rouge qui n'a pas beaucoup d'odeur, & dont les vertus sont inférieures à celles du Galbanum.

Observations. Il n'est pas bien sûr que le Galbanum se retire de cette espece de *Bubon*; il est probable qu'on le peut obtenir de plusieurs Ombelliferes résineuses: quoi qu'il en soit, cette gomme résine qui est blanche, rousse, marbrée par des taches blanches, est amere, âcre, d'une odeur forte: cette gomme résine a plusieurs propriétés très-reconnues; elle échauffe, augmente le flux des urines, excite la sueur, les menstrues; elle réussit assez bien dans la cachexie, l'asthme pituiteux, & autres maladies causées par le relâchement des solides, & flux de sérosités.

Nous pouvons citer, sous ce tableau, la Férule commune, *Ferula communis*: sa tige, de cinq à six pieds, est épaisse, peu rameuse; ses feuilles plusieurs fois ailées, sont à folioles très-longues, linaires; ses ombelles très-garnies, arrondies, sont disposées trois à trois, l'intermédiaire plus grande; le fruit est ovale, comprimé, à trois stries sur chaque face.

Sur les bords de la mer Méditerranée, en Languedoc; ses semences sont aromatiques, sudorifiques.

Cl. VII.
Sect. V.

320. LA THAPSIE, Malherbe *ou* Turbith bâtard.

Thapsia latifolia villosa. I. R. H.
Thapsia villosa. L. *5-dria, 2-gyn.*

Fleur. Rosacée, cinq pétales lancéolés, recourbés; aucune enveloppe; l'ombelle générale grande, composée d'environ vingt rayons d'une hauteur à-peu-près égale; la partielle de même.

Fruit. Oblong, entouré d'une membrane longitudinale; divisé en deux grandes semences oblongues, pointues aux deux extrémités, entourées d'un large rebord plane, tronqué à la base & à la pointe.

Feuilles. Grandes, larges, velues, blanchâtres en dessous, amplexicaules, deux fois ailées; les folioles dentées, réunies à leur base.

Racine. Fusiforme.

Port. Tige herbacée, de deux ou trois pieds, rameuse, striée; l'ombelle au sommet; feuilles alternes.

Lieu. Les Provinces méridionales, aux bords de la mer. ♃

Propriétés. } Sa racine est très-âcre; on prétend
Usages. } que le suc de cette racine récente purge & enflamme les intestins.

SECTION

SECTION VI.

Des Herbes à fleurs rosacées, en ombelle, soutenues par des rayons, dont le calice se change en deux semences assez grandes & profondément cannelées.

321. LE CAUCALIS, le Caucalier à grandes fleurs.

CAUCALIS arvensis echinato magno fructu. I. R. H.

CAUCALIS grandiflora. L. *5-dria, 2-gyn.*

FLEUR. Rosacée, en ombelle ; cinq pétales en forme de cœur, recourbés, égaux dans le disque, inégaux à la circonférence, où l'on voit un pétale très-grand & divisé en deux. Les enveloppes composées de cinq rayons lancéolés, aigus, membraneux à leurs bords ; l'ombelle générale a peu de rayons, la partielle un plus grand nombre ; les cinq extérieurs sont les plus grands.

Fruit. Ovale, oblong, avec des stries longitudinales, hérissé de poils très-rudes ; deux semences oblongues, planes d'un côté, convexes de l'autre & couvertes de poils rudes.

Feuilles. Amplexicaules, deux fois ailées ; les folioles linéaires, divisées en d'autres folioles finement découpées, un peu velues.

Racine. Fusiforme.

Port. Tige d'un pied, herbacée, foible, cannelée, rameuse ; l'ombelle au sommet ; feuilles alternes.

CL. VII. SECT. VI.

Lieu. Dans les blés, dans les champs. Lyonnoise. ☉

Propriétés. } Mathiole le regarde comme un bon
Usages. } apéritif, mais il est peu d'usage.

OBSERVATIONS. On doit rapporter à ce Caucalier quelques autres plantes assez communes.

1.° Le Caucalier âpre, *Tordylium anthriscus;* à tige de deux pieds, rude au toucher; à feuilles ailées; à folioles ovales, lancéolées, profondément incisées; à ombelles de cinq à dix rayons; à semences petites, ovales, hérissées de poils courts, rudes. Lyonnoise, Lithuanienne.

2.° Le Caucalier nodiflore, *Tordylium nodosum;* à tige d'un pied, roide, dure; à feuilles hérissées, ailées; à folioles pinnatifides; à segmens étroits, pointus; ombelles petites; à péduncules très-courts aux aisselles des feuilles; semences ovales, hérissées, petites. Lyonnoise, Allemande.

3.° Le Caucalier à larges feuilles, *Caucalis latifolia;* à tige d'un pied, anguleuse; à feuilles deux fois ailées; à folioles ovales, pinnatifides, rudes; fruits hérissés de poils rouges. Lyonnoise.

322. LE SÉSELI DE MONTAGNE.

LIGUSTICUM cicutæ folio glabrum. I. R. H.
LIGUSTICUM austriacum. L. *5-dria, 2-gyn.*

Fleur. Rosacée, en ombelle; cinq pétales égaux, recourbés au sommet, pliés en carene; l'enveloppe universelle découpée en sept folioles, la partielle en quatre parties au plus; l'ombelle générale composée de plusieurs rayons, ainsi que la partielle.

Fruit. Oblong, anguleux, sillonné; divisé en deux semences oblongues, glabres, planes d'un côté, marquées de l'autre de cinq stries saillantes.

Feuilles. Amplexicaules, deux fois ailées; les

folioles découpées, entieres, se confondant les unes dans les autres; à nerfs fistuleux.

Racine. Fusiforme.

Port. Tige herbacée; l'ombelle au sommet; feuilles alternes, imitant celle de la Ciguë; la corolle a les caracteres de la Liveche n.° 301.

Lieu. Les Alpes. ♃

Propriétés. La plante a un goût âcre; elle est emménagogue.

Usages. On l'emploie en infusion & en décoction.

323. LE LASER.

LASERPITIUM gallicum. C. B. P.
Idem. L. *5-dria, 2-gyn.*

Fleur. Rosacée, en ombelle; cinq pétales à peu près égaux, dont le sommet est en cœur, recourbés; l'enveloppe universelle petite & polyphille, ainsi que la partielle; l'ombelle universelle grande, composée de vingt à quarante rayons, la partielle de plusieurs & plane.

Fruit. Oblong, remarquable par huit membranes longitudinales; divisé en deux semences grandes, alongées en demi-cylindre, planes d'un côté, & de l'autre couvertes de quatre membranes.

Feuilles. Amplexicaules, ailées; les folioles en forme de coin, divisées en fourche, rameuses, sessiles, ressemblant à celles de l'Aubepin.

Racine. Fusiforme.

Port. Tiges herbacées, striées; les fleurs au sommet; feuilles alternes.

Lieu. Les Provinces méridionales.

Propriétés. La plante a un goût âcre; elle est résolutive, diurétique, emménagogue, stomachique.

Cl. VII. Sect. VI.

Usages. On l'emploie en décoction, en infusion & réduite en poudre.

Observations. Ce genre présente encore quelques espèces qui méritent d'être connues.

1.° Le grand Laser, *Laserpitium latifolium* : sa racine est grosse, aromatique, couronnée de soies ; sa tige branchue, de trois à quatre pieds, les pétioles très-larges à la base, en gaîne ; les feuilles deux fois ailées ; à grandes folioles en cœur, incisées, en lobes dentelés ; ombelles très-grandes ; les fruits chargés sur chaque de quatre ailes membraneuses. Lyonnoise, Lithuanienne.

Sa racine âcre, piquante, est indiquée dans le traitement des dartres, de l'anorexie, de la chlorose, de la suppression des regles, du rhumatisme chronique avec atonie.

2.° Le Laser à trois lobes, *Laserpitium trilobum* ; il differe du précédent par ses folioles découpées en trois lobes obtus, incisées au sommet ; ses pétales sont petits, blancs ; ses semences striées & ailées.

Cultivé dans les jardins, spontanée en Lithuanie ; sa racine est piquante & aromatique, elle a les mêmes propriétés que celles du précédent.

3.° Le Laser de Prusse, *Laserpitium prutenicum* ; à tige de trois pieds, hérissée, principalement vers la base, de poils blancs ; à feuilles ailées ; à folioles lancéolées, entieres, velues ; à germes velus, quoique les semences mûres soient presque lisses : les folioles des collerettes sont blanches : les semences aromatiques, sudorifiques, diurétiques, sont certainement visqueuses avant la maturité ; ce gluant n'est autre chose que l'huile essentielle qui transude. Cette plante est très-commune en Lithuanie, on l'a aussi trouvée en Dauphiné.

SECTION VII.

Des Herbes à fleurs roſacées, en ombelle, ſoutenues par des rayons, dont le calice ſe change en deux ſemences qui ont une enveloppe ſpongieuſe.

323 *. L'ARMARINTE.

CACHRYS *ſemine fungoſo plano majori, foliis peucedani anguſtis.* MOR. Umb.
CACHRYS *Libanotis.* L. *5-dria, 2-gyn.*

FLEUR. Roſacée, en ombelle; cinq pétales jaunes, lancéolés, droits, égaux; l'enveloppe univerſelle polyphille, ſes folioles linéaires, lancéolées; la partielle de même; l'ombelle univerſelle, ainſi que la partielle, compoſée de pluſieurs rayons.

Fruit. Très-gros, ovale, arrondi, anguleux, obtus, diviſé en deux ſemences très-grandes, planes d'un côté, très-convexes de l'autre, fongueuſes, dans chacune deſquelles eſt renfermé un noyau.

Feuilles. Amplexicaules, deux fois ailées; les folioles aiguës, linéaires, pointues.

Racine. Fuſiforme.

Port. Tiges de deux pieds, herbacées, rameuſes, ſtriées; les fleurs jaunes au ſommet; feuilles alternes.

Lieu. Nos Provinces méridionales, Montpellier. ♃

Propriétés. La ſemence eſt âcre ; toute la plante a une odeur aromatique & d'encens ; elle eſt échauffante, anti-ictérique.

Uſages. On emploie rarement la ſemence, à cauſe de ſon âcreté ; on applique ſur les contuſions les feuilles, comme celles du Perſil & du Cerfeuil ; on fait infuſer la racine dans du vin.

SECTION VIII.

Des Herbes à fleurs roſacées, en ombelle, ſoutenues par des rayons, dont le calice ſe change en deux ſemences terminées par une longue queue.

324. LE PEIGNE DE VÉNUS *ou* l'Aiguille.

SCANDIX ſemine roſtrato, vulgaris. C. B. P.
SCANDIX pecten. L. *5-dria, 2-gyn.*

FLEUR. Roſacée, en ombelle ; hermaphrodite dans le diſque, femelle à la circonférence ; cinq pétales en cœur, recourbés ; les pétales extérieurs plus grands que les intérieurs ; point d'enveloppe univerſelle ; la partielle diviſée en cinq, & de la longueur des petites ombelles. L'ombelle univerſelle longue, de deux ou trois rayons ; la partielle en a un plus grand nombre.

Fruit. Très-long, en forme d'alêne, diviſé en deux ſemences filiformes, renfermant la ſemence à leur baſe, planes d'un côté, convexes & ſillonnées de l'autre.

Feuilles. Amplexicaules, ailées, les folioles finement découpées.

Racine. Ténue, fusiforme.

Port. Tiges d'un pied, herbacées, striées, rameuses, velues, légérement cannelées; les fleurs au sommet; feuilles alternes.

Lieu. Les blés, les champs, les vignes. Lyonnoise. ☉

Propriétés. Le goût âcre, mais doux; la plante est diurétique, vulnéraire.

Usages. On n'emploie que la racine, & très-rarement.

Observations. Quelquefois les tiges sont très-basses; les feuilles sont souvent un peu velues. J'ai trouvé cette plante assez commune dans les terres à blé, près de Varsovie.

SECTION IX.

Des Herbes à fleurs rosacées, en ombelle, ramassées en forme de tête arrondie.

325. LA SANICLE.

Sanicula officinarum. C. B. P.
Sanicula officinalis. L. *5-dria, 2-gyn.*

Fleur. Rosacée, en ombelle; cinq pétales comprimés, recourbés, découpés en deux à leur sommet; l'enveloppe universelle placée extérieurement; la partielle entourant les petites ombelles, & plus courte que les fleurs; l'ombelle universelle le plus souvent composée de quatre rayons, la particuliere globuleuſe, de pluſieurs rayons ramaſſés, très-courts.

Cl. VII. Sect. IX.

Fruit. Ovale, aigu, hériſſé, rude, diviſé en deux ſemences planes d'un côté, de l'autre convexes & rudes au toucher.

Feuilles. Simples, palmées, digitées, découpées en cinq lobes ovales, lancéolées; les radicales pétiolées; les caulinaires preſque ſeſſiles, ordinairement ſolitaires; une feuille ſéminale ovale ou cruciforme.

Racine. Napiforme, blanche dans l'intérieur, noirâtre au dehors.

Port. Tiges d'un pied & demi, herbacées, preſque nues, ſimples; les fleurs ſeſſiles au ſommet; les petites ombelles diſpoſées en rond, ramaſſées en tête.

Lieu. Les bois de l'Europe. Lyonnoiſe, Lithuanienne. ♃

Propriétés. La racine a un goût amer; les feuilles ſont auſſi ameres, âpres, vulnéraires, aſtringentes, déterſives.

Uſages. On ne fait uſage que des feuilles; elles entrent dans les tiſanes, potions & apozemes aſtringens. Le ſuc des feuilles ſe donne pour l'homme, à la doſe de ℥ iij; on ſe ſert des feuilles en maniere de Thé; les feuilles pilées & appliquées s'emploient à l'extérieur pour les plaies. On donne aux animaux les feuilles dans les décoctions vulnéraires, à la doſe de poig. j ſur ℔ j d'eau.

Observations. La Sanicle eſt une de ces plantes autrefois célebres, comme vulnéraires; mais ſa réputation eſt bien déchue à ce titre, depuis que l'on ſait que la nature ſeule guérit les plaies; elle eſt plus utile pour déterger les ulceres; quant à ſa propriété d'arrêter les hémorragies internes, comme hémophthiſie, elle eſt très-douteuſe. Nous ſavons aujourd'hui que ces hémorragies, ſouvent actives, exigent plutôt les calmans que les amers. Quelques obſervations confirment la vertu du ſuc de Sanicle, pour les ulceres de la vessie & de la gorge. A-t-elle produit quelques effets dans les hernies? on peut croire que c'est alors un bien petit secours : la compression en est le premier & le meilleur remede. La Sanicle est une des principales plantes des vulnéraires de Suisse qui sont des collections très-arbitraires, & sentant la barbarie. Chaque Collecteur adopte, suivant son caprice, telles ou telles especes : les principales sont, la Sanicle, l'Aigremoine, la Véronique, la Bétoine, la Sauge, la Scolopendre, le Pied-de-lion.

326. LE CHARDON ROLAND, Panicaut, Chardon à cent têtes.

ERYNGIUM vulgare. C. B. P.
ERYNGIUM campestre. L. 5-dria, 2-gyn.

Fleurs. Rosacées en tête, sessiles, sur un réceptacle conique, séparées les unes des autres par des écailles ; cinq pétales oblongs, recourbés à leur extrémité ; l'enveloppe du réceptacle polyphille, plane, en forme d'alêne, plus longue que le réceptacle ; le périanthe des fleurs inséré au germe, découpé en cinq folioles droites, aiguës, plus longues que la corolle.

Fruit. Ovale, se divisant en deux parties ; semences oblongues, cylindriques.

Feuilles. Composées, dures, d'un vert foncé, avec de fortes nervures blanchâtres ; les caulinaires amplexicaules, plusieurs fois ailées ; les radicales pétiolées, leurs folioles subdivisées en trois, celles de l'extrémité courant sur le pétiole, chaque dentelure terminée par une épine jaunâtre.

Racine. Longue, grosse comme le doigt, rameuse, molle, blanche à l'intérieur, noirâtre au dehors.

Port. Tige herbacée, droite, ſtriée, rameuſe, de la hauteur d'un pied ou deux; un grand nombre de fleurs ramaſſées au ſommet, en têtes arrondies & verdâtres, imitant des têtes de Chardon; feuilles alternes.

Lieu. Les terrains incultes, les bords des chemins. Lyonnoiſe. ♃

Propriétés. La plante eſt aqueuſe, légérement aromatique; la racine d'une ſaveur douce; toute la plante diurétique, emménagogue, aphrodiſiaque.

Uſages. On ſe ſert de toute la plante, en particulier de la racine, comme plus efficace; elle s'emploie fraîche en décoction, à la doſe de ℥j pour l'homme, & pour les animaux, de ℥iij ſur ℔j de décoction.

I.re OBSERVATION. Les Panicauts reſſemblent aux Chardons par leur port, aux Scabieuſes par la diſpoſition de leurs fleurs, & aux Ombelliferes par les pétales, les étamines & les ſemences; dans la chaîne des végétaux ils offrent les chaînons qui uniſſent les Ombelliferes avec les Compoſées.

La racine de Panicaut eſt d'abord douce; ſur le retour elle lâche ſon principe légérement aromatique & un peu âcre; l'herbe a les même propriétés. Cette racine eſt auxiliaire dans le traitement des maladies cutanées, dans celui des empâtemens des viſceres; nous l'avons ſouvent ordonnée, mais nous devons avouer que ſon énergie eſt preſque nulle. Quelques hypocondriaques ont cependant été ſoulagés par une tiſane faite ſeulement avec le Panicaut; le ſuc de l'herbe déterge les ulceres. On aſſure qu'il eſt un bon antiſcorbutique; les beſtiaux négligent le Panicaut; ſa tige, en vieilliſſant, prend une couleur un peu bleue.

II.e OBSERVATION. Ce genre nous offre encore quelques eſpeces qu'il eſt agréable de pouvoir dénommer.

1.° Le Panicaut plane, *Eryngium planum*; à tige droite; à feuilles radicales, pétiolées, ovales, en cœur, crénelées, dentelées; celles de la tige assises, palmées, dentelées, épineuses; fleurs en tête petites, ovales.

En France, sur les montagnes de Provence, très-commun dans les plaines de Lithuanie; dans la jeune plante, les folioles de la collerette sont très-certainement plus longues que la tête; mais dans la plante avancée, les têtes des fleurs s'alongent tellement qu'elles sont plus longues que la collerette; les dentelures des feuilles sont inégales, comme cartilagineuses.

2.° Le Panicaut améthyste, *Eryngium amethystinum*; à tige cylindrique, rameuse, d'un bleu violet, d'un pied ou deux.

Les feuilles inférieures à longs pétioles, presque arrondies, & divisées en trois parties pinnatifides; les supérieures assises, ailées; les têtes des fleurs ovales, terminales, remarquables par la couleur d'Améthyste de la collerette, qui est à folioles étroites, épineuses. En Languedoc.

3.° Le Panicaut des Alpes, *Eryngium alpinum*; à tige d'un pied & demi, rameuse, d'un beau bleu d'Améthyste; à feuilles radicales, en cœur, entieres, sinueuses, dentées; celles de la tige assises, palmées; à lobes étroits, épineux; à collerettes de neuf folioles linaires, dentées, épineuses.

Commun en Lithuanie & près de Varsovie. C'est l'*Eryngium planum cœruleum campestre polonicum Corvini.* Voyez sa figure dans Barrelier, 1174. Je crois que ce n'est qu'une variété du plane, tout comme l'Améthyste n'est qu'une variété du commun.

3.° J'ai encore trouvé près de Grodno un petit Panicaut haut au plus de trois ou quatre pouces, branchu, à feuilles radicales, oblongues, échancrées à la base, découpées en lobes épineux; celles de la tige palmées, à cinq lobes assez larges, dentés, épineux; la collerette de six folioles lancéolées, à une ou deux dents; les têtes des fleurs assises, plus courtes que la collerette. Ces rameaux n'étoient point bleus. C'est probablement l'*Eryngium pusillum* L. Dans le même endroit se trouvoient des individus sans feuilles radicales; à tige de trois pouces; à rameaux & à têtes bleues, qui par leurs feuilles & la tige, représentoient si parfaitement l'*Eryngium pusillum*

Cl. VII. Sect. IX.

amethystinum de Barrelier, tab. 376 f. 3., que je ne doute point qu'il n'ait dessiné de pareils individus envoyés par le Chevalier Corvini ; tout bien examiné, je serois porté à croire que ce Panicaut nain est notre Panicaut commun, dégénéré dans les terres du Nord.

327. LE PANICAUT DE MER.

ERYNGIUM maritimum. C. B. P.
Idem. L. *5-dria, 2-gyn.*

Fleur. } *Fruit.* } Caractere du précédent; les enveloppes foliacées, ovales, de la longueur des têtes.

Feuilles. Les radicales obrondes, plissées, épineuses, pétiolées; les caulinaires amplexicaules.

Racine. Grosse comme le pouce, longue, rameuse, éparse, noueuse, blanchâtre, un peu odorante.

Port. La tige s'éleve du milieu des feuilles, à la hauteur d'un pied & plus, herbacée, branchue; les fleurs au sommet, disposées en petites têtes épineuses, portées sur des péduncules; feuilles alternes.

Lieu. Aux bords de la mer. ♂

Propriétés. } *Usages.* } Les mêmes que le précédent, & à un degré supérieur; on mange les jeunes pousses comme les Asperges.

327 *. L'ÉCUELLE D'EAU.

CL. VII.
SECT. IX.

HYDROCOTYLE vulgaris. I. R. H.
Idem. L. 5-*dria*, 2-*gyn*.

Fleur. Rosacée, en ombelle simple; cinq pétales ovales, aigus, ouverts; le périanthe peu apparent; l'enveloppe petite, découpée en quatre folioles.

Fruit. Orbiculé, droit, divisé en deux semences comprimées, sémi-orbiculaires.

Feuilles. Pétiolées, en rondache, radicales, solitaires, entieres, orbiculées, crénelées, imitant celles du Nombril de Vénus.

Racine. Horizontale, noueuse, stolonifere, divisée en petites racines perpendiculaires.

Port. Les tiges rampantes, longues de quatre à cinq pouces; les fleurs petites, blanches, sont au nombre de cinq ou huit, ramassées en têtes très-petites; elles portent sur des péduncules qui partent de la racine; feuilles alternes; aucuns supports.

Lieu. Dans les étangs, les marais, les rivieres. Lyonnoise. ♃

Propriétés. Vulnéraire & detersive à l'extérieur; intérieurement apéritive.

Usages. On s'en sert en décoction, en cataplasme; peu usitée.

OBSERVATIONS. Quoique j'aye inutilement cherché cette plante en Lithuanie, elle s'éleve cependant bien avant dans le Nord, puisqu'on l'a observée en Suede & en Danemarck. Elle ressemble si peu aux Ombelliferes, que C. Bauhin l'a rangée avec les Renoncules, & l'a appelée, *Ranunculus aquaticus cotyledonis folio*.

CLASSE VIII.

Des Herbes et Sous-Arbrisseaux à fleur polypétale, réguliere, disposée en œillet, nommée *Caryophillée.*

SECTION PREMIERE.

Des Herbes à fleur disposée en œillet, dont le pistil devient le fruit.

328. L'ŒILLET.

Caryophillus maximus ruber. C. B. P.
Dianthus caryophyllus. α coronarius. L. *10-dria, 2-gyn.*

Fleur. Caryophillée; cinq pétales, les onglets de la longueur du calice, étroits, insérés au réceptacle; le limbe plane, élargi & crénelé au sommet; calice cylindrique, alongé, découpé en cinq à son extrémité, entouré à sa base de quatre écailles courtes, presque ovales.

Fruit. Capsule cylindrique, uniloculaire, s'ouvrant par la pointe en quatre parties, renfermant plusieurs semences aplaties, obrondes.

Feuilles. Sessiles, très-entieres, linéaires, pointues, d'un vert tendre.

Racine. Rameuse, très-fibreuse.

Port. Tige de deux ou trois pieds, droite, liſſe, noueuſe, les nœuds d'un vert clair; les fleurs ſolitaires, ſimples ou doubles, de pluſieurs couleurs, que la culture fait varier agréablement; les feuilles raſſemblées au bas des tiges, oppoſées ſur leurs articulations.

Lieu. On le croit originaire de Suiſſe, d'Italie; on le cultive dans tous les jardins. On ſoupçonne que toutes les variétés de l'Œillet des Jardiniers tirent leur origine de la variété ſauvage qui eſt inodore. ♃

Propriétés. La fleur a une odeur de Girofle; ſa ſaveur eſt amere; les baſes des onglets fourniſſent une goutte d'excellent miel; elle eſt cordiale, diaphorétique.

Uſages. On n'emploie que ſes fleurs, dont on fait une conſerve peu uſitée, une eau preſque inutile, un vinaigre peu recommandé, des infuſions abandonnées, mais un ſirop très-employé; on ne s'en ſert guere pour les animaux.

Observations. Le genre des Œillets eſt des plus naturels; non-ſeulement ſes plantes ſe reſſemblent par les parties de la fructification, mais encore par les tiges, les feuilles; un calice cylindrique d'une ſeule piece, orné à la baſe d'écailles; cinq pétales à onglets, une capſule cylindrique à une loge, forment le caractere eſſentiel générique; en outre tous les Œillets ont la racine ligneuſe; la tige herbacée, noueuſe à chaque articulation; les feuilles ſimples, aſſez étroites, entieres, oppoſées.

Nous allons préſenter les caracteres eſſentiels des eſpeces les plus communes.

ŒILLETS *à fleurs agrégées.*

1.° L'Œillet barbu, *Dianthus barbatus*; à tiges d'un pied, nombreuſes, liſſes, très-feuillées; à feuilles lancéolées, à trois nervures, d'un vert foncé; les fleurs forment un faiſceau bien garni, terminant la tige; le limbe des pétales liſſe, denté, panaché; écailles du calice

CL. VIII. SECT. I.

de la longueur du tube, ovales, à ſommet en alêne. Originaire du Languedoc, cultivé dans nos jardins; la variété cultivée a les feuilles larges de trois ou quatre lignes.

2.° L'Œillet des Chartreux, *Dianthus Carthuſianorum*; il differe du barbu par ſa tige un peu rude; par ſes feuilles plus étroites, plus roides; par ſes pétales à limbe velu, rouge, crénelé. Lyonnoiſe, Lithuanienne.

3.° L'Œillet velu, *Dianthus armeria*, à tige peu rameuſe; à fleurs en faiſceaux, peu garnis; à écailles du calice velues, lancéolées, de la longueur du calice; à limbe de la corolle rouge, étroit, peu denté. Lyonnoiſe, Lithuanienne.

4.° L'Œillet prolifere, *Dianthus prolifer*, à tige peu rameuſe, un peu couchée vers la baſe; feuilles très-étroites; fleurs en tête compactes; les écailles du calice ovales, obtuſes, plus longues que le calice. Lyonnoiſe, Lithuanienne.

ŒILLETS à fleurs ſolitaires.

5.° Le petit Œillet, *Dianthus diminutus*, très-reſſemblant au velu; à tige rameuſe; à feuilles encore plus étroites, mais à fleurs ſolitaires terminant les rameaux; huit écailles enveloppent le calice; la corolle très-courte ſurpaſſe à peine le calice. Sur les montagnes du Lyonnois, & en Allemagne.

6.° L'Œillet des Fleuriſtes, *Dianthus caryophyllus*, à écailles du calice très-courtes; c'eſt celui qui eſt décrit dans le tableau 328.

7.° L'Œillet couché, *Dianthus deltoides*, à tiges rameuſes, couchées avant la floraiſon; à deux écailles du calice lancéolées, un peu plus courtes que le calice; à limbe denté. Lyonnoiſe, Lithuanienne.

8.° L'Œillet frangé, *Dianthus plumarius*, à feuilles d'un vert de mer, très-ouvertes; à écailles du calice ovales, très-courtes; à limbe de la corolle très-découpé; à gorge velue. En Lithuanie, en Dauphiné.

9.° L'Œillet ſuperbe, *Dianthus ſuperbus*, à tige droite; à fleurs en panicule; à écailles du calice très-courtes, aiguës; à limbe des pétales très-découpées en ſegmens capillaires. En Dauphiné, en Lithuanie.

Les

Les fleurs, ſur-tout la nuit, répandent une odeur très-pénétrante & agréable. Nous en avons retiré par la diſtillation, une eau aromatique, dont le principe odorant ſe perdit promptement. Cl. VIII. Sect. I.

10.° L'Œillet des ſables, *Dianthus arenarius*; à tige de ſix pouces; feuilles d'un vert de mer, étroites; fleurs terminant la tige; à pétales très-découpés, velus; à poils pourpres; une tache livide à la baſe du limbe; à écailles du calice obtuſes. Sur les montagnes du Forez; commun dans les plaines de Lithuanie; le plus ſouvent la corolle eſt toute blanche.

329. LE LYCHNIS SAUVAGE.

Lychnis ſylveſtris alba ſimplex. C. B. P.
Lychnis dioica. L. *10-dria, 5-gyn.*

Fleur. Caryophillée; cinq pétales; l'onglet de la longueur du calice; le limbe plane, en cœur; le calice d'une ſeule piece, obrond, renflé, velu, à cinq dentelures. Dans cette eſpece de Lychnis, on trouve des fleurs mâles & des fleurs femelles ſur des pieds différens.

Fruit. Capſule preſque ovale, fermée, uniloculaire, ou à une loge; les ſemences nombreuſes, petites, arrondies.

Feuilles. Seſſiles, ſimples, très-entieres, ovales, lancéolées, hériſſées.

Racine. Menue, ſimple.

Port. La tige de deux pieds, articulée, cylindrique, à rameaux dichotomes; les fleurs blanches entaſſées au ſommet, à péduncules courts, quelquefois axillaires; feuilles oppoſées.

Lieu. Les champs. Lyonnoiſe, Lithuanienne. ⊙

Propriétés. Les ſemences ſont, ſans fondement, annoncées comme antiſpaſmodiques, vulnéraires & déterſives.

Cl. VIII. Sect. I.

Observations. Il eſt ſûr que les caractères, d'après leſquels Linné a formé ſes genres de *Lychnis*, de *Cucubalus*, d'*Agroſtema* & de *Silene*, ſont trop peu conſtans; ainſi, Tournefort & Haller ont eu de bonnes raiſons pour ne former de toutes les eſpeces que Linné a indiquées ſous ces différens noms, qu'un ſeul genre naturel, que l'on peut diviſer d'après les obſervations de Linné.

La Lamprette dioïque, ou le Lychnis ſauvage, offre pluſieurs variétés; les pétales ſont le plus ſouvent blancs, on les trouve cependant rouges. Nous avons obſervé près de Grodno des individus à fleurs hermaphrodites; d'autres à fleurs mâles, & à fleurs hermaphrodites; quelques-uns ne nous ont offert que des fleurs à huit étamines, d'autres des fleurs à deux ſtyles & à quatre pétales; dans un autre nous n'avons trouvé que des fleurs femelles, à ſix ſtyles; les feuilles ſont plus ou moins velues, ſuivant les terrains; on trouve auſſi des échantillons nains, de cinq à ſix pouces.

Ajoutons à cette eſpece de Lychnis, celles qui méritent le plus d'être déſignées, ou comme curieuſes, ou comme communes.

1.° La Lamprette croix de Malthe, *Lychnis chalcedonica*, à tige de deux pieds; à feuilles velues; à fleurs en faiſceaux, nombreuſes, écarlates; à pétales très-échancrés. En Ruſſie; cultivée dans nos jardins.

Cette plante fait un bel effet par ſes beaux bouquets de fleurs ramaſſées. On peut obtenir un ſavon végétal de ſes feuilles & de ſes racines.

2.° La Lamprette déchirée, *Lychnis flos coculi*, à tige rougeâtre, un peu viſqueuſe; à feuilles liſſes, lancéolées; à limbes des pétales rouges, diviſés en quatre lanieres; à capſule à une loge arrondie. Lyonnoiſe, Lithuanienne.

3.° La Lamprette viſqueuſe, *Lychnis viſcaria*: elle differe de la précédente en ce qu'elle eſt plus viſqueuſe, par ſon calice rouge, par ſes fleurs plus grandes, à pétales entiers. Lyonnoiſe, Lithuanienne.

Ses fleurs ſont verticillées, en épis.

4.° La Lamprette des Alpes, *Lychnis alpina*, à tige de ſix pouces; à feuilles linaires, lancéolées; à fleurs en tête aplatie; à pétales fendus, rouges; à quatre ſtyles. Sur les montagnes du Dauphiné.

330. LE BEHEN BLANC.

CL. VIII. SECT. I.

LYCHNIS sylvestris, quæ Behen album vulgò. C. B. P.

CUCUBALUS behen. L. *10-dria, 3-gyn.*

Fleur. Caryophillée; cinq pétales; les onglets de la longueur du calice; le limbe plane, profondément fendu; le calice monophille, globuleux, glabre, veiné en maniere de réseau.

Fruit. Capsule pointue, triloculaire, s'ouvrant au sommet en cinq parties; plusieurs semences obrondes.

Feuilles. Lisses, sessiles, simples, elliptiques, lancéolées, entieres, un peu arrondies, d'un vert clair.

Racine. Simples, ténues.

Port. Tige d'un pied de haut, herbacée, cylindrique, rameuse; les fleurs au sommet ou axillaires, portées par des péduncules dichotomes, c'est-à-dire qui se divisent en deux; feuilles opposées.

Lieu. Les champs, les prés secs. Lyonnoise, Lithuanienne. ♃

Propriétés. } Les mêmes que le précédent. On
Usages. } ne s'en sert plus en Médecine.

OBSERVATIONS. Les veines du calice sont vertes ou rouges; les dents du calice sont très-courtes : entre deux péduncules à plusieurs fleurs, on en trouve qui ne portent qu'une fleur. Les nœuds de la tige sont très-enflés; les styles sont très-longs; la capsule a six valves. Nous avons trouvé dans quelques fleurs cinq styles; souvent la plante est naine, à fleurs plus petites. Les vaches, les chevres, les moutons mangent cette plante.

Les Cucubales les plus communs en Europe sont les suivans :

CL. VIII. SECT. I.

1.° Le Cucubale à baies, *Cucubalus bacciferus*, à tige volubile, de six à huit pieds, rameuse; à feuilles ovales, lancéolées; à péduncules à une fleur; à calices enflés, en cloche; à pétales écartés, dentelés; à fruits mous, arrondis. Lyonnoise, Lithuanienne.

La tige froissée répand une odeur désagréable; la capsule, avant sa maturité, est succulente comme une baie; elle offre deux écorces, l'extérieure seche, fragile, âcre, se séparant facilement; l'intérieure contiguë à la premiere enveloppe; plusieurs semences en reins, noires, lisses, adhérentes à un placenta blanc.

2.° Le Cucubale dioïque, *Cucubalus otites*, à tige gluante, d'un pied & demi; feuilles radicales nombreuses, ovales, lancéolées, celles de la tige plus étroites; les fleurs en panicule, mâles ou femelles, sur des pieds différens; calices tubulés; pétales très-étroits, entiers, verdâtres; capsules à trois loges. Lyonnoise, Lithuanienne.

L'espece que j'ai décrite dans la Flore de Lithuanie, sous le nom de *Cucubalus hermaphroditus*, ne me paroît être qu'une variété de l'*Otites*, quoique ses pétales soient plus blancs, ses feuilles plus succulentes.

331. LA NIELLE DES BLÉS, *ou* Agrosteme des Blés.

LYCHNIS segetum major. C. B. P.
AGROSTEMA githago. L. *10-dria, 5-gyn.*

Fleur. Caryophillée; cinq pétales nus, entiers; les onglets de la longueur du tube du calice; le limbe ouvert, obtus; le calice d'une seule piece; le tube ovale, oblong, coriacé; corolle rouge, quelquefois blanche.

Fruit. Capsule ovale, oblongue, fermée, uniloculaire, à cinq valvules; semences noires, rudes, réniformes.

Feuilles. Sessiles, simples, entieres, linaires, aiguës, hérissées de poils.

Racine. Petite, ſimple, blanche.

Port. Tige de deux pieds, oblongue, velue, articulée, creuſe, rameuſe; les fleurs au ſommet, ſolitaires, pédunculées; feuilles oppoſées.

Lieu. Dans les blés. Lyonnoiſe, Lithuanienne. ☉

Propriétés. Plante vulnéraire, aſtringente.

Uſages. Elle eſt négligée en Médecine comme les deux précédentes; on peut l'employer dans les maladies cutanées. L'écorce de la ſemence qui eſt noire, donne au pain une teinte brune, & le rend un peu amer, mais la ſubſtance même de ſes ſemences eſt farineuſe, nutritive; les chevres, les vaches, les moutons & les chevaux mangent l'herbe.

OBSERVATIONS. Nous avons ſouvent trouvé la Nielle des Blés à tige filiforme, très-menue, ſans rameaux, à peine haute de ſix pouces; à une fleur terminant la tige; à feuilles très-étroites; à calice plus long que la corolle qui étoit incarnate. La longueur du calice ne peut fournir un caractere ſpécifique; il eſt ou plus long, ou égal à la corolle.

Ajoutons à cette eſpece, l'Agroſteme fleur de Jupiter, *Agroſtema flos Jovis*, à tige & à feuilles cotonneuſes; à fleurs rouges; en corymbe aplati; à pétales échancrés. En Suiſſe; cultivé dans les jardins.

332. LA COQUELOURDE des Jardiniers.

LYCHNIS coronaria Dioſcoridis, ſativa. C. B. P.

AGROSTEMA coronaria. L. *10-dria, 5-gyn.*

Fleur. Caryophillée; caractere de la Nielle n.° 331; mais les pétales ſont couronnés, à la baſe du limbe, de cinq nectars; & le calice a dix

CL. VIII. SECT. I.

angles, dont cinq alternativement plus petits; corolle pourprée.

Fruit. Caracteres de la Nielle; la capsule presque anguleuse.

Feuilles. Sessiles, ovales, lancéolées, simples, entieres, cotonneuses, blanchâtres.

Racine. Menue, simple.

Port. La tige d'un pied & demi, herbacée, cotonneuse, articulée, cylindrique, rameuse; les fleurs solitaires, pédunculées au sommet & axillaires; feuilles opposées, presque réunies à leurs bases.

Lieu. L'Italie; cultivée dans les jardins; indigene dans les montagnes du Lyonnois, au-dessus de l'Arbresle. ♃

Propriétés. } *Usages.* } Quelques Auteurs la recommandent comme purgative; cependant on s'en sert peu en Médecine.

333. LA SAPONAIRE officinale *ou* Savonaire.

LYCHNIS sylvestris quæ Saponaria vulgò. I. R. H.

SAPONARIA officinalis. L. *10-dria, 2-gyn.*

Fleur. Caryophillée; cinq pétales, les onglets étroits, anguleux, de la longueur du calice; le limbe plane, fendu; le calice d'une seule piece, cylindrique, divisé en cinq.

Fruit. Capsule de la longueur du calice, uniloculaire, cylindrique; les semences sous-orbiculaires, rougeâtres.

Feuilles. Sessiles, ovales, lancéolées, simples, entieres, lisses, nerveuses.

Racine. Longue, noueuse, rampante, fibreuse.

Port. Les tiges de deux pieds ; herbacées, cylindriques, articulées, lisses, dures, courbées, rameuses ; plusieurs fleurs incarnates portées sur des péduncules axillaires, ou qui partent du sommet des tiges ; feuilles opposées, presque réunies à leurs bases. Cl. VIII. Sect. I.

Lieu. Les bords des champs, des ruisseaux. Lyonnoise, Lithuanienne. ♃

Propriétés. Toute la plante est amere, diurétique, emménagogue, antihelminthique, vulnéraire, détersive, résolutive, siphillitique.

Usages. On se sert en décoction pour l'intérieur, de la racine, de l'herbe & de la semence; extérieurement, on l'emploie pilée & appliquée.

OBSERVATIONS. La Saponaire officinale présente souvent ses fleurs toutes blanches ; c'est une de ces plantes précieuses qui offrent dans leur mucilage un vrai savon végétal, bon pour blanchir les dentelles & pour décreuser les soies; les feuilles & les racines long-temps bouillies dans l'eau, lâchent leur extrait qui, évaporé, est un vrai savon amer, un peu âcre ; la décoction des racines & des feuilles est aussi amere, mais le miel la corrige assez pour la rendre potable. Nos observations très-répétées nous prouvent que l'extrait & la décoction de Saponaire est un des plus puissans remedes dans le traitement des dartres, de la gale, du rhumatisme, de la jaunisse, des empâtemens des visceres du bas-ventre à la suite des fievres intermittentes. Nous avons si souvent vu réussir ce remede en l'unissant avec les purgatifs, que nous ne saurions trop en conseiller l'usage. Quant à la vérole, nous n'avons aucune observation assez certaine pour le déclarer vraiment énergique dans cette maladie.

Les deux especes de Saponaires assez communes pour mériter d'être caractérisées, sont les suivantes :

1.° La Saponaire blé-de-vache, *Saponaria vaccaria*, à tige d'un pied & demi, lisse, branchue ; à feuilles assises, comme perfoliées, ovales, pointues ; fleurs

Cl. VIII. Sect. I.

comme en corymbe; à pétales petits, dentelés, rouges; à calice pyramidal, qui offre cinq angles faillans. Commune dans les Blés du Lyonnois; nous l'avons aussi observée en Pologne, près de Varsovie.

Cette espece est appelée Blé-de-vache, parce que les bestiaux la mangent avec avidité.

2.° La Saponaire rampante, *Saponaria ocymoïdes*, à tige de demi-pied, très-rameuse, un peu velue, couchée sur terre; feuilles petites, ovales, pointues, assez semblables à celles du Basilic; à fleurs axillaires, petites; à pétales rouges; à calice tubulé, velu. Lyonnoise. Sa station s'étend de la Méditerranée en Suisse.

Enfin, pour compléter le genre naturel des Lychnis, nous avons encore à parler des Silenes, dont les especes les plus curieuses ou les plus communes, sont les suivantes; on les distingue génériquement de leurs analogues par leur corolle qui offre une couronne formée par deux oreilles qui naissent de la base des lames des pétales; d'ailleurs les Silenes comme les Cucubales, n'ont que trois styles.

1.° Le Cornillet ou Silene à cinq gouttes de sang, *Silene quinque vulnera*, à tige de dix pouces, velue, rameuse; à feuilles étroites, un peu rudes; les inférieures en spatule; à fleurs en épi tourné d'un côté, droites; à calice velu, strié; lames des pétales à peine échancrées, rouges au centre, bordé de blanc; ce qui fait que la corolle offre comme cinq gouttes de sang. Cultivé dans les jardins, originaire du Languedoc; on l'a aussi trouvé spontanée en Carniole & en Sibérie.

2.° Le Cornillet françois, *Silene gallica*, à tige d'un pied, velue, rameuse; à feuilles elliptiques, hérissées; à fleurs en épis alternes, tournés d'un côté; à calice hérissé, strié, gluant; à pétales petits, blancs, entiers; sa station s'étend du Languedoc à Paris; on le trouve en Dauphiné.

3.° Le Cornillet penché, *Silene nutans*, à tige d'un pied & demi, un peu velue, un peu visqueuse; à feuilles lancéolées, hérissées; à fleurs en panicule incliné; à calice visqueux, strié; à pétales blancs, fendus en deux segmens roulés. Lyonnoise, Lithuanienne.

4.° Le Cornillet œillet, *Silene armeria*, à tige d'un

pied, liſſe, viſqueuſe, rameuſe; à feuilles d'un vert de mer, liſſes, celles de la tige en cœur; à fleurs comme en ombelle; calice long, ſillonné, rouge; pétales rouges. En Dauphiné, en Lithuanie.

334. LE LIN.

LINUM ſativum. C. B. P.
LINUM uſitatiſſimum. L. 5-*dria*, 5-*gyn.*

Fleur. Caryophillée ou plutôt infundibuliforme; cinq pétales grands, larges & crénelés à leur ſommet; calice en cinq pieces lancéolées, droites, aiguës; cinq étamines, ce qui diſtingue ce genre des Caryophillées qui en ont dix.

Fruit. Capſule globuleuſe & pointue au ſommet, pentagone, à dix loges, à cinq valvules; dix ſemences liſſes, luiſantes, oblongues, pointues.

Feuilles. Linaires, lancéolées, ſeſſiles, très-entieres.

Port. Les tiges de la hauteur d'un ou deux pieds, cylindriques, grêles, liſſes, ordinairement ſolitaires; les fleurs bleues au ſommet en panicule lâche; les feuilles alternes.

Lieu. On le cultive dans les terres fortes & un peu humides; il devient indigene dans nos Provinces. ☉

Propriétés. La ſemence donne une huile ou ſuc gluant, mucilagineux & fade; elle eſt émolliente par excellence, béchique, antiphlogiſtique, très-uſitée dans les maladies des voies urinaires qui dépendent d'une grande tenſion.

Uſages. On emploie uniquement la ſemence, qui entre dans toutes les tiſanes, décoctions, fomentations, lavemens & collyres émolliens; on en fait une farine émolliente & maturative, dont on ſe ſert dans les cataplaſmes; on en tire une huile très-uſitée que l'on donne intérieurement à l'homme, depuis ℥ ij juſqu'à ℥ iv, & en lavement, à la doſe de ℥ viij; il faut employer l'huile nouvelle; on ſe ſert auſſi des graines de Lin trempées dans l'eau roſe, contre les inflammations des yeux, on les met entre deux linges & on les applique ſur l'œil affecté.

On donne aux animaux l'huile de lin, à la doſe de ℥ v, & les graines à la doſe de ℥ j ß ſur ℔ iij de décoction ou boiſſon.

OBSERVATIONS. Nous avons trouvé le Lin économique devenu ſpontanée même dans les forêts de Lithuanie; la tige de cette plante varie beaucoup, le plus ſouvent elle eſt ſimple, on la trouve cependant quelquefois ramifiée; ſuivant la bonté du terrain, elle s'éleve même juſques à quatre pieds; alors ſa tige eſt beaucoup plus groſſe, ſes feuilles plus larges.

Le Lin eſt devenu très-précieux pour les uſages économiques; il fournit, comme le Chanvre, une filaſſe précieuſe avec laquelle, après l'avoir cardé, on forme des fils aſſez fins pour entrer dans le tiſſu des plus fines dentelles, & aſſez groſſiers pour les câbles & les voiles des vaiſſeaux; les toiles de Lin ſont plus douces, plus unies que celles du Chanvre; on fait rouir le Lin comme le Chanvre, c'eſt-à-dire, macérer dans l'eau pour en obtenir plus aiſément la filaſſe ou l'écorce qui eſt collée à la tige par un mucilage ſoluble dans l'eau; on obtient de la meilleure filaſſe en mouillant ſouvent le Lin à l'arroſoir, & en le laiſſant expoſé à l'ardeur du ſoleil. La ſemence de cette plante n'eſt pas moins précieuſe, elle contient un principe farineux, un principe mucilagineux, ſoluble dans l'eau, & une grande quantité d'huile graſſe, que l'on en tire par la ſimple expreſſion.

La décoction des ſemences de Lin contuſes, eſt indiquée dans la dyſſenterie, les ardeurs d'urine, l'inflammation de la gorge, de l'eſtomac, des inteſtins, dans les coliques, dans le traitement des dartres; l'huile de Lin a réuſſi dans la pleuréſie, la péripneumonie, le rhumatiſme, la colique appelée *Miſéréré*, trouſſe-galant, la colique du poêlon, la néphrétique; mais il faut que cette huile ſoit récemment tirée par la ſeule expreſſion; elle n'eſt pas moins utile dans les aphtes, les crachemens de ſang, les varioles qui occupent l'œſophage. Cette huile eſt recherchée des Peintres, comme plus deſſicative. Le pain de graines de Lin engraiſſe très-bien les moutons, mais en temps de diſette il a fourni une nourriture très-indigeſte pour les hommes, elle leur a cauſé l'hydropiſie & l'anorexie. Tout ce que nous venons d'annoncer des propriétés du Lin, eſt aſſuré par une foule d'obſervations fournies par les meilleurs Auteurs. Nous en ſommes d'autant plus convaincus, que toutes ſes vertus ſont confirmées par notre propre expérience. On prépare avec les vieux chiffons de toile de Lin bouillis, une pâte qui, coulée ſur des claies de fil de laiton, forme du papier. On a prétendu que ce papier bouilli étoit un ſpécifique pour calmer les douleurs de la dyſſenterie; mais nous pouvons croire que la colle du papier qui ſe diſſout par la décoction, produit dans ce cas autant d'effet que les ſtries du Lin long-temps bouillies.

335. LE LIN PURGATIF.

LINUM pratenſe floſculis exiguis. C. B. P.
LINUM catharticum. L. *5-dria, 5-gyn.*

Fleur. } Caractere du précédent; les pétales
Fruit. } très-petits, aigus.

Feuilles. Oppoſées, petites, lancéolées, ovales, ſeſſiles; les radicales ovales, arrondies à la pointe; les caulinaires lancéolées, linaires, liſſes.

Racine. Menue, blanche, ligneuſe.

Port. Petite plante dont les tiges grêles, liſſes, s'élevent à quatre à cinq pouces, à rameaux dichotomes; péduncules rameux, ſe bifurquant dans toutes leurs diviſions; les fleurs blanches, à onglets jaunes, portées par de longs péduncules.

CL. VIII. SECT. I.

Lieu. Les champs, les prés. Lyonnoiſe, Lithuanienne. ⨀

Propriétés. Toute la plante a un goût amer & nauſéeux; elle eſt purgative; c'eſt un très-bon diurétique.

Uſages. On ſe ſert de la plante infuſée dans du vin blanc pendant dix à douze heures.

OBSERVATIONS. Après la fécondation des fleurs du Lin purgatif, les cinq ſtyles ſe rapprochent tellement qu'ils ſemblent n'en former qu'un ſeul; la fleur épanouie préſente déjà un grand germe; dans pluſieurs individus je trouve des feuilles ſolitaires à la baſe de chaque rameau, dont toutes les feuilles ſupérieures ſont très.-étroites, comme ſétacées.

Quelques individus m'ont préſenté des fleurs à pétales un peu colorés en bleu, à quatre étamines, à quatre piſtils; ſouvent la tige eſt peu rameuſe.

Les étamines ſont courtes, à antheres jaunes; les ſtigmates ſont grands, un peu jaunes; les cinq filamens ſont réunis à leurs baſes par une membrane. Entre chaque filament, on voit naître de cette membrane un petit filet qui peut être regardé comme un filament ſans antheres.

Le Lin purgatif offre une amertume particuliere; ſi on le froiſſe entre les doigts, il répand une odeur propre, nauſéabunde; cette plante fraîche, bouillie avec du miel à une demi-once, purge ſans coliques, comme nous l'avons éprouvé pluſieurs fois, & cette médecine n'eſt point déſagréable. Cette eſpece de purgatif eſt indiquée dans le traitement des dartres, des fievres intermittentes: deux onces infuſées vingt-quatre heures dans deux verrées de vin, purgerent, & firent vomir deux payſans robuſtes, mais ne cauſerent ni chaleur d'entrailles ni coliques.

Le genre des Lins préſente pluſieurs eſpeces, qui non-ſeulement ſe reſſemblent par les parties de la fructification, mais encore par pluſieurs autres attributs tirés des feuilles de la tige; dans tous, les feuilles ſont très-entieres, ſans pétiole; les fleurs terminant la tige, forment une eſpece de panicule; ſur quinze eſpeces Européennes, faiſons au moins connoître celles qui ſont les plus communes en France.

1.° Le Lin de Narbonne, *Linum narbonense*, à tige d'un pied, rameuse au sommet; à feuilles alternes, lancéolées, un peu roides; à fleurs grandes, d'un beau bleu, à feuillets du calice très-aigus, membraneux; étamines réunies à leur base. Lyonnoise.

Sa station ne s'étend que de la Suisse à la Méditerranée.

2.° Le Lin très-fin, *Linum tenuifolium*, à tige d'un pied, menue; à feuilles éparses, nombreuses, sétacées, rudes sur les bords; à fleurs grandes, purpurines ou blanches. Lyonnoise.

Il varie par la grandeur des fleurs qui sont quelquefois cendrées ou incarnates.

3.° Le Lin françois, *Linum gallicum*, à tige de six pouces; à feuilles éparses, linaires, lancéolées; les péduncules du panicule portant chacun deux fleurs qui sont petites, jaunes. En Dauphiné.

Les feuillets du calice en alêne.

4.° Le Lin maritime, *Linum maritimum*, n'est distingué du précédent que par les feuillets du calice qui sont ovales, par les feuilles un peu plus élargies & opposées à la partie inférieure de la tige. En Languedoc, en Autriche.

5.° Le Lin campanulé, *Linum campanulatum*, à tige simple, de cinq à six pouces; les feuilles inférieures en spatule; trois grandes fleurs jaunes terminant la tige. En Dauphiné, en Languedoc.

6.° Le Lin multiflore, *Linum radiola*, à tige d'un ou deux pouces, très-subdivisée en rameaux bifurqués, terminés par plusieurs petites fleurs; à calice de quatre feuilles; à quatre pétales blancs; à quatre étamines; à quatre styles; à feuilles très-petites, ovales, lisses. Lyonnoise, Lithuanienne.

La Phrase comparative de Micheli exprime très-bien les différences de ce Lin, *Linocarpon serpilifolio multicaule & multiflorum*. Gen. plant. *tab. 21.* Dillen en avoit formé un genre sous le nom de *Radiola.* C'est le *Chamælinum vulgare* de Vaillant Botan. Par. *tab.* 4. *fig. 6.* Souvent les feuillets du calice sont fendus.

Cette espece offre trop de différence dans les parties de la fructification, & son port est si éloigné de celui des Lins, que Vaillant & Dillen nous paroissent avoir eu raison en la proposant comme un genre isolé.

Cl. VIII
Sect. II.

SECTION II.

Des Herbes à fleur disposée en œillet, dont le pistil devient une semence renfermée dans le calice.

336. LA STATICE, Gazon d'Espagne *ou* d'Olympe.

Statice Lugdunensium. I. R. H.
Statice armeria. L. *5-dria, 5-gyn.*

Fleur. Caryophillée, presque infundibuliforme; plusieurs fleurs rassemblées en forme de boule dans une enveloppe ou calice commun; le calice propre de chaque fleur, monophille, plissé à ses bords; cinq pétales élargis par le haut, obtus, ouverts; cinq étamines.

Fruit. Une petite semence obronde, renfermée dans le calice propre qui s'est resserré par le haut.

Feuilles. Radicales, rassemblées en faisceau, sessiles, longues, étroites, linéaires, entieres.

Racine. Longue, ronde, rougeâtre, ligneuse, fibreuse.

Port. Les tiges, especes de hampes, s'élevent d'entre les feuilles à un demi-pied, nues, simples, cylindriques; les fleurs blanches, ou rouges, ou violettes au sommet, en tête arrondie; leur calice commun, composé de trois rangs de folioles.

Lieu. Les pays montagneux & un peu humides; les montagnes du Forez; cultivée en bordure dans les jardins. Lyonnoise, Lithuanienne. ♃

Propriétés. Vulnéraire & aſtringente.

Uſages. On emploie la plante, dont on tire le ſuc qui ſe donne intérieurement pour l'homme, à la doſe de ℥j. Après l'avoir réduite en poudre, on l'emploie à l'extérieur ſur les plaies & les ulceres.

Le ſuc ſe donne aux animaux, à ℥iv.

OBSERVATIONS. L'extrémité ſupérieure de la hampe eſt comme enveloppée par une gaîne qui n'eſt autre choſe que les lames inférieures du calice commun; la tête des fleurs peut être comparée à celle de la Jaſione; c'eſt un aſſemblage de péduncules très-courts, ornés chacun à leur origine d'une bractée; l'aſſemblage de ces bractées conſtitue le calice commun. Quelques-uns de ces péduncules s'alongent, ce qui rend la Statice comme prolifere. Le calice particulier de chaque fleur eſt proprement formé par deux calices l'un ſur l'autre; l'un vert, à cinq dents rouges; l'autre blanc, diaphane, papyracée, collé ſur la ſurface interne du vert, & pouvant facilement s'en ſéparer; ſouvent les pétales ſont réunis par les onglets; les étamines ſont inſérées aux onglets; les antheres ſont jaunes, dydimes. Je trouve quelquefois deux filamens réunis preſque juſques aux antheres; les ſtyles ſont velus vers leur baſe. Pluſieurs individus m'ont offert des fleurs à quatre pétales, à quatre étamines, à quatre ſtyles; cette eſpece offre deux variétés, le petit Gazon d'Olympe, à hampe de ſix pouces, à feuilles plus ténues; le grand, à hampe d'un pied, à feuilles plus charnues, plus longues, plus groſſes; il étoit très-commun près de Grodno.

337. LE BEHEN ROUGE.

LIMONIUM maritimum majus. C. B. P.
STATICE limonium. L. 5-*dria*, 5-*gyn.*

Fleur. } Caracteres de la précédente; le calice
Fruit. } commun eſt tuilé; le calice propre, grand & évaſé.

Cl. VIII. Sect. II.

Feuilles. Radicales, sessiles, lancéolées, ovales, glabres, douces au toucher.

Racine. Menue, fibreuse.

Port. Tige nue, cylindrique, en panicule; les fleurs petites, violettes ou blanches, ramassées en têtes oblongues, disposées en série, d'un seul côté.

Lieu. Les bords de la mer. ♃

Propriétés. Vulnéraire & apéritive.

Usages. On emploie les feuilles & les semences en décoction.

Observations. Nous avons encore cueilli en Languedoc,

1.° La Statice âpre, *Statice echioides*, à tige en hampe, paniculée, de six pouces; à feuilles radicales, lingulées, rudes; à fleurs petites, d'un bleu pâle; à stries pourpres.

2.° La Statice monopétale, *Statice monopetala*, à tige ligneuse, rameuse, de trois pieds; à feuilles lancéolées, vaginales ou en gaînes à leur base, rudes, ponctuées; fleurs en panicule, assises chacune à l'aisselle, d'une écaille vaginale; corolle d'un rouge violet, monopétale, infundibuliforme, en entonnoir. Cueillie sur les bords de la mer vis-à-vis Narbonne, à Sainte-Lucie; là nous trouvâmes plusieurs autres belles especes méridionales, le *Frankenia levis*, *&c.* (*). Je fis cette belle herborisation en 1773, conduit par deux habiles & aimables Botanistes, M. Pesch, célebre Praticien de Narbonne, & M. l'Abbé Pourret, jeune Ecclésiastique qui est devenu un bon observateur.

(*) Je m'arrêtai douze jours à Narbonne en revenant des Pyrénées; j'eus l'avantage de parcourir ces hautes montagnes avec M. Coste, Professeur de Botanique, qui seul peut nous faire espérer la *Flora Pyrenaica.* M. Pesch avoit bien avancé sa Flore Narbonnoise; il cultivoit un jardin qui offroit plus de douze cents plantes exotiques. L'Abbé Pourret est connu des Botanistes par les belles especes qu'il a communiquées au Chevalier la Marck.

CLASSE IX.

Des Herbes et Sous-arbrisseaux à fleurs régulieres, qui imitent en quelque sorte celles du Lis, produisent comme lui un fruit tricapsulaire, & sont nommées fleurs en Lis ou *Liliacées*.

SECTION PREMIERE.

Des Herbes à fleur réguliere, liliacée, monopétale, divisée en six parties, & dont le pistil devient le fruit.

338. L'ASPHODELE JAUNE.

Asphodelus luteus flore & radice. C. B. P.
Asphodelus luteus. L. *6-dria, 1-gyn.*

Fleur. Liliacée, monopétale, découpée en six parties; les découpures lancéolées, planes, ouvertes; un nectar composé de six petites valvules insérées à la base du pétale, & couvrant le germe; point de calice; étamines inclinées.

Fruit. Capsule globuleuse, charnue, à trois lobes, triloculaire, renfermant plusieurs semences triangulaires, & convexes d'un côté.

Cl. IX.
Sect. I.

Feuilles. Seſſiles, alongées, fiſtuleuſes, à trois côtés, ſtriées & très-entieres.

Racine. Tubéreuſe, en faiſceau, jaunâtre.

Port. La tige s'éleve à la hauteur de trois ou quatre pieds, ſimple, couverte de feuilles; les fleurs jaunes en épi le long de la tige; les feuilles éparſes.

Lieu. L'Italie; on la cultive aiſément dans les jardins. ♃

Propriétés. La racine a une odeur déſagréable, & un goût âcre; elle eſt emménagogue, émolliente, maturative.

Uſages. On ne ſe ſert que de la racine en poudre, à la doſe de ℈ j pour l'homme, & de ʒ ij pour les animaux; on l'emploie auſſi dans les cataplaſmes.

Observations. Nous trouvons en France une eſpece d'Aſphodele, le rameux, *Aſphodelus ramoſus*, à tige nue; à feuilles radicales en lames d'épee, carénées; à fleurs grandes; à courts péduncules; à pétales blancs. En Dauphiné; ſa ſtation s'étend de l'Eſpagne en Carniole.

On peut rapprocher de ce genre deux eſpeces d'*Hemerocallis.*

1.° L'Hémerocalle ſafranée, *Hermerocallis flava* L. *Lileo Aſphodelus phœniceus* T., à tige de trois pieds, nue, rameuſe au ſommet; à feuilles radicales en lames d'épée, fort longues, creuſées en gouttiere; à fleurs grandes, pédunculées, terminales; à corolle campaniforme; à ſix ſegmens larges; à tube court, d'un jaune rougeâtre; à étamines inclinées. Cultivée dans les jardins; on l'a trouvée ſpontanée en Provence & en Suiſſe.

2.° L'Hémerocalle jaune, *Hemerocallis lutea*; elle ne differe de la précédente que par ſes fleurs qui ſont jaunes & plus petites. Spontanée en Suiſſe, en Hongrie, en Sibérie. Ces deux eſpeces produiſent un bel effet dans nos jardins; elles ſupportent ſi bien le climat froid, que nous les cultivions en pleine terre dans le jardin de Grodno. Leurs racines ſont groſſes, tubéreuſes, charnues, en faiſceaux.

Dans la même Section, Tournefort propoſe les Hyacinthes.

qui présentent quelques especes, ou cultivées, ou spontanées, qu'il seroit honteux de négliger. Le caractere essentiel des Hyacinthes, c'est d'offrir la corolle monopétale en cloche, tubulée, en grelots, & trois pores; mielliers au-dessus du germe; la racine bulbeuse; la tige à hampe. Cl. IX. Sect. I.

1.° L'Hyacinthe orientale, *Hyacinthus orientalis*, à corolles en entonnoir, ventrue à la base; à limbe de six segmens.

Cultivée dans les jardins, elle fournit aux curieux une foule de variétés, relativement aux couleurs, & suivant qu'elle est plus ou moins pleine. On l'a trouvée en Russie, à fleurs jaunes, & à fleurs pourpres.

2.° L'Hyacinthe à feuilles de Jonc, *Hyacinthus racemosus*, à hampe grêle; à feuilles linaires, en gouttiere, foibles; fleurs odoriférantes, en épi court, ovale, serré; à corolles en grelot, bleues, les supérieures stériles. Sur les montagnes du Lyonnois; sa station s'étend de la Méditerranée en Autriche.

3.° L'Hyacinthe botride, *Hyacinthus botryoïdes*, ressemblant à la précédente; à feuilles plus relevées, plus larges; à fleurs inodores, bleues, toutes fécondes; à dents blanches. Lyonnoise, en Suisse.

4.° L'Hyacinthe à toupet, *Hyacinthus comosus*, à hampe d'un pied; à feuilles larges de trois lignes, en épée; à fleurs en épis fort longs; les inférieures d'un bleu rougeâtre; à péduncules très-ouverts; les supérieures stériles, plus petites; à péduncules très-longs, redressés. Lyonnoise, en Suisse.

339. LA COLCHIQUE ou Tue-chien.

COLCHICUM commune. C. B. P.
COLCHICUM autumnale. L. *6-dria, 3-gyn.*

Fleur. Liliacée; corolle divisée en six parties; le tube anguleux & très-alongé part de la racine; les découpures du limbe lancéolées, ovales, conca-

Cl. IX.
Sect. I.

ves, droites; point de calice, si ce n'est quelques spathes informes; trois styles filiformes, très-longs; les stygmates pourpres.

Fruit. Capsule à trois lobes obtus, triloculaire, s'ouvrant par les sutures des lobes pour laisser sortir plusieurs semences globuleuses & ridées.

Feuilles. Radicales, lancéolées, droites, planes, simples, très-entieres.

Racine. Tubéreuse, aplatie d'un côté, sillonnée pendant la fleuraison; couverte de pellicules noirâtres, & remplies d'un suc laiteux.

Port. La fleur paroît en automne; elle s'éleve à la hauteur de trois ou quatre pouces, unique, sortant immédiatement de la racine; elle est d'un bleu incarnat, à gorge jaune; les feuilles & le fruit paroissent au printemps.

Lieu. Les prés. Lyonnoise. ♃

Propriétés. Toutes les parties de la plante ont une odeur forte, causent des nausées; elles sont émollientes.

Usages. On n'emploie que la racine en cataplasme, & rarement; prise intérieurement, c'est un poison actif; l'émétique & le lait chaud lui servent de contre-poison. Quelques Auteurs recommandent la *Colchique* comme un excellent diurétique, mais son usage demande bien de la prudence.

Observations. La racine de Colchique grosse comme une pomme, produit latéralement une petite bulbe qui doit reproduire la Colchique de l'année suivante; cette racine est charnue, succulente, blanche en dedans. La racine mere, en automne, est à peine âcre; la filleule est très-âcre, comme brûlante; voilà pourquoi on a vu à Vienne un Apothiquaire manger impunément la Colchique. Cette bulbe desséchée, & long-temps conservée, perd son acrimonie. Si on fait macérer dans du vinaigre & du miel, la râpure de la racine de Colchique, on a le fameux Oximel Colchique de Storck, qui, à petite dose, à demi-once, est un puissant diurétique, & qui fait vomir lorsqu'on le donne à haute dose; ce remede est congénere avec la Scille; il est précieux dans l'anasarque, la leucophlegmatie, l'hydropisie, l'asthme pituiteux, les empâtemens des visceres. Si on lave souvent la pulpe de Colchique, on obtient une farine fade, sans âcreté, qui fournit un bon amidon. Des pilules formées avec la poudre de la racine de Colchique desséchée, fournissent le plus puissant des fondans contre les obstructions. La station du Colchique ne s'éleve pas au-dessus de la Saxe.

SECTION II.

Des Herbes à fleur réguliere, liliacée, monopétale, divisée en six parties, & dont le calice devient le fruit.

340. LE SAFRAN.

CROCUS sativus. C. B. P.
CROCUS sativus. L. *3-dria, 1-gynia.*

FLEUR. Liliacée; le tube simple, très-alongé, filiforme; le limbe droit, divisé en six découpures ovales, oblongues, égales; le calice est un spathe monophille, qui part de la racine; trois stigmates grêles, roulés.

Fruit. Le germe placé sous le réceptacle de la fleur, devient une capsule arrondie, à trois lobes, à trois loges, trivalve.

Feuilles. Radicales, très-étroites, longues, cylindriques, divisées dans leur longueur par une ligne blanche.

Racine. Bulbeuse, plusieurs oignons les uns sur les autres.

CL. IX. SECT. II.

Port. Les fleurs & les feuilles partent de la racine, ſans tige; la fleur gris-de-lin ou bleu de ciel, paroît en automne, les feuilles & le fruit au printemps.

Lieu. Cultivé dans les Provinces méridionales de France; il réuſſit dans nos jardins. ♃

Propriétés. Les trois ſtigmates du piſtil ont une odeur aromatique, aſſez agréable, le goût amer; ils ſont anodins, ſtomachiques, expectorans, légérement cordiaux, emménagogues & diaphorétiques.

Uſages. On ne ſe ſert que des ſtigmates, mais on doit craindre de les donner à trop forte doſe; ils provoqueroient l'aſſoupiſſement, le ris ſardonique, le délire; on peut preſcrire le Safran aux hommes, depuis ℈ ß juſqu'à ℈ j ou ℈ j ß, & aux animaux, à ʒ ij ou ℥ ß; on tire des ſtigmates, une teinture qui s'emploie extérieurement pour réſoudre les tumeurs; on en fait des collyres qu'on place ſur les yeux de ceux qui ſont attaqués de la petite vérole; ils ſont également utiles dans la clavelée des moutons, qui ne differe en rien de cette maladie.

OBSERVATIONS. On trouve ſur les Alpes du Dauphiné une variété de Safran qui fleurit en Juin & Juillet, dont les feuilles ſont plus larges, & les ſtigmates ſans odeur. Dans le Safran un ſpathe en gaîne forme un faiſceau qui réunit les feuilles.

Le Safran eſt une de ces drogues précieuſes en faveur de laquelle de nombreuſes obſervations ont prononcé; elle lâche ſon principe aromatique dans les infuſions vineuſes & aqueuſes; elle fournit même une petite quantité d'huile eſſentielle; on l'a ordonnée avec ſuccès dans les ſuppreſſions des regles, des lochies, dans la toux, le vomiſſement, l'ophtalmie; l'infuſion dans du vin augmente évidemment le cours des urines; quelques femmes hyſtériques ſont ſinguliérement fatiguées par l'odeur du Safran; cette drogue perd beaucoup de ſes principes énergiques par l'évaporation, ainsi il faut employer en Médecine du Safran récent; pour le conserver il faut le fermer dans une vessie bien liée, & conserver cette vessie dans un vaisseau d'étain clos à vis : ce qui prouve combien le principe colorant du Safran est inaltérable, c'est qu'une chienne nourrie avec des alimens saturés de Safran, offrit des fœtus teints en jaune; le principe aromatique du Safran est évidemment anodin, & même narcotique. Dans le Nord on emploie beaucoup de Safran comme assaisonnement; mais comme il éprouve alors une longue ébullition, son principe narcotique s'évapore. Dans la teinture, le Safran fournit une couleur de mauvais teint. Un arpent peut fournir, la troisieme année, quinze à vingt livres de stigmates de Safran sec ; il faut cinq à six livres de Safran frais pour en fournir une livre de sec.

Le Safran est sujet à trois grandes maladies : le fosset qui est une production monstrueuse, en forme de Navet, qui absorbe la substance de la jeune bulbe; le tacon est une carie qui attaque le corps de l'oignon; la mort qui est causée par une espece de plante tubéreuse, velue, parasite, qui jette çà & là des chevelus qui pénetrent l'oignon, le sucent & le corrompent.

341. L'IRIS
ou Flambe.

IRIS vulgaris germanica, sive sylvestris. C. B. P.

IRIS germanica. L. *3-dria, 1-gyn.*

Fleur. Liliacée, divisée en six pétales oblongs, obtus, réunis par les onglets; les trois extérieurs recourbés, les intérieurs droits, aigus; la corolle est barbue dans cette espece d'Iris, comme dans quelques autres; sa couleur violette ou pourprée; chaque fleur est inférieurement entourée de spathes membraneux; les stigmates en forme de pétales.

Fruit. Capsule oblongue, anguleuse, triloculaire, trivalve; semences assez grosses, en recouvrement les unes sur les autres.

Cl. IX. Sect. II.

Feuilles. Ensiformes, simples, entieres, terminées en pointe, amplexicaules.

Racine. Charnue, oblongue, rampante, noueuse.

Port. Tiges de deux pieds, plus longues que les feuilles, chargées de plusieurs fleurs; feuilles alternes.

Lieu. Les bois, les vieux murs. Lyonnoise. ♃

Propriétés. La racine est âcre au goût, emménagogue, errhine, hydragogue & détersive.

Usages. On emploie seulement la racine, dont on tire un suc dépuré qui se donne à l'homme, depuis ℥ ij jusqu'à ℥ iij; on en tire aussi une huile infusée; on se sert extérieurement de l'huile ou du suc dans les maladies cutanées.

On donne le suc aux animaux à ℥ iv.

Observations. La racine répand une odeur propre, assez désagréable; sans être bien âcre, elle laisse dans l'arriere-bouche une sensation d'acrimonie assez durable. Cette racine desséchée brusquement & fermée dans des boîtes, acquiert une odeur de Violette analogue à celle de l'Iris de Florence; elle offre quatre principes, l'un soluble par l'eau, le second soluble par l'esprit-de-vin, le troisieme farineux, le quatrieme amilacé; peut-être contient-elle en outre, comme l'Iris de Florence, une petite portion d'huile essentielle. Le suc de la racine fraîche est purgatif, à une once; on l'a quelquefois employé utilement dans l'hydropisie. A une drachme ou deux, il n'est que diurétique, avantageux pour le traitemet des maladies cutanées. La racine desséchée & pulvérisée, est à peine âcre; on l'ordonne en pastilles dans l'asthme, la coqueluche. Si on exprime le suc des fleurs pilées, qu'on les fasse bouillir avec l'alun, on a une pâte d'un beau vert, recherchée par les Peintres en miniature; les racines servent, comme savonneuses, pour blanchir le linge; la poudre entre dans les parfums.

La racine du Glayeul puant, & celle de l'Iris jaune, sont âcres étant récentes; leur suc est certainement purgatif, à deux onces, comme nous l'avons éprouvé; les fleurs de l'Iris jaune teignent en jaune.

Les anciens Botanistes n'étant point convenus entre eux

que les seuls attributs mécaniques devoient constituer les especes, sans avoir égard à la couleur, à l'odeur, avoient proposé une foule d'Iris; Linnæus, d'après ses principes, les a réduites à un plus petit nombre, parmi lesquelles il y en a quelques-unes qui méritent d'être caractérisées. Cl. IX. Sect. II.

A corolles barbues ou à pétales renversés, velus.

1.° L'Iris naine, *Iris pumila*, à tige de quatre à six pouces, plus courte que les feuilles, ne portant qu'une fleur très-belle, bleue ou pourpre, ou jaune, ou blanche, variée. Originaire du Dauphiné, du Languedoc; cultivée dans nos jardins.

2.° L'Iris de Florence, *Iris Florentina*, à tige plus haute que les feuilles, portant deux fleurs blanches sans péduncules; à stigmates dentelés. Originaire d'Italie, cultivée dans les jardins; elle ressemble beaucoup à l'Iris-Flambe; ses racines récentes sont aussi âcres & purgatives: desséchées, elles ont l'odeur de Violette; les Parfumeurs en consomment beaucoup. En Médecine nous l'ordonnons en pastilles, comme expectorante, diurétique; elle réussit dans l'asthme, la coqueluche, l'anorexie causée par atonie, avec glaires.

A pétales renversés, lisses.

3.° L'Iris de Sibérie, *Iris sibirica*, à tige ronde, presque nue; à feuilles linaires; à pétales renversés, veineux; à germes à trois coins, sans sillons. En Lithuanie, en Bourgogne.

4.° L'Iris graminée, *Iris graminea*, à tige anguleuse, penchée avant la fleuraison; à feuilles linaires; à spathe renfermant deux fleurs. En Dauphiné, en Lithuanie; elle ressemble beaucoup à la Sibérienne.

342. LE GLAYEUL PUANT.

Iris fœtida seu Xyris. I. R. H.
Iris fœtidissima. L. *3-dria, 1-gyn.*

Fleur. } Caracteres de la précédente, mais la
Fruit. } corolle sans barbe, & les pétales internes de la longueur du stigmate, d'un violet pâle.

Cl. IX. Sect. II.

Feuilles. Radicales, amplexicaules, ensiformes, plus étroites que celles de l'Iris-Flambe.

Racine. Tubéreuse, courbée, genouillée, fibreuse.

Port. A peu près semblable à celui de la précédente; les tiges s'élevent du milieu des feuilles, droites, à un angle, de la longueur des feuilles, chargées de fleurs qui, pressées entre les doigts, donnent une mauvaise odeur, ainsi que les feuilles; les capsules dans leur maturité, s'entr'ouvrent, & laissent voir des semences d'un beau rouge.

Lieu. Les bois taillis. En Dauphiné, &c. Lyonnoise. ♃.

Propriétés. La racine a un goût âcre; elle est apéritive, antihystérique & fondante.

Usages. On emploie la racine ou la semence en décoction; on tire de la racine seche, une poudre que l'on donne pour l'homme & pour les animaux, à la dose de ℥ ß dans ℔ j de vin blanc.

343. L'IRIS JAUNE *ou* Faux Acorus.

IRIS palustris lutea, sive Acorus adulterinus. I. R. H.

IRIS pseudo-Acorus. L. *3-dria, 1-gyn.*

Fleur. } Caracteres des précédentes; corolle
Fruit. } sans barbe, jaune; les pétales intérieurs plus petits que les stigmates.

Feuilles. Ensiformes, plus longues que celles de l'Iris-Flambe.

Racine. Tubereuse comme les précédentes.

Port. La tige en zigzag; les feuilles plus hautes que la tige; les fleurs plus nombreuses; la corolle jaune & sans barbe.

Lieu. Les bords des fossés & des étangs. Lyonnoise, Lithuanienne. ♃

Propriétés. La racine est sans odeur, un peu styptique au goût, dessicative, détersive, astringente.

Usages. On se sert seulement de la racine dont on tire une poudre que l'on donne aux hommes, à la dose de ℈j, aux animaux à celle de ʒij.

343 *. LES HERMODACTES.

HERMODACTYLUS folio triangulo. T. G.
IRIS TUBEROSA. L. *3-dria, 1-gyn.*

Fleur. } *Fruit.* } Caracteres des Iris dont la corolle n'est pas barbue; les stigmates ont à leur côté extérieur, deux especes de folioles semblables à des écailles de nectar.

Feuilles. Oblongues, étroites, quadrangulaires.

Racine. Tubéreuse, digitée, sans chevelu, de couleur brune.

Port. Tige verdâtre, de la hauteur de celle de l'Iris jaune; les fleurs au sommet.

Lieu. L'Orient, la Turquie, les prés d'Italie. ♃

Propriétés. Les Hermodactes sont purgatives & vomitives; leur principale propriété est de purger la pituite & les humeurs visqueuses. Séchées & grillées, elles servent de nourriture.

Usages. Ce purgatif est trop foible pour être donné seul, on le joint avec la Coloquinte, l'*Aquila alba*, ou l'Aloès, ce qui fatigue l'estomac; il est mieux de l'unir aux stomachiques. On les donne en substance depuis ʒß jusqu'à ʒij, & en décoction jusqu'à ℥j pour l'homme; en substance aux animaux, à la dose de ℥j.

OBSERVATIONS. Nous pouvons assurer que les Hermodactes de nos boutiques ne sont point purgatives, elles ne font jamais vomir; mais nous devons croire que ces racines fraîches fournissent un suc âcre qui purge avec énergie.

Cl. IX.
Sect. II.

344. LE GLAYEUL.

Gladiolus floribus uno versu dispositis. I. R. H.

Gladiolus communis. L. *3-dria, 1-gyn.*

Fleur. Liliacée, ressemblant à celle des Iris; les trois pétales supérieurs réunis, les inférieurs étendus, terminés par la réunion des onglets en un tube recourbé; le caliçe est un spathe quelquefois plus long que la corolle, dont la couleur est pourprée; les étamines ascendantes.

Fruit. Capsule oblongue, ventrue, à trois côtés obtus, triloculaire, trivalve; plusieurs semences obrondes, recouvertes d'une coiffe.

Feuilles. Ensiformes, amplexicaules, simples, très-entieres.

Racine. Bulbeuse, solide.

Port. La tige s'éleve à la hauteur de deux pieds, herbacée, simple; les fleurs au haut des tiges, disposées comme en épi, séparées les unes des autres; le plus souvent d'un seul côté; feuilles alternes.

Lieu. A Montpellier, en Lithuanie, dans les blés. ♃

Propriétés. La racine est âcre au goût, résolutive, diurétique.

Usages. L'on ne doit employer que la racine, & son usage paroît abandonné.

I.re Observation. La corolle divisée profondément, est irréguliere, offrant comme deux levres; les trois lames de la levre supérieure rapprochées, forment comme une voûte, celles de la levre inférieure sont rabattues, & un peu divergentes; la racine bulbeuse, charnue, produit toujours la nouvelle bulbe du centre de l'anciene. Cette petite bulbe est comme chatonnée sur sa mere.

Cette espece très-commune dans les Blés de nos Provinces méridionales, disparoît au centre de la France, pour se reproduire dans le Nord. Nous l'avons trouvée très-commune aux environs de Grodno.

*II.*e OBSERVATION. Tournefort a placé sous cette Section les Narcisses qui offrent des fleurs assez grandes, renfermées dans un spathe ou gaîne; leur corolle est un tube produisant deux limbes; l'extérieur, à six pieces lancéolées, & l'intérieur comme monopétale, en anneau, ou en cloche, frangé à son bord. On trouve dans le nectaire six étamines, dont trois sont plus courtes; la tige des Narcisses est une hampe portant au sommet une ou plusieurs fleurs.

A hampe portant une seule fleur.

1.° Le Narcisse des Poëtes, *Narcissus poëticus*, à limbe intérieur, ou miellier très-court, en anneau crénelé, rouge en son bord; pétales blancs; à hampe d'un pied; feuilles radicales, en épée, lisses. Lyonnoise, en Allemagne.

2.° Le Narcisse sauvage, *Narcissus pseudo-Narcissus*, à limbe intérieur, fort grand, en cloche, jaunâtre; à pétales jaunes aussi longs que le miellier. Lyonnoise, en Allemagne. Le *Narcissus bicolor* de Linné, n'en differe que parce que les pétales sont blancs, & le miellier jaune. On le trouve en Dauphiné.

A hampe portant plusieurs fleurs.

1°. Le Narcisse multiflore, *Narcissus Tazetta*, à hampe à plusieurs fleurs; à miellier en cloche tronquée, plissée, trois fois plus court que les pétales; à feuilles planes. En Languedoc.

2°. Le Narcisse jonquille, *Narcissus Jonquilla*, à hampe à trois ou six fleurs jaunes, à miellier court, hémisphérique; à feuilles arrondies. En Provence.

Les Narcisses sont cultivés dans nos jardins; la beauté de leurs fleurs & leur odeur douce & pénétrante les ont fait rechercher; les fleurs distillées fournissent une eau aromatique, cordiale; leurs bulbes, comme celles des Lis, sont émollientes, maturatives, indiquées dans le traitement des phlegmons; on les fait bouillir jusqu'à ce qu'elles soient réduites en pâte. Les personnes dont le systeme nerveux est

Cl. IX. Sect. II. irritable, ſont très-fatiguées par l'odeur des Narciſſes; elle leur occaſionne des maux de tête, & il n'eſt pas prudent de coucher dans une chambre qui recele de gros bouquets de Narciſſe.

345. L'ALOÈS SUCCOTRIN.

Aloè vulgaris. I. R. H.
Aloè perfoliata. * *vera.* L. *6-dria, 1-gyn.*

Fleur. Liliacée, monopétale, découpée en ſix parties oblongues; le tube boſſu; le limbe étendu, petit; point de calice.

Fruit. Capſule oblongue, à trois ſillons, triloculaire, trivalve; remplie de ſemences à demi-circulaires, anguleuſes, aplaties.

Feuilles. Amplexicaules, radicales, raſſemblées, charnues, convexes en dehors, concaves en dedans, armées de fortes épines; le ſommet terminé par une épine ligneuſe.

Racine. En forme de corde, charnue, fibreuſe.

Port. La tige eſt une hampe; les fleurs pédunculées entourant la tige en forme de corymbe; les feuilles radicales ramaſſées en rond, au bas de la tige.

Lieu. L'Aloès dit *Succotrin*, vient des Indes; on le cultive dans les jardins en le garantiſſant des gelées; il fleurit rarement. ♃

Propriétés. Toute la plante eſt d'une amertume exceſſive; le ſuc des feuilles eſt ſtomachique, vermifuge, hémorroïdal, emménagogue & purgatif; extérieurement très-déterſif & balſamique.

Uſages. On ſe ſert ſouvent du ſuc, & rarement des feuilles; le ſuc ſe donne à la doſe de xx ou xxx grains pour l'homme; & pour les animaux, à celle de ℥ ij.

Observations. Les trois variétés d'extrait d'Aloès que l'on vend dans nos boutiques, ne ſont que le même extrait différemment préparé; le ſuc qui s'écoule des feuilles rompues, évaporé au ſoleil, donne l'Aloès le plus pur, le ſuccotrin.

Si on pile les feuilles, que l'on exprime, que l'on faſſe bouillir, on a l'Aloès hépatique; ſi on fait cuire juſqu'à deſſication le marc, on a l'Aloès caballin.

Nous avons imité ces trois préparations avec nos Aloès des jardins; le ſuccotrin eſt d'un rouge roux, à peine diaphane, liſſe, brillant; l'hépatique, d'un rouge noir; le caballin eſt rude, noir, offrant pluſieurs débris de filets, de nervures.

L'Aloès ſe diſſout très-bien dans l'eau, mais lorſque le menſtrue eſt refroidi, la réſine ſe ſépare; le ſuccotrin fournit un quart de réſine, & les trois quarts d'extrait gommeux; l'hépatique un tiers de réſine, & les deux tiers de principe gommeux.

L'Aloès eſt une de ces anciennes drogues dont les vertus ont été bien déterminées par les Anciens; c'eſt un excellent purgatif qui cauſe rarement des coliques, mais par une tendance particuliere, il porte ſur les voies urinaires, engorge la veſſie, les vaiſſaux hémorroïdaux, & la matrice; auſſi eſt-ce un des meilleurs moyens pour rétablir les menſtrues & les hémorroïdes. Il faut éviter ce purgatif dans les affections ſpaſmodiques, & dans le traitement des maladies aiguës, mais il eſt d'une grande reſſource dans toutes les maladies chroniques qui reconnoiſſent pour cauſe l'atonie & l'empâtement des viſceres; il réuſſit auſſi dans les maladies cutanées. La teinture d'Aloès eſt un des meilleurs topiques pour les ulceres; c'eſt peut-être le plus énergique des vermifuges; dans les obſtructions commençantes, les pilules d'Aloès, à ſix ou huit grains, données le ſoir, procurent le matin quelques évacuations, & accélerent ſinguliérement la guériſon, qui exige les frictions, l'exercice, la diete, & les vins apéritifs.

Comme nous nous ſommes propoſé dans cet Ouvrage de faire au moins connoître les plantes étrangeres, généralement cultivées dans les jardins des Amateurs, ajoutons à cette eſpece d'Aloès celles que l'on y peut rencontrer.

Cl. IX. Sect. II.

le plus communément. Le caractere essentiel des Aloès est d'offrir une corolle droite, à tube bossu, terminé par un limbe régulier ou irrégulier ; à gorge ouverte ; à fond fournissant un miel ou nectarifere ; les filamens sont insérés sur le réceptacle.

Dans tous les Aloès, la tige est une hampe ; les feuilles sont radicales, succulentes, entieres ; les fleurs en grappe, ou en épi ; à la base de chaque péduncule, on trouve une bractée.

On cultive assez généralement les especes suivantes :

1.° L'Aloès à dent de brochet, *Aloè perfoliata*, qui n'est qu'une variété du Succotrin, à feuilles dentées, embrassant la tige, s'engaînant. Originaire d'Ethiopie.

2.° L'Aloès perroquet, *Aloè variegata*, à feuilles tuilées, à trois faces, droites ; à trois angles cartilagineux, tachetés de blanc & de vert ; à fleurs comme cylindriques, en grappe ; à limbes égaux, ouverts ; à étamines inclinées. Originaire d'Ethiopie.

3.° L'Aloès à bec-de-canne, *Aloè disticha*, à feuilles en langue, opposées, ouvertes ; à fleurs en grappes pendantes, ovales, cylindriques, courbées. Originaire d'Afrique.

4.° L'Aloès à pouce écrasé, *Aloè retusa* ; à feuilles rangées à cinq rangs ; à feuilles très-courtes, très-épaisses ; dont le sommet est renversé ; à trois angles ; à fleurs en épis, à trois angles, à deux levres, la levre inférieure roulée. Originaire d'Afrique.

Les Aloès croissent sur des rochers, ou dans des terrains sablonneux ; comme les autres plantes grasses, ils se nourrissent plutôt par les feuilles que par les racines. Ce genre offre plus de variétés que d'especes ; le climat, le sol, font changer de forme à leurs feuilles ; aussi nous croyons que Linnæus a eu raison de caractériser les especes d'Aloès, par la seule considération de la fleur.

II.e Observation. On ne peut guere séparer des Aloès, l'Aloès en arbre, *Lagave americana*, dont le Chevalier Linné a fait un genre particulier ; à corolle supérieure au germe ; à filamens plus longs que la corolle : il lui donne pour caractere spécifique, d'avoir une hampe rameuse, des feuilles radicales, dentées, terminées par une longue épine.

Cette

Cette plante, originaire de l'Amérique méridionale, a été introduite en Europe en 1561 ; elle eſt devenue ſpontanée dans les Provinces méridionales. Nous avons vu, en allant à Perpignan, des vignes bordées de cette plante qui, par ſes grandes feuilles piquantes, formoit une haie impénétrable. Cl. IX. Sect. II.

346. LE BALISIER, *ou* Canne-d'Inde.

CANNACORUS *latifolius vulgaris.* I. R. H.
CANNA *Indica.* L. *1-dria, 1-gyn.*

Fleur. Imitant les liliacées, monopétale, diviſée en ſix parties lancéolées, réunies à leurs baſes ; les trois extérieures droites, deux fois plus grandes que le calice ; les intérieures plus longues que le calice qui eſt diviſé en trois folioles ; une ſeule étamine ; la corolle rouge ; il y a une variété jaune.

Fruit. Capſule grande, obronde, raboteuſe, couronnée, à trois ſillons, triloculaire, trivalve, renfermant pluſieurs ſemences globuleuſes, noires.

Feuilles. Pétiolées, ovales, aiguës de chaque côté, nerveuſes, roulées en cornet avant leur développement, de maniere que le bord d'un des côtés de la feuille, enveloppe le bord de l'autre côté.

Racine. En forme de bulbe, charnue, noueuſe, horizontale.

Port. Tige ſolide, feuillée, ſimple ; les fleurs au ſommet, diſpoſées en maniere d'épi ; feuilles alternes, embraſſant la tige par le bas. Il ſe ramaſſe au collet de la racine une ſorte de gomme en conſiſtance de gelée.

Lieu. Les Indes ; cultivé dans les jardins. ♃

Propriétés. } Quelques Auteurs le regardent
Uſages. } comme diurétique ; on en fait peu d'uſage.

OBSERVATIONS. Le ſegment intermédiaire de la levre inférieure eſt renverſé & roulé; le ſtyle eſt adhérent à un des ſegmens de la corolle; le calice eſt rouge comme la corolle; le germe eſt inférieur. Cette eſpece ſupportoit très-bien la pleine terre à Grodno, au moins pendant l'été.

SECTION III.

Des Herbes à fleur réguliere, liliacée, composée de trois pétales.

346 *. LA TRADESCANTE, *ou* l'Ephémere de Virginie.

TRADESCANTIA virginiana. 6-dria, 1-gyn.
EPHEMERUM phalangoïdes tripetalum non repens virginianum gramineum. MORIS. ſ. 15. t. 2. f. 3.

Fleur. Calice de trois feuilles ovales, durable; corolle de trois pétales arrondis, grands, plats; filamens barbus.

Fruit. Capſule à trois loges, à trois valves, ovale, couverte par les feuillets du calice; ſemences anguleuſes.

Feuilles. Alternes, étroites, très-entieres, engaînant la tige.

Racine. Charnue.

Port. Tige herbacée, droite, liſſe, portant au ſommet des fleurs entaſſées en fauſſe ombelle; à collerette formée par deux bractées plus longues que l'ombelle, ressemblantes aux feuilles, en alêne; péduncules inégaux, plus épais au sommet; calice velu, de la grandeur des pétales. Cl. IX. Sect. III.

Lieu. Originaire d'Amérique; cultivée dans nos jardins.

Observations. Cette plante ne tient au premier coup-d'œil à la famille des Liliacées, que par la racine & les feuilles, les étamines & la capsule; mais si on suppose les feuillets du calice colorés, alors ce seroit une vraie Liliacée.

SECTION IV.

Des Herbes à fleur réguliere, liliacée, composée de six pétales, & dont le pistil devient le fruit.

347. LE LIS.

Lilium album vulgare. J. B.
Lilium candidum. L. *6-dria, 1-gyn.*

Fleur. Liliacée; corolle blanche, sans calice, campanulée, sans aucun poil dans l'intérieur, étroite à sa base, composée de six pétales droits, évasés, recourbés & épais à leur sommet; un nectar en forme de ligne longitudinale, à la base de chaque pétale.

Fruit. Capsule oblongue, marquée de six sillons, triloculaire, trivalve, renfermant deux rangs de semences planes, en recouvrement les unes sur les autres.

Feuilles. Eparses, simples, très-entieres; les

radicales longues, pointues; les caulinaires sessiles, plus étroites & plus petites à mesure qu'elles approchent du sommet.

Racine. Bulbeuse, écailleuse.

Port. La tige s'éleve à la hauteur de deux ou trois pieds, herbacée, feuillée, très-simple; les fleurs au sommet; une ou deux stipules au bas de chaque péduncule.

Lieu. La Palestine; il vient sans culture dans les jardins. ♃

Propriétés. La racine est onctueuse, grasse; les fleurs ont une odeur agréable, très-forte; la racine est maturative, anodine; les fleurs anodines & échauffantes.

Usages. On emploie les oignons ou bulbes, en cataplasme; la décoction des feuilles entre dans les lavemens émolliens; on fait macérer les feuilles au soleil pendant trois semaines, dans de l'huile qui devient adoucissante & émolliente; les feuilles donnent aussi une eau distillée, cosmétique, d'aucun usage en Médecine.

I.re OBSERVATION. Les Lis offrent de grandes & belles fleurs; le stigmate est épais, à trois lobes, ou trois angles obtus.

Les racines du Lis blanc contiennent à peu près un quart de mucilage; elles sont très-utiles dans les phlegmons & dans toutes les inflammations externes qui exigent les relâchans adoucissans: comme le panaris, l'érysipele.

Les fleurs récentes très-aromatiques, perdent leur odeur par la dessication: quoique le principe recteur passe dans l'eau distillée, cette eau perd bientôt son odeur de Lis, & se corrompt promptement; ce qui prouve qu'un mucilage s'éleve avec l'eau aromatique.

Les Lis qui méritent le plus notre attention, sont:

1.° Le Lis bulbifere, *Lilium bulbiferum*, à tige de deux pieds, simple, droite; à feuilles éparses, plus ou moins étroites, sillonnées; à fleurs droites, de couleur de Safran, grandes, sans odeur, parsemées de petites taches noires & veloutées en leur contour.

Cette espece cultivée dans les jardins, croît naturellement en Provence, en Sibérie & en Allemagne; on trouve aux aisselles des feuilles supérieures, de petites bulbes blanchâtres.

2.° Le Lis de Chalcédoine, *Lilium Chalcedonicum*, à feuilles lancéolées, éparses, & comme verticillées; à fleurs pourpres, renversées; à corolles roulées en dehors.

Cultivé dans les jardins, spontanée en Carniole.

3.° Le Lis mortagon, *Lilium mortagon*, très-ressemblant au précédent, il n'en differe que parce que ses feuilles sont verticillées; mais j'ai souvent trouvé en Lithuanie des individus à feuilles éparses. Lyonnoise.

Les racines de Lis sont nutritives; nous en avons fait des gâteaux qui avoient un assez bon goût.

II.e Observation. On trouve dans la même Section des Instituts, quelques plantes qui sont trop communes pour être omises.

1.° Le petit Lis à hampe rameuse, *Anthericum ramosum*, à feuilles aplaties, comme graminées; à tige rameuse; à fleurs petites, blanches, en panicule. Lyonnoise, Lithuanienne.

2.° Le petit Lis à hampe, *Anthericum liliago*, à tige simple, à péduncule uniflore, à pistil incliné. Lyonnoise, Lithuanienne.

3.° Le petit Lis de S. Bruno, *Anthericum liliastrum*, à hampe très-simple; à feuilles plates; à fleurs en épis d'un seul côté, campanulées, assez grandes, blanches. Sur les montagnes du Bugey & du Dauphiné.

4.° Le petit Lis caliculé, *Anthericum calyculatum*, à hampe très-simple; à fleurs petites, en épis serrés; chaque fleur a un calice de trois dents; à feuilles radicales, en épée. En Dauphiné, en Lithuanie.

Les *Anthericum* ont pour caracteres génériques des fleurs de six pétales, ouvertes, des capsules ovales; mais ces caracteres sont-ils suffisans pour les distinguer des Scilles & des Ornithogales. Dans les *Phalangium* de Tournefort, la racine est fibreuse; ce sont les *Anthericum* de Linné, excepté le Lis de S. Bruno, *Liliastrum* de Tournefort, dont les racines sont en faisceaux, napiformes.

Cl. IX.
Sect. IV.

* 347. LA TULIPE des Jardiniers.

Tulipa gesneriana. L. *6-dria, 1-gyn.*

Fleur. Corolle de six pétales formant la cloche; pistil sans style ; filamens très-courts ; antheres oblongues, droites, à quatre angles,

Fruit. Capsule à trois angles, à trois loges, à trois valves ciliées à la marge ; semences nombreuses, semi-circulaires.

Feuilles. Radicales, ovales, lancéolées.

Racine. Bulbeuse, solide.

Port. Tige à hampe simple, solide, ne portant qu'une fleur droite qui offre toutes les variétés de couleurs.

Lieu. Originaire de Cappadoce, apportée en Europe en 1559; on l'a trouvée en Russie.

Propriétés. La Tulipe, quoique sans odeur, est très-recherchée par les Fleuristes; elle offre une multitude innombrable de variétés; sa tige est plus ou moins haute, de six pouces à trois pieds; les nuances des pétales fournissent une foule de combinaisons plus ou moins estimées, suivant le goût des Possesseurs. Pour obtenir de nouvelles variétés, il faut souvent semer des graines de Tulipe, sur-tout en variant les terres des couches. La Tulipe se multiplie plus promptement par ses bulbes, qui ont l'étonnante propriété de descendre plus ou moins en terre, & de s'éloigner suffisamment de leur mere pour s'assurer une suffisante quantité de suc nourrissier.

Les Tulipes monstrueuses, à pétales verts, adhérens, lacérés, resserrés, ne sont pas rares.

Les bulbes ont les mêmes propriétés que celles des Lis; elles sont émollientes, & peuvent fournir, étant cuites, des pulpes dans les flegmons, lorſqu'on veut accélérer la ſuppuration, & diminuer la douleur.

On trouve dans preſque toute l'Europe, une autre eſpece de Tulipe qui mérite notre attention; ſavoir, la Tulipe ſauvage, *Tulipa ſylveſtris*, à tige d'un pied; à feuilles lancéolées; à fleur jaune, penchée, velue, odorante. En Dauphiné.

I.re OBSERVATION. On peut placer après la Tulipe un genre Européen, aſſez curieux pour mériter d'être énoncé, c'eſt la Dent-de-chien, *Erythronium*, dont le caractere eſſentiel eſt d'offrir deux calloſités ſaillantes à la baſe des trois pétales intérieurs. Ce genre n'offre qu'une eſpece, l'*Erythronium Dens canis*, à hampe de ſix pouces, ne portant qu'une fleur pendante, formée par ſix pétales lancéolés; à ſix étamines inſérées ſur les onglets des pétales; deux feuilles radicales, ovales, lancéolées, plus ou moins larges, mouchetées ou panachées, d'un rouge obſcur. La fleur eſt blanche, pourprée ou jaune. Sur les montagnes du Dauphiné. Les pétales ſont renverſés, les étamines plus courtes que le piſtil.

II.e OBSERVATION. Le Perce-neige, *Leucojum vernum* L., *Narciſſo-leucojum* T., analogue au Colchique, conſtitue un genre en conſidérant l'extrémité des ſix pétales renflée, tuméfiée. Cette eſpece offre une hampe très-courte, le plus ſouvent ne portant qu'une fleur inclinée; les feuilles radicales, lancéolées; les pétales preſque égaux; le ſtigmate en maſſue. On l'a trouvé ſur les montagnes du Bugey, & en Dauphiné.

Le *Galanthus nivalis*, autre Perce-neige, ne differe guere du précédent que parce que les trois pétales intérieurs ſont très-courts, échancrés; ſes feuilles ſont plus étroites. On l'a trouvé en Bourgogne.

III.e OBSERVATION. Nous trouvons encore dans nos Provinces un autre genre ſingulier, l'Uvulaire amplexicaule, *Uvularia amplexicaulis*, à tige rameuſe, d'un pied; à feuilles alternes, embraſſant la tige, nerveuſes, pointues; à fleurs naiſſant ſous les feuilles des péduncules courbés dans leur milieu; elles ſont blanches, petites, de ſix pétales, offrant une foſſette à leur baſe; les filamens

Cl. IX. Sect. IV. très-courts. Cette plante s'étend de nos Provinces jusques en Boheme; c'est le *Polygonatum latifolium ramosum* de Gaspard Bauhin.

348. LA COURONNE Impériale.

CORONA imperialis. Dod. Pempt.
FRITILLARIA imperialis. L. *6-dria, 1-gyn.*

Fleur. Liliacée, campanulée, évasée par le bas, composée de six pétales oblongs, paralleles; un nectar hemisphérique, en forme de petite fosse, creusée à la base de chaque pétale; les étamines de la longueur du calice.

Fruit. Capsule oblongue, obtuse, à trois lobes, triloculaire, trivalve, remplie de semences planes, un peu convexes au dehors, rangées en deux rangs.

Feuilles. Courantes, sessiles, simples, très-entieres, rangées presque en spirale.

Racine. Bulbeuse, à doubles écailles qui l'enveloppent à moitié; les petites racines sont horizontales.

Port. La tige s'éleve à la hauteur d'un pied, nue à la base, feuillée dans le milieu, colorée dans le haut; les fleurs disposées en grappes, retombent, environnent la tige, & sont surmontées par une touffe de feuilles.

Lieu. Cette plante fut apportée de Perse en 1570; elle réussit dans les jardins. ♃

Propriétés. La racine est âcre, piquante, désagréable, rongeante & vénéneuse, suivant les observations de *Wepfer.*

Usages. On n'emploie que la racine, & l'on ne peut en conseiller l'usage.

Observations. On cultive la Couronne Impériale comme plante d'agrément; elle produit un bel effet par sa couronne de grandes fleurs, surmontée par une touffe de feuilles verdoyantes ; l'odeur de sa racine la rend suspecte ; mais est-elle aussi vénéneuse que l'annonce Wepfer ? desséchée, on peut en avaler quelques grains impunément ; nous en avons pris insensiblement jusques à un scrupule noyé dans la gomme adragante, sans avoir éprouvé aucun effet funeste. Ce donné peut enhardir les Praticiens qui, par des expériences suivies, peuvent élever cette racine à la dignité de la Scille.

Le genre des Fritillaires présente quelques especes qui méritent d'être connues.

1.° La Fritillaire de Perse, *Fritillaria persica*, à tige de deux pieds ; à fleurs en grappes, presque nues ; à feuilles obliques ; à corolles violettes, plus petites, à miellier vert. Originaire de Perse & de Russie ; introduite dans nos jardins en 1573.

2.° La Fritillaire Méléagre, *Fritillaria Meleagris*, à tige menue ; à feuilles de la tige alternes, graminées, trois ou quatre, écartées ; fleur terminale, grande comme la Tulipe, renversée, communément tachée par petits carreaux.

Elle s'étend de nos Provinces jusques en Suede ; quelquefois trois ou quatre fleurs terminent la tige.

349. LE JONC ODORANT.

ACORUS sive Calamus officinalis aromaticus. C. B. P.

ACORUS calamus. L. *6-dria, 1-gyn.*

Fleur. Liliacée, composée de six pétales obtus, concaves, lâches, épais, & comme tronqués par le haut ; aucun calice ; un réceptacle cylindrique, couvert de fleurs.

Fruit. Petite capsule triangulaire, les côtés obtus, triloculaire, remplie de semences ovales, oblongues.

Feuilles. Radicales, en maniere de gaîne, longues, étroites, pointues, simples & très-entieres.

Cl. IX. Sect. IV.

Racine. Spongieuse, à anneaux, produisant plusieurs fibres, de trois pouces de longueur, un peu renflée vers son collet, articulée, cylindrique.

Port. La tige est une hampe terminée comme une feuille à son sommet, & à quatre côtés vers le haut, droite, lisse, creusée en gouttiere; les fleurs sessiles, disposées en maniere de chaton, long de trois pouces. Ce chaton naît d'une gouttiere, un peu incliné, pyramidal, dur, chargé de fleurs très-serrées.

Lieu. Dans les fossés marécageux. En Bresse, en Suisse, en Lithuanie. ♃

Propriétés. La tige a une odeur douce & agréable, lorsqu'on la frotte; elle est d'un goût amer, mêlé d'acrimonie, stomachique, diurétique.

Usages. On l'emploie bouillie avec les viandes, ou en décoction.

Observations. Cette plante qui seroit mieux placée dans l'ordre naturel, entre les Joncs & la Masse-*typha*, étoit très-commune dans tous les marais de Lithuanie; elle est très-rare dans nos Provinces méridionales.

Sa racine desséchée est plus aromatique que lorsqu'elle est fraîche; en la mâchant on sent une amertume vive, bien distincte; elle fournit une assez grande quantité d'huile essentielle, une drachme sur une livre. La meilleure maniere de la prescrire, c'est en poudre, ou infusée dans du vin vieux. C'est un excellent stomachique tonique & cordial; on peut l'ordonner dans toutes les maladies aiguës ou chroniques, lorsqu'il s'agit de ranimer les organes de la digestion; elle réussit spécialement dans l'anorexie avec glaires, dans les étourdissemens causés par le mauvais état de l'estomac: sur la fin des diarrhées, c'est un des meilleurs secours pour exciter l'appétit. En Lithuanie on confit la racine de l'Acorus comme l'Angélique. Dans cet état elle n'est point désagréable à mâcher, & elle conserve très-bien son aromate; les personnes dont la respiration est forte, par vice de la digestion, corrigent très-bien cette incommodité en mâchant à jeun un morceau d'Acorus confit.

350. LA SQUILLE, *ou* Scille rouge.

ORNITHOGALUM maritimum ſeu Scilla *radice rubrâ.* I. R. H.

SCILLA maritima. L. *6-dria, 1-gyn.*

Fleur. Liliacée ; corolle plane, compoſée de ſix pétales ovales, étendus, caduques ; filamens filiformes ; point de calice.

Fruit. Capſule arrondie, glabre, à trois ſillons, triloculaire, trivalve, renfermant pluſieurs ſemences obrondes.

Feuilles. Longues d'un pied au moins, radicales, ſimples, très-entieres, vertes, charnues, viſqueuſes.

Racine. Bulbe très-groſſe, rougeâtre, formée de pluſieurs tuniques épaiſſes, charnues.

Port. Du milieu des feuilles, ſort une hampe ou tige qui part de la racine & s'éleve à pluſieurs pieds ; les fleurs blanches ; les bractées linaires, lancéolées, comme briſées, au ſommet, diſpoſées en corymbe ; la bulbe pouſſe ſes feuilles, ſa tige & ſes fleurs ſans être miſe en terre.

Lieu. L'Eſpagne ; dans les ſables des bords de la mer. ♃

Propriétés. La bulbe eſt âcre, amere & nauſéeuſe ; elle eſt apéritive, diurétique, purgative, émétique, antiaſthmatique.

Uſages. On emploie ſeulement l'oignon ; on commence par le faire ſécher cru, ou, après l'avoir fait cuire, on en tire une pulpe & des trochiſques, qui ſe donnent à l'homme, depuis ℈ j juſqu'à ℈ ij. Cru & ſec, on le réduit en poudre qui ſe donne depuis gr. viij juſqu'à gr. xij ; cru

Cl. IX. Sect. I. V

& frais, on en fait un vinaigre, dont la dose est depuis ℥j jusqu'à ℥iij, un oximel employé dans les potions & loochs, depuis ʒß à ʒj; on le fait encore infuser dans du vin blanc, frais & cru, ce qui fournit un bon diurétique. On donne aux animaux la poudre, à la dose de ʒj; l'oximel à la dose de ℥j.

Observations. L'Oignon de Scille est très-fréquemment & très-anciennement employé dans la pratique journaliere; il nous fournit un des plus puissans & des plus énergiques médicamens qui, bien manié, peut seul guérir plusieurs maladies graves; sa vertu médicamenteuse semble résider dans un principe extracto-résineux, évidemment âcre, qui peut être extrait par l'eau & les spiritueux; les alkalis en diminuent l'activité; à haute dose, la Scille fraîche purge & fait vomir, ou pourroit même causer l'inflammation de l'estomac; à petite dose, elle augmente le cours des urines; on la donne en substance, masquée par les gommeux, ou préparée avec le vinaigre ou le miel. De quelque maniere qu'on la prescrive, pourvu qu'on ne peche pas par une forte dose, c'est un des grands secours dans le traitement des empâtemens, des obstructions des visceres; elle seule a souvent guéri plusieurs especes d'hydropisies, sur-tout celles qui surviennent à la suite des maladies aiguës, des fievres automnales; la Scille est une des meilleures ressources pour les asthmatiques; à petite dose, elle réussit très-bien dans tous les cas où les forces digestives languissent, & dans la plupart des maladies chroniques de la peau, même dans le rhumatisme non inflammatoire.

351. LE PORREAU, *ou* Poireau.

CL. IX. SECT. IV.

PORRUM commune capitatum. C. B. P.
ALLIUM porrum. L. *6-dria, 1-gyn.*

Fleur. Liliacée ; six pétales oblongs, étroits, concaves, droits ; le calice est un spathe ovale qui s'ouvre pour laisser sortir plusieurs fleurs.

Fruit. Petite capsule large, à trois lobes, triloculaire, trivalve, renfermant plusieurs semences obrondes.

Feuilles. Radicales, sessiles, amplexicaules, planes, repliées en gouttieres, longues, terminées en pointe.

Racine. Bulbeuse, oblongue, composée de tuniques blanches.

Port. La tige s'éleve d'entre les feuilles, à la hauteur de deux pieds, droite, ferme, pleine de suc ; les fleurs au sommet, disposées en maniere de tête ou d'ombelle.

Lieu. Les jardins potagers. ♂

Propriétés. La racine crue est âcre au goût, d'une odeur forte ; elle est diurétique, emménagogue ; la semence apéritive & diurétique.

Usages. On emploie la racine & la semence ; celle-ci concassée & infusée, à la dose d'un gros dans du vin blanc ; la premiere, cuite & appliquée, sert dans les fomentations.

OBSERVATIONS. Linnæus dans sa premiere édition des *Genera plantarum*, avoit divisé les ails en trois genres, en s'assujétissant à la marche de Tournefort ; mais d'après la censure de Haller, il n'en a fait dans la suite qu'un seul qui comprend le Poireau, *Porrum* ; le *Cepa*, l'Oignon, & l'*Alium*, l'Ail de Tournefort. Dans toutes les especes

Cl. IX. Sect. IV.

de ce genre, les fleurs sont agrégées, nombreuses, petites; les étamines à filamens simples, ou alternativement trifides, fendues en trois.

L'*Allium ampeloprasum* L. ne differe du Porreau que parce que sa racine est prolifere, ses feuilles plus étroites, & la tête des fleurs moins dense. Il est originaire d'Orient; on l'a trouvé dans nos Provinces méridionales. La plante répand l'odeur du Porreau; ses fleurs sont aromatiques.

Le Porreau a une odeur propre qui pénetre nos humeurs; cette odeur se perd en grande partie par l'ébullition; sa racine est très-usitée dans les cuisines comme assaisonnement & dans les potages; cette racine & la base des tiges contiennent en outre un mucus peu nutritif.

La décoction du Porreau offre un médicament assez actif, qui a réussi dans les maladies cutanées, chroniques, comme les dartres, la teigne, &c.

352. L'OIGNON.

Cepa vulgaris. I. R. H.
Allium cepa. L. *6-dria, 1-gyn.*

Fleur. } Comme dans le précédent; les semences
Fruit. } anguleuses; les étamines alternativement trifides.

Feuilles. Radicales simples, cylindriques, pointues, fistuleuses.

Racine. Bulbe déprimée, arrondie, composée de tuniques charnues, solides, rougeâtres ou blanches; ce qui constitue deux variétés, sous le nom d'*Oignon rouge*, & d'*Oignon blanc*.

Port. La tige s'éleve à la hauteur de trois pieds, du milieu des feuilles, en forme de hampe nue, cylindrique, renflée dans le milieu, fistuleuse; les fleurs au sommet, ramassées en tête arrondie.

Lieu. Les jardins potagers. ♂

Propriétés. Le suc de la racine est âcre, son odeur pénétrante; elle est maturative, diurétique, venteuse, aphrodisiaque.

Usages. On emploie seulement la pulpe & les feuilles, dont on tire un suc qui est un bon diurétique; il se donne à l'homme, à la dose de ℥ iv; on s'en sert aussi en cataplasme; on donne aux animaux le suc, à la dose de ℔ ß.

OBSERVATIONS. On cultive deux variétés d'Oignons; les uns plus âcres sont à bulbes rouges; d'autres plus doux, à bulbes blanches; l'un & l'autre s'adoucissent dans les pays chauds, & offrent dans les régions septentrionales une plus grande quantité de principe volatil, piquant & irritant les yeux; aussi les Israélites avoient-ils raison de regretter les Oignons d'Egypte; les plus âcres perdent, par une longue décoction, ce principe pénétrant & irritant. De quatre livres d'Oignon, Spielmann a retiré une eau très-odorante, qui n'irritoit point la langue, de laquelle il n'a pu extraire une seule goutte d'huile essentielle. De douze livres d'Oignon secs, Neumann a obtenu une très-petite quantité de cette huile essentielle; aussi a-t-il retiré, par l'esprit-de-vin, un extrait résineux; d'ailleurs, le principe vif de l'oignon est-il analogue à celui de l'Ail, quoique moins fétide & moins âcre?

Le suc d'Oignon, très-diurétique, a guéri quelques hydropiques. On peut le prescrire dans l'œdeme, l'anasarque, la leucophlegmatie; il réussit dans les rhumatismes chroniques, la teigne & les dartres.

353. L'AIL vulgaire.

ALLIUM sativum. C. P. B.
Idem. L. *6-dria, 1-gyn.*

Fleur. } Comme dans les précédens; étamines
Fruit. } trifides; semences sous-orbiculaires.

Feuilles. Caulinaires, aplaties, linaires, en quoi elles different de celles de l'Oignon.

Racine. Plusieurs bulbes couvertes de tuniques fort minces. Ces bulbes sont improprement appelées, *gousse d'Ail.*

Cl. IX. Sect. IV.

Port. La tige s'éleve de la racine, à la hauteur d'un pied ; les fleurs en ombelle, bulbifere, arrondie.

Lieu. Les jardins potagers ; il vient de la Sicile. ♂

Propriétés. Son odeur forte differe de celle de tous les Oignons ; la racine a un goût âcre & même caustique ; elle est maturative, antihystérique, diurétique, vermifuge ; elle excite la transpiration.

Usages. On ne se sert que des bulbes, qui ne conviennent point aux tempéramens chauds, lorsqu'il y a un bouillonnement dans le sang, ou des chaleurs dans les entrailles.

On le donne aux animaux, à la dose de ℥ j broyé & mêlé dans ℔ ß de vin.

Observations. On a retiré d'une livre de bulbes d'Ail bien mondées, une demi-livre d'eau colorée, qui a un peu altéré le sirop violat, mais qui n'a point fait effervescence avec les alkalis ; cette eau aromatique contenoit quelques gouttes d'huile essentielle ; cette huile qui est citrine, conserve une odeur pénétrante, & gagne le fond de l'eau. L'extrait spiritueux de l'Ail est très-vif ; l'extrait aqueux est presque fade ; aussi l'Ail desséché conserve-t-il son principe actif. La bulbe d'Ail est si pénétrante qu'elle infecte le lait, la respiration, & même la sueur. C'est un des médicamens les plus précieux dans les empâtemens des visceres, & dans toutes les maladies avec atonie, épaississement, stagnation des humeurs ; aussi chaque jour la pratique confirme l'énergie de l'Ail dans les différentes especes d'hydropisie, œdeme, obstruction commençante, anorexie, maladies cutanées. Quelques observations nous ont assuré que pour les goutteux, un fréquent usage de l'ail retarde les accès, & en diminue l'intensité ; dans les maladies avec éruption, comme rougeole, variole, fievre milliaire, lorsqu'il y a foiblesse, des cataplasmes d'Ail pilé, appliqués sous les pieds, produisent un bon effet, accélerent l'éruption, diminuent la douleur de tête. Les mêmes cataplasmes sont utiles dans

dans les tumeurs froides, comme loupe, melicéris, stéatôme; de même que dans certains ulceres. On peut promptement ranimer les cauteres, en les remplissant avec un morceau d'Ail. En général nous avons observé que dans les provinces méridionales, & dans les pays septentrionaux, le peuple consomme une grande quantité d'Ail, & nous nous sommes assurés que cet usage n'est nullement nuisible; car si les gens de travail cessent l'usage de l'Ail, leur digestion devient très-laborieuse.

Ces trois especes décrites dans les tableaux précédens, ne sont pas les seuls qui offrent ce principe plus ou moins actif; toutes celles qui croissent en Europe en sont plus ou moins imprégnées. Contentons-nous d'indiquer de ce genre très-nombreux, celles qui sont généralement cultivées, ou très-répandues dans la plupart des Provinces d'Europe.

AILS à feuilles de la tige aplaties, à ombelle portant des capsules.

1.° L'Ail plantaginé, *Allium Victorialis*, à feuilles ovales, lancéolées, lisses, nerveuses; à ombelle sphérique; à racine oblongue, enveloppée d'un réseau. Sur les montagnes du Forez, du Dauphiné. Les feuilles sont plus larges que le pouce.

A feuilles de la tige aplaties, à ombelle produisant des bulbes.

2.° L'Ail Rocambole, *Allium Scorodoprasum*, très-ressemblant à l'Ail vulgaire, *Tab.* 353; mais ses feuilles sont finement crénelées; sa tige tournée en spirale avant la maturité des bulbes de l'ombelle.

Cultivée dans nos jardins, spontanée en Allemagne, & dans nos Provinces méridionales, elle est en tout congénere de l'Ail vulgaire.

Les feuilles de la tige rondes, les ombelles à capsules.

3.° L'Ail à tête ronde, *Allium sphærocephalon*, à feuilles fistuleuses, sémi-cylindriques, menues, se fanant de bonne heure; à fleurs d'un pourpre foncé; à étamines saillantes hors de la corolle. Lyonnoise, Allemande.

4.° L'Ail jaune, *Allium flavum*, à tige d'un vert

Cl. IX. Sect. IV.

glauque; à feuilles arrondies; à fleurs jaunes, pendantes; à étamines plus longues que la corolle.

En Languedoc, en Autriche; cultivée dans les jardins, elle produit un bel effet.

5.° L'Ail à fleurs blanches, *Allium pallens*, très-ressemblante à la précédente, dont elle ne differe que par la couleur de ses fleurs, blanches ou d'un jaune paille, & par la longueur des étamines qui ne débordent pas la corolle. On la trouve en Bourgogne, en Dauphiné.

5.° L'Ail paniculé, *Allium paniculatum*, à feuilles très-menues, succulentes; à fleurs en ombelle très-lâche, & comme paniculée; à péduncules filiformes; à corolles pourpres. Lyonnoise. Allemande.

7.° L'Ail des vignes, *Allium vineale*, à feuilles menues, fistuleuses; à fleurs rougeâtres; à ombelles portant des bulbes proliferes, ce qui la fait paroître comme chevelue. Lionnoise, Lithuanienne.

8.° L'Ail verdâtre, *Allium oleraceum*, à feuilles fistuleuses, sillonnées, très-menues; à ombelle lâche, à fleurs verdâtres. Lyonnoise, Allemande, Suédoise.

A hampe nue, feuilles radicales.

9.° L'Ail de Palestine, *Allium Ascalonicum*, à feuilles en alêne; à étamines trifides. Originaire de Palestine, cultivée dans nos jardins; les pétales sont bleus; les filamens alternes, très-larges, trifides, ou divisés en trois au sommet; les antheres sont jaunes.

10.° L'Ail anguleux, *Allium angulosum*, à hampe nue, à deux angles; à feuilles linaires, creusées en-dessus en gouttiere, anguleuses en-dessous. Lyonnoise, Allemande.

11.° L'Ail pétiolé, *Allium ursinum*, à hampe nue, à trois angles; à feuilles ovales, lancéolées, pétiolées. Lyonnoise, Lithuanienne.

12.° L'Ail Moly, *Allium Moly*, à feuilles lancéolées, assises, sans petioles; à fleurs jaunes, en ombelle lâche.

Sur les Pyrénées, en Hongrie; cultivée dans les jardins.

13.° L'Ail fistuleux, *Allium fistulosum*, à hampe de la longueur des feuilles, qui sont fistuleuses, ventrues; à bulbes oblongues.

Cultivée dans les jardins, on ignore sa patrie; très-ressemblante à l'Oignon, *Tab.* 352, elle en a les propriétés.

14.° L'Ail Ciboule, *Allium Schœnoprasum*, à tiges

de cinq à six pouces, grêles, non ventrues à leur base; à feuilles de la longueur des tiges, cylindriques, un peu fistuleuses; fleurs purpurines, en ombelle serrée. Sur les montagnes du Dauphiné & de Provence.

Cultivée dans les jardins; on en consomme beaucoup pour ranimer les salades; hâchée menue, elle assaisonne très-bien les fromages-blancs, avec la crême; mais elle cause des éructations désagréables aux personnes dont l'estomac est foible.

II.e OBSERVATION. Nous trouvons encore dans nos Provinces quelques especes de Liliacées que nous devons caractériser, savoir :

1.° La Scille à deux feuilles, *Scilla bifolia*, à bulbe solide; à fleurs redressées, en petit nombre. Lyonnoise, en Allemagne.

Trois ou quatre petites fleurs bleues terminent la hampe; les feuilles assez larges naissent au nombre de deux, de la bulbe. Elle fleurit en Mars dans nos bois.

2.° La Scille automnale, *Scilla autumnalis*, à feuilles filiformes, linaires; à fleurs en corymbe; à péduncules nus, redressés, de la longueur de la fleur. Elle fleurit en automne; fleurs bleues. Lyonnoise. *Voyez* pour le caractere générique, *le Tableau* 350.

III.e OBSERVATION. Les Ornithogales, *Ornithogala*, sont à peine différens des Scilles, si ce n'est par les filamens dilatés à la base. Nous avons :

1.° L'Ornithogale jaune, *Ornithogalum luteum*, à hampe anguleuse; à deux feuilles; à péduncules simples formant l'ombelle. Lyonnoise, Lithuanienne.

Racine bulbeuse; bractées grandes, velues, chaque péduncule a une fleur jaune.

2.° L'Ornithogale très-petit, *Ornithogalum minimum*, à hampe anguleuse; à péduncules portant plusieurs fleurs, qui réunies forment une espece d'ombelle. Lyonnoise, en Lithuanie.

Très-ressemblante à la précédente, mais plus petite; fleurs jaunes, à pétales plus pointues.

3.° L'Ornithogale des Pyrénées, *Ornithogalum Pyrenaïcum*, à fleurs en grappe très-longue; à filamens lancéolés; à péduncules égaux, ouverts; à angles droits, lorsque la fleur est épanouie, mais rapprochés de la hampe lorsqu'ils portent les fruits. Lyonnoise, en Autriche.

La hampe s'éleve à trois pieds ; les fleurs blanches, extérieurement verdâtres.

4.° L'Ornithogale de Narbonne, *Ornithogalum Narbonense*, à fleurs en grappe alongée, plus courte que dans la précédente ; à filamens membraneux, lancéolés ; à péduncules ouverts. Lyonnoise, Allemande.

Hampe plus petite, feuilles plus larges que dans la précédente ; fleurs blanches. Dans ces quatre Ornithogales, les filamens sont en aléne.

5.° L'Ornithogale en ombelle, *Ornithogalum umbellatum*, à fleurs en corymbe ; à péduncules plus élevés que la hampe ; à filamens dilatés à la base. Lyonnoise, Allemande.

Hampe de six pouces ; fleurs blanches.

6.° L'Ornithogale penché, *Ornithogalum nutans*, à fleurs pendantes, tournées d'un seul côté ; les filamens réunis forment un nectaire en cloche. Très-commune près de Lyon.

Les fleurs sont d'abord redressées, elles sont assez grandes, blanches, extérieurement verdâtres. Dans ces deux dernieres especes quelques filamens sont échancrés.

*IV.*e OBSERVATION. Parmi les especes généralement cultivées, il ne faut pas omettre la Tubéreuse Polianthe, *Polianthes tuberosa*, à corolle en entonnoir, recourbée, égale ; à filamens insérés sur la gorge de la corolle ; à germe placé dans le fond de la corolle. Dans cette espece les fleurs sont alternes.

Originaire des Indes ; les fleurs blanches, très-odorantes.

Cette espece est recherchée des Parfumeurs ; le principe aromatique de la Tubéreuse est si pénétrant que plusieurs personnes en sont incommodées. Mais quelque belle & quelque suave que soit cette fleur, si on veut se former une idée des belles especes de la famille des Liliacées, il faut rechercher dans les Auteurs, ou dans les jardins des grands Seigneurs, ces grandes & magnifiques Liliacées qui surprennent autant par la variété des nuances que par la beauté des formes. Il faut voir les *Gloriosa*, les *Amaryllis*, les *Hæmanthus*, les *Alstroemeria*, &c.

Fin du second Volume.

www.ingramcontent.com/pod-product-compliance
Lightning Source LLC
Chambersburg PA
CBHW031444210326
41599CB00016B/2102
* 9 7 8 2 0 1 9 5 5 9 3 0 4 *